焊接生产实用技术

罗 辉 等编著

 化学工业出版社

·北京·

本书从焊接生产实际出发，力求理论与实际相结合，注重对各类焊接工程结构的生产分析，以适应各行各业的焊接工程技术的应用，同时兼顾基础理论知识，并介绍国内外的最新研究成果在焊接工程中的应用。主要内容包括：绪论、焊接热过程、焊接应力与变形、焊接生产工艺过程、焊接工程结构的脆性断裂、疲劳断裂宏观及微观组织、焊接接头力学实验及焊接工程结构生产工装夹具特点，并分析了典型焊接工程结构的焊接生产工艺等。

　　本书可供从事焊接工程结构生产的工程技术人员参考，也可作为焊接技术工程专业以及材料成形及控制工程专业研修焊接专业方向的本科生教材。

图书在版编目（CIP）数据

焊接生产实用技术/罗辉等编著. —北京：化学
工业出版社，2014.11
　ISBN 978-7-122-21810-0

　Ⅰ.①焊…　Ⅱ.①罗…　Ⅲ.①焊接　Ⅳ.①TG4

中国版本图书馆 CIP 数据核字（2014）第 210016 号

责任编辑：张兴辉　　　　　　　　　文字编辑：张绪瑞
责任校对：吴　静　　　　　　　　　装帧设计：王晓宇

出版发行：化学工业出版社（北京市东城区青年湖南街 13 号　邮政编码 100011）
印　　装：北京云浩印刷有限责任公司
787mm×1092mm　1/16　印张 26½　字数 659 千字　　2015 年 2 月北京第 1 版第 1 次印刷

购书咨询：010-64518888（传真：010-64519686）　　售后服务：010-64518899
网　　址：http://www.cip.com.cn
凡购买本书，如有缺损质量问题，本社销售中心负责调换。

定　　价：98.00 元

前言
Foreword

本书介绍了焊接生产基础知识，特别适合从事锅炉、压力容器、汽车车身、车架结构、建筑钢结构、化工机械、船体、工程机械及其他金属结构等制造、安装的焊接技术人员培训。书中列举了各行业的焊接工程实例，并引用了最新的国家和行业标准，使从事焊接工程的技术人员可以多方面了解焊接工程结构特点和生产方法，并互相借鉴焊接工程技术的应用成果。

本书第1章介绍焊接工程结构特点和常用焊接金属材料；第2章分析焊接热循环及其引起的焊接应力和变形原理及防止焊接应力和变形的工艺措施；第3章、第4章介绍焊接接头种类和焊接接头的力学实验，分析焊接接头断裂行为和防止断裂的工艺措施；第5章、第6章、第7章介绍焊接工程结构焊接生产工艺，焊接工艺评定内容、焊接工艺规程制订及焊接生产常用的工装夹具、焊接自动化生产线；第8章列举了锅炉压力容器、汽车、起重机械、钢结构等典型焊接工程结构特点、应用及相应的焊接生产工艺；第9章介绍焊接生产组织与管理，焊接生产安全注意事项。书中特别对压力容器的焊接生产作了较详细的介绍，并以分汽缸为例，介绍了压力容器焊接工艺评定，焊接工艺规程编制。希望它能帮助技术人员对焊接工程结构生产组织、焊工档案管理、焊接工艺规程有较全面的学习。

本书的第1章、第9章由霍玉双编写；第2章由孙俊华编写；第3章由刘鹏编写；第4章、第6章、第8章由罗辉编写；第5章由景财年编写；第7章由张元彬编写。全书由罗辉统稿，王国凡教授主审。由于编者水平有限，缺点在所难免，敬请各界读者予以批评指正。

编者

目录
CONTENTS

Chapter 1 | **第1章 绪论** ······················· 1

1.1 焊接结构工程类型及特点 ······················· 1

1.1.1 焊接结构工程的类型 ······················· 1

1.1.2 焊接结构工程的特点 ······················· 2

1.2 焊接结构工程材料 ······················· 4

1.2.1 焊接结构工程对材料的要求 ······················· 4

1.2.2 焊接结构工程材料及其力学性能 ······················· 4

1.3 焊接结构的发展及应用前景 ······················· 16

1.3.1 焊接结构的发展趋势 ······················· 16

1.3.2 焊接结构的应用前景 ······················· 17

Chapter 2 | **第2章 焊接应力与变形矫正** ······················· 18

2.1 焊接热过程 ······················· 18

2.1.1 焊接温度场 ······················· 18

2.1.2 焊接热循环 ······················· 27

2.2 焊接应力与变形 ······················· 30

2.2.1 内应力的基本概念 ······················· 30

2.2.2 变形的基本概念 ······················· 32

2.2.3 研究焊接应力与变形的基本假定 ······················· 33

2.3 焊接应力与变形的产生过程 ······················· 33

2.3.1 简单杆件均匀加热的应力与变形 ······················· 33

2.3.2 长板条不均匀受热时应力与变形 ······················· 36

2.3.3 焊接热循环条件下的应力与变形 ······················· 39

2.4 焊接残余应力及分布 ······················· 45

2.4.1 焊接残余应力概述 ······················· 45

2.4.2 焊接残余应力对焊接结构的影响 ······················· 49

2.4.3 预防与消除焊接残余应力的措施 ······················· 55

2.4.4 焊接残余应力测试 ······················· 62

2.4.5 典型焊接结构焊接应力分析 ······················· 66

2.5 焊接残余变形 ······················· 67

2.5.1 焊接残余变形的分类及产生原因 ······················· 67

2.5.2 焊接生产过程中的变形 ······················· 73

2.6 预防与消除焊接残余变形的措施 ······················· 74

2.6.1 焊接构件设计措施 ······················· 74

2.6.2 焊接工艺措施 ······················· 75

2.6.3 T形结构焊接变形分析 ······················· 81

2.7 焊接变形的矫正 ······················· 85

2.7.1 机械矫正法 ······················· 85

2.7.2 火焰矫正法 ······················· 86

2.7.3 T形焊接结构火焰矫正实例分析 ······················· 86

　2.7.4　焊接工程典型结构变形与矫正 ·· 90

　第3章　焊接接头与静载强度计算 ··············· 95
　3.1　焊接接头的基本形式 ·· 95
　3.1.1　焊接接头类型 ··· 95
　3.1.2　焊缝的类型 ··· 97
　3.1.3　焊缝工艺评定与力学性能检测 ····································· 98
　3.2　熔化焊接头工作应力分布 ·· 104
　3.2.1　应力集中概述 ··· 104
　3.2.2　焊条电弧焊接头的工作应力分布 ··································· 104
　3.2.3　接触焊搭接接头的工作应力分布 ··································· 106
　3.2.4　铆焊联合接头的工作应力分布 ····································· 108
　3.3　焊接结构接头设计与标注 ·· 108
　3.3.1　工作焊缝和联系焊缝 ··· 108
　3.3.2　焊接接头的设计 ··· 109
　3.4　焊接接头静载强度计算 ·· 116
　3.4.1　静载强度计算的假定 ··· 116
　3.4.2　熔化焊接头强度计算 ··· 116
　3.4.3　焊缝许用应力 ··· 121
　3.4.4　高压容器开孔焊缝补强计算实例分析 ································· 122

　第4章　焊接工程接头断裂 ··············· 141
　4.1　焊接工程脆性断裂事故及其特征 ······································ 141
　4.2　金属材料脆性断裂 ·· 142
　4.2.1　脆性断口宏观形貌特征 ··· 142
　4.2.2　脆性断口微观形貌特征 ··· 143
　4.2.3　影响金属材料脆性断裂的主要因素 ································· 145
　4.2.4　影响焊接工程脆性断裂的主要因素 ································· 149
　4.2.5　防止脆性断裂的措施 ··· 152
　4.2.6　焊接工程结构脆性断裂评定方法 ··································· 154
　4.3　疲劳断裂 ··· 160
　4.3.1　疲劳断裂事例 ··· 160
　4.3.2　疲劳断裂特征 ··· 161
　4.3.3　疲劳断口的宏观和微观形貌 ······································· 162
　4.3.4　疲劳裂纹的萌生和扩展机理 ······································· 163
　4.3.5　影响焊接接头疲劳强度的因素 ····································· 166
　4.4　提高焊接接头疲劳强度的措施 ·· 174
　4.4.1　降低应力集中 ··· 174
　4.4.2　调整残余应力场 ··· 176
　4.4.3　表面强化 ··· 176
　4.4.4　焊接缺陷的影响 ··· 178

Chapter 5

第5章 焊接工程结构生产 ················ 179

5.1 焊接结构生产概述 ·················· 179
5.1.1 焊接结构零件备料工艺 ·············· 181
5.1.2 焊接结构零件成形加工工艺 ············ 187
5.2 焊接生产装配工艺 ················· 198
5.2.1 装配概述 ···················· 198
5.2.2 装配夹具设计 ·················· 202
5.2.3 焊接工装夹具定位元件的设计方法及步骤 ······ 211
5.2.4 装配定位焊工艺 ················· 217
5.3 典型焊接结构的装配过程 ·············· 219
5.3.1 梁的拼接 ···················· 219
5.3.2 容器的装配 ··················· 225
5.3.3 机架结构的装配 ················· 226

Chapter 6

第6章 焊接工程结构焊接工艺分析 ········· 227

6.1 焊接工程结构焊接工艺分析 ············· 227
6.1.1 焊接结构工艺分析原则 ·············· 227
6.1.2 焊接工艺性分析的内容 ·············· 228
6.2 焊接生产工艺过程分析 ··············· 232
6.2.1 焊接生产基础知识 ················ 232
6.2.2 焊接生产工艺特点分析 ·············· 234
6.2.3 焊接工艺评定 ·················· 236
6.3 焊接工艺规程编制 ················· 250
6.3.1 焊接生产工艺规程文件 ·············· 252
6.3.2 计算机辅助焊接工艺设计 ············· 254
6.4 分汽缸焊接生产工艺规程 ·············· 256
6.4.1 分汽缸结构分析 ················· 256
6.4.2 分汽缸焊接工艺规程 ··············· 267

Chapter 7

第7章 焊接工程装配-焊接机械装备 ········ 268

7.1 装配-焊接机械装备概述 ·············· 268
7.1.1 装配-焊接机械装备的分类 ············ 269
7.1.2 装配-焊接机械装备的选用 ············ 269
7.2 焊件变位机械 ··················· 270
7.2.1 焊接变位机 ··················· 270
7.2.2 焊接滚轮架 ··················· 272
7.2.3 焊接翻转机 ··················· 275
7.2.4 焊接回转台 ··················· 277
7.3 焊机变位机械 ··················· 278
7.3.1 焊接操作机 ··················· 278
7.3.2 电渣焊立架 ··················· 282
7.4 焊工操作台 ···················· 284
7.5 焊接机器人 ···················· 286

7.5.1 焊接机器人的发展概论 ………………………………………………… 286
7.5.2 焊接机器人的分类 ……………………………………………………… 287
7.5.3 焊接机器人的系统组成 ………………………………………………… 289
7.6 汽车装焊夹具 ……………………………………………………………… 290
7.6.1 汽车装焊夹具的特点 …………………………………………………… 290
7.6.2 车门装焊夹具 …………………………………………………………… 291
7.6.3 车身装焊夹具 …………………………………………………………… 291

Chapter 8 第8章 典型焊接工程结构生产

第8章 典型焊接工程结构生产 ……………………………………………… 298
8.1 压力容器 …………………………………………………………………… 298
8.1.1 压力容器的分类 ………………………………………………………… 298
8.1.2 焊接容器结构与用途 …………………………………………………… 299
8.1.3 压力容器的结构特点 …………………………………………………… 309
8.1.4 压力容器焊接接头的设计要求 ………………………………………… 312
8.1.5 换热器 …………………………………………………………………… 315
8.2 建筑工程焊接结构生产 …………………………………………………… 323
8.2.1 焊接梁与柱的制造 ……………………………………………………… 323
8.2.2 建筑金属网架生产 ……………………………………………………… 334
8.3 起重机梁焊接结构 ………………………………………………………… 340
8.3.1 桥式起重机结构特点及分类 …………………………………………… 340
8.3.2 主梁工艺分析 …………………………………………………………… 342
8.3.3 端梁的制造 ……………………………………………………………… 346
8.3.4 桥架装配焊接 …………………………………………………………… 348
8.3.5 桁架起重机生产工艺 …………………………………………………… 350
8.4 机械设备焊接结构 ………………………………………………………… 357
8.4.1 机床焊接机身 …………………………………………………………… 357
8.4.2 锻压设备焊接机身 ……………………………………………………… 359
8.4.3 减速器箱体 ……………………………………………………………… 363
8.5 旋转体结构焊接 …………………………………………………………… 365
8.5.1 齿轮、带轮和飞轮 ……………………………………………………… 365
8.5.2 水轮机工作轮 …………………………………………………………… 367
8.5.3 汽轮机转子 ……………………………………………………………… 368
8.6 车辆焊接结构 ……………………………………………………………… 370
8.6.1 铁路客车主体制造 ……………………………………………………… 370
8.6.2 铁路货运敞车的制造 …………………………………………………… 372
8.6.3 载货汽车车厢的制造 …………………………………………………… 374
8.6.4 油罐车车架制造 ………………………………………………………… 375
8.7 船舶焊接结构 ……………………………………………………………… 377
8.7.1 船体生产常用焊接工艺方法 …………………………………………… 379
8.7.2 船体结构的焊接生产过程 ……………………………………………… 382

Chapter 9 第9章 焊接工程生产组织与安全

第9章 焊接工程生产组织与安全 …………………………………………… 389
9.1 焊接生产车间组成 ………………………………………………………… 389
9.1.1 焊接车间组成 …………………………………………………………… 389

9.1.2　焊接车间设计的一般方法 ……………………………………………… 389
9.1.3　焊接车间的平面布置 ……………………………………………… 390
9.2　焊接工程生产组织 ……………………………………………… 395
9.2.1　焊接生产的空间组织 ……………………………………………… 395
9.2.2　焊接工程生产的时间组织 ……………………………………………… 396
9.3　焊接工程质量管理 ……………………………………………… 398
9.3.1　焊接工程质量管理体系 ……………………………………………… 399
9.3.2　焊接工程质量检验 ……………………………………………… 402
9.4　焊接生产安全 ……………………………………………… 405
9.4.1　焊接结构焊接生产中的安全用电 ……………………………………………… 405
9.4.2　焊工劳动卫生与防护 ……………………………………………… 407

参考文献 ……………………………………………… 413

第 **1** 章 | 绪论

1.1 焊接结构工程类型及特点

1.1.1 焊接结构工程的类型

焊接结构是由一个或者若干不同的基本构件组成的，如梁、柱、框架、箱体、容器等。焊接结构类型很多，形式各异。按钢材类型可将其分为板结构和格架结构。板结构主要是用各种金属轧制板材作为基本原材料制成的结构，譬如各类容器、管道、船体、冶金炉体外壳、大型吊车主梁、吊车梁、部分铁路桥梁、机床床身及箱体等均属于板结构。板结构的主要特点是结构紧凑、占用空间少及易于封闭等，应用广泛。板结构焊缝一般较长，宜于采用机械化、自动化焊接方法进行焊接加工。格架结构主要是用各种具有一定断面形状的金属轧制型材制成的结构，譬如工厂厂房屋架、广播电视发射塔、高压输电铁塔、大跨度铁路桥梁等。格架结构断面比较分散，整体刚性好，承载能力大，结构重量轻，节省材料，制造也比较简单，加工量小，省工省时。不足之处是占用空间大，局部刚性及稳定性差，防腐防护比较困难，另外焊缝短小分散，难以实现机械化、自动化焊接生产。仅按钢材类型进行划分不能全面反映不同结构的特点，特别是不能反映在使用性能方面的特点和要求。综合考虑焊接结构的多方面性能特点和要求，可以将焊接结构分为以下几类。

① 容器和管道结构　包括各类储罐、锅炉、压力容器及输送各种液体或气体的管道等。这类结构通常在一定温度和压力下工作，而且工作介质或内部充装物可能易燃易爆，甚至具有强烈腐蚀性或者有毒，一旦发生泄漏或者断裂破坏，就可能产生灾难性的后果。为保证该类结构在工作和运行中的安全可靠性，制造生产中必须按照专门的技术规范，严格控制产品质量，并且要由专设机构进行监督和检查。

世界各国非常重视压力容器的制造和使用，均设有专门机构，制定了详细的技术规范和检查标准。如美国的 ASME 规范、日本国家标准 JIS 中的 B8543 和 B8550 及德国的 AD 规范等，对压力容器的设计方法、选材、制造和试验及检查验收等都做了详细而明确的规定。我国自 1980 年以来在压力容器的设计和制造方面取得了长足的发展，制定和完善了一系列的技术规范和标准，主要的基础规范和标准有：《钢制石油化工压力容器设计规定》、GB 150—2011《压力容器》以及国家原劳动部颁布的《压力容器安全监察规程》等。

② 房屋建筑结构　包括工业和民用两方面的各种建筑结构。主要有单层和多层工业厂房和各种大型建筑物的金属框架；大型民用建筑及公用设施，如机场、车站、体育场馆、剧院、博物馆、图书馆和高层建筑中的金属结构等。具体结构形式有各种梁、柱、桁架及网架结构等。这些结构主要是作为建筑物的基本骨架，用以承重和承受其他外加载荷的作用。除了要求保证结构几何尺寸及安装和连接之外，还应有足够的强度和稳定性等性能，同时还应

具有一定的抗震、防腐和防火等特殊的使用性能。

③ 桥梁结构　包括铁路桥梁、钢制公路桥梁等。这类结构长期工作在各种气候条件下，同时承受着强烈的冲击和巨大的动载荷，并且加载次数频繁。为保证火车或汽车的运行安全可靠，对此类结构制造要求很高。选用的材料要求具有优异的强度、塑性、韧性、屈强比以及时效敏感性等，同时焊接性要适应野外桥梁施工的工作特点。

④ 船舶与海洋结构　包括各种船舶舰艇、海上采油平台、海底管道以及各种海上建筑工程等。此类结构常年处于极其恶劣的环境下工作，除了受到海水和海洋气候长期不断的侵蚀外，还要受到风、浪及海潮等复杂交变力的作用，甚至还有海底地震的影响。对于原材料的选用、焊接工艺的制定及焊接质量保证体系有着特殊的要求。原材料不仅在强度、韧性及疲劳极限等方面有较高的要求，同时还要求有较好的耐海水腐蚀性能。各国都有此结构制造生产专门的规范和标准，例如我国的 GB 712—2011《船舶及海洋工程用结构钢》。

⑤ 塔桅结构　包括高压输电线铁塔、广播电视发射塔及接受塔等。此类结构大部分是栓-焊联合结构，少部分为全焊接结构。塔桅结构大多由钢制型材组成，制造工艺比较简单。主要是要求原材料应具有一定的强度，保证结构有足够的承载能力，同时应保证结构的几何形状和整体稳定性，尺寸安装准确且安装方便可靠。此外结构应具有耐大气腐蚀的能力。

⑥ 机器结构　涵盖了很多种机器和设备。随着焊接技术的发展，使其在机器制造业上得到了普遍的应用。采用铸-焊联合结构、锻-焊联合结构已经显示出极大的优越性。在各种机床和机械设备的设计与制造上，也越来越多地采用焊接结构和焊接件，特别是大型机床和部分大型机件，都逐渐地改用了焊接结构件，形成了焊接结构制造的广阔领域。

除了上述 6 大类之外，还有工程机械、汽车及机车车辆制造等行业也都大量采用焊接结构。

1.1.2　焊接结构工程的特点

与其他结构相比，焊接结构具有一系列无法比拟的优点，主要表现在以下方面：

① 通过焊接，可以方便地实现多种不同形状和不同厚度钢材（或其他金属材料）的连接，甚至可以将不同种类的金属材料，如铸钢件、锻压件连接起来，从而使焊接结构的材料分布更合理，不同性能的材料应用更恰当。

例如大型齿轮边缘可用高强度的耐磨优质合金钢制作，而其他部分可以通过焊接一般钢材来制作，这样既提高了齿轮的使用性能，又节约了优质钢材，降低了成本。

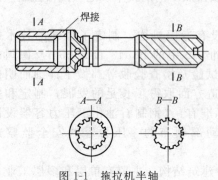

图 1-1　拖拉机半轴

如图 1-1 所示为拖拉机的半轴。其一端有花键孔，如果使用整料就无法采用拉刀加工。生产中通常采用拼焊工艺。先用拉刀将花键孔加工完毕。然后采用焊接技术与另一端焊接在一起，这样既可以简化工艺又可以提高产品质量。

② 由于焊接是一种金属原子间的连接，刚度大、整体性好，接头的强度、刚度一般可达到与母材相等或相近，能够承受母材所能承受的各种载荷的作用。同时，焊接能保证产品的气密性和水密性要求，这是压力容器在正常工作时不可缺少的重要条件。

③ 焊接结构的零件或部件可以直接通过焊接方法进行连接，不需要附加任何连接件，

与铆接结构相比，具有相同结构的质量可减轻10%～20%左右，如图1-2所示。

④ 与其他加工方法相比，焊接结构的生产一般不需要大型、特殊和昂贵的设备，企业投资少，见效快。同时容易适应不同批量焊接产品的生产，更换产品型号和品种也比较方便。

⑤ 焊接结构特点适用于几何尺寸大而形状复杂的产品，如船体、桁架、球形容器等。加工过程中将几何尺寸大、形状复杂的结构进行分解，分别进行加工，然后通过总体装配焊接连接成一个整体结构。

⑥ 使用型材加工产品时，采用焊接结构比轧制更经济。

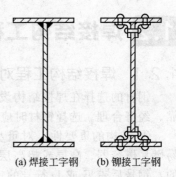

图 1-2　焊接工字钢与铆接工字钢比较

例如高度大于700mm大型工字钢利用宽边钢与钢板焊接加工制造比轧制的型钢成本低。

图1-3所示为大型锅炉的水冷壁管。图1-3(a)采用无缝钢管加焊板条焊接制造，图1-3(b)为采用轧制鳍片管制造。前者要比后者更为经济，因为鳍片管的价格比无缝钢管要高得多。

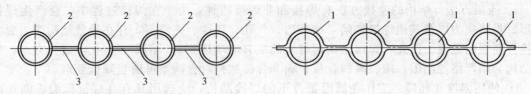

图 1-3　型材与焊接结构的比较
1—鳍片管；2—无缝钢管；3—板条

焊接结构的不足之处主要表现如下。

① 焊接结构的止裂性能差。焊接结构在运行使用过程中，一旦出现裂纹并且开始扩展，就难以止裂。而在铆接结构中，如果有裂纹产生并发生扩展时，裂纹扩展到板材边缘或者铆钉孔处就会终止。因此在一些重要的焊接结构中，通常设置铆接接头为止裂件。

② 在焊接过程中易产生缺陷。焊接时，焊接接头在短时间内经历冶炼、铸造和热处理三个过程，所以在焊缝中常常出现气孔、裂纹、夹渣等缺陷。缺陷的存在会造成较大的应力集中，降低整个结构的承载能力。

③ 对材料敏感。各种材料的可焊性存在较大的差异，可焊性差的材料很难获得优质的焊接接头。譬如高强钢焊接时容易产生裂纹，而铝合金焊接时容易产生气孔。

④ 在焊接结构中存有残余应力和变形。焊接过程是一个不均匀的加热和冷却过程，局部高温加热。焊接过程中必然引起较复杂的热应力和金属瞬时移动，最终导致焊接残余应力和变形的产生。这不仅影响焊接结构的外形尺寸和外观质量，同时也给焊后的继续加工带来很多麻烦，甚至直接影响焊接结构的疲劳和抗脆断性能。

⑤ 焊接接头是一个不均匀体。不均匀性（不连续性）包括：几何的不均匀性（截面的改变和焊接变形）、力学的不均匀性（接头形式引起的应力集中和存在的焊接残余应力）、化学的不均匀性（成分不均匀）、金属组织的不均匀（金相组织结构不均匀）。

根据以上特点可以看出，要想获得优质的焊接结构，必须要做到合理的结构设计，正确的材料选择，采用合适的焊接设备，制定正确的焊接工艺以及严格的质量控制。

1.2 焊接结构工程材料

1.2.1 焊接结构工程对材料的要求

钢材的选择在焊接结构设计中是重要的一环，既要保证焊接结构的安全，又要做到可靠、经济合理。选择钢材时应考虑以下几点：

① 结构的重要性　对重型工业钢结构、大跨度钢结构、压力容器、油库、石油管道、易燃易爆容器、高层或超高层的商业、民用建筑或构筑物等重要结构，应考虑选用质量好的，钢号后带 E 或 D 符号的钢材。对一般工业与民用建筑结构，可按工作性质分别选用普通质量的钢材，钢号后带 A、B 符号的钢材。另外，按《建筑结构设计统一标准》规定的安全等级，把建筑物分为一级（重要的）、二级（一般的）和三级（次要的）。安全等级不同，要求的钢材质量也应不同。

② 荷载类型　荷载可分为静态荷载、动态荷载和交变载荷。直接承受动态荷载、交变载荷的焊接结构应选用综合性能好的 Q345、Q390 等钢材；一般承受静态荷载的焊接结构则可选用价格较低的 Q235 钢。与水、酸、碱、盐及其溶液接触的焊接结构应选用相应耐蚀性能好的奥氏体不锈钢。

③ 连接方法　结构的连接方法有焊接和非焊接两种。由于在焊接过程中，会产生焊接变形、焊接应力以及其他焊接缺陷，如咬边、气孔、裂纹、夹渣等，存在导致结构产生裂缝或脆性断裂的危险。因此，焊接结构对材质的成分应严格要求。例如，在化学成分方面，焊接结构必须严格控制碳、硫、磷的含量；而非焊接结构对含碳量可适当降低要求。

④ 使用温度和环境　工作在低温条件下的焊接结构，应选用具有良好抗低温脆断性能的镇静钢，因为钢材处于低温时容易冷脆。在露天环境下的结构钢材容易产生时效，而在有害介质作用下的钢材容易腐蚀、疲劳和断裂，这些都应加以区别地选择不同材质。

⑤ 钢材厚度　薄钢材轧制过程中辊轧次数多，钢材的压缩比大，而厚度大的钢材压缩比小；所以厚度大的钢材不但强度较小，而且塑性、冲击韧性和焊接性能也较差。因此，厚度大的焊接结构应采用材质较好的钢材。

对钢材质量的要求，一般来说，承重结构的钢材应保证较高的抗拉强度、屈服强度、伸长率和控制有害元素硫、磷的含量，对焊接结构还应控制碳的含量（由于 Q235A 钢的碳含量不作为交货条件，故一般不用于重要的焊接结构）。

焊接承重结构以及重要的非焊接承重结构的钢材应具有冷弯试验的合格保证。

对于需要验算疲劳强度以及主要的受拉或受弯的焊接结构的钢材，应具有常温冲击韧性的合格保证；对 Q235 钢和 Q345 钢，当结构工作温度等于或低于 0℃ 但高于 −20℃ 时，应具有 0℃ 冲击韧性的合格保证；对 Q390 钢和 Q420 钢应具有 −20℃ 冲击韧性的合格保证。当结构工作温度等于或低于 −20℃ 时，Q235 钢和 Q345 钢应具有冲击韧性的合格保证；对 Q390 钢和 Q420 钢应具有 −40℃ 冲击韧性的合格保证。

1.2.2 焊接结构工程材料及其力学性能

（1）焊接工程材料分类

钢材的品种繁多，性能各异，以下对焊接结构常用金属材料作简单介绍。

① 碳素结构钢　根据现行的国家标准《碳素结构钢》（GB/T 700—2006）的规定，将碳素结构钢分为 Q195、Q215、Q235 和 Q275 四种牌号。钢的牌号由屈服强度的字母、屈服强度数值、质量等级符号、脱氧方法符号四个部分按顺序组成。例如 Q235AF，其中 Q 是钢材屈服强度"屈"字汉语拼音首字母；235 三位数字表示屈服强度最低值为 235MPa；A

表示质量等级为 A 级；"F"表示沸腾钢。

质量等级分为 A、B、C、D 四级，由 A 到 D 表示质量由低到高。不同质量等级对冲击韧性（夏比 V 形缺口试验）的要求有区别。A 级无冲击功规定，对冷弯试验只在需方有要求时才进行，B 级要求提供 20℃时冲击功不小于 27J（纵向），C 级要求提供 0℃时冲击功不小于 27J（纵向），D 级要求提供－20℃时冲击功不小于 27J（纵向）。B、C、D 级也都要求提供冷弯试验合格证书，不同质量等级对化学成分的要求也有区别。D 级钢应有足够细化晶粒的元素，并在质量说明书中注明细化晶粒元素的含量。

脱氧方法符号 Z、F 和 TZ 分别表示镇静钢、沸腾钢和特殊镇静钢（Z 和 TZ 符号可以省略）。对 Q235 钢来说，A、B 两级钢的脱氧方法可以是 Z 或 F，C 级钢只能是 Z，D 级钢只能是 TZ。碳素结构钢成本低，加工性能好，所以使用较广泛。其中 Q235 钢综合力学性能较好，有良好的加工性能特别是焊接性能，是制造钢结构首选的钢材品种之一。碳素结构钢交货时，供货方应提供力学性能质保书，还要提供化学成分质保书。

表 1-1 是碳素结构钢的力学性能，表 1-2 是碳素钢的冷弯性能。

表 1-1 碳素结构钢的力学性能

牌号	等级	拉伸数值												冲击试验（V 形缺口）	
		屈服强度 $R_{eH}/N \cdot mm^{-2}$，不小于						抗拉强度 $R_m/N \cdot mm^{-2}$	断后伸长率 A/%，不小于					温度/℃	冲击吸收功（纵向）/J，不小于
		厚度（或直径）/mm							厚度（或直径）/mm						
		≤16	>16~40	>40~60	>60~100	>100~150	>150~200		≤40	>40~60	>60~100	>100~150	>150~200		
Q195	—	195	185	—	—	—	—	315~430	33	—	—	—	—	—	—
Q215	A	215	205	195	185	175	165	335~450	31	30	29	28	27	—	—
	B													20	27
Q235	A	235	225	215	205	195	185	375~500	26	25	24	23	22	—	—
	B													20	27
	C													0	
	D													－20	
Q275	A	275	265	255	245	225	215	410~540	22	21	20	18	17	—	—
	B													20	27
	C													0	
	D													－20	

② 低合金高强度结构钢（低合金钢） 低合金钢是在普通碳素钢中添加一种或几种少量合金元素，其合金元素的总含量低于 5%，故称低合金钢。根据 GB/T 1591—2008《低合金高强度结构钢》的规定，低合金高强度结构钢分为 Q345、Q390、Q420、Q460、Q500、Q550、Q620、Q690 八种。低合金高强度钢的化学成分和力学性能见现行国家标准 GB/T 1591—2008。钢的牌号由屈服强度的汉语拼音字母、屈服强度数值、质量等级符号三个部分按顺序组成。例如：Q345D，其中 Q 是钢材屈服强度"屈"字汉语拼音首字母；345 表示屈服强度最低值不小于 345MPa；D 为质量等级为 D 级。当要求钢板具有厚度方向性能时，则在上述规定的牌号后加上代表厚度方向（Z 向）性能级别的符号，例如：Q345DZ15。

质量等级分为 A、B、C、D、E 五级，由 A 到 E 表示质量由低到高。不同质量等级对

表 1-2 碳素钢的冷弯性能

牌　号	试样方向	冷弯试验 $B=2a$（B 为试样宽度，a 为钢板厚度或直径）180°	
		钢材厚度（或直径）/mm	
		≤60	>60～100
		弯心直径 d	
Q195	纵	0	—
	横	0.5a	
Q215	纵	0.5a	1.5a
	横	a	2a
Q235	纵	a	2a
	横	1.5a	2.5a
Q275	纵	1.5a	2.5a
	横	2a	3a

冲击韧性（夏比 V 形缺口试验）的要求有区别。A 级无冲击功规定，对冷弯试验只在需方有要求时才进行，B 级要求提供 20℃时的冲击功，C 级要求提供 0℃时的冲击功，D 级要求提供 −20℃时的冲击功，E 级要求提供 −40℃时的冲击功。具体要求值见表 1-3。当需要做弯曲试验时，表 1-4 为规定的弯曲试验要求。

表 1-3　低合金钢夏比（V 形）冲击试验的试验温度和冲击吸收能量

牌号	质量等级	试验温度/℃	冲击吸收能量（KV_2）[①]/J		
			公称厚度（直径、边长）/mm		
			12～150	>150～250	>250～400
Q345	B	20	≥34	≥27	—
	C	0			
	D	−20			27
	E	−40			
Q390	B	20	≥34	—	—
	C	0			
	D	−20			
	E	−40			
Q420	B	20	≥34		
	C	0			
	D	−20			
	E	−40			
Q460	C	0	≥34		
	D	−20			
	E	−40			
Q500、Q550、Q620、Q690	C	0	≥55	—	—
	D	−20	≥47		
	E	−40	≥31		

① 冲击试样取纵向试样。

表 1-4　弯曲性能

牌　号	试样方向	180°弯曲试验(a＝钢板厚度或直径)	
		钢材厚度(或直径,边长)/mm	
		≤16	>16～100
Q345 Q390 Q420 Q460	宽度不小于 600mm 扁平材,拉伸试验取横向试验,宽度小于 600mm 的扁平材、型材及棒材取纵向试样	2a	3a

低合金钢交货时供方应提供力学性能质保书,其内容为:屈服强度、抗拉强度、伸长率(δ_5 或 δ_{10})和冷弯性能;还要提供碳、锰、硅、硫、磷、钒、铝和钛等含量的化学成分质保书。

采用低合金钢的主要目的是减轻结构重量,节约钢材和延长使用寿命。这类钢材具有较高的屈服强度和抗拉强度,也有良好的塑性和冲击韧性(尤其是低温冲击韧性)。

③ 优质碳素结构钢　优质碳素结构钢是碳素钢经过热处理(如调质处理和正火处理)得到的优质钢。优质碳素结构钢与碳素结构钢的主要区别在于钢中含杂质元素较少,硫、磷含量都不大于 0.035％,并且严格限制其他缺陷。所以这种钢材具有较好的综合性能。GB/T 699—1999《优质碳素结构钢技术条件》中,优质碳素结构钢共有 31 种品种,常用牌号有08F、10、20、35、40、45、50、60、65 钢等。按冶金质量等级分为优质钢、高级优质钢(A)、特级优质钢(E)三个等级。按加工方法分为压力加工用钢(UP)和切削加工用钢(UC)两类,压力加工用钢又可以分为热压力加工用钢(UHP)、顶锻用钢(UF)和冷拔坯料用钢(UCD)三类。用于制造曲轴、传动轴、齿轮、连杆、高强度螺栓等的 45 号优质碳素钢,就是通过调质处理提高强度的。

此外,为了提高普低钢中的耐候钢和耐海水腐蚀用钢的性能,需要在钢中加入必要的合金元素,常用元素中铜、磷的效果最佳,符合我国资源条件。目前,我国的耐大气和海水腐蚀用钢大都以铜、磷为主要合金元素,并配镍、钛、锰和稀土等。美国发展 Cu-P-Cr-Ni 系钢。耐候钢比碳素结构钢的力学性能高,冲击韧性特别是低温冲击韧性较好。它还具有较好的耐腐性、良好的冷成形性和热成形性。

④ 不锈钢　所谓不锈钢是指耐大气、水、酸、碱、盐及其溶液和其他腐蚀介质腐蚀的、具有高度化学稳定性的合金钢的总称。按空冷后的室温组织,不锈钢分为铁素体不锈钢、奥氏体不锈钢、马氏体不锈钢、铁素体-奥氏体双相钢、沉淀硬化钢。目前市场用量最大的为奥氏体不锈钢。奥氏体不锈钢可分为铬镍奥氏体不锈钢和铬锰奥氏体不锈钢,铬镍奥氏体不锈钢具有良好的综合性能、优良的冷热加工工艺性能和焊接性能,特别是在多种腐蚀介质中具有优良的耐蚀性能,并具有非铁磁性和良好的低温性能。

铬镍奥氏体不锈钢中主要成分为铬和镍,w_{Cr}＝12％～30％,w_{Ni}＝6％～12％和一些少量的 Ti、Nb、Mo 等元素。铬是奥氏体不锈钢中主加元素,其主要作用是和氧在金属表面上形成致密的富铬氧化膜(钝化膜),提高其耐蚀性能。奥氏体不锈钢中随着 Cr 含量的增加,耐硝酸等氧化性酸腐蚀和高温抗氧化等性能逐渐提高。

Ni 是形成奥氏体的元素,是奥氏体不锈钢中必加元素,当 w_{Ni}≥8％时室温组织为奥氏体。典型的奥氏体不锈钢有:Cr18Ni9 型系列,简称 18-8 钢,如 0Cr18Ni9、1Cr18Ni9Ti(18-8Ti)、0Cr18Ni12Mo2Cu(18-8Mo)等;Cr25Ni20 型系列,简称 25-20 钢,如2Cr25Ni20Si2、4Cr25Ni20、00Cr25Ni22Mo2(25-20Mo)等;25-35 型系列,如0Cr21Ni32、4Cr25Ni35、4Cr25Ni35Nb 等。不锈钢经固溶处理后供货。

（2）国外钢材品种和牌号简介

① 钢铁品种和牌号　世界各国的钢材品种和牌号表示方式虽然各有不同，但其共同点是钢材品种和牌号均以强度等级来划分，其表示方式为：

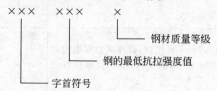

字首符号各国的有所不同。如美国采用 A，日本采用 SS、SM、SNSMA 等，德国采用 St，意大利采用 Fe，法国采用 A、E 等，英国无字首。

钢材最小抗拉强度单位为 MPa，如 360 表示该钢材最小抗拉强度为 360MPa。有的国家采用屈服强度表示法，单位 ksi（千磅/英寸²），如美国 A36，表示屈服强度为 36ksi。

钢材质量等级分为 A、B、C、D、E 等。各国钢材的品种和牌号如下。

a. ISO 国际标准　ISO 国际标准是由国际标准化组织于 1980 年 11 月 1 日制定的结构钢标准。其品种有：Fe360A、Fe360B、Fe360C（NF）、Fe360D（GF）、Fe430A、Fe430B（NF）、Fe430C（NF）、Fe430D（GF）、Fe510B（NF）、Fe510C（NF）、Fe510D（GF）等。其中 NF 表示非沸腾钢；GF 表示钢材中铝含量大于 0.02%，相当于国内特殊镇静钢。

b. 英国标准　英国钢材品种有 40A、40B、40C、40D、40EE，43A、43B、43C、43D、43EE、50A、50B、50C、50D、50EE、55EE、55F 等。

c. 欧洲其他各国钢材对照见表 1-5。

表 1-5　欧洲其他各国钢材对照

名　称	各国相应钢材名称			
	英国	法国	德国	意大利
Fe360	40	E24	S_t37	Fe360
Fe430	43	E28	S_t44	Fe430
Fe510	50	E36	S_t52	Fe510
Fe490		A50	S_t50	Fe480
Fe590		A60	S_t60	Fe580
Fe690		A70	S_t70	Fe650

d. 美国标准　结构用钢有 A36（结构用钢），A53B（焊接无缝涂锌钢管），A242（低合金高强度结构钢），A500（冷成形焊接无缝碳素结构钢管），A514（适用于焊接的高屈服强度、淬火和回火的合金钢板），A501（热成形焊接无缝碳素结构钢管），A529（结构用高强度碳素钢），A570-40、45、50（结构用热轧碳钢、薄板和带钢），A572（结构用高强度低合金钢——钒钢），A588（最小屈服强度为 344.88MPa，厚度不超过 102mm 的高强度低合金结构钢），A606（具有改进抗大气腐蚀性能的热轧和冷轧高强度低合金钢、薄板和带钢），A607（热轧和冷轧高强度低合金铌或钒钢、铌钒钢、薄板和带钢），A618（热成形焊接和无缝高强度低合金结构用钢），A709（桥梁用结构钢），A852（最小屈服点为 482.83MPa，厚度不超过 102mm 的淬火与回火的低合金结构钢板）。

e. 日本标准　结构用钢有 SS400（一般结构用轧制钢）；SS400A、B、C，SM490A、B、C，SM490YA、YB，SM520B、C（焊接结构用轧制钢）；SCM490-CF（焊接结构用离

心铸钢管）；和 SMA490（焊接结构用热轧耐候钢）；SS490，SS540（一般用于非焊接结构用热轧钢。

f. 俄罗斯（前苏联）标准　俄罗斯钢材标准有 C235、C245、C255、C275、C285、C345、C345k、C370、C390、C390k。规格中阿拉伯数据为钢材屈服强度，单位为 MPa。

各国钢材标准不同，很难明确地找出与我国钢材品种相应关系，正确做法是检查它们提供的质保书（化学成分和力学性能），以确定该钢种与我国哪个钢种是可代替的。现将以屈服强度和抗拉强度为依据的各国钢材与我国钢材相应关系见表 1-6，仅供参考。日本自阪神地震后，对抗震结构要求采用新的钢种，即 SN 系列，如 SN400、SN490 等。

表 1-6　各国钢材品种与我国钢材品种对应表

中 国	美 国	日 本	英 国	法 国	德 国	俄罗斯
Q235	A36 A53	SS400 SM400 SMA400	40	E24	St37	C235
Q345	A572 A242 A588	SM490YA SM490YB SM520	50D	E36	St52	C345
Q390		SM570	50F			C390

② 不锈钢钢号编排方法及国内外对照　美国和日本不锈钢和耐热钢牌号编制方法大致相当，下面仅介绍美国对不锈钢和耐热钢牌号的编排方法。

美国的钢铁产品牌号多数采用美国各团体或学会的牌号表示，最常见的美国钢铁学会标准 AISI 标准和美国汽车工程师学会标准 SAE，此外又提出，金属和合金牌号的统一数字系统 UNS，表示方法见表 1-7。表 1-8 为国内外部分奥氏体不锈钢标准钢号对照表。

表 1-7　钢号表示方法

AISI 标准		SAE 标准		UNS 系统	
钢号	名　　称	钢号	名　　称	钢号	名　　称
2XX	铬锰镍氮奥氏体钢	302XX	铬锰镍氮奥氏体钢	S1XXXXX	沉淀硬化钢
3XX	铬镍奥氏体钢	303XX	铬镍奥氏体钢（锻造钢）	S2XXXXX	节镍奥氏体钢
4XX	高铬马氏体钢 高铬铁素体钢	514XX	高铬马氏体钢 高铬铁素体钢（锻造钢）	S3XXXXX	铬镍奥氏体及沉淀硬化钢
5XX	低铬马氏体钢	515XX	低铬马氏体钢（锻造钢）	S4XXXXX	马氏体和铁素体钢、沉淀硬化钢
钢号采用三位数字编排方法，第一位数字表示钢的类型，后两位 XX 表示顺序号		60XXX	用于 650℃ 以下的耐热钢（铸钢）（XXX 为与 AISI 标准相同的标号数字）	S5XXXXX	铬耐热钢
		70XXX	用于 650℃ 以上的耐热钢（铸钢）	钢号编排方法，前三位数字的编号基本与 AISI 相同，后两位数字用于区分同一组钢中主要成分相同而个别成分有差别或含有特殊元素的钢种	
		钢号采用五位数字编排方法，前三位数字表示钢的类型，后两位 XX 表示顺序号数字			

表 1-8　国内外部分奥氏体不锈钢标准钢号对照表

中　国	日本	美国	英国	德国	法国	俄罗斯
GB 1220—1992 GB 3280—1992	JIS	AISI UNS	BS970Part4 BS1449Part2	DIN17440 DIN17224	NFA35-572 NFA35-576～582 NFA35-584	ГОСТ5632
1Cr17Ni8	SUS301J1			X12CrNi177	Z12CN17.07	
1Cr18Ni9	SUS302	302	302S25	X12CrNi188	Z10CN18.09	12Х18Н9
1Cr18Ni9Si3	SUS302B	302B				
Y1Cr18Ni9	SUS303	303	303S21	X12CrNiS188	Z10CNF18.09	
0Cr18Ni9	SUS304	304	304S15	X5CrNi189	Z2CN18.09	08Х18Н10
00Cr19Ni10	SUS304L	304L	304S12	X2CrNi189	Z2CN18.09	03Х18Н11
0Cr19Ni9N	SUS304N1	304N			Z5CN18.09A2	
00Cr19Ni10NbN	SUS304N	XM21				
00Cr18Ni10N	SUS304LN			X2CrNin1810	Z2CN18.10N	
1Cr18Ni12	SUS305	S305	305S19	X5CrNi1911	Z8CN18.12	12Х18Н12Т
0Cr23Ni13	SUS309S	309S				
0Cr25Ni20	SUS310S	310S				
0Cr17Ni12Mo2	SUS316S	316	316S16	X5CrNiMo1812	Z6CND1712	
00Cr17Ni14Mo2	SUS316L	316L	316S12	X2CrNiMo1812	Z2CND1712	03Х17Н14М2
0Cr17Ni12Mo2N	SUS316N					
00Cr17Ni13Mo2N	SUS316LN			X2CrNiMoN1812	Z2CND1712N	
0Cr18Ni12Mo2Ti			320S17	X10CrNiMoN1810	Z6CND1712	08Х17Н13М2Т
0Cr18Ni12Mo2Cu2	SUS316J1					
0Cr18Ni12Mo3Ti						03Х17Ni15М3Т
0Cr19Ni13Mo3	SUS317	317	317S16			03Х16Н15М3
00Cr19Ni13Mo3	SUS317L	317L	317S12	X2CrNiMo1816		
0Cr18Ni16Mo5	SUS317J1					
0Cr18Ni11Ti	SUS321	321		X10CrNiTi189	Z6NT18.10	08Х18Н10Т
0Cr18Ni11Nb	SUS347	347	347S17	X10CrNiNb189	Z6CNNb18.10	08Х18Н12F
0Cr18Ni13Si4	SUSXM15J1	XM15				
0Cr18Ni9Cu3	SUSXM7				Z6CNU18.10	
1Cr18Ni12Mo2Ti			320S17	X10CrNiMoTi1810	Z8CND17.12	08Х17Н13М2Т

（3）焊接结构材料性能和应用

① 受拉、受压及受剪时的性能　钢材标准试件在常温静载情况下，单向均匀受拉试验时的荷载-变形（F-ΔL）曲线或应力-应变（σ-ε）曲线，如图 1-4 所示。由此曲线可获得许多有关钢材的性能。

a. 强度性能　σ-ε 曲线的 OP 段为直线，表示钢材具有完全弹性性质，这时应力可由弹性模量 E 定义，即 $\sigma = E\varepsilon$，而 $E = \tan\alpha$，P 点应力称为比例极限。

曲线的 PE 段仍具有弹性，但非线性，即为非线性弹性阶段，这时的模量叫做切线模量，$E_t = \mathrm{d}\sigma/\mathrm{d}\varepsilon$。此段上限 E 点的应力称为弹性极限。弹性极限和比例极限相距很近，实际上很难区分，故通常只提比例极限。

随着荷载的增加，曲线出现 ES 段，此段表现为非弹性性质，即卸荷曲线成为与 OP 平行的直线（图中的虚线），留下永久性的残余变形。此段上限 S 点的应力称为屈服点。对于低碳钢，出现明显的屈服台阶 SC 段，即在应力保持不变的情况下，应变继续增加。

在开始进入塑性流动范围时，曲线波动较大，以后逐渐趋于平稳，其最高点和最低点分别称为上屈服强度（R_{eH}）点和下屈服强度（R_{eL}）点。上屈服强度和试验条件（加荷速度、试件形状、试件对中的准确性）有关；下屈服点则对此不太敏感，设计中则以下屈服强度为依据。

对于没有缺陷和残余应力影响的试件，比例极限和屈服强度比较接近，且屈服点前的应变很小（对低碳钢约为 0.15%）。为了简化计算，通常假定屈服点以前钢材为完全弹性的，屈服点以后则为完全塑性的，这样就可把钢材视为理想的弹-塑性体，其应力应变曲线表现为双直线，见图 1-5。当应力达到屈服点后，结构将产生很大的残余变形（此时，对低碳钢 $\varepsilon_c = 25\%$），表明钢材的承载能力达到了最大值。因此，在设计时取屈服点为钢材可以达到的最大应力值。

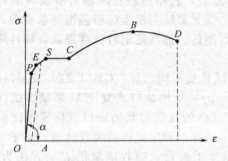
图 1-4　碳素结构钢的应力-应变曲线

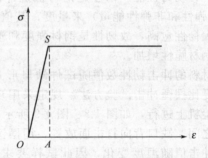
图 1-5　理想的弹-塑性体的应力-应变曲线

高强度钢无明显屈服点和屈服台阶。这类钢的屈服条件是根据试验分析结果而人为规定的，故称为条件屈服强度。条件屈服强度是以卸荷后试件中残余应变为 0.2% 所对应的应力定义的，见图 1-6。

由于这类钢材不具有明显的塑性平台，设计中不宜利用它的塑性。

超过屈服台阶，材料出现应变硬化，曲线上升，直至曲线最高处的 B 点，这点的应力称为抗拉强度（R_m）。当应力达到 B 点时，试件发生颈缩现象，至 D 点而断裂。当以屈服点的应力作为强度限值时，抗拉强度成为材料的强度储备。

b. 塑性性能　试件被拉断时的绝对变形值与试件原标距之比的百分数，称为伸长率。当试件标距长度与试件直径 d（圆形试件）之比为 10 时，以 δ_{10} 表示；当该比值为 5 时，以 δ_5 表示。伸长率代表材料在单向拉伸时的塑性应变的能力。

② 钢材物理性能指标　钢材在单向受压（粗而短的试件）时，受力性能基本上和单向受拉时相同。受剪的情况也相似，但屈服点 τ_s 及抗剪强度 τ_u 均较受拉时为低；切变模量 G 也低于弹性模量 E。

钢材和钢铸件的弹性模量 $E = 620 \times 10^3 \, N/mm^2$，切变模量 $G = 79 \times 10^3 \, N/mm^2$，线胀系数 $\alpha = 12 \times 10^{-6}$，质量密度 $\rho = 7580 \, kg/m^3$。

a. 冷弯性能　冷弯性能由 GB 232—2010《金属材料弯曲试验方法》来确定，如图 1-7 所示。试验时按照规定的弯曲直径在试验机上用冲头加压，使试件弯成 180°，试验后不使用放大仪器观察，试样弯曲外表面无可见裂纹即为合格。冷弯试验不仅能直接检验钢材的弯曲变形能力或塑性性能，还能暴露钢材内部的冶金缺陷，如硫、磷偏析和硫化物与氧化物的

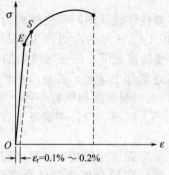

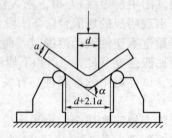

图 1-6　高强度钢的应力-应变　　　　　　　　　图 1-7　钢材冷弯试验示意图

掺杂情况，这些都将降低钢材的冷弯性能。因此，冷弯性能合格是鉴定钢材在弯曲状态下的塑性应变能力和钢材质量的综合指标。

　　b. 冲击韧性　　拉力试验表现钢材的强度和塑性，是静力性能，而韧性试验是可获得钢材的一种动力性能。韧性是钢材抵抗冲击荷载的能力，它用材料在断裂时所吸收的总能量（包括弹性和非弹性能量）来度量，其值为图 1-4 中 σ-ε 曲线与横坐标所包围的总面积，总面积愈大韧性愈高，故韧性是钢材强度和塑性的综合指标。通常是钢材强度提高，韧性降低则表示钢材脆性增加。

　　材料的冲击韧性数值随试件缺口形式和使用试验机不同而异。GB/T 229—2007《金属材料夏比摆锤冲击试验方法》规定采用夏比（Charpy）V 形缺口或夏比 U 形缺口试件在夏比试验机上进行，如图 1-8、图 1-9 所示。将规定试样的几何形状的缺口试样置于试验机两支座之间，缺口背向打击面放置，用摆锤一次打击试样，测定试样的吸收能量。由于大多数材料冲击值随温度变化，因此试样要求在规定温度下进行。吸收能量的表示方法为 KU_2（U 形缺口试样在 2mm 摆锤导刀刃下的冲击吸收能量）、KU_8（U 形缺口试样在 8mm 摆锤

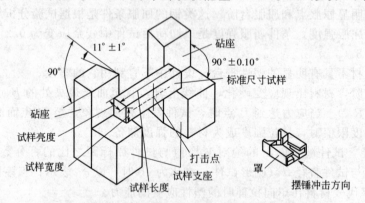

图 1-8　试样与摆锤冲击试验机支座及砧座相对位置示意

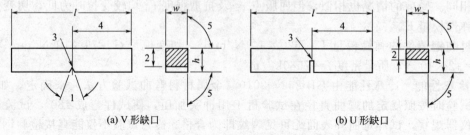

(a) V 形缺口　　　　　　　　　　　　　　(b) U 形缺口

图 1-9　夏比冲击试样

导刀刃下的冲击吸收能量）、KV_2（V 形缺口试样在 2mm 摆锤导刀刃下的冲击吸收能量）、KV_8（V 形缺口试样在 8mm 摆锤导刀刃下的冲击吸收能量），单位为 J。

　　注：符号 l，h，w 和数字 1～5 的尺寸见表 1-9。

表 1-9　试样的尺寸与偏差

名　　称	符号及序号	V 形缺口试样		U 形缺口试样	
		公称尺寸	机加工偏差	公称尺寸	机加工偏差
长度	l	55mm	±0.6mm	55mm	±0.6mm
高度①	h	10mm	±0.075mm	10mm	±0.11mm
宽度①	w				
——标准试样			±0.11mm	10mm	±0.11mm
——小试样			±0.11mm	7.5mm	±0.11mm
——小试样			±0.06mm	5mm	±0.06mm
——小试样		2.5mm	±0.04mm		
缺口角度	1	45°	±2°	—	—
缺口底部高度	2	8mm	±0.075mm	8mm②	±0.09mm
				5mm②	±0.09mm
缺口根部半径	3	0.25mm	±0.027mm	1mm	±0.07mm
缺口对称面-端部距离③	4	27.5mm	±0.42mm	27.5mm	±0.42mm
缺口对称面-试样纵轴角度	—	90°	±2°	90°	±2°
试样纵向面间夹角	5	90°	±2°	90°	±2°

　　① 除端部外，试样表面粗糙度应优于 Ra 5μm。
　　② 如规定其他高度，应规定相应偏差。
　　③ 对自动定位试样的试验机，建议偏差用 ±0.165mm 代替 ±0.42mm。

　　由于低温对钢材的脆性破坏有显著影响，在寒冷地区建造的结构不但要求钢材具有常温（20℃）冲击韧性指标，还要求具有负温（0℃、-20℃或-40℃）冲击韧性指标，以保证结构具有足够的抗脆性破坏能力。

　　（4）影响钢材主要性能的因素

　　① 钢材的化学成分　影响钢的性能特别是力学性能的主要是其化学成分及含量。铁（Fe）是钢材的基本元素，纯铁质软，在碳素结构钢中约占 99%，碳和其他元素仅占 1%，但对钢材的力学性能却有着决定性的影响。其中提高碳钢力学性能的元素有硅（Si）、锰（Mn），有害元素有硫（S）、磷（P）、氮（N）、氢（H）、氧（O）等。低合金钢中还含有低于 5%的合金元素，如钒（V）、钛（Ti）、铌（Nb）、铬（Cr）等。

　　在碳素结构钢中，碳是主要元素，它直接影响钢材的强度、塑性、韧性和可焊性等。碳含量增加，钢的强度提高，而塑性、韧性和疲劳强度下降，同时恶化钢的焊接性和抗腐蚀性。因此，为保证焊接性和综合性能的要求，碳素结构钢中碳的质量分数一般不超过0.20%，在焊接结构用钢中其含量还应小于 0.20%。

　　硫和磷（其中特别是硫）是钢中的有害元素，可降低钢材的塑性、韧性、可焊性和疲劳强度。硫与铁可生成低熔点共晶，在高温时使钢形成热脆，焊接时产生热裂纹；磷可溶于铁素体，提高铁素体的强度、硬度，低温时，磷使钢形成冷脆。

　　氧的作用和硫类似，使钢形成热脆；氮的作用和磷类似，使钢形成冷脆。由于熔炼技术不断提高，氧、氮一般不会超过极限含量，故通常不要求作含量分析。

　　锰和硅是炼钢时添加的脱硫、脱氧剂。其中锰可脱氧、脱硫降低钢的脆性，消除硫的有害作用，同时含量在规定范围内时，不仅可提高强度，而且可提高塑性。硅可脱氧，含量在规定的范围内时，可提高钢强度和硬度的同时，提高钢的塑性。在碳素结构钢中，硅的质量分数一般不大于 0.3%，锰的质量分数为 0.3%～0.8% 范围。对于低合金高强度结构钢，锰的质量分数可达 1.0%～1.6%，硅的质量分数可达 0.55%。

钒和钛在钢中可细化晶粒，提高钢的强度和塑性。

铜在碳素结构钢中属于杂质元素。但在普低钢中加入 0.10%～0.15% 的铜，其耐海洋大气及工业大气腐蚀的能力可提高一倍以上，但过多的铜将使钢产生热脆。

② 钢材的冶金缺陷　常见的冶金缺陷有偏析、非金属夹杂、气孔和裂纹等。偏析是指钢中化学成分不一致和不均匀，特别是硫、磷的偏析会严重恶化钢材的性能。非金属夹杂是钢中的硫化物与氧化物等杂质，气孔是浇注钢锭时，由氧化铁与碳作用所生成的一氧化碳气体，其气体不能充分逸出而形成的。这些缺陷都将影响钢材的力学性能，会严重降低钢材的冷弯性能，加工过程或使用中会产生裂纹。

冶金缺陷对钢材性能的影响，不仅在结构受力时表现出来，有时在加工制作过程中也可表现出来。

③ 钢材硬化　冷拉、冷弯、冲孔、机械剪切等冷加工使钢材产生较大的塑性变形，从而提高了钢的强度，同时降低了钢的塑性和韧性，这种现象称为冷作硬化（或应变硬化）。

在高温时溶于铁素体中的少量氮，随着时间的延长会逐渐析出，与铁形成氮化铁，使钢材的强度提高，塑性、韧性下降，这种现象称为时效硬化。时效硬化的过程一般较长。

此外，还有冷变形强化或加工硬化。如钢材经塑性变形后，随着变形程度的增加，金属强度和硬度升高，塑性和韧性下降。加工硬化可通过热处理消除。

在一些重要结构中要求对钢材进行人工时效后检验其冲击韧性，以保证结构具有足够的抗脆性破坏能力。

④ 温度影响　钢材的力学性能随温度的变化如图 1-10 所示。总的倾向是随温度的升高，钢材强度降低，塑性增加；反之，温度降低，钢材强度会略有增加，塑性和韧性却会降低。

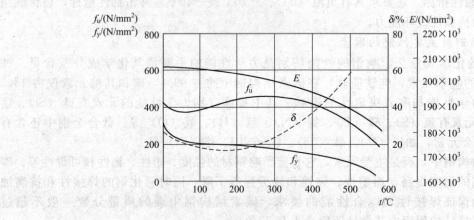

图 1-10　温度对钢材力学性能的影响

当温度从常温开始下降，特别是在负温度范围内时，钢材强度虽有提高，但其塑性和韧性降低，由塑性材料逐渐变为脆性材料，这种性质称为低温冷脆。图 1-11 所示为钢材冲击韧性与温度的关系曲线。由图 1-11 可见，随着温度的降低 C_v 值迅速下降，材料将由塑性破坏转变为脆性破坏，另外，这一转变是在一个温度区间 $T_1 \sim T_2$ 内完成的，此温度区称为钢材的脆性转变温度区，在此区内曲线的反弯点（最陡点）所对应的温度 T_0 称为转变温度。如果把低于 T_0、完全脆性破坏的最高温度 T_1 作为钢材的脆断设计温度即可保证钢结构低温工作的安全。每种钢材的脆性转变温度区及脆断设计温度需要由大量破坏或不破坏的使用

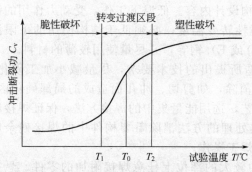

图 1-11　冲击韧性与温度的关系曲线

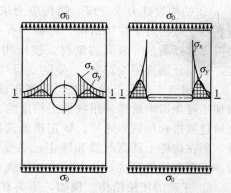

图 1-12　孔洞及槽孔处的应力集中

经验和实验资料统计分析确定。

⑤ 结构中的应力集中现象　钢材的工作性能和力学性能指标都是以轴心受拉杆件中应力沿截面均匀分布的情况作为基础的。实际上在钢结构的构件中有时存在着孔洞、槽口、凹角、截面突变以及钢材内部缺陷等，此时，构件中的应力分布将不再保持均匀，而是在某些区域产生局部高峰应力，在另外一些区域则应力降低，形成应力集中现象，见图 1-12。高峰区的最大应力与净截面的平均应力之比称为应力集中系数。研究表明，在应力高峰区域总是存在着同号的双向或三向应力，这是因为由高峰拉应力引起的截面横向收缩受到附近低应力区的阻碍而引起垂直于内力方向的拉应力 σ_y，在较厚的构件里还产生 σ_z，使材料处于复杂受力状态，由能量强度理论得知，这种同号的平面或立体应力场有使钢材变脆的趋势。应力集中系数愈大，变脆的倾向亦愈严重。但由于建筑钢材塑性较好，在一定程度上能促使应力进行重分配，使应力分布严重不均的现象趋于平缓。故受静荷载作用的构件在常温下工作时，在计算中可不考虑应力集中的影响。但在负温下或动力荷载作用下工作的结构，应力集中的不利影响将十分突出，往往是引起脆性破坏的根源，故在设计中应采取措施避免或减小应力集中，并选用质量优良的钢材。

⑥ 交变荷载作用　钢材在交变荷载作用下，结构的抗力及性能都会发生重要变化，甚至发生疲劳破坏。在直接的连续交变的动力荷载作用下，根据试验，钢材的强度将降低，即低于一次静力荷载作用下的拉伸试验的极限强度，这种现象称为钢的疲劳。疲劳破坏表现为突然发生的脆性断裂。但是，实际上疲劳破坏乃是累积损伤的结果。材料总是有"缺陷"的，在交变荷载作用下，先在缺陷处发生塑性变形和硬化而生成一些极小的裂痕，此后这种微观裂痕逐渐发展成宏观裂纹，试件截面减小，而在裂纹根部出现应力集中现象，使材料处于三向拉伸应力状态，塑性变形受到限制，当交变荷载达到一定的循环次数时，材料最终破坏，并表现为突然的脆性断裂。

实践证明，构件的应力水平不高或反复次数不多的钢材一般不会发生疲劳破坏，计算中不必考虑疲劳的影响。但是，长期承受频繁的交变荷载的结构及其连接，例如承受重级工作制吊车上的吊车梁等，在设计中就必须考虑结构的疲劳问题。

这里介绍了各种因素对钢材基本性能的影响，研究和分析这些影响的最终目的是了解钢材在什么条件下可能发生脆性破坏，从而可以采取措施予以防止。钢材的脆性破坏往往是多种因素影响的结果，例如当温度降低，荷载速度增大，应力集中较严重，特别是这些因素同时存在时，材料或构件就有可能发生脆性断裂。根据现阶段研究情况来看，在建筑钢材中还不是一个单纯由设计计算或者加工制造某一个方面来控制的问题，而是一个必须在设计、制造及使用等多方面来共同加以防止的事情。

为了防止脆性破坏的发生，一般需要在设计、制造及使用中注意下列几点。

① 结构设计力求合理。结构应力求合理，使其能均匀、连续地传递应力，避免构件截面剧烈变化。对于焊接结构，可参考有关焊接结构设计内容。低温下工作，受动力作用的钢结构应选择质量等级高的钢材，使所用钢材的脆性转变温度，必须低于结构使用的下限温度，例如分别选用 Q235C（或 D）、Q345C（或 D 或 E）钢等，并尽量使用较薄的材料。

② 制造工艺应正确。应严格遵守设计对制造所提出的技术要求，尽量减小加工硬化，因加工硬化影响后续使用或加工精度的，应加以消除，如剪切、冲孔而造成的局部硬化区，要通过刨边和扩钻来除掉；要正确地选择焊接工艺，选用能量集中的焊接方法，保证焊接质量，不在构件上任意起弧和锤击，必要时可用热处理的方法消除重要构件中的焊接残余应力。重要部位的焊接，应由经考试挑选有经验的焊工操作。

③ 正确的使用结构。例如，不要在结构受力较大的部位上任意焊接附加的零件、悬挂重物、不超负荷使用结构；要定时检查维护，及时油漆防锈，避免任何撞击和机械损伤；原设计在室温工作的结构，冬季停产检修时应注意保暖等。

对设计工作者来说，不仅要注意适当选择材料和正确处理细部构造设计，对制造工艺的影响也不能忽视。对使用也应提出在使用期中应注意的主要问题。

1.3 焊接结构的发展及应用前景

近百年来，焊接已成为最广泛的材料加工技术之一。从核能发电到微电子技术的发展，从探索宇宙空间到深海资源的开发，从汽车到家电产品的制造，都离不开焊接结构制作技术。当代许多最重要的工程技术问题必须采用焊接才能解决。

1.3.1 焊接结构的发展趋势

我国是世界上最早应用焊接技术的国家之一，随着现代工业的高速发展，作为机器制造重要手段的焊接技术，已被广泛应用于机械制造业的各个部门。一个国家的焊接技术发展水平往往也是工业和科学技术现代化发展的标志之一。随着冶金和钢铁工业的发展，新工艺、新材料、新技术不断涌现，以及焊接技术和理论的发展，大大推动了焊接结构及焊接生产，使其获得了迅猛的发展。主要表现在以下几个方面。

① 焊接结构获得进一步推广和应用。随着焊接技术的发展和进步，焊接结构的应用越来越广泛，几乎渗透到国民经济的各个领域，如机械制造、石油化工、矿山机械、能源电力、铁道车辆、国防装备、航空航天、舰船制造等，并且在各个领域中焊接结构的占有率是上升的。在工业发达国家中一般焊接结构占钢产量的 45%～50%，我国年钢产量已达到 7 亿吨，约 50% 的钢材需要经过焊接加工制成各种构件或产品。

② 焊接结构向大型化、高参数、精确尺寸方向发展。如 100 万吨级巨型油轮；容积为 10 万立方米的大型储罐；国产核电站 600MW 反应堆压力壳，高达 12.11m，内径 3.85m，外径 4.5m，壁厚从 195～475mm。国外 1480MW 反应堆压力壳，高 12.85m，直径 5～5.5m，壁厚从 200～600mm，质量达 483t。众所周知的三峡电站采用 26 台 70 万千瓦 水轮发电机组。其水轮机的座环、转轮——叶片、主轴、蜗壳等都是巨型焊接结构。图 1-13 就是由我国自主研制生产的长江三峡水轮机的超大型叶轮，直径为 10.7m、高度为 5.4m、质量达 440t，为世界最大最重的不锈钢焊接转轮。图 1-14 是国家体育场。国家体育场"鸟巢"建筑顶面呈马鞍形，东西向结构高度为 68.5m，南北向结构高度为 40.1m，长轴 332.3m，短轴

图 1-13　长江三峡水轮机超大型叶轮

图 1-14　国家体育场

297.3m，钢结构总质量 5.3 万吨，空间位置复杂多变，焊缝总长 31 万米，消耗焊材 2000 余吨，焊接过程严格控制应力和变形，已成为我国建筑钢结构焊接工程的样板，获得了 2010 年度国际焊接最高奖。在航空航天方面，已建成了一个最大的空间环境模拟装置，是一个大型不锈钢整体焊接结构，主舱是一个直径 18m、高 22m 的真空容器，辅舱直径 12m。

　　③ 焊接结构材料已从碳素结构钢转向采用低合金结构钢、合金结构钢、特殊用途钢，为我国已经开发或正在研制的微合金化控轧钢（如 TMCP 钢）、高强度细晶粒钢、精炼钢（如 CF 钢）、非微合金化的 C-Mn 钢、制造海洋平台基础导管架用的 Z 向钢，高强和超高强度钢也开始广泛用于焊接结构制造。如高强度管线钢 X80、X100、X120 钢，汽车车身用超轻型结构用钢，高耐火性高层建筑用钢；制造固体燃料火箭发动机壳的 4340 钢，抗拉强度可达 1765MPa。为适应复杂、苛刻的使用环境，一些耐高温、耐腐蚀、耐深冷及脆性断裂的高合金钢及非钢铁合金也在焊接结构中得到了应用，如 3.5Ni 及 9Ni 钢，不锈钢和耐热钢，铝及铝合金，钛及钛合金，还有防锈铝合金制造输送液化天然气的货船和球罐等。

1.3.2　焊接结构的应用前景

　　目前，无论从焊接设备和材料的制造技术和发展方向上，我国焊接结构生产技术已有很大的发展。部分结构焊接技术已达到或接近国际先进水平。焊接作为一种现代的先进主导制造工艺技术，逐步集成到焊接结构的主寿命过程，即从设计开发、工艺制订、制造生产，到运行服役、失效分析、维护、再循环等结构的各个阶段。焊接作为一种广泛的系统工程，其应用范围不仅应用于重型机械、电力设备、石油化工、交通运输、建筑工程、航空航天等行业，还将扩大到电子器件、家用电器、医疗器械、通信工程等各个领域。

第 **2** 章 | 焊接应力与变形矫正

2.1 焊接热过程

在焊接过程中，被焊金属由于热的输入和传播，而经历加热、熔化（或达到热塑性状态）和随后的连续冷却过程，通常称之为焊接热过程。

2.1.1 焊接温度场

焊接温度场是指在焊接过程中，某一时刻所有空间各点温度的总计或分布。焊接温度场可以方便地用等温面或等温线来表示。等温面是工件上具有相同温度的所有点的轨迹；等温线是等温面与某一截面的交线。

2.1.1.1 瞬时固定热源作用下的温度场

瞬时固定热源可作为具有短暂加热及随后冷却的焊接过程（如点焊）的简化模型，其相应的数学解还可以作为分析连续移动热源焊接过程的基础，因此具有重要意义。

为获得简化的温度场计算公式，需要做一些假设：

a. 在整个焊接过程中，热物理常数不随温度而改变；

b. 焊件的初始温度分布均匀，并且不考虑相变潜热；

c. 二维或三维传热时，认为彼此无关，互不影响；

d. 认为焊件的几何尺寸是无限的；

e. 热源是按点状、线状或面状假设集中作用在焊件上的。

（1）瞬时点热源作用于半无限体时的温度场

在这种情况下，热量 Q 在时间 $t=0$ 的瞬间作用于半无限大立方体表面的中心处，热量呈三维传播，如图 2-1 所示。在任意方向距点热源的距离为 r 处的点经过时间 t 时，温度增加为 $T-T_0$。求解导热微分方程

$$\frac{\partial T}{\partial t}=\frac{\lambda}{c_\rho}\left(\frac{\partial^2 T}{\partial x^2}+\frac{\partial^2 T}{\partial y^2}+\frac{\partial^2 T}{\partial z^2}\right) \tag{2-1}$$

可得此条件下的温度场表达式为

$$T=\frac{Q}{c_\rho(4\pi at)^{3/2}}\exp\left(-\frac{r^2}{4at}\right) \tag{2-2}$$

式中　Q——焊件瞬时所获得的能量，J；

　　　　r——距点热源距离，$r^2=x^2+y^2+z^2$，mm；

　　　　t——传热时间，s；

　　　　c_ρ——焊件的容积比热容，J/(mm^3·℃)；

　　　　a——热扩散率，mm^2/s。

只要证明式(2-2)是微分方程式(2-1)的一个特解即可。在此设 $u=\dfrac{Q}{c_\rho(4\pi at)^{3/2}}$，$v=$

$\exp\left(-\dfrac{r^2}{4at}\right)$，$T=uv$，$\dfrac{\partial T}{\partial t}=\dfrac{\partial(uv)}{\partial t}=u\dfrac{\partial v}{\partial t}+v\dfrac{\partial u}{\partial t}$，则

$$\frac{\partial T}{\partial t}=\frac{Q}{c_\rho(4\pi at)^{3/2}}\left(-\frac{r^2}{4a}\right)\left(-\frac{1}{t^2}\right)\exp\left(-\frac{r^2}{4at}\right)+\exp\left(-\frac{r^2}{4at}\right)\frac{Q}{c_\rho(4\pi at)^{3/2}}\left(-\frac{3}{2}\times\frac{1}{t^{5/2}}\right)=T\left(\frac{r^2}{4at^2}-\frac{3}{2t}\right)$$

$$=\frac{T}{t}\left(\frac{r^2}{4at}-\frac{3}{2}\right)$$

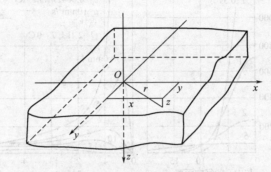

图 2-1　瞬时点热源作用于半无限体

而　　$\dfrac{\partial T}{\partial x}=\dfrac{\partial T}{\partial r}\dfrac{\partial r}{\partial x}=\dfrac{Q}{c_\rho(4\pi at)^{3/2}}\left(-\dfrac{2r}{4at}\right)\dfrac{\partial r}{\partial x}\exp\left(-\dfrac{r^2}{4at}\right)=T\left(-\dfrac{2r}{4at}\right)\dfrac{\partial r}{\partial x}$

由于 $r^2=x^2+y^2+z^2$，$2r\mathrm{d}r=2x\mathrm{d}x$，$\dfrac{\partial r}{\partial x}=\dfrac{x}{r}$，所以

$$\frac{\partial T}{\partial x}=T\left(-\frac{x}{2at}\right)$$

则　　$\dfrac{\partial^2 T}{\partial x^2}=\dfrac{\partial}{\partial x}\left(\dfrac{\partial T}{\partial x}\right)=\dfrac{\partial}{\partial x}\left(-T\dfrac{x}{2at}\right)=-\dfrac{T}{2at}-\dfrac{x}{2at}\times\dfrac{\partial T}{\partial x}=-\dfrac{T}{2at}-\dfrac{x}{2at}\left(-T\dfrac{x}{2at}\right)=$

$\dfrac{T}{2at}\left(\dfrac{x^2}{2at}-1\right)$

同理　$\dfrac{\partial^2 T}{\partial y^2}=\dfrac{T}{2at}\left(\dfrac{y^2}{2at}-1\right)$，$\dfrac{\partial^2 T}{\partial z^2}=\dfrac{T}{2at}\left(\dfrac{z^2}{2at}-1\right)$

将上面各式代入微分方程式(2-1)，得

$$\frac{T}{t}\left(\frac{r^2}{4at}-\frac{3}{2}\right)=\frac{\lambda}{c_\rho}\left[\frac{T}{2at}\left(\frac{x^2}{2at}-1+\frac{y^2}{2at}-1+\frac{z^2}{2at}-1\right)\right]=\frac{T}{t}\frac{\lambda}{c_\rho}\frac{1}{a}\left(\frac{x^2+y^2+z^2}{4at}-\frac{3}{2}\right)$$

因为 $\dfrac{\lambda}{c_\rho}=a$，所以，微分方程两端相等，即说明式(2-2)确实是微分方程式(2-1)的特解，只要正确确定常数项即可。

可以看出，瞬时点热源作用下的温度场是一个半径为 r 的等温球面，考虑到焊件为半无限体，热量只在半球中传播，则对上式加以修正，即认为热量完全为半无限体获得，即

$$T-T_0=\frac{2Q}{c_\rho(4\pi at)^{3/2}}\exp\left(-\frac{r^2}{4at}\right) \tag{2-3}$$

式中　T_0——初始温度，℃。

在热源作用点（$r=0$）处，其温度为

$$(T-T_0)_{r=0}=\frac{2Q}{c_\rho(4\pi at)^{3/2}} \tag{2-4}$$

在此点，当 $t=0$ 时，$T-T_0 \to \infty$。这与实际情况不符合（电弧焊接时，$T_{max}=$ 2500℃），这是点热源模型简化的结果。

随着时间延长，温度 T 随 $1/t^{3/2}$ 呈双曲线下降，双曲线高度与 Q 呈正比。在中心以外的各点，其温度开始时随时间 t 的延长而升高，达到最大值以后，逐渐随 $t \to \infty$ 而下降到环境温度 T_0。图 2-2 给出了瞬时点热源作用下的温度场。

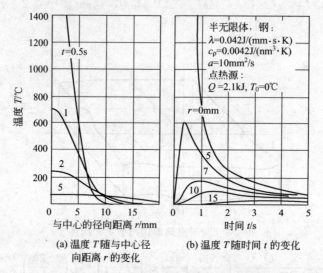

(a) 温度 T 随与中心径
向距离 r 的变化

(b) 温度 T 随时间 t 的变化

图 2-2　半无限体瞬时点热源周围的温度场

（2）瞬时线热源作用于无限大板时的温度场

在厚度为 h 的无限大板上，瞬时线热源集中作用于某点上，即相当于热量于该点处在板厚方向上均匀瞬间输入。假定焊件初始温度为 T_0，在 $t=0$ 时刻，有热量 Q 瞬间作用于焊件，求解距热源为 r 的某点，经过 t 后的温度。此时可用二维导热微分方程来求解。对于薄板来说，必须考虑与周围介质的换热。

当薄板表面的温度为 T_0 时，在板上取一微元体 $h\,\mathrm{d}x\,\mathrm{d}y$（见图 2-3），在单位时间内微元体损失的热能为 $\mathrm{d}Q$，即

$$\mathrm{d}Q = 2\alpha(T-T_0)\,\mathrm{d}x\,\mathrm{d}y\,\mathrm{d}t \tag{2-5}$$

式中　α——表面传热系数，J/(mm² · s · ℃)；

　　　2——考虑双面散热；

　　　T——板表面温度，℃；

　　　T_0——周围介质温度，℃。

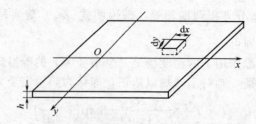

图 2-3　瞬时线热源作用于无限大板

由于散热使微元体 $h\,\mathrm{d}x\,\mathrm{d}y$ 的温度下降，则此时失去的热能应为 $\mathrm{d}Q$，即

$$\mathrm{d}Q = -\mathrm{d}T c_\rho \mathrm{d}V = -\mathrm{d}T c_\rho h\,\mathrm{d}x\,\mathrm{d}y \tag{2-6}$$

式(2-5) 与式(2-6) 应相等，整理得

$$\frac{\mathrm{d}T}{\mathrm{d}t} = -\frac{2\alpha}{c_\rho h}(T - T_0) = -bT \qquad (2\text{-}7)$$

式中　b——散热系数，$b = 2\alpha / c_\rho h$，s^{-1}。

因此，焊接薄板时如果考虑表面散热，则导热微分方程式中应补充一项，即

$$\frac{\partial T}{\partial t} = a\left(\frac{\partial^2 T}{\partial x^2} + \frac{\partial^2 T}{\partial y^2}\right) - bT \qquad (2\text{-}8)$$

此微分方程的特解为

$$T - T_0 = \frac{Q}{h c_\rho (4\pi at)} \exp\left(-\frac{r^2}{4at} - bt\right) \qquad (2\text{-}9)$$

此为薄板瞬时线热源传热计算公式。可见，其温度分布是平面内以 r 为半径的圆环。

在热源作用处（$r = 0$），其温度增加为

$$T - T_0 = \frac{Q}{h c_\rho (4\pi at)} \exp(-bt) \qquad (2\text{-}10)$$

温度以 $1/t$ 双曲线形式下降，下降的趋势比半无限体要缓和些。

（3）瞬时面热源作用于无限长杆时的温度场

假定热量 Q 在 $t = 0$ 时刻作用于横截面为 A 的无限长杆上 $x = 0$ 处的中央截面，Q 均布于面积 A 上，形成与面积有关系的热流密度 Q/A，热量呈一维传播。

同样考虑散热，求解一维导热微分方程

$$\frac{\partial T}{\partial t} = a\frac{\partial^2 T}{\partial x^2} - b^* t \qquad (2\text{-}11)$$

可得

$$T - T_0 = \frac{Q}{A c_\rho (4\pi at)^{1/2}} \exp\left(-\frac{x^2}{4at} - b^* t\right) \qquad (2\text{-}12)$$

式中　b^*——细杆的散温系数，$b^* = \alpha L / A c_\rho$，$\mathrm{s}^{-1}$；

　　　L——细杆的周长，mm；

　　　A——细杆的截面积，mm^2。

在热源作用处（$x = 0$），温度升高为

$$T - T_0 = \frac{Q}{A c_\rho (4\pi at)^{1/2}} \exp(-b^* t) \qquad (2\text{-}13)$$

温度以 $1/t^{1/2}$ 双曲线形式下降，下降的趋势比板更缓和。

图 2-4 给出了体、板、杆的中心温度下降的不同梯度。热流空间受限越多，温度梯度减小越明显，因此，热传播的快速性从体至板，再从板至杆逐渐减小。

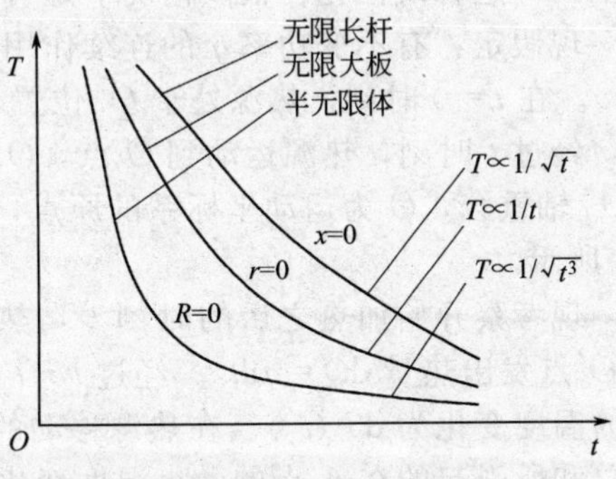

（4）叠加原理

焊接过程中常常会遇到工件上可能有数个热源同时作用，也可能先后作用或断续作用的情况。对于这些情况，某一点的温度变化可像单独热源作用那样分别求解，然后再进行叠加。

叠加原理：假设有若干个不相干的独立热源作用在同一焊件上，则焊件上某一点的温度等于各独立热源对该点产生温升的总和，即

图 2-4　瞬时点、线、面热源中心处温度变化的比较

$$T = \sum_{i=1}^{n} T(r_i, t_i) \tag{2-14}$$

式中，r_i 为第 i 个热源与计算点之间的距离；t_i 为第 i 个热源相应的热传播时间。

例 2-1　如图 2-5 所示的薄板上，有热量 Q_A 在 A 点瞬时传入薄板，其后 5s，又有热量 Q_B 在 B 点瞬时传入薄板，求 B 热源作用 10s 后，P 点的瞬时温度。

解　由题意可知：A 热源传播时间为 $t_A = 15s$，B 热源传播时间为 $t_B = 10s$，则

$$T_A = \frac{Q_A}{h c_\rho (4\pi a \times 15)} \exp\left[\frac{(\overline{AP})^2}{4a \times 15} - b \times 15\right]$$

$$T_B = \frac{Q_B}{h c_\rho (4\pi a \times 10)} \exp\left[\frac{(\overline{BP})^2}{4a \times 10} - b \times 10\right]$$

$$T_P = T_A + T_B$$

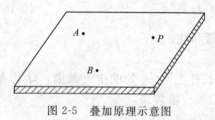

图 2-5　叠加原理示意图

有了叠加原理后，就可以处理连续热源作用的问题，即将连续热源看成是无数个瞬时热源作用叠加的结果。

2.1.1.2　连续移动集中热源作用下的温度场

焊接过程中，热源一般都是以一定的速度运动并连续作用于工件上。前面讨论的瞬时热源传热为讨论连续热源奠定了理论基础。

在实际的焊接条件下，连续作用的热源由于运动速度（即焊接速度）不同，对温度场会产生较大影响，一般可分为以下三种情况：

a. 热源移动速度为零，即相当于缺陷补焊的情况，此时可以得到稳定的温度场。

b. 热源移动速度较慢，即相当于焊条电弧焊的条件，此时温度分布比较复杂，处于准稳定状态。理论上虽能得到满意的数学模型，但与实际焊接条件有较大偏差。

c. 热源移动速度很快，即相当于快速焊接（如自动焊接的情况），此时温度场分布也较复杂，但可简化后建立数学模型，定性分析实际条件下的温度场。

（1）作用于半无限体的移动点热源

连续作用的移动热源的温度场的数学表达式可以从叠加原理获得。叠加原理的应用范围是线性微分方程式，而线性微分方程式是建立在材料的特征值均与温度无关的基本假设基础之上的。这种线性化在很多情况下是可以被接受的。

现假定：有不变功率 q 的连续作用点热源沿半无限体表面匀速直线移动，热源移动速度为 v。在 $t = 0$ 时刻，热源处于 O_0 位置，并开始沿着 $O_0 x_0$ 坐标轴运动。从热源开始作用算起，经过 t 时刻，热源运动到 O 点，$O_0 O$ 的距离为 vt。建立运动坐标系 $Oxyz$，使 Ox 轴与 $O_0 x_0$ 轴重合，O 为运动坐标系的原点，Oy 轴平行于 $O_0 y_0$ 轴，Oz 轴平行于 $O_0 z_0$ 轴，如图 2-6 所示。

现考察开始加热之后的时刻 t'，热源位于 $O'(vt', 0, 0)$ 点，在时间微元 dt' 内，热源在 O' 点发出热量 $dQ = q dt'$。经过 $t - t'$ 时期的传播，到时间 t 时，在 A 点 (x_0, y_0, z_0) 引起的温度变化为 $dT(t')$。在热源移动的整个时间 t 内，把全部路径 $O_0 O$ 上加进的瞬时热源的总和所引起的在 A 点的微小温度变化叠加起来，就得到 A 点的温度变化 $T(t)$，即

$$T(t) = \int_0^t dT(t') \tag{2-15}$$

应用瞬时点热源的热传播方程

$$dT = \frac{2Q}{c_\rho (4\pi a t)^{3/2}} \exp\left(-\frac{r^2}{4at}\right) \tag{2-16}$$

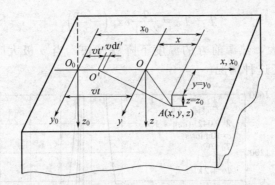

图 2-6 移动点热源作用于半无限体时的坐标系建立

此时 $r^2 = (\overline{O'A})^2 = (x_0 - vt')^2 + y_0^2 + z_0^2$,热源持续时间为 $t-t_0$,则有:

$$dT(x_0, y_0, z_0, t) = \frac{2qdt'}{c_\rho [4\pi a(t-t')]^{3/2}} \exp\left[-\frac{(x_0 - vt')^2 + y_0^2 + z_0^2}{4a(t-t')}\right] \quad t > t' > 0 \quad (2\text{-}17)$$

所以:

$$T(x_0, y_0, z_0, t) = \int_0^t \frac{2qdt'}{c_\rho [4\pi a(t-t')]^{3/2}} \exp\left[-\frac{(x_0 - vt')^2 + y_0^2 + z_0^2}{4a(t-t')}\right] \quad (2\text{-}18)$$

上式属于固定坐标系 (O_0, x_0, y_0, z_0),对于运动坐标系 (O, x, y, z) 来说,由于 $x = x_0 - vt$、$y = y_0$、$z = z_0$,现设 $t'' = t - t'$,代入上式,得

$$T(x, y, z, t) = \frac{2q}{c_\rho(4\pi a)^{3/2}} \exp\left(-\frac{vx}{2a}\right) \int_0^t \frac{dt''}{t''^{3/2}} \exp\left(-\frac{v^2 t''}{4a} - \frac{r^2}{4at''}\right) \quad (2\text{-}19)$$

如果忽略焊接加热过程的起始阶段和收尾阶段(即不考虑起弧和收弧),则作用于无限体上的匀速直线运动的热源周围的温度场,可认为是准稳态温度场,如果将此温度场放在运动坐标系中,就呈现为具有固定场参数的稳定温度场。

对此,考虑极限状态,$t \to \infty$,并设 $\frac{r^2}{4at} = u^2$、$\frac{vr}{4a} = m$、$du = -\frac{r}{2(4a)^{1/2}} \times \frac{dt''}{t''^{3/2}}$,代入上式中的定积分部分,由于

$$\int_0^\infty \exp\left(-u^2 - \frac{m^2}{u^2}\right)du = \frac{\sqrt{\pi}}{2} \exp(-2m) = \frac{\sqrt{\pi}}{2} \exp\left(-\frac{vr}{2a}\right) \quad (2\text{-}20)$$

所以

$$T(r, x) = \frac{2q}{c_\rho \times 2\pi a r \sqrt{\pi}} \exp\left(-\frac{vx}{2a}\right) \frac{\sqrt{\pi}}{2} \exp\left(-\frac{vr}{2a}\right) = \frac{q}{2\pi\lambda r} \exp\left[-\frac{v}{2a}(x+r)\right] \quad (2\text{-}21)$$

式(2-21)即为以恒定速度沿半无限体表面运动的、不变功率的点热源的热传播极限状态方程式。式中,r 为动坐标系中的空间动径,即所考察点 A 到坐标原点 O 的距离。

当 $v = 0$ 时,相当于固定连续热源,则

$$T - T_0 = \frac{q}{2\pi\lambda r} \quad (2\text{-}22)$$

可见,等温面为同心半球形,温度随 $1/r$ 呈双曲线下降,热导率 λ 越小时,加热至高温的区域越大。

当 $x = -r$ 时,同样可获得式(2-22)。这说明移动热源运动轴线上热源后方各点($x = -r$)的温度值与移动速度 v 无关。相反,适用于运动轴线上热源前方各点($x = r$)的温度分布计算式为

$$T - T_0 = \frac{q}{2\pi\lambda r}\exp\left(-\frac{vr}{a}\right) \tag{2-23}$$

可见运动速度 v 越大，热源前方的温度下降就越快，当 v 极大时，热量传播几乎只沿横向进行。图 2-7 描述了这种情况。

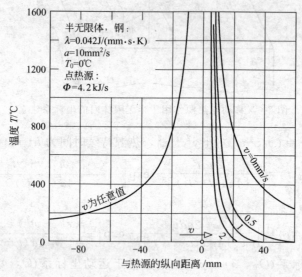

图 2-7 半无限体上移动点热源前方和后方的准稳定极限状态温度分布曲线

当与热源的距离增加时，热源前方的温度下降最为剧烈，热源后方的温度下降则最为缓慢。完整的温度场如图 2-8 所示。表面的等温线为封闭的椭圆形，等温线在热源前方密集，在热源后方稀疏，等温线的长度由参数 vr/a 决定，热源移动越快，等温线的长度就越大。横截面上的等温线为许多同心圆，使得等温面相对于热源移动轴线对称。在热源作用点的位置上，温度为无限大。

（2）作用于无限大板的移动线热源

无限扩展的平板上作用着以速度 v 作匀速直线运动的线状热源，板厚方向的热功率为 q/h，距移动热源 r 处的温度 T 为

$$T(x,y,t) = \frac{q}{4\pi\lambda h}\exp\left(-\frac{vx}{2a}\right)\int_0^t \frac{\mathrm{d}t''}{t''}\exp\left[-\left(\frac{v^2}{4a}+b\right)t'' - \frac{r^2}{4at''}\right] \tag{2-24}$$

其中，$r^2 = x^2 + y^2$。

为考察准稳态温度场，取极限状态。设 $t \to \infty$，并设

$$w = \left(\frac{v^2}{4a}+b\right)t'', \quad u^2 = r^2\left(\frac{v^2}{4a^2}+\frac{b}{a}\right)$$

$$t'' = \frac{w}{(v^2/4a)+b}, \quad \frac{r^2}{4at''} = \frac{r^2\left[(v^2/4a)+b\right]}{4aw} = \frac{u^2}{4w}$$

$$\mathrm{d}w = \left(\frac{v^2}{4a}+b\right)\mathrm{d}t''$$

$$T(x,y,t) = \frac{q}{4\pi\lambda h}\exp\left(-\frac{vx}{2a}\right)\int_0^{t''}\frac{\mathrm{d}w}{w}\exp\left(-w-\frac{u^2}{4w}\right)$$

因为

$$r^2 = x^2 + y^2$$

所以

$$T(r,t) = \frac{q}{4\pi\lambda h}\exp\left(-\frac{vx}{2u}\right)\int_0^{t''}\frac{\mathrm{d}w}{w}\exp\left(-w-\frac{u^2}{4w}\right)$$

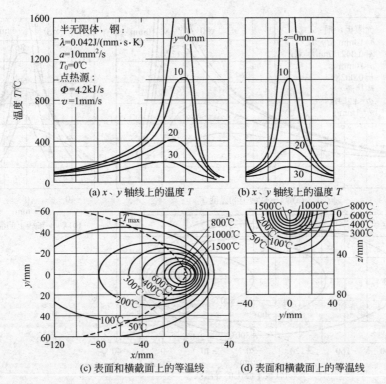

（a）x、y轴线上的温度 T　　　　（b）x、y轴线上的温度 T

（c）表面和横截面上的等温线　　　（d）表面和横截面上的等温线

图 2-8　半无限体上的移动点热源周围的温度场（在运动坐标系中，处于准稳定的极限状态）

$$\int_0^{t''} \frac{\mathrm{d}w}{w} \exp\left(-w - \frac{u^2}{4w}\right) = 2K_0(u) \tag{2-25}$$

其中，$K_0(u)$ 可看作是参数 u 的函数，叫做第二类虚自变量零次贝塞尔函数，当 u 增加时，$K_0(u)$ 是降低的。$K_0(u)$ 的数值可以查表。

由此可得极限状态方程

$$T(r,t) = \frac{q}{2\pi\lambda h} \exp\left(-\frac{vx}{2a}\right) K_0\left[r\sqrt{\frac{v^2}{4a^2} + \frac{b}{a}}\right] \tag{2-26}$$

注意，式（2-26）中 K_0 为贝塞尔函数，$u = r\sqrt{\dfrac{v^2}{4a^2} + \dfrac{b}{a}}$ 为其自变量，$b = \dfrac{2(\alpha_c + \alpha_r)}{c_\rho h}$ 为散温系数。

对于固定点热源（$v=0$），连续加热达到稳态时，$t \to \infty$，则

$$T = \frac{q}{2\pi\lambda h} K_0\left(r\sqrt{b/a}\right) \tag{2-27}$$

此时，等温面为同心圆柱。温度随 r 的下降比半无限体时要缓慢，并取决于 $\dfrac{b}{a} = \dfrac{2(\alpha_c + \alpha_r)}{h\lambda}$，即取决于传热和热扩散的比例。图 2-9 给出了这种情况下的温度场。

热导率 λ 对加热到某一温度以上的范围的大小有决定性的影响（见图 2-10）。当 λ 很小时，采用很小的热功率 q_w 就可以焊接；当 λ 较大时，就需要较大的 q_w。因此，不锈钢等热导率 λ 较小的材料，可以用较小的热输入进行焊接；而铝和铜的热导率 λ 较大，焊接时需要较高的单位长度焊缝上的热输入。

（3）作用于无限长杆上的移动面热源

对于作用于无限长杆上的匀速移动的面状热源，在热源移动速度为 v，单位面积上的热

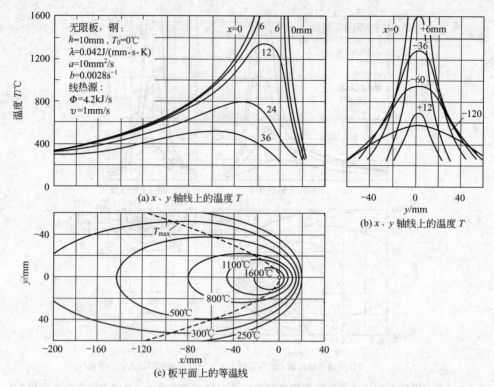

(a) x、y 轴线上的温度 T

(b) x、y 轴线上的温度 T

(c) 板平面上的等温线

图 2-9 作用于板上的移动线热源周围的温度场（在运动坐标系中，处于准稳定的极限状态）

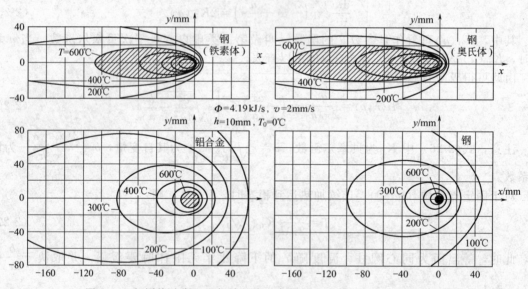

图 2-10 相同热功率 q 和焊接速度 v 条件下，不同材料板上的温度场

功率为 q/A 的条件下，距离热源 x 处的温度为

$$T=\frac{q}{Ac_{\rho}v}\exp\left[-\left(\sqrt{\frac{v^2}{4a^2}+\frac{P}{A}\times\frac{\alpha_c+\alpha_r}{\lambda}}+\frac{v}{2a}\right)x\right] \quad (x>0) \quad (2\text{-}28)$$

$$T=\frac{q}{Ac_{\rho}v}\exp\left[\left(\sqrt{\frac{v^2}{4a^2}+\frac{P}{A}\times\frac{\alpha_c+\alpha_r}{\lambda}}+\frac{v}{2a}\right)x\right] \quad (x<0) \quad (2\text{-}29)$$

式中 P ——杆横截面周长，mm；

   A ——杆横截面积，mm^2。

在 $x=0$ 处有最高温度为：$T_{max}-T_0=\dfrac{q}{Ac_\rho v}$。

2.1.1.3 快速移动大功率热源作用下的温度场

（1）作用于半无限体上的快速移动大功率热源

快速移动大功率热源以高热功率 q 和高热源移动速度 v 为特征，工艺参数 q 和 v 成比例增加，以保证单位长度焊缝上的热输入 $q_w=q/v$ 为常数。快速移动大功率热源使焊接时间减少，因此具有重要的实际意义。

由于要求 q_w 为常数，可引入 $q\to\infty$ 和 $v\to\infty$ 的极限值，在靠近热源附近，引入极限值造成的误差很小，这样可使问题简化。

对于大功率快速移动热源的传热，其加热区的长度与速度成比例增加，其宽度趋近于一个极限值。当移动速度极高时，热传播主要在垂直于热源运动的方向上进行，在平行于热源运动的方向上传热量很少，可以忽略。

半无限体或板可以再划分为大量的垂直于热源运动方向的平面薄层，当热源通过每一薄层时，输入的热量只在该薄层内扩散，与相邻的薄层状态无关，这将有助于模型简化和计算。

对于作用在半无限体上的快速移动大功率点热源，下式成立

$$T=\frac{q}{v\times 2\pi\lambda t}\exp\left(-\frac{r^2}{4at}\right) \tag{2-30}$$

式中 r ——薄层上的点与点热源的距离，mm。

对于作用于半无限体上的快速移动大功率高斯热源，可变换为一个等效的、提前时间 t_0 作用的线热源，此线热源在热源运动方向的垂线上按高斯分布，其热量只在垂直于运动方向传播。其温度场表达式为

$$T=\frac{2q}{vc_\rho}\times\frac{\exp(-z^2/4at)}{(4\pi at)^{1/2}}\times\frac{\exp\left[y^2/4a(t+t_0)\right]}{\left[4\pi a(t+t_0)\right]^{1/2}} \tag{2-31}$$

（2）作用于无限大板上的快速移动大功率热源

对作用于无限大板上的快速移动大功率线热源，下式成立

$$T=\frac{q}{vh(4\pi\lambda c_\rho t)^{1/2}}\exp\left(-\frac{y^2}{4at}+bt\right) \tag{2-32}$$

对作用于无限大板上的快速移动大功率高斯热源，可变换为一个等效的、提前 t_0 时间作用的带状热源，其热量仅在垂直于运动的方向上传播，温度场的表达式为

$$T=\frac{q}{vh\left[4\pi\lambda c_\rho(t+t_0)\right]^{1/2}}\exp\left(-\frac{y^2}{4a(t+t_0)}+bt\right) \tag{2-33}$$

2.1.2 焊接热循环

焊接过程中热源沿焊件移动时，焊件上某点温度由低而高，达到最高值后，又由高而低随时间的变化称为焊接热循环。它是描述焊接过程热源对被焊金属的热作用。距焊缝不同距离的各点，所经历的热循环是不同的，如图2-11所示。

焊接是一个不均匀加热和冷却的过程，也可以说是一种特殊的热处理，从而使热影响区造成不均匀的组织和性能。同时也会产生复杂的应力与应变，给焊接结构的安全稳定性带来了许多复杂的问题。

2.1.2.1 焊接热循环特点及参数

根据焊接热循环对组织性能的影响，主要考虑以下四个参数，见图2-12。

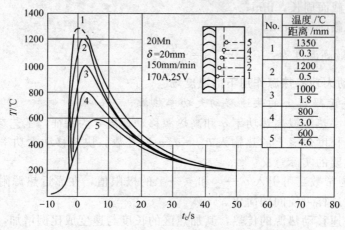

图 2-11　距焊缝不同位置的焊接热循环

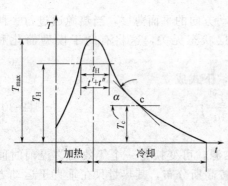

图 2-12　焊接热循环参数
T_H—相变温度

① 加热速度（ω_H）　焊接条件下的加热速度比热处理条件下要快得多，并随加热速度的提高，则相变速度也随之提高，同时奥氏体的均质化和碳化物的溶解也越不充分。因此，必然会影响到焊接 HAZ 冷却后的组织与性能。加热速度与许多因素有关，例如不同的焊接方法、焊接线能量、板厚及几何尺寸，以及被焊金属的热物理性质等。

② 加热的最高温度（T_{max}）　金属的组织和性能除化学成分的影响之外，主要与加热的最高温度 T_{max} 和冷却速度 ω_c 有关。例如低碳钢和低合金钢焊接时，在熔合线附近的过热区，由于温度高（1300～1350℃），晶粒发生严重长大，从而使韧性严重下降。

③ 在相变温度以上的停留时间（t_H）　在相变温度 T_H 以上停留的时间越长，越有利于奥氏体的均质化过程，但温度太高时（如 1100℃ 以上）即使停留时间不长，也会产生严重的晶粒长大。为便于分析研究，把高温停留时间 t_H 分为加热过程的停留时间 t' 和冷却过程的停留时间 t''，即 $t_H = t' + t''$。

④ 冷却速度（ω_c）和冷却时间（$t_{8/5}$、$t_{8/3}$、t_{100}）　冷却速度是决定焊接 HAZ 组织性能的主要参数，如同热处理时的冷却速度一样。应当指出，焊接时的冷却过程在不同阶段是不同的。这里所讨论的冷却速度是指一定温度范围内的平均冷却速度，或者是冷至某一瞬时温度 T_c 的冷却速度。对于低合金钢的焊接来讲，有重要影响的是熔合线附近冷却过程中约 540℃ 的瞬时冷却速度。

近年来。许多国家为便于分析研究，常采用某一温度范围内的冷却时间来讨论热影响区组织性能的变化，如 800～500℃ 的冷却时间 $t_{8/5}$，800～300℃ 的冷却时间 $t_{8/3}$ 和从峰值温度（T_{max}）冷至 100℃ 的冷却时间 t_{100} 等，这要根据不同金属材料所存在的问题来决定。

焊接热循环是焊接接头经受热作用的里程，研究它对于了解应力变形、接头组织和力学性能等都是十分重要的，是提高焊接质量的重要途径。

2.1.2.2　多层焊热循环特点

在实际焊接生产中，多数是采用多层多道焊接，特别是厚板结构有时要焊几十层，甚至上百层。因此，讨论多层焊接热循环具有更为普遍的意义。

多层焊接实质上是由许多单层焊接热循环叠加而成，在相邻焊层之间彼此具有热处理的作用，因此，从提高焊接质量来看，多层焊比单层焊更为优越。

在实际生产中，根据要求不同，多层焊分为"长段多层焊"和"短段多层焊"。

（1）长段多层焊焊接热循环

所谓长段多层焊，即每道焊缝的长度较长（一般1m以上），这样在焊完第一层再焊第二层时，第一层已基本冷至较低的温度（一般在$100 \sim 200℃$以下），其焊接热循环的变化如图2-13所示。由图2-13可以看出，相邻各层之间有依次热处理的作用，为防止最后一层淬硬，可多加一层"退火焊道"，从而使焊缝质量有所改善。

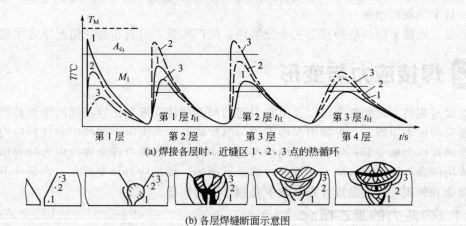

(a) 焊接各层时，近缝区1、2、3点的热循环

(b) 各层焊缝断面示意图

图 2-13　长段多层焊焊接热循环

应当指出，对于一些淬硬倾向较大的钢种，不适宜长段多层焊接。因为这些钢在焊第一层以后，焊接第二层之前，近缝区或焊缝由于淬硬倾向较大而有产生裂纹的可能。所以，焊接这种钢时应特别注意与其他工艺措施的配合，如焊前预热、层间温度控制，以及后热缓冷等。

（2）短段多层焊焊接热循环

所谓短段多层焊，就是每道焊缝长度较短（约为$50 \sim 400mm$），在这种情况下，未等前

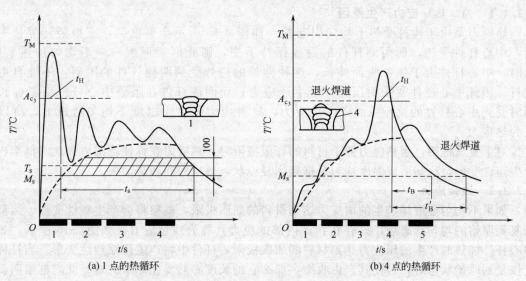

(a) 1点的热循环

(b) 4点的热循环

图 2-14　短段多层焊接热循环

层焊缝冷却到较低温度（如 M_s 点）就开始焊接下一道焊缝。短段多层焊的焊接热循环如图 2-14 所示。

由图 2-14 可以看出，近缝区 1 点和 4 点所经历的焊接热循环是比较理想的。对于 1 点来讲，一方面使该点在 A_{c_3} 以上停留时间较短，避免了晶粒长大；另一方面减缓了 A_{c_3} 以下的冷却速度，从而防止淬硬组织产生。对于 4 点来讲，它是在预热的基础上开始焊接的，如焊缝的长度控制合适，那么 A_{c_3} 以上停留的时间仍可很短，使晶粒不易长大。为了防止最后一层产生淬硬组织，可多一层退火焊道，以便增长奥氏体的分解时间（由 t_B 增至 t'_B）。

由此可见，短段多层焊对焊缝和热影响区组织都具有一定的改善作用，适于焊接晶粒易长而又易于淬硬的钢种。

但是，短段多层焊的操作工艺十分繁琐，生产率低，只有在特殊情况下才采用。

2.2 焊接应力与变形

焊接过程的不均匀温度场以及由它引起的局部塑性变形和比容不同的组织是产生焊接应力和变形的根本原因。当焊接引起的不均匀温度场尚未消失时，焊件中的这种应力和变形称为瞬态焊接应力和变形；焊接温度场消失后的应力和变形称为残余焊接应力和变形。在没有外力作用的条件下，焊接应力在焊件内部是平衡的。焊接应力和变形在一定条件下会影响焊件的功能和外观，因此是设计和制造中必须考虑的问题。

2.2.1 内应力的基本概念

内应力是在没有外力的条件下平衡于物体内部的应力。这种应力存在于许多工程结构中，如铆接结构、铸造结构、焊接结构等。

内应力按照分布范围不同可以分为三类：第一类内应力称为宏观内应力，它的平衡范围较大，其大小可以与物体尺寸相比较；第二类内应力称为微观内应力，它的平衡范围较第一类要小得多，其大小可以与晶粒尺寸相比较；第三类内应力称为超微观内应力，它的平衡范围更小，其大小可以与晶格尺寸相比较。焊接过程中所涉及的内应力，主要是第一类内应力。

内应力按其产生原因可以分为热应力和残余应力等几种。

2.2.1.1　内（热）应力产生原因

热应力是由于构件受热不均匀引起的。如图 2-15 所示金属框架，三根竖杆等长等截面，中心杆件受热，而两侧杆件的温度保持不变，则此框架形成一个不均匀加热系统。此时，中心杆件由于热膨胀而伸长，这种伸长的趋势受到两侧杆件的阻碍，不能自由的进行。因此中心杆件就受到压缩，产生压应力；而两侧杆件在阻碍中心杆件膨胀伸长的同时受到中心杆件的反作用而产生拉应力，这种应力是由于温度不均匀造成的，所以称之为热应力。

对于金属框架，当热应力低于材料的屈服极限时，热应力在弹性范围内，此时框架内不产生塑性变形，冷却后或温度均匀后框架恢复原状，热应力亦随之消失。

2.2.1.2　残余应力

如果不均匀温度场产生的内应力达到材料的屈服极限，框架将会产生塑性变形。当温度恢复到原始的均匀状态后，残存在物体内部的应力，称为残余应力。如图 2-16 所示，如果中心杆件加热时产生的压应力达到材料的屈服极限，杆件中将产生压缩塑性变形。当杆件温度恢复到原始状态时，若任其自由收缩，那么它的长度必然要比原来的短。此时框架两侧杆件阻碍中心杆件自由收缩，使其受到拉应力；而两侧杆件由于中心杆件的反作用而产生压应

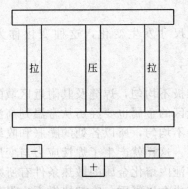

图 2-15　金属框架受力示意图

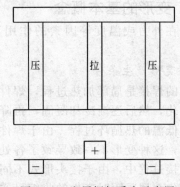

图 2-16　金属框架受力示意图

力。此时，就在框架中形成新的内应力体系，即残余应力。

如果材料在受热过程中发生相变，并且相变造成材料的比容发生变化，因而体积发生变化，即产生变形。如果变形受到制约，将会在材料内部产生内应力，称为相变内应力。当温度恢复到初始的均匀状态后，如果相变产物仍然保留，则相变应力也将保留，即产生相变残余应力。

2.2.1.3　热应变与相变应变

在一定的条件下，当材料受到热作用，由于温度的上升或下降，发生的几何形状有关方面和尺寸变化，称为热应变。通常用温度形变曲线或热机械曲线等方法来描述，等于线胀系数和温度变化量的乘积。如果材料的线胀系数为 α，则有

$$\varepsilon_T = \alpha \Delta T \tag{2-34}$$

式中　ε_T——热应变；

ΔT——温度差。

线胀系数 α 是与温度相关的，即 $\alpha = \alpha(T)$。图 2-17 为用膨胀仪测定的无相变奥氏体钢和有相变珠光体钢的热膨胀曲线。一般情况下，在给定的温度范围内可使用平均线胀系数 α_m。α_m 可由膨胀曲线的平均斜率 $\tan\theta$ 求出，另外，也可由线胀曲线的局部斜率求出瞬时或微元线胀系数 α。

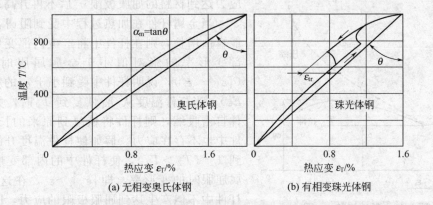

图 2-17　奥氏体钢和珠光体钢的热膨胀曲线

对于珠光体钢，图 2-17(b) 中热膨胀曲线的不连续性标志着接近相变温度 A_{c1}，发生相变应变，用 ε_{tr} 表示，其方向与热应变相反。

由于温度的变化，引发热应变和相变应变，并造成弹性或塑性应力场，引起局部和整体变形。

2.2.2 变形的基本概念

物体在外力或温度等因素的作用下，其形状和尺寸发生变化，这种变化称为物体的变形。

（1）变形产生条件

金属的焊接是局部加热过程，焊件上的温度分布极不均匀，焊缝及其附近区域的金属被加热至熔化，然后逐渐冷却凝固，再降至常温。近缝区的金属也要经历从常温到高温，再由高温降至低温的热循环过程。由于焊件各处的温度极不均匀，所以各处的膨胀和收缩变形也差别较大，这种变形不一致导致了各处材料相互约束，这样就产生了焊接应力与变形。

在焊接过程中，由于接头形式不同，使得焊接熔池内熔化金属的散热条件有所差别，这样使得熔化金属凝固时产生的收缩量亦不同。这种熔化金属凝固、冷却快慢不一引起收缩变形的差别也导致了焊接应力和变形的产生。

在焊接过程中，一部分金属在焊接热循环作用下发生相变，组织的转变引起体积变化，也产生应力和变形。

受焊前加工工艺的影响，施焊前构件若经历冷冲压等工艺而具有较高的内应力，在焊接时由于应力的重新分布，则形成新的应力和变形。

以上所述的几种因素在焊接结构的制造中是不可避免的，因此焊接结构中产生应力和变形是必然的。

（2）应变与应力关系

应力和应变之间的关系可以从材料试验获得的应力-应变图中得知。以低碳钢为例，当应变在弹性范围以内时，应力与应变是直线关系，可以用胡克定律来表示

$$\sigma = E\varepsilon = E(\varepsilon_e - \varepsilon_T) \tag{2-35}$$

式中　E——弹性模量（拉伸杨氏模量），MN/m^2；

　　　　ε——应变；

　　　　ε_e——外观变形率；

　　　　ε_T——自由变形率。

对于低碳钢一类材料，应力-应变曲线可以简化为图 2-18 中的 OST 线，即当试棒中的应力达到材料的屈服极限 σ_s 后不再升高。

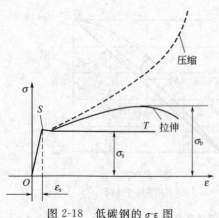

图 2-18　低碳钢的 σ-ε 图

当金属杆件在加热过程中受到阻碍，其长度不能自由增长，则在杆件中将产生内部变形，如果内部变形率的绝对值小于金属屈服时的变形率（$|\varepsilon_1| < \varepsilon_s$），说明杆件中受到小于 σ_s 的应力（$\sigma_1 = E\varepsilon$）。当杆件温度从 T_1 恢复到 T_0 时，如果允许杆件自由收缩，则杆件将恢复到原来的长度 L_0，杆件中也不存在应力。假如使杆件温度升的较高，达到 T_2（$T_2 > T_1$），使杆件中的内部变形率大于金属屈服时的变形率，即 $|\varepsilon_2| > \varepsilon_s$。在这种情况下，杆件中不但产生达到屈服极限的应力，同时还产生压缩塑性变形，其数值为 $|\varepsilon_p| = |\varepsilon_e - \varepsilon_T| - \varepsilon_s$。在杆件温度由 T_2 恢复到 T_0 的过程中，若允许其自由收缩，最后杆件比原来长度缩短 ΔL_p，杆件中也不存在内应力。

（3）变形分类

根据外力或其他因素去除后，是否会恢复原状分为弹性变形和塑性变形。当使物体产生

变形的外力或其他因素去除后变形也随之消失，物体可恢复原状，这样的变形称为弹性变形。当外力或其他因素去除后变形仍然存在，物体不能恢复原状，这样的变形称为塑性变形。焊件由焊接产生的变形叫焊接变形，焊后焊件残留的变形叫焊接残余变形。

物体的变形还可按拘束条件分为自由变形和非自由变形。当某一物体的温度发生变化时，它的尺寸和形状也会发生变化，如果这种变化没有受到外界任何阻碍而自由进行，称这种变形为自由变形。如果金属杆件的伸长受阻，则变形量不能完全表现出来，就是非自由变形。其中，把能表现出来的这部分变形称为外观变形；而未表现出的变形称为内部变形。

2.2.3　研究焊接应力与变形的基本假定

金属在焊接过程中，其物理性能和力学性能都会发生变化，给焊接应力的认识和确定带来了很大的困难，为了后面分析问题方便，对金属材料焊接应力与变形作以下假定。

① 平截面假定　假定构件在焊前所取的截面，焊后仍保持平面。即构件只发生伸长、缩短、弯曲，其横截面只发生平移或偏转，永远保持平面。

② 金属性质不变的假定　假定在焊接过程中材料的某些热物理性质，如线胀系数（α）、比热容（c）、热导率（λ）等均不随温度而变化。

③ 金属屈服强度假定　低碳钢屈服强度与温度的实际关系如图 2-19 实线所示，为了讨论问题的方便，将它简化为图中虚线所示。即在 500℃ 以下，屈服强度与常温下相同，不随温度而变化；500～600℃ 之间，屈服强度迅速下降；600℃ 以上时呈全塑性状态，即屈服强度为零。把材料的屈服强度为零时的温度称为塑性温度。

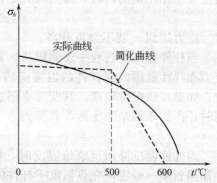

图 2-19　低碳钢的屈服强度与温度的关系

④ 焊接温度场假定　通常将焊接过程中的某一瞬间，焊接接头中各点的温度分布称为温度场。在焊接热源作用下构件上各点的温度在不断地变化，可以认为达到某一极限热状态时，温度场不再改变，这时的温度场称为极限温度场。

2.3 焊接应力与变形的产生过程

物体在某些外界条件（如应力、温度等）的影响下，其形状和尺寸可能发生变化，这种变化有一定的规律性。讨论焊接应力与变形过程时，使用理想的弹塑性材料作为研究对象。

2.3.1　简单杆件均匀加热的应力与变形

2.3.1.1　不受约束的自由杆件均匀加热和冷却时应力与变形

（1）自由状态下的杆件均匀加热的应力与变形

在理想的均匀加热的状态下，当温度上升，杆件的自由伸长不受阻。自由变形的长度遵循以下公式

$$\Delta L_T = \alpha L_0 \Delta T = \alpha L_0 (T_1 - T_2) \tag{2-36}$$

式中　α——金属的线胀系数，不同的材料有不同的线胀系数；

ΔL_T——自由变形量，mm。

如果认为 α 与 T 无关，则伸长值与温度成正比，此时在杆件内不产生应力。物件受热膨胀是它本身的物理属性，所以当受热膨胀的杆件恢复到加热前的原始温度时，杆件恢复原状，内部没有应力，也没有剩余变形，如图 2-20(a) 所示。

（2）杆件在均匀加热时不能自由膨胀（膨胀受阻）的应力与变形

假设杆件两端被阻于两壁之间，限制了它在加热时的伸长，而允许在冷却时自由缩短。

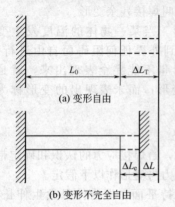

(a) 变形自由

(b) 变形不完全自由

图 2-20　金属杆均匀加热的变形

同时假定：加热时杆件与壁之间没有传导；两壁系绝对刚性的物体，即不会产生任何的变形；整个杆件的加热和冷却都是均匀的。

当杆件在加热过程中受到阻碍，使它不能完全的自由变形，只能够部分地表现出来，把这部分变形称为外观变形，用 ΔL_e 来表示，其变形率为 $\varepsilon_e = \Delta L_e / L_0$。而未表现出来的那部分变形，称为内部变形。如图 2-20（b）所示。内部变形遵循公式

$$\Delta L = -(\Delta L_T - \Delta L_e) \tag{2-37}$$

内部变形率为

$$\varepsilon = \frac{\Delta L}{L_0} = \varepsilon_e - \varepsilon_T \tag{2-38}$$

当应力在弹性范围内时，遵循胡克定律

$$\sigma = E\varepsilon = E(\varepsilon_e - \varepsilon_T) \tag{2-39}$$

应力达到 σ_s 就不会再升高。

当杆件在加热过程中受到阻碍，其长度不能自由增长，则在杆件内产生内部变形，如果应力在弹性范围内则杆件的温度降回至原始温度，杆件恢复至原长，此时杆件中不存在应力；如果加热温度较高，其变形率超过了塑性应变 ε_s，这时杆件不但产生大小为 σ_s 的应力，同时还产生压缩塑性变形，其值为

$$|\varepsilon_p| = |\varepsilon_e - \varepsilon_r - \varepsilon_s| \tag{2-40}$$

当杆件温度降回至原始温度时，杆件比原来缩短了 ΔL_p，杆件不存在内应力；如果杆件加热到某一温度，在该温度下杆件的压缩变形超过了弹性范围，即产生塑性变形，杆件冷却后具有残余变形，但没有残余应力，杆件比原来缩短，大小为

$$\Delta L_{T2} = \Delta L_p = \varepsilon_p L_0 = (\varepsilon_{T2} - \varepsilon_s)L_0 \tag{2-41}$$

2.3.1.2　受绝对刚性约束杆件均匀加热和冷却时的应力与变形

① 受拘束件均匀加热时的应力与变形（$|\varepsilon| < \varepsilon_s$，即变形率小于屈服应变，应力在弹性范围内）。当杆件的两端被刚性固定于两个壁上均匀加热，然后冷却，杆件在轴向是不会有移动，即加热时既不能自由膨胀，冷却后也不能自由收缩。随着温度的上升，压缩内部变形不断增加，压应力不断上升；温度降低，压缩内部变形不断减少，压应力不断下降，恢复至原始温度时，应力恢复为零。

② 受拘束件均匀加热时的应力与变形（$|\varepsilon| > \varepsilon_s$，加热温度小于 500℃）。如图 2-21 所示，在加热初期，压应力随着压缩内部变形的增加而上升，直到应力达到屈服极限，此时的加热温度 $t_1 = \sigma_s / E\alpha$；随着温度的继续升高，杆件内部出现压缩塑性变形 ε_p，压缩塑性变形不断增大并达到一定温度区间的最高值 t_2，塑性变形达到最大值 ε_{p2}；从 t_2 开始温度下降。由于杆件中已经产生了 ε_{p2} 的压缩

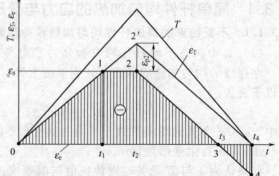

图 2-21　受拘束低碳钢棒在加热冷却过程中的应力与变形（$|\varepsilon| > \varepsilon_s$）

塑性变形，所以冷却时它的断面不再是以原始加热温度至 t_2 时的端面为起点，而是以没有产生压缩塑性变形能膨胀到的端面 2′ 为起点来收缩，随着温度的降低，压应力也下降，又因为杆件两端不能自由收缩，所以 t_3 时便出现了拉应力，当温度恢复到原始温度时，杆件内部存在残余应力，其大小取决于加热的最高温度。对于低碳钢当 $T_{max} > 200℃$ 可到达 σ_s。所以，如果没有发生塑性变形，则热应力是暂时的；如果发生了塑性变形，杆件完全冷却后将有残余应力。

③ 受拘束件均匀加热时的应力与变形（$|\varepsilon| > \varepsilon_s$，加热温度大于 600℃）。如图 2-22 所示，当温度加热到 500℃，低碳钢的屈服极限开始下降。在 $t_2 \sim t_3$ 间降到最低。到 t_3 时温度达到 600℃，此时屈服极限可视为零，压应力消失，内部变形全部为压缩塑性变形。$t_3 \sim t_4$ 间压缩塑性变形继续增大，到 t_4 时达到最高温度。此时产生的压缩塑性变形，同样地，此时若冷却，由于已产生压缩塑性变形的缘故，端面不再从原加热温度 t_4 开始了。但收缩时又受到约束，故产生拉伸塑性变形。在 $t_4 \sim t_5$ 间虽然杆件与原始状态相比是存在压缩塑性变形的，但压缩量随着温度的降低而不断减小，所以这个阶段实际上是塑性拉伸的过程。回到 600℃ 时，材料的屈服极限从零开始上升，在收缩过程中因受阻力而产生拉力，拉应力不断增加，在 t_6 材料屈服极限又恢复为 σ_s。从 t_6 开始 $|\varepsilon| > \varepsilon_s$，出现拉伸塑性变形。随温度的降低，拉应力保持在 σ_s 不变，拉伸塑性变形不断增加，直至恢复到初始温度。

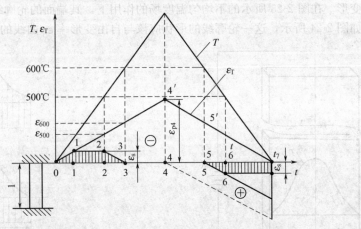

图 2-22　受拘束低碳钢棒在加热冷却过程中的应力与变形（$T_{max} > 600℃$）

综上所述直杆的加热冷却过程有以下几种情况。

直杆在加热过程中，能自由膨胀，外观变形始终等于自由变形，直杆中不会产生应力；在冷却过程中如也能自由收缩，则冷至初始温度，直杆中既无残余应力也不出现残余变形，直杆恢复原长。

直杆在加热过程中，膨胀受阻（部分或完全受限），其中产生内部变形，$|\varepsilon| < \varepsilon_s$，则直杆中产生压缩内应力 σ，其值小于 σ_s；冷却过程中，阻碍不变，冷却至初始温度，直杆恢复原长，其中也无残余应力。

直杆在加热过程中受阻（部分或完全受阻），当 $|\varepsilon| > \varepsilon_s$，直杆中产生的压缩内应力达到 σ_s，同时产生压缩塑性变形，其数值为 $|\varepsilon_p| = |\varepsilon_e - \varepsilon_r| - \varepsilon_s$；在冷却过程中，若允许自由收缩，最后直杆比原长缩短 ΔL_p，直杆中无残余应力。

直杆在加热、冷却过程中均受到刚性约束，当加热到 600℃ 时，直杆中产生的热变形变成压缩塑性变形，加热温度大于 600℃ 时直杆中产生的压缩塑性变形将由直杆冷却到 600℃ 之前由于收缩而产生的相等的拉伸塑性变形所抵消，所以当加热温度大于 600℃ 时，所发生的变形过程在直杆中并不留任何痕迹，即温度大于 600℃ 时，冷却过程中产生的弹塑性变形过程，与加热到 600℃ 时情况相同。因为弹塑性变形的积累只是 $\sigma_s > 0$ 的温度（小于 600℃）才开始的。

简言之，直杆中均匀加热时的应力与变形主导条件是加热温度和拘束程度。在自由状态下，温度上升，产生塑性形变，导致残余变形；变形受阻时，应力变大，而关键是有没有塑性变形的积累。

2.3.2　长板条不均匀受热时应力与变形

前面分析的是一根金属杆件在均匀加热过程中，受到约束而发生应力和变形的情况。现在再来分析一个金属长板条受不均匀温度场作用时，其变形和应力的情况。分析一个长度比宽度大得多的板条，这样除了两个端部以外，可根据"材料力学"中的平面假设原理（即当构件受纵向力或弯矩作用而变形时，在构件中的平截面始终保持是平面）来进行分析。

（1）长板条中心加热

取一长度为 L、宽度为 B、厚度为 δ 的板条，在板条的中心线处沿板条的整个长度加热，并假定在板条的长度方向不存在温度梯度，仅在板条的宽度方向存在中间高两边低的不均匀温度场（见图 2-23）。同时，为使问题简化，假定板条的厚度很薄（即 $\delta \to 0$），这意味着在板条的厚度方向上也不存在温度梯度，温度场仅在板宽方向上对称分布。

从板条中截取单位长度的一段，并假设此段是由若干条彼此无关的纤维并列而成，则各纤维均可以自由变形。在图 2-23 所示的不均匀温度场的作用下，其端面的轮廓线将表现为中间高两边低的形式，如图 2-24 所示，这一轮廓线的形状应该与自由变形率 ε_T 曲线的形状一致。

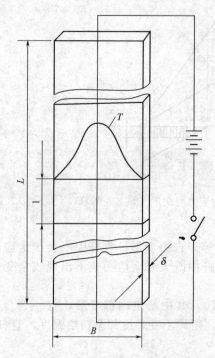

图 2-23　长板条中心加热示意图

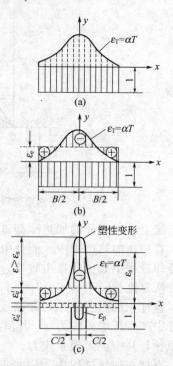

图 2-24　板条中心加热时的变形

实际上，各纤维之间是相互制约的，板条作为一个整体，如果板条足够长，则去除两个端头部分外，其中段截面必须保持为平面，以满足材料力学中的平面假设原理（即当构件受纵向力或弯矩作用而变形时，构件中的平截面，始终保持为平面），并且由于温度场是相对于板条中心线对称的，所以端面产生平移，移动距离为 ε_e。此时，ε_e 与 ε_T 的差值即为应变 ε。可以看出，板条中心部分的应变为负值，即为压应变，在这一区域将产生压应力；板条两侧的应变为正值，即为拉应变，在这一区域产生拉应力。这三个区域内的应力应该相互平衡，所以正负面积相等 [见图 2-24(b)]。如果已知温度分布是 x 的函数 $T=f(x)$，则应力平衡的条件可以表示为

$$\sum Y = \int_{-B/2}^{B/2} \sigma \delta \mathrm{d}x = \int_{-B/2}^{B/2} E(\varepsilon_e - \varepsilon_T) \delta \mathrm{d}x = E\delta \int_{-B/2}^{B/2} [\varepsilon_e - \alpha f(x)] \mathrm{d}x = 0 \quad (2\text{-}42)$$

由式(2-42) 可以求出外观变形 ε_e，并进而可以由 $\sigma = E(\varepsilon_e - \varepsilon_T)$ 求出截面各点上的应力值，从而确定截面上的应力分布。当截面上的最大应力小于材料的屈服极限 σ_s 时，取消加热使板条恢复到初始温度，则板条会恢复到初始长度，应力和应变全都消失。

如果加热温度较高，使中心部位产生较大的内部变形并导致其变形率 ε 大于金属屈服时的变形率 ε_s，则在中心部位会产生塑性变形。此时停止加热使板条恢复到初始温度，并允许板条自由收缩，则最终板条长度将缩短，其缩短量为残余变形量，并且在板条中形成一个中心受拉、两侧受压的残余应力分布。此残余应力在板条内部平衡，如果已知塑性区压缩变形的分布规律为 $\varepsilon_p = f_p(x)$，则残余应力为

$$\sigma = E[\varepsilon'_e - f_p(x)] \quad (2\text{-}43)$$

式中，ε'_e 为残余外观应变量。残余应力和变形的平衡条件可表达为

$$\sum Y = \int_{-B/2}^{B/2} \sigma \delta \mathrm{d}x = \int_{-B/2}^{B/2} E(\varepsilon'_e - \varepsilon_p) \delta \mathrm{d}x$$

$$= E\delta \int_{-B/2}^{-C/2} \varepsilon'_e \mathrm{d}x + E\delta \int_{-C/2}^{C/2} [\varepsilon'_e - f_p(x)] \mathrm{d}x + E\delta \int_{C/2}^{B/2} \varepsilon'_e \mathrm{d}x$$

$$= E\delta\varepsilon'_e (B-C) + E\delta \int_{-C/2}^{C/2} [\varepsilon'_e - f_p(x)] \mathrm{d}x = 0 \quad (2\text{-}44)$$

由于 ε_p 的分布对称于中心轴，所以截面也只作平移，ε'_e 为常数。由上面的两个公式可以求出残余应力和变形。此各区残余应力的符号与热应力的符号大致相反。

（2）长板条单侧加热

在板条的一侧加热，则在板条中产生一侧高而另一侧低的不均匀温度场（见图 2-25）。如果假定板条由无数互不相干并可以自由变形的纵向纤维组成，则这些纵向纤维的变形量应当与温度成正比，其比例系数即为线胀系数，所以自由变形量曲线的形状应与温度曲线的形状相似。实际上，由于各纤维之间相互制约，并且可以认为平面假设是正确的（这一假设对板条变形问题足够精确），则实际变形量将不是曲线 ε_T，而是直线 ε_e。由于位移的大小受内应力必须平衡这一条件的制约，因而不可能出现图 2-25(b) 和图 2-25(c) 的情况，因为这

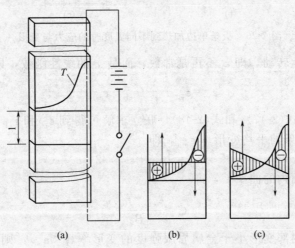

图 2-25　板条一侧受热时的应力和变形

将产生不平衡的力矩。

由于曲线 ε_T 和直线 ε_e 没有重合，所以板条内部将产生应力。应力的大小取决于自由变形量 ε_T 与实际变形量 ε_e 之差，即 $\sigma = E(\varepsilon_e - \varepsilon_T)$。当 $\varepsilon_e < \varepsilon_T$ 时，σ 为压应力，反之为拉应力。

考虑到所研究的截面上没有附加外力，内应力处于平衡状态，即内应力的总和以及内应力对任一点的力矩之和应等于零。由此可以列出

$$\sum Y = \int_0^B \sigma \delta \, dx = 0 \tag{2-45}$$

$$\sum M = \int_0^B \sigma \delta x \, dx = 0 \tag{2-46}$$

在此，分几种情况加以考虑：

① 当加热温度较低，在板条的任何区域内均不发生塑性变形的条件下 [见图 2-26(a)]，由于 $\sigma = E(\varepsilon_e - \varepsilon_T)$，并且 $\varepsilon_T = \alpha(T - T_0)$，所以

$$\sum Y = \int_0^B \sigma \delta \, dx = \int_0^B \delta E(\varepsilon_e - \varepsilon_T) \, dx = E\delta \int_0^B [\varepsilon_e - \alpha(T - T_0)] \, dx = 0 \tag{2-47}$$

$$\sum M = \int_0^B \sigma \delta x \, dx = \int_0^B \delta E(\varepsilon_e - \varepsilon_T) x \, dx = E\delta \int_0^B [\varepsilon_e - \alpha(T - T_0)] x \, dx = 0 \tag{2-48}$$

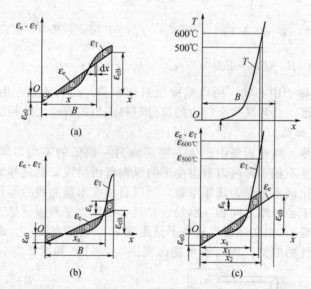

图 2-26 板条单边加热到不同温度时的应力与变形

由于此时截面发生转动，即 ε_e 不再是常数，而是 x 的线性函数，即

$$\varepsilon_e = \varepsilon_{e0} + \frac{x}{B}(\varepsilon_{eB} - \varepsilon_{e0}) \tag{2-49}$$

将式(2-49) 代入式(2-47) 和式(2-48)，联立求解可得到 ε_{e0} 和 ε_{eB}，并进而可求出 ε_e 和 σ。此外还可以求出板条的平均变形率 ε_{em}，即

$$\varepsilon_{em} = (\varepsilon_{e0} + \varepsilon_{eB})/2 \tag{2-50}$$

以及板条在该截面内的曲率 C，即

$$C = \frac{\varepsilon_{eB} - \varepsilon_{e0}}{B} \tag{2-51}$$

在这种情况下，内部变形小于金属屈服强度的变形率($\varepsilon < \varepsilon_s$)，则温度恢复后，板条中既不存在残余应力，也不存在残余变形。

② 当加热温度较高，使板条在靠近高温一侧的$(B-x_s)$局部范围内产生塑性变形［见图 2-26(b)］，则有

$$\varepsilon_T = \begin{cases} \alpha(T-T_0) \in (0 \sim x_s) \\ \varepsilon_s \in (x_s \sim B) \end{cases} \tag{2-52}$$

如前分析，有

$$\int_0^B (\varepsilon_e - \varepsilon_T) \, dx = \int_0^{x_s} [\varepsilon_e - \alpha(T-T_0)] \, dx + \int_{x_s}^B \varepsilon_s \, dx$$

$$= (B-x_s)\varepsilon_s + \int [\varepsilon_e - \alpha(T-T_0)] \, dx = 0 \tag{2-53}$$

$$\int_0^B (\varepsilon_e - \varepsilon_T) x \, dx = \int_0^{x_s} [\varepsilon_e - \alpha(T-T_0)] \, dx + \int_{x_s}^B \varepsilon_s x \, dx$$

$$= \frac{\varepsilon_s}{2}(B-x_s)^2 + \int [\varepsilon_e - \alpha(T-T_0)] x \, dx = 0 \tag{2-54}$$

可见变形 ε_e 仍可按式(2-49) 计算，联立求解式(2-53) 和式(2-54)，就可求出 ε_{e0}、ε_{eB}、ε_e、σ 等。

③ 当加热温度很高，造成板边 $(B-x_2)$ 一段内的 $\sigma_s = 0$，即变形抗力为零见［图 2-26(c)］。此时，在 $(B-x_2)$ 一段内，由于温度很高，使变形抗力为零，在此区域内发生完全塑性变形，而应力 $\sigma = 0$。在 (x_2-x_1) 范围内，塑性变形抗力从 x_2 处的 $\sigma = 0$ 线性变化到 x_1 处的 $\sigma = \sigma_s = E\varepsilon_s$，在此区域内可将应力表示为 $\sigma = \sigma_s(T) = E\varepsilon_s'$。在 $(x_1 \sim x_s)$ 范围内，发生塑性变形，塑性变形抗力为 σ_s，即 $\sigma = \sigma_s$，并且有 $\varepsilon = \varepsilon_s$。在 $(x_s \sim 0)$ 范围内为弹性变形区。

采用与前述相同的处理办法，可得

$$\sum Y = \int_0^B \sigma\delta \, dx = \int_0^B E\varepsilon\delta \, dx = \int_0^{x_s} E(\varepsilon_e - \varepsilon_T)\delta \, dx + \int_{x_s}^{x_1} E\varepsilon_s \delta \, dx + \int_{x_1}^{x_2} E\varepsilon_s'\delta \, dx$$

$$= \frac{E\delta\varepsilon_s}{2}(x_2-x_1) + E\delta\varepsilon_s(x_1-x_s) + E\delta\int_0^{x_s} [\varepsilon_e - \alpha(T-T_0)] \, dx = 0 \tag{2-55}$$

$$\sum M = \int_0^B \sigma\delta x \, dx = \int_0^B E\varepsilon\delta x \, dx = \int_0^{x_s} E(\varepsilon_e - \varepsilon_T)\delta x \, dx + \int_{x_s}^{x_1} E\varepsilon_s \delta x \, dx + \int_{x_1}^{x_2} E\varepsilon_s'\delta x \, dx$$

$$= \frac{E\delta\varepsilon_s}{x_1-x_2}\left[\frac{x_2^3-x_1^3}{3} - \frac{x_2}{2}(x_2^2-x_1^2)\right] + \frac{E\delta\varepsilon_s}{2}(x_1^2-x_s^2) +$$

$$E\delta\int_0^{x_s} [\varepsilon_e - \alpha(T-T_0)] x \, dx = 0 \tag{2-56}$$

另有

$$\varepsilon_s = \varepsilon_{es} - \varepsilon_T \tag{2-57}$$

由式(2-55)、式(2-56) 和式(2-57) 联立，可以求出 x_s、ε_{e0}、ε_{eB} 等参数，并进而求出 ε_e 和 σ。

在板条侧边加热的情况下，板条的外观变形不仅有端面平移，而且还有角位移。这使得板条沿长度方向出现了弯曲变形。弯曲变形的曲率按式(2-51) 计算。

2.3.3　焊接热循环条件下的应力与变形

焊接时发生应力和变形的原因是焊件受到不均匀加热，并且，因加热所引起的热变形和组织变形受到焊件本身刚度的约束。在焊接过程中所发生的应力和变形被称为暂态或瞬态的应力变形，而在焊接完毕和构件完全冷却后残留的应力和变形，称之为残余或剩余的应力变形。

焊接残余应力和残余变形在某种程度上会影响焊接结构的承载能力和服役寿命，因此对这一问题的研究不仅具有理论意义，而且具有重要的实际工程价值。而为了确定残余应力和

变形，必须了解焊接过程中所发生的瞬时应力和变形以及应力和变形的演化规律。

（1）引起焊接应力与变形的机理及影响因素

焊接时焊件受到不均匀加热并使焊缝区熔化，与焊接熔池毗邻的高温区材料的热膨胀则受到周围冷态材料的制约，产生不均匀的压缩塑性变形。在冷却的过程中，已经发生压缩塑性变形的这部分材料（如长焊缝两侧）同样受到周围金属的制约而不能自由收缩，并在一定程度上受到拉伸而卸载。与此同时，熔池凝固，焊缝金属冷却收缩也因受到制约而产生收缩拉应力和变形。这样，在焊接接头区域就产生了缩短的不协调应变，即残余应变，或称之为初始应变或固有应变。

焊接应力与变形是由多种因素交互作用而导致的结果。图 2-27 给出了引起焊接应力和变形的主要因素和内在联系。焊接时的局部不均匀热输入是产生焊接应力与变形的决定性因素，热输入是通过材料因素、制造因素和结构因素所构成的内拘束度和外拘束度而影响热源周围的金属运动，最终形成了焊接应力和变形。影响热源周围金属运动的内拘束度主要取决于材料的热物理参数和力学性能，而外拘束度主要取决于制造因素和结构因素。

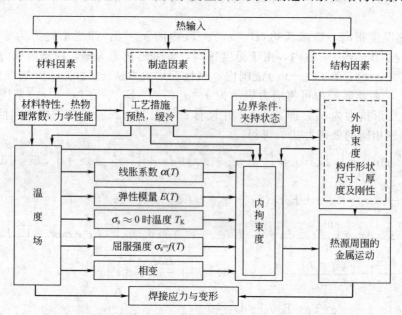

图 2-27　引起焊接应力与变形的主要因素及其内在联系

焊接应力与变形与前述不均匀温度场所引起的应力和变形的基本规律是一致的，但其过程更为复杂。主要表现为焊接时的温度变化范围更大，焊缝上的最高温度可以达到材料的沸点，而离开焊接热源温度就急剧下降直至室温。温度的这种情况会导致两方面的问题。

① 高温下金属的性能发生显著变化　图 2-28 为几种材料的屈服强度与温度的关系曲线。由图可见，低碳钢在 $0\sim500℃$ 范围内的 σ_s 变化很小，工程中将其简化为一条水平直线；在 $500\sim600℃$ 范围内，σ_s 迅速下降，工程上将其简化为一条斜线；超过 $600℃$ 则认为其 σ_s 接近于零。对于钛合金，在 $0\sim700℃$ 范围内，σ_s 一直下降，工程上用一条斜线对其进行简化。材料 σ_s 的这种变化必然会影响到整个焊接过程中的应力分市，从而使问题变得更加复杂。

以低碳钢为例：在低碳钢平板上沿中心线进行焊接，焊接过程中形成一个中心高两侧低的对称的不均匀温度场。在热源附近取一横截面，截面上的温度分布如图 2-29 所示。

在此温度场条件下，板条端面应从 AA' 平移到 A_1A_1'。在此截面上，AB 和 $A'B'$ 范围内的材料处于完全弹性状态，其内应力 σ 正比于内部应变值；在 BC 和 $B'C'$ 范围内，材料屈

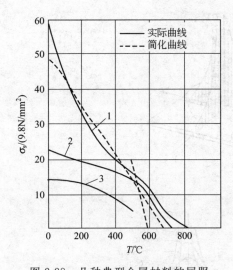

图 2-28 几种典型金属材料的屈服
强度 σ_s 与温度的关系

1—钛合金；2—低碳钢；3—铝合金

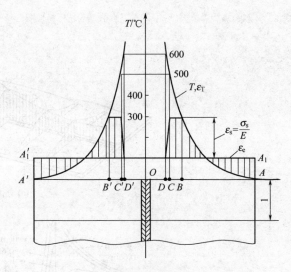

图 2-29 平板中心焊接时的内应力分布

服，有 $|\varepsilon_e - \varepsilon_T| > \varepsilon_s$，内应力达到室温下材料的屈服强度 σ_s 并保持不变；在 CD 和 $C'D'$ 范围内，温度从 500℃ 上升到 600℃，屈服强度 σ'_s 也从常温时的 σ_s 下降到零，在此范围内的内应力恒等于 σ'_s（σ'_s 是随温度变化的）；在 DD' 范围内，温度超过了 600℃，σ_s 可视为零，不会产生内应力，所以此区域不参加内应力的平衡。

② 焊接的温度场是一个空间分布极不均匀的温度场 图 2-30 给出了薄板焊接时的典型温度场。由于焊接时的加热并非是沿着整个焊缝长度上同时进行，因此焊缝上各点的温度分布是不同的。这与前述长板条加热的情况存在差异。这种差异使平面假设的准确性降低。但是，由于焊接速度一般比较快，而材料的导热性能较差（如低碳钢、低合金钢），在焊接温度场的后部，还是有一个相当长的区域的纵向温度梯度较小，因此，仍然可以用平面假设作近似的分析。

此外，焊接加热过程中会出现相变，相变的结果会引起许多物理和力学参量的变化，并因而影响焊接应力和变形的分布。

（2）焊接应力与变形的演变过程

随着焊接过程的进行，热源后方区域内温度在逐渐降低，即焊缝在不断冷却。因此，离热源中心不同距离的各横截面上的温度分布是不同的，因而其应力和变形情况也不相同。图 2-31 给出了低碳钢薄板焊接时不同截面处的温度及纵向应力。图中截面 Ⅰ 位于塑性温度区最宽处，该截面到热源的距离是 $s_1 = vt_1$（v 为焊接速度，t_1 为加热时间）。截面 Ⅱ、Ⅲ、Ⅳ 到热源的距离分别为 $s_2 = vt_2$，$s_3 = vt_3$，$s_4 = vt_4$。截面 Ⅳ 距离热源很远，温度已经恢复到原始状态，其应力分布就是残余应力在该截面上的分布。对于准稳态温度场来说，所谓不同截面处的情况，也可以看成是热源经过某一固定截面后不同时刻的情况，这种空域向时域转换的结果是一致的。

截面 Ⅰ 为塑性温度区最宽的截面，即 600℃ 等温线在该截面处最宽。在该截面上温度超过 600℃ 区域内，$\sigma_s = 0$，产生的变形全部为压缩塑性变形；在 600～500℃ 范围内，屈服应力从 0 逐渐增加到 σ_s，压应力也从 0 增加到 σ_s，弹性开始逐渐恢复，所产生的变形除压缩塑性变形外，开始出现弹性变形；在 500～200℃ 左右的范围内，弹性应变达到最大值 ε_s，压应力 $\sigma = \sigma_s$，同时存在塑性变形；在 200℃ 以下的范围内，内应力 $\sigma < \sigma_s$，并逐渐由压应力

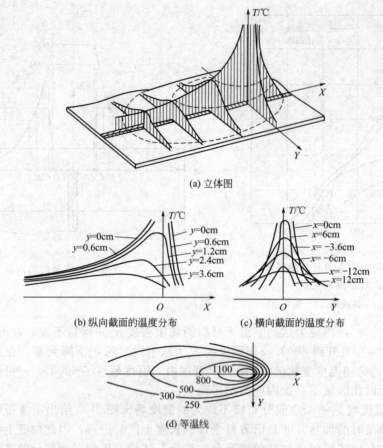

(a) 立体图

(b) 纵向截面的温度分布

(c) 横向截面的温度分布

(d) 等温线

图 2-30　薄板焊接时的温度场

转变为拉应力，在板边处拉应力可能达到材料的拉伸屈服强度 σ_s。由于内应力自身平衡的特性，截面上拉应力区的面积与压应力区的面积是相等的。

截面 Ⅱ 上的最高温度为 600℃。由于经历了降温过程，应产生收缩，但受到周围金属的约束而不能自由进行，所以受到拉伸。中心线处的温度为 600℃，拉应力为零，并产生拉伸塑性变形；在中心线两侧温度高于 500℃的区域，弹性开始部分恢复，受拉伸后产生拉应力，并出现弹性变形，拉伸变形与原来的压缩塑性变形相互叠加，使某一点处的变形量为零，在该处之外的区域仍为压缩变形；在 500℃以下的范围内，应力和变形情况与截面 Ⅰ 基本相同，在板边处为拉应力，但此拉应力区域变小。

截面 Ⅲ 处的最高温度已经低于 500℃。由于温度继续降低，材料进一步受到拉伸，拉应力增大达到了 σ_s，使板材中心部位出现了拉伸塑性变形，原来的压缩塑性变形区进一步减小，板边的拉应力区几乎消失。

截面 Ⅳ 处的温度已经降到了室温，中心区域的拉应力区进一步扩大，板边也由原来的拉应力区转变为压应力区，此时得到的是残余应力和残余变形。

对于上述四个空间截面的分析，也可以看成是某一固定截面在不同时刻的情况。因为在焊接结束后，任一截面上的温度都要下降恢复到室温，因而必然要经历上述的各个过程。此外，上述分析中没有考虑相变应力和变形。这是因为低碳钢的相变温度高于 600℃，相变时材料处于完全塑性状态（$\sigma_s = 0$），可以自由变形而不产生应力。相变时的体积变化可以完全转变为塑性变形，因而对以后的应力和变形的变化过程不产生影响。

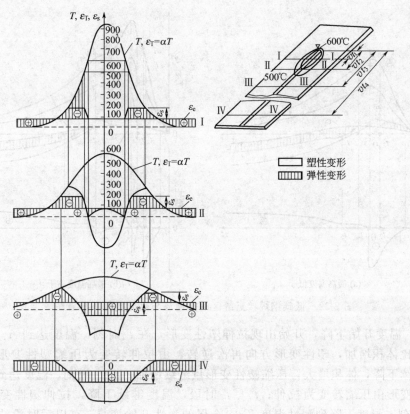

图 2-31　低碳钢薄板中心堆焊纵向焊道时横截面上的纵向应力演变过程

（3）焊接热应变循环

在焊接过程中金属经历了焊接热循环，与此同时，由于焊接温度场的高度不均匀性所产生的瞬时应力将使金属经受热应变循环。下面分析离焊缝较远、最高温度低于相变温度的区域和离焊缝较近、最高温度高于相变温度的区域的热应变情况（见图 2-32）。

第一种情况 ［见图 2-32（a）］：$0 \sim t_1$ 时段，随温度升高，自由变形 ε_T 大于可见变形 ε_e，金属受到压缩，压应力不断升高，并在 t_1 时刻，压应力达到 σ_s，开始出现压缩塑性变形；$t_1 \sim t_2$ 时段，温度继续升高，压应力 $\sigma = \sigma_s$，并且在 $500 \sim 600℃$ 范围内下降，压缩塑性变形量增加，在 t_2 时刻，金属达到塑性温度 T_p，$\sigma = \sigma_s = 0$；$t_2 \sim t_3$ 时段，温度继续升高，压缩塑性变形量持续增加，并在 t_3 时刻，温度达到峰值，压缩塑性变形量也达到最大值；$t_3 \sim t_4$ 时段，温度开始降低，金属开始发生收缩，此时由于收缩仍然受到阻碍，自由变形 ε_T 大于外观变形 ε_e，使金属受到拉伸并产生拉伸塑性变形，并在 t_4 时刻，温度下降到 T_p，金属开始恢复弹性；$t_4 \sim t_5$ 时段，温度继续降低，使拉应力值升高，拉伸塑性变形量增加，但增加速度减缓，在 t_5 时刻，拉应力达到 σ_s；t_5 以后的时段，温度继续降低，拉伸塑性变形量继续增加，但增加速度逐渐趋向于零。

第二种情况 ［见图 2-32（b）］：在 t_2 以前的时段与第一种情况时相同；$t_2 \sim t_3$ 时段，温度继续升高，压缩塑性变形量持续增加，并在 t_3 时刻温度达到 A_{c1}，开始发生奥氏体转变，比体积缩小，塑性变形方向发生逆转，开始出现拉伸塑性变形；$t_3 \sim t_4$ 时段，温度继续增加，体积减小，但受到周围金属的制约，因而受到拉应力并使拉伸塑性变形量增加，在 t_4 时刻，温度达到 A_{c3}，相变结束，比体积停止变化，塑性变形方向再次逆转，开始出现压缩塑性变形；$t_4 \sim t_5$ 时段，温度继续升高，压缩塑性变形量继续增加，并在 t_5 时刻温度达到峰值；

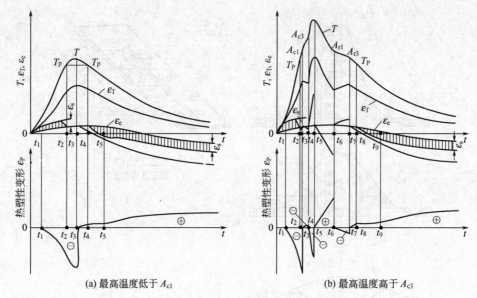

(a) 最高温度低于 A_{c1}　　　　　　　　(b) 最高温度高于 A_{c3}

图 2-32　低碳钢焊接近缝区的热循环与热应变循环示意图

$t_5 \sim t_6$ 时段，温度开始下降，开始出现拉伸塑性变形，在 t_6 时刻，温度达到 A_{r3}，开始出现反向相变，比体积增加，塑性变形方向再次逆转，由拉伸转变为压缩塑性变形；$t_6 \sim t_7$ 时段，温度继续下降，体积增大，压缩塑性变形量继续增加，在 t_7 时刻，温度达到 A_{r1}，相变结束，塑性变形由压缩转变为拉伸；$t_7 \sim t_8$ 时段，温度继续下降，拉伸塑性变形量继续增加，在 t_8 时刻，温度下降到塑性温度 T_p，金属的弹性开始恢复；t_8 以后时段的变化与第一种情况中 t_4 以后时段的变化相同。

对于近缝区的焊接热应变循环来说，基本上遵循两条规律：其一是金属在加热时受压缩，在冷却时受拉伸，屈服后出现塑性变形；其二是相变（奥氏体转变）开始和结束后出现应力和应变方向的逆转。对于焊缝金属来说，由于其瞬时达到最高温度并熔化，金属熔化前的物性和状态全部消失，所以就应力和变形的分析来说，可以认为并不存在加热过程，只有冷却阶段。在冷却过程中，焊缝金属除发生相变阶段外，都处于受拉伸状态。

（4）热循环过程中材料性能的变化

在整个热循环过程中，金属的性能发生很大的变化（见图 2-33）。当温度接近固相线 S 时，晶粒间的低熔点物质开始熔化，导致金属的延性陡然下降。当温度接近液相线 L 时，液相所占的比例很大，金属的变形能力迅速上升。因此存在一个低延性的脆性温度区间 ΔT_B，其下限温度为 T_L，上限温度为 T_U。

在焊接冷却过程中，金属的温度下降到脆性温度区间 ΔT_B 范围内时，由于温度下降导致金属的拉伸应变增加，这可能引发开裂。拉伸应变随温度的变化 $\left(\dfrac{\partial \varepsilon}{\partial T} = \dfrac{\partial \varepsilon}{\partial t} \Big/ \dfrac{\partial T}{\partial t} \right)$ 可以用一条通过 T_U 的直线来表示。金属降温通过 ΔT_B 时是否发生开裂，取决于三个因素：拉伸应变随温度的变化率 $\dfrac{\partial \varepsilon}{\partial T}$（即通过 T_U 点的射线的斜率）的大小、脆性温度区间 ΔT_B 的大小和金属处在这个区间内时所具有的最小延性 δ_{min}。当 $\dfrac{\partial \varepsilon}{\partial T} > \left(\dfrac{\partial \varepsilon}{\partial T} \right)_c$（$\left(\dfrac{\partial \varepsilon}{\partial T} \right)_c$ 为临界值，即图 2-33 中的射线 1）时，则发生断裂，即产生裂纹（图 2-33 中的直线 3）；当 $\dfrac{\partial \varepsilon}{\partial T} < \left(\dfrac{\partial \varepsilon}{\partial T} \right)_c$

时，则不会产生裂纹（图 2-33 中的直线 2）。$\dfrac{\partial \varepsilon}{\partial T}$ 越大，ΔT_B 越大，以及 $\delta_{\min}$ 越小，则越容易产生裂纹。$\dfrac{\partial \varepsilon}{\partial T}$ 与金属的物理性能及焊缝的拘束度等因素有关，而 ΔT_B 和 $\delta_{\min}$ 则与金属的组织和成分密切相关。另外，在焊接冷却过程中，特别是在 $200 \sim 300\,℃$ 范围内的塑性变形会消耗金属的一部分延性，对金属在室温和低温下的延性有较大的影响，使其发生延性耗竭。这种现象在低碳钢，特别是沸腾钢中表现得更为明显，这被称之为热应变脆化。在焊接过程中，如果近

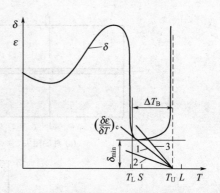

图 2-33　金属在高温时的延性和断裂

缝区中存在着几何不连续性（将导致应力集中），则焊接塑性应变量在这些部位成倍增加，将加剧延性耗竭。所有这些问题都与焊接时的应力与变形过程密切相关。

2.4 焊接残余应力及分布

2.4.1　焊接残余应力概述

焊缝区在焊后的冷却收缩一般是三维的，所产生的残余应力也是三轴的。但是，在材料厚度不大的焊接结构中，厚度方向上的应力很小，残余应力基本上是双轴的。只有在大厚度的结构中，厚度方向上的应力才比较大。为便于分析，常把焊缝方向的应力称为纵向应力，用 σ_x 表示。垂直于焊缝方向的应力称为横向应力，用 σ_y 表示。厚度方向的应力，用 σ_z 来表示。

（1）纵向残余应力分布

纵向残余应力是由于焊缝纵向收缩引起的。对于普通碳钢的焊接结构，在焊缝区附近为拉应力，其最大值可以达到或超过屈服极限，拉应力区以外为压应力。焊缝区最大应力 σ_m 和拉伸应力区的宽度 b 是纵向残余应力分布的特征参数。对于图 2-34（b）所示的对称分布的纵向残余应力，可近似地表示为

$$\sigma_x = \sigma_m \left\{ 1 - \left(\frac{y}{b} \right)^2 \right\} e^{-\frac{1}{2} \left(\frac{y}{b} \right)^2} \tag{2-58}$$

式中　σ_m——最大拉伸残余应力。

在相同的焊接条件下，等厚度钢板对称焊接的残余应力分布如图 2-35 所示。当板宽较小时，焊件边缘为压应力 ［图 2-35（a）、（b）］，板宽足够大时，焊件边缘为压应力趋近于零 ［图 2-35（b）］。图 2-35（d）、（e）为非对称对接残余应力的分布情况。图 2-36 为不同宽度板的板边堆焊纵向残余应力分布。如图 2-37 所示，平板对接焊接残余应力的分布可由几个关键点的坐标位置来确定。对于宽板，y_1、y_2、y_3 值随焊接线能量的增加而变大，窄板的 y_1、y_2、y_3 值只与板宽有关。

纵向残余应力的最大值与材料的性能有一定的关系。铝和钛合金的焊接纵向残余应力的最大值往往低于屈服极限，一般为母材屈服极限的 $50\% \sim 80\%$。造成这种情况的原因，对钛合金来说，主要因为它的膨胀系数和弹性模量数值较低，两者的乘积 αE 仅为低碳钢的三分之一左右。对铝合金来说则主要因为它的热导率较高，高温区和低温区的温差较小，压缩塑性变形降低，因而残余应力也降低。

（2）横向残余应力分布

把垂直于焊缝方向的残余应力称为横向残余应力 ［图 2-34（c）］，用 σ_y 来表示。横向残

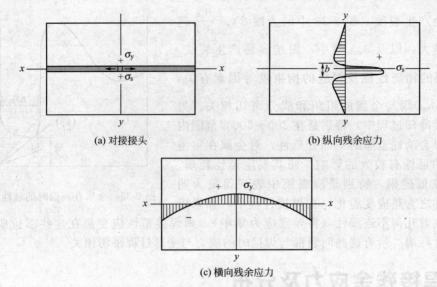

(a) 对接接头

(b) 纵向残余应力

(c) 横向残余应力

图 2-34　纵向残余应力与横向残余应力分布

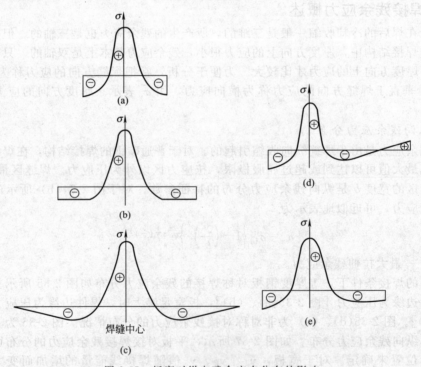

图 2-35　板宽对纵向残余应力分布的影响

余应力产生是由焊缝及其附近塑性变形区的横向收缩和纵向收缩共同作用的结果。

横向应力在与焊缝平行的各截面上的分布大体与焊缝截面上相似，但是离焊缝的距离越大，应力值就越低，到边缘上 $\sigma_y = 0$，如图 2-38 所示。

（3）**厚板的残余应力分布**

厚板焊接结构中除了存在着纵向残余应力和横向残余应力外，还存在着较大的厚度方向上的残余应力。研究表明，这三个方向的残余应力在厚度上的分布极不均匀。其分布规律，对于不同焊接工艺有较大差别。

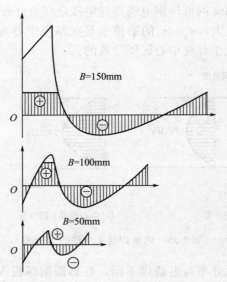

图 2-36　板边堆焊纵向残余应力分布

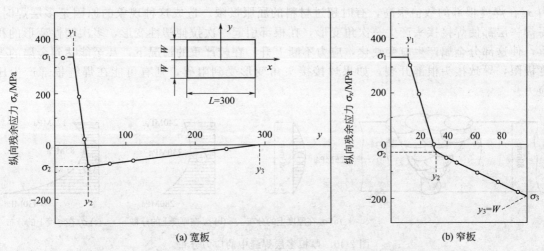

(a) 宽板　　　　　　　　　　　(b) 窄板

图 2-37　低碳钢 CO_2 焊接（线能量 12.56kJ/cm）纵向残余应力分布图

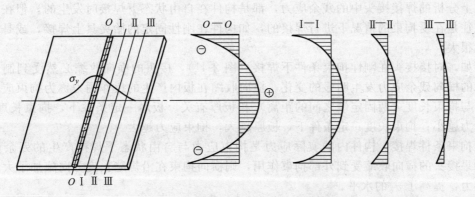

图 2-38　横向应力沿板宽上的分布

图 2-39 为厚度为 240mm 的低碳钢电渣焊缝中残余应力分布情况，厚度方向的残余应力 σ_z 为拉应力，在厚度中心最大，σ_x、σ_y 的数值也是在厚度中心为最大。σ_y 在表面为压应力，这是由于焊缝表面的凝固先于焊缝中心区所导致的。

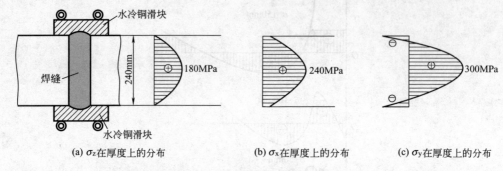

(a) σ_z 在厚度上的分布　　　(b) σ_x 在厚度上的分布　　　(c) σ_y 在厚度上的分布

图 2-39　电渣焊接头中的应力分布

厚板多层焊的残余应力分布与电渣焊不同，在低碳钢厚板 V 形坡口对接多层焊时（图 2-40），σ_x、σ_y 在沿厚度方向上均为拉应力，而且靠近上、下表面的残余应力值较大，中心区残余应力值较小。σ_z 的数值较小，可能为压力，亦有可能为拉应力。值得注意的是横向应力 σ_y 在焊缝根部的数值很高，有时超过材料的屈服极限。造成这种现象的原因是多层焊时，每焊一层都使焊接接头产生一次角变形，在根部引起一次拉伸塑性变形，多次塑性变形的积累，使这部分金属产生应变硬化，应力不断上升，在较严重的情况下，甚至能达到金属的强度极限，导致接头根部开裂。如果焊接接头角变形受到阻碍，则有可能在焊缝根部产生压应力。

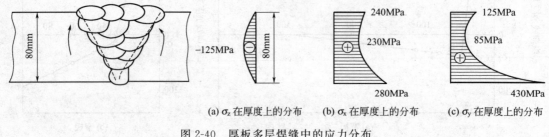

(a) σ_z 在厚度上的分布　　(b) σ_x 在厚度上的分布　　(c) σ_y 在厚度上的分布

图 2-40　厚板多层焊缝中的应力分布

（4）拘束状态下残余应力分布

以上分析的焊接接头中的残余应力，都是构件在自由状态下焊接时发生的。但在生产中构件往往是在受拘束的情况下进行焊接的，如构件在刚性固定的胎夹具上焊接，或是构件本身刚性很大。

例如，对接接头在刚性拘束条件下焊接（图 2-41），接头的横向收缩必然受到制约，使接头中的横向残余应力发生明显的变化。横向收缩在板内产生的反作用力称为拘束应力，拘束应力与拘束长度（两固定端之间的距离）和板厚有关。板厚一定条件下，拘束长度越长，拘束应力越小；拘束长度一定条件下，板厚越大，拘束应力越大。

在拘束条件焊接，构件内的实际应力是拘束应力与自由状态下焊接产生的残余应力之和。如果接头的横向收缩受到外部拘束作用，则横向拘束在沿焊缝长度方向施加了大致均匀的拉应力，提高了 σ_y 的水平。

拘束应力对构件的影响较大，所以在实际生产中，需要采取一定的措施来防止产生过大的拘束应力。

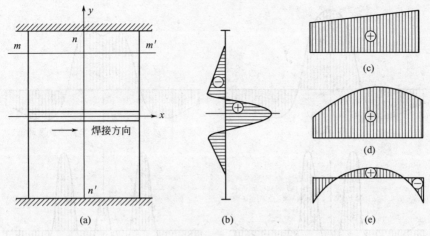

图 2-41 拘束应力分布

（5）相变引起的残余应力分布

当金属发生相变时，其比容产生变化。例如对碳钢来说，当奥氏体转变为铁素体或马氏体时，其比容将增大。相反方向转变比容将减小。如果相变在金属的力学熔点以上发生，由于金属已丧失弹性，则比容改变并不影响内应力。如低碳钢，加热时相变温度在 $A_{c1} \sim A_{c3}$ 之间，冷却时相变温度稍低。在一般的焊接冷却速度下，这个相变过程都在力学熔点（$T_M = 600℃$）以上，所以相变的比容变化对低碳钢焊后残余应力的分布没有影响。

但对一些高强钢，在加热时相变温度仍高于 T_M，而在冷却时，相变温度却低于 T_M（图 2-42）。在这种情况下，相变将影响残余应力的分布。当奥氏体转变时比容增大，不但可能抵消焊接时的部分压缩塑性变形，减小残余拉应力，甚至可能出现压应力，这说明组织应力是很大的。

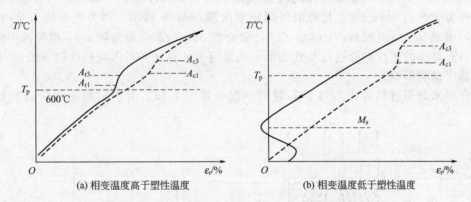

(a) 相变温度高于塑性温度   (b) 相变温度低于塑性温度

图 2-42　相变应变与温度关系曲线示意

若母材的奥氏体转变低于 T_M，焊缝为不发生相变的奥氏体钢，近缝区低温相变膨胀引起相变应力 σ_{mx}，最终的残余应力是 σ_x 与 σ_{mx} 的叠加［图 2-43（c）］。如果焊缝与母材相同，则焊缝金属在冷却时也将和近缝区一样，在比较低的温度下发生相变，最终残余应力的分布如图 2-43（d）所示，同样，近缝区相变对横向残余应力分布也有较大的影响。

2.4.2　焊接残余应力对焊接结构的影响

2.4.2.1　焊接结构静载强度的影响

假设有一构件，其残余应力分布如图 2-44 所示，中间部分为拉应力，两侧为压应力。

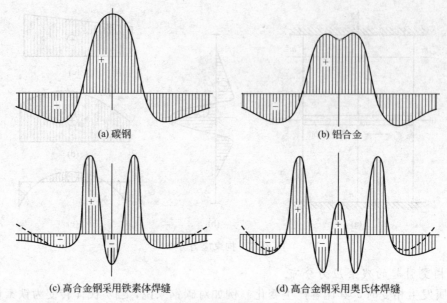

(a) 碳钢

(b) 铝合金

(c) 高合金钢采用铁素体焊缝

(d) 高合金钢采用奥氏体焊缝

图 2-43 相变对焊缝残余应力分布的影响

构件在拉力 P 作用下产生拉应力 σ（$\sigma = P/F = P/B\delta$，F 为构件截面积，B 为构件宽度，δ 为构件厚度）。由于 σ 的作用，构件内部的应力分布将发生变化，随着 σ 的增加，构件两侧部分原来的压应力逐渐减少而转变为拉应力，而构件中部的拉应力则与外力叠加，如果材料具有足够的塑性，当应力的峰值达到 σ_s 后，该区域中的应力就不再增加，而产生塑性变形。其余区域应力未达到 σ_s，则随着外力的增加应力还继续增加，整个截面上的应力逐渐均匀化，直至构件截面上的全部应力都达到 σ_s，应力就全面均匀化了。这时外力的大小可以用面积 $abcdefghi$ 来表示。如果构件内没有残余应力，要同样使整个截面应力都达到 σ_s。所需要的外力 $P = \sigma_s F = \sigma_s B\delta$，其数值可用矩形面积 $abhi$ 来表示，因为残余应力是内部平衡的应力，面积 def ＝面积 bcd ＋面积 fgh，故面积 $abcdefghi$ 和面积 $abhi$ 相等。由此可见，只要材料有足够的延性，能进行塑性变形，残余应力的存在并不影响构件的承载能力，也就是说对强度没有影响。

现在再来分析材料处于脆性状态时的情况，见图 2-45。由于材料不能进行塑性变形，

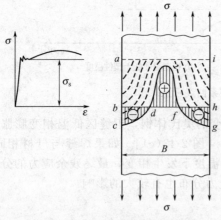

图 2-44 载荷作用下平板中应力的
变化（塑性好的材料）

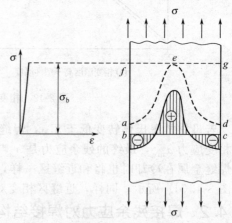

图 2-45 载荷作用下平板中应力的
变化（脆性材料）

随着外力的增加，在构件上不可能产生应力均匀化，应力峰值不断增加，一直到达材料的强度极限 σ_b，发生局部破坏，而最后导致整个构件断裂，也就是说对处于脆性状态的材料，残余应力将明显降低构件的承载能力。

塑性变形产生的必要条件是切应力的存在，材料在单轴应力 σ 的作用下［见图 2-46 (a)］，最大切应力 $\tau_{max} = \sigma/2$。在三轴等值拉应力（$\sigma_x = \sigma_y = \sigma_z$）作用下切应力 $\tau_{max} = 0$，在这种情况下，就不可能产生塑性变形。因此，三轴拉伸残余应力将阻碍塑性变形的产生，在一定条件下对具有残余应力的材料承载能力有不利影响。

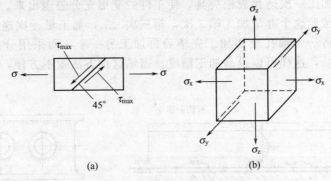

图 2-46　单轴和三轴应力状态

上面分析的是光滑构件，即在构件中没有严重的应力集中的情况。下面简述焊接残余应力对带有尖锐缺口的构件强度的影响。

实验证明，许多材料处于单轴或双轴拉伸应力下，呈现塑性，当处于三轴拉伸应力下，因不易发生塑性变形，呈现脆性。

在实际结构中三轴应力可能由三轴载荷产生，但更多的情况下是由于结构几何不连续性引起的。虽然整个结构处于单轴、双轴拉伸应力状态下，但其局部区域由于设计不佳，工艺不当，或存在有缺陷，往往形成局部三轴应力状态的缺口效应。图 2-47 表示构件受均匀拉伸应力时，其中缺口根部出现高值的应力和应变集中，缺口越深、越尖，其局部应力和应变也越大（图 2-47 中 σ_y）。

在受力过程中，缺口根部材料的伸长，必然要引起此处材料沿宽度和厚度方向的收缩。但由于缺口尖端以外的材料受到的应力较小，它们将引起较小的横向收缩。由于横向收缩不均，缺口根部横向收缩受阻，结果产生横向和厚度方向的拉伸应力 σ_y 和 σ_z，也就是说在缺口根部产生三轴拉应力。

在三轴拉伸时，最大应力可能超出单轴拉伸时的屈服应力，形成很高的局部应力而材料尚不发生屈服，结果降低了材料的塑性使该处材料变脆。

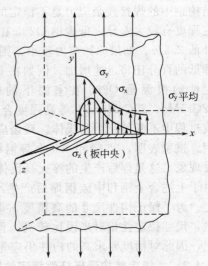

图 2-47　缺口根部应力分布示意

这说明了为什么脆断事故一般都起源于具有严重应力集中效应的缺口处，而在试验中也只有引入这样的缺口才能在脆性转变温度以上产生脆性断裂。

2.4.2.2　焊接结构件加工尺寸精度的影响

机械切削加工把一部分材料从工件上切去，如果工件中存在着残余应力，那么把一部分材料切去的同时，把原先在那里的残余应力也一起去掉，从而破坏了原来工件中残余应力的平衡，使工件产生变形，加工精度也就受到了影响。例如在焊接丁字形零件上〔见图 2-48（a）〕加工一个平面，会引起工件的挠曲变形，但这种变形由于工件在加工过程中受到夹持，不能充分地表现出来，只有在加工完毕后松开夹具时变形才能充分地表现出来，这样，它就破坏了已加工平面的精度。又例如焊接齿轮箱的轴孔〔见图 2-48(b)〕，加工第二个轴孔所引起的变形将影响第一个已加工过的轴孔的精度。

保证加工精度最彻底的办法是先消除焊接残余应力然后再进行机械加工。但是，有时也可以在机械加工工艺上做一些调整来达到这个目的。例如在加工图 2-48(a) 所示零件时，可以分几次加工，每加工一次适当放松夹具，使工件的变形充分表现出来。重新垫好工件后再进行紧固，然后再按照这个办法加工第二次，第三次……，加工量逐次递减。又例如在加工几个轴孔时，避免将一个轴孔全部加工完毕后再加工另一个，而采用分几次交替加工的办法，每次加工量递减，这样可以提高加工精度。当然这种方法很不方便，只有非常必要时才采用。

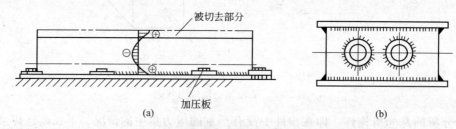

图 2-48　机械加工引起的内应力释放和变形

这里还应该注意的另一个问题就是焊接残余应力是否长期稳定，亦即焊接残余应力是否会在长期存放过程中随时间变化而破坏已经加工完毕的工件尺寸的精度。这一点对精度要求高的构件，如精密机床的床身、大型量具的框架等是十分重要的。长期存放实验证明，许多结构钢中的焊接残余应力是不稳定的，它随着时间不断地变化。不同材料中的残余应力不稳定程度有较大差异。低碳钢 Q235 在室温 20℃下存放，原始应力 24000N/cm²，经过 2 个月降低 2.5％。如果原始应力较小，则降低的百分比相应减少。但随着存放温度的上升，应力降低的百分比将迅速增加。例如在 100℃下存放，应力降低为 20℃时的 5 倍。这种应力不稳定性的根源是 Q235 在室温下的蠕变和应力松弛。30CrMnSi、25CrMnSi、12CrMnSi、12Cr5Mo、20CrMnSiNi 等高强度合金结构钢在焊后产生残余奥氏体。这种奥氏体在室温存放过程中不断转化为马氏体。残余应力因马氏体的膨胀而降低，其降低百分比远远超过低碳钢。试验表明，35 钢和 4Cr13 等钢材焊后在室温和稍高温度下存放发生残余应力增加的相反现象。这是焊后产生的淬火马氏体逐渐转化为回火马氏体过程中体积有所缩小所引起的。由于上述合金钢和中碳钢焊后产生不稳定组织，因此残余应力不稳定，构件的尺寸也不稳定。为了保证构件尺寸的高精度，焊后必须进行热处理。低碳钢焊后虽具有比较稳定的组织，尺寸稳定性相对来说比较高，但在长期存放中因蠕变和应力松弛，尺寸仍然有少量变化，因此对精度要求高的构件仍应先做消除应力处理，然后再进行机械加工。

2.4.2.3　焊接结构受压杆件稳定性的影响

焊后存在于焊件中的焊接残余应力，一般情况下在焊缝附近是拉应力，离开焊缝较远的区域为压应力。杆件（如柱、桁架中的压杆等）在压力作用下可能发生整体失稳现象。从材料力学的基本理论得知，两端铰支的受压杆件，在弹性范围内工作时，其失稳的临界应力 σ_{cr} 可由下式求得

$$\sigma_{cr} = \frac{\pi^2 EI}{l^2 F}$$

(2-59)

式中　E——弹性模量，MPa；

　　　l——受压杆件的自由长度，mm；

　　　I——构件截面惯性矩；

　　　F——截面积，mm²。

上式亦可用下列形式来表达

$$\sigma_{cr} = \frac{\pi^2 E}{\lambda^2} \qquad (2-60)$$

式中　λ——长细比，$\lambda = \dfrac{l}{r}$；

　　　r——截面惯性半径，$\gamma = \sqrt{\dfrac{I}{F}}$。

由式(2-60) 可见，σ_{cr} 与 λ^2 成反比。当受压构件在弹性极限以上工作时，其临界应力与材料的弹塑性参数即屈服极限、冷作硬化指数等有关。

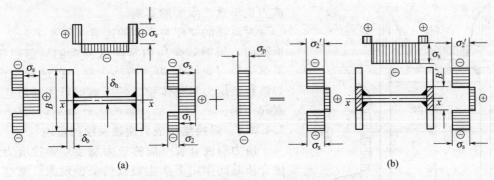

图 2-49　受压焊接杆件工作时的应力分析

现在来分析焊接残余应力对受压构件稳定性的影响。前面已讨论过焊接残余应力在构件中是平衡的。构件截面上的压缩残余应力将与外载所引起的压应力叠加。压应力的叠加使压应力区先期到达屈服极限 σ_s。该区应力不再增加，从而使该区丧失进一步承受外力的能力。这样就相当于削弱构件的有效面积。另一方面拉应力区中的拉应力与外载引起的压应力方向相反，使这部分截面积中的应力晚于其他部分到达屈服极限 σ_s。因此，该区还有可能继续承受外力。以焊接 H 形受压杆件为例，见图 2-49。其纵向焊接应力的分布如图 2-49(a) 所示，设外力引起的压应力为 σ_p，当 $\sigma_p + \sigma_2 = \sigma_s$ 时，应力的分布将如图 2-49(b) 所示。这样，有效面积将从 F 缩小到 F'（图中用剖面线表示）。而有效面积的惯性矩将从 I_x 减至 I_x'。因为对 x-x 轴惯性矩 $I_x = 2 \times B^3 \times \delta_b / 12$（腹板对 x-x 轴的惯性矩忽略不计），所以 I_x 与 B^3 成正比。而 $I_x' = 2 \times (B')^3 \times \delta_b / 12$，$I_x' \ll I_x$。$F'$ 虽然小于 F，但 $I_x / I_x' > F / F'$，故 $r_x > r_x'$（$r_x = \sqrt{I_x / F}$，$r_x' = \sqrt{I_x' / F'}$）。因此，当构件的压缩残余应力区中的压应力和外载引起的压应力之和达到 σ_s，其长细比 $\lambda_x' = l / r_x'$，它将大于 $\lambda_x = l / r_x$，临界应力将比没有残余应力时低。如果残余应力的分布与上述情况相反，即在离中性轴的翼缘边为拉应力，使有效面积分布在离中性轴较远处，则情况就大有好转。翼缘采用气割加工或是由几块板叠焊，都可能在翼缘边产生拉伸残余应力，如图 2-50 所示。

试验证明，焊接 H 形受压构件，焊后不处理的比焊后高温回火消除残余应力处理的临界应力低 20%～30%。而焊后又在边缘进行堆焊则临界应力可提高，其数值几乎与高温回火消除残余应力的构件相等。箱形截面的受压杆件，由于拉应力区离中性轴较远（图2-51），消除残余应力与未消除残余应力的临界应力相差不多。应该指出，残余应力的影响只在构件

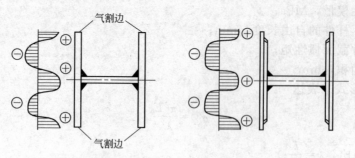

图 2-50　带气割边及带盖板的焊接杆件的残余应力分布

的一定的长细比 λ 范围内起作用。当杆件的 λ 较大（＞150），它的临界应力本来就比较低时，或者当残余应力的数值较低时，外载应力与残余应力之和在失稳前仍未达到 σ_s，则残余应力对稳定性不会产生影响。此外，当杆件的 λ 较小（＜30），相对偏心又不大（＜0.1）时，其临界应力主要决定于杆件的全面屈服，残余应力也不致产生大的影响。

对翼缘的宽度与厚度的比值（B/δ_b）较大的 H 形截面，压缩残余应力将降低翼缘的局部稳定性。局部失稳可能引起构件整体失稳。在这种情况下，焊接残余应力对整体稳定的影响则可能通过这一因素起作用。

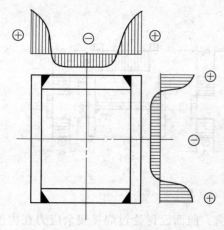

图 2-51　焊接箱形杆件的残余应力分布

2.4.2.4　焊接结构应力腐蚀裂纹的影响

应力腐蚀开裂（简称应力腐蚀）是拉应力和腐蚀介质共同作用下产生裂纹的一种现象。某些金属在一定的介质里，例如低碳钢在 NaOH 溶液、NH_4NO_3 溶液、NH_3 和 H_2S 等介质中，18-8 奥氏体钢在 $MgCl_2$ 溶液、氯化物和水汽等介质中承受拉力可能出现裂纹。应力腐蚀断裂过程大致可分为 3 个阶段。第一阶段，局部腐蚀造成小腐蚀坑和其他形式的应力集中，以后又逐渐发展成为微小裂纹。第二阶段中，在腐蚀介质作用下，金属从裂纹尖端面不断地被腐蚀掉，而在应力作用下又不断地产生新的表面，这些表面又进一步被腐蚀。这样在应力和腐蚀的交替共同作用下裂纹逐渐扩展。第三阶段，当裂纹扩展到一临界值，此时裂纹尖端的应力场强度因子达到材料的断裂韧度时，裂纹就以极快的速度扩展造成脆性断裂。最后这个阶段在有些结构上并不一定能发生，例如容器，当裂纹扩展到一定程度容器就可能先发生泄漏，此时裂纹可能停止扩展。

由应力腐蚀引起断裂所需的时间与应力大小有关。图 2-52 是 18-8 和 25-20 两种铬镍不锈钢的应力与断裂时间关系图。在曲线以下不发生断裂，在曲线以上发生断裂。由图上可见应力越大，发生断裂所需时间越短。应力越小，发生断裂所需时间越长。这里的应力不必分工作应力和残余应力，它们同样对腐蚀起作用。有些结

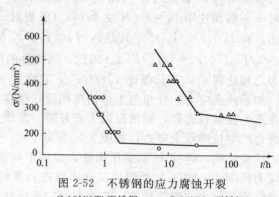

图 2-52　不锈钢的应力腐蚀开裂

○—Cr18Ni9Ti 不锈钢；△—Cr25Ni20 不锈钢
在 42% $MgCl_2$ 沸腾溶液中

构的工作应力比较低，本来不至于在规定使用年限内产生应力腐蚀开裂，但是焊接后由于焊接残余应力较大，残余应力和工作应力叠加促使焊缝附近很快产生应力腐蚀。对于这种结构，采取适当的消除应力措施，是有利于提高抗腐蚀能力的。当然消除残余应力并不是惟一的方法，也可以采取其他措施来解决这个问题。例如，在结构与介质的接触面上涂保护层；在介质中加入缓蚀剂；选用防腐性较好的材料等等。

2.4.3 预防与消除焊接残余应力的措施

焊接残余应力从总体上说是有害的，因此，在结构设计阶段就应考虑采取各种办法，减小焊接残余应力的产生。在焊接过程中，也有相应的工艺措施，可以调节和控制焊接应力的产生。因此，控制焊接残余应力主要从设计措施和工艺措施两方面考虑。

2.4.3.1 焊缝设计措施

焊接结构的设计应使结构在其制造过程中产生的焊接残余应力得到有效控制，即应能保证焊接的可靠性。焊接结构设计方面的措施实际上是指负责结构设计工作的技术人员应遵循的设计规范，包括确定结构的外形、尺寸及确定结构中的各个焊接接头；后者还包括选择接头形式（对接接头、搭接接头、十字接头、T形接头、角接接头、端接接头）及规定焊缝角高度。

用以减小焊接残余应力产生的主要设计措施有：

a. 使焊缝长度尽可能最短；

b. 使板厚尽可能最小；

c. 使焊脚尽可能最小；

d. 断续焊缝与连续焊缝相比，优先选用断续焊缝；

e. 角焊缝与对接焊缝相比，优先选用角焊缝；

f. 采用对接焊缝连接的构件应（在垂直焊缝方向上）具有较大的可变形长度；

g. 复杂结构最好采用分部件组合焊接。

采用尽可能短的焊缝的最佳解释就是焊接界广为流传的一种说法——"最好的焊接结构是没有焊缝的结构"。

设计中应尽量避免焊缝密集与交叉。焊缝间相互平行且密集时，相同方向上的焊接残余应力和塑性变形区均会出现一定程度的叠加；焊缝交叉时，两个方向上均会产生较高的残余拉应力。这两种情况下，均可能会在局部区域（譬如在缺口和缺陷处）超过材料的塑性。对此，可将横焊缝在（连续的）纵焊缝间作交错布置，如图 2-53（a）中板条拼焊及图 2-53（c）中工字梁接头（翼板焊缝与腹板焊缝交错）所示那样，两交错焊缝间的距离至少应为板厚的20 倍。此外，还可像图 2-53（b）所示的那样，用切口来避免焊缝间的交叉。当然，在需考虑结构疲劳强度时这类切口应慎用。

设计中要采用尽可能小的板厚，这一要求的目的在于限制三维拉应力的水平与大小，因为三维拉应力会促使脆性断裂。当板厚较大时，第三主应力便可能在板厚方向上占有较大比例，因而设计规范中对超过一定板厚的焊接构件通常要安排消除应力退火。此外，厚翼板可用叠层板代替，圆柱形厚壁容器可用多层薄板叠层的设计代替。焊接多层容器时，环状金属叠板采用共同的圆周焊缝来连接。

对于对接焊缝来说，焊缝厚度应与板厚相同，而角焊缝焊脚高度的选择却相对来说较为自由，但也不应超过其所需的静载尺寸，因为焊接热输入以及由此而产生的收缩力与变形均会随着焊脚高度的增大而增大。

联系焊缝（不直接承载的焊缝）可采取断续焊缝的形式以降低热输入总量。双面断续角焊缝的焊段可作交错布置。在可能出现腐蚀的地方用切口使焊缝闭合。断续焊缝与切口在需

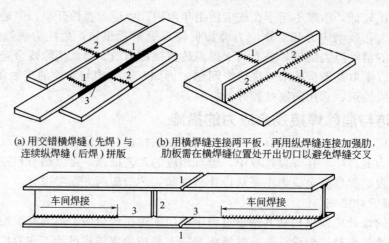

(a) 用交错横焊缝（先焊）与
连续纵焊缝（后焊）拼版

(b) 用横焊缝连接两平板，再用纵焊缝连接加强肋，
肋板需在横焊缝位置处开出切口以避免焊缝交叉

(c) 用翼板与腹板交错横焊缝（先焊）和纵焊缝（后焊）焊接工字梁

图 2-53 避免焊缝交叉的措施与最优焊接顺序

考虑疲劳强度的场合不宜采用。图 2-54 对用塞焊连接的肋板与用断续角焊缝连接的肋板作了比较。

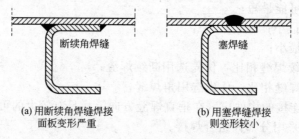

(a) 用断续角焊缝焊接
面板变形严重

(b) 用塞焊缝焊接
则变形较小

图 2-54 联系焊缝的变形比较

　　就减小焊接残余应力而论，十字接头、T字接头、角接接头和搭接接头中角焊缝优于对接焊缝（在疲劳强度方面则不然）。采用角焊缝时，间隙与力线的偏移会降低接头的刚性，

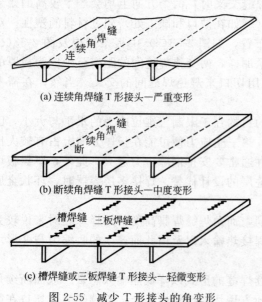

(a) 连续角焊缝 T 形接头—严重变形

(b) 断续角焊缝 T 形接头—中度变形

(c) 槽焊缝或三板焊缝 T 形接头—轻微变形

图 2-55 减少 T 形接头的角变形

从而使结构中的横向残余应力有所降低。鉴于上述观点，在焊接盖板时，最好将其搭接，而不宜焊平补齐。在待焊构件尺寸偏差及装配要求方面角焊缝也优于对接焊缝，角焊缝可比对接焊缝容许更大的横向错位和角度偏差，而对接焊结构装配时其坡口必须能精确对准。对接焊缝在刚性方面的不利因素，可通过设计时保证构件在垂直于焊缝方向上具有足够大的尺寸来加以解决。对 T 形接头的角收缩而言，采用三板接头的形式〔图 2-55(c)〕虽然会像对接焊缝那样引起较高的横向应力，但在减少角收缩方面却优于通常的双面角焊缝接头。

　　对于大型复杂结构，可将其划分为若干组件（或部件），分别预制使其达到规定的尺寸精度后再进行组装，这一措施不仅能非常有效地控制整个结构的焊接残余应力，而且组件的尺寸精度保证了整体结构的尺寸精度。此外，组件可在厂内预制，仅整体结构需在现场组焊。各组件应有尽可能高的对称性，从而保证整体结构中各焊缝位置的对称性。

2.4.3.2 焊接工艺措施

① 选择合理的焊接顺序

a. 尽可能考虑焊缝能自由收缩。尽可能让焊缝能自由收缩，以减少焊接结构在施焊时的拘束度，最大限度地减少焊接应力。图 2-56 所示为一大型容器底部，它是由许多平板拼接而成。考虑到焊缝能自由收缩的原则，焊接应从中间向四周进行，使焊缝的收缩由中间向外依次进行。同时，应先焊错开的短焊缝，后焊直通的长焊缝。否则，若先焊直通的长焊缝，再焊短焊缝时，会由于其横向收缩受阻而产生很大的应力。正确的焊接顺序，见图2-56中所标的数字。

b. 先焊收缩量最大的焊缝。将收缩量大、焊后可能产生较大焊接应力的焊缝，置于先焊的顺序，使它能在拘束较小的情况下收缩，以减少焊接残余应力。如对接焊缝的收缩量比角焊缝的收缩量大，故同一构件中应先焊对接焊缝。图 2-57 所示为带盖板的双工字梁结构，应先焊盖板上的对接焊缝 1，后焊盖板与工字梁之间的角焊缝 2。

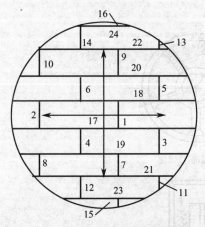

图 2-56　大型容器底部拼接焊接顺序

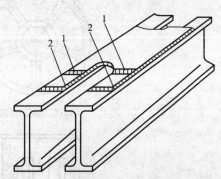

图 2-57　带盖板的双工字梁结构焊接顺序
1—对接焊缝；2—角焊缝

c. 焊接平面交叉焊缝时，由于在焊缝交叉点易产生较大的焊接残余应力，所以应采用保证交叉点部位不易产生缺陷且刚性拘束较小的焊接顺序。例如，T 形焊缝、十字形交叉焊缝正确的焊接顺序，如图 2-58(a)、(b)、(c) 所示，图 2-58(d) 为不合理焊接顺序。

② 选择合理的焊接工艺参数　焊接时应尽量采用小的焊接热输入施焊，选用小直径焊条、较小的焊接电流和快速焊等，以减小焊件受热范围，从而减小焊接残余应力。当然，焊接热输入的减小必须视焊件的具体情况而定。

③ 采用预热的方法　预热法是指在焊前对焊件的全部（或局部）进行加热的工艺措施。一般预热的温度在 150～350℃ 之间。其目的是减小焊接区和结构整体的温差，以使焊缝区与结构整体尽可能地均匀冷却，从而减小应力，此方法常用于易裂材料的焊接，预热温度视材料、结构钢性等具体情况而定。

④ 加热"减应区"法　在焊接或焊补刚性很大的焊接结构时，选择构件的适当部位进行加热使之伸长，然后再进行焊接，这样焊接残余应力可大大减小，这个加热部位就叫做"减应区"。"减应区"应是阻碍焊接区自由收缩的部位，加热了该部位，实质上是使它能与焊接区近乎均匀地冷却和收缩，以减小内应力。图 2-59 为带轮轮辐、轮缘及框架断裂采用

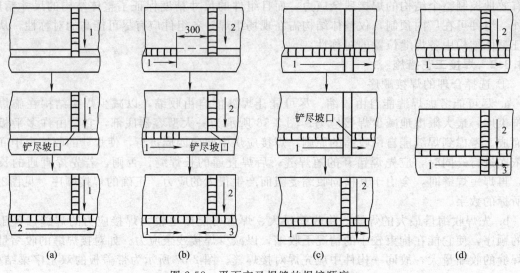

图 2-58　平面交叉焊缝的焊接顺序

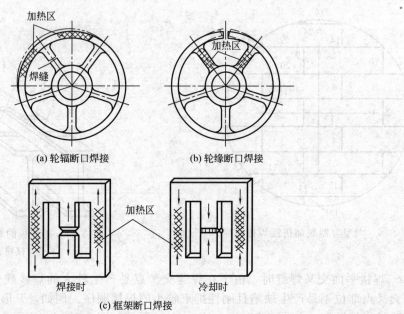

(a) 轮辐断口焊接　　　　　(b) 轮缘断口焊接

(c) 框架断口焊接

图 2-59　加热"减应区"法示意

加热减应法修补示意图。

⑤ 锤击法　焊缝区金属由于在冷却收缩时受阻而产生拉伸应力,如在焊接每条焊道之后,用手锤锤击焊缝金属,促使它产生延伸塑性变形,以抵消焊接时产生的压缩塑性变形,这样便能起到减小焊接残余应力的作用。

实验证明,锤击多层焊第一层焊缝金属,几乎能使内应力完全消失。锤击必须在焊缝塑性较好的热态时进行,以防止因锤击而产生裂纹。另外,为保持焊缝表面的美观,表层焊缝一般不锤击。

2.4.3.3　消除焊接残余应力的措施

由于焊接内应力的不利影响只是在一定条件下才表现出来的。例如,对常用的低碳钢及低合金钢来说,只有在工作温度低于某一临界值以及存在严重缺陷的情况下才有可能降低其静载强度。要保证焊接结构不产生脆性断裂，可以从合理选材、改进焊接工艺、加强质量管理及检查、避免严重缺陷来解决的。消除内应力仅仅是其中一种办法。

事实证明，许多焊接结构未经消除内应力的处理，也能安全运行。焊接结构是否需要消除内应力，采取什么方法消除内应力，必须根据实际情况综合考虑确定。

消除焊接残余应力的措施有消除应力热处理、机械拉伸法、温差拉伸法、振动时效法等。钢结构常用的方法是消除应力热处理，即消除应力退火。

（1）消除应力退火

消除应力退火有整体消除应力退火和局部消除应力退火两种。

焊后把焊件总体或局部均匀加热至相变点以下某一温度（一般为 600～650℃左右），保温一定时间，然后均匀缓慢冷却，从而消除焊接残余应力的方法叫整体消除应力退火或局部消除应力退火。消除应力退火虽然加热的温度在相变点以下，金属未发生相变，但在此温度下，其屈服点降低了，使内部在残余应力的作用下产生一定的塑性变形，使应力得以消除。

整体消除应力退火，一般在炉内进行，退火加热温度越高，保温时间越长，应力消除越彻底。整体消除应力退火，一般可将 80%～90% 的残余应力消除。对于某些不允许或无法用加热炉进行加热的，可采用局部加热消除应力退火，即对焊缝及其附近局部区域加热退火。局部消除应力退火效果不如整体消除应力退火。图 2-60 所示为 14MnMoVB 消除应力退火的工艺曲线。常用金属材料的退火温度，见表 2-1。

表 2-1　常用金属材料的退火温度

钢的牌号	板厚/mm	退火温度/℃
Q235A、20、20g、22g	≥35	600～650
25g、Q345、Q390	≥30	600～650
Q420	≥20	600～680

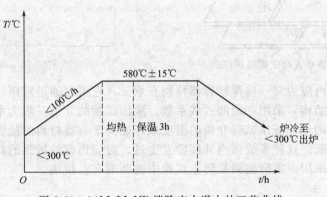

图 2-60　14MnMoVB 消除应力退火的工艺曲线

（2）机械拉伸法

焊接时，对焊接结构进行加载，通过一次加载拉伸，拉应力区（在焊缝及其附近的纵向应力一般为 σ）在外力的作用下产生拉伸塑性变形，它的方向与焊接时产生的压缩塑性变形相反。因为焊接残余内应力正是由于局部压缩塑性变形引起的，加载应力越高，压缩塑性变形就抵消的越多，内应力也就消除的越彻底。从图 2-61 中可以比较清楚地看到加载前、加载后和卸载后的应力分布情况。当拉伸应力为 σ_s 时，经过加载卸载，消除的内应力相当于外载荷产生的平均应力。当外载荷和截面全面屈服时，内应力可以全部消除。

在拼板时，应先焊错开的短焊缝，然后再焊直通长焊缝，见图 2-62。如图 2-62 采用相

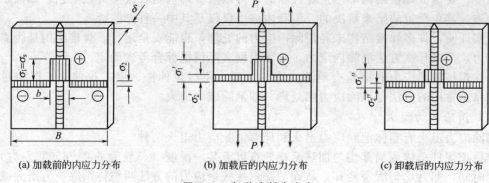

| (a) 加载前的内应力分布 | (b) 加载后的内应力分布 | (c) 卸载后的内应力分布 |

图 2-61　加载降低内应力

反的次序，即先焊焊缝 3，再焊焊缝 1 和 2，则由于短缝的横向收缩受到限制将产生很大的拉应力。在焊接交叉（不论是丁字交叉或十字交叉）焊缝时，应该特别注意交叉处的焊缝质量。如果在接近纵向焊缝的横向焊缝处有缺陷（如未焊透等），则这些缺陷正好位于纵向焊缝的拉伸应力场中（见图 2-63），造成复杂的三轴应力状态。此外，缺陷尖端部位的金属，在焊接过程中不但经受了一次焊接热循环，而且由于应变集中的原因，同时又受到了一次比其他没有缺陷部位大得多的挤压和拉伸塑性变形的过程，消耗了材料的塑性，对强度大为不利，这里往往是脆性断裂的根源。

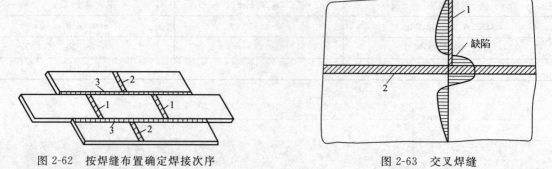

图 2-62　按焊缝布置确定焊接次序　　　　　图 2-63　交叉焊缝

机械拉伸消除内应力对一些焊接容器特别有意义，它可以通过液压试验来解决。液压试验根据不同的具体结构，采用一定的过载系数。液压试验的介质一般为水，也可以用其他介质。这里应该指出的是，液压试验介质的温度最好能高于容器材料的脆性断裂临界温度，以免在加载时发生脆断。这种事故国内外都曾发生过。对应力腐蚀敏感的材料，要慎重选择试验介质。在试验时采用声发射监测是防止试验中脆断的有益措施。

（3）温差拉伸法

这个方法的基本原理与机械拉伸法相同，是利用拉伸来抵消焊接时所产生的压缩塑性变形的。所不同的是，机械拉伸法利用外力来进行拉伸，而本法则是利用局部加热的温差来拉伸焊缝区。它的具体做法是这样的：在焊缝两侧各用一个适当宽度的氧-乙炔焰炬加热，在焰炬后面一定距离，用一个带有排孔的水管喷头冷却。焰炬和喷水管以相同速度向前移动（见图 2-64），这样就造成了一个两侧温度高（其峰值约为 200℃）、焊缝区温度低（约为 100℃）的温度场。两侧金属受热膨胀，对温度较低的区域进行拉伸，起了相当于如图 2-65 所示千斤顶的作用。利用温差拉伸这个方法，如果规范选择恰当，可以取得较好的消除应力效果。

焰炬宽度为 100mm 时，每个焰炬乙炔消耗量为 17m³/h，耗水量 5～6L/min，焰炬与

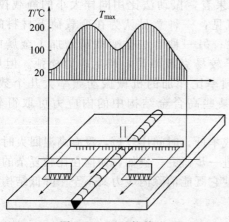

图 2-64　温差拉伸法

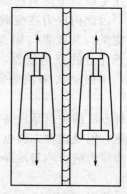

图 2-65　温差法消除内应力原理示意图

水管距离为 130mm。

上述规范适用于 $\sigma_b < 500N/mm^2$ 的低碳钢，这个方法在焊缝比较规则厚度又不太大的板壳结构上，如容器、船舶等有一定的应用价值。

（4）振动时效法

振动时效又称为振动消除应力法，简称 VSR。它是将焊接结构在其固有频率下进行数分钟至数十分钟的振动处理，以消除其残余应力，获得稳定的尺寸精度的一种方法。

试验证明，当变载荷达到一定数值，经过多次循环加载后，结构中的内应力逐渐降低。例如截面为 $30mm \times 50mm$ 一侧经过堆焊的试件，经过多次应力循环（$\sigma_{max} = 128N/mm^2$，$\sigma_{min} = 5.6N/mm^2$）后，内应力不断下降（见图 2-66）。

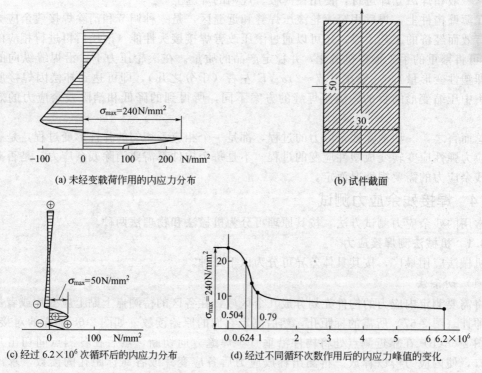

(a) 未经变载荷作用的内应力分布　　(b) 试件截面

(c) 经过 6.2×10^6 次循环后的内应力分布　　(d) 经过不同循环次数作用后的内应力峰值的变化

图 2-66　循环次数与消除应力效果

由试验结果可以看出，从内应力的消除效果看，振动法比用同样大小的静载拉伸好。内应力在变载荷下降低的原理有两种不同的意见：一种意见认为在变载荷下材料的 σ_s 有所降低，因此内应力在变载荷下比较容易消除；另一种看法是变载荷增加了金属中原子的振动能量，其效果与回火加热相当，使原子较易克服障碍，产生应力松弛。但后一种意见缺乏充分的理论依据，因为原子的振动频率比外加的机械振动频率大几个数量级。据报道，用振动法来消除碳钢、不锈钢以及某些高合金结构中的内应力可取得较好的效果。

这种方法的优点是设备简单而价廉，处理成本低，时间比较短，没有高温回火时的金属氧化问题。但是这种方法也存在一些问题有待进一步研究。例如，如何在比较复杂的结构中根据需要使内应力均匀地降低，如何控制振动使它既能消除内应力又不至于降低结构的疲劳强度等。

(5) 爆炸法

爆炸法为利用爆炸冲击波的能量使残余应力区产生塑性变形，从而实现消除或降低残余应力的目的。

爆炸法的机理：爆炸处理使整个含有残余应力的金属在爆炸过程中发生塑性流变，随着金属发生塑性流变，残余应力区的弹性变形逐步转变成整个区域的塑性变形。在实际应用中，更多的情况是在部分残余应力区进行爆炸处理，但决定整个部件残余应力消除效果的并非是爆炸处的局部塑性应变量，而是整个残余应力区的平均塑性应变状态。

爆炸法通过布置在焊缝及其附近的炸药带，引爆产生的冲击波与残余应力的交互作用，使金属产生适量的塑性变形，残余应力得到松弛，根据构件厚度和材料的性能，选定恰当的单位焊缝长度上的药量和布置方法是取得良好消除残余应力效果的决定因素。

(6) 碾压或滚压

它一般在焊后立即进行，使用在薄板、规则的焊缝上。

在薄壁构件上，焊后用窄滚轮滚压焊缝和近缝区，是一种调节和消除焊接残余应力的变形的有效而经济的工艺手段；还可以通过滚压改善焊接接头性能（滚压后再进行相应的热处理）；可将繁重的手工操作机械化，并稳定产品的质量。在滚轮压力下，沿焊缝纵向的伸长量（即塑性变形量），一般在 $(1.7\sim2)\sigma_s/E$ 左右（千分之几），即可达到补偿因焊接所造成的接头中压缩变形的目的。滚压焊缝的方案不同，所得到的降低和消除残余应力的效果也不同。

总而言之，一切消除残余应力的过程，都是一个相应不均匀的弹性形变过程，是一个将残余应力弹性应变转变成塑性应变的过程。不是每个构件都需要消除残余应力，是否有消除焊接残余应力的需要视情况而定。

2.4.4 焊接残余应力测试

常用的残余应力测试方法，按其原理可分为机械法和物理法两种。

2.4.4.1 机械法测焊接应力

机械法应用最广，按其具体差异可分为以下几种。

(1) 切条法

将需要测定内应力的构件先划分成几个区域，在各区的待测点上贴上应变片或者加工机械引伸计（图 2-67）所需的标距孔，然后测定它们的原始读数。如图 2-68 那样的对接接头，并按图 2-68(b) 在靠近测点处将构件沿垂直于焊缝方向切断，然后在各测点间切出几个梳状切口，使内应力得以释放。再测出释放应力后各应变片或各对标距孔的读数，求出应变量。按照公式

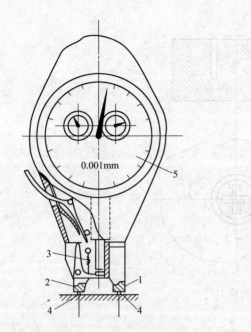

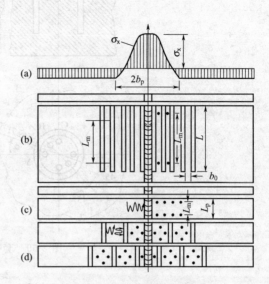

图 2-67　机械引伸计

1—固定脚；2—活动脚；3—弹簧；

4—小钢珠；5—千分表

图 2-68　切条法测内应力

$$\sigma_x = -E\varepsilon_x \tag{2-61}$$

可算出焊接纵向应力。内应力的分布大致如图 2-68(a) 所示。对于图中的结构件来说，由于横向焊接应力在中部较小，这样得出的结果误差是不大的。除梳状切条法外，还可以用图 2-68(c) 那样的横切窄条来释放内应力。如果内应力不是单轴的，那么在已知主应力方向的情况下可以按照图 2-68(d) 在两个主应力方向粘贴应变片或加工标距孔，按下列公式求内应力

$$\sigma_x = \frac{-E}{1-\mu^2}(\varepsilon_x + \mu\varepsilon_y) \tag{2-62}$$

$$\sigma_y = \frac{-E}{1-\mu^2}(\varepsilon_y + \mu\varepsilon_x) \tag{2-63}$$

式中　ε_x，ε_y——主应变；

μ——泊松系数。

为了充分释放内应力，图 2-68 中的窄条宽度 L_p 应该尽量小，使 $L_p < b_p$（b_p 为焊缝纵向塑性变形区宽度的一半），或把窄条再切为小块，见图 2-68(d)。本法对板状构件可以获得较精确的结果，但是破坏性大。

（2）套孔法

本方法采用套料钻孔加工环形孔来释放应力（图 2-69）。如果在环形孔内部预先贴上应变片或加工标距孔，则可测出释放后的应变量算出内应力。下列公式为测得三个应变量（ε_A、ε_B 与 ε_C 互成 45°角）后，推算主应力和主应力方向的计算公式

$$\sigma_1 = -E\left[\frac{\varepsilon_A + \varepsilon_C}{2(1-\mu)} + \frac{1}{2(1+\mu)}\sqrt{(\varepsilon_A - \varepsilon_C)^2 + (2\varepsilon_B - \varepsilon_A - \varepsilon_C)^2}\right] \tag{2-64}$$

$$\sigma_2 = -E\left[\frac{\varepsilon_A + \varepsilon_C}{2(1-\mu)} - \frac{1}{2(1+\mu)}\sqrt{(\varepsilon_A - \varepsilon_C)^2 + (2\varepsilon_B - \varepsilon_A - \varepsilon_C)^2}\right] \tag{2-65}$$

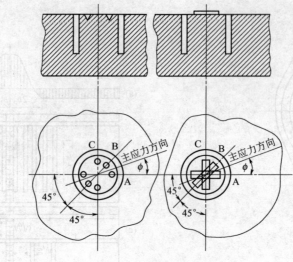

图 2-69　套孔法测内应力

$$\tan2\phi = \frac{2\varepsilon_B - \varepsilon_A - \varepsilon_C}{\varepsilon_A - \varepsilon_C} \tag{2-66}$$

在一般情况下，环形孔的深度只要达到（0.6～0.8）D，应力即可基本释放，本法的破坏性较小。

（3）小孔法

本法的原理是这样的，在应力场中钻一小孔，应力的平衡受到破坏，则钻孔周围的应力将重新调整。测得孔附近的应变变化，就可以用弹性力学来推算出小孔处的应力。具体步骤如下：在离钻孔中心一定距离处粘贴几个应变片，应变片之间保持一定角度。然后钻孔测出各片的应变。图 2-70 共有三个应变片，每片间隔45°，主应力和它的方向可按下式推算

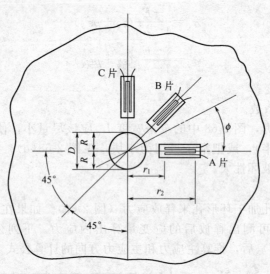

图 2-70　钻孔法测内应力

$$\sigma_1 = \frac{\varepsilon_A(k_1 + k_2\sin\gamma) - \varepsilon_B(k_1 - k_2\cos\gamma)}{2k_1k_2(\sin\gamma + \cos\gamma)} \tag{2-67}$$

$$\sigma_2 = \frac{\varepsilon_B(k_1 + k_2\cos\gamma) - \varepsilon_A(k_1 - k_2\sin\gamma)}{2k_1k_2(\sin\gamma + \cos\gamma)} \tag{2-68}$$

式中 ε_A，ε_B，ε_C——分别为应变片 A、B、C 的应变量。

$$k_1 = \frac{(1+\mu)R^2}{2r_1r_2E} \tag{2-69}$$

$$k_2 = \frac{2R^2}{r_1r_2E}\left(-1 + \frac{(1+\mu)R^2}{4}\frac{r_1^2 + r_1r_2 + r_2^2}{r_1^2r_2^2}\right) \tag{2-70}$$

$$\gamma = -2\phi = \arctan\left(\frac{2\varepsilon_B - \varepsilon_A - \varepsilon_C}{\varepsilon_A - \varepsilon_C}\right) \tag{2-71}$$

本法在应力释放法中破坏性最小，可用 $\phi 2\sim 3$ 盲孔，孔深达 $(0.8\sim1.0)D$ 时各应变片的数值即趋于稳定。采用盲孔时 k_1 和 k_2 应该用实验来标定。钻孔法结果的精确性取决于应变片粘贴位置的准确性，孔径越小对相对位置的准确性要求越高。本法亦可用表面涂光弹性薄膜或脆性漆来测定应变，但后者往往是定性的。

（4）逐层铣削法

当具有内应力的物体被铣削一层后，则该物体将产生一定的变形，根据变形量的大小，可以推算出被铣削层内的立力，这样逐层往下铣削，每铣削一层，测一次变形，根据每次铣削所得的变形差值，就可以算出各层在铣削前的内应力。这里必须注意的是这样算出的内应力还不是原始内应力，因为这样算得的第 n 层内应力，实际上只是已铣削去（$n-1$）层后存在于该层中的内应力，而每切去一层，都要使该层的应力发生一次变化，要求出第 n 层中的原始内应力就必须扣除在它前面（$n-1$）层的影响。从上面的分析可以看出，利用本法测内应力有较大的加工量和计算量。但是本法有一个很大的优点，它可以测定内应力梯度较大的情况，例如经过堆焊的复合钢板中的内应力的分布，可以比较准确地通过对其挠度或曲率的变化的测量推算出来。

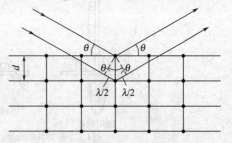

图 2-71　X 射线衍射法测应力

2.4.4.2　物理法测焊接应力

晶体在应力作用下原子间的距离发生变化，其变化与应力成正比。如果能直接测得晶格尺寸，则可不破坏物体而直接测出内应力的数值。当 X 射线以掠角 θ 入射到晶面上时（图 2-71），如能满足公式

$$2d\sin\theta = n\lambda \tag{2-72}$$

式中　d——晶面之间的距离，mm；

λ——X 射线的波长，nm；

n——任意正整数。

则 X 射线在反射角方向上将因干涉而加强。根据这一原理可以求出 d 值。用 X 射线以不同角度入射物体表面，则可测出不同方向的 d 值，从而求得表面内应力。

本法的最大优点是它的非破坏性。但它的缺点是：只能测表面应力；对被测表面要求较高；要求避免由局部塑性变形所引起的干扰；测试所用设备比较昂贵。

除以上两种内应力测定方法外还有电磁法和硬度法。这两种方法都是利用对一种与应力大小直接有关的性能的测定来估算内应力的方法。前一种方法还在实验室阶段，还未广泛使用；后一种方法比较粗略，只能做定性分析。

2.4.5 典型焊接结构焊接应力分析

2.4.5.1 梁结构焊接应力分析

分析焊接型材的残余应力时，一般是将焊件的组成板（翼板和腹板）分别视为板边堆焊、中心堆焊或堆焊来处理。由于焊接型材的长细比值较大，易发生纵向弯曲变形，所以在残余应力分析时，往往着重分析纵向残余应力的分布情况。

图 2-72(a) 为 T 形焊接梁的纵向残余应力分布。水平板的纵向残余应力分布与平板中心线堆焊时产生的残余应力分布类同，立板中的残余应力分布与板边堆焊时产生的残余应力分布类同。采用同样的分析方法，可以分析工字形截面梁［图 2-72(b)］和箱形截面梁［图2-72(c)］的纵向残余应力分布规律。

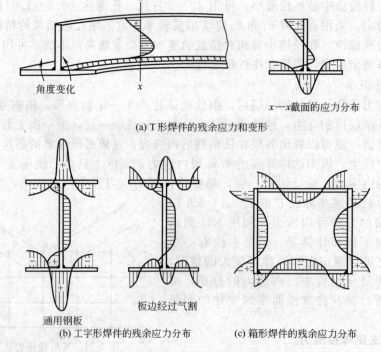

(a) T形焊件的残余应力和变形

(b) 工字形焊件的残余应力分布　　(c) 箱形焊件的残余应力分布

图 2-72　焊接型钢中典型的残余应力分布

在这些焊接型材中，焊缝及其附近区存在高值拉伸应力。腹板中都存有不可忽视的纵向残余压缩应力，这对焊件的压曲强度有不利的影响。

2.4.5.2 容器结构焊接应力分析

在容器结构中，经常会遇到焊接接管、人员出入孔接头和镶块之类的结构。这些环绕着接管、镶块等的焊缝构成一个封闭回路，称之为封闭焊缝。封闭焊缝是在较大拘束条件下焊接的，因此内应力比自由状态时大。

图 2-73 为一圆形封闭焊缝的残余应力分布情况。圆形封闭焊缝焊接后，焊缝发生周向收缩与径向收缩，同时产生径向应力和切向应力。其中径向应力 σ_r 为拉应力，内板处较高，向外逐渐减小，最大值出现在焊缝。切向应力 σ_θ 在内板处是拉应力，向外迅速减小，并转变为压应力。切向应力的最大拉应力也出现在焊缝，最大压应力则位于外板靠近焊缝的圆周处。切向应力由两部分组成，一是由焊缝周向收缩引起的切向应力，二是由内板冷却过程中径向收缩引起的切向应力，总切应力是这两部分应力叠加的结果（图2-74）。

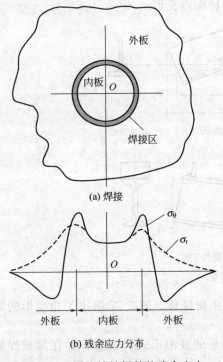

(a) 焊接

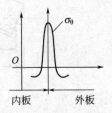

(a) 由于周向焊接收缩引起的残余应力

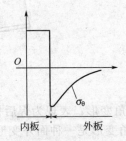

(b) 残余应力分布

图 2-73　圆缝填补焊件的残余应力

(b) 由于径向焊接收缩引起的残余应力

图 2-74　圆缝焊接切向残余应力的形成

2.5 焊接残余变形

2.5.1　焊接残余变形的分类及产生原因

　　焊接残余变形是指焊接后残存于结构中的变形。焊接变形可以发生于结构板材的某一平面内，称之为面内变形，也可以发生于平面之外，称为面外变形。焊接残余变形主要有以下几种表现形式。

　　① 纵向收缩变形：表现为焊后构件在焊缝长度方向上发生收缩，使长度缩短，如图 2-75 中的 ΔL 所示。纵向收缩是一种面内变形。

　　② 横向收缩变形：表现为焊后构件在垂直焊缝长度方向上发生收缩，如图 2-75 中的 ΔB 所示。横向收缩也是一种面内变形。

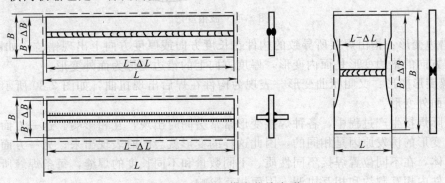

图 2-75　纵向和横向收缩变形

　　③ 挠曲变形：是指构件焊后发生挠曲。挠曲可以由焊缝的纵向收缩引起，也可以由焊

缝的横向收缩引起，如图 2-76 所示。挠曲变形是一种面内变形。

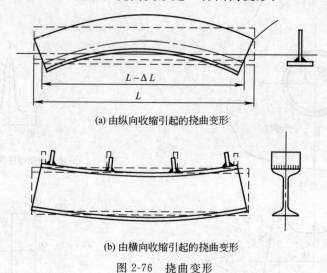

(a) 由纵向收缩引起的挠曲变形

(b) 由横向收缩引起的挠曲变形

图 2-76　挠曲变形

④ 角变形：表现为焊后构件的平面围绕焊缝产生角位移，图 2-77 给出了角变形的常见形式。角变形是一种面外变形。

⑤ 波浪变形：指构件的平面焊后呈现出高低不平的波浪形式，这是一种在薄板焊接时易于发生的变形形式，如图 2-78 所示。波浪变形也是一种面外变形。

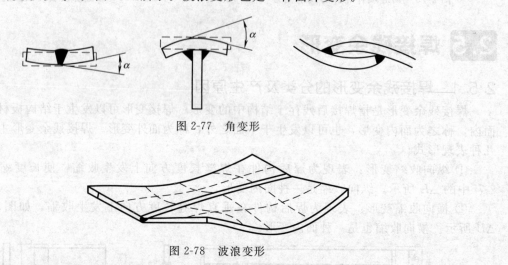

图 2-77　角变形

图 2-78　波浪变形

⑥ 错边变形：指由焊接所导致的构件在长度方向或厚度方向上出现错位，如图 2-79 所示。长度方向的错边变形是面内变形，厚度方向上的错边变形为面外变形。

⑦ 螺旋形变形：又叫扭曲变形，表现为构件在焊后出现扭曲，如图 2-80 所示。扭曲变形是一种面外变形。

在实际焊接生产过程中，各种焊接变形常常会同时出现，互相影响。这一方面是由于某些种类的变形的诱发原因是相同的，因此这样的变形就会同时表现出来；另一方面，构件作为一个整体，在不同位置焊接不同性质、不同数量和不同长度的焊缝，每条焊缝所产生的变形要在构件内相互制约和相互协调，因而相互影响。

焊接变形的出现会带来一系列的问题。如：焊接结构一旦出现变形，常常需要进行校正，耗工耗时。有时比较复杂的变形的校正工作量可能比焊接工作量还要大，而有时变形太

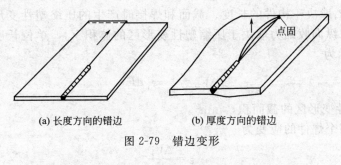

(a) 长度方向的错边　　　　(b) 厚度方向的错边

图 2-79　错边变形

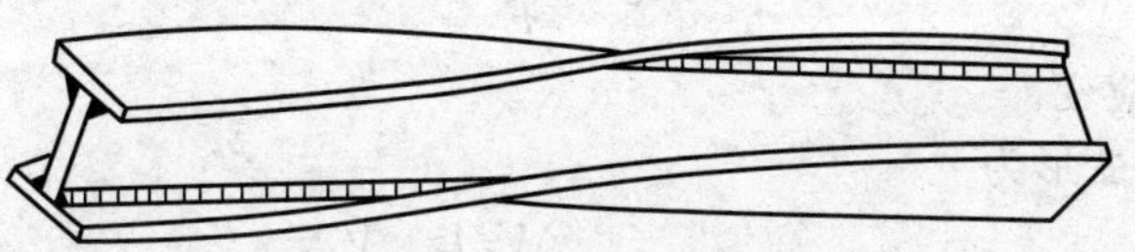

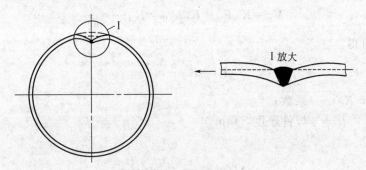

图 2-80　螺旋形变形

大，可能无法矫正，因而造成废品。对于焊后需要进行机械加工的工件，变形增加了机械加工工作量，同时也增加了材料消耗。焊接变形的出现还会影响构件的美观和尺寸精度，并且还可能降低结构的承载能力，引发事故。例如：图 2-81 所示的圆球容器的焊接角变形会在结构上引起附加的弯曲应力，并因而降低了结构的承载能力。又如图 2-82 所示的不同厚度钢板的搭接接头角焊缝所引起的角变形使薄板弯曲，而厚板基本保持平直。在承受拉伸载荷时，焊缝 1 所承受的载荷要比焊缝 2 大得多，这样就会导致焊缝 1 因超载而破坏。

图 2-81　角变形引起的不圆度

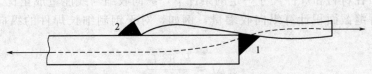

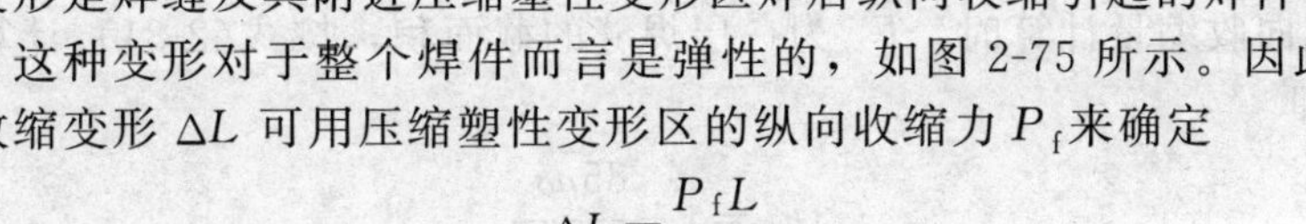

图 2-82　不等厚板搭接接头的角变形

2.5.1.1　焊缝纵向收缩引起的变形

纵向收缩变形是焊缝及其附近压缩塑性变形区焊后纵向收缩引起的焊件平行于焊缝长度方向上的变形，这种变形对于整个焊件而言是弹性的，如图 2-75 所示。因此，根据弹性理论，焊件纵向收缩变形 ΔL 可用压缩塑性变形区的纵向收缩力 P_f 来确定

$$\Delta L = \frac{P_f L}{EF} \tag{2-73}$$

式中　F——焊件的截面积，mm^2；

　　　L——焊件长度，mm。

纵向收缩力 P_f 取决于构件的长度、截面和焊接时产生的压缩塑性变形。材料和焊件尺寸一定的条件下，纵向收缩力取决于压缩塑性变形区的体积 V_p，单位长度压缩塑性变形的体积 ΔV_p 可以表示为

$$\Delta V_p = \int_{F_p} \varepsilon_p dF \tag{2-74}$$

式中 F_p——塑性变形区的截面积，mm^2。

由此引起的整个焊件的应变为

$$\varepsilon = \frac{\Delta V_p}{F} \tag{2-75}$$

式中 ε——焊件的应变。

焊件的纵向收缩变形为

$$\Delta L = \varepsilon L = \frac{\Delta V_p L}{F} = \frac{V_p}{F} \tag{2-76}$$

与式(2-73)比较可得

$$P_f = E \Delta V_p = E \int_{F_p} \varepsilon_p dF = \frac{E V_p}{L} \tag{2-77}$$

由此可见，P_f 可用塑性变形区尺寸来衡量。塑性变形区尺寸主要取决于焊接热输入和材料性能。若焊件为等厚度，塑性变形区宽度为 b_p，根据焊接传热分析，塑性温度 $T_p \infty \frac{q}{c_\rho}$，且热变 $\varepsilon_T = \alpha T$，再考虑材料屈服限的影响，则塑性变形区体积可以表示为

$$V_p = K_0 F_p = K_0 b_p h = K_1 \frac{\alpha}{c_\rho} \times \frac{q}{\sigma_s} \tag{2-78}$$

代入式(2-77)可得

$$P_f = K_2 \frac{\alpha}{c_\rho} \times \frac{q}{\sigma_s} \tag{2-79}$$

式中 K_0，K_1，K_2——系数；

h——焊件厚度，mm。

因此有

$$\Delta L = K_2 \frac{\alpha}{c_\rho} \times \frac{q}{\sigma_s} \times \frac{L}{EF} \tag{2-80}$$

由此可见，在材料和焊件尺寸一定的条件下，纵向收缩与线能量成正比。在工程实际应用中，常根据焊缝截面积计算纵向收缩量，例如，对于钢制细长焊件的纵向收缩量的估计式为

$$\Delta L = \frac{k_1 F_w L}{F} \tag{2-81}$$

式中 k_1——与焊接方法和材料有关的系数；

F_w——单层焊缝截面积，mm^2。

多层焊的纵向收缩量计算时，F_w 为一层焊缝的截面积，按式(2-81)计算得到的结果再乘以系数 k_1，即

$$k_2 = 1 + \frac{85 n \sigma_s}{E} \tag{2-82}$$

式中 n——焊接层数。

焊接方法及材料系数 k，如表2-2所列。

表 2-2　焊接方法及材料系数 k_1

焊接方法	CO_2 焊	埋弧焊	手工焊	
材料	低碳钢	低碳钢	低碳钢	奥氏体钢
k_1	0.043	0.071~0.076	0.048~0.057	0.076

2.5.1.2　焊缝横向收缩引起的变形

横向收缩变形系指垂直于焊缝方向的变形。构件焊接时，不仅产生纵向收缩变形，同时也产生横向收缩变形，如图 2-75 所示。

（1）对接接头的横向收缩

对接接头的横向收缩是比较复杂的焊接变形现象。有关研究表明，对接接头的横向收缩变形主要来源于母材的横向收缩。

图 2-83(a) 为有间隙的平板对接焊的横向收缩过程。焊接时，对接边母材被加热膨胀，使焊接间隙减小，在焊接冷却过程中，焊缝金属由于很快凝固，随后又恢复弹性，因此阻碍平板的焊接边恢复到原来的位置。这样冷却后产生了横向收缩变形。

如果两板间没有留有间隙［图 2-83(b)］，则焊接加热时板的膨胀引起板边挤压，使之在厚度方向增厚，在冷却时，也会产生横向收缩变形，但比前一情况有所降低。

对接接头的横向变形大小与焊接线能量、焊缝的坡口形式有关。单道焊对接接头的横向变形取决于坡口形式，坡口角度越大，间隙越大，焊缝截面积越大则横向变形越大。

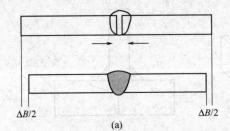 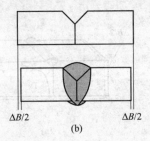

图 2-83　平板对接焊的横向收缩

此外，沿焊缝纵向的热变形也对横向变形有影响（图 2-84）。两块板对接时，可以看成是在每块板的边缘上堆焊，这将引起板的挠曲使它产生转动，在焊接加热时这使对接间隙增大，间隙增大的大小取决于板的宽度和板上的温度分布，对较长窄板影响更为显著。此外，横向收缩变形大小还与装配焊接时定位焊和装夹情况有关，定位焊点越大，越密，装夹的刚度越大，横向变形也越小。

上述两种横向变形方向是相反的，最终的横向变形是两种变形的综合结果。

类似于纵向收缩力问题，横向收缩也可以设想为是横向收缩力引起的。横向收缩变形可以表示为与式(2-80)类似的形式，即

$$\Delta B = \mu \frac{\alpha q}{c_\rho h} \tag{2-83}$$

式中　ΔB——横向收缩量，mm；

$\quad\quad h$——板厚，mm；

$\quad\quad \mu$——系数。

工程上多采用经验方法进行计算，目前已发展了多种对接接头横向收缩的计算公式。比较简单的是通过焊缝截面积和板厚估算对接接头的横向收缩变形，即

$$\Delta B = 0.18 \frac{F_w}{\delta} \tag{2-84}$$

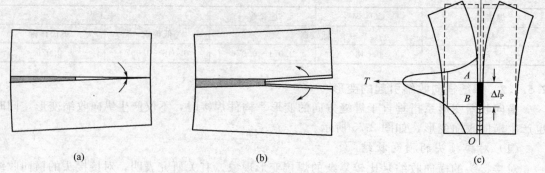

图 2-84　纵向膨胀引起的横向变形

上述经验公式只是提供一个大致的数值，要比较精确地估计焊接变形，需要通过实验方法获得。

（2）堆焊及角焊缝的横向收缩

① 堆焊的横向收缩　堆焊过程中，在焊缝长度上的加热并不是同时进行的，因此沿焊缝长度各点的温度不一致，在焊接热源附近的金属，其热膨胀变形不但受到板厚深处较低温度金属的限制而且受到热源前后温度较低金属的限制和约束，而承受压力，使之在板宽度方向上产生压缩塑性变形，而在板厚度上增厚。焊后产生横向收缩变形，见图 2-85（a）。

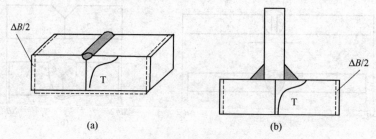

图 2-85　堆焊与 T 形接头的横向收缩

横向变形的大小与焊接线能量和板厚有关，随着线能量的提高，横向收缩变形增加，随着板厚的增加，横向收缩变形减小。横向变形沿焊缝长度上的分布并不均匀。这是因为先焊的焊缝的横向收缩对后焊的焊缝有挤压作用。使后焊焊缝产生更大的横向压缩变形。这样焊缝的横向收缩沿着焊接方向由小到大逐渐增加，到一定长度后趋于稳定不再加大。

低碳钢平板堆焊时的横向收缩量与板厚之比 $\Delta B/h$ 与 h_c/h 及 q/h^2 的关系如图 2-86 所示。对于薄板堆焊，因为厚度方向的温度差异较小，其横向收缩与平板对接相近，可以用式（2-83）进行估计。但当板件较厚时，板件刚度增大，横向收缩变小，横向收缩量低于按式（2-83）计算的结果。

② 角焊缝横向收缩　丁字接头和搭接接头角焊缝的横向收缩变形，在实质上与堆焊相似，见图 2-85（b）。只是丁字接头的立板厚度减少输入横板的热量，同样条件下，立板越厚，横板上的热能越小，横向变形也相应减小。

图 2-87 是低碳钢丁字接头横向收缩与板厚之比 $\Delta B/h$ 与焊接热输入之间的关系。其中 W_h 为熔敷金属量（g/cm），H 为比熔化热（J/g），HW_h 为单位长度热输入（J/cm）。横向收缩量与 HW_h 成正比，即

$$\frac{\Delta B}{h} \infty \frac{\alpha}{c\rho} \times \frac{HW_h}{h} \tag{2-85}$$

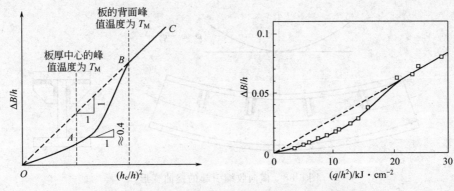

图 2-86　低碳钢平板堆焊的横向收缩量与板厚的关系

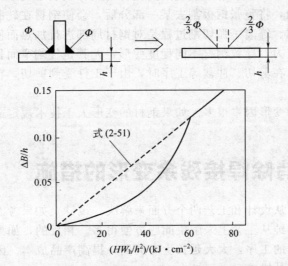

图 2-87　低碳钢角接头的横向收缩

图中线性部分为

$$\frac{\Delta B}{h} = 0.8 \times 10^{-5} \frac{HW_h}{h} \tag{2-86}$$

由上式可以看出，只要减少熔敷金属量 W_h 和比熔化热 H，就可以降低丁字接头横向收缩变形量。对接接头横向收缩也是如此。

③ 横向收缩引起的挠曲变形　如果横向焊缝在结构上分布不对称，则它的横向收缩也能引起结构的挠曲变形。图 2-88 的工字钢上焊接了许多短筋板，筋板与翼板之间和筋板与腹板之间的焊缝都在工字钢重心上侧，它们的收缩都将引起构件的下挠。

2.5.2　焊接生产过程中的变形

钢材的生产、储存、运输到零件加工的各个环节，都可能因各种原因而引起钢材的变形。钢材变形的原因主要来源于以下几个方面。

（1）焊接结构材料运输存放的变形

焊接结构使用的钢材因运输和不正确堆放产生的变形。焊接结构使用的钢材均是较长、较大的钢板和型材，如果吊装使其受力不均、运输颠簸或储存不当、垫底不平等原因钢材就会产生弯曲、扭曲和局部变形。

（2）焊前备料加工引起的变形

钢材在下料过程中引起的变形。钢材下料一般要经过气割、剪切、冲裁、等离子弧切割

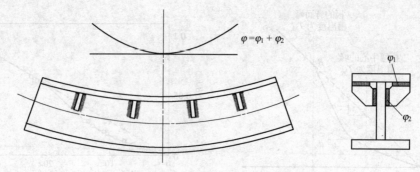

$\varphi = \varphi_1 + \varphi_2$

图 2-88　横向收缩引起的挠曲变形

等工序。钢材在加工的过程中，有可能使其内应力得到释放引起变形，也可能由于受到外力不均匀产生变形。例如，将整张钢板割去某一部分后，会使钢材在轧制时造成的应力得到释放引起变形。又如气割、等离子弧切割过程是对钢材局部进行加热而使其分离，这种不均匀加热必然会产生残余应力，导致钢材不同程度变形，尤其是气割窄而长的钢板时边缘部位的钢板弯曲现象最明显。在剪切、冲裁等工序时，由于工件受到剪切，在剪切边缘必然产生很大的塑性变形。

总之，引起钢材的变形因素很多。如果钢材的变形大于技术规定或允许偏差时，必须进行矫正。

2.6 预防与消除焊接残余变形的措施

焊接残余变形可以从设计和工艺两个方面来解决。设计上如果考虑的比较周到，注意减少焊接变形，往往比单纯从工艺上来解决问题方便得多。相反的，如果设计考虑不周，则往往给生产带来许多额外的工序，大大延长生产周期，提高产品成本。因此，除了要研究工艺措施外，还必须重视设计措施。

2.6.1　焊接构件设计措施

（1）合理选择构件截面提高构件的抗变形能力

设计结构时要尽量使构件稳定、截面对称，薄壁箱形构件的内板布置要合理，特别是两端的内隔板要尽量向端部布置；构件的悬出部分不宜过长；构件放置或吊起时，支承部位应具有足够的刚度等。较容易变形和不易被矫正的结构形式要避免采用。可采用各种型钢、弯曲件和冲压件（如工字梁、槽钢和角钢）代替焊接结构，对焊接变形大的结构尽量采用铆接和螺栓连接。

对一些易变形的细长杆件或结构可采用临时工艺筋板、冲压加强筋、增加板厚等形式提高板件的刚度。如从控制变形的角度考虑，钢桥结构的箱形薄壁结构的板材不宜太薄，如起重 20t、跨度 28m 的箱形双梁式起重机，主体箱形梁长度达 45m、断面为宽 800mm、高 1666mm、内侧腹板厚度为 8mm，外侧腹板 6mm，焊成箱形后，无论整体变形还是局部变形都比较大，而且矫正困难。因此，箱形钢结构的强度不但要考虑板厚、刚度和稳定性，而且制造和安装过程中的变形也是非常重要的。

（2）合理选择焊缝尺寸和布置焊缝的位置

焊缝尺寸直接关系到焊接工作量和焊接变形的大小。焊缝尺寸大，不但焊接量大，而且焊接变形也大。因此，在保证结构的承载能力的条件下，设计时应尽量采用较小的焊缝尺寸。

不合理地加大焊缝尺寸，在角焊缝上表现得更为突出。角焊缝在许多情况下往往受力不大，例如在相当多的结构上筋板和腹板间的焊缝，并不承受很大的应力，没有必要采用大尺寸的焊缝。但并不是说焊缝越小越好，这里有一个工艺上的可能性问题，因为焊接尺寸太小的焊缝，冷却速度过大，容易产生一系列的焊接缺陷，如裂纹、热影响区硬度过高等等。因此，应该在保证焊接质量的前提下，按照板的厚度来选取工艺上可能的最小焊缝尺寸。

在设计焊接结构时，安排梁、柱等焊接构件，常因焊缝偏心配置而容易产生弯曲变形。合理的设计应尽量把焊缝安排在结构截面的中性轴上或靠近中性轴，力求在中性轴两侧的变形大小相等方向相反，起到相互抵消作用。而焊接接近中性轴，可以减小焊缝所引起的弯度。

（3）合理选择焊缝的截面和坡口形式

对于受力较大的 T 形接头和十字接头，在保证相同强度的条件下，采用开坡口的焊缝比不开坡口而言，不开坡口角焊缝可减少焊缝金属，对减少角变形有利。

相同厚度平板对接，开单面 V 形坡口的角变形大于双面 V 形坡口。因此，具有翻身条件的结构（如采用变位器等），宜选用两面对称的坡口形式。T 形接头立板端开半边 U 形（J 形）坡口比开半边 V 形坡口角变形小。对厚板接头来说，采用坡口焊缝的经济意义更大，因为角焊缝的尺寸与焊脚尺寸的平方成正比，用坡口来代替角焊缝，可节省大量的人力和物力。这里应该注意的是开坡口的方法，要因地制宜，根据具体情况来安排。还必须考虑的因素有：工件在焊接时是否可以翻转，如果不能翻转，采用对称坡口就会增加仰焊的工作量等。

（4）尽量减少不必要的焊缝

在焊接结构中应该力求焊缝数量少，避免不必要的焊缝。只要允许，多采用型材、冲压件；焊缝多且密集处可采用铸-焊联合结构也可以减少焊缝数量。

此外，适当增加壁板厚度，以减少筋板数量，或采用压型结构代替筋板结构，都对防止薄板结构的变形有利。

2.6.2　焊接工艺措施

2.6.2.1　材料预处理

钢材预处理是对钢板、型钢、管子等材料在下料装焊之前进行矫正、抛丸清理、喷涂防锈底漆、烘干等表面处理工作的统称。预处理的目的是把钢材表面清理干净，为后序加工做准备。为防止零件在加工过程中再一次被污染，一些预处理工艺还要在表面清理后喷保护底漆。常用的预处理方法有机械除锈法、化学除锈法和火焰除锈法。

（1）机械除锈法

机械除锈法常用的主要有喷砂（或抛丸），手动砂轮或钢丝刷，砂布打磨等。采用手动砂轮、钢丝刷和砂布打磨方便灵活但劳动强度大、生产效率低。现在工业批量生产时多用以喷砂（或抛丸）工艺为主的钢材预处理生产线。

常见的钢材预处理生产线由输入辊道、表面清洁、预热室、抛丸清理机、中间辊道、中间过桥、喷漆室、烘干室、输出辊道、除尘系统、漆雾处理系统、电气等组成，并设有模拟屏，可显示全线工作状态。钢材上料后由辊道进行输送，然后进行表面清洁和预热处理，然后干砂（或铁丸）从专门压缩空气装置中急速喷出，轰击到钢材表面，将其表面的氧化物、污物打去，再经过除尘、喷漆、烘干等处理。这种方法清理较彻底，效率也较高。但喷砂（或喷丸）时粉尘大，需要在专用车间或封闭条件下进行，同时经喷砂（或抛丸）处理的材料会产生一定的表面硬化，对零件后续的弯曲加工有不良影响。喷砂（或抛丸）也常用在结构焊后涂装前的清理上。图 2-89 为钢材预处理生产线。

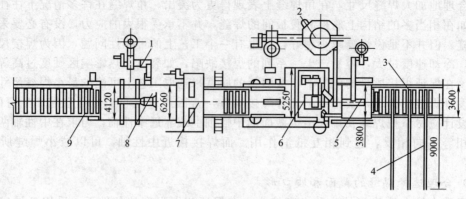

图 2-89　钢材预处理生产线

1—滤气器；2—除尘器；3—进料辊道；4—横向上料机构；5—预热室；
6—抛丸机；7—喷漆机；8—烘干室；9—出料辊道

（2）化学除锈法

化学除锈法即用腐蚀性的化学溶液对钢材表面进行腐蚀清洗。此法效率高，质量均匀而稳定，但成本高，并会对环境造成一定的污染。

化学除锈法一般分为酸洗法和碱洗法。酸洗法主要用于除去钢材表面的氧化皮、锈蚀物等污物；碱洗法主要用于去除钢材表面的油污。化学除锈法工艺过程较为简单，一般是将配制好的酸、碱溶液装入槽内，将工件放入槽内浸泡一定时间，然后取出用水冲洗干净，以防止余剂的腐蚀。

（3）火焰除锈法

火焰除锈法就是在锈层表面喷上一层化学可燃试剂，点燃，利用氧化皮和钢铁机体的膨胀系数不同在高温下开裂脱落。火焰除锈前，厚的锈层应铲除，火焰除锈应包括在火焰加热作业后以动力钢丝刷清除加热后附着在钢材表面的产物。火焰除锈法目前在国内外大多数厂矿都很少使用，它主要用在铁路和船舶以及一些重装备制造业。此法虽然简单，但对部件会产生不利因素，特别是对一些薄钢板，如热变形、局部过热、产生热应力等，会严重影响产品的质量。所以，火焰除锈只能用于厚钢板及大型铸件，这一点必须注意。

2.6.2.2　反变形法

这是生产中最常用的方法，事先估计好结构变形的大小和方向，然后在装配时给予一个相反方向的变形与焊接变形相抵消，使焊后构件保持设计的要求。例如，为了防止对接接头的角变形，可以预先将焊接坡口处［如图 2-90（d）所示］在焊接时加外力使之向反方向变形。但是，这种方法在加力处消除变形的效果较好，远离加外力处则较差，易使翼板边缘呈波浪形。前一方法，在批量较大时可以用辊压法来预弯，效率更高，如图 2-90（e）所示。在薄壳结构上，有时需在壳体上焊接支承座之类零件，焊后壳体往往产生塌陷，见图 2-91（a），影响结构尺寸的精确度。为了防止焊后支承座的塌陷，可以在焊接前将支承座周围的壳壁向外顶出，然后再进行焊接，见图 2-91（b）。这样做不但可以防止壳体变形，而且可以减少焊接内应力。

在焊接梁、柱等细长构件时，如果焊缝不对称，焊后构件往往发生较大的挠曲变形。预防这种变形，采用外力将构件紧压在具有足够刚度的夹具平台上，使它产生一个反变形，后进行焊接，见图 2-92（a）。亦可以把两个构件背对背地固定在一起进行焊接，见图 2-92（b），这样可以在没有刚性平台时进行反变形，也可取得良好的效果。图 2-92（b）是两平板组成的构件，除采用背对背的反变形外，还采用了翻转架，对焊接更为方便。

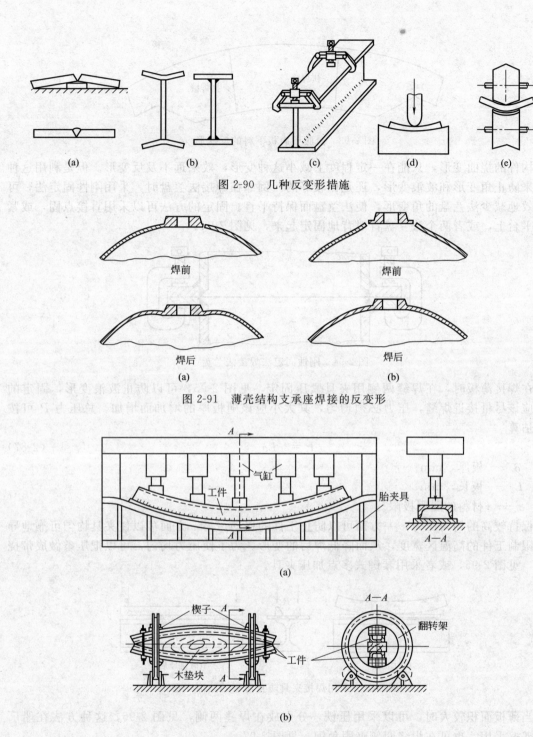

图 2-90 几种反变形措施

图 2-91 薄壳结构支承座焊接的反变形

图 2-92 焊接梁柱结构的反变形

当构件刚度太大，如起重机箱形梁等，采用上述方法进行反变形有困难时，可以把梁的腹板在拼焊时做成带挠度的（挠度方向与焊接挠度方向相反），如图 2-93 所示，然后再进行梁的拼焊。

2.6.2.3 刚性固定

刚性固定法是在没有反变形的情况下，将构件加以固定来限制焊接变形。用这种方法来

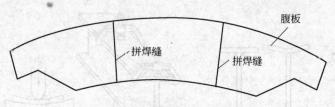

图 2-93　鱼腹梁腹板下料的反变形

预防构件的挠曲变形，只能在一定程度上减小这种变形，效果远不及反变形。但是利用这种方法来防止角变形和波浪变形，还是比较好的。例如在焊接法兰盘时，采用刚性固定法，可以有效地减少法兰盘的角变形，使法兰盘面保持平直。固定的方法可以采用直接点固，或紧压在平台上，或者两个法兰盘背对背地固定起来，见图 2-94。

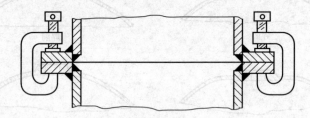

图 2-94　刚性固定法焊接法兰盘

在焊接薄板时，在焊缝两侧用夹具紧压固定，见图 2-95，可以防止波浪变形，固定的位置应该尽量接近焊缝，压力必须均匀，其大小应该随板厚的增加而增加。总压力 P 可按下式估算

$$P = 2\delta L\sigma_s \tag{2-87}$$

式中　δ——板厚，mm；

　　　L——板长，mm；

　　　σ_s——材料的屈服极限。

保持较高的均匀压力，一方面可以防止工件的移动，另一方面可以使夹具均匀可靠地导热，限制工件的高温区宽度，从而降低焊后的变形。为了使压力均匀，可以把压条做成带挠度的，见图 2-95，或者采用琴键式多点加压夹具。

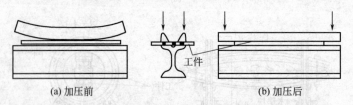

(a) 加压前　　　　　　　　　　　　　　(b) 加压后

图 2-95　采用焊接夹具防止薄板的波浪变形

当薄板面积较大时，可以采用压铁，分别放在焊缝两侧，见图 2-96，这种方法在船厂比较普遍采用。也可在焊缝两侧夹固角钢，见图 2-97。

2.6.2.4　合理的装配焊接顺序

① 对称焊缝采用对称焊接法。由于焊接总有先后，而且随着焊接过程的进行，结构的刚性也不断增大。所以，一般先焊的焊缝容易使结构产生变形。这样，即使是焊缝对称的结构，焊后也会出现焊接变形。对称焊接的目的，是用来克服或减少由于先焊焊缝在焊件刚性较小时造成的变形。

对实际上无法完全做到对称地、同时地进行焊接的结构，可允许焊缝焊接有先后，但在

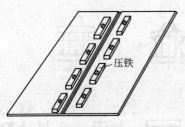

图 2-96 采用压铁防止薄板的
波浪变形

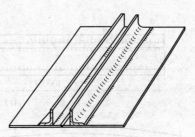

图 2-97 临时增加近缝区刚度
防止薄板的波浪变形

顺序上应尽量做到对称，以便最大限度地减小结构变形。图 2-98 所示就是对称焊接的方法之一。图 2-99 所示的圆筒体环形焊缝，是由两名焊工对称地按图中顺序同时施焊的对称焊接。

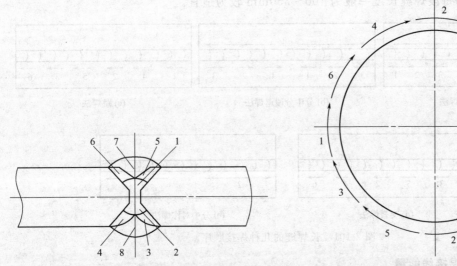

图 2-98 双 Y 形坡口对接接头对称焊接示意图   图 2-99 圆筒体环形焊缝对称焊接顺序

② 不对称焊缝先焊焊缝少的一侧。对于不对称焊缝的结构，应先焊焊缝少的一侧，后焊焊缝多的一侧。这样可使后焊的变形足以抵消先焊一侧的变形，以减少总体变形。图 2-100 所示为压力机的压型上模结构，由于其焊缝不对称，将出现总体下挠弯曲变形（即向焊缝多的一侧弯曲）。如按图 2-100（b）所示，先焊焊缝 1 和 1′，即先焊焊缝少的一侧，焊后会出现如图 2-100（c）所示的上拱变形。接着按图 2-100（d）所示焊接焊缝多的一侧 2、2′以及 3、3′，焊后它们的收缩足以抵消先前产生的上拱变形，同时由于结构的刚性已增大，也不致使整体结构产生下挠弯曲变形。

当只有一个焊工操作时，可按图 2-100（e）所示的顺序，进行船形位置的焊接，这样焊后变形最小。

③ 采用不同的焊接顺序控制焊接变形。对于结构中的长焊缝，如果采用连续的直通焊，将会造成较大的变形，这除了焊接方向因素之外，焊缝受到长时间加热也是一个主要的原因。如果在可能的情况下，将连续焊改成分段焊，并适当地改变焊接方向，以使局部焊缝造成的变形适当减小或相互抵消，以达到减少总体变形的目的。图 2-101 所示为对接焊缝采用不同焊接顺序的示意图。长度 1m 以上的焊缝，常采用分段退焊法、分中分段退焊法、跳焊法和交替焊法；长度为 0.5～1m 的焊缝，可用分中对称焊法。交替焊法在实际上较少使用。

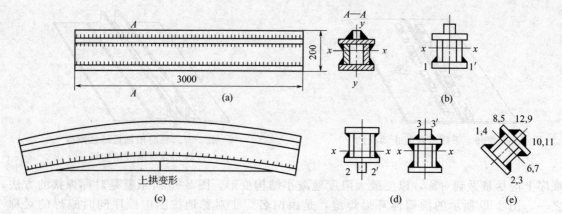

图 2-100　压型上模及其焊接顺序

退焊法和跳焊法的每段焊缝长度一般为 100～350mm 较为适宜。

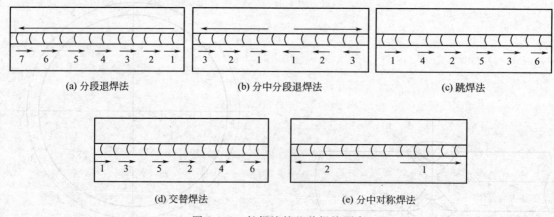

图 2-101　长焊缝的几种焊接顺序

2.6.2.5　合理的焊接线能量

选用线能量较低的焊接方法，可以有效地防止焊接变形。例如采用 CO_2 半自动焊来代替气焊和手工电弧焊，不但效率高，而且可以减少薄板结构的变形，在车辆生产中已广泛应用。真空电子束焊的焊缝很窄，变形极小，可以用来焊接精度要求高的机械加工工件，在精加工后直接进行焊接，焊后仍获得较高的尺寸精度。例如齿轮的焊接，图 2-102 为在焊接前经过切削、淬火和磨削的两个齿轮，用电子束焊成一体的实例。

焊缝不对称的细长构件有时可以通过选用适当的线能量，而不用任何反变形或夹具克服挠曲变形。例如图 2-103 中的构件，其焊缝不对称。焊缝 1、2 到中性轴的距离 $e_{1,2}$ 大于焊缝 3、4 到中性轴的距离 $e_{3,4}$。如果采用相同的规范进行焊接，则焊缝 1、2 造成的挠曲变形将大于焊缝 3、4，两者不能抵消，焊后出现下挠。如果将焊缝 1、2 适当分层焊接，每层采用小线能量，则完全有可能使上下挠曲变形抵消，焊后得到平直的构件。

如果在焊接时，没有条件采用线能量较小的焊接方法，又不能进一步降低规范，则可采用直接水冷，或采用铜冷却块来限制和缩小焊接热场的分布，达到减小变形的目的。这里应该注意的是，对焊接淬硬性较高的材料应该慎用。

2.6.2.6　散热法

散热法是用强迫冷却的方法将焊接处的热量迅速散走，使焊缝附近金属受热区域大为减少，从而达到减小焊接变形的目的。图 2-104（a）为喷水散热焊接；图 2-104（b）为工件浸

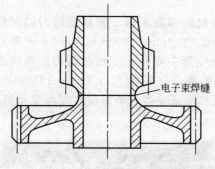

图 2-102　电子束焊接齿轮

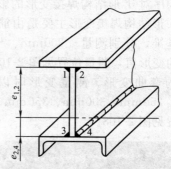

图 2-103　防止非对称截面挠曲变形的焊接

入水中散热焊接；图 2-104(c) 为用水冷铜块散热焊接。应该注意，散热法不适应淬硬倾向大的材料。

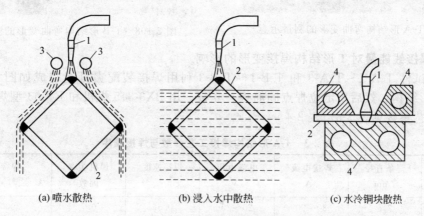

（a）喷水散热　　　　（b）浸入水中散热　　　　（c）水冷铜块散热

图 2-104　散热法示意图

1—焊炬；2—焊件；3—喷水管；4—水冷铜块

2.6.2.7　留余量法

焊接前，在下料时将零件的长度或宽度尺寸比设计尺寸适当加大，以补偿焊件的收缩。余量的多少可根据公式并结合生产经验来确定。留余量法主要是用于防止焊件的收缩变形。

2.6.3　T形结构焊接变形分析

选用 T-A、T-B 两种 T 形结构分析焊接线能量对其焊接变形的影响。T-A 形结构由底板和筋板组成，筋板均匀分布在底板上，其结构如图 2-105 所示，焊后弯曲变形主要由筋板焊缝横向收缩引起；T-B 形结构由底板和立板组成，立板位于底板中心，其结构如图 2-106 所示，焊后弯曲变形主要由立板焊缝纵向收缩引起。

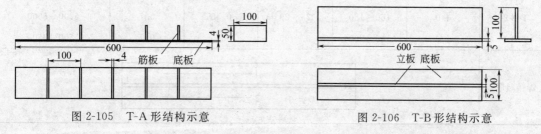

图 2-105　T-A 形结构示意　　　　　　　　　图 2-106　T-B 形结构示意

T 形结构材料选用低碳钢 Q235B，焊条选用 E4303，其直径分别为 2.5mm、3.2mm 和 4.0mm。分别对 T-A、T-B 形结构进行焊接，并对焊接变形进行测量，分析焊接线能量以及焊接顺序对 T 形结构焊接变形的影响。

　　T-A 形结构焊接变形主要是由筋板焊缝横向收缩引起的弯曲变形。测量变形时以试件中心为基准，分别测量－300mm、－200mm、－100mm、100mm、200mm、300mm 各点所对应的变形值，测量位置见图 2-107。T-B 形结构焊接变形主要是由立板边缘焊缝纵向收缩引起的弯曲变形。测量变形时以 0 和 600 两点为基准，分别测量 100mm、150mm、200mm、250mm、300mm、350mm、400mm、450mm、500mm 各点所对应的弯曲变形值，测量位置见图 2-108。

图 2-107　T-A 形结构弯曲变形的测量示意

图 2-108　T-B 形结构弯曲变形的测量示意

2.6.3.1　焊接线能量对 T 形结构焊接变形的影响

　　首先将试件 T-A-1～T-A-3 和 T-B-1～T-B-3 利用焊接装配夹具组装成如图 2-106、图 2-107的 T 形结构，然后用定位焊点固筋板、立板。用 BX3-315 焊机和 E4303 型焊条进行焊接，焊接工艺参数见表 2-3、表 2-4。

表 2-3　T-A 形结构焊接工艺参数与焊接顺序

试件编号	焊条直径 /mm	焊接电流 /A	电弧电压 /V	焊接速度 /cm·s⁻¹	焊机功率因数	焊接线能量 /J·cm⁻¹
T-A-1	2.5	80～90	20～23	0.56	0.7	2000～2600
T-A-2	3.2	110～125	25～29	0.47	0.7	4100～5200
T-A-3	4.0	160～180	27～31	0.52	0.7	5800～7500
焊接顺序			7 8 3 4 1 2 5 6 9 10			

表 2-4　T-B 形结构焊接工艺参数与焊接顺序

试件编号	焊条直径 /mm	焊接电流 /A	电弧电压 /V	焊接速度 /cm·s⁻¹	焊机功率因数	焊接线能量 /J·cm⁻¹
T-B-1	3.2	110～125	23～28	0.45	0.7	4000～5500
T-B-2	4.0	160～180	25～29	0.45	0.7	6200～8000
T-B-3	4.0	180～200	27～30	0.45	0.7	7500～8500
焊接顺序			1 → 2 →			

　　对 T-A-1～T-A-3 试件结构按表 2-3 工艺参数施焊，焊后 24h 后测量其弯曲变形，结果见图 2-109。T-A-1 试件采用的线能量最小（为 2000～2600J/cm），其焊接变形最大；T-A-2

试件焊接线能量为 4100～5200J/cm，其变形量较 T-A-1 小；T-A-3 试件焊接线能量为 5800～7500J/cm，其变形最小。可见，随着焊接线能量的增加，T-A 形结构变形减小。通常焊接线能量越大焊接热输入越大，产生的焊接残余变形越大。但由于焊缝横向收缩变形主要是由于焊缝在厚度方向上的温差引起的，由于实验材料尺寸小，底板薄，随着焊接线能量的增加，试件所得到的热量增多，整个构件厚度方向的温差越小，引起的焊缝横向压缩塑性变形越小，构件产生弯曲变形越小。

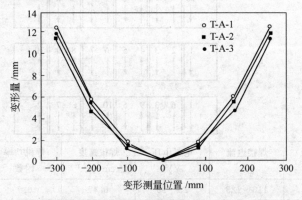

图 2-109　T-A 形结构不同线能量引起的焊接变形

对 T-B-1～T-B-3 试件结构按表 2-4 工艺参数施焊，焊后 24h 后测量其弯曲变形，结果见图 2-110。T-B-1 试件采用的焊接线能量为 4000～5500J/cm，其焊接变形最小；T-B-2 试件焊接线能量为 6200～8000J/cm，焊接变形其次；T-B-3 试件焊接线能量为 7500～8500J/cm，其变形最大。可见，随着焊接线能量的增加，T-B 形结构的焊接变形增大。随着焊接线能量增加，焊缝压缩塑性变形区加大而引起的焊缝纵向收缩量越大，产生弯曲变形越大。

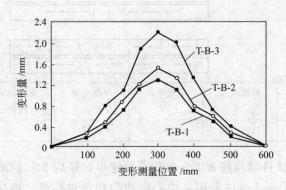

图 2-110　T-B 形结构不同线能量引起的焊接变形曲线

综上所述，对 600mm×100mm×4mm 的 T-A 形结构焊缝横向收缩引起的焊接弯曲变形，随着焊接线能量的增加而减小；在 4100～5400J/cm 焊接线能量下，焊接顺序由中心向两端焊变形最小，而由两端向中心分散跳焊变形最大。对 600mm×100mm×5mm 的 T-B 形结构焊缝纵向收缩引起的弯曲变形，随着焊接线能量的增加而增大；在 4100～5400J/cm 线能量下，用分段跳焊的焊接顺序变形最小，直通焊的焊接变形最大。

2.6.3.2　焊接顺序对 T 形结构焊接变形的影响

将试件 T-A-4～T-A-7 和 T-B-4～T-B-6 组装成如图 2-105、图 2-106 所示结构，焊接顺序和焊接工艺参数见表 2-5、表 2-6。

表 2-5 T-A 形结构焊接顺序与焊接工艺参数

试件编号	焊接顺序
T-A-4	7↓ 8↑ 3↑ 4↓ 1↑ 2↓ 5↑ 6↓ 9↑ 10↑
T-A-5	10↓ 1↑ 9↓ 2↑ 8↑ 3↓ 7↑ 4↓ 6↑ 5↓
T-A-6	1↓ 2↑ 3↓ 4↑ 5↓ 6↑ 7↓ 8↑ 9↓ 10↑
T-A-7	1↓ 6↑ 3↓ 9↑ 5↓ 10↑ 4↑ 8↓ 7↑ 2↑

工艺参数	焊条直径 /mm	焊接电流 /A	电弧电压 /V	焊接速度 /cm·s^{-1}	焊机功率 因数	焊接线能量 /J·cm^{-1}
	3.2	110～125	25～29	0.47	0.7	4100～5400

表 2-6 T-B 形结构焊接顺序与焊接工艺参数

试件编号	焊接顺序
T-B-4	1→ / 2→
T-B-5	←1 2→ / ←3 4→
T-B-6	1→ 4→ 2→ 5→ 3→ / 9→ 7→ 8→ 6→ 10→

工艺参数	焊条直径 /mm	焊接电流 /A	电弧电压 /V	焊接速度 /cm·s^{-1}	焊机功率 因数	焊接线能量 /J·cm^{-1}
	3.2	110～125	25～29	0.47	0.7	4100～5400

对 T-A-4～T-A-7 试件结构按表 2-5 工艺参数施焊，焊后 24h 后测量其弯曲变形，结果见图 2-111。可看出，T-A-4 试件采用从中心向两端相对对称焊，焊接变形最小；T-A-7 试件采用从两端向中心分散跳焊，焊接变形最大；其他两种焊接顺序产生的变形位于两者之间。

对 T-B-4～T-B-6 试件结构按表 2-6 工艺参数施焊，焊后 24h 后测量其弯曲变形，结果见图 2-112。可看出，T-B-4 试件采用直通焊，其焊接变形最大；T-B-5 试件采用从中间向两端焊，其焊接变形次之；T-B-6 试件采用等距离分散跳焊，其焊接变形最小。

在实际工程应用中，T 形结构一般尺寸较大，随着结构刚性加大焊接弯曲变形减少，对于焊缝纵向收缩引起的弯曲变形构件，应采用分段跳焊或尽量选择交错断续焊。而由焊缝横向收缩引起的弯曲变形构件，应从焊接顺序考虑减少焊接变形，选择从中心对称向两侧焊变形最小。

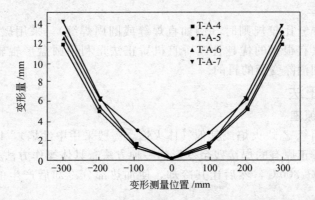

图 2-111　T-A 形结构不同焊接顺序引起的焊接变形曲线

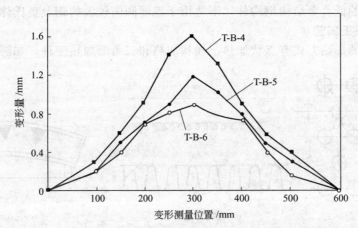

图 2-112　T-B 形结构不同焊接顺序引起的焊接变形曲线

2.7 焊接变形的矫正

　　焊接结构生产中，总免不了要出现焊接变形。因此，焊后对残余变形的矫正是必不可少的一种工艺措施。矫正方法包含以下两类。

2.7.1 机械矫正法

　　机械矫正法是利用机械力的作用，使焊件产生与焊接变形相反的塑性变形，并使两者抵消从而达到消除焊接变形的一种方法。焊接生产中，机械矫正法应用较广。例如：筒体容器纵缝角变形常在卷板机上采用反复碾压进行矫正；薄板的波浪变形，常采用锤打焊缝区的方法进行矫正。机械矫正法适用于低碳钢等塑性较好的金属材料的焊接变形的矫正。

　　机械矫正法分为两类：一类是手工矫正法，另一类是使用机械设备矫正法。

　　（1）手工矫正

　　手工矫正是采用锤击或小型工具进行矫正的方法，其操作简单灵活，但矫正力较小，仅适用于矫正尺寸较小的钢材，有时在缺乏或不便使用矫正设备时也采用。手工矫正的主要工具和设备是大锤和平台。为减小锤疤，可采用铜锤或用平锤垫在下面锤击的方法。

　　手工矫正法的缺点是易出现锤疤和冷作硬化，使材料变脆，容易出现裂纹，工人劳动强度大，生产效率低，而且仅适用于刚度较小的零部件。

（2）矫直机矫正

当薄板结构的焊缝比较规则时（例如直焊缝或圆周焊缝），采用碾压法消除焊接变形，效率高，质量好，具有很大的优越性。矫直机矫正法是利用圆盘形辊轮来碾压焊缝及其两侧，使之伸长来达到消除变形的目的。

2.7.2 火焰矫正法

2.7.2.1 火焰矫正原理

火焰矫正法是用氧-乙炔火焰或其他气体火焰（一般采用中性焰），以不均匀加热的方式引起结构变形，来矫正原有的焊接残余变形的一种方法。具体操作方法是：将变形构件的伸长部位，加热到 600~800℃，然后让其冷却，使加热部分冷却后产生的收缩变形来抵消原有的变形。

火焰矫正法的关键是正确确定加热位置和加热温度。火焰矫正法适用于低碳钢、Q345等淬硬倾向不大的低合金结构钢构件，不适用于淬硬倾向较大的钢及奥氏体不锈钢构件。

2.7.2.2 火焰矫正工艺

火焰矫正法的加热方式有点状加热、线状加热和三角形加热三种，如图 2-113 所示。

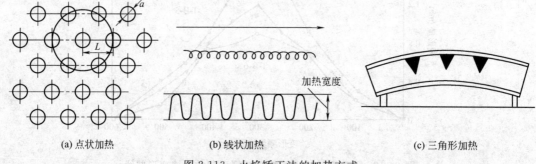

(a) 点状加热　　　　　　　(b) 线状加热　　　　　　　(c) 三角形加热

图 2-113　火焰矫正法的加热方式

① 点状加热矫正　火焰加热的区域为一个点或多个点，加热点直径 d 一般不小于15mm。点间距离 L 应随变形量的大小而变，残余变形越大，L 越小，一般在 50~100mm 之间。这种矫正方法一般用于薄板的波浪变形。

② 线状加热矫正　火焰沿着直线方向或者同时在宽度方向作横向摆动的移动，形成带状加热，称为线状加热。线状加热又分直线加热、链状加热和带状加热三种形式。在线状加热矫正时，加热线的横向收缩大于纵向收缩，加热线的宽度越大，横向收缩也越大。所以，在线状加热矫正时要尽可能发挥加热线横向收缩的作用。加热线宽度一般取钢板厚度的0.5~2 倍左右。这种矫正方法多用于变形较大或刚性较大的结构，也可用于薄板矫正。

线状加热矫正时，还可同时用水冷却，即水火矫正。这种方法一般用于厚度小于 8mm以下的钢板，水火距离通常在 25~30mm 左右。水火矫正如图 2-114 所示。

③ 三角形加热矫正　三角形加热即加热区呈三角形。加热的部位是在弯曲变形构件的凸缘，三角形的底边在被矫正构件的边缘，顶点朝内。由于加热面积较大，所以收缩量也较大。这种方法常用于矫正厚度较大、刚性较强构件的弯曲变形。火焰矫正法实例如图 2-115所示。

2.7.3 T形焊接结构火焰矫正实例分析

T 形结构如图 2-116 所示，T 形结构材料选用低碳钢 Q235B，焊条选用 E4303，分别焊接 T1~T5 试件，焊后空冷 24h 后，测量焊接弯曲变形，即火焰矫正前的变形量。

T 形结构弯曲变形的火焰矫正加热位置有两种，一种是在构件焊缝加热，二是在构件焊

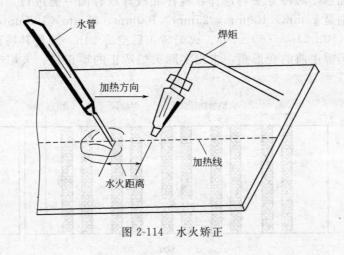

图 2-114　水火矫正

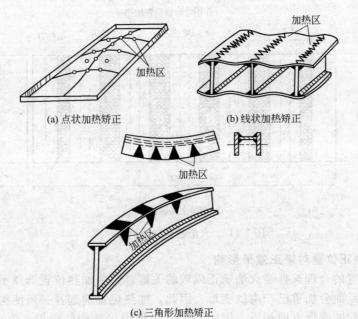

(a) 点状加热矫正　　(b) 线状加热矫正

(c) 三角形加热矫正

图 2-115　火焰矫正法实例

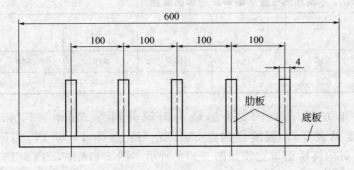

图 2-116　T 形结构装配尺寸

缝之间中心位置加热，两种方法均选择在构件底板焊缝背面一侧进行。加热方法为线状加热，加热面积分别是 15mm×100mm，25mm×100mm，35mm×100mm，加热时间分别控制在（40±2）s，（50±2）s，（60±2）s。火焰矫正后空冷 24h，测量其矫正后构件弯曲变形量，然后减去火焰矫正前的变形量，求出实际火焰矫正的矫正量。火焰矫正加热位置如图 2-117 所示。

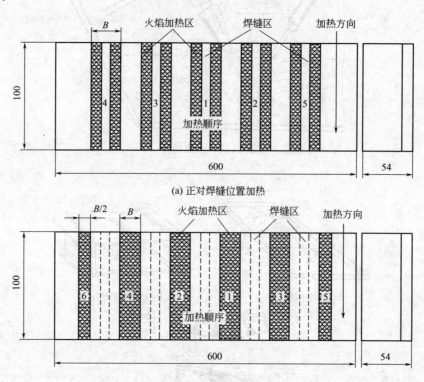

(a) 正对焊缝位置加热

(b) 焊缝之间位置加热

图 2-117　火焰矫正加热位置示意

2.7.3.1　火焰矫正位置对矫正效果影响

火焰矫正位置的合理选择是火焰矫正成败的关键。如果加热位置选择不正确，不仅起不到矫正的作用，反而会加重已产生的变形。因此，加热位置的选择必须使构件产生变形的方向和与由焊接引起的变形方向相反。因此，对于 T 形焊接结构的矫正也要在此原则下进行。具体矫正过程如下。

表 2-7　不同加热位置火焰矫正的加热温度　　　　　　　　　　　　　℃

加热位置 试板	1	2	3	4	5	6
T1	820	836	816	846	840	830
T2	832	834	826	841	830	841

选择图 2-117（b）火焰矫正方案，T1、T2 火焰矫正面积分别为 25mm×100mm、35mm×100mm，火焰矫正温度见表 2-7，温度也均在 830℃左右。选择 T4 与 T1，T5 与 T2 进行对比，其不同加热位置对构件矫正量比较如图 2-118 所示。图 2-118 中，T4、T5 的火焰矫正量小于 T1、T2 的火焰矫正量。表明火焰矫正位置在正对焊缝背面处时矫正量比其在两焊缝中间位置处时要小，矫正效果相对较差。分析原因可能是加热焊缝位置时，由于焊

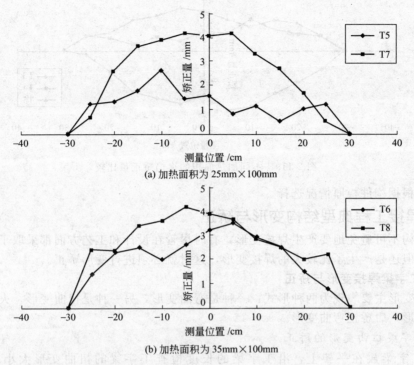

(a) 加热面积为 25mm×100mm

(b) 加热面积为 35mm×100mm

图 2-118 不同加热位置火焰矫正量比较

接产生的焊缝余高使焊缝截面增大，刚性较大，变形小，而加热焊缝中间位置时，刚性较小，易产生新的收缩变形，这种变形抵消了焊接引起的构件弯曲变形。从试验现象看，新的变形是由于火焰矫正产生横向收缩引起的角变形，并在构件背面产生与焊接变形相反的弯曲变形。

2.7.3.2 火焰矫正面积对矫正效果影响

选择图 2-118（a）火焰矫正方案，火焰矫正面积分别为 15mm×100mm、25mm×100mm、35mm×100mm、即对应的加热宽度分别为 15mm、25mm、35mm。火焰矫正温度见表 2-8。不同加热面积对构件矫正量比较如图 2-119 所示。

表 2-8 火焰矫正的加热温度 ℃

试板 \ 加热位置	1	2	3	4	5
T3	819	830	824	832	840
T4	822	835	813	·847	830
T5	823	827	846	833	834

通过表 2-8 可知试件 T3、T4、T5 加热温度都在 830℃左右。图 2-119 中，T3 的加热面积为 15mm×100mm，T4 的加热面积为 25mm×100mm，T5 的加热面积为 35mm×100mm。从图 2-119 可以看出，T3 矫正后变形量不但没有减小，反而增加了很多，分析原因可能是由于焊缝刚性拘束所致。T5、T4 矫正量较大，矫正效果好。因此，火焰矫正加热面积对火焰矫正量的影响，随加热面积增加而增加。但 T5、T4 矫正量并没有成正比增加，因为 T 形结构板厚较小，在加热面积为 25mm×100mm 时构件温差小，即使增加加热面积，其厚度方向上的温差变化也不明显，因而不会产生更大的变形，因此，在实际操作中，确定

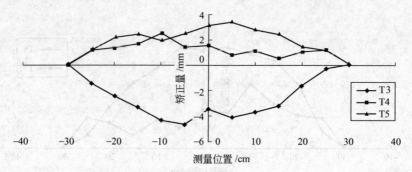

图 2-119　不同加热面积的火焰矫正量比较

加热面积应根据构件板厚情况选择。

2.7.4　焊接工程典型结构变形与矫正

焊接结构不可避免地要产生焊接变形，有时尽管在设计和工艺方面都采取了控制焊接变形的措施，但还是产生了比较大的焊接变形，这时就必须进行变形矫正。

2.7.4.1　工字梁焊接变形与矫正

工字梁变形主要表现为两种形式：一种是弯曲变形，另一种是扭曲变形。火焰矫正应先矫正扭曲变形，后矫正弯曲变形。

（1）工字梁扭曲变形的矫正

① 将工字梁放在平架上，沿工字梁的长度检查工字梁的扭曲变形大小。两翼缘板 $BCC'B'$ 和 $ADD'A'$ 两点 D、C' 翘起形成扭曲变形，如图 2-120 所示。

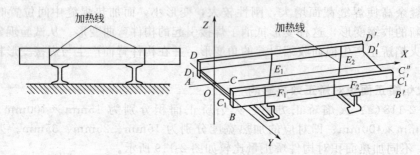

图 2-120　工字梁扭曲及火焰矫正加热线布置

② 线状加热的布置

a. 对较长的工字梁，当扭曲量不大时，火焰加热前将工字梁平放，垫水平。在两翼缘板上，分别垂直于翼缘板中心线布置两处加热线，靠加热时塑性状态自重作用找平。

如腹板较厚，也可在工字梁腹板上斜线加热，如 D'_1C_1 为腹板的两个对角方向上翘点，在腹板上的加热斜线 E_1F_1 形成 $\angle F_1E_1D_1$ 小于 45°，另一斜线 $E_2F_2 // E_1F_1$。

b. 对工字梁扭曲变形较大的 D、C' 两点翘起，加热线布置在工字梁 $BCC'B'$ 翼缘板上号加热斜线，其加热线相互平行，即 $E_1F_1 // E_2F_2$、$E_2F_2 // E_3F_3$、…、$E_{n-1}F_{n-1} // E_nF_n$。加热线与 BB' 边缘夹角 $\angle E_1F_1B = \angle E_2F_3B = \angle E_3F_3B = \cdots = \angle E_nF_nB \leqslant 45°$，如图 2-121 所示。

同时在另一翼缘板 $ADD'A'$ 上，号出与对应翼缘板反方向加热线，同样加热线彼此平行，即 $P_1Q_1 // P_2Q_2$、$P_2Q_2 // P_3Q_3$、…、$P_{n-1}Q_{n-1} // P_nQ_n$。加热线与 DD' 形成角 $\angle Q_1P_1D = \angle Q_2P_2D = \angle Q_3P_3D = \cdots = \angle Q_nP_nD \leqslant 45°$。

加热线应分批分次序进行，第一批向距应留出第二批、第三批火焰加热线的距离位置。

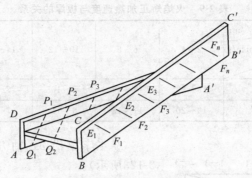

图 2-121　工字梁翼缘板斜线加热矫正法

c. 选用氧化焰。线状加热深度为板厚的 $1/2\sim2/3$，加热线的宽度为板厚的 $0.5\sim2$ 倍。火焰的加热温度可根据板厚选择，加热速度不得过慢。

d. 火焰矫正前最好加外力反扭曲，如图 2-122 所示，扭正后再火焰斜线状矫正加热效果较好。

(2) 工字梁弯曲变形的火焰矫正

① 工字梁沿 yo 轴方向（如图 2-123 所示）弯曲变形的矫正。

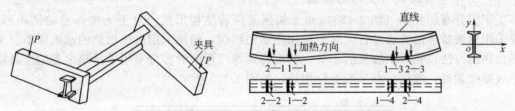

图 2-122　加外力反扭曲火焰矫正　　　图 2-123　工字梁垂直方向弯曲火焰矫正

a. 加热前检测。采用拉直线或水平仪检测，应沿工字梁的长度检测每点的弯曲变形大小，在工字梁上做好记录。

b. 加热面积的布置。如果工字梁有下挠，应在下翼缘板上，找出下挠最大处，加热下翼缘板为线状，相对应的腹板加热为三角形面积，如图 2-124 所示。三角形加热面积大小要视变形程度而定，一般三角形高为工字梁高度的 $\frac{1}{3}h\sim\frac{2}{3}H$（$H$ 为工字梁高），宽度 b 为 $30\sim40\mathrm{mm}$ 左右。如工字梁沿 yo 轴方向拱曲过大，同上述方法，也是沿工字梁长度，找出向上拱曲最大处，确定火焰矫正位置，先在腹板上边加热三角形面积，相应在上翼缘板上加热线状，其线状与工字梁纵向中心线垂直。

加热过程，可分批按次序加热，如图 2-123 所示，第一批在下挠较大处，加热两处为 1-1、1-2、1-3、1-4。然后测量，如没有达到要求，再进行第二批火焰加热，图中为 2-1、2-2、2-3、2-4 两处。每批火焰加热完后冷却至室温，都要进行检测。若是检测不合格，还要进行下一批火焰矫正，直至矫正合格为止。

c. 热次序和方向，一般都该先加热腹板三角形面积，后加热翼缘板线状面积。加热腹板三角形面积，应先从三角形尖端开始向翼缘板方向加热，如图 2-123 所示，箭头指向是加热方向。腹板三角形面积加热完后，再加热翼缘板线状面积，加热火焰应由翼缘板中心向两边分着方向加热，以免形成旁弯。

d. 三角形加热和线状加热均需加热透，火焰矫正加热的工艺参数见表 2-9。

表 2-9　火焰矫正加热速度与板厚的关系

气体种类	板厚/mm 加热速度/(mm/s)	2~4	6~8	10~12	14~16	18~22	>25
氧-乙炔		15~25	14~16	8~10	7~9	5~6	<5
氧-丙烷		13~20	11~13	6~11	7~9	5~7	<4

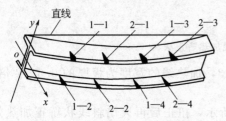

图 2-124　工字梁侧向弯曲火焰矫正

③ 火焰矫正三角形加热规范同前。

（3）工字梁翼缘板角变形的矫正

工字梁分有加强筋（图 2-125）和无加强筋两种结构形式。对于无加强筋的结构形式，普遍采用机械矫形的方法进行。对于有加强筋的结构，则须采用火焰加热的水火矫形。采用火焰加热的方法，先矫正腹板的不平，然后将翼缘板弯曲的部分采用千斤顶之类的工具将其顶平或略微顶过，然后在有▽的部位加热，如图 2-125 所示。

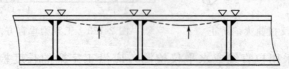

图 2-125　工字梁火焰矫形的加热部位

（4）腹板不平的矫正

工字梁的腹板经过焊接，产生变形。随着腹板的厚度减薄，这种变形会明显加剧。对其矫形采用分成若干个小区，采用火焰加热。加热后，采取水冷的方法。加热的顺序见图2-126。

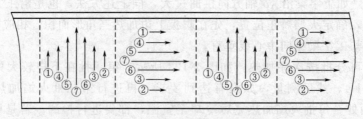

图 2-126　工字梁腹板不平矫形的加热部位

2.7.4.2　箱形结构焊接变形与矫正

（1）箱形梁扭曲变形与矫正

箱形梁和工字梁虽然都属于杆状焊接构件，其截面只是比工字梁多了一条腹板及一条焊缝。但是，扭曲变形产生的机理与工字梁却是截然不同的。其关键在于焊缝分布位置不同。对于翼缘板来讲，工字梁的焊缝分布在中间。而箱形梁相当于翼缘板的盖板焊缝是分布在两

② 工字梁沿 ox 轴方向弯曲变形矫正（如图2-123所示）。

a. 检测工字梁侧向弯曲变形，在凹向侧翼缘边拉直线，测量出沿长度各点水平方向弯曲大小值。

b. 在工字梁凸向最大弯曲处，布置第一批加热三角形面积，如图 2-124 所示。同一侧上下翼缘板同一截面对应加热，加热也可分批分次序进行，如图 2-124 所示。

侧。这种焊缝分布的不同，使箱形梁盖板的变形收缩处于两侧的边缘。一般说来，箱形梁的扭曲变形主要是装配与焊接过程中的形位偏差、焊接电参数的不一致、焊接时基础不平、箱形梁所用材料存在的应力不等因素造成的。如图 2-127 所示为扭曲的工字梁水火矫形的加热部位。

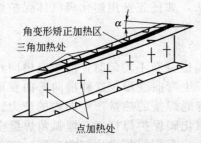

图 2-127　扭曲的工字梁水火矫形的加热部位

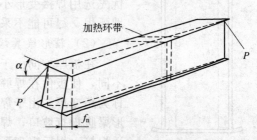

图 2-128　箱形梁扭曲变形的矫正

箱形梁扭曲变形的矫正方法与工字梁扭曲变形的矫正方法也是不同的。箱形梁扭曲变形的矫正（图 2-128）一般是在外力 P 的作用下，采用环状加热的方法进行。但是，加热的环状带的数量与扭曲的变形程度和扭曲的最大允许偏差有直接关系。当扭曲变形超过最大允许值时的一倍，加热环带就不能是一处，而是多处，以保证箱形梁整体的最大扭曲偏差在允许的偏差范围之内。每一处环带加热矫正后的最大扭曲偏差都不得超出 $\Delta f / N_{\min}$。具体可参照下式进行估算

$$N_{\min} > f_n / \Delta f \tag{2-88}$$

式中　$N_{\min}$——加热环状带的数量；

　　　f_n——最大扭曲变形程度；

　　　Δf——最大允许扭曲偏差。

如图 2-129 所示为箱形梁扭曲矫正的环状加热带的距离与数量。加热环带的距离与每一个加热环带的矫正扭曲变形须视箱形梁的扭曲均匀程度而定。对于箱形梁扭曲变形均匀者，可按均匀分布加热环带处理，否则，应当具体对待。

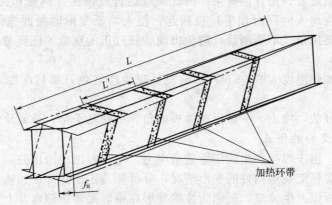

图 2-129　箱形梁扭曲矫正的环状加热带的距离与数量

对于箱形梁的扭曲变形的控制主要有如下几个方面。

① 材料性能的一致性　即采用的材料不仅材质相同，而且尽可能选用同一批号的材料，避免因内应力的不同而使变形程度不同。

② 优先选择分部组装　组装时，对于具有拼接焊缝的构件，应先行将拼接焊缝焊接结束，并且进行应力释放和矫正。然后，再进行整体的组装。

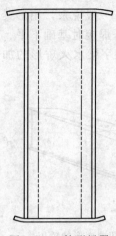

图 2-130　箱形梁翼
缘板角变形

③ 组装基础稳定　组装焊接时，基础一定要坚固、垫平，不得出现局部翘角现象。

④ 焊接顺序的合理安排　焊接时，注意选择合理的焊接参数和焊接顺序。采用两侧同向、相同电参数的焊接规范进行焊接。应当优先选用焊接变形小的焊接方法，如优先选用熔化极气体保护焊或埋弧焊，尽可能不采用焊条电弧焊。

（2）箱形梁翼缘板角变形的矫正

在板厚方向由于焊接而使温度分布不均匀时，沿板厚横向收缩不同，使板件在焊缝中心线处发生弯曲变形，这种横向弯曲变形被称为角变形。由于焊接是熔透焊缝焊接的热量产生向内的应力。箱形梁腹板打坡口，焊接采用二氧化碳保护焊打底，埋弧角焊缝全熔透焊接。焊后出现了焊接应力。出现翼缘板向内翘曲变形，弯曲最大的有 10mm，最小的有 5mm，见图 2-130。

① 上盖板翼缘板角变形的矫正　对于偏差较小的翼缘板直接采用火焰矫正，这些边大多是上盖板，上盖板宽 600mm，因两边翼缘板各出来 100mm，用火焰矫正时有向回收缩的余地。

采用线状加热法：对于角变形和大厚板的弯曲变形，通常用线状加热，线状加热时，加热带的横向收缩大于纵向收缩，加热带越宽，横向收缩作用越大。

火焰矫正时在翼缘板上面用长炬烤枪对准焊缝的反面，对着纵向线状加热，加热温度730～770℃，加热时温度靠观察钢材颜色来判断，即钢板呈深樱红色。加热深度不超过板厚的 1/3，加热范围要在两焊脚所控制的范围。线状加热时不应在同一位置反复加热。为避免产生弯曲和扭曲变形，线状加热过程应由中间向两边辐射。即由两人同时用长炬烤枪由中部向两侧烘烤，使应力走势均匀。横向线状加热宽度取 40mm，板厚 20mm，加热宽度要窄一些，烤完，待完全冷却后恢复平面。

② 下盖板翼缘板角变形的矫正　下盖板宽 520mm，翼缘两边各出 60mm，由于边部很小仅用火焰的方法很难收到很好的效果。因此采取综合校正法（机械和火焰），用千斤顶配合火焰进行矫正。在烤火的同时用千斤顶顶起，使火焰反变形时对此施外力达到矫正的目的。在校正过程中要用角尺不断测量，避免出现矫枉过正的现象。还要考虑冷却后还会产生过正趋势。

火焰矫正时的加热温度 800～830℃，钢板呈现淡樱红色，加热深度，宽度可比上盖板多一些。

以上两种应对方法，使上、下盖板翼缘板的角变形恢复平整，达到质量标准。

（3）腹板波浪变形的矫正

在腹板焊接时，由于焊接产生的压缩残余应力，使腹板出现因压曲形成的波浪变形，又称荷叶窝。矫正前应仔细观察构件的变形情况，分析和选定加热部位和矫正步骤。

箱形梁腹板之所以产生波浪，是因为波浪变形在箱形梁矫正侧弯及上下拱时，由于箱内的隔板的制约，长向纵向收缩和短向横向收缩，造成腹板局部被挤压而产生波浪变形。钢板内部存在残余应力。

用长炬烤枪沿着凸出外圈处进行点状加热，加热到 800～830℃，金属呈淡樱红色，加热深度等于板厚的一半，加热后消除了波浪变形。注意整体的变化，周边加热区不宜过大，使边缘拉应力不致太大，这样有利于整体平整。

第**3**章 | 焊接接头与静载强度计算

3.1 焊接接头的基本形式

3.1.1 焊接接头类型

　　焊接接头的形式主要是根据焊接结构形式、结构及零件的几何尺寸、结构装配、焊接方法、焊接位置、焊接条件及技术条件等确定。焊接接头主要依据焊接方法进行划分，常用的焊接接头有对接接头、T形接头、搭接接头、角接接头、十字接头、端接接头、套管接头、斜对接接头、卷边接头及锁底对接接头等。通常熔焊接头的基本形式包括对接接头、搭接接头、T形接头和角接接头等四种。熔焊接头的四种基本类型如图3-1所示。

　　① 对接接头　对接接头是将同一平面上的两个被焊工件相对焊接起来而形成的接头。对接接头是比较理想的接头形式，与其他类型的接头相比，其受力状况较好，应力集中程度较小，是采用熔焊方法焊接的结构优先选用的接头形式。焊接对接接头时，为了保证焊接质量、减少焊接变形和焊接材料消耗，根据板厚或壁厚的不同，往往需要将被焊工件的对接边缘加工成各种形式的坡口，进行坡口对接焊。对接接头常用的坡口形式如图 3-2 所示。

　　② T形接头　T形接头（包括斜T形和三联接头）及十字接头是将互相垂直的或成一定角度的被焊工件用角焊缝连接起来的接头，能承受各种方向的力和力矩。该类型的接头也有多种形式，不开坡口的 T 形及十字接头通常是不焊透的，开坡口的 T 形及十字接头是否需要焊透应根据设计要求的坡口的形状和尺寸来确定。T 形及十字接头常用的坡口形式如图3-3 所示。

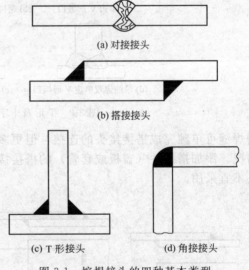

(a) 对接接头

(b) 搭接接头

(c) T形接头　　　　(d) 角接接头

图 3-1　熔焊接头的四种基本类型

　　③ 搭接接头　搭接接头是将两被焊工件部分的重叠在一起或加上专门的搭接件用角焊缝或塞焊缝、槽焊缝连接起来的接头。搭接接头的应力分布不均匀、疲劳强度较低，不是理想的接头类型。常见接头形式如图3-4所示。

　　常用于接头强度要求不高的结构，但由于其焊前准备和装配工作简单，在结构中仍然得到广泛的应用。搭接接头有多种连接形式，不带搭接件的搭接接头，一般采用正面角焊缝、侧面角焊缝或正面、侧面联合角焊缝连接，有时也用塞焊缝、槽焊缝连接。此外，塞焊缝、

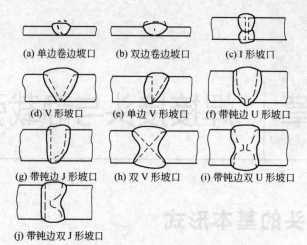

(a) 单边卷边坡口 (b) 双边卷边坡口 (c) I 形坡口

(d) V 形坡口 (e) 单边 V 形坡口 (f) 带钝边 U 形坡口

(g) 带钝边 J 形坡口 (h) 双 V 形坡口 (i) 带钝边双 U 形坡口

(j) 带钝边双 J 形坡口

图 3-2 对接接头常见坡口形式示意

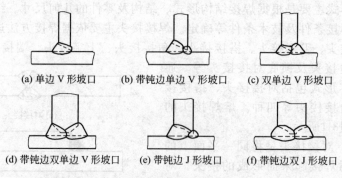

(a) 单边 V 形坡口 (b) 带钝边单边 V 形坡口 (c) 双单边 V 形坡口

(d) 带钝边双单边 V 形坡口 (e) 带钝边 J 形坡口 (f) 带钝边双 J 形坡口

图 3-3 T 形及十字接头常用的坡口形式示意

槽焊缝可单独完成搭接接头的连接，但更多地使用在搭接接头角焊缝强度不足或无法施焊的情况。添加搭接件（盖板或套管）的搭接接头由于它的受力状态不理想，对于承受动载的接头不宜采用。

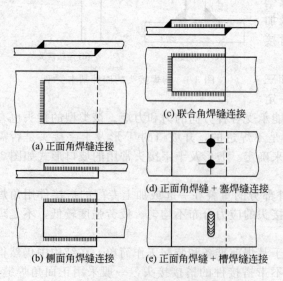

(a) 正面角焊缝连接

(b) 侧面角焊缝连接

(c) 联合角焊缝连接

(d) 正面角焊缝 + 塞焊缝连接

(e) 正面角焊缝 + 槽焊缝连接

图 3-4 搭接接头常见坡口形式示意

④ 角接接头 角接接头是将两被焊工件间构成大于 30°或小于 135°夹角的端部进行连接的接头。角接接头多用于箱形构件上，常见的连接形式如图 3-5 所示。角接接头的承载能力视其连接形式不同而各异，图 3-5（a）形式最为简单，但承载能力最差，当接头处承受弯曲力矩时，焊根处会产生严重的应力集中，焊缝容易从根部撕裂；图 3-5（b）采用双面角焊缝连接，其承载能力大大提高；图 3-5（c）和图 3-5（d）为开坡口焊透的角接接头，有较高的强度，且具有很好的棱角，但厚板时可能出现层状撕裂问题。图 3-5（e）和图 3-5（f）易装配、省工时，是最经济的角接接头；图 3-5（g）是保证接头具有准确直角的角接接头，

且刚性大；图 3-5(h) 是不合理的角接接头，焊缝多且不易施焊。

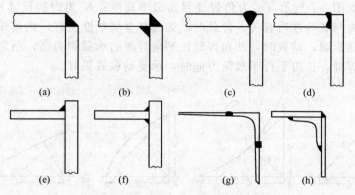

图 3-5　角接接头常见坡口形式示意

3.1.2　焊缝的类型

① 对接焊缝　对接焊缝的焊接边缘可分为卷边、平对或加工成为 V 形、X 形、K 形和 U 形等坡口，如图 3-6 所示。各种坡口尺寸可根据国家标准（GB/T 985—2008 和 GB 986—1988）或根据具体情况而定。

对接焊缝开坡口的目的是为了保证接头质量及其经济性，坡口形式的选择主要取决于板厚、焊接方法和工艺过程，确定焊缝坡口形式需要注意以下几个方面的问题：

a. 焊接材料的消耗。对相同厚度的焊接接头，采用 X 形坡口比 V 形坡口能节省较多焊接材料、电能和工时，且焊接结构越厚，节省焊接材料等越多。

b. 可焊性。根据焊接构件是否翻转，翻转的难易程度或内外两侧的焊接条件而定。对不能翻转的和内径较小的容器、转子及轴类的对接焊缝，为了避免大量的仰焊和不能或不便从内侧施焊，均宜采用 V 形或 U 形坡口。

c. 坡口加工。V 形和 X 形坡口可用气割或等离子切割，亦可用机械切削加工，但 U 形和双 U 形坡口，一般需要用刨边机加工。

d. 焊接变形。采用不恰当的坡口形式容易产生较大的焊接变形，如果坡口形式合适，工艺合理，可有效地减小焊接变形。

坡口角度的大小与板厚和焊接方法有关，其作用是使电弧能深入根部使根部焊透。坡口角度越大，焊缝金属量越多，焊接变形也会增

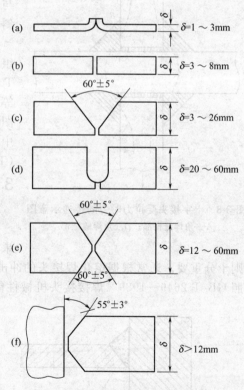

图 3-6　对接焊缝典型坡口形式

大，一般坡口角度选 60°左右。采用根部间隙是为了保证焊缝根部能焊透，一般情况下，坡口角度小，需要同时增加根部间隙；根部间隙较大时，又容易烧穿，为此，需要采用钝边防止烧穿。根部间隙过大时，还需要加垫板。

② 角焊缝　角焊缝一般为三角形，是指沿着两直交或近直交零件的交线所焊接的焊缝，

焊后从截面的形状观察，通常其焊缝形状可分为四种：平角焊缝、凹角焊缝、凸角焊缝和不等焊脚角焊缝，如图3-7所示（a为角焊缝界面最小高度；K为焊脚尺寸）。各种截面形状角焊缝的承载能力与载荷性质有关。静载时，如母材金属塑性良好，则角焊缝的截面形状对承载能力没有明显影响；动载时，凹角焊缝比平角焊缝的承载能力高，凸角焊缝的承载能力最低。不等腰角焊缝，长边平行于载荷方向时，承受动载效果好。

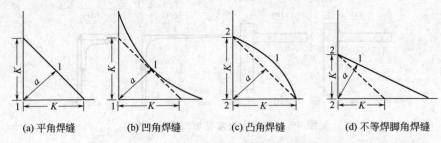

(a) 平角焊缝　　(b) 凹角焊缝　　(c) 凸角焊缝　　(d) 不等焊脚角焊缝

图3-7　角焊缝截面形状及计算断面

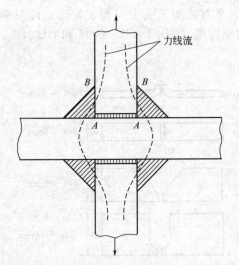

图3-8　十字接头受拉力时力的传递示意图
A—角焊缝根部；B—角焊缝趾部

角焊缝是应用最广泛的一种焊缝，但焊缝根部和趾部的应力集中比对接焊缝大。按照承载方向可分为三种：焊缝与载荷相垂直的正面角焊缝、焊缝与载荷相平行的侧面角焊缝、焊缝与载荷相倾斜的斜向角焊缝，如图3-8所示。

③组合焊缝　组合焊缝是由对接焊缝与角焊缝组合而成的焊缝，压力容器结构中常见要求开坡口T形结构或角接接头的焊缝，如接管与壳体的焊缝等是由对接焊缝与角焊缝组合而成的组合焊缝。如图3-9所示为GB 150—2011《压力容器》标准释义中有关组合焊缝的示意图，图中所示为非对接连接（T形接头），属于对接和角接的组合焊缝形式。

3.1.3　焊缝工艺评定与力学性能检测

（1）焊接接头取样的原则

正确进行试样取样是关系力学性能试验最终结果是否正确合理的首要条件，因而掌握取样的一般原则十分重要。通常根据熔化焊接头的冲击、拉伸、弯曲及硬度等试样取样的一般要求，并参照GB/T 2649—1989《焊接接头机械性能试验取样方法》进行相关接头的力学性能试验

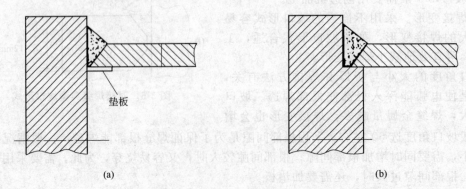

(a)　　　　　　　　　　　　　　　　　(b)

图3-9　压力容器平盖（管板）与圆筒结构的组合焊缝形式

的取样。

　　通常试样是从焊接试板上切取，因此焊接试板的尺寸必须满足相应要求，表 3-1 给出了不同厚度试板的单边宽度尺寸，试板长度则根据试样尺寸、数量、切割方法等统筹考虑。试板两端不能利用的长度一般根据板厚考虑，但最小应不低于 25mm。

表 3-1　取样用焊接试板的最小宽度要求

试板厚度/mm	试板单边宽度/mm
≤10	≥80
>10~24	≥100
>24~50	≥150
>50	≥200

　　试样切取可采用冷加工或热加工的方法，但采用热加工方法时，应注意留有足够的加工余量，保证火焰切割时的热影响区不影响性能试验结果，如果切取的试样发生弯曲变形，除非受试部位不受影响或随后要进行正火等处理，否则一般不允许矫直处理。

　　对于进行不同力学性能试验的试验，其取样方法也有不同的要求，各种焊接方法试样的取样方法可参见 GB/T 2649—1989。如果没有特殊要求，试样的数量一般是：接头和焊缝金属的拉伸试样各不少于 2 个，冲击试样不少于 3 个，点焊接头抗剪切试样不少于 5 个，疲劳试样不少于 6 个，压扁试验试样不少于 1 个，接头各区域硬度测试点不少于 3 点。

　　焊接接头力学性能试验主要是通过对焊接接头的拉伸、弯曲、冲击和硬度等试验测定焊接接头在不同载荷作用下的强度、塑性和韧性。焊接接头力学性能试验方法的国家标准见表 3-2。

表 3-2　焊接接头力学性能试验方法的国家标准

标准名称	标准代号	主要内容	适用范围
焊接接头力学性能试验取样方法	GB/T 2649—2008	规定了金属材料焊接接头的拉伸、冲击、弯曲、压扁、硬度及点焊剪切等试验的取样方法	熔焊及压焊焊接接头
焊接接头冲击试验方法	GB/T 2650—2008	规定了金属材料焊接接头的夏比冲击试验方法，以测定试样的冲击吸收功	熔焊及压焊对接接头
焊接接头拉伸试验方法	GB/T 2651—2008	规定了金属材料焊接接头横向拉伸试验和点焊接头剪切试验方法，以分别测定接头的抗拉强度和抗剪负荷	熔焊及压焊对接接头
焊接及熔敷金属拉伸试验方法	GB/T 2652—2008	规定了金属材料焊缝及熔敷金属的拉伸试验方法，以测定其拉伸强度和塑性	采用焊条或填充焊丝的熔化焊接
焊接接头弯曲及压扁试验方法	GB/T 2653—2008	规定了金属材料焊接接头横向正弯及背弯试验、横向侧弯试验、纵向正弯及背弯试验、管材压扁试验，以检验接头拉伸面上的塑性及显示缺陷	熔焊及压焊对接接头
焊接接头应变时效敏感性试验方法	GB/T 2655—2008	规定了用夏比冲击试验测定金属材料焊接接头的应变时效敏感性的试验方法	熔焊对接接头

　　（2）焊接接头拉伸试验（GB/T 2651—2008）

　　焊接接头拉伸试验的目的是测定接头的抗拉强度 σ_b 或抗剪负荷 P_τ。并根据相应标准或产品技术条件对试验结果进行评定。拉伸试样应符合 GB/T 2649—1989 中的规定。每个试样均打有标记，以确定在被截试件中的位置。试样采用机械加工或磨削方法制备，在试验长度 l 范围内，表面不应有横向刀痕或刻痕。试样表面应去除焊缝余高，与母材原始表面齐平。试样形状分为板形、整管和圆形三种。板接头见图 3-10 及表 3-3 所示带肩板状试样；管接头见图 3-11 及表 3-3 所示剖管纵向板状试样。

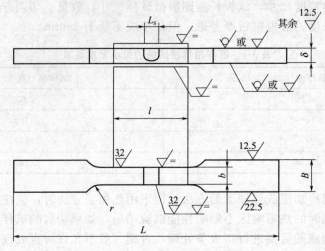

图 3-10　拉伸试验板接头板状试样

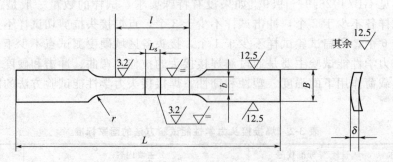

图 3-11　拉伸试验管接头板状试样

表 3-3　板状试样尺寸

总长		L	根据试验机确定
夹持部分宽度		B	$b+12$
平行部分宽度	板	b	$\geqslant 25$
	管	b	$D \leqslant 76,12; D > 76,20$
			当 $D \leqslant 38$ 时，取整管拉伸
平行部分长度		l	$> L_s + 60$ 或 $L_s + 12$
过渡圆弧		r	25

注：L_s—加工后焊缝的最大宽度；D—管子外径。

试样厚度 δ 是焊接接头试件厚度。当试件厚度 $> 30mm$ 时，可从接头不同厚度区域取若干试样，取代接头全厚度的单个试样，每个试样的厚度应 $\geqslant 30mm$，并标明试样在焊接试件厚度上的位置。外径 $\leqslant 38mm$ 的管接头取整管拉伸试样，见图 3-12 及表 3-3。棒材接头见图 3-13(a) 及表 3-4 所示的圆形试样。短时高温接头见图 3-13(b) 及表 3-4 所示的试样。

表 3-4　圆形试样及短时高温试样尺寸　　　　　　　　　　　　　mm

d_0	D	l	h	r_{min}	图号
10 ± 0.2	由试验机结构确定	$L_s + 2D$	由试验机结构定	4	图 3-13(a)
5 ± 0.1	$M12 \times 1.75$	30		5	图 3-13(b)

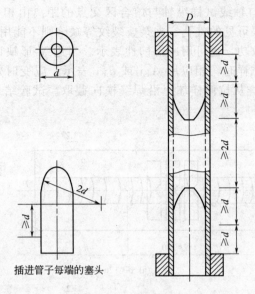

图 3-12　整管拉伸试样

插进管子每端的塞头

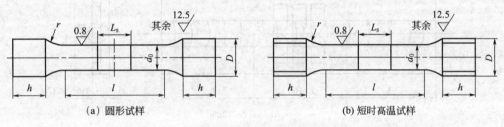

（a）圆形试样　　　　　　　　　　　　（b）短时高温试样

图 3-13　拉伸试验圆形及短时高温试样

（3）焊接接头的冲击试验（GB/T 2650—2008）

　　焊接接头冲击试验法是用来评定焊接接头特定区域的冲击韧性。冲击试样的缺口可开在焊缝、熔合区或热影响区。试样的缺口轴线应垂直焊缝表面。开在焊缝、熔合区和热影响区上的缺口位置如图 3-14 所示。

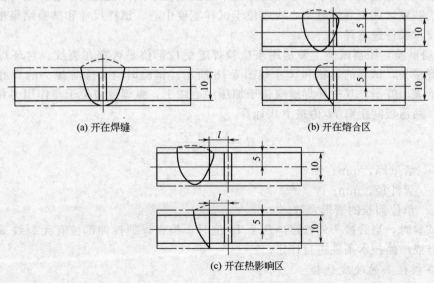

（a）开在焊缝　　　　　　　　　　　　（b）开在熔合区

（c）开在热影响区

图 3-14　冲击试样开缺口的位置

开在热影响区的缺口轴线试样纵轴与熔合区交点的距离由相关标准及产品技术条件确定。试样缺口处如有肉眼可见的气孔、夹杂、裂纹等缺陷则不能用该试样进行试验。冲击试验的结果可以用冲击吸收功，也可用冲击韧性表示。当用 V 形缺口试样时，分别用 A_{KV} 或 a_{KV} 表示；用 U 形缺口试样时，相应用 A_{KU} 或 a_{KU} 表示。应变时效敏感性试验的冲击样坯尺寸如图 3-15 所示，试样从拉伸样坯上沿焊缝横向截取。试验结果应根据相应标准或产品技术条件进行评定。

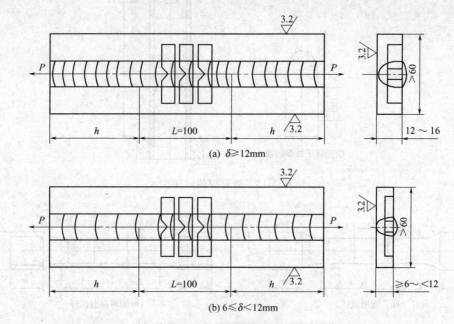

(a) $\delta \geqslant 12mm$

(b) $6 \leqslant \delta < 12mm$

图 3-15 冲击试样毛坯尺寸

（4）焊接接头的弯曲及压扁试验（GB/T 2653—2008）

① 弯曲试验 弯曲试验是用来评价焊接接头的塑性变形能力和显示受拉面的焊接缺陷。弯曲试验的试样形状如图 3-16 所示，圆形压头弯曲试验法（三点弯曲）如图 3-17 所示。横弯试样应垂直于焊缝轴线截取，加工后焊缝中心线应位于试件长度的中心。纵弯试样应平行于焊缝轴线截取，加工后焊缝中心线应位于试样宽度中心。试样尺寸和试验结果根据有关标准和产品技术条件进行评定。

② 压扁试验 压扁试验主要是用来检验焊缝受拉部位是否存在裂纹。对环焊缝和纵焊缝小直径管接头，试样的形状和尺寸如图 3-18 所示。试验时应去除管接头的焊缝余高，使与母材原始表面齐平。其中环焊缝应位于加压中心线上，纵焊缝应位于与作用力相垂直的半径平面内。两压板间距离 H 值按下式计算

$$H = \frac{(1+e)S}{e + S/D} \tag{3-1}$$

式中 S——管壁厚，mm；

D——管外径，mm；

e——单位伸长的变形系数。

压扁试验时，当管接头外壁距离压至 H 值时，检查焊缝拉伸部位有无裂纹或焊接缺陷按相应标准或产品技术条件进行评定。

（5）焊接接头的硬度试验

焊接接头的硬度通常按照 GB/T 2654—2008《焊接接头及堆焊金属硬度试验方法》或

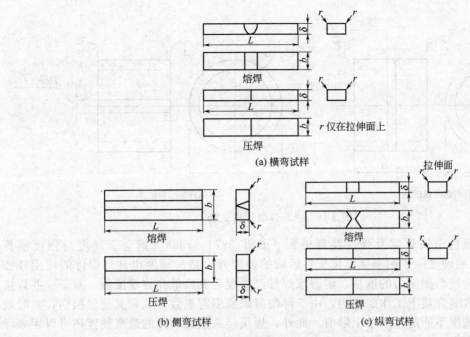

(a) 横弯试样

(b) 侧弯试样

(c) 纵弯试样

图 3-16　焊接接头弯曲试样形状

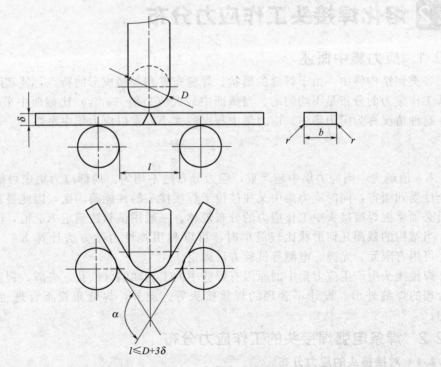

图 3-17　圆形压头弯曲试验

GB/T 2654—2008《焊接接头硬度试验方法》进行，而硬度试验过程可按 GB/T 4340.1—2009《金属维氏硬度试验　试验方法》、GB/T 231.1—2009《金属布氏硬度试验　试验方法》及 GB/T 230.1—2009《金属洛氏硬度试验　试验方法》等标准进行。一般情况下金属的强度和硬度对于确定材料类型存在一定的经验关系。硬度与强度换算关系可参阅 GB/T

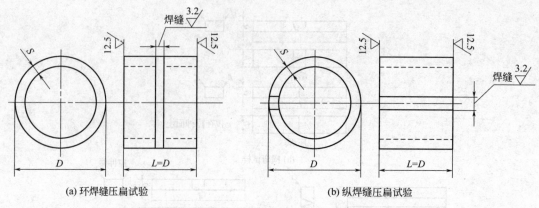

(a) 环焊缝压扁试验　　　　　　　　　　(b) 纵焊缝压扁试验

图 3-18　纵环焊缝压扁试验

1172—1999《黑色金属硬度及强度换算值》、GB/T 3771—1983《铜合金硬度与强度换算表》。焊接接头的硬度除了用来估算接头各区域的强度外，接头硬度也常与焊件的使用性能有关，例如作为抗磨损能力的度量，耐磨堆焊件经常规定其最低允许硬度值。对于一些焊接件，特别是在含氢介质下工作的结构，由于淬硬组织易引起氢致开裂和其他氢损伤，此时规定焊缝的最高硬度不能超过某个上限值。此外，焊接接头热影响区的最高硬度还可以用来评价钢材的冷裂倾向。

3.2 熔化焊接头工作应力分布

3.2.1　应力集中概述

各类钢结构件中，由于焊缝的形状、焊缝布置和焊接成形的特点，使实际的钢结构焊接接头工作应力的分布是不均匀的。当截面中最大应力值（$\sigma_{\max}$）比截面中平均应力值（σ_{m}）高，这种情况称为应力集中。应力集中程度的大小，常以应力集中系数 K_{T} 表示

$$K_{\mathrm{T}} = \frac{\sigma_{\max}}{\sigma_{\mathrm{m}}}\tag{3-2}$$

K_{T} 值越大，则应力集中越严重，应力分布越不均匀。局部应力集中可能使焊接接头的安全性受到损害，同时应力集中又往往位于焊接接头的性能薄弱区，因此要求焊接结构设计人员必须掌握焊接接头中工作应力的分布规律。一般用试验法确定 K_{T} 值，亦可用解析法求得。当结构的截面几何形状比较简单时，可以利用弹性力学方法计算 K_{T}。结构比较复杂时，可用有限元、光弹、电测等试验方法确定。

焊接接头中产生应力集中的原因有焊缝中的工艺缺陷（气孔、夹渣、裂纹和未焊透等）、不合理的焊缝外形、设计不合理的焊接接头等。此外，焊缝布置不合理也可能引起应力集中。

3.2.2　焊条电弧焊接头的工作应力分布

3.2.2.1　对接接头的应力分布

对接接头是重要零件和结构连接的首选接头，缺点是焊前准备工作量大、组装费工时，且焊接变形较大。对接接头几何形状变化较小，故应力集中程度较小，工作应力分布较均匀。对接接头的应力集中只出现在焊趾处，如图 3-19 所示。应力集中系数 K_{T} 与焊缝余高 h、焊趾处的 θ 角和转角半径 r 有关。增大 h，增加 θ 角或减小 r，则 K_{T} 增大，如图 3-20 所示。这将导致接头的承载能力下降。反之，如果削平焊缝余高，或在焊趾处加工成较大的

过渡圆弧半径，则会消除或减小应力集中，提高接头的疲劳强度。

对接接头一般采用比母材强度稍高的焊缝金属（高组配）时，通常情况下焊趾处的应力集中系数大小几乎对塑性强度没有影响，断裂会发生在母材区域。对于高强度钢和大厚板结构，采用高组配接头，在焊接时易产生裂纹。因此可采用焊缝金属强度比母材低的对接接头，可以避免应力集中导致的接头断裂。

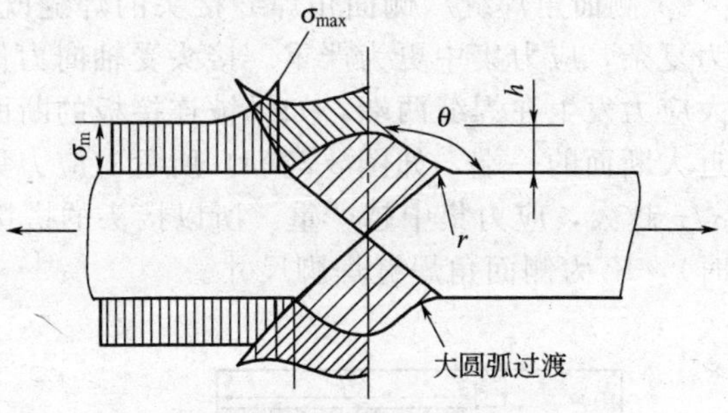

3.2.2.2 搭接接头的应力分布

搭接接头是两平板部分地相互搭接，用角焊缝进行连接的接头。其构件形状发生了较大变化，所以应力集中比对接接头复杂。但搭接接头焊前准备工作量少，装配较容易，广泛用于工作环境良好、不重要的结构中。常用搭接接头的基本形式如图 3-4 所示。

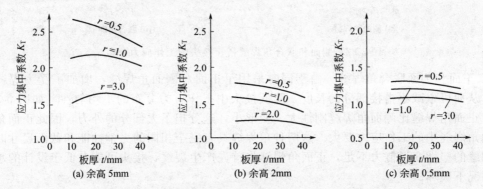

图 3-19 对接接头的工作应力分布

(a) 一般接头及焊趾处加工成圆弧过渡

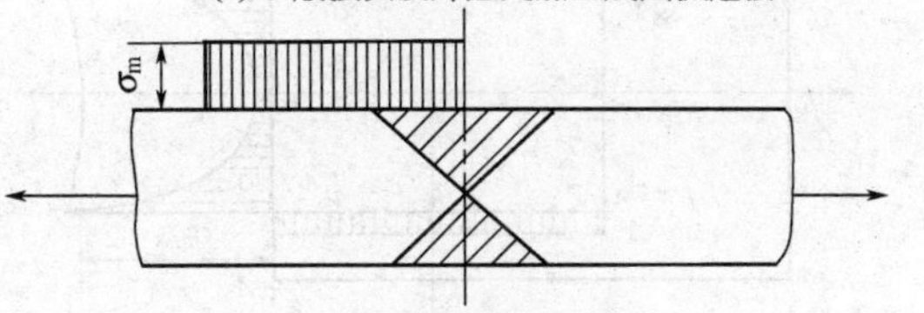

(b) 削平焊缝余高接头

图 3-20 对接接头的几何尺寸与应力集中系数的关系

(a) 余高 5mm　(b) 余高 2mm　(c) 余高 0.5mm

搭接接头受到轴向力（拉或压）作用时，垂直作用力方向的角焊缝称为正面角焊缝，平行作用力方向且位于板侧的角焊缝称为侧面角焊缝，介于两者之间的称为斜角焊缝。受力方向不同的角焊缝，其工作应力分布也存在明显的差异。

① 正面角焊缝　正面角焊缝的工作应力分布如图 3-21 所示，以焊趾和焊根处的应力集中做大，减小 θ 角和增加根部熔深可降低应力集中。板厚中心线不重合的搭接接头用正面角焊缝连接时，在外力作用下，由于力流线的偏转，不仅使连接板严重变形，而且使焊缝中产生了附加应力。双面焊时，焊趾处受到很大的拉力；单面焊时，焊根处应力集中更为严重。因此，一般在受力接头中，禁止使用单面角焊缝连接。

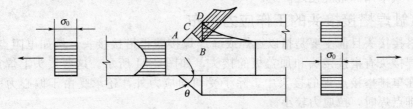

图 3-21 搭接接头正面角焊缝的工作应力分布

② 侧面角焊缝　侧面角焊缝接头的焊缝既承受正应力又承受切应力,工作应力的分布更为复杂,应力集中更为严重。接头受轴向力作用时,焊缝上的切应力 τ 呈现不均匀分布,最大应力发生在焊缝两端,如果被连接板的断面面积不相等,则靠近小断面一段的应力高于靠近大断面的一端,如图 3-22(a) 所示。应力集中系数 K_T 的大小与 l/K 和 σ/τ 有关,l/K 和 σ/τ 越大,应力集中越严重。所以接头的搭接长度 l 不宜大于 $40K$（动载时）或 $60K$（静载时）,K 为侧面角焊缝焊脚尺寸。

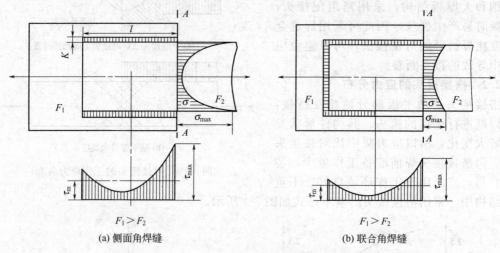

(a) 侧面角焊缝　　　　　　　　(b) 联合角焊缝

图 3-22　侧面和联合角焊缝搭接接头的工作应力分布

③ 正面和侧面联合角焊缝　由于同时采用了正面和侧面角焊缝,增加了受力焊缝的总长度,从而可以减小搭接部分的长度,降低接头中工作应力分布的不均匀性,如图 3-22(b)所示。正面角焊缝比侧面角焊缝刚性大、变形小,这分担了大部分的外力,因此正面角焊缝比侧面角焊缝中的工作应力要大。这两种角焊缝具有完全相同的力学性能和截面尺寸时,如果角焊缝的塑性变形能力不足,正面角焊缝将首先产生裂纹,接头可能在低于设计的承载能力的情况下破坏。

3.2.2.3　T 形接头的应力分布

T 形接头的两个或三个焊件相互垂直或近似垂直,其连接焊件的焊缝截面形状变化较大,在外力作用下,接头应力变化较大,造成应力分布极不均匀,在焊缝的根部和过渡区都有很大的应力集中,如图 3-23 所示。

图 3-23(a) 所示为 T 形（十字）接头在未开坡口并且未焊透的情况下的应力分布,由于水平板和垂直板之间存在间隙,焊根处的应力集中很大,焊趾处也存在较严重的应力集中,造成整个接头应力分布极不均匀。图 3-23(b) 所示为开坡口并熔透接头的应力分布,由于消除了根部间隙,焊缝根部的应力集中将不会存在,原来的角焊缝也转变为对接焊缝,使接头的工作性能大大提高。因此对于重要结构,尤其是在动载下工作的 T 形（十字）接头,应开坡口或采用深熔焊使之焊透。

3.2.3　接触焊搭接接头的工作应力分布

接触焊搭接接头目前主要是指以点焊或缝焊焊接获得搭接接头,例如电阻点焊和缝焊。常用电阻点焊接头有搭接接头和加盖板的接头,如图 3-24 所示。这些接头上焊点主要承受切向应力,在单排搭接点焊的接头中,除了受切向应力外,还承受由于偏心力引起的拉应力。采用多排点焊时,拉应力较小。

在接触焊点区域沿板厚的应力分布极不均匀,接头中存在严重的应力集中,如图 3-25

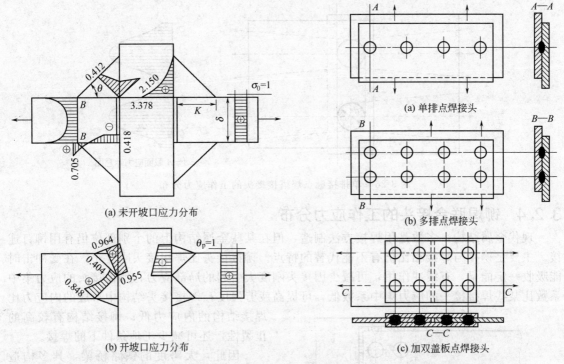

(a) 未开坡口应力分布

(b) 开坡口应力分布

图 3-23　T 形（十字）接头的工作应力分布

(a) 单排点焊接头

(b) 多排点焊接头

(c) 加双盖板点焊接头

图 3-24　接触点焊搭接接头基本形式

所示。但点焊接头由多排焊点组成时，各点承受的载荷是不同的，两端焊点受力最大，中间焊点受力最小。且排数越多，应力分布越不均匀。试验表明，焊点多于三排并不能明显增加承载能力，因此焊点排数以不超过三排为宜。

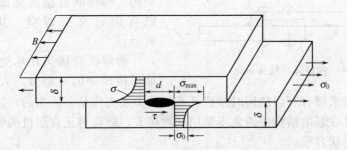

图 3-25　接触点焊搭接接头沿板厚的工作应力分布

单排点焊接头中，焊点附近的应力分布很不均匀，如图 3-26 所示。不均匀程度与焊点间距 t 和焊点直径 d 有关，t/d 值越大，则应力分布越不均匀。从降低应力集中的观点来看，缩小焊点间距有利。但焊点间距减小，焊接分流必将增大，反而引起焊点强度降低。点焊板厚 1mm 的低碳钢，当点焊间距小于 20mm 时，焊点强度即明显下降。

采用单排的点焊接头，不能达到接头与母材等强，因此通常采用多排焊点。这样不仅可以减弱偏心力矩的影响，而且会降低应力集中。如果采用交错排法，会更好一些。

此外，接触搭接接头还包括缝焊接头，缝焊焊缝的实质是由点焊的许多焊点局部叠加构成的，缝焊多用于薄板容器的焊接，但材料的可焊性好时，其接头静载强度可达到母材金属强度。缝焊接头的应力分布比点焊均匀，其静载强度和动载强度比点焊接头高。

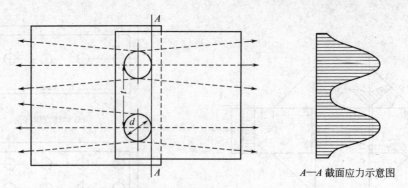

图 3-26　单排接触点焊搭接接头的工作应力分布

A—A 截面应力示意图

3.2.4　铆焊联合接头的工作应力分布

　　现代金属结构，多数是用焊接方法制造，但在某些金属结构上的个别部位仍有用铆钉连接。主要是铆接与焊接相比仍有不能代替的特点。铆接接头比焊接接头刚度小，在受冲击时能吸收一定能量，有缓冲作用，可减少因接头刚度大引起的局部应力；铆接接头的应力集中系数比某些焊接接头的应力集中系数低，可提高疲劳强度；铆接接头结构中形成的内应力比焊接结构的内应力低；铆接结构有较高的止裂性，还可减少工地条件下的焊接。

　　因此，大跨度的铁路桥梁，其多构造的桁架结构节点处多采用铆接接头，而桁架结构采用焊接，这样形成了既有焊接又有铆接的铆焊联合结构。而目前有一些采用高强度螺栓代替铆钉，被称为栓焊联合结构。铆焊联合接头是指在同一个接头上既有铆钉又有焊缝，其结构如图 3-27 所示。

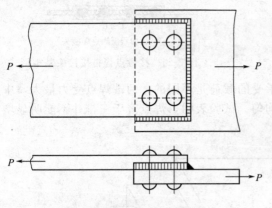

图 3-27　铆焊联合接头示意

　　铆焊联合接头在承受载荷时，铆钉只能承担很小的一部分，大部分载荷是由焊缝承担。因此，要求铆钉和焊缝同时按照其承载能力来工作是不恰当的，这是一种不尽合理的接头形式，往往在新的结构中通常不采用这种接头，而在对正在服役的铆接接头进行加固时，也可采用此类联合形式。

3.3　焊接结构接头设计与标注

3.3.1　工作焊缝和联系焊缝

　　焊接接头中的焊缝，按其所起的作用可分为工作焊缝和联系焊缝两种，如图 3-28 所示。工作焊缝又称为承载焊缝，它与被连接材料是串联的，它承担着传递全部载荷的作用，焊缝上的应力为工作应力，一旦焊缝断裂，结构立即失效；联系焊缝又称为非承载焊缝，它与被连接材料是并联的，传递很小的载荷，主要起构件之间相互联系的作用，焊缝上的应力为联系应力，焊缝一旦断裂，结构不会立即失效。

　　设计焊接结构时，对工作焊缝必须进行强度计算，对联系焊缝不必计算。对既有工作应力又有联系应力的焊缝，则只计算工作应力，可以忽略联系应力。

3.3.2 焊接接头的设计

(1) 焊接接头设计原则及影响因素

焊接接头通常采用的基本形式如图3-1所示，材料焊接过程中必须正确地设计和选择接头形式。由于焊接结构及焊接方法的多样性和结构几何尺寸、施工条件等的多变性，使得焊接接头形式和几何尺寸的选择有极大的差异。合理的接头设计与选择不仅能保证结构的局部和整体强度，还可以简化生产工艺，节省制造成本；反之，则可能影响结构的安全使用，甚至无法施焊。例如相同板厚的对接接头，焊条电弧焊和埋弧焊的坡口形式完全不同；两板进

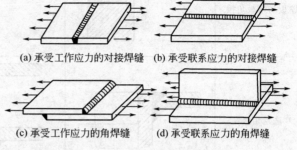

(a) 承受工作应力的对接焊缝　(b) 承受联系应力的对接焊缝

(c) 承受工作应力的角焊缝　(d) 承受联系应力的角焊缝

图 3-28　工作焊缝与联系焊缝

行连接，用对接形式和搭接形式，其强度、备料、焊接要求及制造成本也显著不同。因此需要从技术和经济效果综合考虑，来选择合适的焊接接头形式。

焊接接头的设计与选择时通常需要考虑以下几个方面因素的影响。

① 产品结构形状、尺寸、材质及技术要求。

② 焊接方法及其接头的基本特性。

③ 接头承受载荷的性质、大小，如拉伸、压缩、弯曲、交变载荷和冲击等。

④ 焊接变形与控制，以及施焊的难易程度。

⑤ 接头的工作环境，如温度、腐蚀介质等。

⑥ 接头焊前的准备和焊接所需费用。

(2) 坡口的设计原则

材料焊接时，对要求焊透的厚板，不论对接接头、T形接头或角接接头，都要进行开坡口。设计和选择正确的坡口，主要取决于被焊构件的厚度、焊接方法、焊接位置和焊接工艺。此外，还应做到以下几点。

① 填充材料应最少。例如，同样厚度平板对接，双面V形坡口比单面V形坡口节省一半填充金属材料。

② 具有好的可达性。例如，有些情况不便或不能双面施焊时，可以选择单面V形或U形坡口；对于不能翻转或内径较小的封闭焊缝，可采用带钝边的V形或U形坡口，也可采用加衬垫的坡口。

③ 坡口容易加工，且费用低。V形或双V形坡口可以气割，而U形坡口一般要机械加工，成本较高。

④ 要有利于控制焊接变形。双面对称坡口角变形小；单边V形坡口角变形比单面U形坡口大。

熔焊接头一些坡口设计不当实例及改进设计见表3-5。

表 3-5　熔焊接头坡口设计不当实例

接头及坡口类型	不合理设计	合理设计	备注
圆棒对接			棒端车成尖锥状,对中和施焊困难,削成扁凿状可改善

接头及坡口类型	不合理设计	合理设计	备注
厚板与薄板角接	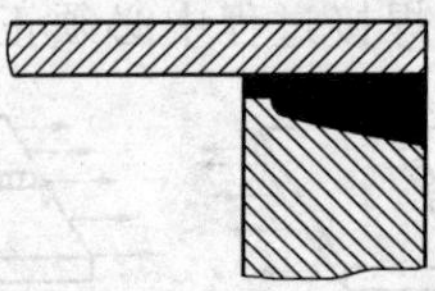	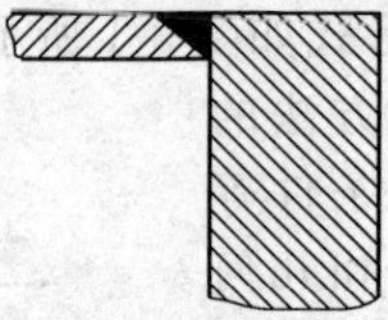	坡口应开在薄板侧,既可节省坡口加工费用,也可节省填充材料
法兰角接	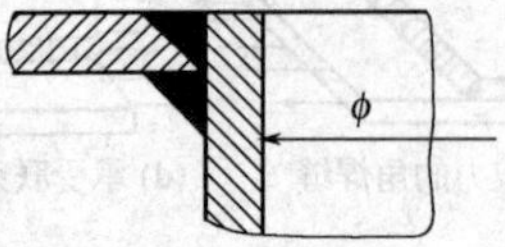	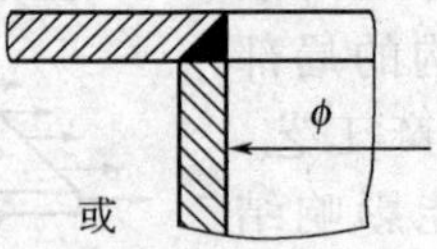 或 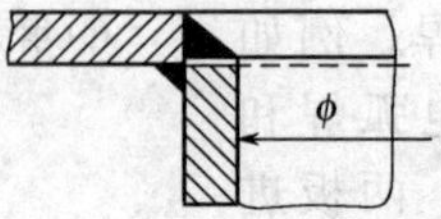	不合理设计时填充金属多,会引起层状撕裂,且焊缝位于加工面上
三板 T 形连接			不合理设计时,易引起立板端层状撕裂

（3）焊缝的符号与标注

焊缝符号是工程语言的一种,可以统一焊接结构图纸上的符号。我国的焊缝符号是由国家标准 GB/T 324—1988《焊缝符号表示法》（适用于金属熔焊和电阻焊）和 GB/T 5158—1999《金属焊接及钎焊方法在图样上的表示代号》规定的。国家标准规定的焊缝符号包括基本符号、辅助符号、补充符号和焊缝尺寸符号。焊缝符号一般由基本符号与指引线组成,必要时可加上辅助符号、补充符号和焊缝尺寸符号等。

焊缝基本符号见表 3-6,焊缝辅助符号见表 3-7,焊缝补充符号见表 3-8,焊缝尺寸符号见表 3-9。

表 3-6　焊缝基本符号

焊缝名称	焊缝横截面形状	表示符号
I 形焊缝		‖
V 形焊缝	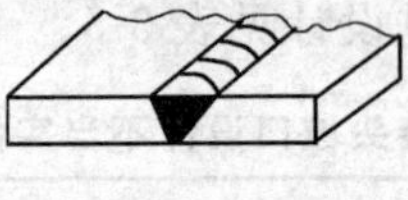	∨
带钝边 V 形焊缝		Y

焊缝名称	焊缝横截面形状	表示符号
单边 V 形焊缝		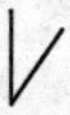 $\vee$
钝边单边 V 形焊缝		 $\curlyvee$
带钝边 U 形焊缝		 Y
封底焊缝		$\smile$
角焊缝		 $\triangle$
塞焊缝或角焊缝	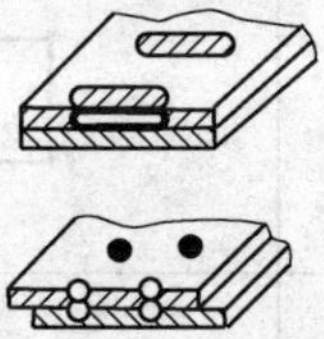	$\sqcap$
喇叭形焊缝	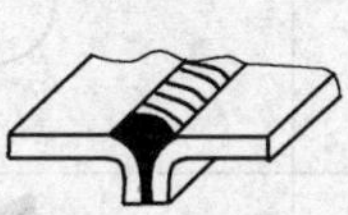	 $\curlyvee$
点焊缝	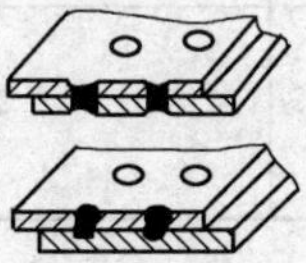	 $\bigcirc$
缝焊缝	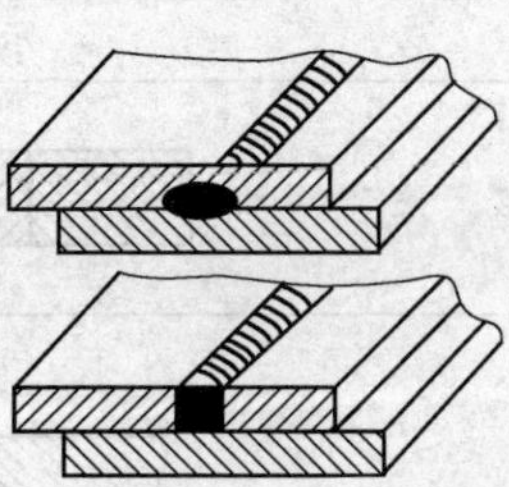	 $\ominus$

表 3-7　焊缝辅助符号

名称	焊缝辅助形式	表示符号	备注
平面符号		 ———	表示焊缝表面平齐
凹面符号	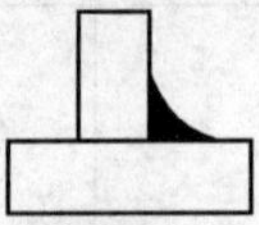	 ⌣	表示焊缝表面凹陷
凸面符号	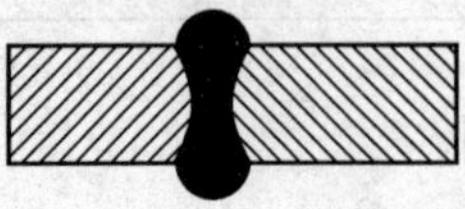	 ⌢	表示焊缝表面凸起

表 3-8　焊缝补充符号

名称	焊缝形式	表示符号	备注
带垫板符号	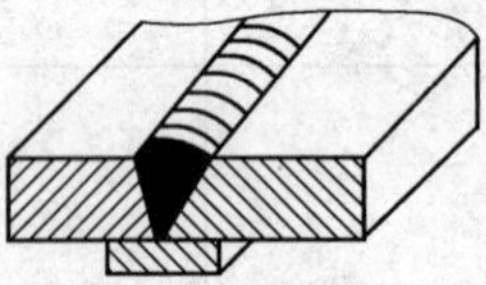	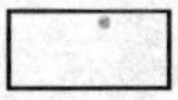 ▭	表示焊缝底部有垫板
三面焊缝符号	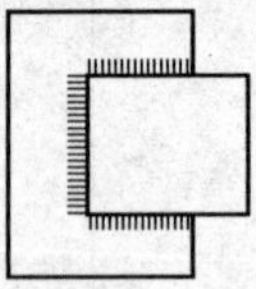	 ⊐	表示三面焊缝和开口方向
周围焊缝符号	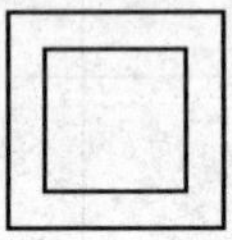	 ○	表示环绕工件周围焊缝
现场焊缝符号		 ⚑	表示在现场或工地进行焊接
尾部焊缝		 ＜	指引线尾部符号可参照 GB/T 5158-1999 标注焊接方法

表 3-9　焊缝尺寸符号

表示符号	名称	示意图
δ	板材厚度	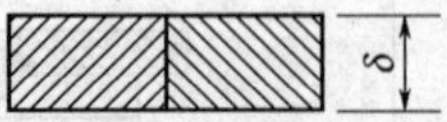
c	焊缝厚度	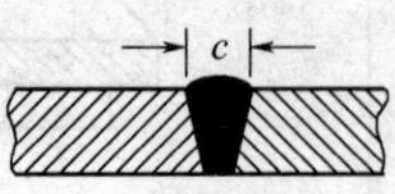

表示符号	名称	示意图
b	根部间隙	
K	焊角高度	
p	钝边高度	
d	焊点直径	
α	坡口角度	
h	焊缝余高	
s	焊缝有效厚度	
n	相同焊缝数量符号	
e	焊缝间距	
l	焊缝长度	
R	根部半径	
H	坡口高度	

为了简化焊接方法的标注和文字说明，可采用国家标准 GB/T 5185—1999 规定的用阿拉伯数字表示的金属焊接及各种焊接方法的代号，见表 3-10。

表 3-10　常用焊接方法代号

名称	焊接方法代号	名称	焊接方法代号
电弧焊	1	电阻焊	2
焊条电弧焊	111	点焊	21
埋弧焊	12	缝焊	22
熔化极惰性气体保护焊	131	闪光焊	24
钨极惰性气体保护焊	141	气焊	3
压焊	4	氧-乙炔焊	311
超声波焊	41	氧-丙烷焊	312
摩擦焊	42	其他焊接方法	7
扩散焊	45	激光焊	751
爆炸焊	441	电子束	76

常见焊缝的尺寸标注方法以及断续焊缝的标注方法示例见表 3-11。

表 3-11　焊缝尺寸的标注示例

名称	示意图	标注方法
对接焊缝	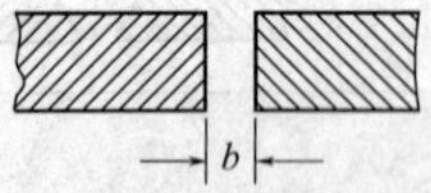	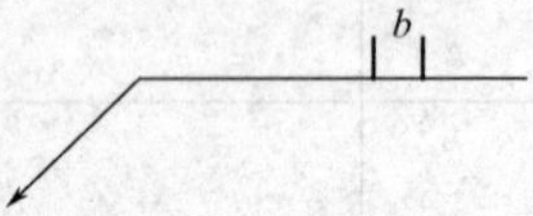
断续角焊缝	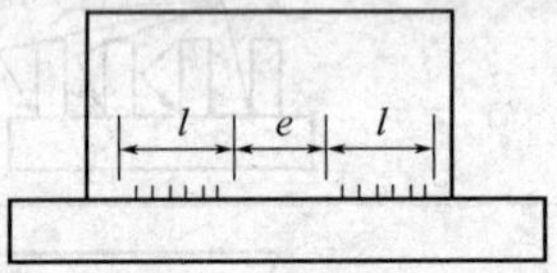	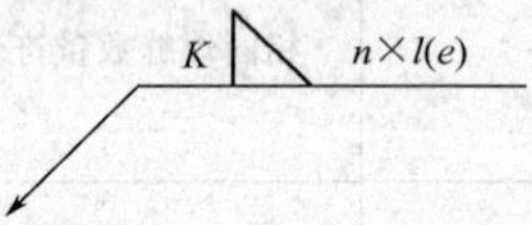
交错断续角焊缝	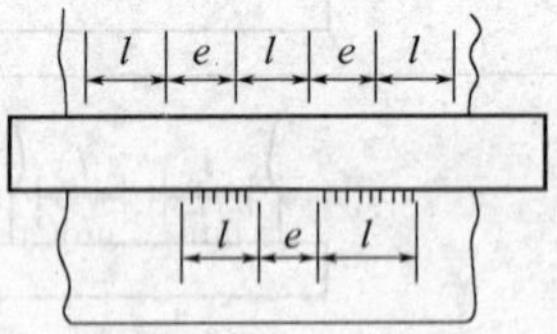	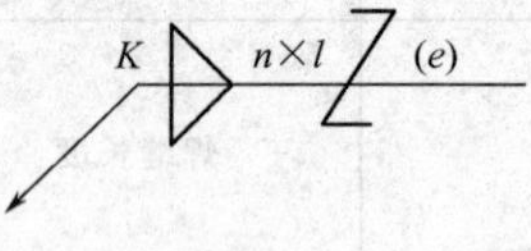
断续角焊缝点焊缝	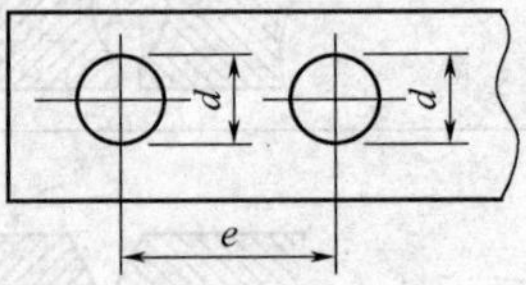	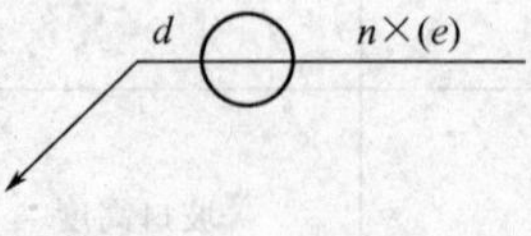

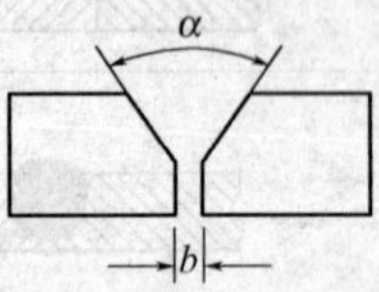

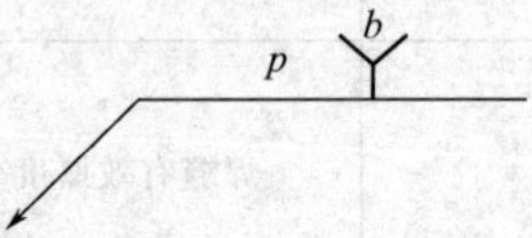

名称	示意图	标注方法
缝焊缝	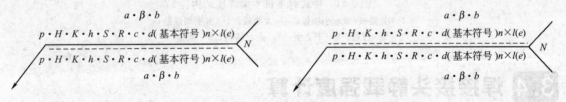	
塞焊缝或槽焊缝		

上述这些尺寸符号及数据标注按图 3-29 的原则次序标注，一般只注数据，当数据较多不易分辨时，可在数据前加相应的尺寸符号。图 3-30、图 3-31 为产品焊缝符号标注实例。

$$a \cdot \beta \cdot b$$
$$p \cdot H \cdot K \cdot h \cdot S \cdot R \cdot c \cdot d(\text{基本符号}) n \times l(e)$$

$$a \cdot \beta \cdot b$$
$$p \cdot H \cdot K \cdot h \cdot S \cdot R \cdot c \cdot d(\text{基本符号}) n \times l(e) \quad N$$
$$p \cdot H \cdot K \cdot h \cdot S \cdot R \cdot c \cdot d(\text{基本符号}) n \times l(e)$$
$$a \cdot \beta \cdot b$$

注：1. 在基本符号右侧无任何标注，且无其他说明，意味着焊缝在整个工件长度上是连续的。
  2. 基本符号左侧无任何标注，且无其他说明，表示焊缝要完全焊透。
  3. 塞焊缝和槽焊缝带有斜边时，应标注孔底部尺寸。

图 3-29 焊缝尺寸标注原则及次序

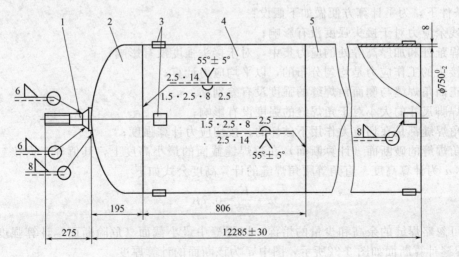

图 3-30 尿素塔内、外套筒结构
1—管子；2—封头；3—定位块；4—下筒体；5—上筒体

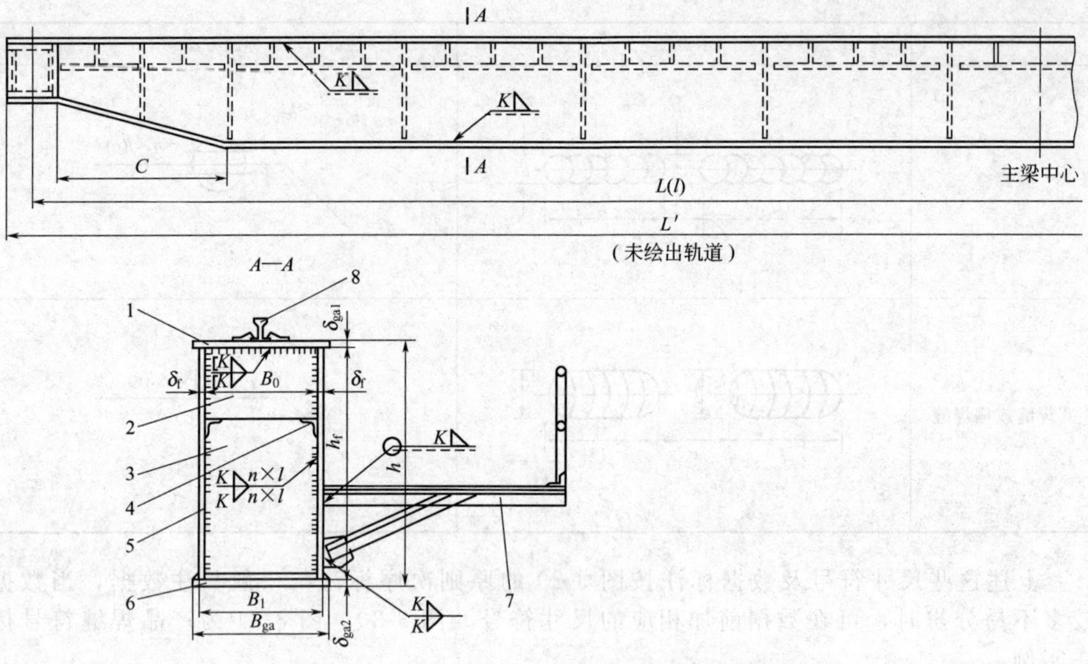

图 3-31　桥式起重机主梁焊接结构

1—上盖板；2—小肋板；3—大肋板；4—水平加强肋；
5—腹板；6—下盖板；7—走台结构；8—轨道

3.4 焊接接头静载强度计算

3.4.1　静载强度计算的假定

焊接接头的应力分布，尤其是十字接头和搭接接头等的应力分布非常复杂，精确计算接头的强度是困难的，常用的计算方法都是在一些假设的前提下进行的，称之为简化计算法。在静载条件下，为了计算方便做如下假设：

① 残余应力对于接头强度没有影响；

② 焊趾处和加厚高等处的应力集中，对于接头强度没有影响；

③ 接头的工作应力是均匀分布的，以平均应力计算；

④ 正面角焊缝与侧面角焊缝的强度没有差别；

⑤ 焊脚尺寸的大小对于角焊缝的强度没有影响；

⑥ 角焊缝都是在切应力作用下破坏的，按切应力计算强度；

⑦ 角焊缝的破断面（计算断面）在角焊缝截面的最小高度上，其值等于内接三角形高度 a，称 a 为计算高度。直角等腰角焊缝的计算高度公式如下

$$a = \frac{K}{\sqrt{2}} = 0.7K \qquad (3\text{-}3)$$

⑧ 可忽略焊缝的余高和少量的熔深，以焊缝中最小截面（危险断面）计算强度。各种接头的焊缝计算断面如图 3-32 所示，图中 a 为该断面的计算厚度。

3.4.2　熔化焊接头强度计算

相同的条件下焊接结构中的焊缝与母材受到外力作用时，其受力相同。因此，在计算焊

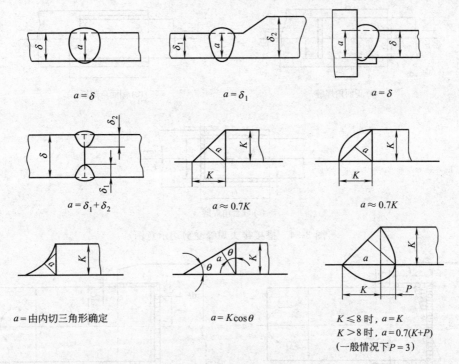

$$a = \delta \qquad\qquad a = \delta_1 \qquad\qquad a = \delta$$

$$a = \delta_1 + \delta_2 \qquad a \approx 0.7K \qquad a \approx 0.7K$$

a = 由内切三角形确定 $\qquad a = K\cos\theta$

$K \leqslant 8$ 时，$a = K$
$K > 8$ 时，$a = 0.7(K+P)$
（一般情况下 $P = 3$）

图 3-32　焊缝强度计算断面 a

缝静载强度时，计算方法与材料力学中钢材强度计算方法完全相同，即焊缝强度表达式

$$\sigma \leqslant [\sigma'] \text{ 或 } \tau \leqslant [\tau'] \tag{3-4}$$

式中　　σ 或 τ——平均工作应力；

$[\sigma']$ 或 $[\tau']$——焊缝的许用应力。

（1）对接焊缝强度计算

计算对接接头时，不考虑焊缝加厚高，因此计算基本金属强度的公式也完全适用于计算这类接头。焊缝计算长度取实际长度，计算厚度取两板中较薄者，如果焊缝金属的许用应力与基本金属的相等，则可不必进行强度计算。

全部焊透的对接接头，如图 3-33 所示，其受力情况的计算公式见表 3-12。对于受拉和受弯的按焊缝许用拉应力 $[\delta_l']$ 计算其强度；对于受压的按照焊缝许用压应力 $[\delta_a']$ 计算其强度；对于受切的按焊缝许用切应力 $[\tau']$ 计算其强度。

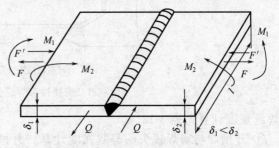

图 3-33　对接接头焊缝受力示意图

（2）搭接焊缝强度计算

① 受拉、受压的搭接接头的计算　图 3-34 所示为各种搭接接头受拉或受压示意图，其计算公式见表 3-12。

② 受弯矩的搭接接头计算　搭接接头在搭接平面内受弯曲力矩时的计算示意图如图 3-35 所示，这种接头的计算方法有三种：分段计算法、轴惯性矩法和极惯性矩法，具体的计算公式见表 3-12。

③ 对于采用两条角焊缝的长焊缝小间距和短焊缝大间距的搭接接头，如图 3-36 所示，

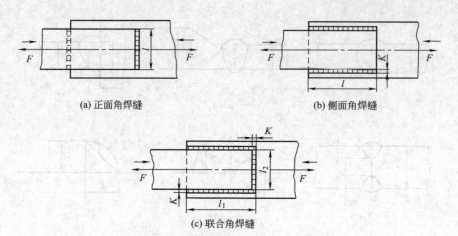

(a) 正面角焊缝　　　　　　　　　　　(b) 侧面角焊缝

(c) 联合角焊缝

图 3-34　搭接接头焊缝受剪切示意图

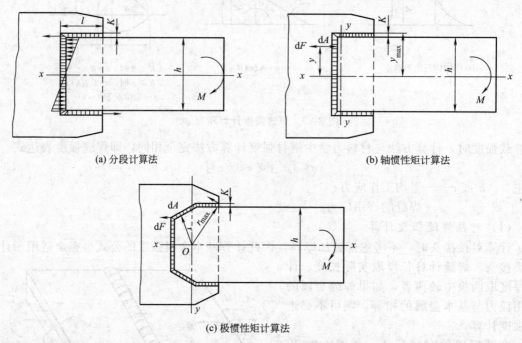

(a) 分段计算法　　　　　　　　　　　(b) 轴惯性矩计算法

(c) 极惯性矩计算法

图 3-35　搭接接头焊缝受弯矩计算示意图

其焊缝强度计算见表 3-12。

④ 开槽焊与塞焊接头的静载强度计算　开槽焊与塞焊接头的受力示意图见图 3-37。对开槽焊，焊缝金属接触面与开槽长度 l 及板厚 δ 成正比；对塞焊，焊缝金属接触面积与焊点直径 d 的平方及点数 n 成正比。此外，考虑焊缝金属接触面积大小问题，常在计算公式中乘以系数 $m(0.7 \leqslant m \leqslant 1.0)$。当槽或孔可焊性差时，焊接接头强度有所降低，取 $m=0.7$；当槽或孔的可焊性好时，或采用埋弧自动焊等熔深较大的焊接方法，取 $m=1.0$。其计算公式见表 3-12。

(3) T 形接头焊缝强度计算

T 形或十字接头分为开坡口和不开坡口。对于开坡口熔透的 T 形接头，如图 3-38 所示，实际是坡口焊缝与角焊缝组合的焊缝，在同样承载能力下比不开坡口的角焊缝节省大量填充金属材料。焊缝的厚度 a 按图 3-39 确定，焊缝的强度按表 3-12 进行计算。图 3-39(a) 中，

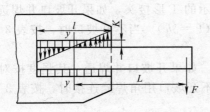
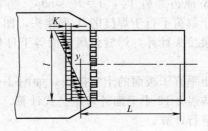

(a) 长焊缝小间距

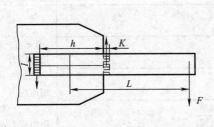
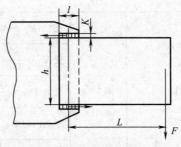

(b) 短焊缝大间距

图 3-36　两条角焊缝搭接接头焊缝强度计算示意图

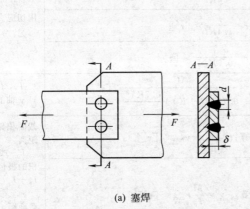
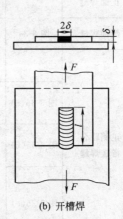

(a) 塞焊　　　　　　　　　　　　(b) 开槽焊

图 3-37　塞焊、开槽搭接接头焊缝强度计算示意图

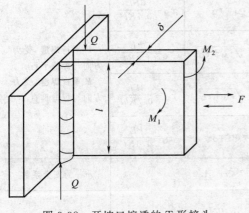

图 3-38　开坡口熔透的 T 形接头　　　　图 3-39　部分熔透角焊缝 a 的确定

当 $P>K$ 或 $\theta_P>\theta_K$ 时，$a=P/\sin\theta_P$。当 $P<K$ 或 $\theta_P<\theta_K$ 时，$a=(P+K)/\sin\theta_P$。

对于载荷平行于焊缝的 T 形接头，图 3-40 所示的 T 形接头，如果开坡口并焊透，其强度按对接接头计算，焊缝金属截面等于母材截面（$F=\delta h$）。当不开坡口时，按表 3-12 进行计算。

弯矩垂直于板面的十字接头，如图 3-41 所示。如果开坡口并焊透，其强度按对接接头计算，按表 3-12 中平面外弯矩公式计算。当接头不开坡口用角焊缝连接时，按表 3-12 中对应公式进行计算。

表 3-12　焊接接头静载强度计算公式

接头名称		简图	计算公式		备注
对接接头		图 3-33	受拉：$\sigma=\dfrac{F}{l\delta_1}\leqslant[\sigma_1']$		$[\sigma_1']$—焊缝的许用拉应力 $[\sigma_a']$—焊缝的许用压应力 $[\tau']$—焊缝的许用切应力，$\delta_1\leqslant\delta_2$
			受压：$\sigma=\dfrac{F'}{l\delta_1}\leqslant[\sigma_n']$		
			受剪切：$\tau=\dfrac{Q}{l\delta_1}\leqslant[\tau']$		
			平面内弯矩：$(M_1)\sigma=\dfrac{6M_1}{l^2\delta_1}\leqslant[\sigma']$		
			平面外弯矩：$(M_2)\sigma=\dfrac{6M_2}{l^2\delta_1{}^2}\leqslant[\sigma_1']$		
搭接接头	正面焊缝	图 3-34	受拉、受压：$\tau=\dfrac{F}{1.4Kl}\leqslant[\tau']$		$[\tau']$—焊缝的许用切应力； $\sum l-\sum l=2l_1+l_2$
	侧面焊缝		受拉、受压：$\tau=\dfrac{F}{1.4Kl}\leqslant[\tau']$		
			受拉、受压：$\tau=\dfrac{F}{0.7K\sum l}\leqslant[\tau']$		
	正侧联合搭接焊缝	图 3-35(a)	分段计算：$\tau=\dfrac{M}{0.7Kl(h+K)+\dfrac{0.7Kh^2}{6}}\leqslant[\tau']$		I_x，I_y—焊缝对 x、y 轴的惯性矩 y_{max}—焊缝计算截面距 x 轴最大距离 I_p—焊缝计算面积的极惯性矩，$I_p=I_x+I_y$ r_{max}—焊缝计算截面距 O 点的最大距离
		图 3-35(b)	轴惯性矩计算：$\tau_{max}=\dfrac{M}{I_x}y_{max}\leqslant[\tau']$		
		图 3-35(c)	极惯性矩计算：$\tau_{max}=\dfrac{M}{I_p}r_{max}\leqslant[\tau']$		
	双焊缝搭接	图 3-36	长焊缝小间距	F 垂直焊缝：$\tau_合=\tau_M+\tau_Q$	$\tau_M=\dfrac{3FL}{0.7Kl^2}$	F 平行焊缝，受力方向与焊缝平行； F 垂直焊缝，受力方向与焊缝垂直
				F 平行焊缝：$\tau_合=\sqrt{\tau_M^2+\tau_Q^2}$	$\tau_Q=\dfrac{FL}{1.4Kl}$	
			短焊缝大间距	F 平行焊缝：$\tau_合=\sqrt{\tau_M^2+\tau_Q^2}$	$\tau_M=\dfrac{3FL}{0.7Khl}$	
				F 垂直焊缝：$\tau_合=\tau_M+\tau_Q$	$\tau_Q=\dfrac{FL}{1.4Kl}$	
	开槽焊	图 3-37	受剪切：$[F]=2\delta l[\tau']_m$，$0.7<m\leqslant1.0$		m—为安全系数
	塞焊缝		受剪切：$[F]=n\dfrac{\pi}{4}d^2[\tau']_m$，$0.7<m\leqslant1.0$		

接头名称	简图	计算公式	备注
T形或十字 接头开坡口	图 3-38	受拉：$\sigma=\dfrac{F}{l\delta}\leqslant[\sigma_1']$ 受剪切：$\tau=\dfrac{Q}{l\delta}\leqslant[\tau']$ 平面内弯矩：$(M_1)\sigma=\dfrac{6M_1}{l^2\delta_1}\leqslant[\sigma_1']$	—
不开坡口 T形接头	图 3-40	F 平行焊缝：$\tau_合=\sqrt{\tau_M^2+\tau_Q^2}$；$\tau_M=\dfrac{3FL}{0.7Kh^2}$；$\tau_Q=\dfrac{F}{1.4Kh}$	—
	图 3-41	F 垂直板面：$\tau=\dfrac{M}{W}$；$W=\dfrac{l\left[(\delta+1.4K)^3-\delta^3\right]}{6(\delta+1.4K)}\leqslant[\tau']$	W—焊缝抗弯截 面系数

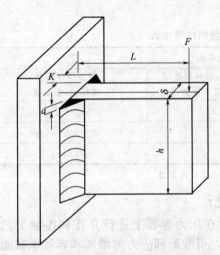

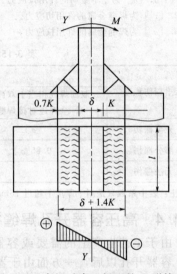

图 3-40　载荷平行于焊缝的 T 形接头　　　　　图 3-41　弯矩垂直于板面的 T 形接头

3.4.3　焊缝许用应力

　　焊缝许用应力设计法设计是以满足工作能力为基本要求的一种设计方法，对于一般用途的构件，设计时应满足强度条件为：工作应力≤许用应力。许用应力一般是由国家工程主管部分根据安全和经济原则，按照材料的强度、载荷、环境条件、加工质量、计算精确度和构件的重要性等加以确定。我国锅炉和压力容器、起重机、桥梁、铁路车辆等行业都在各自设计规范中确定了各种材料的许用应力。许用应力设计法所用的参量，如载荷、强度、几何尺寸等都看成为确定量。

　　表 3-13 所示为一般机械设备焊接结构中焊缝的许用应力，起重机行业和钢制压力容器行业中采用的焊缝许用应力分别见表 3-14 和表 3-15。

表 3-13　机械设备焊接结构中焊缝的许用应力

焊缝种类	应力状态	焊缝许用应力	
		E43××及 E50××型焊条电弧焊	低氢焊条电弧焊、埋弧焊及半自动弧焊
对接缝	拉应力	$0.9[\sigma]$	$[\sigma]$
	压应力	$[\sigma]$	$[\sigma]$
	切应力	$0.6[\sigma]$	$0.65[\sigma]$

焊缝种类	应力状态	焊缝许用应力	
		E43×× 及 E50×× 型焊条电弧焊	低氢焊条电弧焊、埋弧焊及半自动弧焊
角焊缝	切应力	$0.6[\sigma]$	$0.65[\sigma]$

注：1. $[\sigma]$ 为基本金属的拉伸许用应力。

2. 适合于低碳钢及 500MPa 级以下的低合金结构钢。

表 3-14　起重机焊接结构焊缝的许用应力

焊缝种类	应力种类	符号	普通方法检查焊条电弧焊	埋弧焊或用精确方法检查的焊条电弧焊
对接	拉伸、压缩应力	$[\sigma]$	$0.8[\sigma]$	$[\sigma]$
对接及角焊缝	剪切应力	$[\tau']$	$\dfrac{0.8[\sigma]}{\sqrt{2}}$	$\dfrac{[\sigma]}{\sqrt{2}}$

注：1. $[\sigma]$ 为基本金属的许用拉应力。

2. $[\tau']$ 为焊缝金属的许用切应力。

3. $[\sigma']$ 为焊缝金属的许用拉应力。

表 3-15　钢制压力容器结构焊缝的许用应力

无损探伤程度	焊缝类型		
	双面焊或相当于双面焊的全焊透对接焊缝	单面对接焊缝，沿焊缝根部全长具有紧贴基本金属垫板	单面焊环向对接焊缝，无垫板
完全探伤	$[\sigma]$	$0.9[\sigma]$	—
部分探伤	$0.85[\sigma]$	$0.8[\sigma]$	—
无法探伤	—	—	$0.6[\sigma]$

注：表中系数只是用于厚度不超过 16mm、直径不超过 600mm 的壳体环向焊缝。

3.4.4　高压容器开孔焊缝补强计算实例分析

由于工艺生产上的需要或容器结构上的要求，常在压力容器上进行开孔和连接工艺管道。容器开孔以后，一方面由于器壁承载截面被削弱，引起局部应力的增加和容器承载能力的减弱；另一方面，器壁开孔和接管破坏了原来结构的连续性，在工艺操作条件下，开孔和接管处将产生较大的弯曲应力。此外，还有材质和制造的缺陷等因素的综合作用，开孔边缘会出现很高的应力集中，形成了压力容器的薄弱环节。因此，设计上必须对开孔采取有效的补强措施，使被削弱的部分得以补偿。

3.4.4.1　开孔后应力集中的原因及补强范围的分析

容器开孔之后，在孔边附近的局部地区，应力会达到很大的数值。这种局部的应力增长现象，叫做应力集中。在压力容器中的应力集中现象，通常用应力集中系数来表示。应力集中系数是指受压容器或部件实际最大的应力 σ_{max} 与未开孔处容器壁周向膜应力 σ_θ 的比值。即

$$J = \frac{\sigma_{max}}{[\sigma_\theta]}$$

在设计规范中，从实用考虑，取应力集中系数为

$$J = \frac{\sigma_{max}}{[\sigma]}$$

在设计中，把应力集中系数限制在 3.0 左右。

（1）开孔部位对应力集中系数的影响

当仅考虑壳体上的开孔，不涉及安装接管后由于结构不连续所引起的附加应力时，球壳

上的开孔和圆筒上的开孔可分别参照平板双向相等受拉平板和双向不相等受拉的受载模型进行分析。其受力分布如图 3-42。

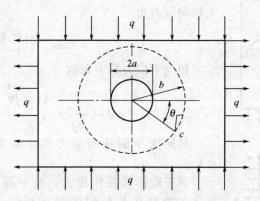

图 3-42 受相同拉伸载荷平板上的圆孔受力分布

平板双向相等受拉时的开孔径向应力和周向应力为

$$\sigma_r = \left(1 - \frac{a^2}{r^2}\right)q$$

$$\sigma_\theta = \left(1 + \frac{a^2}{r^2}\right)q$$

可知，周向应力只是在孔边上的应力达最大，远离孔边一定距离后就很快衰减至 q。而在孔边，最大应力为

$$\sigma_{max} = (\sigma_\theta)_{r=a} = 2q$$

相当于应力集中系数

$$J = \frac{\sigma_{max}}{\sigma_\theta} = \frac{2q}{q} = 2$$

由此式可知，在球壳上开圆孔时，孔边最大应力为球壳薄膜应力的 2 倍。

平板双向不相等受拉时的开孔，垂直于 $2q$ 方向的孔边最大，应力为

$$\sigma_{max} = (\sigma_\theta)_{r=a} = 5q$$

相当于应力集中系数

$$J = \frac{\sigma_{max}}{\sigma_\theta} = \frac{5q}{2q} = 2.5$$

即在筒体上开圆孔时，孔边最大应力为筒壁薄膜应力 2.5 倍。

由于接管的影响，不论是球壳上的还是在圆筒上的开孔，开孔接管处的应力集中系数都比平板上开孔所引起的应力集中系数为大。

由上分析可知，在相同条件下（同直径、同壁厚、同载荷）筒体开孔的应力集中系数大于球壳开孔的应力集中系数，而且球壳的基本应力只有筒体最大基本应力之半。因此，在高压容器中，通常将开孔集中在球形底盖或顶盖，而尽量避免在筒体上开孔。

（2）开孔方向对应力集中系数的影响

当接管方向不在容器壳体（球壳或筒体）的径向时，壳体上的开孔就变为椭圆形，其受力分布如图 3-43 所示，椭圆孔边的最大应力值和圆孔的孔边应力集中情况相似，最大应力值亦在周向。图 3-43(a) 即为平板受垂直于椭圆长轴的拉伸载荷 q 作用时，在长轴为 $2a$、短轴为 $2b$ 的椭圆孔边上的 σ_θ-θ 关系。

因此，非径向接管在壳体上的开孔应力集中系数必须按平板上开椭圆孔的应力集中系数

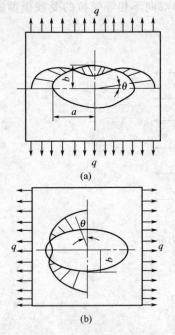

计算。如图 3-44 所示为非径向接管，对于球壳上的非径向接管，按平板双向受相等拉伸载荷时，在椭圆孔长轴端的最大切向应力为

$$\sigma_{\max}=2\left(\frac{a}{b}\right)q$$

相当于应力集中系数

$$J=\frac{\sigma_{\max}}{\sigma_\theta}=\frac{2\left(\frac{a}{b}\right)q}{q}=2\left(\frac{a}{b}\right)$$

显然大于圆孔的应力集中系数，如当 $a/b=2$ 时，$J=4$。

对于筒体非径向接管，按平板受双向不相等拉伸载荷时，在椭圆孔长轴端的最大周向应力（长轴与筒体轴平行）为

$$\sigma_{\max}=\left(1+4\frac{a}{b}\right)q$$

相当于应力集中系数

图 3-43　椭圆孔边的周向应力分布

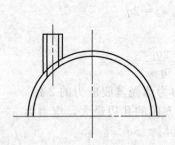

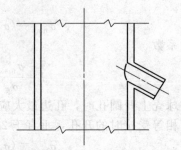

$$J=\frac{\sigma_{\max}}{\sigma_\theta}=\frac{\left(1+4\frac{a}{b}\right)q}{2q}=\left(0.5+2\frac{a}{b}\right)$$

图 3-44　非径向接管

显然大于圆孔的应力集中系数 2.5，如当 $a/b=2$ 时，$J=4.5$。

由上述分析可知，无论是球壳或筒体，当接管的方向不在壳体的径向时，孔呈椭圆形。当椭圆孔的长轴与筒体轴平行时，其应力集中系数总大于圆孔的应力集中系数，所以，接管尽量沿壳体的径向布置。

（3）有效补强区范围的确定

由于容器壁开孔后孔边应力集中现象的局部性，所以添加的补强金属只有在靠近孔口的局部范围才能起有效的补强效果，通常将此范围称为有效补强区，如图 3-45 中 1、2、3、4 所包围的范围。

在双向不相等受拉时，孔边应力随离孔口距离的增大具有明显的衰减性，当 $r=a$，即在孔边应力集中为

$$J=\frac{\sigma_{\max}}{\sigma_\theta}=\frac{5q}{2q}=2.5$$

当 $r=2a$，即离孔边距离为孔半径时，应力集中系数为

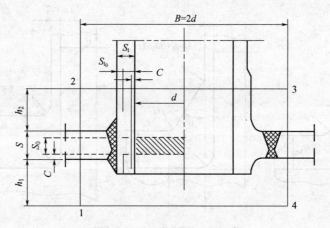

图 3-45　有效补强区平板 1

$$J = \frac{\sigma_{\max}}{\sigma_\theta} = \frac{2.47q}{2q} = 1.23$$

当平板在双向相等受拉时，也可得近似的圆孔边应力随 r 变化的关系，即 $r = a$ 时，$J = 2$，$r = 2a$ 时，$J = 1.25$。由此可知，当离孔边距离等于开孔半径时，由开孔所造成的应力集中现象已衰减到可以忽略的程度。由此定出补强范围一个方向的尺寸，即 $B = 2d$。

由于实际需要，容器开孔后大多连有接管，因此在考虑开孔-接管附近的应力时，必须设计壳体和接管处的不连续应力。例如，球形封头上开圆孔并焊有接管时，如图 3-46 在内压力 P 作用下，接管和球壳在接点 A 处的自由位移是不一样的，它们分别按圆柱壳体和球壳在内压作用下计算位移值，接管上的 A 点将移至 A' 点，球壳上的 A 点将移

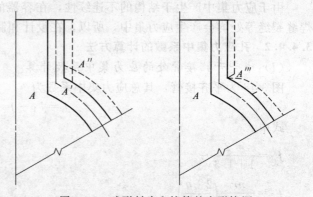

图 3-46　球形封头和接管的变形协调

至 A'' 点，但由于相互焊接，实际变形后的接点不能分离而保持同一点 A'''，因而产生边缘剪力和边弯缘弯矩，使球壳和圆柱壳都产生轴对称弯曲。

（4）减少开孔的应力集中

由筒体与球壳开孔的应力分析和实测表明，在相同的条件下，球壳的开孔应力集中系数要比筒体上的开孔应力集中系数为小。球壳上或筒体上开同一口径的孔。径向开孔比非径向开孔的应力集中系数为小。从开孔的形状来说，圆形开孔比长轴与圆筒轴平行的椭圆形孔等其他形状的开孔应力集中系数为小。

从接管补强形式来说，内伸式比平齐式的应力集中系数小，内伸接管是指接管的内伸高度等于或大于 $2\sqrt{rS_t}$ 的接管。

从开孔补强结构来说，整体补强元件全焊透结构比补强板结构应力集中系数小。在整体补强元件中，以密集补强结构的受力状况为最好。

对不同的补强结构，在转角处均可采用圆滑过渡，以减少应力集中程度。如图 3-47 所示。

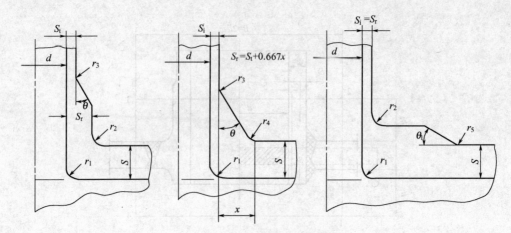

图 3-47　许可的过渡转角示例

$$r_1=\Big(\frac{1}{8}-\frac{1}{2}\Big)S;\ r_2\geqslant\sqrt{dS_t}\ 或\ \frac{S}{2},\ 取较大值;\ r_3\geqslant\sqrt{\frac{d}{2}S_t}\ 或\ \frac{S_t}{2};\ 取较大值;$$

$$r_4\geqslant\sqrt{\frac{d}{8}S_t}\ 或\ \frac{S}{4},\ 取较大值;\ r_5=\frac{1}{2}S;\ \theta、\theta_1\leqslant45°$$

由于应力集中产生于结构的不连续性，在容器的结构材料截面突变、转角、制造缺陷、焊缝裂缝等处均会产生应力集中，所以，在设计和制造时要尽量避免这些不利因素。

3.4.4.2 孔应力集中系数的计算方法

（1）球壳开孔接管处的应力集中系数计算

图 3-48 为平齐接管，其总应力集中系数为

$$J=J_1+J_2$$

式中

$$J_1=\frac{2}{1+1.3y'}$$

$$J_2=\frac{nr}{\sqrt{R}S_2}\Big(\frac{2+q}{1+q}\Big)$$

$$Y'=\frac{S_1}{nS_2}\sqrt{\frac{S_1}{r}}\Big(\frac{1+q}{1+2q}\Big)+\frac{S_1}{2r}$$

$$q=\sqrt{\frac{RS_1^5}{rS_2^5}}$$

$$n=[3(1-\mu^2)]^{1/4}$$

$$\mu=0.3$$

式中　S_1——接管壁厚；

　　　S_2——球壳壁厚；

　　r,R——分别为接管和球壳的平均半径。

图 3-49 为内伸接管，其总应力集中系数为

$$J=J_1+J_2$$

式中

$$J_1=\frac{2}{1+1.3y'}$$

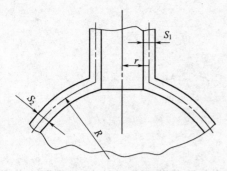

图 3-48 平齐接管

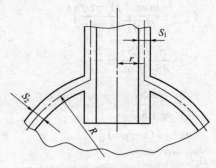

图 3-49 内伸接管

$$J_2 = \frac{2nr}{\sqrt{RS_2}} \left(\frac{1+2q}{1+4q} \right)$$

$$Y' = \frac{2S_1}{nS_2} \sqrt{\frac{S_1}{r}} + \frac{S_1}{2r}$$

$$q = \sqrt{\frac{RS_1^5}{rS_2^5}}$$

$$n = \left[3(1-\mu^2) \right]^{1/4}$$

$$\mu = 0.3$$

式中　S_1——接管壁厚；

　　　S_2——球壳壁厚；

　　r，R——分别为接管和球壳的平均半径。

（2）筒体上开圆孔应力集中系数的计算

图 3-50 为平齐接管，其总应力集中系数为

$$J = J_1 + J_2$$

式中

$$J_1 = \frac{3}{2[1+y(1+\mu)]} + \frac{1}{1+y(3+\mu)}$$

$$J_2 = m\,\frac{nr}{2\sqrt{RS_2}} \times \frac{2+q}{1+q}$$

$$Y' = \frac{S_1}{nS_2} \sqrt{\frac{S_1}{r} \left(\frac{1+q}{1+2q} \right)} + \frac{S_1}{2r}$$

$$q = \sqrt{\frac{RS_1^5}{rS_2^5}}$$

$$n = \left[3(1-\mu^2) \right]^{1/4}$$

$$\mu = 0.3$$

式中　m——载荷分布系数，根据接管上是否存在支反力等载荷而定。当仅介质压力作用
　　　　　时，$m = 2.0$；当作用有其他载荷时，m 在 $0 \sim 2.36$ 范围之内。

图 3-51 为内伸接管，其总应力集中系数为

$$J = J_1 + J_2$$

式中

$$J_1 = \frac{3}{2[1+y(1+\mu)]} + \frac{1}{1+y(3+\mu)}$$

$$J_2 = \frac{mnr}{2\sqrt{RS_2}}\left(\frac{1+2q}{1+4q}\right)$$

$$Y' = \frac{S_1}{nS_2}\sqrt{\frac{S_1}{r}} + \frac{S_1}{2r}$$

$$q = \sqrt{\frac{RS_1^5}{rS_2^5}}$$

$$n = [3(1-\mu^2)]^{1/4}$$

$$\mu = 0.3$$

式中　m——载荷分布系数，根据接管上是否存在支反力等载荷而定。当仅介质压力作用时，$m=2.0$；当作用有其他载荷时，m 在 $0\sim2.36$ 范围之内。

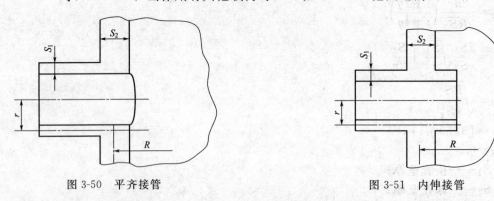

图 3-50　平齐接管　　　　　　　　　图 3-51　内伸接管

3.4.4.3　应力集中系数曲线

不同直径与壁厚的球壳和带不同直径与壁厚的接管的应力集中系数如图 3-52 和图 3-53 所示，此图是根据最大主应力得出的。

图中曲线的横坐标为"开孔系数"（无因次量）以下式表示

$$\rho = \frac{r}{R}\sqrt{\frac{R}{S}} = \frac{r}{\sqrt{RS}}$$

开孔系数 ρ 等于开孔的大小与其局部应力衰减长度之比值。从图中可见，应力集中系数是开孔系数的函数，开孔系数越大，应力集中系数越大；应力集中系数还随 S_t/S 而变，在同样的壳体上同样大小的孔，接管壁厚的比接管壁薄的应力集中系数小；S_t/S 值接近于 1.0 的（即接管壁厚和壳体壁厚比较接近的）比 S_t/S 值很小的（即接管壁厚和壳体壁厚甚为悬殊的）为小；对同一球壳，如果开孔大小不变，接管壁厚相同，从两图中比较可知，采用内伸式接管比平齐接管的应力集中系数为小。

图 3-52 和图 3-53 曲线虽然是球壳的，但是也可以用来近似地确定筒体上开孔接管的应力集中系数。为了得到精确一些的应力集中系数，可采用筒体应力集中系数实验曲线，即图 3-54 中虚线所示；点画线为圆筒体未开孔接管（$S_t/S=0$）时的应力集中曲线；实线为球壳应力集中系数的理论曲线。

3.4.4.4　应力集中系数曲线应用范围与在补强上的应用

（1）对开孔大小与壳体厚度的限制

开孔太大或太小、壳壁太厚或太薄时，其实际应力集中系数都与上述曲线所得的结果有较大的误差。上述曲线对开孔大小的限制范围是：对于壳体的壁厚的范围是

$$0.01 \leqslant \frac{r}{R} \leqslant 0.4$$

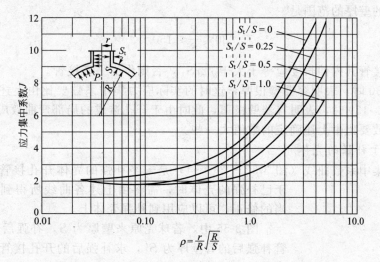

图 3-52　由内压在球壳中引起的最大应力（平齐的接管）

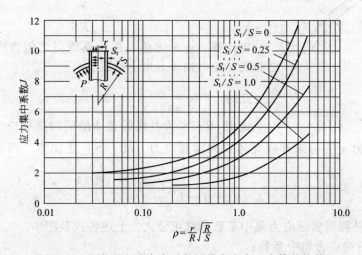

图 3-53　由内压在球壳中引起的最大应力（内伸的接管）

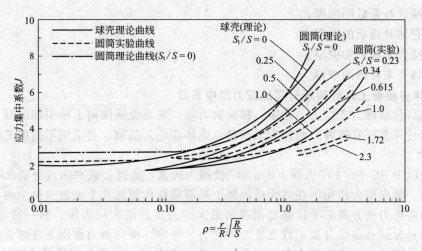

图 3-54　圆柱壳应力集中系数实验曲线与球壳应力集中系数理论曲线之比较

对于壳体的壁厚的范围是

$$30 \leqslant \frac{R}{S} \leqslant 150$$

对于内伸接管其内伸长度应等于大于 $\sqrt{2rS_t}$，否则作为平齐接管。

当 $R/S < 30$ 时，表明容器壁很厚，这时的实际应力集中系数要比由上述曲线求得的小一些；当 $R/S > 150$ 时，表明容器壁极薄，此时由于开孔造成的局部弯曲效应较大，因此实际应力集中系数要比上述确定的数值大一些。

（2）应用于补强的壳体

上述应力集中系数曲线（图 3-52～图 3-54）是未经补强的壳体开孔接管的曲线，当用于已补强的壳体时，需将由上述各曲线所得到的结果再加适当的修正，可以应用到补强壳体上。

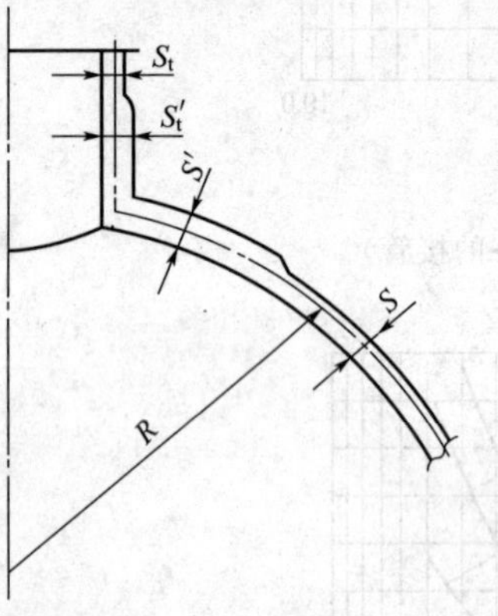

图 3-55 中，若球壳原来壁厚为 S，补强后壁厚为 S'，接管补强后的管壁厚为 S'_t，求补强后的开孔接管处的应力集中系数。先计算开孔系数 ρ，此时

$$\rho = \frac{r}{\sqrt{RS}}$$

再计算 S'_t/S' 之值。按计算所得之值查图 3-52、图 3-53 之曲线，便得到应力集中系数 J'。

此时 $\quad J' = \dfrac{\sigma_{max}}{\rho R/2S'}$

图 3-55 开孔后的补强

式中 $\rho R/2S'$ 为补强后壳体的周向薄膜应力。实际应力集中系数为最大应力 σ_{max} 与未补强壳体周向薄膜应力（$\rho R/2S$）之比值。两者之间存在下列关系

$$J = J' \frac{S}{S'}$$

这就是确定补强后实际应力集中系数的修正公式。上述各式及图中：

J——修正后的应力集中系数；

J'——未经修正的应力集中系数；

S'_t——接管补强后的壁厚；

S'——壳体补强后的壁厚；

S_t——接管未补强的壁厚；

S——球壳未补强的壁厚。

3.4.4.5 球壳接管上外载荷所引起的应力集中系数

外载荷（包括推力或拉力、弯矩、横向剪力等）在球壳或圆筒上所引起的局部应力，国内外流行的计算方法有两种，两种方法都是以壳体理论为基础，各采用不同的工程处理方法而做出。

一种是以 WRC No.107 公报、No.297 公报为代表，通过公式和曲线分别求取在推力或拉力、弯矩、横向剪力作用下在球壳或圆筒上局部载荷作用区几个关键点位上内、外壁处的应力，涉及各应力的方向后予以叠加而求出最大应力点的最大应力值；另一种是以 BS5500 为代表，通过公式和曲线分别求取在推力或拉力、弯矩、横向剪力作用下在球壳或圆筒上的应力集中系数，必要时再由应力集中系数导出最大应力值。以下介绍的是 BS5500 的应力集中系数法。

（1）推力（P'）作用下的应力集中系数

接管上所受之轴向推力，这种正作用于接管上的推力，在球壳上产生的应力为轴对称分布，同一纬线上的周向应力相等，径向应力亦然。

在这种情况下，将应力集中系数定义为

$$J_{\mathrm{p}} = \frac{\sigma_{\max}}{\dfrac{P'}{S}\sqrt{\dfrac{R}{S}}}$$

式中　P'——接管轴线方向每单位周长上的推力（N/mm），若总推力为 P 总，则 P'
　　　　$= \dfrac{P_{总}}{2\pi r}$；

　　　　r——接管的平均半径，mm；

　　　$\sigma_{\max}$——在推力作用下球体内最大应力，MPa；

　　　　R——球壳的平均半径，mm。

在推力载荷作用下，应力集中系数曲线如图 3-56 和图 3-57。其中图 3-56 适用于平齐接管；图 3-57 适用于内伸接管。

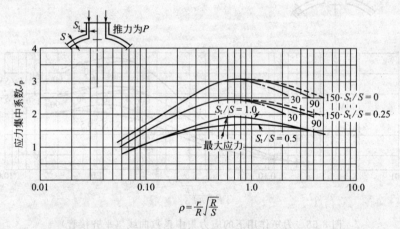

图 3-56　轴向推力作用下的应力集中系数曲线（平齐接管）

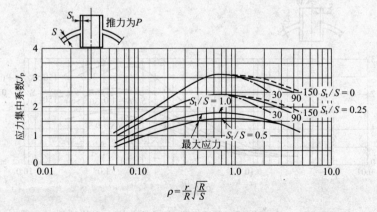

图 3-57　轴向推力作用下的应力集中系数曲线（内伸接管）

从图中可以看出，在 S_{t}/S（小于 0.25）较小的情况下，当开孔系数 $\rho = \dfrac{r}{R}\sqrt{\dfrac{R}{S}}$ 不大时，

应力集中系数 J_p 只是 ρ 的单值函数，而与 S_t/S 无关，开孔系数 ρ 较大（$\rho > 0.75$）时，则应力集中系数 J_p 与 S_t/S 有关，不同的 S_t/S 值得到不同的应力集中系数 J_p，如图中的虚线和点画线所示。

在 S_t/S 增加到 0.5 以后，上述的点画线与实线趋于一致。

（2）力矩作用下的应力集中系数

$$J_M = \frac{\sigma_{max}}{\dfrac{\overline{P}}{S}\sqrt{\dfrac{R}{S}}}$$

式中　$\overline{P}$——折算推力，N/mm，按下式计算 $\overline{P} = \dfrac{M}{\pi r^2}$；

　　　M——力矩，N·mm。

由力矩引起的应力集中系数曲线如图 3-58、图 3-59 所示。图 3-58 适用于平齐接管，图 3-59 适用于内伸接管。

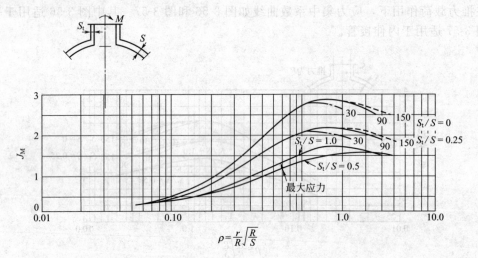

图 3-58　力矩作用下的应力集中系数曲线（平齐接管）

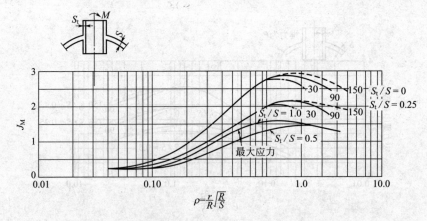

图 3-59　力矩作用下的应力集中系数曲线（内伸接管）

（3）横向力作用下应力集中系数

在横向力作用下，球体中应力分布是不对称的。

定义应力集中系数为

$$J_Q = \frac{\sigma_{max}}{\dfrac{Q}{\pi r S}}$$

式中 Q——横向力，N。

由横向力引起的应力集中系数曲线如图 3-60、图 3-61 所示。图 3-60 适用于平齐接管，图 3-61 适用于内伸接管。

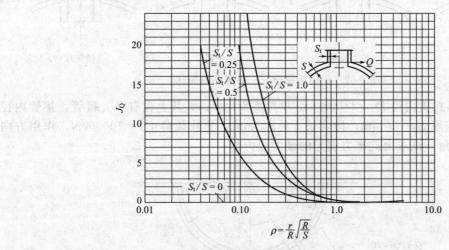

图 3-60   横向力作用下的应力集中系数曲线（平齐接管）

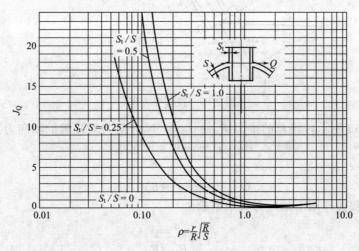

图 3-61   横向力作用下的应力集中系数曲线（内伸接管）

（4）联合载荷作用下的应力集中系数

作用在接管与壳体接合处的载荷，除了轴向推力、横向推力和力矩单独作用外，往往还有这几种载荷同时作用的情况，称为联合载荷。

在作用有联合载荷的情况下，由于各种载荷作用下的最大应力可以以不同的方向且可以位于不同的地点，所以首先要对各种载荷下所得最大应力的方向和位置进行判别，然后按矢量进行叠加。但作为估计，可以将每一载荷单独作用时所求得的最大应力值直接相加，由这一方法求得的总应力值是偏于保守的。

此外，作用在接管上的带倾斜角的一般载荷，如图 3-62(a) 所示，可以应用力系简化原理，将其简化成三种典型载荷，如图 3-62（b）所示。然后利用上述各种应力集中系数曲线分别求得各种载荷作用下的应力集中系数，进而求得各种情况下的最大应力。

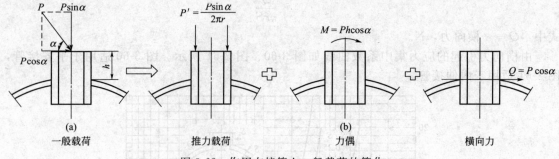

图 3-62　作用在接管上一般载荷的简化

实例：一球形封头内径 $D_i = 1400\text{mm}$，壁厚 $S = 50\text{mm}$，其上设有平齐接管，接管内径 $d_i = 100\text{mm}$，管壁厚 $S_t = 20\text{mm}$，接管长 $h = 200\text{mm}$，受外载荷 $P_a = 100000\text{N}$，作用方向对接管轴线成 60°角，试求由此推力引起的最大应力。

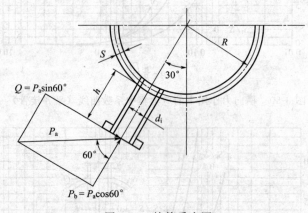

图 3-63　接管受力图

解：如图 3-63 所示，将总的推力 $P_a = 100000\text{N}$ 分解为对接管的轴向力

$$P_b = P_a\cos60° = 50000\text{N}$$

及横向力

$$Q = P_a\sin60° = 86600\text{N}$$

计算：根据推力载荷作用下的应力集中系数

$$J_p = \frac{\sigma_{max}}{\dfrac{P'}{S}\sqrt{\dfrac{R}{S}}}$$

横向力作用下的应力集中系数

$$J_Q = \frac{\sigma_{max}}{\dfrac{Q}{\pi r S}}$$

和力矩作用下的应力集中系数式

$$J_M = \frac{\sigma_{max}}{\dfrac{P}{S}\sqrt{\dfrac{R}{S}}}$$

由此确定最大应力

$$\sigma_{max1} = J_P \frac{P'}{S} \sqrt{\frac{R}{S}}$$

$$\sigma_{max2} = J_Q \frac{Q}{\pi r S}$$

$$\sigma_{max3} = J_M \frac{\overline{P}}{S} \sqrt{\frac{R}{S}}$$

为确定其数值，需要计算下列数值。

① 计算式中各项参数

$$R = \frac{D_1 + S}{2} = \frac{1400 + 50}{2} = 725 \text{mm}$$

$$r = \frac{d_i + S_t}{2} = \frac{100 + 20}{2} = 60 \text{mm}$$

$$S = 50 \text{mm}$$

$$P' = \frac{P_b}{2\pi r} = \frac{50000}{2 \times 3.14 \times 60} = 132.62 \text{N/mm}$$

$$\rho = \frac{r}{R} \sqrt{\frac{R}{S}} = \frac{60}{725} = 0.315$$

$$\frac{S_t}{S} = \frac{20}{50} = 0.4$$

② 由应力集中系数曲线确定 J_P、J_Q 及 J_M

轴向推力作用于平齐接管，由图 3-56，当 $\rho = 0.315$，$\frac{S_t}{S} = 0.4$ 时，求得 $J_P = 2.2$。

横向力作用于平齐接管，由图 3-60，当 $\rho = 0.315$，$S_t/S = 0.4$ 时，求得 $J_Q = 2.12$。

力矩作用于平齐接管，由图 3-58，当 $\rho = 0.315$，$\frac{S_t}{S} = 0.4$ 时，求得 $J_M = 0.9$。

③ 计算最大应力。根据上述数据，分别计算出轴向推力、横向力和力矩作用的最大应力。

轴向推力

$$\sigma_{max1} = J_P \frac{P'}{S} \sqrt{\frac{R}{S}} = 2.2 \frac{132.7}{50} \sqrt{\frac{725}{50}} = 22.2 \text{MPa}$$

横向力：

$$\sigma_{max2} = J_Q \frac{Q}{\pi r S} = 2.12 \frac{86600}{3.14 \times 60 \times 50} = 19.5 \text{MPa}$$

力矩

$$\sigma_{max3} = J_M \frac{\overline{P}}{S} \sqrt{\frac{R}{S}}$$

其中：$\overline{P} = \frac{M}{\pi r^2} = \frac{Qh}{\pi r^2} = \frac{86600 \times 200}{3.14 \times 60^2} = 1532.2 \text{N/mm}$

$$\sigma_{max3} = 0.9 \frac{1532.2}{50} \sqrt{\frac{725}{50}} = 105 \text{MPa}$$

$$\sum \sigma_{max} = \sigma_{max1} + \sigma_{max2} + \sigma_{max3} = 22.2 + 19.5 + 105 = 146.7 \text{MPa}$$

由于各种载荷所引起的最大应力值方向和位置可能不相一致，这一结果是偏于保守的。

3.4.4.6 孔补强的结构设计

对高压容器开孔补强，采用整体补强元件的全焊透补强结构较好。当前，常见的整体补强元件，有以下几种形式：内加强式，将补强金属加在接管内侧或壳体内侧，如图 3-64 所示；外加强式，补强金属加在接管外侧或壳体外侧，如图 3-65 所示；外加强的内伸式，接管伸入容器的内部，接管的内伸与外伸部分均起补强作用，如图 3-66 所示；密集补强式，将补强金属集中地加在接管与壳体的连接处，如图 3-67 所示。

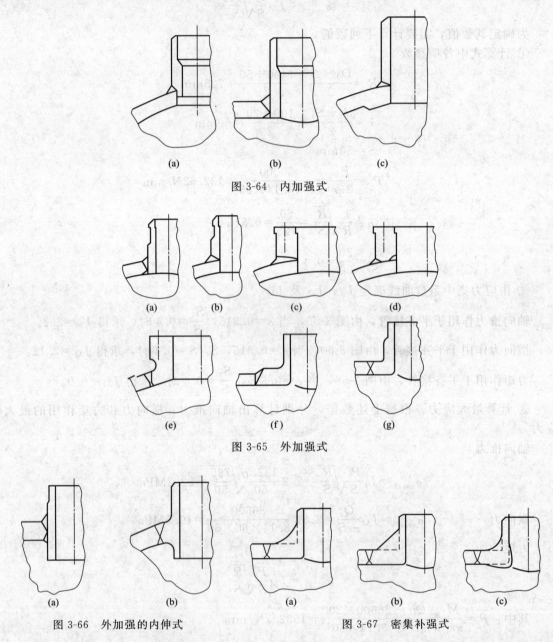

图 3-64　内加强式

图 3-65　外加强式

图 3-66　外加强的内伸式　　　　　图 3-67　密集补强式

从强度的应力分析看，密集补强最好；内外加强的内伸式次之；内加强第三；外加强第四。

从制造加工来看，密集补强虽好，但必须将接管根部与壳体连接处做成一整体结构，给制造加工带来一定困难，容器和开孔直径越大，加工也就越困难。内外加强的内伸式，如图

3-66 所示：内伸角接式［图 3-66(a)］，补强元件可用厚壁管，比较简单，但连接处的内侧焊缝难以焊好，容器的开孔越小，焊接越困难；内伸对接式［图 3-66(b)］，方便焊接，但是需要锻造加工。内加强式（见图 3-64），受力虽比外加强好，但加工比较麻烦，加强接管内截面变小，还会影响工艺操作，一般少用。外加强对接式，如图 3-65(e)、(f)、(g)，受力情况也是比较好的，其对接焊缝也便于检查，可是，补强元件制造困难一些。外加强平接式，如图 3-65(a)、(b)、(c)、(d)，补强元件的形状简单，制造加工方便，应用较多。其中图 3-65(d) 所示结构是对图 3-65(c) 所示结构的一种改良形式，它将原来的一个大环焊缝变为两个较小的内外环缝，可以节省焊接材料，减少热量输入。但是，在不便检查的情况下，将两条焊缝的根部焊透，避免产生缺陷，对焊接要求补强元件制造困难苛刻。

（1）单层容器的开孔补强结构

适合于单层高压容器开孔补强的元件和结构，如图 3-68(a)、(b) 所示两种形式。图 3-69 为厚壁管补强元件及大凸缘补强元件在大型氨合成塔上的应用。图 3-70 所示球体上轴向开孔，采用内伸式整体补强锻造元件。图 3-71 为球形壳体上人孔凸缘座的结构。此结构适用于较大的凸缘。可减少焊缝金属量，内外对称焊接受力较均衡。但是对焊缝质量要求更高。

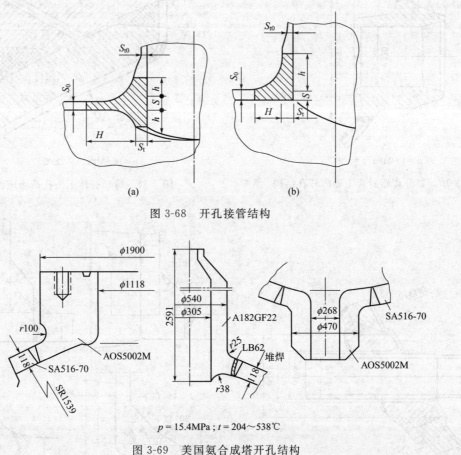

图 3-68　开孔接管结构

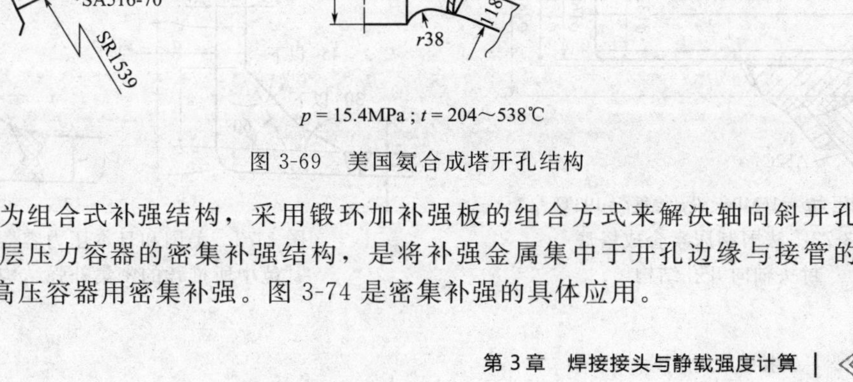

$p = 15.4\text{MPa}\,;\ t = 204\sim538\,^{\circ}\text{C}$

图 3-69　美国氨合成塔开孔结构

图 3-72 为组合式补强结构，采用锻环加补强板的组合方式来解决轴向斜开孔的补强。图 3-73 为单层压力容器的密集补强结构，是将补强金属集中于开孔边缘与接管的转角处。一般重要的高压容器用密集补强。图 3-74 是密集补强的具体应用。

（2）多层压力容器开孔补强结构

图 3-75 所示的开孔补强结构是采用属于密集补强和厚壁管加强的形式。图 3-76 是厚壁管式补强元件在多层筒体上的应用。

（3）绕制容器开孔补强

图 3-77 是扁平钢带高压容器筒体的开孔补强结构。开孔前，将开孔区绕带逐层焊死，形成整体后开孔，用厚壁管全焊透整体补强，已应用于中小氮肥厂的高压容器。图 3-78 为两种绕带容器筒壁开孔补强结构，图 3-78（a）为接管外径（33mm）小于带宽（78mm×8mm）的补强结构。图 3-78（b）允许接管外径大于带宽的较新型的补强接管结构。此种容器开孔之前，需在绕制钢制过程中，先将附近周围各层钢带逐层焊死，使开孔区域焊成一整体，然后再开孔。接管一端带凸缘，与内筒间采用密封焊连接。钢带外层需套一加强箍圈。此种开孔补强结构使用效果良好。

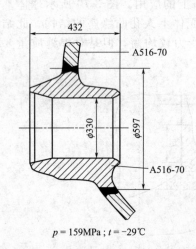

$p = 159\text{MPa}$；$t = -29℃$

图 3-70　氨分离器封头上轴向开孔结构

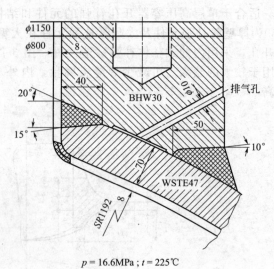

$p = 16.6\text{MPa}$；$t = 225℃$

图 3-71　球形壳体上人孔凸缘座结构

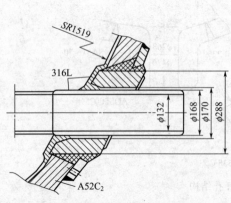

设计压力 $p = 16\text{MPa}$；设计温度 $t = 193℃$

图 3-72　法国制尿素合成塔底
封头轴向开孔结构

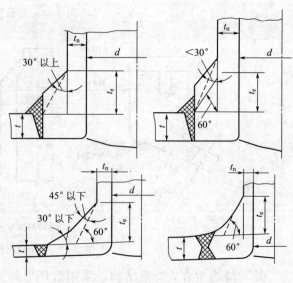

图 3-73　美国和日本压力容器规
范中所推荐的密集补强结构

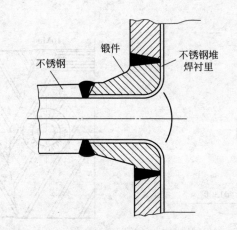

图 3-74 美国原子能压力容器筒体开孔结构

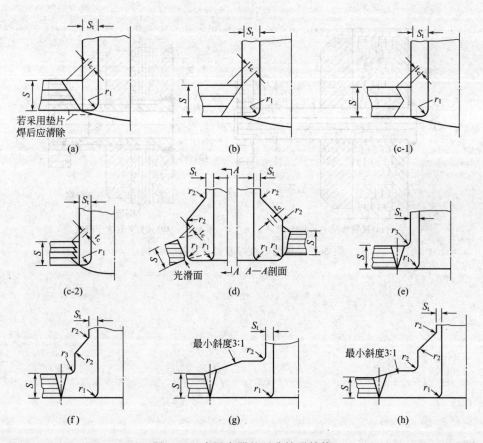

图 3-75 多层容器的开孔补强结构

S_t—接管的壁厚，mm；S—多层筒体的壁厚，mm；

t_c—不小于 6mm，或是 18mm 与 S_t 中的较小值；

r_1—取 S_t 与 18mm 中的较小值，mm；r_2—不小于 6mm；$r_3 = r_1$

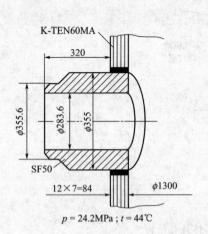

图 3-76　日本制造氨冷却器多层
筒体大开孔结构

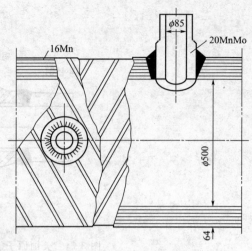

图 3-77　扁平钢带容器开孔
试验结构

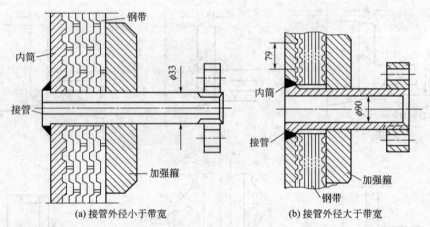

(a) 接管外径小于带宽　　　(b) 接管外径大于带宽

图 3-78　德国的绕带容器开孔补强结构

第 **4** 章 | 焊接工程接头断裂

4.1 焊接工程脆性断裂事故及其特征

自从焊接工程结构广泛应用以来，许多国家都发生过一些焊接工程结构的脆性断裂事故。虽然发生脆性断裂事故的焊接工程结构数量较少，但其后果是严重的，甚至是灾难性的。所以脆性断裂引起了世界范围有关人员的高度重视。目前脆性断裂事故已趋于减少，但并未杜绝。1972 年 1 月美国建造的大型轮船，船长 189m，建成 9 个月后在纽约的杰弗逊港断成两截并沉没；1992 年 1 月 26 日我国黑龙江省某糖厂的糖蜜罐的罐体突然破裂等就是最好的例证。

在许多严重的事故中，最为典型的事例是 1938 年 3 月 14 日比利时阿尔拜特运河上 Hesselt 桥的断塌事故。这座桥是用比利时生产的 St-42 转炉钢焊制成的，其跨度为 74.52m，仅使用了 14 个月，就在桥上仅有一辆电车和一些行人的载荷作用下发生了断塌。事故发生时气温为 −20℃，仅仅 6min 桥身就突然断为三截。1940 年 1 月 19 日和 25 日该运河上另外两座桥梁又发生了局部脆性断裂。从 1938—1940 年在所建造的 50 座桥梁，共有 10 余座桥梁出现了脆性断裂事故。另外在加拿大、法国等其他国家也都曾发生过类似的桥梁脆性断裂事故。

1946 年，美国海军部发表资料表明，在第二次世界大战期间，美国制造的 4694 艘船中，在 970 艘船上发现有 1442 处裂纹，这些裂纹多出现在万吨级的"自由型"货轮上，其中 24 艘甲板横断，一艘船舶的船底发生完全断裂。另有 8 艘从中腰断为两截，其中 4 艘沉没。值得提出的是，Schenectady 号 T-2 型油轮，该船是 1942 年 10 月建成，在 1943 年 1 月 16 日在码头停泊时发生突然断裂事故。当时海面平静，天气温和，其甲板的计算应力只有 70MPa。

在 1944 年前后，发生了多起球形和圆筒形容器的脆性断裂事故。如 1944 年 10 月 22 日美国俄亥俄州克利夫兰煤气公司液化天然气储藏基地装有 3 台内径为 17.4m 的球罐和 1 台直径为 21.3m、高为 12.8m 的圆筒形储罐，这些罐的内层用质量分数为 3.5% 的 Ni 钢制成。事故是由圆筒储罐引起的。首先在筒形罐 1/3~1/2 高处开裂并喷出气体和液体，接着起火，然后储罐爆炸，20min 后 1 台球罐因底脚过热而倒塌爆炸，造成 128 人死亡，损失 680 万美元。另一起事故发生在 1971 年西班牙马德里，有一台 5000mm³ 球形煤气储罐，在水压试验时三处开裂而破坏，死伤 15 人。

1979 年 12 月吉林液化石油气厂的球罐爆炸事故，是一台 400m³ 球罐在上温带与赤道带的环缝熔合区破裂并迅速扩展为 13.5m 的大裂口，液化石油气冲出形成了巨大的气团，遇到明火引燃，其附近的球罐被加热，4h 后发生爆炸，一块 20t 重的碎片飞出并打在另一台 400mm³ 的球罐上，导致了连锁性爆炸，使整个罐区成为一片火海。焊接工程典型脆性断裂事故的案例见表4-1。

表 4-1 焊接工程典型脆性断裂事故的案例

事故发生时间	事故发生地点	事故简况及原因
1919 年	美国马萨诸塞州波士顿	制糖容器(铆接)高 14m,直径 30m。人孔处开始,安全系数不足,强度不足,可看到典型指向裂纹源的人字纹
1944 年	美国俄亥俄州	圆筒形压力容器(直径 24m,高 13m 双层容器,内层用质量分数为 3.5% 的 Ni 钢制成),选材不当,低温脆性断裂
1962 年	法国	原子能电站压力容器。由厚 100mm 的锰钼钢焊制,环焊缝热影响区出现严重裂纹,沿母材扩展
1965 年	英国	储氨罐,用厚度为 150mm 的 Mn-Cr-Mo-V 钢板和锻钢制造,从一侧的 10mm 三角形裂纹处引起破坏,应力退火温度控制不好,造成脆化及锻钢件偏析带
1968 年	日本德山	圆筒形大型石油储罐,用厚 12mm 的 600MPa 级强度钢焊制。在环形板与罐壁拐角处的底角部有 13m 长的裂纹,使大量油溢出
1975 年	中国岳阳	容积为 1000m³ 的球罐,用厚 34mm 的 15MnVR 钢焊制。制造时存有较大角变形、错边、咬边。一半焊缝采用酸性焊条焊接,造成焊缝和热影响区塑性很差,在超载情况下爆炸
1979 年	中国吉林	400m³ 石油液化气储罐(球罐),用厚 28mm 的 15MnVR 钢焊制,北温带与赤道带的环缝熔合线开裂,迅速扩展至 13.5m,液化石油气冲出至明火处引起爆炸

根据对脆性断裂事故调查研究的结果,发现它们都具有如下特征:

① 断裂一般都在没有显著塑性变形的情况下发生,具有突然破坏的性质。

② 破坏一经发生,瞬时就能扩展到结构大部或全体,因此脆性断裂不易发现和预防。

③ 结构在破坏时的应力远远小于结构设计的许用应力。

④ 通常在较低温度下发生。

焊接工程结构的特点决定了它的脆性断裂可能性比铆接结构大。由于焊接工程结构的应用范围很广,虽然发生的脆性断裂事故不算太多,但损失很大,有时甚至是灾难性的,所以研究脆性断裂问题对于保证焊接工程结构的可靠工作、推广焊接工程结构的应用范围是有着重大意义的。特别是随着焊接工程结构向大型化、高强化、深冷方向的发展,对于进一步研究焊接工程结构的脆性断裂问题就显得更为迫切、更为重要了。

4.2 金属材料脆性断裂

断裂是指金属材料受力后局部变形量超过一定限度时,原子间的结合力受到破坏,从而萌生微裂纹,继而发生扩展使金属断开。其断裂表面的外观形貌称为断口,它记录着有关断裂过程的许多信息。多晶体金属材料的断裂途径,可以是穿晶或沿晶断裂及混晶断裂。

4.2.1 脆性断口宏观形貌特征

零件发生脆性断裂后可断裂成两块或多块;断裂后的残片能很好地拼凑复原,断口能很好地吻合,在断口附近没有宏观的塑性变形迹象;脆断时承受的工作应力很低,一般低于材料的屈服强度,因此,人们把脆性断裂又称为"低应力脆性断裂";脆断的裂纹源总是从内部的宏观缺陷处开始;温度越低,脆断倾向越大;脆断断口宏观上平直,断面与正应力垂直,断口宏观上比较平齐光亮,常呈放射状、人字纹或结晶状。脆性断口主要是指解理断口、准解理断口和冰糖状晶界断口;脆性断裂主要在发生体心立方和密排六方金属材料中。

（1）解理断口

脆性断裂宏观形貌具有两个明显的特征。其一是解理断口上的结晶面在宏观上呈无规则取向，当断口在强光下转动时，可见到闪闪发亮的小晶面，像存在许多分镜面似的，一般称这些发光的小平面为"小刻面"，即解理断口是由许多"小刻面"所组成的，断口呈结晶状，但看不到放射花样。根据这个宏观形貌特征，很容易判别解理断口。如冷脆金属的低温脆断即为解理断裂。其二，脆性解理断口有时还具有另一种特殊的宏观形貌特征，呈现出裂纹急速扩展形成的放射状撕裂棱形，即所谓人字形花样、山形条纹或松枝状花样等，见图4-1和图4-2。人字条纹、山形条纹和松枝状花样的交点均指向裂纹源。

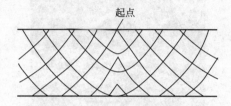

图4-1　锅炉钢板的解理断口

图4-2　爆炸破坏筒断口上出现的人字形花样

（2）准解理断口

在某些脆性断口上，通过电子显微镜可看到解理断裂的特征形貌，同时又伴随着有一定的塑性变形痕迹，这种断口称为准解理断口。断口中塑性变形痕迹所占比例就是划分解理与准解理的大致依据。准解理断口呈结晶状或细瓷状，断口齐平、呈亮灰色，有强烈的金属光泽和明显的结晶颗粒或类似细瓷碎片的断口。

（3）晶界脆性断口

晶界脆性断口包括回火脆性断口、氢脆断口、应力腐蚀断口、淬裂断口，由脆性析出相在晶界上的析出而形成的晶界断口等。晶界脆性断口宏观形貌的基本特征为小刻面状或粗瓷状；断裂前没有明显塑性变形，断口附近没有颈缩现象；断口一般与正应力垂直，断口表面平齐，边缘没有剪切唇。断口的颜色较灰暗（但比韧性断口要亮），且呈规则的粗糙表面，有时也呈现出晶粒的外形。

对一些具有极粗大晶粒的材料，其沿晶断裂的宏观断口呈"冰糖状"特征，如极粗大晶粒的钛合金冲击断口（图4-3）；当晶粒很细小时，则肉眼无法辨别出冰糖状形貌，此时，断口一般呈结晶状，断口也较粗糙。

图4-3　合金冲断冰糖葫芦断口

焊接工程结构在低温、高应变速率、应力集中及粗大晶粒的条件下，都可能产生解理断裂。因为解理的存在取决于晶体结构，并且它沿着十分确定的原子面扩展，所以，宏观观察解理断口是十分平滑的，相邻的区域没有塑性变形，而在电镜下观察每一个解理小刻面，发现这些小刻面并不是一个单一的解理面。

4.2.2　脆性断口微观形貌特征

（1）解理断口

解理是指金属材料沿某些晶体晶系面开裂的现象，属穿晶断裂。解理断口的微观特征常呈河流状花样、扇形花样和舌形花样等，图 4-4 和图 4-5 分别为解理断口河流状花样和解理断口舌形花样的微观特征。

图 4-4　河流状花样微观断口

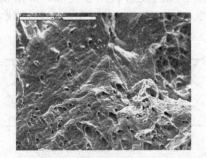

图 4-5　舌形花样微观断口

舌形花样因在电子显微镜下观察类似人的舌头而得名。在体心立方金属中，在主解理面 {100} 上扩展的裂纹与孪晶面 {112} 相遇时，裂纹在孪晶处沿 {112} 面产生二次解理（即二次裂纹），而孪晶以外的裂纹仍沿 {100} 扩展，二次裂纹沿孪晶面扩展，超过孪晶再沿 {100} 面继续扩展。因此，获得形似舌头的特征花样。

解理断裂为一种在正应力作用下所产生的穿晶断裂，通常沿特定的晶面即解理面分离。解理断裂多见于体心立方、密集六方金属和合金中（在钢中，一般 100 面为解理面），面心立方晶体很少发生解理断裂，只有在特殊的情况下，面心立方金属如 Al 等才能发生解理断裂。

有关解理裂纹的形成和扩展已提出许多模型，它们大多与位错理论相联系，如甄纳（Ner）等位错塞积理论、柯垂尔（CottreUll）位错反应理论等。一种广为人们接受的观点是：当材料的塑性变形过程严重受阻（例如低温、高应变速率及高应力集中情况下），材料不易发生变形被迫从特定的结晶学平面（解理面）发生分离的断裂。金属中的夹杂物、脆性析出物和其他缺陷对解理裂纹的产生亦有重要影响。

解理裂纹扩展所消耗的能量较小，其扩展速度 v 往往与在该介质中的纵向声波速度 C_0 相当。例如，对于钢来说，$C_0 = 5020 \mathrm{m/s}$，观测到的 v/C_0 值为 $0.13 \sim 0.32$ 范围，因此往往造成脆性断裂构件的瞬时整体破坏。

（2）准解理断口

这种断口常出现在淬火回火的高强度钢中，有时也出现在贝氏体组织的钢中。焊接工程结构氢致裂纹而诱发的脆性断裂，其断口的形貌常以准解理断裂为特征。在断口上常见到许多不连续的解理面，并在局部形成孤立的裂纹进行扩展。

准解理与解理断口的区别在于准解理裂纹多萌生于晶粒内部的空洞、夹杂物、硬质点处，而解理裂纹则萌生在晶粒的边界或相界面上；裂纹传播的路径不同，准解理是裂纹向四周扩展，裂纹的扩展从解理台阶逐渐过渡向撕裂棱，相对于解理裂纹要不连续得多，而且多是局部扩展。解理裂纹是由晶界向晶内定向扩展，表现出河流走向；准解理小刻面不是晶体学解理面。调质钢的准解理小刻面的尺寸比回火马氏体的尺寸要大得多，与原奥氏体晶粒尺寸相近。解理与准解理断裂的区别见表 4-2。

表 4-2　解理与准解理断裂的区别

名称	解　理	准　解　理
形核位置	晶界或其他界面	夹杂、空洞、硬质点、晶内
扩展面	标准解理面	不连续、局部扩展、碳化物及质点影响路径、非标准解理面
连接	二次解理面解理、撕裂棱	撕裂棱、韧窝
断口形态尺寸	以晶粒为大小，解理平面	原奥氏体晶粒大小，呈凹盆状

（3）沿晶断口

沿晶断口是指金属材料沿晶粒边界所形成的断口。在晶界上一般存在夹杂、偏析和析出脆性相聚集、焊接热裂纹、蠕变裂纹、应力腐蚀等。焊接工程结构氢致裂纹常出现沿晶断裂。断口的微观特征是晶界面上相当平滑，整个断面上多面体感很强，没有明显塑性变形，具有晶界刻面（小平面）的"冰糖状"断口形貌，冰糖块状恰好反映出晶粒这种多面体的特征。

（4）混晶断裂

在多晶体金属材料的断裂过程中，裂纹的扩展既有穿晶型、也有晶间型的混晶断裂。如马氏体或回火马氏体材料的瞬间断裂便属于这种类型。

4.2.3　影响金属材料脆性断裂的主要因素

同一种材料在不同条件下可以显示出不同的破坏形式，研究表明，最重要的影响因素是温度、应力状态和加载速度等。这就是说，在一定温度、应力状态和加载速度下，材料呈脆性破坏，而在另外的温度、应力状态和加载速度条件下材料又可能呈现延性破坏。

4.2.3.1　应力状态的影响

物体在受外载时，不同的截面上产生不同的正应力和切应力。在主平面作用最大正应力，与主平面成45°角的平面上作用有最大切应力。实验证明，许多材料处于单向或双向拉应力时，呈现塑性；塑性变形主要是由于金属晶体内沿滑移面发生滑移，引起滑移的力学因素是切应力。金属材料受外力作用时，在不同的截面上会产生不同的拉应力和切应力。切应力促进塑性变形，是位错移动的推动力，而拉应力则只促进脆性裂纹的扩展。当零件存在缺陷（如尖锐缺口、刀痕、预存裂纹、疲劳裂纹等）、应力集中，同时在拉伸应力的作用下，即在缺陷根部产生三轴拉应力。当处于三向拉应力时，不易发生塑性断裂而呈现脆性。

在实际结构中，三向应力可能由三向载荷产生，但更多的情况下是由于结构的几何不连续性引起的。虽然整个结构处于单向或双向拉应力状态下，但其局部地区由于设计不佳、工艺不当，往往出现了局部三向应力状态的缺口效应，图4-6表示了构件受均匀拉应力时，其中一个缺口根部出现高值的应力和应变集中情况，缺口越深越尖，其局部应力和应变也越大。

在受力过程中，缺口根部材料的伸长，必然要引起此材料沿宽度和厚度方向的收缩，但由于缺口尖端以外的材料受到的应力较小，它们将引起较小的横向收缩，由于横向收缩不均匀，缺口根部横向收缩受阻，结果产生横向和厚度方向的拉应力 σ_x 和 σ_z，导致缺口根部形成了三向应力状态。同时，研究也表明，在三

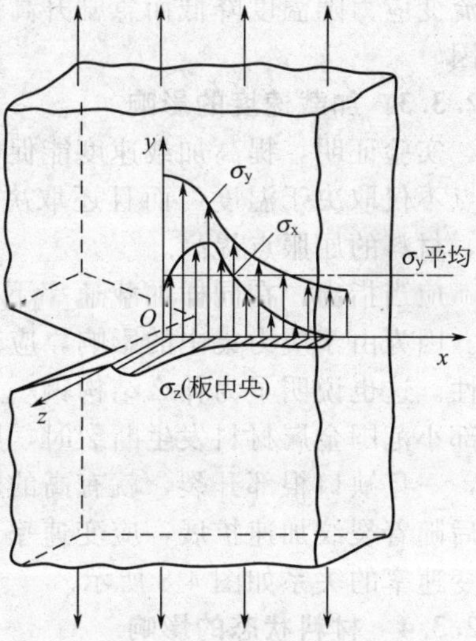

图 4-6　缺口根部应力分布示意

向应力情况下，材料的屈服点较单向应力时提高，即缺口根部材料的屈服点提高，从而使该处材料变脆，因此脆性断裂事故多起源于具有严重应力集中效应的缺口处。而在试验中也只有引入这样的缺口才能产生脆性行为。

在三轴拉伸时，最大应力超出单轴拉伸时的屈服应力，极易导致脆性断裂。因此，应力集中的作用以及除载荷作用方向以外的拉应力分量是造成金属零件在静态低负荷下产生脆性断裂的重要原因。材料的应力状态越严重，则发生解理断裂的倾向性越大。

4.2.3.2 温度的影响

任何金属材料都有两个强度指标即屈服点和抗拉强度。抗拉强度 σ_b 随温度变化很小，而屈服点 σ_s 却对温度变化十分敏感。通常，金属在高温时，具有良好的变形能力，当温度降低时，其变形能力就减小，金属这种低温脆化的性质称为"低温脆性"。随温度的降低金属材料的屈服应力和断裂应力而增加，韧性和韧度下降，解理应力也随着下降。温度降低，屈服点急剧升高，故两曲线相交于一点，交点对应的温度为 T_k（见图 4-7）当温度高于 T_k 时，若 $\sigma_b > \sigma_s$ 对于无缺口试件承受单轴拉伸时，先屈服再断裂，为延性断裂，即此时材料处于塑性状态；当温度低于 T_k，若对材料加载，在破断前只发生弹性变形，不产生塑性变形，故材料呈现脆性断裂，即此时材料处于脆性状态。

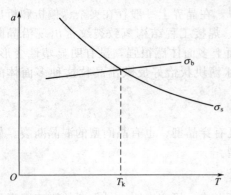

图 4-7　σ_s 和 σ_b 随温度变化示意图

从一个状态向另一个状态转变的温度 T_k 称为韧脆转变温度。在其他条件相同时，T_k 越低，则材料处于延性状态的温度范围越广。反之，一切促成 T_k 升高的因素，均将缩小材料塑性状态的范围，增大材料产生脆性断裂的趋势。因此 T_k 是衡量材料抗脆性破坏的重要参数。

对某些体心立方金属及合金，由于位错中心区螺位错非共面扩展为三叶位错或两叶位错，特别是在低温下，这种结构的螺位错难以交滑移，使得派-纳力（在理想晶体中克服点阵阻力移动单位位错所需的临界切应力）随温度的降低迅速升高，这是这类材料的屈服强度或流变应力随温度降低而急剧升高即对温度产生强烈依赖关系，并因此导致材料脆化的主要原因。

4.2.3.3 加载速度的影响

实验证明，提高加载速度能促使钢材脆性破坏，其作用相当于降低温度。原因是钢的屈服点不仅取决于温度，而且还取决于加载速度或应变速率。换言之，即随着应变速率的提高，材料的屈服点提高。

应当指出，在同样加载速率下，当结构中有缺口时，应变速率可呈现出加倍的不利影响。因为由于应力集中的影响，应变速率比无缺口结构高得多，从而大大降低了材料的局部塑性。这也说明了为什么结构钢一旦产生脆性断裂，就很容易产生扩展现象。因为，当缺口根部小范围金属材料发生断裂时，则在新裂纹尖端处立即受到高应力和高应变的载荷。换言之，一旦缺口根部开裂，就有高的应变速率，而不管其原始加载条件是动载的还是静载的，此后随着裂纹加速扩展，应变速率更急剧增加，致使结构最后破坏。延性-脆性转变温度与应变速率的关系如图 4-8 所示。

4.2.3.4 材料状态的影响

① 化学成分的影响　钢中的碳、氮、氧、硫、磷均增加钢的脆性。图 4-9 表示了含碳

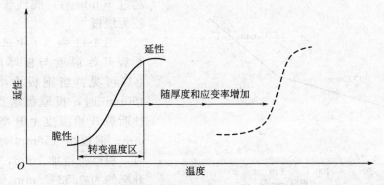

图 4-8　延性-脆性转变温度与应变速率的关系

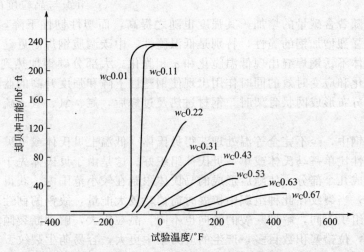

图 4-9　含碳量对钢的韧脆转变温度的影响

1 lbf·ft=1.356N·m；1°F=5/9K

量对钢的韧脆转变温度的影响。

合金元素锰、镍可以改善钢的脆性，降低韧脆转变温度，钒、钛元素在加入量适当时，也有助于减少钢的脆性。图 4-10 表示了合金元素对钢的韧脆转变温度的影响。

当焊缝中存在气孔、非金属夹杂、偏析、组织粗大及焊接裂纹时，这些缺陷的焊缝往往成为工作时的潜在断裂源。

② 冶金因素的影响　一般说来，生产薄板时压延量大，轧制终了温度较低，组织细密；相反，厚板轧制次数较少，终轧温度较高，组织疏松，内外层均匀性较差。

有人把厚度方向为 45mm 的钢板，通过加工制成板厚为 10mm、20mm、30mm、40mm 厚的试件，研究不同板厚所造成的不同应力状态对脆性破坏的影响，发现当 40mm 长度裂纹时，施加应力等于 $\sigma_s/2$ 的条

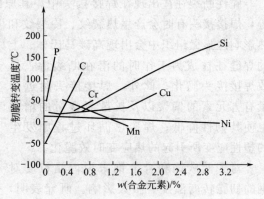

图 4-10　合金元素对钢的韧脆转变温度的影响

件下，当板厚小于 30mm 时，发生脆性断裂的转变温度随板厚增加而直线上升；而当板厚

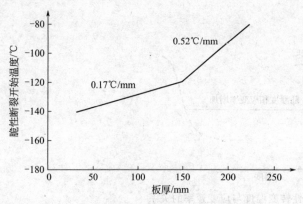

图 4-11 脆性断裂开始温度与板厚的关系

超过 30mm 后，脆性转变温度增加得较为缓慢。

图 4-11 表示了由试验测得的脆性断裂开始温度与板厚的关系。由图 4-11 可见：当钢板由 50mm 增加到 150mm 时，板厚每增加 1mm，其脆性断裂开始温度上升率约为 0.17℃/mm；钢板由 150mm 增加到 200mm 时，板厚每增加 1mm，其开始温度上升率约为 0.52℃/mm。这表明，钢板越厚，其低温脆性倾向越显著。

③ 组织与晶粒度的影响　低碳钢或低合金钢中，随着含碳量的增加，其强度也随之提高，而塑性韧性下降，钢的脆性增加。此外，元素磷可强烈增加钢的脆性，特别是低温脆性。中碳调质钢焊后近缝区出现硬脆的马氏体组织，奥氏体不锈钢焊缝出现低温脆化和 σ 相脆化。大部分碳钢加热到约 300℃冷加工时，由于加工硬化和应变时效的同时作用出现使钢塑性下降和强度升高的蓝脆现象。渗碳层中渗碳体沿晶界分布形成网状骨架时，钢材过热及过烧后，氮、氧、氢、硫等元素都会增大钢材的脆性等。

在低碳合金钢中，经不完全等温处理获得贝氏体（低温上贝氏体或下贝氏体）和马氏体混合组织，其韧性比单一马氏体或单一贝氏体组织好。这是由于贝氏体先于马氏体形成，奥氏体晶粒被分割成几个部分，使随后形成的马氏体限制在较小范围内，获得了组织单元极为细小的混合组织，当裂纹在此种组织中扩展时需消耗较大能量，故钢的韧性较高。

钢中的显微组织不同，解理断裂的倾向也不同。晶粒粗大，解理断裂倾向增大，因为粗晶粒滑移距离长，位错塞积数目多，产生的应力集中更大，容易萌生裂纹。奥氏体高温转变产物中的片状珠光体和上贝氏体的冲击韧性值低于下贝氏体和回火马氏体，就是因为在原奥氏体晶粒内珠光体或上贝氏体中，铁素体的解理面的取向近于一致，有利于解理断裂；而下贝氏体或回火马氏体针叶中的铁素体的取向不一，它们的晶界即成为解理裂纹扩展的障碍。在腐蚀气氛环境中，活性介质的吸附等也有利于解理断裂发生。如氢脆大多为解理断裂或晶间断裂。

脆性断裂往往出现在焊接接头中。其原因是当焊接工艺选择不合适、操作技能不熟练等，焊接接头有时会产生热裂纹、冷裂纹和再热裂纹；焊接是不平衡加热和冷却的过程，在热影响区显微组织中会出现高碳马氏体、上贝氏体、粗大晶粒，甚至魏氏组织等。这些缺陷的焊缝往往成为工作时的潜在断裂源，导致焊接接头脆化；此外，焊接接头附近微量有害元素的偏聚以及扩散氢含量的增加也使其韧性降低；焊接热循环过程中发生的塑性应变所引起的热应变时效脆化。

对于低碳钢和合金钢来说，晶粒度对钢的韧脆转变温度有很大影响。研究表明，铁素体晶粒直径和韧脆转变温度之间呈线形关系，即晶粒直径越小其转变温度越低，如图 4-12 所示。

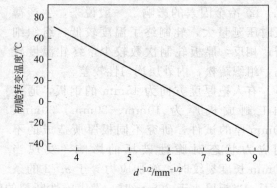

图 4-12 韧脆转变温度和铁素体晶粒直径的关系

4.2.4 影响焊接工程脆性断裂的主要因素

焊接结构脆性断裂事故的发生，除了由于材料选用不当之外，结构的设计和制造不合理也是发生脆性断裂的重要原因。从国际焊接学会第十委员会发起的对脆性破坏事故的调查资料中分析可见，在 60 个脆性破坏事故的实例中，有 11 例是由于设计不佳所致，9 例是由于焊接缺陷所致，可见焊接结构的设计和制造在脆性断裂事故中的重要性。

在设计中尽量避免和降低应力集中，并在制造过程中加强管理和检查，防止工艺缺陷，是减少和消除脆性破坏事故的重要措施。

4.2.4.1 焊接工程结构比铆接结构刚度大

焊接为刚性连接，连接构件不能产生相对位移。而铆接则由于接头有一定相对位移的可能性，而使其刚度相对降低，在工作条件下，足以减少因偶然载荷而产生附加应力的危险，在焊接结构中，由于在设计时没有考虑到这一因素，往往能引起较大的附加应力，特别是温度降低而材料的塑性变坏时，这些附加应力常常会造成结构的脆性破坏。

例如 1947 年 12 月，在苏联曾发生了几个 4500m³ 储油器的局部脆性断裂事故。研究结果认为温度不均所造成的附加应力是这些储油器破坏的重要原因。当大气温度下降到 $-42\,^\circ\!C$ 后，一方面由于材料本身的塑性降低，另一方面由于容器的内外温度不同，底部和筒身的温度不一样，筒身的向风面与背风面的温度也有差别，在筒身就形成了复杂的附加应力场，因而造成结构的破坏。

另外，焊接结构比铆接结构刚度大，所以对应力集中特别敏感，如果设计中采用了应力集中系数很高的搭接接头，或采用了骤然变化的截面，当温度降低时，结构就有发生脆性断裂的危险。

4.2.4.2 焊接工程结构具有整体性

这一特点为设计制造合理的结构提供了广泛的可能性，因此整体性强是焊接结构的优点之一，但是如果设计不当，或制造不良，这一优点反而可能增加焊接结构脆性断裂的危险。

因为由于焊接工程结构的整体性，它将给裂纹的扩展创造十分有利的条件。当焊接结构工作时，一旦有不稳定的脆性裂纹出现，就有可能穿越接头扩展至结构整体，而使结构整体破坏。而对铆接结构来说，当出现不稳定的脆性裂纹后，只要扩展到接头处，就可自然止住，因而避免了更大灾难的出现。因此在某些大型焊接结构中，有时仍保留少量的铆接接头，其道理就在于此。例如在一些船体中，甲板与舷侧顶列板的连接就是这样处理的。

4.2.4.3 焊接接头金相组织对脆性断裂的影响

焊接过程是一个不均匀的加热过程，在快速加热和冷却的条件下，使焊缝和近缝区发生了一系列金相组织的变化，因而就相应地改变了接头部位的缺口韧性。图 4-13 为某碳-锰钢焊接接头不同部位的 COD 试验结果。由图 4-13 可见，该接头的焊缝和热影响区具有比母材高的转变温度，因而，它们成为焊接接头的薄弱环节。

热影响区的显微组织主要取决于钢材的原始显微组织、材料的化学成分、焊接方法和焊接热输入。当焊接方法和钢种选定后，热影响区的组织主要取决于焊接参数即焊接热输入。因此，合理选择焊接热输入是十分重要的，尤其对高强度钢更是如此。实践证明，对于高强度钢，过小的焊接热输入易造成淬硬组织而引起裂纹，过大的焊接热输入又易造成晶粒粗大和脆化，降低其韧性。图 4-14 示出了不同焊接热输入对某碳-锰热影响区冲击韧度的影响。随着焊接热输入的增加，该区的韧-脆转变温度相应地提高，从而增加了脆性断裂的危险性。在这种情况下，可以采用多层焊，以适当的焊接参数焊接，来减小焊接热输入，获得满意的韧性。

4.2.4.4 焊接应力对脆性断裂的影响

焊接过程存在不均匀的热场，因而冷却后在结构中必然产生焊接残余应力。根据日本的

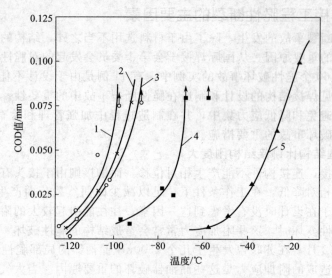

图 4-13　某碳-锰钢焊接接头不同部位的 COD 试验结果

1—母材；2—母材热应变时效区；3—细晶粒热影响区；4—粗晶粒热影响区；5—焊缝

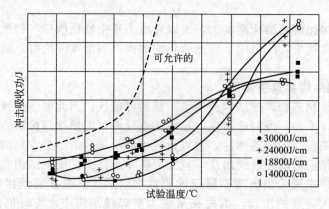

图 4-14　不同焊接热输入对某碳-锰钢焊的焊接接头的热影响区冲击吸收功的影响

大板试样试验，当工作温度高于材料的韧-脆转变温度时，拉伸残余应力对结构的强度无不利影响，但是当工作温度低于韧-脆转变温度时，拉伸残余应力则有不利影响，它将和工作应力叠加共同起作用，在外加载荷很低时，发生脆性破坏，即所谓低应力破坏。

　　由于拉伸残余应力具有局部性质，一般它只限于在焊缝及其附近部位，离开焊缝其值迅速减小。所以此峰值拉伸残余应力有助于断裂的产生。随着裂纹的增长离开焊缝一定距离后，残余应力急剧减小。当工作应力较低时，裂纹可能中止扩展，当工作应力较大时，裂纹将一直扩展至结构破坏。图 4-15 和图 4-16 给出了木原博等考查穿过两平行焊接接头的开裂路径的例子。图 4-15 中由于焊缝距离近，所以两平行焊缝间的残余应力为拉应力，在试件上有一个较宽的残余拉应力区。因此，在 40.2MPa 的均匀拉应力下脆性开裂穿过了整个试件的宽度。对图 4-16 所示的情况，焊缝间有较大的残余压应力值，因此，在 29.4MPa 平均应力下，裂纹在压应力区中拐弯并停止。

　　残余应力对脆性断裂裂纹扩展方向的影响如图 4-17 所示。若试件未经退火，试验时也不施加外力，冲击引发裂纹后，裂纹在残余应力作用下，将沿平行焊缝方向扩展（N30W-3），随着外加应力的增加，开裂路径越来越接近于外加应力方向垂直的试件中心线。如果试件残余应力经退火完全消除，则开裂路径与试件中心线重合（N03WR-1）。

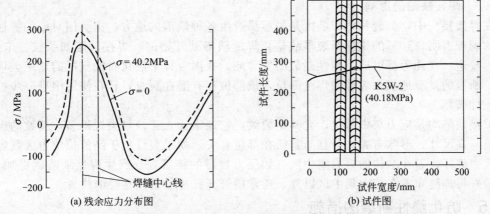

(a) 残余应力分布图　　　　　　　　　(b) 试件图

图 4-15　近距离平行焊接接头试件的开裂路径和纵向残余应力分布

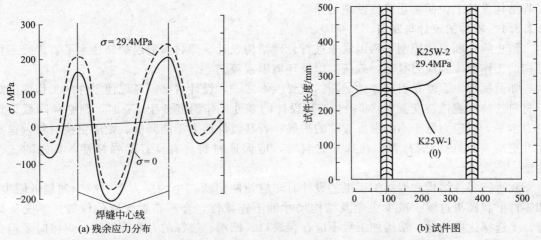

(a) 残余应力分布　　　　　　　　　(b) 试件图

图 4-16　远距离平行焊接接头试件的开裂路径和纵向残余应力分布

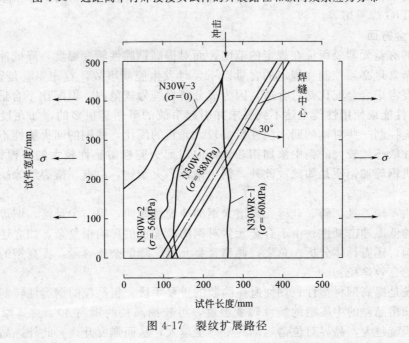

图 4-17　裂纹扩展路径

4.2.4.5 焊接缺陷的影响

在焊接接头中，焊缝和热影响区是最容易产生各种缺陷的地方。据美国对船舶脆性断裂事故的调查表明，40％的脆性断裂事故是从焊缝缺陷处开始的。焊接缺陷如裂纹、未焊透、夹渣、咬边、气孔等都可成为脆性断裂的发源地。我国吉林某液化石油气厂的球罐破坏事故表明，断裂的发源地就在焊缝的焊趾部位，该部位存有潜在裂纹，且在使用中进一步扩展而导致脆性破坏。

焊接缺陷均是应力集中部位，尤其是裂纹，它通常比人工缺口尖锐得多，裂纹的影响程度不但与其尺寸、形状有关，而且与其所在部位有关。如果裂纹位于高值拉应力区就容易引起低应力破坏。若在结构的应力集中区（如压力容器的接管处）产生焊接缺陷就更加危险，因此最好将焊缝布置在应力集中区以外。通常接管开孔尽量避免在焊缝位置。

4.2.5 防止脆性断裂的措施

影响脆性断裂的因素很多，下面主要从零件的设计与制造、材料的冶金和热处理及焊接工程结构设计上说明防止脆性断裂的途径。

4.2.5.1 零件的设计与制造

防止脆性断裂应控制下列因素来进行合理结构设计。即材料的断裂韧性水平，焊接工程结构的工作温度和应力状态，载荷类形及环境因素等。

如前所述，温度是引起零件脆断的重要因素之一，设计者必须考虑使零件的工作温度高于材料的临界脆性转变温度（T_k）。若所设计的零件工作温度低于 T_k 时，则必须降低设计应力水平，使应力低于不会发生裂纹的扩展；若其设计应力不能降低，则应更换材料，选择韧性更高、T_k 更低的材料。在选择材料时，应保证材料具有良好的强韧性，良好的工艺性能。

在进行零件结构和焊接工程工艺设计时，应使缺陷所产生的应力集中减少到最低限度，如零件形状圆滑过渡、减少尖角及结构尺寸的不连续性，合理布置焊缝的位置、不交叉焊缝。要选择优质钢材。结构加工后不应存在缺口、凹槽、过深的刀痕等缺陷。焊接时要避免各种缺陷；对质量要求高的钢结构在条件允许的条件下，焊接后应进行消除残余应力退火和对焊缝采用 TIG 焊重熔等。

4.2.5.2 冶金方面

对钢中的有益元素要保证在规定的范围，而对提高钢脆性转变温度，降低冲击韧性的有害元素和夹杂含量必须控制在规定的含量以下。对发生脆断事故，首先要看是否含量超标，不超标时也要考虑合金配比是否合适，因为成分落在牌号规范内，但配比不合适（如 Mn/C 比），其工艺性能或使用性能上达不到要求并引起事故的事例是很多的，如在设计钢的成分时应尽可能地控制一些对钢的回火脆性影响较大元素的配比，使钢的回火脆性不致过大，以及向回火脆性敏感性较大的钢中添加钼和钨，向对回火脆性敏感性较大的铬镍钢、铬锰钢、硅锰钢、铬钒钢等加钼便是如此。此外，钢中偏析、夹杂物、白点、微裂纹等缺陷越多，韧性越低。

实践证明，碳、氮、磷、硅等元素增大钢的冷脆性倾向，镍、少量锰、铜等元素有利于钢获得较高的低温冲击韧性。由于合金元素对钢的冷脆性的影响很复杂，加之还要受其他方面因素的影响，还需具体分析。总之，调整合金元素，降低杂质含量，提高钢的纯净度是降低材料脆断的有效途径。

细化晶粒是提高钢材塑性、韧性避免脆断的重要手段。粗晶粒的钢脆性转变温度较细晶粒的为高，如粗晶粒的中碳钢的脆性转变温度，可较细晶粒的钢高 40℃。其原因是晶粒越细，晶界面积就越大，晶界对位错运动的阻碍也越大，从而强度升高。此外，晶粒越细，在一定体积内的晶粒数目越多，变形量越大，变形越均匀，引起的应力集中越小，使材料在断裂之前能承受较大的变形量。又因为晶粒越细，晶界的曲折越多，越不利于裂纹的传播，从而在断裂过程中可吸收更多的能量，表现出较高的韧性，当晶粒细小时，晶界面积增加，又使晶界杂质分散，避免杂质集中产生沿晶脆性断裂。在铝合金中加入钛、锆、钒等或在不锈钢、合金钢中加入钛、钒等元素，形成碳化物，阻止腐蚀和加热时晶粒长大，从而细化晶粒提高韧性。

4.2.5.3　钢材的热处理

形变热处理是形变强化与热处理淬火强化相结合的一种复合强化工艺。通过高温形变热处理细化奥化体的亚结构，细化淬火马氏体，使钢强度和韧性提高；低温形变热处理除了细化奥氏体亚结构外，还可增加位错密度，促进碳化物弥散沉淀，降低奥氏体含碳量和增加细小板条马氏体的数量，提高钢的强度和韧性；此外，通过形变热处理还可消除钢的回火脆性，即使钢加热至 A_{c3} 温度以上进行变形并立即淬火、回火，这样可使某些钢的回火脆性消除，并得到纤维状断口。

亚温淬火时因温度处于两相区，可以形成很细的奥氏体和未溶铁素体两相组织，铁素体-奥氏体相界面比一般淬火的奥氏体晶界面积大许多倍，因而单位相界面上杂质浓度减少，所以采用亚温淬火可以提高钢的低温韧性和抑制高温回火脆性，并显著降低脆性转变温度；此外，亚温淬火的未溶铁素体比奥氏体能溶解较多的硫、磷，进一步降低奥氏体晶界的杂质偏聚浓度，因而可进一步提高钢的韧性，抑制高温回火脆性。

通过热处理获得强度、硬度高、塑性和韧性好的低碳马氏体（板条马氏体）。这是因为板条马氏体中碳含量低，形成温度高，有"自回火"作用，且碳化物弥散分布；其次板条马氏体的胞状位错亚结构中位错分布不均匀，存在低密度位错区，为位错提供了活动余地，由于位错运动降低局部应力集中，可延缓裂纹萌生而对韧性有利；此外，含碳量低，晶格畸变小，淬火应力小，不存在显微裂纹，裂纹通过马氏体也不易扩展，因此，低碳马氏体具有很高的强度和良好的韧性，同时还具有脆性转变温度低、缺口敏感性小等优点。

综上所述，要在提高强度的同时，又能改善韧性，降低脆性，可从三方面着手，其一是改善合金的化学成分和冶炼生产方法，去除对韧性不利的有害因素；其二是获得可达到最佳韧性的显微组织和相分布；其三是细化显微组织，细化晶粒。

4.2.5.4　焊接工程结构设计

① 尽量减少结构或接头部位的应力集中　在一些构件截面改变的地方，必须设计成平缓过渡，不要形成尖角，如图 4-18 所示。

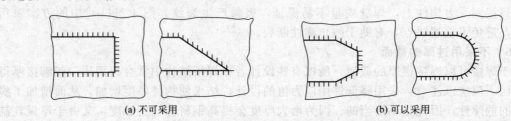

(a) 不可采用　　　　　　　　　　(b) 可以采用

图 4-18　尖角过渡和平滑过渡的接头

在设计中应尽量采用应力集中系数小的对接接头，尽量避免采用应力集中系数大的搭接接头。图 4-19(a) 所示的设计不合理，过去曾出现过这种结构在焊缝处破坏的事故，而改成图 4-19(b) 所示的形式后，由于减少了焊缝处的应力集中，承载能力大为提高，爆破试验表明，断裂从焊缝以外开始。

② 尽量减少结构的刚度　在满足结构的使用条件下，应当减少结构的刚度，以期减少

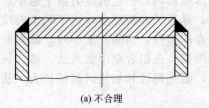
(a) 不合理

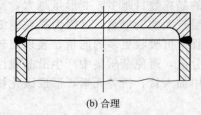
(b) 合理

图 4-19　封头设计时合理与不合理的接头

应力集中和附加应力的影响。例如比利时阿尔拜特运河上桥梁脆性断裂事故，这些桥为"威廉德式桥"，它们的缺点是腹杆和弦杆交接处刚度大 [图 4-20(a)]。设计者采用了将铸钢块或锻钢块焊在弦杆的盖板上，使腹杆的盖板与弦杆的盖板通过铸钢块或锻钢块上的对接焊接起来 [图 4-20(b)]，这种设计极不合理，因为焊接时在该处的拘束应力极大，该运河上桥梁脆性断裂事故也正起源于此。如果采用图 4-20(c) 所示的连接形式，腹杆的盖板和弦杆的盖板之间不焊接，这样大大降低了接头的刚度，避免了产生高值拘束应力，对防止脆性断裂事故是有利的。

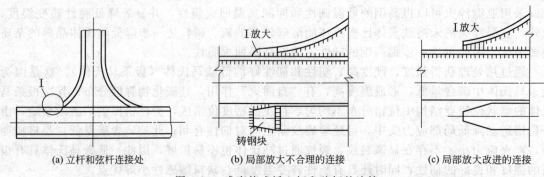

(a) 立杆和弦杆连接处　　　　(b) 局部放大不合理的连接　　　　(c) 局部放大改进的连接

图 4-20　威廉德式桥立杆和弦杆的连接

4.2.5.5　重视附件或不受力焊缝的设计

对于附件或不受力焊缝的设计，应和主要承力焊缝一样的给予足够重视。因为，脆性裂纹一旦由这些不受到重视的接头部位产生，就会扩展到主要受力的元件中，使结构破坏。例如，有一艘 T-2 油船的破坏，裂纹就是由甲板上的小托架处焊缝开始的，因此对于一些次要的附件亦应该仔细考虑，精心设计，不要在受力构件上随意加焊附件。如图 4-21(a) 所示的支架被焊接到受力构件上，焊缝质量不易保证，极易产生裂纹。图 4-21(b) 中的方案采用了卡箍，避免了上述缺点，有助于防止脆性断裂。

4.2.5.6　不采用过厚的截面

由于焊接可以连接很厚的截面，所以有些设计者在焊接结构中常会选用比一般铆接厚得多的截面。但应该注意，采用降低许用应力值的设计，结果使构件厚度增加，从而增加了脆性断裂的危险性，因此是不恰当的。因为增大厚度会提高钢材的转变温度，又由于厚板轧制程度少，冷却比较缓慢，一般情况下含碳量也比较高，晶粒较粗且疏松。同时厚板不但加大了结构的刚度，而且又容易形成三轴应力，所以厚板的转变温度一般都比薄板高，有些实验证明，钢板厚度每增加 1mm，转变温度将提高 1℃。不同厚度构件的对接接头应当尽可能采用圆滑过渡，如图 4-22 所示。

4.2.6　焊接工程结构脆性断裂评定方法

焊接结构脆性断裂往往是瞬时完成的，但是大量研究表明，它仍是由两个阶段所组成

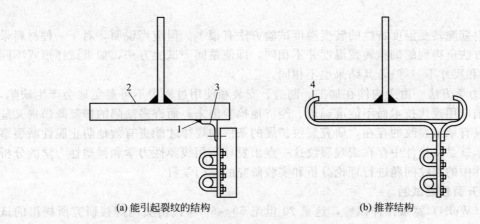

(a) 能引起裂纹的结构　　　　　　　　　(b) 推荐结构

图 4-21　附加元件的安装方案

1—次要焊缝（短的不连续角焊缝）；2—受拉伸的梁盖板；3—支架；4—卡箍

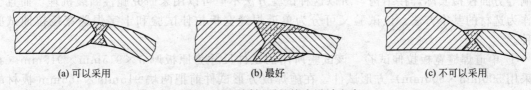

(a) 可以采用　　　　　　(b) 最好　　　　　　(c) 不可以采用

图 4-22　不同板厚的接头设计方案

的。即在结构某个部位，例如焊接或冶金缺陷处，如焊接冷裂纹、热裂纹、安装施工裂纹、咬边、未焊透等缺陷处首先产生脆性裂纹（即不稳定裂纹），然后该裂纹以极快的速度扩展，部分或全部地贯穿结构件，造成脆性失效。

由于脆性断裂是由两个阶段所组成的，因此为了防止结构发生脆性破坏，相应地有两个设计准则：一为防止裂纹产生准则（即"开裂控制"）；二为止裂性能准则（即"扩展控制"）。前者是要求焊接结构最薄弱的部位，即焊接接头处具有抵抗脆性裂纹产生的能力，即抗开裂能力；后者要求如果在这些部位产生了脆性小裂纹，其周围材料应具有将其迅速止住的能力。显然，后者比前者要求苛刻些。

通过对脆性断裂事故的大量试验分析研究表明，焊接结构的抗脆性破坏性能是不能完全依靠常规的光滑试验方法来反映的。大量脆性断裂事故是在低温下发生的，低温易使材料变脆，大厚度、存有残余应力、大应变速率，特别是有缺口都加剧了低温的不利影响，而应变速率可用降低温度来描述，故在一定温度下对具有缺口的试样进行的试验最能反映金属材料和结构抗脆性破坏的能力。

4. 2. 6. 1　脆性断裂评定方法

金属材料的断裂除与材料本质特性等内在因素有关外，还与温度、加载速度、应力状态等外加因素有关，在这些因素中，温度是个主要因素。为此，试验时一般是在试样上开出不同的人工缺口以造成局部不同的应力集中状态，然后在保持一定加载速度的条件下研究材料的性质与温度之间的关系，并以此来评定材料或结构的韧脆行为，这种方法通常称为转变温度方法。另一类方法为断裂力学方法，同样是在一定温度下，在具有缺口的试样上进行。通过试验测定材料的临界应力强度因子 K_{1c}、临界裂纹张开位移 δ_{1c} 和 J 积分临界值 J_{1c} 等，以作为断裂判据。

① 转变温度方法　这种方法是建立在实验和使用经验上的，因此不论是在实验室还是在实际工程中都积累了丰富的数据，而且一些相关的试验方法简单，其结果便于工程实际的直接应用，具有其独特的优越性，所以至今，虽然断裂力学已有了很大发展，但还不能完全

取代它。

确定材料韧脆转变温度特性的转变温度试验方法有很多。但应当说明，对于一种材料采用不同试验方法所得到的韧脆转变温度并不相同，即使是同一试验方法，如果试样形式不同（如缺口形状和尺寸不一等），其结果也不相同。

② 断裂力学方法　由于构件在加工、制造、安装和使用过程中不可避免地会产生缺陷，并且许多缺陷应用现代技术尚不能准确地、经济地检验出来。而许多缺陷的修复既昂贵又危险。因此，只有承认裂纹的存在，研究裂纹扩展的条件和规律才能更有效地防止脆性断裂事故。断裂力学就是从构件中存在宏观裂纹这一点出发，利用线弹性力学和弹塑性力学的分析方法，对构件中的裂纹问题进行理论分析和实验研究的一门学科。

4.2.6.2　抗开裂性能试验

威尔斯（Wells）宽板拉伸试验，这是 20 世纪 50～60 年代由英国焊接研究所提出的试验方法。该试验是大型试验中用得比较多的一种，由于这种方法能在实验室内重现实际焊接结构的低应力断裂现象，同时又能在板厚、焊接残余应力、焊接热循环、焊接工艺等造成的影响等方面模拟实际焊接结构，所以这种试验方法不但可以用来研究脆性断裂机理，而且也可作为选材的基本方法。该试验又可分为单道焊缝宽板拉伸试验和十字焊缝宽板拉伸试验两种。

① 单道焊缝宽板拉伸试验　该试验所用的试件尺寸为原板厚 $\delta \times 915\text{mm} \times 915\text{mm}$（我国采用 $500\text{mm} \times 500\text{mm}$）方形试件。在施焊成方形试件前把两块 $915\text{mm} \times 456\text{mm}$ 板材的待焊边加工成双 V 形坡口，并在板中央坡口边中部用细锯条开出一道和坡口边缘平行的，尖端宽度为 0.15mm，深为 5mm 的缺口，如图 4-23 所示。细锯口目前多采用线切割机开出。

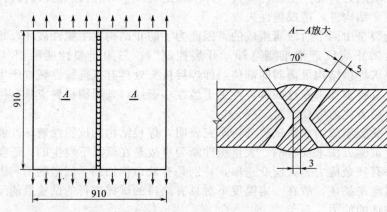

图 4-23　单道焊缝宽板拉伸试件及缺口示意

在焊接对接焊缝时，缺口尖端不但在焊接残余拉应力场内，而且还在热场温度下产生应变集中，造成动应变时效。对于某些钢种来说，这种动应变时效大大提高了缺口尖端的局部脆性。应当说明，在开裂试验中，裂纹尖端局部材质的韧性是起决定性作用的，即它决定着构件的抗开裂性能。

最后，将如此制备好的系列试件在大型拉力试验机上分别在不同温度下进行拉伸试验，测出并绘制出整体应力应变和温度之间的关系曲线。图 4-24 为国产钢材 09MnTiCuRE 与06MnNb 的宽板拉伸试验结果。

② 十字焊缝宽板拉伸试验　某些低合金钢和高强度钢对动应变时效不敏感，而熔合区、热影响区或焊缝往往是焊接接头的最脆部位。因此缺口应开在这些区域内进行试验，这时应采用如图 4-25 所示的十字形焊缝宽板拉伸试件进行试验。制备这种试件时，首先是焊接与

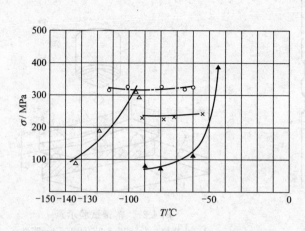

图 4-24 宽板拉伸试验的典型应力-温度关系曲线
09MnTiCuRE：▲：焊态；○：热处理；×：预拉伸
06MnNb：△：焊态

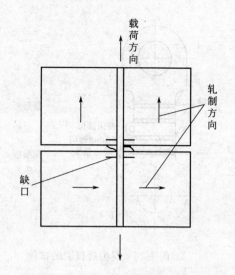

图 4-25 十字形焊缝宽板拉伸试件

拉伸载荷垂直的横向焊缝，然后在焊缝、热影响区或熔合区相应部位开出缺口后，再焊接纵向焊缝，试验方法与单道焊缝试验时相同。

③ Wells 宽板拉伸试验的评定标准 Wells 宽板拉伸试验可以测定以开裂准则为依据的材料最低安全使用温度。根据英国对压力容器接管部位应变值的研究，规定碳锰钢和低碳钢以试验中在 510mm 标距上能产生 0.5％ 整体塑性应变时的温度作为这一临界温度，而对于强度较高的钢材一般以对应产生 4 倍屈服点应变时的温度作为这一临界温度。这一标准已为英国石油公司材料委员会接受。

4.2.6.3 止裂性能试验

目前，在实际应用中，大多数采用转变温度型方法。它可粗略地分为以罗伯逊试验为代表的包括 ESSO、双重拉伸试验在内的大型试验方法和美国海军研究所（NRL）研发的落锤、动态撕裂等一系列中、小型试验方法。

① 罗伯逊（Robertson）试验 该试验是测定止裂温度的典型方法，试验目的是确定在某一应力下，脆性裂纹在钢板中扩展时，被制止的临界温度。它可以分为等温型和温度梯度型试验两种。

试件形式如图 4-26 所示。图中两端为卡头连接板 I，中间为试件 II，试件与连接板之间焊有两块比试件厚度要薄的屈服板 II。这样，当试件内部应力还处在弹性范围内时，屈服板已屈服，以使试件中的应力达到均匀分布。试件尺寸为：板厚×76mm×510mm （也可以短些），试件一端为半圆皇冠形，头部钻有直径为 25mm 的圆孔，圆孔内部一侧用细锯开出 0.5mm 的人工缺口。

温度梯度型试验是在试件一端的裂纹源处用液氮冷却，而另一端加热，这样在沿裂纹扩展路径上造成一个所需的温度梯度。在对试件施以低于屈服点的某数值的应力后，用摆锤等方法冲击低温部位的圆弧端部，使低温区的缺口产生脆性裂纹，这个裂纹在拉应力作用下沿试件扩展，裂纹在试件上某一温度处停止扩展，这个温度即为该材料在给定应力下的止裂温度。

等温型试验是在给定应力下进行的一系列试验，每个试件的温度不同，通过试验可以找出裂纹扩展和不扩展的临界温度，即为止裂温度。

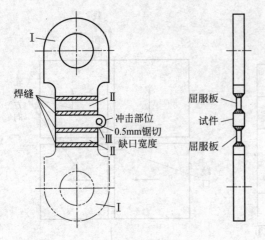

图 4-26 罗伯逊试验的试件

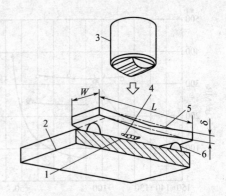

图 4-27 落锤试验示意
1—止挠块；2—砧座；3—锤头；4—脆性
焊道；5—试件；6—支座

② 落锤试验　该试验是美国海军研究所（NRL）于 1952 年提出的。它用来测定厚度大于 16mm 的铁素体钢（包括板材、型材、铸钢和锻钢）的无塑性转变温度（NDT 温度）特性的试验方法。1969 年由美国材料试验学会予以标准化（ASTM，E208-1969），随后其他一些国家，如日本、澳大利亚也各自提出了落锤试验标准，我国也于 1986 年颁布了落锤试验标准 GB/T 6803—1986《铁素体钢的无塑性转变温度落锤试验方法》国家标准。无塑性转变（NDT）温度是指按标准试验时，标准试样发生断裂的最高温度。它表征含有小裂纹的钢材在动态加载屈服应力下发生脆性断裂的最高温度。

落锤试验是动载简支弯曲试验。按国标规定，试件及辅助试件的形状和尺寸如图 4-27 和表 4-3 所示。

表 4-3　落锤试验试样尺寸

长度 L/mm	宽度 B/mm	厚度 t/mm	试样中心 V 缺口
300±5	75±1.5	原试样板厚度	深度(5±0.5)mm，角度 45°±α°

试验时从受拉伸的表面中心平行长边方向堆焊一段长为 60～65mm、宽为 12～16mm、高为 2.5～1.5mm 的脆性焊道，堆焊焊条可采用直径为 4～5mm 的 EDPMn3-15（如 D127）焊条。对于厚度超过试件尺寸的材料，只从一面机加工到标准厚度，保留一个轧制表面，并以该面作为受拉伸表面，然后在焊道中央垂直焊道方向锯开一个人工缺口，再把试件缺口朝下放在砧座上。砧座两支点中部有限制试件在加载时产生挠度的止挠块。试验时在不同温度下用锤头（是一个半径为 20mm 的半圆柱体，硬度不小于 50HRC）冲击，根据试件类型及试验钢材的屈服点按标准选择落锤能量，试验温度应是 5℃ 的整数倍。

根据标准的规定，试验以裂纹源焊道形成的裂纹扩展到受拉面的一个或两个棱边判为断裂，反之，裂纹未扩展到受拉面的棱边为未断裂。NDT 温度的确定是用一组试件（6～8 块）进行系列温度试验，然后测出试件断裂的最高温度。在比该温度高 5℃ 时至少作两个试件，并且均为未断裂，则将该试件断裂的最高温度确定为 NDT 温度。

落锤试验具有方法简单，试验结果重复性好，能在一定程度上模拟焊接结构实际情况的特点，因此在国内外受到很大重视。落锤试验不仅可以作为科研单位的研究手段，同时也可以作为工厂的验收方法。在某些结构中，人们已把 NDT 温度定为材料的安全使用温度。

但应当指出，落锤试验的引裂方法即在试件上堆焊脆性焊道时，对材料将起到一定的热处理作用，由于堆焊会产生热影响区，致使受影响的材料比未受影响的板材有更大的抵抗断裂性能的反常现象。

③ 动态撕裂试验 简称 DT 试验。该试验是由美国海军研究所（NRL）于 1962 年开创的一种新型工程试验方法。大量试验数据表明，DT 试验在揭示金属材料的冲击抗力和温度转变特性方面，优于夏比冲击试验，是工程应用上一种较理想的测定金属材料全部转变区断裂特征的试验方法。

1973 年该方法被列入美国军用标准。以后，扩大了应用范围，1977 年列入 ASTM 标准（ASTM 604—1977），1980 年进行了修订，把试件规格由 16mm 厚扩大到 5～16mm 厚，1983 年又进行了修订，增加了断口测量项目。我国自 1974 年开始引进 DT 试验方法，经过多年试验研究已制定了国标 GB/T 5482—1993《金属材料动态撕裂试验方法》。

试件外形尺寸为 δmm×40mm×180mm，试件厚度 δ 为 5～16mm，厚度 δ 大于 16mm 的材料应加工成 16mm 厚的试件，试件尺寸如图 4-28 所示。试件缺口可用铣削或线切割等方法加工，但一组试件必须采用同一种机加工方法。对加工好的试件，需用硬度大于 60HRC 的刀片压制缺口，压入深度为（0.25±0.13）mm，而该压制深度应作为名义净截面（$W-a$）的一部分，试件缺口尺寸及公差如图 4-29 和表 4-4 所示。

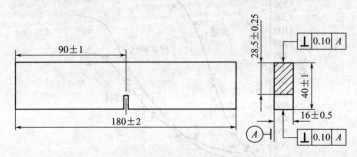

图 4-28 动态撕裂试件尺寸

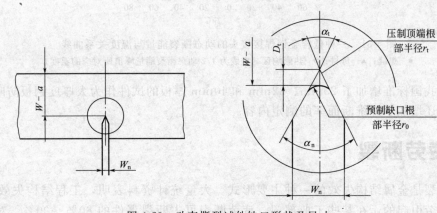

图 4-29 动态撕裂试件缺口形状及尺寸

表 4-4 缺口尺寸和公差   mm

缺口几何尺寸	尺寸	公差	缺口几何尺寸	尺寸	公差
净宽($W-a$)	28.5	±0.25	压制顶端深度 D_t	0.25	±0.13
加工缺口宽度 W_n	1.6	±0.1	压制顶端角度 α_t	40°	±5°
机加工缺口根部角度 α_n	60°	±2°	压制顶端根部半径 r_t	<0.0025	—
机加工缺口根部半径 r_0	<0.13				

在我国的标准中有焊接接头动态撕裂试验的内容，其取样部位如图4-30所示。焊缝试件缺口轴线应与焊缝表面垂直，并位于焊缝中心处；对于熔合线试件，缺口开在1/2厚度平面与熔合线交界的 M 处；对于近缝区各部位缺口位置，根据技术条件要求开在 M 点以外的 H 点。

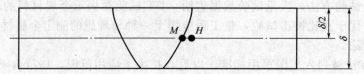

图 4-30　焊接接头动态撕裂试验

试验在冲击试验机上进行（美国 ASTM 标准规定在摆锤式或落锤式试验机上进行），在每个试验温度下，至少试验两个动态撕裂试件，试验时测出 DTE（动态撕裂能量），DTE与温度的关系曲线如图4-31所示。在 ASTME 604—1983 标准中增加了断口剪切面积测量项目。

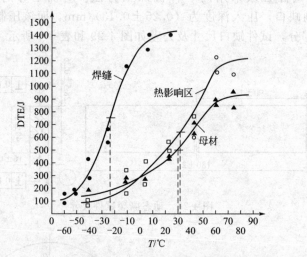

图 4-31　一种低合金钢焊接接头的动态撕裂能量与温度关系曲线
●—焊缝；▲—母材；□—热影响区（虚线为1/2动态撕裂能量峰值所对应的温度）

目前，我国标准增加了 25mm、32mm 和 40mm 厚板的试件作为大厚度钢板防断设计的参考，另外还增加了纤维断面率的测定内容。

4.3 疲劳断裂

疲劳断裂是金属结构失效的一种主要形式。大量统计资料表明，工程结构失效约80%以上是由疲劳引起的，在某些工业部门，疲劳断裂可占断裂事件的80%～90%。对于承受循环载荷的焊接构件有90%以上的失效应归咎于疲劳破坏。

4.3.1　疲劳断裂事例

疲劳断裂事故最早发生在19世纪初期，随着铁路运输的发展，机车车辆的疲劳破坏成为工程上遇到的第一个疲劳强度问题。以后在第二次世界大战期间发生了多起飞机疲劳失事事故。1954年英国彗星喷气客机由于压力舱构件疲劳失效引起飞行失事，引起了人们的广泛关注，并使疲劳研究上升到新的高度。

焊接结构的疲劳往往是从焊接接头处开始的，图 4-32 为直升飞机起落架的疲劳断裂图。裂纹是从应力集中很高的角接板尖端开始的，该机飞行着陆 2118 次后发生破坏。图 4-33 为载货汽车底架纵梁的疲劳断裂，该梁板厚 5mm，承受反复弯曲应力，在角钢和纵梁的焊接处，因应力集中很高而产生裂纹。该车破坏时已运行 30000km。图 4-34 为 4000kN 水压机焊接机架疲劳断裂的事例。很明显，疲劳裂纹是从设计不良的焊接接头的应力集中点产生的。

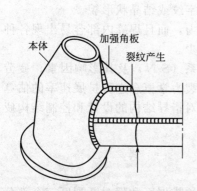

图 4-32　直升飞机起落架的疲劳断裂

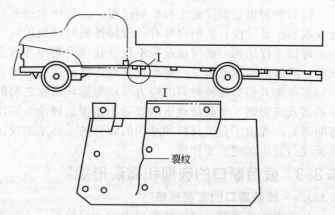

图 4-33　载货汽车底架纵梁的疲劳断裂

4.3.2　疲劳断裂特征

金属在受到交变应力作用时，即使其最大应力小于弹性极限，也会使处在易于发生滑移方向上的晶粒产生塑性变形，随着塑性变形的进行，发生硬化，经过相当应力循环即可有裂纹发生。疲劳断裂要经过三个阶段：裂纹萌生、裂纹缓慢扩展和失稳断裂。在大多数情况下，疲劳裂纹起源于表面，但是，如果表层下的缺陷处于较高的三向应力作用时，也会引起裂纹。在反复应力循环作用下，刚产生的小裂纹会沿着滑移面缓慢扩展，多是穿晶发展。裂纹扩展到一定长度时，裂纹尖端的应力集中和应变集中显著增加，结果，裂纹扩展就和结晶方向无关，而是沿着与外力相垂直的方向向前延伸。当裂纹扩展时，在剩余截面上的应力不断增大，以致裂纹扩展速度也不断增大，最后达到剩余截面不能支撑施加载荷的阶段，即发生最终破坏。

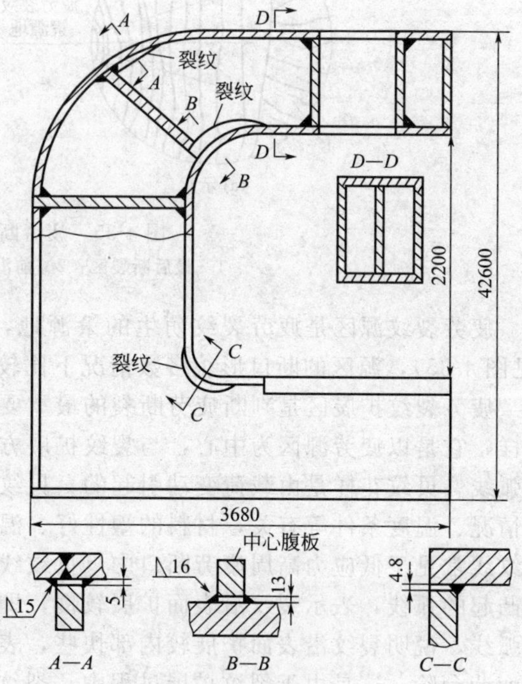

疲劳断裂的各种特征与静载断裂和其他方式断裂的特征相比较，可归纳如下：

疲劳是一种潜在的突发性断裂，在静载下显示韧性或脆性破坏的材料，在疲劳断裂前均不发生明显的塑性变形，疲劳断裂是一种脆性断裂。

图 4-34　4000kN 水压机焊接机架的疲劳断裂

引起疲劳断裂的循环载荷的峰值较低，往往远小于根据静载断裂分析估算出来的"安全"载荷（屈服强度）。由于疲劳断裂是从局部薄弱区域开始的，该区域可能是由于缺口、沟槽或零件的几何形状而造成的很高应力集中，或者由于材料的内部缺陷所造成的应力集中。疲劳裂纹优先在该区域形成后，经过很多周次的循环，逐渐扩展到剩余下的截面不再能承受该负荷时突然断裂。

焊接工程结构在交变应力或应变的作用下，也会由于焊缝中的缺陷引发、扩展发生疲劳破坏。疲劳对缺陷十分敏感，即对缺陷具有高度的选择性。如焊接中出现的夹渣、气孔、咬边、裂纹、未焊透、焊缝余高过高造成的应力集中等缺陷，都会加快疲劳破坏。

疲劳断裂也是裂纹萌生和扩展过程。由于所承受的应力水平低，故具有明显的裂纹萌生与亚临界扩展阶段，其断口具有一般脆性断口的放射线、人字纹或结晶状形貌。

焊接工程结构中的焊接接头不仅存在应力集中和残余应力，而且焊缝内部容易出现各种缺陷，所以产生疲劳裂纹一般要比其他连接形式的循环次数少。

多年来人们对各种材料的应力循环与循环次数之间的关系（S-N）及其影响因素、疲劳荷载谱及应力谱、变幅荷载下的疲劳积累损伤理论、应用断裂力学概念进行扩展速率的估算等的研究，弄清了金属材料和结构的疲劳的一些基本规律，对指导结构的设计和控制结构疲劳裂纹的发生起到重要作用。

4.3.3 疲劳断口的宏观和微观形貌

4.3.3.1 疲劳断口的宏观形貌

从宏观断面观察一般疲劳断口由疲劳裂纹源区、疲劳裂纹扩展区和瞬时断裂区三个部分组成，形状具有"贝壳"状或"海滩"状条纹，见图4-35。

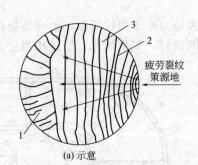 

（a）示意　　　　　　　　　（b）空心轴疲劳断裂的实物

图4-35　疲劳断裂宏观断口示意
1—最后断裂区；2—前沿线；3—疲劳裂纹扩展区

疲劳裂纹源区是疲劳裂纹萌生的策源地，是疲劳破坏的起点，多处于焊接结构的表面（见图4-35），源区的断口形貌多数情况下比较平坦、光亮，且呈半圆形或半椭圆形。

疲劳裂纹扩展区是判断疲劳断裂的最重要特征区域，其基本特征是呈现贝壳花样或海滩花样，它是以疲劳源区为中心，与裂纹扩展方向相垂直的呈半圆形或扇形的弧形线，又称疲劳弧线。贝纹花样是由载荷变动引起的，贝纹线的清晰度不仅与材料的性质有关，而且与介质情况、温度条件等有关，材料的塑性好、温度高、有腐蚀介质存在时，则弧线清晰。一般贝纹线常见于低应力高周疲劳断口中。贝纹线与裂纹扩展方面垂直，它可以是绕着裂纹源向外凸起的弧线，表示裂纹沿表面扩展较慢，即材料对缺口不敏感；相反，若围绕裂纹源成凹向弧线，说明裂纹沿表面扩展较内部快些，表示材料对缺口敏感。此外，疲劳断口有时还产生疲劳台阶。这是由于裂纹扩展过程中，裂纹前沿的阻力不同，而发生扩展方面上的偏离，此后裂纹开始在各自的平面上继续扩展，不同的断裂面相交而形成台阶。

瞬时断裂区的断口与其他两种相比断面粗糙不平坦，裂纹源区及裂纹扩展区为光亮区，有时光亮区仅为疲劳源区。若应力较高或材料韧性较差，则瞬断区面积较大；反之，则瞬断区就较小。对塑性材料，当疲劳裂纹扩展至净截面的应力达到材料的断裂应力时，便发生瞬时断裂，当材料塑性很大时，断口呈纤维状，暗灰色；脆性材料断口呈结晶状。因此，瞬时断裂是一种静载断裂，它具有静载断裂的断口形貌，是裂纹最后失稳快速扩展所形成的断口区域。

4.3.3.2　疲劳断口的微观形貌

疲劳裂纹源区一般都很小，有时根本不存在。分析疲劳断裂形式，目前主要是依据裂纹扩展区的微观断口形貌来进行判断。

疲劳裂纹扩展区微观形貌的基本特征是具有一定间距的、垂直于主裂纹扩展方向的、相互平行的条状花样，即疲劳条带（或疲劳辉纹、疲劳条纹）。疲劳条带具有如下特点：在铝合金、钛合金、奥氏体钢断口上的疲劳条带为连续分布，在结构钢和高强钢断口上呈断续分布；疲劳裂纹往往在不同振幅的交变载荷下发生，每一次应力循环将在断裂面上产生一条疲劳条带。疲劳条带的间距在裂纹扩展初期较小，而后逐渐变大；疲劳条带的形状多为向前凸出的弧形条纹；面心立方晶格的金属比体心立方晶格的金属更易形成连续而清晰的疲劳条带；平面应变状态比平面应力状态易形成疲劳条带；晶粒边界对疲劳裂纹的扩展起抑制作用，疲劳裂纹扩展方向从一个晶粒到另一个晶粒发生变化，产生的疲劳条带的方向也不一样；疲劳条带在常温下往往是穿晶的，而在高温下可以出现沿晶疲劳条带；高强钢或超高强度钢往往是沿晶、解理或韧窝形貌；断口两侧条纹形态对称，即峰对峰，谷对谷；疲劳条带有韧性和脆性两种类形，见图4-36。韧性疲劳条带是指金属材料疲劳裂纹扩展时，裂纹尖端金属发生较大的塑性变形，疲劳条带通常是连续的，并向一个方向弯曲成波浪形。通常在疲劳条带间存在有滑移带，在电镜下可以观察到微孔花样。高周疲劳断裂时，其疲劳条带通常是韧性的。

(a) 韧性条带　　　　　　　　　　　　　　(b) 脆性条带

图 4-36　疲劳条带

脆性疲劳条带是指疲劳裂纹沿解理平面扩展，尖端没有或很少有塑性变形，故又称解理条带。在电镜下即可观察到与裂纹扩展方向垂直的疲劳条带，又可观察到与裂纹扩展方向一致的河流花样及小晶面。脆性金属材料在腐蚀介质环境下工作的高强度塑性材料发生的疲劳断裂，或缓慢加载的疲劳断裂中，其疲劳条带通常是脆性的。

4.3.4　疲劳裂纹的萌生和扩展机理

4.3.4.1　疲劳裂纹的萌生机理

疲劳断裂一般都要经过裂纹萌生和扩展过程。焊接接头、铆接接头是焊接工程结构中最易发生疲劳裂纹的部位，在此部位存在各种缺陷和形状发生变化造成的应力集中等，称为疲劳裂纹源，萌生过程称为疲劳裂纹核。

宏观疲劳裂纹是由疲劳微观裂纹的形核、长大及连接而成的。零件的疲劳微裂纹大都萌生于外表面，但其萌生方式却是各不相同的。

金属零件加工后表面若存在应力集中或缺陷，其是导致零件疲劳断裂的"先天"性疲劳裂纹源。如当零件表面存在着刀痕、划伤、锈蚀、淬火裂纹等。当零件内部存在着较大的气孔、夹渣、内裂等缺陷时，则断裂也可从零件的内部开始。对于表面淬火零件或化学热处理零件或表面存在沟槽、台阶、尖角、截面形状突变等，裂纹一般发生在过渡层处或应力集中的部位。对于经过表面强化的零件，由于表面层中存在残余压应力，因而使表面上的应力减小，相应地使次表面层的应力成为最大，这样疲劳微裂纹将从次表层处产生；对于某些电镀零件其心部与沉积层的界面同样也可能是疲劳裂纹的萌生处。

金属零件表面如果不存在应力集中，疲劳裂纹是在表面形核。表面形核的裂纹所处的位置可能在表面滑移带，即所谓驻留滑移带处或晶界或者孪晶界处等。每一种萌生机制有其各自的特点。如交变载荷下形成的表面滑移带与静载荷下出现的滑移带如图 4-37 所示。

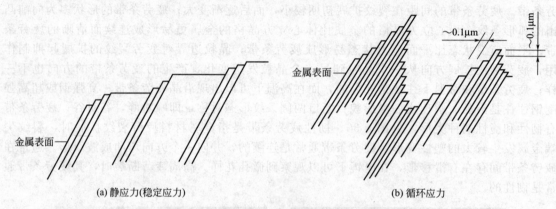

(a) 静应力(稳定应力)   (b) 循环应力

图 4-37   延性金属中由外载荷造成的滑移

① 滑移带疲劳裂纹的萌生   静载滑移带分布的特点是均匀、密集，产生于许多晶粒，在一个滑移带中包含着许多台阶，形似楼梯的台阶一样；而交变载荷下都是在高应力的局部地区，首先开始滑移，出现的滑移带分布极不均匀且粗大。如用化学浸蚀或电解抛光的方法除去表面层，其中一部分滑移线消失，而另一些粗大的滑移带则不消失，并且在随后的循环中又逐渐加宽，这就是疲劳条件下所独有的"驻留滑移带"，即永留或再现的循环滑移带。

驻留滑移带是在一定的应力幅或应变幅下形成的，当应变幅低于 10^{-5} 时，驻留滑移带就不会形成。相反滑移带形成之后，整个材料的塑性变形大都集中于驻留滑移带内，造成材料的"软化"现象。在交变载荷作用下驻留滑移带首先在表面形成，随着应变幅或循环周次的增加，渐渐向试样内部延伸，直到扩展到试样的整个体积。由于驻留滑移带比周围基体软，所以滑移带内的位错结构是不同于周围基体。

随着加载循环次数的增加，驻留滑移带本身仍不断加宽，而新生的滑移线则逐渐布满各个晶粒，当加宽至一定程度时，由于位错的塞积和交割作用，便在驻留滑移带处形成微裂纹。

② 晶界或孪晶界疲劳裂纹的萌生   实验证明，Zr、Sb、Cd、Cu、Au、Ni 以及 α-黄铜等金属中，当有共格孪晶界存在时，驻留滑移带通常优先在此出现，并导致疲劳裂纹的萌生。

随着循环应力的增加，疲劳裂纹在多晶体金属的晶界处也会萌生。由于循环应力的不断作用，位错在某一晶粒内运动时受到晶界的阻碍作用，在晶界处发生位错塞积，并在晶界处造成应力集中，当其应力峰值达到断裂强度时，晶界开裂并形成裂纹。由于位错塞积致使滑移面的领先位错在晶界上受阻，这说明萌生于晶界上的疲劳裂纹是晶体发生大量的滑移的结果。

影响在晶界上萌生疲劳裂纹的因素有金属的晶粒尺寸、材料性质、温度等。如金属的晶粒尺寸越大，晶内可能形成的位错塞积越长、晶界上的应变量越大，更易于形成裂纹。如温度的影响，在 300℃下纯铝的晶界开裂要比 25～73℃时明显的多，在 −180℃下就不再出现晶界开裂。

③ 相界面疲劳裂纹的萌生　金属材料中的非金属夹杂物、第二强化相和基体相交的界面是疲劳裂纹优先萌生的部位。有时脆性的夹杂和第二相质点在循环应力作用下，也可能发生断裂。实验表明，夹杂物和第二相的形态、数量及其分布对材料的疲劳性能有明显影响。

从高强度钢疲劳裂纹萌生实验中发现，硬度高于基体的夹杂物，一般来说，对疲劳性能是有害的。因此，减少夹杂物或第二相的粗大质点，尤其是表面上的大块夹杂物，是延缓疲劳裂纹萌生的有效措施。

此外，金属表面夹杂物很小时不会萌生裂纹，但影响疲劳裂纹扩展速率；当夹杂物大于某一临界尺寸时才能萌生裂纹。高周疲劳的临界尺寸为 $10\mu m$ 左右，低周疲劳的临界尺寸还要小一些。试样表层下的夹杂物萌生裂纹的尺寸要大一些。如 Al_2O_3 成串地聚集，会使应力集中增大，是一种有害的分布形态。

当试样未受力时，在相界面上的夹杂物与基体紧密连接，而在反复的拉应力作用下，夹杂物与基体间一侧界面首先发生脱开，同时另一侧的界面也会出现脱开，至此，在基体中的表面缺陷处成核，这些基体中的缺陷会进一步相连便形成夹杂物与基体界面两侧的疲劳裂纹源。

4.3.4.2 疲劳裂纹的扩展机理

① 扩展的宏观规律　一个含有初始裂纹的试样，在承受载荷作用下，裂纹扩展会越来越快。图 4-38 是疲劳裂纹扩展速率曲线（$\lg \dfrac{da}{dN} - \Delta K$），分为三个阶段。其中 a 为经过一定循环周次 N 时的裂纹长度，ΔK 是将应力幅 $\Delta \bar{\sigma}$ 和 a 复合为应力强度因子范围。则 ΔK 就是在裂纹尖端控制疲劳裂纹扩展的复合力学参量。

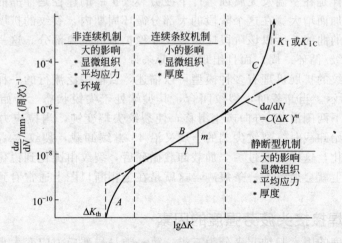

图 4-38　疲劳裂纹扩展速率曲线

第一阶段是疲劳裂纹的初始扩展阶段，$\dfrac{da}{dN}$ 值很小，约为 $10^{-8} \sim 10^{-6}$ mm/周次。当 ΔK 小于某门槛值 ΔK_{th} 时，疲劳裂纹不发生扩展。当外加应力强度因子幅度达到门槛值 ΔK_{th} 后，随 ΔK 增加，裂纹扩展速率急剧上升，此线段几乎与纵坐标轴相平行，很快进入第二阶段。一般 ΔK_{th} 值是材料 K_{lc}（材料的断裂韧性）值的 5％～15％，ΔK_{th} 值对组织、环境及应力比 R（$R = \dfrac{\sigma_{min}}{\sigma_{max}}$）都很敏感。

第二阶段是疲劳裂纹扩展的主要区段，占据亚稳扩展的绝大部分，是决定疲劳裂纹扩展寿命的主要组成部分。其扩展速率受应力比、组织类形和环境影响较小，此时的 $\dfrac{da}{dN}$ 比第一阶段的大，约为 $10^{-5} \sim 10^{-2}$ mm/周次，$\dfrac{da}{dN}$ 与 ΔK 在此阶段满足 Paris 公式，即 $\dfrac{da}{dN} = C(\Delta K)^m$，式中 C 与 m 均为与材料和介质有关的常数，m 通常在 $2 \sim 4$ 之间。此阶段裂纹扩展快，ΔK 变化范围大，故在疲劳损伤容限设计中，要估算疲劳裂纹扩展寿命，则第二阶段的扩展占重要地位。

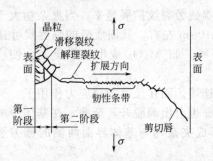

图 4-39　疲劳裂纹扩展的两个阶段

第三阶段，继续增加 ΔK 值，裂纹扩展速率再次加快，当 K_{max} 达到 K_{IC} 时，试样宏观断口为全切变断口。

② 扩展的微观机理　图 4-39 是疲劳裂纹扩展的微观阶段，图中曲线可分为两个阶段。第一阶段，通常是从金属表面上的驻留滑移带、侵入沟等处开始，沿最大切应力方向的晶面向内扩展，裂纹与加载方向大致呈 45°角。其原因是各晶粒的位向不同以及晶界的阻碍作用，随着裂纹向内扩展深度达到几十微米后，裂纹的扩展方向逐渐偏离原来的 45°方向，形成一条主裂纹而趋向于转变到垂直于加载方向的平面内扩展。第一阶段裂纹扩展速率很慢（埃的数量级/循环一周），总扩展深度只有几个晶粒。如果表面存在应力集中，就不出现第一阶段，直接进入第二阶段。

第二阶段一般是指 $0.05\text{mm} < a < a_f$（a_f 是断裂时的临界裂纹尺寸）的疲劳裂纹扩展。这一阶段如果试样是在室温及无腐蚀条件下疲劳裂纹扩展的途径是穿晶的，疲劳裂纹扩展速率随循环周次增加而增大。在这个阶段的大部分循环周期内，裂纹的扩展速率正好对应前述讨论的第二阶段的曲线，所以该阶段应是裂纹亚稳扩展的主要部分。这一阶段疲劳裂纹扩展速率较快（微米级/循环一周）而且出现了疲劳条带。

有关疲劳裂纹的扩展机理有多种模型可以描述，目前广泛流行的一种模型是塑性钝化模型，如图 4-40 所示。当卸载时，裂纹闭合，其尖端处于尖锐状态。开始加载时，在切应力下，裂纹尖端上下两侧沿 45°方向产生滑移，使裂纹尖端变钝，当拉应力达到最高值时，裂纹停止扩展，开始卸载时，裂纹尖端的金属又沿 45°继续卸载，裂纹尖端处由逐渐闭合到全部闭合，裂纹锐化，这样每经过一个加载卸载循环后，裂纹由钝化到锐化并向前扩展一段长度。在断口表面上就会遗留下一条痕迹，这就是在金相断口图上通常看到的疲劳条纹或称疲劳辉纹。

4.3.5　影响焊接接头疲劳强度的因素

影响疲劳强度的因素归纳起来分为三类。第一类是局部应力应变大小，如载荷特性（应力状态、循环特性、高载效应、残余应力等）、零件的几何形状（缺口应力集中、尺寸大小）等；第二类是材料微观结构，如材料的种类、热处理状态、机械加工等；第三类是疲劳损伤源，如表面粗糙度、应力腐蚀和其他几种腐蚀等。影响疲劳强度的因素较多，这里主要介绍几种经常见到的因素。

4.3.5.1 应力集中的影响

焊接工程结构的连接有不同的接头形式，其应力集中也不相同，对接头的疲劳强度产生不同程度的不利影响。对接焊缝与其他几种接头焊缝相比，余高在规定的范围内时，其形状变化最小，应力集中程度最小，对疲劳强度影响也最小；但是过大的过渡角 θ 和 R 都会增大应力集中，使接头的疲劳极限下降。图 4-41 是对接接头的过渡角 θ 以及过渡圆弧半径 R 对疲劳极限的影响。

对接焊缝外部形状易产生应力集中的参数。由图 4-41 中看出当 θ 和 R 增大时都会使接头的应力集中系数增大，使接头的疲劳强度下降。若对焊缝余高进行削平处理，消除过渡角和过渡半径，可大大减小应力集中程度，提高对接接头疲劳强度。

图 4-42 为焊缝未经过机械加工的低碳钢及低合金锰钢对接接头的疲劳极限。若对焊缝表面进行机械加工，应力集中程度将大大减少，对接接头的疲劳极限也应提高，由图 4-43 可见，由于对焊缝表面进行了机械加工，应力集中程度大大降低，从而使对接接头的疲劳极限相应提高。但是这种表面机械加工的成本很高，在一般情况下，是没有必要的。尤其是带有严重缺陷和不用封底焊的焊缝，其缺陷处或焊缝根部的应力集中要比焊缝表面的应力集中情况严重得多。

在许多焊接结构中，T 形和十字接头得到了广泛的应用。这种接头中，由于在焊缝向基本金属过渡处有明显的截面变化，其应力集中系数要比对接接头的应力集中系数提高。因此 T 形和十字接头的疲劳极限都低于对接接头的疲劳极限。

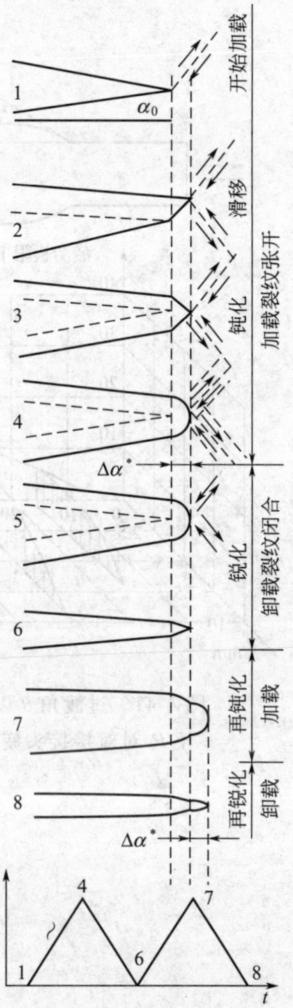

表 4-5 中 T 形和十字接头等疲劳极限的试验结果表明：不开坡口的十字接头由于在焊缝根部形成了严重的应力集中，所以破坏从焊缝根部开始，破坏面通过焊缝，其疲劳极限值最低。构件边缘开坡口是保证焊接接头沿构件厚度上完全焊透的主要措施，这样可以改善接头中的应力分布条件，降低接头中的应力集中，因此，这种接头的疲劳极限值比不开坡口时为高，破坏时一般是由焊缝向基本金属过渡处即焊趾部位开始。如果在焊趾处进行加工，使其为圆滑过渡，接头的疲劳极限会进一步提高，并与基本金属的疲劳极限相当。在这种情况下焊缝表面的机械加工是毫无意义的。

对加永久垫板的对接接头，由于垫板处形成了较严重的应力集中，疲劳裂纹均从焊缝和垫板的结合处产生，所以接头的疲劳强度明显的降低。

表 4-5 中搭接接头的疲劳试验结果表明：搭接接头的疲劳极限是最低的，在许多情况下，甚至低于铆接接头的疲劳极限。仅有侧面焊缝搭接接头的疲劳极限最低，只达到基本金属的 34%。焊脚尺寸为 1∶1 的正面焊缝的搭接接头其疲劳极限虽然比只有侧面焊缝的接头稍高一些，但数值仍然是很低的。正面焊缝焊脚尺寸为 1∶2 的搭接接头，应力集中稍有降低，因而其疲劳极限有所提高，但是这种措施的效果不大。即使在焊缝向基本金属过渡区域

图 4-40　疲劳裂纹扩展机理示意
1—加载；2～4—继续加载裂纹尖端钝化；5～6—卸载裂纹尖端锐化；6～7—重复 2～4；7～8—重复 5～6

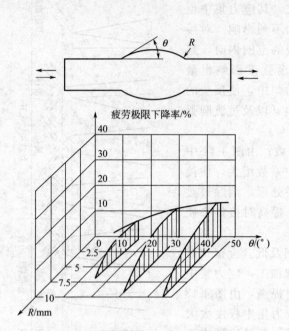

图 4-41　过渡角 θ 以及过渡圆弧半
径 R 对对接接头疲劳极限的影响

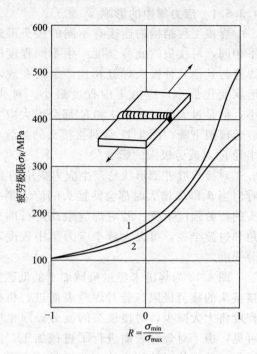

图 4-42　未经机械加工的低碳钢及低
合金锰钢对接接头的疲劳极限
1—低合金锰钢；2—低碳钢

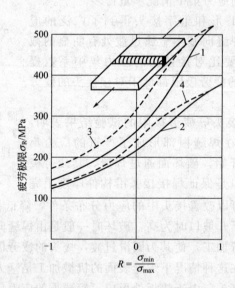

图 4-43　低碳钢及低合金锰钢的对接接头在机械加工后的疲劳极限
1—低合金锰钢接头；2—低碳钢接头；3—低合金锰钢未焊母材；4—低碳钢未焊母材

进行表面机械加工也不能显著地提高搭接接头的疲劳极限。只有当盖板的厚度比按强度条件所要求的增加 1 倍，焊脚尺寸比例为 1 : 3.8，并采用机械加工使焊缝向基本金属平滑过渡时，搭接接头的疲劳极限才等于基本金属的疲劳极限。但是在这种情况下，已经丧失了搭接接头简单易行的特点，因此不宜采用这种措施。

表 4-5　焊缝及各种接头形式对疲劳极限影响的试验结果

接头形式	母材	对接接头			(十)T形接头			搭接接头						铆接
		加工后去除余高	余高为2mm	余高为5mm	不开坡口	开坡口焊透	开坡口焊透并加工焊趾平滑过渡	只有侧面角焊缝	正面角焊缝焊脚比为1:1	正面角焊缝焊脚比为1:2	正面角焊缝焊趾加工成圆滑过渡	正面角焊缝焊脚尺寸比例为1:3.8,并且加工焊趾成圆滑过渡(盖板加厚1倍)	所谓加强盖板对接①	
σ_W/σ_B	100	100	98	68	53	70	100	34	40	49	51	100	49	65

① 对于对接接头强度不放心，在外面又加盖板进行所谓"加强"的对接接头。

注：σ_W—焊接接头疲劳极限；σ_B—母材疲劳极限。

值得提出的是采用所谓"加强"盖板的对接接头是极不合理的。试验结果表明（在表4-5中列入搭接接头栏）在这种情况下，原来疲劳极限较高的对接接头被大大地削弱了。

4.3.5.2　焊接缺陷的影响

焊接缺陷分为三类：①外观缺陷有咬边、焊瘤、凹坑、未熔合、未焊透、余高、弧坑未填满、表面气孔飞溅及裂纹等；②内部缺陷有气孔、夹渣、偏析、裂纹、残余应力，焊缝和HAZ组织粗化、析出脆化、HAZ软化等；③焊后缺陷有在焊后热处理或服役中产生的缺陷，包括裂纹、热疲劳脆化、析出脆化、时效脆化、晶间腐蚀、孔蚀、应力腐蚀开裂、异种钢接头熔合区脆化等。

所有这些缺陷均促使降低疲劳强度。例如，孔蚀易成为疲劳裂纹源，同力学因素共同作用而发展腐蚀疲劳破坏。显然，所有缺陷中以平面缺陷最为有害。缺陷对疲劳强度的影响，不仅与其尺寸形状有关，更主要的是缺陷存在部位的应力作用，导致缺陷扩展而破坏。问题并非如此简单。即使表面以下的立体缺陷，在疲劳和腐蚀双重作用下，也可发展为有害的平面缺陷。缺陷是否有害还要考虑缺陷存在的部位，是在焊缝根部，还是焊趾部位，因为缺陷还可对应力集中造成影响。

裂纹是最为有害的焊接缺陷，是不能容许的缺陷。

从使用性原则考虑，气孔是有害程度最小的缺陷。大多数气孔是很小的，但大范围的气孔会掩盖更有害的平面缺陷，妨碍对它们的检测。气孔所在位置是表面气孔还是内部气孔，其影响不同。因是否削除余高，气孔的影响也不同。有余高时，气孔的影响被余高的影响所掩盖；削除余高后，气孔的影响就突出了。在图4-44中，用缺陷率α_s表示缺陷的数量，为缺陷在断面上所占的面积比例。关于气孔的质量分级表示在图中，即Ⅰ、Ⅱ、Ⅲ、Ⅳ、Ⅴ，并标注各级所容许的气孔数量。工程实践表明，实际出现的气孔率一般$\alpha_s \leqslant 3\%$。

关于夹渣的质量分级是按其长度确定类似气孔，如图4-45所示。

由图4-46可见，气孔或夹渣的数量越多，相对疲劳强度（应力范围$\Delta\sigma$与抗拉强度σ_b之比）越降低。图中标注Ⅰ-Ⅱ、Ⅱ-Ⅲ的直线处在疲劳强度最低位置，可知，缺陷率α_s控

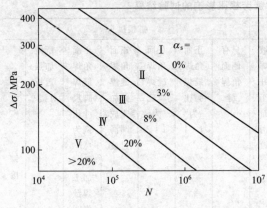

图 4-44　C-Mn 钢中气孔的质量分级

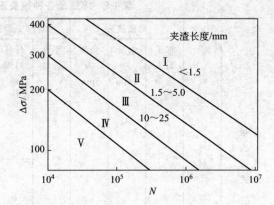

图 4-45　C-Mn 钢中夹渣的质量分级

制在 5％以下可获得高的疲劳强度。图中虚线为无缺陷但保留余高的情况，点虚线为咬边的情况，两者的疲劳强度都较低。可见，余高与咬边的影响是十分显著的。

未焊透的影响，如图 4-47 所示，较之气孔和夹渣更大一些。

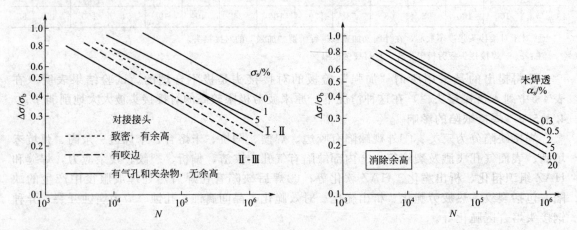

图 4-46　气孔和夹渣对疲劳强度的影响　　　　图 4-47　未焊透对疲劳强度的影响

在焊接过程中，各种缺陷对接头疲劳强度影响的程度是不一样的。它与缺陷的种类、尺寸、方向和位置有关，还与作用力方向有关。位于残余拉应力场内的缺陷比在残余压应力场内的缺陷影响大，位于应力集中区的缺陷（如焊趾裂纹）比在均匀应力场中同样缺陷的影响大。图 4-48 及图 4-49 为几种典型缺陷在不同位置和不同载荷下的影响。由图中可见，A 组的影响比 B 组的影响大。

4.3.5.3　近缝区金属组织性能变化的影响

焊接过程中近缝区金属性能变化对焊接接头疲劳强度的影响也是人们所关注的问题。对于低碳钢焊接接头，大量研究表明，在常用的热输入下焊接，热影响区和母材的疲劳极限基本接近，即低碳钢近缝区金属力学性能的变化对接头的疲劳强度影响较小。只有在非常高的热输入下焊接（在生产实际中很少采用），才能使焊接热影响区对应力集中的敏感性下降（见图 4-50），其疲劳极限可比母材高得多。

低合金钢的情况比较复杂。在热循环作用下，热影响区的力学性能变化比低碳钢大。有人用低合金钢（C：0.12％，Mn：0.65％，Si：0.75％，Cr：0.75％，Ni：0.57％，Cu：0.40％。$\sigma_s = 400$MPa，$\sigma_b = 570$MPa）作焊接接头疲劳试验，试件采用圆棒及平板两种。圆棒为不开缺口的光滑试件，熔合区之一位于试件中心。平板试件的两侧开有缺口，缺口的顶

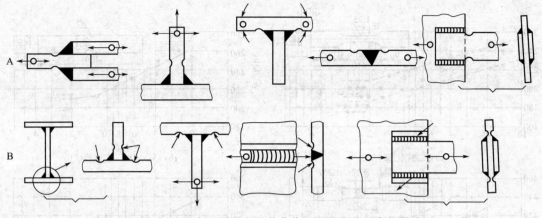

图 4-48　咬边在不同方向的载荷作用下对疲劳强度的影响

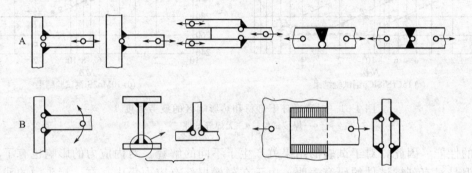

图 4-49　未焊透在不同载荷作用下对疲劳强度的影响

端位于熔合区上。圆棒试件做弯曲疲劳，平板试件做拉伸脉动疲劳试验。同时还进行了两组母材试件的疲劳试验，试验结果如图 4-51 所示。圆棒试件不论是焊接试件还是母材试件，它们的疲劳强度都在一定的分散带内［见图 4-51(b)］。对于具有缺口的板状试件来说，有焊缝和无焊缝的试件之间的试验结果分散性更小，甚至可以说二者间没有差别［见图 4-51(c)、(d)］。由此可以看出，化学成分、金相组织和力学性能的不一致性，在有应力集中或无应力集中时都对疲劳强度的影响不大。图 4-51(a)、(d) 分别为 Q235 钢和 10Mn2Si 钢的试验结果，它们也证明了上述的结论。

4.3.5.4　焊接残余应力的影响

　　焊接残余应力对结构疲劳强度的影响是人们广泛关心的问题，对于这个问题人们进行了大量的试验研究工作。试验时往往采用有焊接应力的试件和经过热处理消除内应力后的试件进行疲劳试验，并作对比。由于焊接残余应力的产生往往

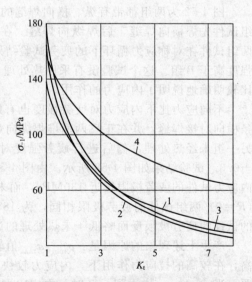

图 4-50　疲劳极限 σ_{-1} 与应
力集中的关系

1—母材；2～4—不同冷却速度下焊接热影响区的
情况；2—1000℃/s；3—28℃/s；4—6.8℃/s

伴随着焊接热循环引起的材料性能的变化，而热处理在消除内应力的同时也恢复或部分恢复

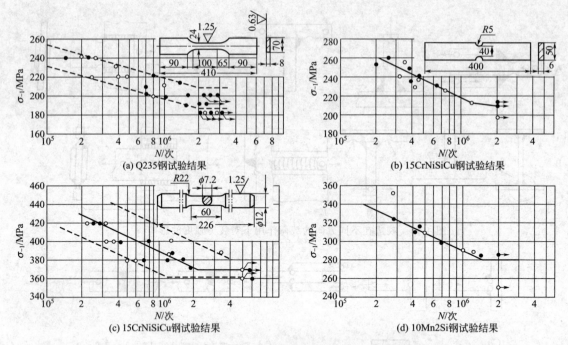

图 4-51　对称循环下母材和热影响区的疲劳强度

○—焊接试件；●—无焊缝试件

了材料的性能。因此，对于试验的结果就产生了不同的解释，对内应力的影响也有了不同的评价。但是对有刻槽试件的研究表明，由于在刻槽根部有应力集中存在，接头中的残余应力不易调匀，所以它们对疲劳强度的影响是很明显的。

　　图 4-52 为两组都带有纵、横向焊缝的试件。A 组试件先焊纵向焊缝，后焊横向焊缝。B组试件先焊横向焊缝，后焊纵向焊缝。在焊缝交叉处，A 组试件的焊接拉应力低于 B 组。两组试件在对称应力循环下的疲劳试验结果如图 4-52 所示。从图 4-52 可以看出 A 组的疲劳强度高于 B 组。这个试验没有采用热处理来消除内应力，排除了热处理对材料性能的影响，比较明确地说明了内应力的作用。

　　不同应力比下内应力对疲劳强度也有影响。试验采用 14Mn2 低合金结构钢，试件有一条横向对接焊缝，并在正反两面堆焊纵向焊道各一条。一组试件焊后作消除内应力热处理，另一组未经热处理，然后进行疲劳强度对比试验。疲劳试验采用三种应力比 $R = -1$，0，$+0.3$。试验结果如图 4-53 所示。由图 4-53 可见，在对称循环交变载荷下（$R = -1$）消除内应力试件的疲劳极限接近 130MPa，而未消除内应力的仅 75MPa。在脉动循环交变载荷下（$R = 0$）两组试件的疲劳极限相同，为 185MPa。而当 $R = +0.3$ 时，经热处理消除内应力的试件的疲劳极限反而略低于未热处理的试件。

　　产生上述现象的原因是：$\sigma_{min}/\sigma_{max}$ 值较高时，例如在脉动循环交变载荷下，疲劳强度较高，在较高的拉应力作用下，内应力较快地得到释放，因此内应力对疲劳强度的影响就减弱；当 $\sigma_{min}/\sigma_{max}$ 增大到 0.3 时，内应力在载荷作用下，进一步降低，实际上对疲劳强度已不起作用。而热处理在消除内应力的同时又消除了焊接过程对材料疲劳强度的有利影响，因而疲劳强度在热处理后反而下降。这个有利影响在对称循环交变载荷试件里并不足以抵消内应力的不利影响，在脉动循环交变载荷试件里正好抵消了残余内应力的不利影响。

　　由此可见，焊接内应力对疲劳强度的影响与疲劳载荷的应力循环特征有关。在 $\sigma_{min}/\sigma_{max}$ 值较低时，影响比较大。

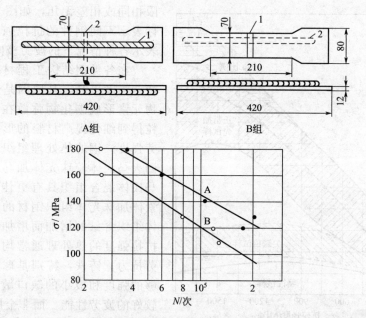

图 4-52 利用不同焊接次序调整试件焊接应力的疲劳强度对比试验结果

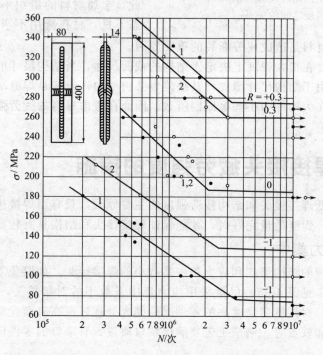

图 4-53 带有交叉焊缝试件的焊态与经过热处理消除内应力的疲劳强度对比

1—焊态（●）；2—焊后经过热处理消除内应力（○）

4.3.5.5 其他因素的影响

当无应力集中时，材料的疲劳强度与屈服点成正比，对于光滑试件，材料的疲劳极限随着材料本身强度的增加以约为 50％ 的比率增加。所以屈服点较高的低合金钢比低碳钢具有更高的疲劳极限。但是由于高强度钢对应力集中非常敏感，当结构中有应力集中时，高强度低合金钢的疲劳强度下降得比低碳钢快，当应力集中因素达到某种程度时，两种钢的疲劳极

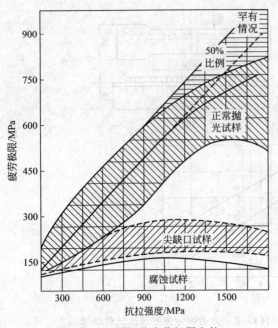

图 4-54　不同钢种疲劳极限和抗
拉强度之间的关系

限相同或相差无几，如图 4-54 所示，横坐标表示不同钢种的抗拉强度，而纵坐标则表示各种情况下的疲劳极限。

在各类钢结构工程材料中，结构钢的疲劳强度最高，其原因是钢中的碳与碳化物元素形成碳化物弥散在钢中，使钢的晶粒得到细化提高材料的形变抗力和提高疲劳强度；钢的热处理组织中，细小均匀的回火马氏体较珠光体加马氏体及贝氏体加马氏体混合组织具有更佳的疲劳抗力；铁素体加珠光体组织钢材的疲劳抗力随珠光体组织含量的增加而增加；任何增加材料抗拉强度的热处理通常均能提高材料的疲劳抗力。铸铁，特别是球墨铸铁，具有足够的强度和极小的缺口敏感性，因此具有较好的疲劳性能。而非金属夹杂物、疏松、偏析等缺陷均使材料的疲劳抗力降低。因此，金属材料的组织不均匀性及其组织状态不良，材料选用不当或在生产过程中由于管理不善而错用材料是造成疲劳断裂的重要原因。

此外，疲劳强度在很大程度上决定于结构的截面尺寸，当结构尺寸增加时，疲劳强度将会降低，这可能是由于结构尺寸增加，其缺陷也必将增加，或者是焊缝缺陷在小构件上所引起的应力集中要比在大构件中小些等原因所致。因而在考虑材料的疲劳强度时，必须注意绝对尺寸这一不良影响。

4.4 提高焊接接头疲劳强度的措施

应力集中是降低焊接接头和结构疲劳强度的主要原因，只有当焊接接头和结构的构造合理、焊接工艺完善、焊缝质量完好时，才能保证焊接接头和结构具有较高的疲劳强度。

4.4.1　降低应力集中

应尽量采用合理的结构形式和应力集中系数小的焊接接头。如避免复杂的结构形面、注意截面的圆滑过渡，见图 4-55；尽量采用应力集中系数小的对接接头，并保证基本金属与焊缝之间平滑过渡；对抗疲劳强度高的零件采用抛光处理，提高表面光洁度、防止表面划伤以及避免表面缺陷和软点等；制造工艺要确保缺口质量，有缺口的零件应避免选用缺口敏感的材料。

凡是结构中承受交变载荷的构件，都应当尽量采用对接接头或开坡口的 T 形接头。搭接接头或不开坡口的 T 形接头，由于应力集中较为严重，应力求避免采用。

图 4-56 是采用复合结构把角焊缝改为对接焊缝的实例。还应当指出的是，在对接焊缝中只有保证连接件的截面没有突然改变的情况下传力才是合理的。

图 4-57 是为了增强一个设计不好的底盘框架的"垂直角"部［见图 4-57(a)］中的 A 点，其为不可避免要破坏的危险点），于是把一块三角形加强板对焊到这个角上［见图 4-57 (b)］。这种措施只是把破坏点由 A 点移至焊缝端部 B 点，因为在该处接头形状突然改变，

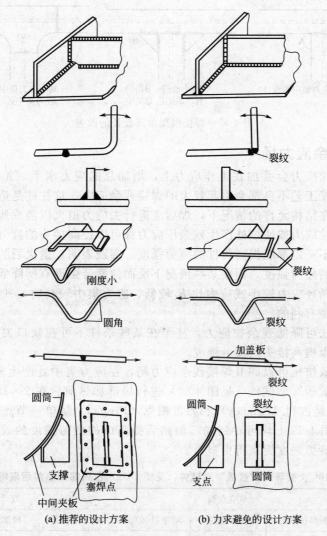

刚度小

圆角

圆筒

支撑

塞焊点

中间夹板

裂纹

裂纹

裂纹

加盖板

裂纹

圆筒

裂纹

圆筒

支点

(a) 推荐的设计方案

(b) 力求避免的设计方案

图 4-55　几种设计方案的正误比较

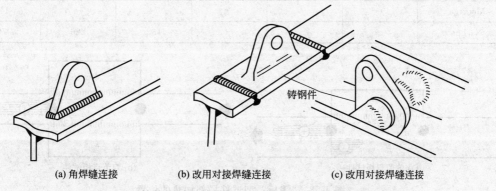

铸钢件

(a) 角焊缝连接

(b) 改用对接焊缝连接

(c) 改用对接焊缝连接

图 4-56　结构中采用铸钢件，改角焊缝为对接焊缝的实例

仍存在严重的应力集中。在这种情况下，最好的改善方法是把两翼缘之间的垂直连接改用一块曲线过渡板，用对接焊缝与构件拼焊在一起，如图 4-57(c) 所示。

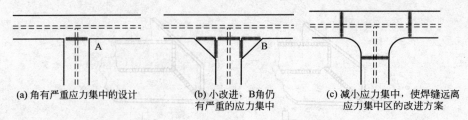

(a) 角有严重应力集中的设计　　　　(b) 小改进，B角仍　　　　(c) 减小应力集中，使焊缝远离
　　　　　　　　　　　　　　　有严重的应力集中　　　　　　应力集中区的改进方案

图 4-57　焊接框架角部设计的改善

4.4.2　调整残余应力场

　　结构中的残余拉应力会叠加在工作应力上，增加总的应力水平。尤其是复杂的焊接结构。设计不当或焊接工艺不良都会引起较大的焊接残余应力，这往往是造成疲劳强度降低的重要原因，因此，在结构允许的情况下，焊后应进行去应力退火以消除残余应力。消除接头应力集中处的残余拉应力或使该处产生残余压应力都可以提高接头的疲劳强度。

　　整体退火方法不一定都能提高构件的疲劳强度。实践表明，退火后的焊接构件在某些情况下能够提高构件的疲劳强度，而在某些情况下反而使疲劳强度有所降低。

　　一般情况下在循环应力较小或应力比 R 较低、应力集中较高时，残余拉应力的不利影响增大，退火往往是有利的。

　　超载预拉伸方法可降低残余拉应力，甚至在某些条件下可在缺口尖端处产生残余压应力，因此它往往可以提高接头的疲劳强度。

　　采用局部加热或挤压可以调节焊接残余应力场，在应力集中处产生残余压应力。表 4-6 是不同研究者对"盖板"型试件（见图 4-58）进行局部加热前后在 2×10^6 次循环时取得的疲劳极限。图 4-59 是古利（Gurney）和弗雷帕克（Frepka）从单一节点板试件获得的 S-N 曲线。从表 4-6 和图 4-59 上均可看到局部加热后提高试件疲劳强度的效果。尤其是在高循环周次即长寿命时疲劳强度提高得更显著。

表 4-6　2×10^6 次循环时"盖板"型试件（见图 4-59）在局部加热前后取得的疲劳极限

研究者	单节点板			双节点板		
	原焊接状态	局部加热	增量(100%)	原焊接状态	局部加热	增量(100%)
Puchner	79	196	150	—	—	—
Gurney 和 Frepka	69	170	145	62	178	187
Moortga	—	—	—	74	18	144
Nachor	—	—	—	133	226	70

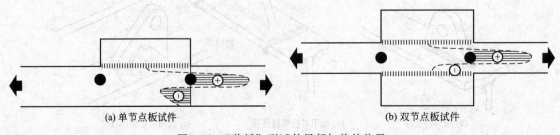

　　　　　(a) 单节点板试件　　　　　　　　　　　　　　(b) 双节点板试件

图 4-58　"盖板"型试件局部加热的位置

4.4.3　表面强化

　　表面强化可以在零件表面产生很高的残余压应力，从而延缓或抑制疲劳裂纹在表面的萌

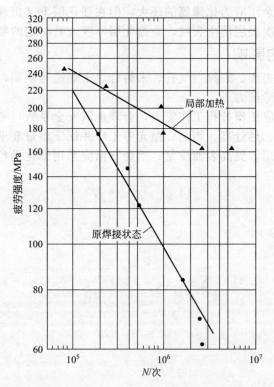

图 4-59　局部加热对单节点"盖板"型试件疲劳强度的影响

生，即使表面有小的微裂纹，裂纹也不易扩展。所以表面采用滚压、喷丸强化工艺使零件表面产生残余压应力提高零件的疲劳强度。如轴类及圆形零件，各种缺口或沟槽的圆角根部，采用滚压后其疲劳极限大幅度提高，有的甚至比未滚压的光滑试样强度还高。如齿轮、钢板弹簧等零件渗碳淬火后喷丸，可明显提高使用寿命。疲劳材料的强度越高，强化效果越显著。表 4-7 给出了用不同方法锤击硬化后，带有非承载角焊缝的低碳钢试件在 $2×10^6$ 次循环时的疲劳极限比较。

表 4-7　用不同方法锤击过的非承载角焊缝的低碳钢试件在 $2×10^6$ 次循环时疲劳极限的比较（Gurney）

锤击方法	横向焊缝				纵向焊缝			
	研究者	疲劳极限/5.44MPa		提高量（100%）	研究者	疲劳极限/5.44MPa		提高量（100%）
		焊态	锤击后			焊态	锤击后	
喷丸	Braithwaite	0～6.5	0～9.0	39	Braithwaite	0～7.5	0～8.75	17
多金属线的空气锤	Gueney	0～7.0	0～9.5	36	Gueney	0～5.5	0～6.75	22
	Nacher	0～12.7	0～15.3	20	Nacher	0～8.2	0～9.9	20
		9.5	±10.8	14		0～7.1	0～10.8	52
整体实心工具	Harrison	0～6.75	0～12.5	85	Harrison	0～5.75	0～11	91

表面淬火及表面化学热处理，既能获得表硬心韧的综合力学性能，又能在零件表层获得残余压应力，从而能有效地提高零件疲劳抗力。

表面淬火和化学热处理的表层强化效果及残余压应力的大小，因工艺方法和硬化层深浅而不同。渗氮层的表面残余压应力最大，渗碳层和表面淬火层的次表层残余压应力最大，喷丸层和滚压层的表面残余压应力比渗氮的还大，但在强化层下又出现较大的残余拉应力，因而比较复杂，为了防止次表层萌生裂纹，对强化层厚度应有一定的要求。

4.4.4　焊接缺陷的影响

尽量减少焊缝中的夹渣、裂纹、气孔、未熔合、未焊透等缺陷，同时控制其数量、尺寸和形状能有效地提高疲劳抗力。

此外，在设计方面应正确分析工作应力，合理选取安全系数，避免共振等；在制造方面应合理安排铸、锻、焊、热处理、切削、抛光等工序并保证质量要求；还可进行低载荷多次加载锻炼，避免超载使用，提高表面质量；冶金方面应采用细化晶粒的措施阻止疲劳裂纹的萌生和扩展等。

第 **5** 章 焊接工程结构生产

5.1 焊接结构生产概述

焊接技术作为制造业一项重要的加工工艺，起步晚，发展迅速，是一种精确、可靠、低成本，采用高科技连接材料的方法。目前已广泛应用于机械制造，航空航天，海洋，建筑、锅炉、压力容器、桥梁等各个工业领域。相对于传统的铆、锻、铸等加工方法，焊接可以简化加工与装配工序，提高生产效率，提高产品质量，并且焊接结构强度高，结构的几何形状灵活。

（1）焊接生产过程

焊接结构是各种经过轧制的金属材料及铸、锻件等毛坯采用焊接方法制造成能承受载荷的金属结构。焊接结构生产工艺过程是指由金属材料（包括板材、型材和其他零部件等）经过一系列加工工序、装配焊接成焊接结构成品的过程。焊接工艺过程就是产品怎样加工，按什么步骤做，每步骤做到什么要求等的过程，也就是指逐步改变原材料、毛坯或半成品的几何形状、尺寸、相对位置和物理力学性能，使其成为产品或半成品的过程。

焊接结构生产工艺过程，是根据生产任务的性质、产品的图纸、技术要求和工厂条件，运用现代焊接技术及相应的金属材料加工和保护技术、无损检测技术来完成焊接结构产品的全部生产过程的各个工艺过程。由于焊接结构的技术要求、形状、尺寸和加工设备等条件的差异，使各个工艺过程有一定区别，但从工艺过程中各工序的内容以及相互之间的关系来分析，它们又都有着大致相同的生产步骤，包括生产准备、备料（材料预处理、工艺图审核、放样、下料）、装配、焊接、变形矫正及质量检验等工序。图 5-1 是一般焊接生产工艺过程。

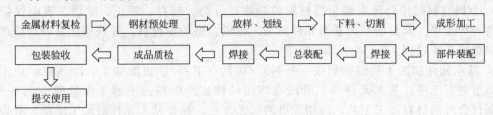

图 5-1　一般焊接生产工艺过程

（2）焊接生产前期准备工作

为了提高焊接产品的生产效率和质量，保证生产过程的顺利进行，生产前一般要做好生产准备工作，主要包括以下几项。

① 技术准备　一般情况下，在施焊前需要审查产品图纸和技术条件，了解产品结构特点和技术要求，掌握产品焊接接头的焊接参数。进行工艺分析、制订整个焊接结构生产工艺流程，确定技术措施，选择合理的工艺方法，并在此基础上进行必要的工艺试验和工艺评

定，最后制订出工艺文件及质量保证文件。

② 物质准备　根据产品加工和生产工艺要求，订购原材料、焊接材料以及其他辅助材料，并对生产中的焊接工艺设备、其他生产设备和工夹量具进行购置、设计、制造或维修。

③ 器材准备　在施焊前需要进行的器材准备工作为：焊接设备及工装的检验调试；焊接参数调整，按焊接工艺的规定领取焊接材料。

④ 工件准备

a. 坡口清理　施焊前焊工应检查坡口表面，不得有裂纹、分层、夹杂等缺陷，应清除焊接接头的内外坡口表面及坡口两侧母材表面至少 20mm 范围内的氧化物、油污、熔渣及其他有害物质。

b. 焊接接头组对　使用卡具定位或直接在坡口内点焊的方法进行焊接接头的组对，组对时应保证在焊接过程中焊点不得开裂，并不影响底层焊缝的施焊；控制对口错边量、组对间隙及棱角度等参数不超过按相应的产品制造、验收标准的规定。

（3）焊接生产管理

在焊接结构生产过程中，产品质量十分重要，焊接产品的质量包括整体结构质量和焊缝质量。整体结构质量是指结构产品的几何尺寸、形状和性能，而焊缝质量则与结构的强度和安全使用有关。焊接结构的安全性，不仅影响经济的发展，同时还关系到人民群众的生命安全。焊接生产管理是企业管理中的基本部分，是实现企业经营目标的基本保证。搞好焊接生产管理，可以提高企业的适应能力和竞争能力。为保证焊接结构产品的质量和安全性，必须对焊接结构生产施行有效管理。焊接生产管理是指从原材料、设备、动力、劳动力进厂，经过设计、制造焊接结构的生产。包括许多工序，如金属材料的去污除锈、备料时的校直、划线、下料、坡口边缘加工、成形，焊接结构的装配、焊接、热处理等。各个工序都有一定的质量要求，并存在影响其质量的因素。由于工序的质量最终将决定产品的质量，因此，必须分析影响工序质量的各种因素，采取切实有效的控制措施，才能保证焊接产品的质量。焊接生产的整个过程包括原材料、焊接材料、坡口准备、装配、焊接和焊后热处理等工序。因此，焊接质量保证不仅仅是焊接施工的质量管理，而且与焊接之前的各道工序的质量控制有密切的联系，所以，焊接施工的质量应该是一项全过程的质量管理。它应该包括：焊接前质量控制、焊接施工过程质量控制和焊接后最终质量检验等三个阶段。

① 材料加工的质量保证　焊接结构零件绝大多数是以金属轧制材料为坯料，所以在装配前必须按照工艺要求对制造焊接结构的材料进行一系列的加工。其中包括以下方面。

a. 金属材料的预处理主要包括材料的验收，分类、储存，矫正、除锈、表面保护处理和预落料等工序。其目的是为基本元件的加工提供合格的原材料，并获得优良的焊接产品和稳定的焊接生产过程。

b. 基本元件加工主要包括划线（号料）、切割（下料）、边缘加工、冷热成形加工、焊前坡口清理等工序。基本元件加工阶段在焊接结构生产中约占全部工作量的 40%～60%，因此制订合理的材料加工工艺，应用先进的加工方法，保证基本元件的加工质量，对提高劳动生产率和保证整个产品质量有着重要的作用。

② 装配与焊接质量保证　装配与焊接，在焊接结构生产中是两个相互联系又有各自加工内容的生产工艺。一般来讲，装配是将加工好的零件，采用适当的加工方法，按照产品图样的要求组装成产品结构的工艺过程。而焊接则是将已装配好的结构，用规定的焊接方法和焊接工艺，使零件牢固连接成一个整体的工艺过程。对于一些比较复杂的焊接结构，总是要经过多次焊接、装配的交叉过程才能完成，甚至某些产品还要在现场进行再次装配和焊接。装配与焊接在整个焊接结构制造过程中占有很重要的地位。

5.1.1　焊接结构零件备料工艺

为了确保焊接质量，在备料前，应检查所用的每一批钢材按有关规定进行必要的化学成分、力学性能复检，保证复核其牌号所规定的要求，然后才可供使用。备料工艺是指钢材的焊前加工过程，即对制造焊接结构的钢材按照工艺要求进行的一系列加工。备料工艺一般包括以下内容。

① 原材料准备　将钢材（板材、型材或管材）进行验收、分类储存、发放。发放钢材应严格按照生产计划提出的材料规格与需要量执行。

② 基本元件加工　主要包括钢材的纠正、预处理、放样、划线、钢材剪切或气割、坡口加工、钢材的弯曲、拉伸、压制成形等工序。

5.1.1.1　焊接结构材料的预处理

材料预处理的目的是为基本元件的加工提供合格的原材料，包括钢材的矫平、矫直、除锈、表面防护处理、预落料等工序。采用机械或化学的方法对型材的表面进行清理称为预处理。预处理的目的是把型材表面的铁锈、油污、氧化皮等清理干净，为后序加工做准备。现代先进的材料预处理流水线中配有抛丸除锈、酸铣、磷化、喷涂底漆和烘干等成套设备。常采用的预处理方法有机械除锈和化学除锈法。

（1）机械除锈法

机械除锈法主要分为喷砂法和抛丸法，喷砂法是工艺师将干砂或铁砂从专门压缩空气装置中急速喷出，轰击到金属表面，将其表面的氧化物、污物打落，这种方法清理较彻底，效率也较高，广泛应用于钢板、钢管、型钢及各种钢制件的预处理。抛丸是用专门的抛丸机将铁丸或其他磨料高速喷射到钢材表面，清除钢材表面的氧化皮、污垢、铁锈。喷砂或抛丸工艺粉尘大，需要在专门的车间或封闭条件下进行。钢材经喷砂或抛丸除锈后，随即进行防护处理。其步骤为：

① 用经净化过的压缩空气将原材料表面吹净。

② 涂刷防护底漆或浸入钝化处理槽中，做钝化处理，钝化剂可用10％磷酸锰铁水溶液处理10min，或用2％亚硝酸溶液处理1min。

③ 将涂刷防护底漆后的钢材送入烘干炉中，用加热到70℃的空气进行干燥处理。

（2）化学除锈法

化学除锈法即用腐蚀性的化学溶液对钢材表面进行清理。此法效率高，质量均匀而稳定。但成本高，并会对环境造成一定的污染。化学处理法一般分为酸洗法和碱洗法。酸洗法可除去金属表面的氧化皮、锈蚀物等；碱洗法主要用于去除金属表面的油污。化学除锈法一般是将配好的酸碱溶液倒入槽内，将工件放入槽内浸泡一段时间，然后取出用清水冲洗干净。

5.1.1.2　焊接工程结构图审核

钢结构是由钢板、角钢、工字钢、槽钢、钢管、圆钢或冷弯型钢为主所组成的结构。

由于它具有制造简单、生产周期短，重量轻、强度和刚度较高、塑性和韧性好等特点，被广泛应用于各种工程。

钢结构图一般比较复杂，图面线条较多，但基本上是由钢板、型钢组成。因此，只要查一下件号，弄清某个零件是钢板还是型钢，再根据三面投影关系，就很容易弄清该零件的尺寸和形状。

（1）钢结构图的特点

① 在一个投影图上使用不同比例。由于钢结构的尺寸一般较大，画图时要按比例缩小。

但是钢板的厚度和型钢的尺寸较小，若统一按图面比例同样缩小后难于表达清楚。因此，在画钢板厚度、型钢断面等小尺寸图形时，可以按与图面比例不相同的适当比例画出。

② 注意构件的中心线和重心线。在确定零件之间的相互位置、形状尺寸时，要以构件的中心线为基准计算。如果以图样的投影关系为依据或随便以某一端面为基准来计算尺寸，很可能得出错误结论。桁架类构件一般由型钢构成，型钢的重心线是绘图的基准，也是放样划线的依据。看图时，首先要弄清中心线、重心线以及各线之间的关系，计算尺寸时要力求精确。

③ 以图面尺寸为准。当图面标注尺寸与标题栏中尺寸不相符时，应以图面尺寸为准，标题栏中尺寸仅作为参考。

④ 焊接结构一般要画出装配以后焊接以前的状况，除局部放大图外，不画出焊缝而标注焊缝代号。

⑤ 特殊的接头形式和焊缝尺寸，可以画出局部剖面放大图来表达清楚。焊缝的断面要涂黑以区别焊缝和母材。

⑥ 为了使图面不致太乱，允许省略一些不重要的虚线。

图 5-2 为立柱柱脚的部分截图，由图可以看出厚度不按比例绘制，图中包含尺寸、零件序号、焊缝标注及施工标高等信息。此外图中表达不详细的部分还有剖面如 $C—C$、$D—D$，而在 $C—C$、$D—D$ 局部图中又有其他截面图。看图时一定要分清各个视图搞清楚它们之间的关系。

（2）焊接结构施工详图的读图方法

一套具体用于施工的焊接结构图数量可能很多，首先应按图号检查核对一下图纸是否齐全，如果存在模糊不清或缺图现象时应更换或补齐。然后，先按顺序依次通读，对结构有一个总的认识，如结构的用途、部件划分、部件间连接方法、结构特点和关键部位以及技术要求、结构的安装等，都要做到有所了解，心中有数，随后再对各图纸依次进行详读。

详读时，首先阅读标题栏，了解产品名称、材料、重量、设计单位等，然后通读一下各个零、部件的图号、名称、数量、材料等，确定哪些为外购件或库领件，哪些为锻件、铸件或机械加工件。再仔细阅读技术要求和工艺文件（工艺规程、工艺工装说明等）。正式识图时要先看总图后再看部件图，先看全貌后再看零件。对有剖视图的要结合剖视图弄清大致结构，然后按投影规律逐个零件阅读；先看零件明细表，确定是钢板还是型钢，然后再看图，弄清每个零件的材料、尺寸及形状。还要看清各件连接方法，焊缝尺寸、坡口形状，是否有焊后加工的孔洞、平面等。

图 5-3 为化工容器苯酚计量罐。由图中可见容器罐壳体壁厚未画剖面线视图。对于局部焊缝可以在图其他位置详绘。

5.1.1.3　焊接结构零件放样

放样是整个结构制造过程的第一道工序，应具有高度的精确性，否则会影响到结构的加工质量。放样是按照设计的结构线型和结构的图示尺寸，运用投影几何的原理以 1∶1 的比例在放样台上画出其平面形状，并根据不同的情况和要求确定各种结构的加工或装配时的余量。然后制成各种平面样板、样棒、立体样箱，作为构件号料、切割、成形、装配等工序的依据。对于不同行业，如机械、船舶、车辆、化工、冶金、飞机制造等，其放样工艺各具特色，但就其基本程序而言，却大体相同。放样方法主要有实尺放样、展开放样和光学放样等。

（1）实尺放样

根据图样的形状和尺寸，用基本的作图方法，以产品的实际大小划到放样台的工作称为实尺放样。放样程序一般包括结构处理、划基本线型和展开三个部分。

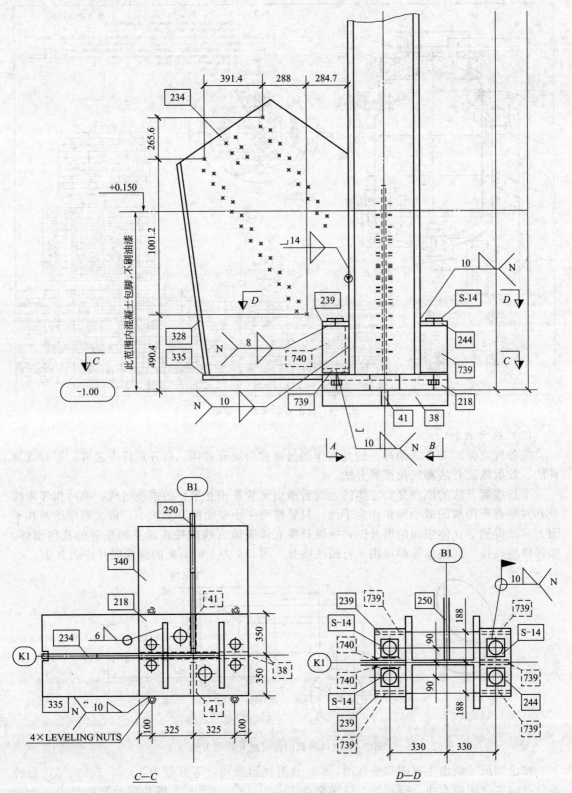

图 5-2 立柱柱脚截面图

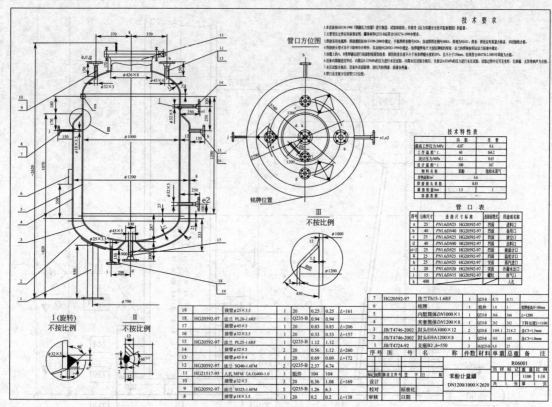

图 5-3　化工容器苯酚计量罐

（2）展开放样

把各种立体的零件表面摊平的几何作图过程称为展开放样。展开放样方法有：平行线展开法、放射线展开法和三角形展开法。

平行线展开法的原理是将立体的表面看做由无数条相互平行的素线组成，取两相邻素线及其两端点所围成的微小面积作为平面，只要将每一小平面的真实大小，依次顺序地画在平面上，就得到了立体表面的展开图，所以只要立体表面素线或棱线是互相平等的几何形体，如各种棱柱体、圆柱体等都可用平行线法展开。图 5-4 为上口斜截的圆管展开作图方法。

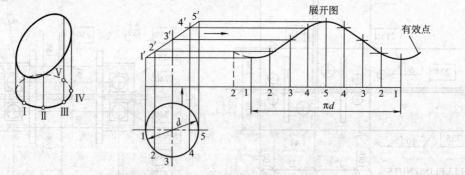

图 5-4　上口斜截的圆管展开作图方法

按已知尺寸画出主视图和俯视图，8 等分俯视图圆周，等分点为 1、2、3、4、5，由各等分点向主视图引素线，得到与上口线交点 1′、2′、3′、4′、5′，则相邻两素线组成一个小梯形，每个小梯形称为一个平面。延长主视图的下口线作为展开的基准线，将圆周展开在展长线上得 1、2、3、4、5、4、3、2、1 各点。通过各等分点向上作垂线，与由主视图 1′、

$2'$、$3'$、$4'$、$5'$ 上各点向右所引水平线对应点交点连成光滑曲线，即得展开图。

放射线法适用于立体表面的素线相交于上点的锥体。展开原理是将零件表面用放射线分割成共顶的一系列三角形小平面，求出其实际大小后，将小三角形平面展开画在平面上，就得到所求锥体表面的展开图。

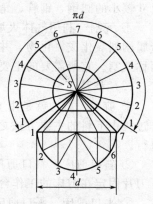

图 5-5 是一个圆锥台采用放射线展开法展开，展开时，首先用已知尺寸画出主视图和锥底断面图（以中性层的尺寸画），并将底断面半圆周 6 等分，如图 5-5 所示；然后，过等分点向圆锥底面引垂线，得交点 1～7，由 1～7 交点向锥顶 S 连素线，即将圆锥面分成 12 个三角形小平面，以 S 为圆心，S-7 为半径画圆弧 1-1，得到底断面圆周长；最后连接 1-S 即得所求展开图。

图 5-5　圆锥台展开

三角形展开是将立体表面分割成一定数量的三角形平面，然后求出各三角形每边的实长，并把它的实形依次画在平面上，从而得到整个立体表面的展开图。图 5-6 为一正四棱台，现作其展开图。

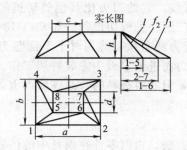
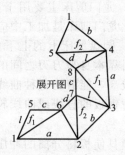

图 5-6　四棱台展开

画出四棱台的主视图和俯视图，用三角形分割台体表面，即连接侧面对角线。求 1-5、1-6、2-7 的实长，其方法是以主视图 h 为对边，取俯视图 1-5、1-6、2-7 为底边，作直角三角形，则其斜边即为各边实长。求得实长后，用画三角形的画法即可画出展开图。

（3）光学放样

用光学手段（比如摄影），将缩小的图样投影在钢板上，然后依据投影线进行划线。

5.1.1.4　焊接结构零件的下料

下料就是用各种方法将毛坯或工件从原材料上分离下来的工序。下料分为手工下料、机械下料和热切割下料法。手工下料的方法主要有克切、锯割、气割等。机械下料的方法有剪切、冲裁。热切割下料法有火焰切割、等离子弧切割、激光切割、数控切割。

（1）手工下料

① 克切　克切不受工作位置和零件形状的限制，并且操作简单，灵活。克切原理与斜口剪床的剪切原理基本相同。

② 锯割　它所用的工具是锯弓和台虎钳。锯割可以分为手工锯割和机械锯割，手工锯割常用来切断规格较小的型钢或锯成切口。经手工锯割的零件用锉刀简单修整后可以获得表面整齐、精度较高的切断面。

③ 砂轮切割　砂轮切割是利用高速旋转的薄片砂轮与钢材摩擦产生的热量，将切割处的钢材变成"钢花"喷出形成割缝的工艺。砂轮切割可以切割尺寸较小的型钢、不锈钢、轴承钢型材。切割的速度比锯割快，但切口经加热后性能稍有变化。

型钢经剪切后的切口处断面可能发生变形，用锯割速度又较慢，所以常用砂轮切割断面尺寸较小的圆钢、钢管、角钢等。但砂轮切割一般是手工操作，灰尘很大，劳动条件很差。

④ 气割　利用气体火焰将金属材料加热到能在氧气中燃烧的温度后，通过切割氧气使金属剧烈氧化成氧化物，并从切口中吹掉，从而达到分离金属材料的方法，叫做氧气切割，简称气割。它所需要的主要设备及工具有：乙炔钢瓶和氧气瓶、减压器、橡胶管、割炬等。

（2）机械下料

① 剪切　剪切就是用上、下剪切刀刃相对运动切断材料的加工方法。它是冷作产品制作过程中下料的主要方法之一。剪切一般在斜口剪床、龙门剪床、圆盘剪床等专用机床上进行。

② 斜口剪床　斜口剪床的剪切部分是上下两剪刀刃，刀刃长度一般为 300～600mm，下刀片固定在剪床的工作台部分，靠上刀片的上、下运动完成材料的剪切过程。

③ 平口剪床　平口剪床有上下两个刀刃，下刀刃固定在剪床的工作台的前沿，上刀刃固定在剪床的滑块上。由上刀刃的运动而将板料分离。因上下刀刃互相平行，故称为平口剪床。上、下刀刃与被剪切的板料整个宽度方向同时接触，板料的整个宽度同时被剪断，因此所需的剪切力较大。

④ 龙门剪床　龙门剪床主要用于剪切直线，它的刀刃比其他剪切机的刀刃长，能剪切较宽的板料，因此龙门剪床是加工中应用最广的一种剪切设备。如 Q11-13×2500。

⑤ 圆盘剪床　圆盘剪床上的上下剪刀皆为圆盘状。剪切时上下圆盘刀以相同的速度旋转，被剪切的板料靠本身与刀刃之间的摩擦力而进入刀刃中完成剪切工作。圆盘剪床剪切是连续的，生产率较高，能剪切各种曲线轮廓，但所剪板料的弯曲现象严重，边缘有毛刺，一般适合于剪切较薄钢板的直线或曲线轮廓。

（3）冲裁

冲裁是利用模具使板料分离的冲压工艺方法。根据零件在模具中的位置不同，冲裁分为落料和冲孔，当零件从模具的凹模中得到时称为落料，而在凹模外面得到零件时称为冲孔。冲裁的基本原理和剪切相同，但由于凹模通常是封闭曲线，因此零件对刃口有一个张紧力，使零件和刃口的受力状态都与剪切不同。

（4）热切割

热切割主要有火焰切割、等离子弧切割、激光切割、数控切割等方法。

① 等离子切割　等离子切割属于熔化切割，切割方法是利用高温高速等离子弧，将切口金属及氧化物熔化吹走从而完成切割的过程。由于等离子弧的温度极高，可以熔化高熔点的氧化物或者金属，所以可切割的金属较多，目前广泛应用于铝、铜、镍、不锈钢及合金等金属和非金属材料。

② 数控气割　数控气割是用数控气切割机来实现自动切割，利用电子计算机控制切割机，可以准确地切出各种平面形状，切割精度高，生产效率高，适用于自动化批量化生产。

5.1.1.5　零件焊接接头坡口加工方法

焊接接头主要有对接、角接、T形接和搭接等 4 种形式。焊接接头设计时，为了保证构件的强度和避免过大的角焊缝尺寸，一般中厚板的对接接头和 T 形接头都要进行开坡口焊接。坡口形式主要由接头强度、焊接方法、焊接效率、焊接成本等综合因素来决定。如果坡口精度（坡口角度、钝角尺寸、坡口表面粗糙度和平直度等）高，则焊缝质量就能保证，焊接成本也低；反之坡口精度差，易出现严重的焊接缺陷，焊接成本也随之增加。

坡口加工方法可分为：热切割加工方法和机械加工方法两大类。

（1）热切割

热切割加工包括气割、等离子切割、碳弧气刨等。

在热切割坡口中，最常采用的是氧气切割方法。氧气切割与机械加工切割相比，具有设备简单、投资费用少、操作方便且灵活性好等一系列特点，能够切割各种含曲线形状的零件和大厚工件的坡口，切割质量良好，在工业生产中普遍用来切割碳钢和低合金钢。氧气切割时如果正确掌握切割参数和操作技术，则气割坡口的质量良好，可直接用于装配和焊接。

等离子切割多用来切割不锈钢、有色金属。而等离子切割是利用高温等离子电弧的热量使工件切口处的金属局部熔化，并借高速等离子的动量排除熔融金属以形成切口的一种加工方法。由于等离子切割速度快，所以在碳钢也有所采用，但是切割质量不如气割，而且在切割厚板时，得不到直角切割面。

采用碳弧气刨加工坡口，效率高，劳动强度低，但是刨削面精度不高，而且噪声大，污染严重。碳弧气刨的另一个主要用途是去除有缺陷的焊缝，用于焊缝返修。

（2）机械加工

机械加工主要有切削、剪切、磨削。剪切一般用于薄板的加工，剪切后的坡口面容易不不整齐，所以一般需进行切削加工。切削加工的坡口表面粗糙度都很高，切削加工坡口的方法主要有刨、铣两种。磨削加工的工作效率低，不够安全，且卫生条件差，加工质量基本凭操作者的经验和直觉，坡口精度难以保证，所以更适用于现场修磨坡口。使用磨削加工破口时应注意是砂轮的选择，特别是对于超低碳不锈钢以及有色金属，砂轮的砂粒会污染工件，从而造成脆化，所以对砂轮的选择和使用中的管理必须予以充分重视。

5.1.2 焊接结构零件成形加工工艺

5.1.2.1 零件弯曲成形

一些焊接结构零件通过弯曲设备弯曲成具有一定的曲率或角度，并得到一定形状零件的冲压工序称为弯曲。在日常生活中有许多零件都是通过弯曲得到的，如汽车上的覆盖件、自行车的车把、仪表电器的外壳等。最常见的弯曲加工是在普通压力机上使用弯曲模压弯，此外还有折弯机上的折弯、拉弯机上的拉弯、辊弯机上的辊弯以及辊压成形等等。虽然成形方法不同，但变形过程及特点却存在某些相同的规律。

（1）弯曲的基本原理及弯曲过程

弯曲的基本原理：如图 5-7 所示以 V 形板料弯曲件的弯曲变形为例进行说明。其过程如下。

① 凸模运动接触板料（毛坯），由于凸、凹模不同的接触点力作用而产生弯矩，在弯矩作用下发生弹性变形，产生弯曲。

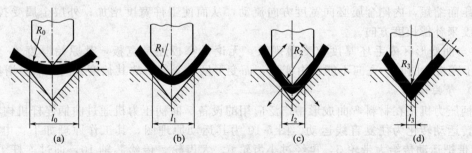

图 5-7　板材在 V 形模内的校正弯曲过程

② 随着凸模继续下行，毛坯与凹模表面逐渐靠近接触，使弯曲半径及弯曲力臂均随之减少，毛坯与凹模接触点由凹模两肩移到凹模两斜面上（塑变开始阶段）。

③ 随着凸模的继续下行，毛坯两端接触凸模斜面开始弯曲（回弯曲阶段）。

④ 压平阶段，随着凸凹模间的间隙不断变小，板料在凸凹模间被压平。

⑤ 校正阶段，当行程终了，对板料进行校正，使其圆角直边与凸模全部贴合而成所需的形状。

分析板料在弯曲时的变形情况，观察变形后弯曲件侧臂坐标网的变化（图 5-8），可以看出弯曲时的变形特点如下。

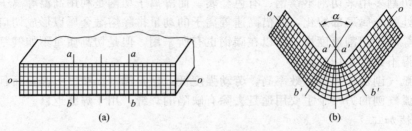

图 5-8　弯曲前后坐标网的变化

① 弯曲角部分的网格发生了显著的变化，由正方形网格变成了扇形，而在远离弯曲角的直边部分，网格基本没有发生变化。由此可知，弯曲时变形主要发生在弯曲角部分，直角部分基本没有变形。

② 在变形区内，内侧网格线 $aa \rightarrow a'a'$ 缩短，外侧网格线 $bb \rightarrow b'b'$ 伸长，即内侧金属受压而缩短，外侧受拉而伸长。由外区向内区过渡时，其间必存在一个长度保持不变的中性层。

③ 弯曲变形的断面形状变化分为宽板和窄板两种情况（见图 5-9）。

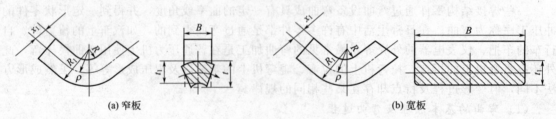

图 5-9　弯曲变形区断面畸变

a. 宽板（相对厚度 $B/t > 3$）的变形区横截面几乎不变，仍为矩形，如图 5-9（b）所示。这是由于板料宽度较宽，在宽度方向不能自由变形所致。

b. 窄板（$B/t < 3$）的横截面由原来的矩形变成扇形，如图 5-9（a）所示。这是由于内侧金属受压而缩短，内侧金属必向宽度方向流动，从而使工件宽度增加；外层金属受拉变长，则由厚度来补偿长度方向。

④ 弯曲变形区内毛坯厚度有变薄现象。无论是窄板还是宽板，其原始厚度 t_0 变薄为 t_1。由于宽板弯曲时，宽向不能自由变形，而变形区又变薄，故其长度方向必然会增加。

（2）弯曲设备

曲柄压力机是在材料弯曲成形中广泛应用的设备。曲柄压力机通过曲柄连杆机构将电动机的旋转运动转化为往复直线运动。图 5-10 为其运动原理图，其工作原理如下：电动机 1 通过 V 带把运动传给大带轮 3，再经过小齿轮 6、大齿轮 7 传给芯轴 10，通过连杆 12 转换为滑块 13 的往复直线运动，在滑块 13 和工作台 17 上分别安装上、下模，即可完成弯曲成形工艺。

根据曲柄压力机各部分零件的作用功能，可分为如下几个组成部分。

① 工作机构　设备的工作执行机构由曲柄、连杆、滑块组成，其作用是将传动机构的旋转运动转换成滑块的往复直线运动。

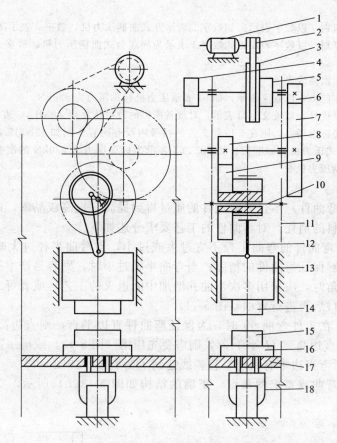

图 5-10 J31-315 型闭式压力机运动原理图

1—电动机；2—小带轮；3—大带轮；4—制动器；5—离合器；

6,8—小齿轮；7—大齿轮；9—偏心齿轮；10—芯轴；

11—机身；12—连杆；13—滑块；14—上模；15—下模；

16—垫板；17—工作台；18—液压气垫

② 传动系统　由带传动和齿轮传动组成，将电动机能量传输至工作机构，并对电动机进行减速，使之转矩增加，以获得需要的行程次数。

③ 操作机构　主要包括离合器、制动器以及相应的控制装置，在电动机启动后，控制工作机构的准确运动，使其能间歇或连续工作。

④ 能源系统　主要由电动机和飞轮组成，机器运动的能源由电动机提供，开机后电动机对飞轮进行加速，飞轮起着存储和释放能量的作用。

⑤ 支承部分　如机身、工作台等。它把压力机所有零部件连成一个整体，并保证整机所要求的精度和强度。

⑥ 辅助系统　包括气路系统、润滑系统、过载保护装置、气垫、打料装置、监控装置等。它们可以提高曲柄压力机的安全性和操作方便性。

按照锻压机械型号编制方法（JB/GQ 2003—84）的规定，曲柄压力机型号由汉语拼音、英文字母和数字表示，表示方法如下：

J　（□）　□　□　-　□　（□）

(1) (2) 　 (3) 　 (4) 　 (5) (6) 　 (7)

(1) 位为类代号，用汉语拼音首字母表示，如 J 表示机械压力机、Y 表示液压机。

(2) 位为同一产品的变形设计代号，以英文字母表示 A、B、C 表示某些次要参数在基本型号上所做的改进。

（3）位为压力机组别，以数字表示。如数字 2 表示开式曲柄压力机，数字 3 表示闭式曲柄压力机。

（4）位为压力机型别，以数字表示。如数字 1 表示为固定台式曲柄压力机，数字 2 表示为活动台式曲柄压力机。

（5）位为分隔符，以横线表示。

（6）位为设备工作能力，以数字表示，如 63 表示压力机标称压力为 630kN。

（7）位为改进设计代号，以英文字母表示，对设备所做的改进依次用 A、B、C 表示。

如果机器的型号是标准型号，则在 2 位和 7 位的括号内没有内容。例如 J31-315 表示的为标称压力为 3150kN 的闭式固定台式压力机的标准型。如 JB23-63 表示为标称压力为 630kN 的次要参数作了第二次改进的开式双柱可倾曲柄压力机。

（3）弯曲工艺

工艺性良好的弯曲件，不仅能使工件的质量得到提高，提高成品率，而且还能够简化工艺和模具，降低材料的消耗。对弯曲件的工艺要求分述如下。

① 弯曲半径 弯曲件的弯曲半径不宜过大或过小，当弯曲半径过大时，由于受到弯曲回弹的影响，不能够保证弯曲件的精度；当弯曲半径过小时，则容易产生拉裂。当工件要求弯曲半径很小或清角时，应采用多次弯曲并增加中间退火的工艺。或者可采用热弯或预先在弯曲角内侧开制槽口后再进行弯曲（图 5-11）。

② 直边高度 在工件弯曲 90°时，为保证弯曲件直边平直，则直边高度 H 要大于 $2t$，最好大于 $3t$。如果直边高度 H 小于 $2t$，则需要先压槽（图 5-12）或增加直边的高度（弯曲后再切除）。如果所弯直边带有斜线，且斜线达到了变形区，如图 5-13（a）所示是不合理的，侧面斜边部分不会弯曲成要求的角度。正确的结构如图 5-13（b）所示，要加高侧面的弯边高度。

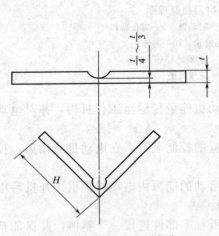

图 5-11 开槽后进行弯曲

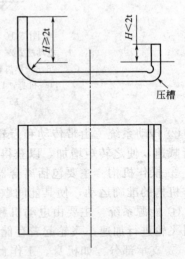

图 5-12 弯边件直边的高度

③ 孔边距离 若弯曲毛坯中有预先冲制的孔，则孔的位置应处于弯曲变形区外（图 5-14），否则孔要发生变形。孔边至弯曲半径 R 中心的距离 B 应符合以下关系：当 $t <$ 2mm 时，$B \geqslant t$；当 $t \geqslant 2mm$ 时，$B \geqslant 2t$。

如果不能满足上述要求，而且孔的公差等级要求较高时，可以对毛坯先进行弯曲，然后冲孔。如果工件的结构允许，可以在工件的弯曲变形区上预先冲制出工艺孔或工艺槽来改变变形范围。如图 5-15（a）所示的一般工艺孔，以及图 5-15（b）所示的月牙形工艺孔。

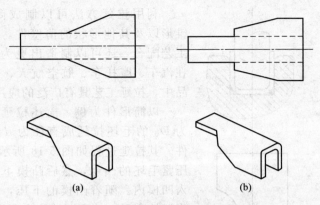

图 5-13　加大弯边高度以防止弯裂

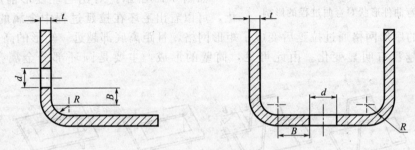

图 5-14　带孔弯曲件

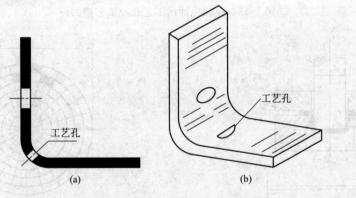

图 5-15　在弯曲变形区上预冲工艺孔

④ 形状与尺寸的对称性　弯曲件的形状和尺寸应尽可能对称，高度也不应相差太大，以保证板料不会因摩擦阻力不均匀而产生滑移（图 5-16），造成工件偏差。为了防止工件的偏差，在设计模具时应考虑增设压料板、定位销等定位零件。

⑤ 部分边缘弯曲　如图 5-17(a) 和图 5-17(c) 所示，当直接弯曲时由于应力集中而容易造成拉裂。为了防止这种情况的发生，应预先冲制出工艺孔或工艺槽，如图 5-17(b) 和图 5-17(d) 所示。

5.1.2.2　零件压制成形

（1）拉延

拉延又称拉深，是利用拉延模将毛坯材料变为开口的空心零件，或者将已制成的开口空心零件，制成其他形状的开口空心零件的一种冲压加工方法。

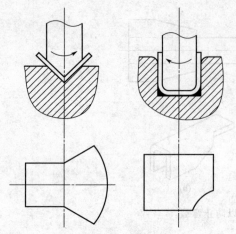

图 5-16　弯曲件形状对弯曲过程的影响

利用拉延方法可以制成筒形、盒形、球形、锥形以及其他形状的薄壁件。若与其他冲压成形工艺配合，还可以制造出更为复杂的零件。因此在汽车、摩托车、航空航天、电器及日常生活用品中，拉延工艺具有广泛的应用。

以筒形件为例，简述拉延变形过程。将直径为 D_0 的毛坯拉延成直径为 d、高度为 h 的筒形件。其拉延过程如图 5-18 所示。首先，用压边圈压紧毛坯的凸缘，然后凸模下行并与毛坯一起进入凹模内。随着凸模的下压，凸缘部分的材料发生塑性变形，并逐渐被拉入凹模内。

如图 5-19 所示，对比毛坯变形前后的网格变化，可以看出毛坯在拉延过程中金属的流动情况。毛坯材料上的扇形网格通过拉延后变成了矩形网格，且距离底部越远，矩形的高度越大，零件底部网格越没有明显变化。由此可见，筒壁的形成，主要是圆环部分金属塑性流动的结果。

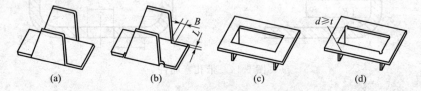

图 5-17　应预先冲出工艺孔或工艺槽的件

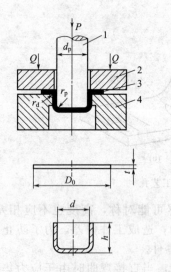

图 5-18　拉延过程

1—凸模；2—压扁圈；3—毛坯；4—凹模

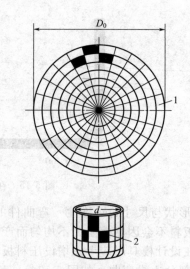

图 5-19　拉延件的网格变化

1—变形前网格；2—变形后网格

故拉延变形过程可以归纳如下：在拉延力的作用下，毛坯内部的各个小单元都产生了内应力：在径向产生了拉应力，而在切向产生压应力。在这两种应力作用下，凸缘区的材料发生塑性变形并且不断被拉入凹模内，成为圆筒形零件。

（2）旋压

旋压是将金属坯料卡紧在旋压机上，由主轴带动芯模与坯料旋转，用旋轮对旋转的坯料施加压力，使其产生塑性变形，以获得各种形状的空心旋转体零件。

根据板厚的变化情况，可将旋压分为两类（表 5-1）：一类为普通旋压；另一类为强力旋压，又称变薄旋压。普通旋压的板厚基本保持不变，旋压成形依靠坯料圆周方向和半径方向变形实现。坯料外径有明显的变化。变薄旋压的成形依靠板厚的变薄来实现，坯料外径基本保持不变，厚度变薄。

表 5-1　旋压技术分类

类　别		图　例
普通旋压		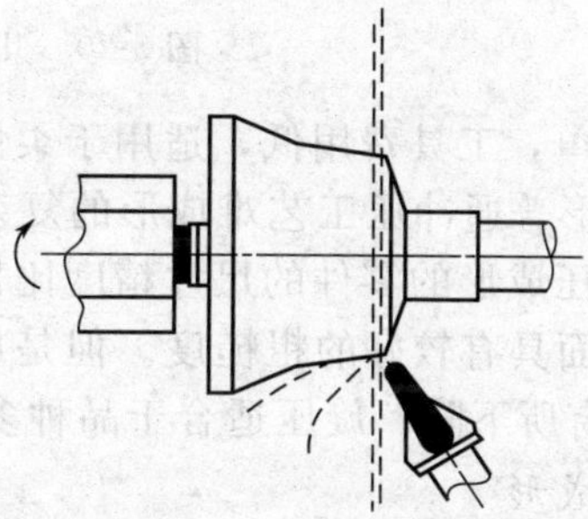
强力旋压	正旋	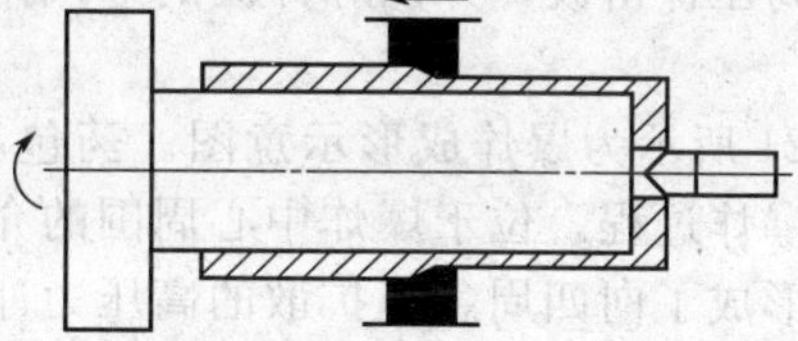
	反选	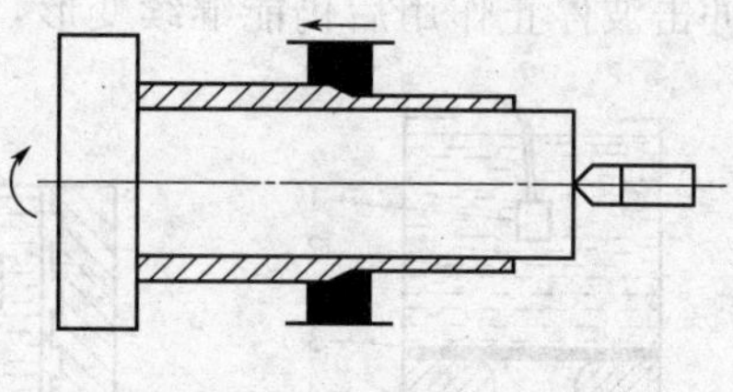

影响旋压成形工艺的工艺参数有很多，下面就几个重要的工艺参数进行分析。

① 进给比　进给比是指旋轮进给速度与芯模转速之比。如果进给比不变，则旋轮进给速度及芯模旋转速度的改变对旋压产品的质量没有显著影响。

② 旋转运动轨迹　旋转运动轨迹是影响旋压成形质量的重要工艺参数。不同的旋压运动轨迹，比如线性、凹形、凸形等，会对坯料的变形产生不同的影响。

③ 旋轮形状　旋轮的形状直接影响着零件的外形、壁厚和尺寸精度。图 5-20 为几种不同的旋轮形状。

④ 旋压比　旋压比是指坯料直径与芯模直径之比。旋压比越高，旋压过程越困难。如果旋压比过大，剩余部分的横截面不足以传递在工件壁部产生较大的径向拉应力，从而导致沿凸缘与壁部过渡部分的周向撕裂。

旋压具有以下的特点：

a. 工件变形时的变形力小，即以较小的变形力获得较大的变形；

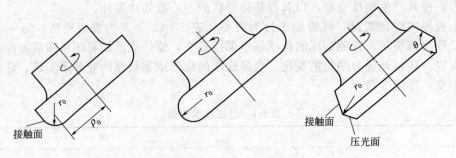

图 5-20　几种不同旋轮的形状

b. 工装简单，工具费用低，适用于柔性生产；

c. 可以成形普通冲压工艺难成形的复杂形状的零件；

d. 利用旋压成形的零件的尺寸精度比普通冲压成形的要高；

e. 零件表面具有较好的粗糙度。但是旋压只适合生产轴对称回转体零件，且成形后的零件塑性韧性有所下降。旋压适合于品种多、小批量的生产，不适合大批量的生产。

（3）爆炸成形

爆炸成形是利用爆炸物质在爆炸瞬间释放出巨大的化学能，化学能在极端时间内转化为周围介质的高压冲击波，并以脉冲波的形式作用于金属坯料，从而使金属坯料成形的高能率成形方法。

如图 5-21 所示为爆炸成形示意图。药包起爆后，爆炸物质以极高的传播速度在极短的时间内完成爆炸过程。位于爆炸中心周围的介质，在爆炸过程中生成的高温和高压气体的骤然作用下，形成了向四周急速扩散的高压力冲击波。当冲击波与成形毛坯接触时，由于冲击波压力大大超过毛坯塑性变形抗力，毛坯开始运动并以很大的加速度积聚自己的运动速度。冲击波压力很快降低，当其值降低到等于毛坯变形抗力时，毛坯位移速度达到最大值。这时，毛坯在冲击波停止作用后仍能继续变形，直到成形过程结束。

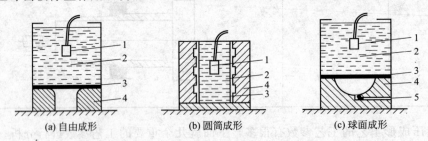

图 5-21　爆炸成形

1—炸药；2—水；3—毛坯；4—模具；5—抽真空孔

爆炸成形需要确定的工艺参数主要是围绕装药的一些内容，如药形、药位、药量等。

① 药形　目前生产中常用的药包形状（图 5-22）主要有球形、柱形、锥形和环形等。药包的形状决定其产生的冲击波的波形，是保证爆炸成形顺利进行的重要因素之一，应该根据成形零件变形过程所要求的冲击波阵面形状来决定。图 5-23 为几种类型胀形零件采用的药包形状。图 5-23(a) 所示零件短而直径大，用一个短柱形药包就能使荷载均匀地作用在毛坯上；图 5-23(b) 所示零件下部变形量小，只在上部加一个药包，下部用一刚性反射板足以成形；图 5-23(c) 所示零件比较长，毛坯变形量比较均匀，采用细长药包为宜；图 5-23(d) 所示双鼓形零件采用导爆索串联双药包的形式；图 5-23(e) 所示零件上部变形量大，下部变形量小，且零件比较长，故采用药包与导爆索串联的形式；图 5-23 (f) 为整形工艺，使第

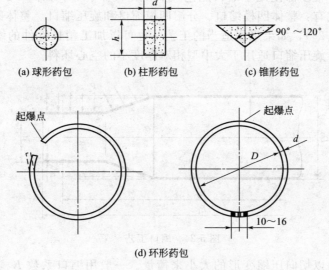

(a) 球形药包　　(b) 柱形药包　　(c) 锥形药包

(d) 环形药包

图 5-22　常见的药包形状

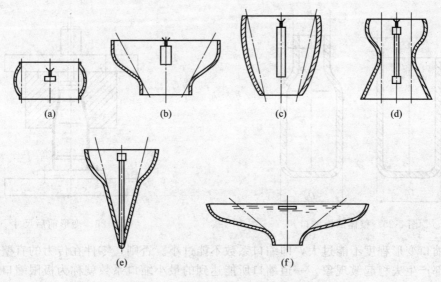

图 5-23　几种胀形零件的药包形状

一次成形毛坯的上口部分贴模，故采用环形药包。

② 药位　药位是指药包中心至坯料表面的距离。它对工件成形质量影响极大，药位过低导致坯料中心部位变形大、变薄严重；过高的药位，必须靠增加药量弥补成形能力的不足。

③ 药量　药量的正确选择对爆炸成形是非常重要的。药量过小将使变形无法完成；药量过大将使两件破裂甚至损伤模具。目前，爆炸成形所需要药量的理论计算方法还不是很完善，通常都是根据经验对比的方法对药量做初步估算，然后用逐渐加大药量的方法最后决定合适的药量。

5. 1. 2. 3　零件缩口、缩颈、扩口成形

（1）缩口

缩口是将预先成形的空心开口件或管材的口部直径缩小的一种成形方法。军工业产品及

日常生活用品中，有很多都使用了缩口工艺。如弹壳、杯子等。如图 5-24 所示的为缩口工艺。常见的缩口形式有：整体凹模缩口、分瓣凹模缩口和旋压缩口。整体凹模缩口适用于中小短件的缩口（图 5-25），如果采用适当的工艺，也可以加工稍长管件的缩口。分瓣凹模缩口多用于长管缩口。旋压缩口适用于大中型相对厚度小的空心坯料。

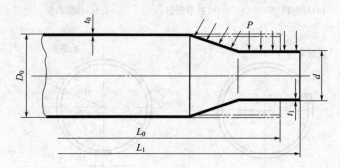

图 5-24　缩口工艺

缩口变形程度是以切向压缩变形的大小来衡量。一般用缩口系数 K 表示：$K = d/D_0$。式中 D_0 为缩口前口径直径，d 为缩口后口径直径（图 5-26）。

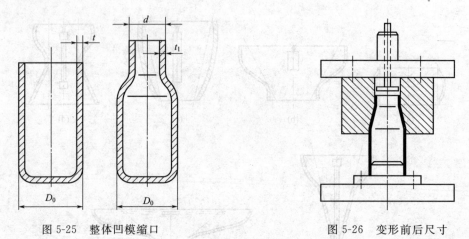

图 5-25　整体凹模缩口　　　　　　　　　图 5-26　变形前后尺寸

一次缩口变形程度不能过大，即缩口系数不能过小。否则，零件在传力的直壁部分或在变形的口部产生失稳起皱现象。一道缩口所能达到的最小缩口系数就称为极限缩口系数。一般用 K_m 表示。极限缩口系数与凹模半角、材料、相对厚度、摩擦因数以及模具结构等因素有关。

如果零件要求总的缩口变形很大，那么就需要多道进行缩口。此时，缩口次数 n 可以根据零件的总缩口系数 K_0 与平均缩口系数 K_a 来估算，即 $n = \lg K_0 / \lg K_a$。这里的平均缩口系数可取 1.1 倍的极限缩口系数。

缩口变形主要是切向压缩变形，但在长度和厚度方向也会有相应的变形产生。在长度方向上，当凹模半角不大时，会发生少量伸长变形；当凹模半角过大时，也可以出现少量的压缩变形。在厚度方向上，一般要产生少量的增厚变形。

（2）缩颈

实现缩颈工艺可以用拉拔的方法进行，拉拔实质上就是对金属坯料施加以拉力，使之通过模孔以获得与模孔截面尺寸、形状相同的制品的加工方法。拉拔是实现坯料缩颈的最主要方式之一。

按制品的横截面形状，可将拉拔分为实心材拉拔和空心材拉拔。实心材拉拔主要包括棒材、型材和线材的拉拔，其又分为整体模拉拔、辊模拉拔等（见图 5-27）。

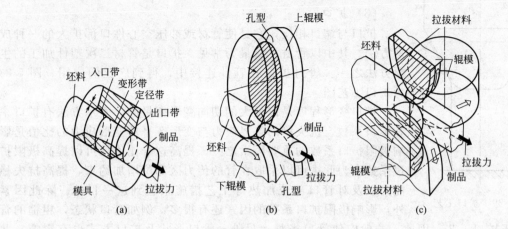

图 5-27　实心材拉拔示意

空心材拉拔主要包括圆管及异型管材的拉拔，对于空心材拉拔有如图 5-28 所示的几种基本方法。

① 空拉　拉拔时，管坯内部不放芯头，主要是以减少管坯的外径为目的，如图 5-28（a）所示。拉拔后的管材壁厚一般会略有变化，壁厚或者增加或者减少。经多次拉拔的管材，内表面粗糙，严重时会产生裂纹。

② 长芯杆拉拔　将管坯自由地套在表面抛光的芯杆上，使芯杆和管坯一起拉过模孔，以实现减径和减壁。芯杆的长度应略大于拉拔后管材的长度。拉拔一道次之后，需要用脱管法或滚轧法取出芯杆。长芯杆拉拔如图 5-28（b）所示。

③ 固定芯头拉拔　拉拔时将带有芯头的芯杆固定，管坯通过模孔实现减径和减壁，如图 5-28（c）所示。固定芯头拉拔的管材内表面质量比空拉的要好，此法在管材生产中应用最广泛，但拉拔细管比较难，而且不能生产长管。

④ 游动芯头拉拔　拉拔过程中，芯头不固定在芯杆上，而是依靠本身的外形建立起来的力平衡

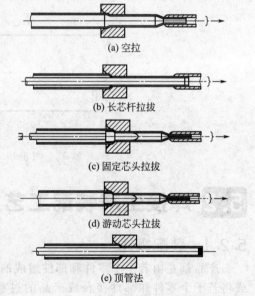

图 5-28　空心材拉拔示意

被稳定在模孔中，如图 5-28（d）所示。游动芯头拉拔是管材拉拔较为先进的一种方法，非常适用于长管和盘管生产，对于提高拉拔生产率、成品率和管材内表面质量极为有利。

⑤ 顶管法　顶管法又称艾尔哈特法。将芯杆套入带底的管坯中，操作时管坯连同芯杆一同由模孔中顶出，从而对管坯进行加工，如图 5-28（e）所示。在生产难熔金属和贵金属短管材时长采用此方法。

拉拔方法与其他压力加工方法相比较具有以下特点：

a. 拉拔制品的尺寸精确、表面光洁；

b. 最适合于连续高速生产断面非常小的长的制品；

c. 拉拔生产的工具与设备简单，维护方便；

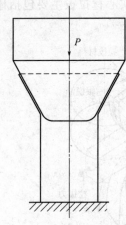

图 5-29　扩口工艺

d. 坯料拉拔道次变形量和两次退火间的总变形量受到拉应力的限制。

（3）扩口

扩口与缩口相反，它是使管材或冲压空心件口部扩大的一种成形方法。其中以管材扩口最为常见。扩口是管材二次塑性加工的主要方法之一。管材扩口在管件连接中，得到广泛的应用。图 5-29 为扩口工艺图。

扩口变形程度是以最大的切向变形衡量的。表示方法有扩口率和扩口系数。抗失稳的临界应力与变形区平均变形应力的比值是影响极限扩口系数的重要因素之一。提高这个比值就可以提高极限扩口系数。为此，可以采取在管的传力区部位增加约束，提高抗失稳能力以及对管口部位加热等工艺措施来达到这一目的。除此因素外，影响极限扩口系数的因素还有很多，例如管口状态，粗糙的管口不利于扩口工艺。因此，一般应使管口光整。另外，管口形状及扩口方式也有影响。此外，材料的厚度也对极限扩口系数有一定的影响。

扩口工艺可分为刚性锥形凸模扩口（图 5-29）和分瓣凸模筒形扩口（图 5-30）。一般情况下采用前者较为有利。

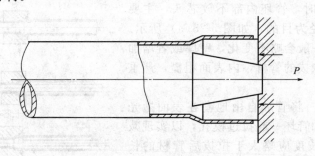

图 5-30　分瓣凸模筒形扩口

5.2 焊接生产装配工艺

5.2.1　装配概述

产品都是由若干个零件和部件组成的。按照规定的技术要求，将若干个零件接合成部件或将若干个零件和部件接合成产品的过程，称为装配。前者称为部件装配，后者称为总装配。它一般包括装配、调整、检验和试验、涂装、包装等工作。

装配是将加工好的零、部件按产品图样和技术要求，采用适当的工艺方法，按生产图样和技术要求连接成部件或整个产品的工艺过程。装配工序的工作量大，约占整体产品制造工作量的 30%～40%，且装配的质量和顺序将直接影响焊接工艺、产品质量和劳动生产率。所以，提高装配工作的效率和质量，对缩短产品制造周期、降低生产成本、保证产品质量等方面都具有重要的意义。

焊接是将已装配好的结构，用规定的焊接方法、焊接参数进行焊接加工，使各零、部件连接成一个牢固整体的工艺过程；而焊接结构的生产与焊接工艺装备之间的关系十分紧密。本章重点介绍装配、焊接工装夹具的种类和组成、定位及夹紧机构，夹具的作用和特点等方面内容。

5.2.1.1 装配用工具与设备

焊接结构件的装配，必须对零件进行定位、夹紧和测量，这是装配工艺的三个基本条件。定位就是确定零件在空间的位置或零件间的相对位置；夹紧是借助夹具等外力使零件准确到位，并将定位后的零件固定；测量是指在装配过程中，对零件间的相对位置和各部件尺寸进行一系列的技术测量，从而鉴定定位的正确性和夹紧力的效果，以便调整。

（1）装配用工具

常用的工具主要有大锤、小锤、錾子、手砂轮、撬杠、扳手、千斤顶及各种划线用的工具等。装配用设备有平台、转胎、专用胎架等。对装配用设备的一般要求如下：

① 平台或胎架应具备足够的强度和刚度。

② 平台或胎架要求水平放置，表面应光滑平整。

③ 尺寸较大的装配胎架应安置在相当坚固的基础上，以免基础下沉导致胎具变形。

④ 胎架应便于对工件进行装、卸、定位焊等装配操作。

⑤ 设备构造简单、使用方便、成本要低。

（2）装配用平台主要类型

① 铸铁平台。它是由许多块铸铁组成的，结构坚固，工作表面进行机械加工，平面度比较高，面上具有许多孔洞，便于安装夹具。常用于进行装配以及用于钢板和型钢的热加工弯曲。

② 钢结构平台。这种平台是由型钢和厚钢板焊制而成的。它的上表面一般不经过切削加工，所以平面度较差。常用于制作大型焊接结构或制作桁架结构。

③ 导轨平台。这种平台是由安装在水泥基础上的许多导轨组成的。每条导轨的上表面都经过切削加工，并有紧固工件用的螺栓沟槽。这种平台用于制作大型结构件。

④ 水泥平台。它是由水泥浇注而成的一种简易而又适用于大面积工作的平台。浇注前在一定的部位预埋拉桩、拉环，以便装配时用来固定工件。在水泥中还放置交叉形扁钢，扁钢面与水泥面平齐，作为导电板或用于固定工件。这种水泥平台可以拼接钢板、框架和构件，又可以在上面安装胎架进行较大部件的装配。

⑤ 电磁平台。它是由平台（型钢或钢板焊成）和电磁铁组成的。电磁铁能将型钢吸紧固定在平台上，焊接时可以减少变形。充气软管和焊剂的作用是组成焊剂垫，用于埋弧自动焊，可防止漏渣和铁液下淌。

（3）胎架

胎架又称为模架，经常用于某些形状比较复杂，要求精度较高的结构件，如船舶、机车车辆底架、飞机和各种容器结构等。所以，它的主要特点是利用夹具对各个零件进行方便而精确的定位。有些胎架还可以设计成可翻转的，把工件翻转到适合于焊接的位置。利用胎架进行装配，既可以提高装配精度，又可以提高装配速度。但由于胎架制作费用较大，故常为某种专用产品设计制造，适用于流水线或批量生产。

制作胎架时应注意以下几点：

① 胎架工作面的形状应与工件被支承部位的形状相适应。

② 胎架结构应便于在装配中对工件施行装、卸、定位、夹紧和焊接等操作。

③ 胎架上应划出中心线、位置线、水平线和检查线等，以便于装配中对工件随时进行校正和检验。

④ 胎架上的夹具应尽量采用快速夹紧装置，并有适当的夹紧力；定位元件需尺寸准确并耐磨，以保证零件准确定位。

⑤ 胎架必须有足够的强度和刚度，并安置在坚固的基础上，以避免在装配过程中基础

下沉或胎架变形而影响产品的形状和尺寸。

5.2.1.2 装配零件定位

（1）定位原理

在装焊作业中，将焊件按图样或工艺要求在夹具中得到确定位置的过程称为定位。在空间直角坐标系中如果不对物体施加约束和限制，会有六个自由度，即沿 Ox、Oy、Oz 三个轴向的相对移动和三个绕轴的相对转动。若将坐标平面看作是夹具平面，要使工件在夹具体中具有准确和确定不变的位置，则必须限制这六个自由度。每限制一个自由度，焊件就需要与夹具上的一个定位点相接触，这种用分布适当的六个定位支承点，来限制工件六个自由度，使工件在夹具中的位置完全确定，就是夹具的"六点定位规则"。使零件在空间有确定的位置，这些限制自由度的点就是定位点。在实际装配中，可由定位销、定位块、挡铁等定位元件作为定位点；也可以利用装配平台或工件表面上的平面、边棱等作为定位点；还可以设计成胎架模板形成的平面或曲面代替定位点；有时在装配平台或工件表面划出定位线起定位点的作用。

如图 5-31（a）所示，在 xOz 面上设置了三个定位点，可以限制工件沿 Oy 轴方向的移动和绕 Ox 轴、Oz 轴的转动三个自由度；在 yOz 面上有两个定位点，可以限制工件沿 Ox 轴方向的移动和绕 Oy 轴转动的两个自由度；在 Oy 面上设置一个定位点，可以限制工件沿 Oz 轴方向的移动一个自由度。

若将坐标平面看作是夹具平面，将支承点［图 5-31（b）中的小圆块］视为定位点，依靠夹紧力 F_1、F_2、F_3 来保证零件与夹具上支承点间的紧密接触，则可得到零件在夹具中完全定位的典型方式。利用零件上具体表面与夹具定位元件表面接触，达到消除零件自由度的目的，从而确定了零件在夹具上的位置。这些具体表面在装配过程中叫做定位基准。

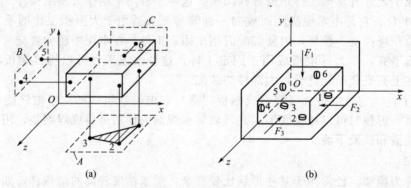

图 5-31 六方体的定位

工件的六个自由度均被限制的定位叫做完全定位；工件被限制的自由度少于六个，但仍然能保证加工要求的定位叫不完全定位。在焊接生产中，为了调整和控制不可避免产生的焊接应力和变形，有些自由度是不必要限制的，故可采用不完全定位的方法。在焊接夹具设计中，按加工要求应限制的自由度而没有被限制的欠定位是不允许的；而选用两个或更多的支撑点限制一个自由度的方法称为过定位，过定位容易使位置变动，夹紧时造成工件或定位元件的变形，影响工件的定位精度，过定位也属于不合理设计。

（2）定位基准选择

在结构装配过程中，必须根据一些指定的点、线、面来确定零件或部件在结构的位置，这些作为依据的点、线、面称为定位基准。定位基准的选择是定位器设计中的一个关键问题。零件进行装配或焊接时的定位基准，是由工艺人员在编制产品结构的工艺规程时确定的。夹具设计人员进行夹具设计时，也是以工艺规程中所规定的定位基准作为研究和确定零件定位方案的依据。当工艺规程确定的定位基准对夹具结构制造和应用有不利影响时，夹具设计人员应以减少定位误差和简化夹具结构为目的再另行选择定位基准。

在零件的加工过程中，每一道工序都有定位工序的选择问题。定位基准选择的好坏，对保证零件的加工精度、合理安排加工顺序都有着决定性的影响。检验定位基准选择的是否合理的标准是：能否保证定位质量，是否方便装配和焊接，以及是否有利于简化夹具结构等。选择定位基准时需着重考虑以下几点。

① 定位基准应尽可能与焊接设计基准重合，以便消除由于基准不重合而产生的误差，当零件上的某些尺寸具有配合要求时，如孔中心距、支承点间距等，通常可选取这些地方作为定位基准，以保证配合尺寸的尺寸公差。

② 应选用零件上平整、光洁的表面作为定位基准。当定位基准面上有焊接飞溅物、焊渣等不平整时，不宜采用大基准平面或整面与零件相接触的定位方式，而应采取一些突出的定位块以较小的点、线、面与零件接触的定位方式，有利于对基准点的调整和修配，以减小定位误差。同一构件上与其他构件有连接或配合关系的各个零件，应尽量采用同一定位基准，这样能保证构件安装时与其他构件的正确连接和配合。

③ 定位基准夹紧力的作用点应尽量靠近焊缝区。其目的是使零件在加工过程中受夹紧力或焊接热应力等作用所产生的变形最小。应选择精度较高、又不易变形的零件表面或边棱作定位基准，这样能够避免由于基准面、线的变形造成的定位误差。

④ 可根据焊接结构的布置、装配顺序等综合因素来考虑。当焊件由多个零件组成时，某些零件可以利用已装配好的零件进行定位。所选择的定位基准应便于装配中的零件定位与测量。

⑤ 应尽可能使夹具的定位基准统一，这样，便于组织生产和有利于夹具的设计与制造。尤其是产品的批量大，所应用的工装夹具较多时，更应注意定位基准的统一性。

5.2.1.3 装配基准的选择

基准一般分为设计基准和工艺基准两大类。设计基准是按照产品的不同特点和产品在使用中的具体要求所选定的点、线、面，而其他的点、线、面是根据它来确定；工艺基准是指工件在加工制造过程中所应用的基准，其中包括原始基准、测量基准、定位基准、检查基准和辅助基准等。

在结构装配过程中，工件在夹具或平台上定位时，用来确定工件位置的点、线、面，称为定位基准。合理地选择定位基准，对保证装配质量，安排零、部件装配顺序和提高装配效率均有着重要的影响。装配工作中，工件和装配平台（或夹具）相接触的面称为装配基准面。通常按下列原则进行选择。

① 既有曲面又有平面时，应优先选择工件的平面作为装配基准面。

② 工件有若干个平面时，应选择较大的平面作为装配基准面。

③ 选择工件最重要的面作为装配基准面。

④ 选择装配过程中最便于工件定位和夹紧的面作为装配基准面。

合理选择装配基准。装配基准应该是夹具上一个独立的基准表面或线，其他元件的位置只对此表面或线进行调整和修配。装配基准一经加工完毕，其位置和尺寸就不应再变动。因此，那些在装配过程中自身的位置和尺寸尚须调整或修配的表面或线不能作为装配基准。图5-32为装配基

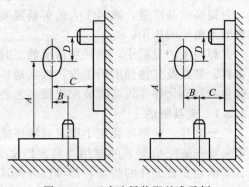

图 5-32　正确选择装配基准示例

准选择示例。

5.2.1.4　装配方法的选择

焊接生产中应用的装配方式与方法可根据结构的形状和尺寸、复杂程度以及生产性质等进行选择。

按定位方式分：划线定位装配法、工装定位装配法。

按装配地点分：工件固定式装配法、工件移动式装配法。

按装配-焊接次序分：零件组装法、部件组装法，零件组装法又分为随装整焊法和整装随焊法。

① 划线定位装配法　利用在零件表面或装配平台表面划出焊件的中心线、接合线、轮廓线等作为定位线，来确定零件间的相互位置，以定位焊固定进行装配。这种装配，通常用于简单的单件小批量装配或总装时的部分较小型零件的装配。

② 工装定位装配法　它可分为样板定位装配法和定位元件定位装配法。

a. 样板定位装配法　利用样板来确定零件的位置、角度等，然后夹紧经定位焊完成装配的方法。常用于钢板与钢板之间的角度装配和容器上的各种管口的安装。

b. 定位元件定位装配法　用一些特定的定位元件（如板块、角钢、销轴等）构成空间定位点来确定零件位置，并用装配夹具夹紧进行装配。

c. 胎架装配法　对于批量生产的焊接结构，若需装配的零件数量较多，内部结构又不很复杂时，可将工件配用的各定位元件、夹紧元件和装配胎架三者组合为一个整体，构成装配胎架。

③ 随装随焊法　将若干个零件组装起来，随之焊接相应的焊缝，然后再装配若干个零件，再进行焊接，直至全部零件装完并焊完，并成为符合要求的构件。这种方法是装配工人与焊接工人在一个工位上交替作业，影响生产效率，也不利于采用先进的工艺装备和先进的工艺方法。因此，此种类型适用于单件小批量生产和复杂的结构生产。

④ 整装整焊法　将全部零件按图样要求装配起来，然后转入焊接工序，将全部焊缝焊完。装配可采用装配胎架进行，焊接也可以采用滚轮架、变位器等工艺装备，有利于提高装配-焊接质量。

⑤ 固定式装配法　即在一处固定的工作位置上装配完全部零、部件。一般用于重型焊接结构产品和质量不大的情况下的装配中。

⑥ 移动式装配法　即焊件顺着一定的工作地点按工序流程进行装配。

5.2.2　装配夹具设计

焊接工装夹具就是将焊件准确定位和可靠夹紧，便于焊件进行装配和焊接、保证焊件结构精度方面要求的工艺装备。在现代焊接生产中积极推广和使用与产品结构相适应的工装夹具，对提高产品质量，减轻工人的劳动强度，加速焊接生产实现机械化、自动化进程等方面起着非常重要的作用。

在焊接生产过程中，焊接所需要的工时较少，而约占全部加工工时 2/3 以上的时间是用于备料、装配及其他辅助的工作，极大地影响着焊接的生产速度。为此，必须全力推广使用机械化和自动化程度较高的装配焊接工艺装备。

5.2.2.1　夹具概述

装配夹具，是指在装配中用来对零件施加外力，使其获得可靠定位的工艺装备。它包括通用夹具和装配胎架上的专用夹具。广义上说，在工艺过程中的任何工序，用来迅速、方便、安全地安装工件的装置，都可称为夹具。例如焊接夹具、检验夹具、装配夹具、机床夹具等。其中机床夹具最为常见，常简称为夹具；夹具在电子厂商使用也是非常高的，在生产中为了提高生产效率和产品质量，在生产的中段和后段就常用工装夹具来进行功能测试或者辅助装配。夹具是加工时用来迅速紧固工件，使机床、刀具、工件保持正确相对位置的工艺装置。也就是说工装夹具是机械加工不可缺少的部件，在机床技术向高速、高效、精密、复合、智能、环保方向发展的带动下，夹具技术正朝着高精、高效、模块、组合、通用、经济方向发展。

焊接工装夹具就是将焊件准确定位和可靠夹紧，便于焊件进行装配和焊接、保证焊件结构精度方面要求的工艺设备。在现代焊件生产中积极推广和使用与产品结构相适应的工装夹具，对提高产品质量，减轻工人的劳动强度，加速焊接生产实现机械化、自动化进程等方面起着非常重要的作用。

5.2.2.2 装配夹具的分类和组成

在焊接结构生产中，装配和焊接是两道重要的生产工序，根据工艺通常以两种方式完成这两道工序，一种是先装配后焊接；一种是边装配边焊接。把用来装配以进行定位焊的夹具称作装配夹具；专门用来焊接焊件的夹具称作焊接夹具；把既用来装配又用来焊接的夹具称作装焊夹具。它们统称为焊接工装夹具。

（1）夹具的分类

装配夹具按夹紧力来源，分为手动夹具和非手动夹具两大类。手动夹具包括螺旋夹具、楔条夹具、杠杆夹具、偏心轮夹具等；非手动夹具包括气动夹具、液压夹具、磁力夹具等。

① 专用夹具是指具有专一用途的焊接工装夹具装置，是针对某种产品的装配与焊接需要而专门制作的。专用夹具的组成基本上是根据被装焊零件的外形和几何尺寸，在夹具体上按照定位和夹紧的要求，安装了不同的定位器和夹紧机构。

② 组合夹具是由一些规格化的夹具工件，按照产品加工的要求拼装而成的可拆式夹具。对于品种多、变化快、批量少，且生产周期短的生产场合，采用拼装灵活、可重复使用的组合夹具大有好处。组合夹具按照基本元件的连接方式不同，可分为两大系统：其一为槽系统，是指组合夹具的元件之间主要依靠槽来进行定位和紧固；其二为孔系统，是指组合夹具的元件之间主要依靠孔来进行定位和紧固。组合夹具中按照元件的功用不同可以分为基础件、支承件、定位件、导向件、压紧件、紧固件、合成件以及辅助件八个类别。

③ 磁力夹具是借助磁力吸引铁磁性材料的焊件来实现夹紧的装置。按磁力的来源磁力夹具可分为永磁式和电磁式两种；按工作性质可分为固定式和移动式两种。

a. 永磁式夹紧器采用永久磁铁的剩磁产生的磁力夹紧焊件。此种夹紧器的夹紧力有限，用久以后磁力将逐渐减弱，一般用于夹紧力要求较小、电源不便、不受冲击振动的场合，常用它作为定位元件使用。永久磁铁材料为铝-镍-钴合金、锶钙铁氧体磁性材料等。使用永磁式夹紧器时，切忌振动与坠落。

b. 电磁式夹紧器是一个直流电磁铁，通电产生磁力，断电则磁力消失。电磁式夹紧器具有装置小、吸力大、运作速度快、便于控制且无污染的特点。值得注意的是，使用电磁夹紧器时应防止因突然停电而可能造成的人身和设备事故。

图 5-33 所示是电磁夹紧器应用示例。图 5-33（a）所示是用两个电磁铁并与螺旋夹紧器配合使用矫正变形的板料；图 5-33（b）所示是利用电磁铁作为杠杆的支点压紧角铁与焊件表面的间隙；图 5-33（c）所示是依靠电磁铁对齐拼板的错边，并可代替定位焊；图 5-33（d）是采用电磁铁作支点使板料接口对齐。

（2）夹具的组成

一个完整的夹具，是由定位器、夹紧机构、夹具体三部分组成的。在装焊作业中，多使用夹具体上装有多个不同夹紧机构和定位器的复杂夹具（又称为胎具或专用夹具）。其中，除夹具体是根据焊件结构形式进行专门设计外，夹紧机构和定位器多是通用的结构形式。

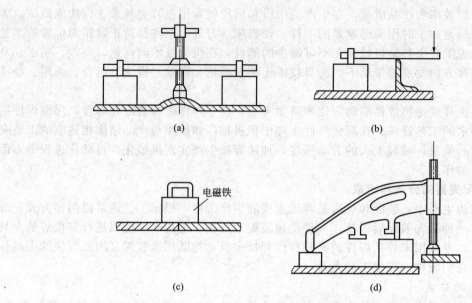

图 5-33　电磁夹紧器应用示例

定位器大多数是固定式的，也有一些为了便于焊接装卸，做成伸缩式或转动式的，并采用手动、气动、液压等驱动方式。夹紧机构是夹具的主要组成部分，其结构形式很多，且相对复杂，驱动方式也多种多样。在一些大型复杂的夹具上，夹紧机构的结构形式有多种，而且还使用多种动力源，有手动加气动的、气动加电磁的等，这种多动力源夹具，称作混合式夹具。在先进工业国家里，对广泛采用的一些夹紧机构已经标准化、系列化。在工艺设计时进行选用即可。我国焊接工作者，正进行着这方面的研究开发工作，相信不久也会有我们自己的系列化、标准化的夹紧机构出现。

5.2.2.3　装配夹具的设计要求

由于产品结构的技术条件、施焊工艺以及工厂具体情况等的不同，对所选用及设计的夹具均有不同的特点及要求。

① 工装夹具应具有足够的强度和刚度。夹具在生产中投入使用时要承受着多种力的作用，比如焊件的自重、夹紧反力、焊接变形引起的作用力、翻转时可能出现的偏心力等，所以夹具必须有一定的强度和刚度，特别是夹具体的刚度，对结构的形状精度、尺寸精度影响较大，设计时要留较大的裕度。

② 夹紧可靠，刚性适当。夹紧时不能破坏工件的定位位置和几何形状、尺寸符合图样要求。既不能允许工件松动滑移，又不使工件的拘束度过大而产生较大的拘束应力。因此，手动夹具操作时的作用力不可过大，机动压紧装置作用力应采用集中控制的方法。

③ 焊接工装夹具应灵活、操作方便。使用夹具生产应保证足够的装配焊接空间，使操作人员有良好的视野和操作环境，使焊接生产的全过程处于稳定的工作状态。操作位置应处在工人容易接近和操作的部位。特别是手动夹具，其操作力不能过大，操作频率不能过高。

④ 焊接工装夹具应有足够的装配、焊接空间，便于焊件的装卸。操作时应考虑制品在装配定位或焊后能顺利地从夹具中取出，不能影响焊接操作和焊工的观察，不妨碍焊件的装卸。所有的定位元件和夹紧机构应与焊道保持适当的距离，或者布置在焊件的下方和侧面。夹紧机构的执行元件应能够伸缩或转位。

⑤ 良好的工艺性。所设计的夹具应便于制造、安装和操作，便于检验、维修和更换易损零件。设计时，定位器和夹紧机构的结构形式不宜过多，并且尽量选用一种动力源。尽量

选用已通用化、标准化的夹紧机构及标准零部件来制作焊接装配夹具。还要考虑吊装能力以及安装场地等因素，降低夹具制造成本。

⑥ 注意各种焊接方法在导电、导热、隔磁、绝缘等方面对夹具提出的特殊要求，夹具本身具有良好的导电、导热性能。例如，凸焊和闪光焊时，夹具兼作导电体，钎焊时夹具兼作散热体。真空电子束焊所使用的夹具，为了不影响电子束聚焦，不能用磁性材料制作，夹具也不能带有剩磁。

5.2.2.4 定位元件设计

定位器是保证焊件在夹具中获得正确装配位置的零件或部件。定位器的形式有多种，如挡铁、支承钉或支承板、定位销及 V 形块和定位样板五类。

定位器可作为一种独立的工艺装置，也可以是复杂夹具中的一个基本元件。定位器的制造和安装精度对工件的精度和互换性产生直接的影响，因此保证定位器本身的设计合理性、加工精度和它在夹具中的安装精度，是设计和选用定位器的重要环节。定位器的形式有多种，如挡铁、支承钉或支承板、定位销及 V 形块等。使用时，可根据工件的结构形式和定位要求进行选择。

（1）平面定位用定位器

工件以平面定位时常采用挡铁、支承钉等进行定位。

① 挡铁 挡铁是一种应用较广且结构简单的定位元件，除平面定位外也常对板焊结构进行边缘定位。

a. 固定式挡铁［图 5-34(a)］ 可使工件在水平面或垂直面内固定，其高度不低于被定位件截面重心线。适用于单一产品且批量较大的焊接生产中。

b. 可拆式挡铁［图 5-34(b)］ 在定位平面上一般加工出孔或沟槽，挡铁直接插入夹具或装配平台的锥孔上，不用时可以拔除，也可以以螺栓固定在平台上定位焊件。

c. 永磁式挡铁［图 5-34(c)］ 采用永磁性材料制成，使用方便，一般可定位 30°、45°、70°、90° 夹角的铁磁性金属材料。适用于中、小型板材或管材焊接件的装配。在不受冲击振动的场合利用永磁铁的吸力直接夹紧工件，可起到定位和夹紧的组合作用。

d. 可退式挡铁［图 5-34(d)］ 为适应焊接结构形式的多种多样性，保证复杂的结构件经定位焊或焊接后，能从夹具中顺利取出。通过铰链结构使挡铁用后能迅速退出，提高工作效率。

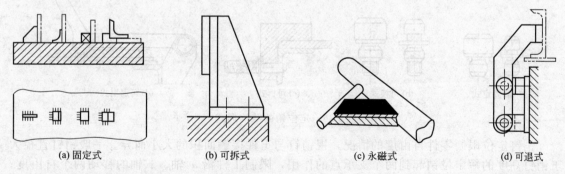

(a) 固定式　　(b) 可拆式　　(c) 永磁式　　(d) 可退式

图 5-34　挡铁的结构形式

② 支承钉和支承板 主要用于平面定位，一般有固定式和可调式两种。

a. 固定式支承钉［图 5-35(a)］ 一般固定安装在夹具上，可采用通过衬套与夹具骨架配合的结构形式，当支承钉磨损时，可更换衬套，避免因更换支承钉而损坏夹具。支承钉多用于刚性较大的焊件定位。

b. 可调式支承钉［图 5-35(b)］　这是对于零件表面未经加工或表面精度相差较大，而又需以此平面做定位基准时选用。可调支承钉采用与螺母旋合的方式按需要调整高度，适当补偿零件的尺寸误差。

c. 支承板定位［图 5-35(c)］　支承板构造简单，一般用螺钉紧固在夹具上，可进行侧面、顶面和底面定位，适用于工件经切削加工平面。

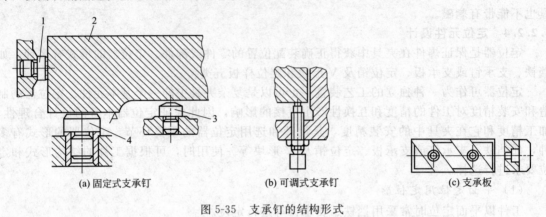

(a) 固定式支承钉　　　　　　　　(b) 可调式支承钉　　　　(c) 支承板

图 5-35　支承钉的结构形式
1—齿纹头式；2—焊件；3—球头式；4—平头式

（2）圆孔定位用定位器

利用零件上的装配孔、螺钉或螺栓孔及专用定位孔等作为定位基准时，多采用定位销（图 5-36）和定位芯轴定位。以孔为定位基准，应使孔的轴心线与夹具上相关定位元件轴心线重合（同轴）。若焊件以圆锥孔为定位基准时，用圆锥芯轴和圆锥销作为定位元件。零件用圆柱孔作为定位基准时，用圆锥形定位销有它特殊的优点。如图 5-36(a) 所示，它可以消除因定位基准的偏差所引起的径向定位误差，最大缺点是容易发生零件偏斜而造成误差，如图 5-36(c) 所示。解决的办法是尽量减小圆锥角，使插入定位销的零件孔壁发生弹塑性变形，零件和定位销之间由线接触变为面接触，从而消除零件的倾斜。可退出式定位销［图 5-36(d)］采用铰链形式使圆锥形定位销应用后可及时退出，便于工件的装上和卸下。

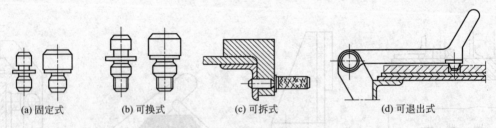

(a) 固定式　　　　(b) 可换式　　　　(c) 可拆式　　　　(d) 可退出式

图 5-36　定位销的结构形式

销钉定位限制零件自由度的情况，视销钉与工件接触面积的大小而异。一般销钉直径大于销钉高度的短定位销起到两个支承点的作用，限制工件沿 x 轴、y 轴的移动两个自由度；销钉直径小于销钉高度的长定位销可起到四个支承点的作用，限制工件沿 x 轴、y 轴的移动和绕 x 轴、y 轴的转动四个自由度。包括固定式定位销，可换式定位销，可退出式定位销等几种。

（3）外圆表面定位

用定位器生产中，圆柱表面的定位多采用 V 形块。V 形块的优点较多，应用广泛。V

形块上两斜面的夹角，一般选用 60°、90°、120°三种。焊接夹具中 V 形块两斜面夹角多为 90°。V 形块的定位作用与零件外圆的接触线长度有关。一般短 V 形块起到两个支承点的作用，长 V 形块起四个支承点的作用。常用 V 形块的结构有以下几种：固定式 V 形块、调整式 V 形块、活动式 V 形块。

外圆表面定位用定位器生产中，管子、轴及小直径圆筒节等圆柱形焊件的固定多采用 V 形块来保证外圆柱面的轴心线在夹具中有预定的位置，如图 5-37 所示。图 5-37(d) 是 V 形块与螺旋夹紧器配合使用的工作状态。

① 固定式 V 形块［图 5-37(a)］对中性好，能使工件的定位基准轴线在 V 形块两斜面的对称平面上，而不受定位基准直径误差的影响。

② 调整式 V 形块［图 5-37(b)］用于同一类型但尺寸有变化的工件，或用于可调整夹具中。

③ 活动式 V 形块［图 5-37(c)］一般用于定位夹紧机构中，起消除一个自由度的作用，常与固定 V 形块配合使用。

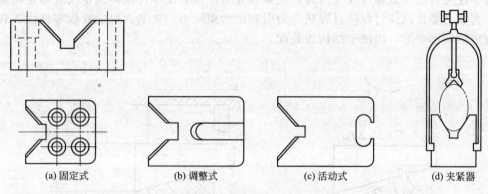

图 5-37　V 形块定位器

工件以外圆柱为定位基准时，也可以采用定位套筒、定位环等作为定位元件。另外，定位样板可以借助零件上的圆孔、边缘、凸缘等任何支承轮廓来确定其他待安装零件的位置。

5.2.2.5　夹紧机构设计

利用某种施力元件或机构使工件达到并保持预定位置的操作称为夹紧。用于夹紧操作的元件或机构就称为夹紧器或夹紧机构。

（1）夹紧力确定

正确施加夹紧力需确定夹紧力的大小、方向和作用点三个要素。

① 夹紧力作用方向的确定　夹紧力作用方向的确定要求力的作用应不破坏工件定位的准确性，主要和焊件定位基准的位置及焊件所受外力的作用方向有关。夹紧力一般应垂直于主要定位基准，使这一表面与夹具定位件的接触面积最大，即接触点的单位压力相减小，定位稳定牢靠，有利于减小零件因受夹紧力作用而产生的变形。

夹紧力的方向应尽可能与所受外力（焊件重力、控制焊接变形所需要的力、工件移动或转动引起的惯性力以及离心力等）的方向相同，使所需设计的夹紧力最小，以减轻工人劳动强度，使夹紧机构轻便、紧凑，减小焊件受压变形。

② 夹紧力作用点的确定　作用点的位置主要考虑如何保证定位稳固和最小的夹紧变形。作用点应位于零件的定位支承之上或几个支承所组成的定位平面内，以防止支承反力与夹紧力或支承反力与重力形成力偶造成零件的位移、偏转或局部变形，如图 5-38 所示。

夹紧力的作用点应安置在零件刚性最大的部位上，必要时，可将单点夹紧改为双点夹紧或适当增加夹紧接触面积。此外，作用点的布置还与工件的薄厚有关。对于薄板（$\delta \leqslant$ 2mm）的夹紧力作用点应靠近焊缝，并且沿焊缝长度方向上多点均布，板材越薄均布点的距离越密。厚板的刚性较大，作用点远离焊缝可以减小夹紧力。

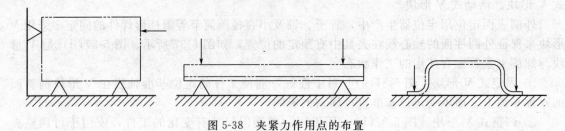

图 5-38　夹紧力作用点的布置

③ 夹紧力大小的确定　确定夹紧力的大小需考虑以下几方面因素：当焊件在夹具上的有翻转或回转动作时，夹紧力要足以克服重力和惯性力的影响，保持夹具夹紧焊件的牢固性；需要在夹具上实现弹性反变形时，夹紧装置就应具有使零件获得预定反变形量所需的夹紧力；夹紧力要足以应付焊接过程热应力引起的约束应力；夹紧力应能克服零件因备料、运输等造成的局部变形，以便于结构的装配。

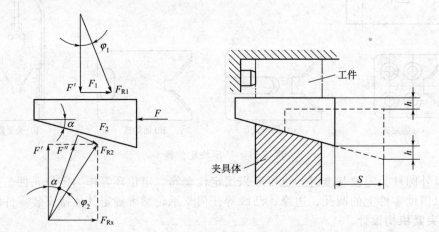

图 5-39　斜楔夹紧器工作原理图

（2）夹紧机构分类

常用夹紧机构：楔形夹紧器、螺旋夹紧器、偏心轮夹紧器、杠杆夹紧器、铰链夹紧机构。

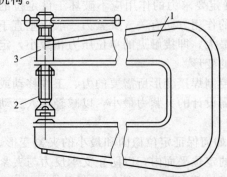

图 5-40　螺旋夹紧器的结构形式
1—主体；2—螺杆；3—螺母

① 楔形夹紧器　楔形夹紧器是一种最基本、最简单的夹紧元件。工作时，主要通过斜面的移动所产生的压力夹紧工件，图 5-39 是斜楔夹紧器工作原理图。

② 螺旋夹紧器　螺旋夹紧器一般由螺杆、螺母和主体三部分组成，配合使用的有压块、手柄等。使用时，通过螺杆与螺母的相对旋动达到夹紧工件的目的。旋压时，为防止对零件表面的压伤和产生位移，可在螺杆的端部装有可摆动的压块，既可使夹紧的零件不随螺旋拧动而转动，又不致压伤零件。图 5-40 是螺旋夹紧器的结构形式。

③ 偏心轮夹紧器　偏心轮是指绕一个与几何中心相对偏移一定距离的回转中心而旋转的零件。偏心轮夹紧器是由偏心轮或轮的自锁性能来实现夹紧作用的夹紧装置。夹紧动作迅速，特别适用于尺寸偏差较小、夹紧力不大及很少振动情况下的成批大量生产。图 5-41 是具有弹簧自动复位装置的偏心轮夹紧器。图 5-41(a) 是钩形压头靠转动偏心轮夹紧作用固定工件，松脱时依靠弹簧使钩形压头离开工件复位。为便于装卸零件，钩形压头可制成转动结构形式。图 5-41(b) 是采用压板同时夹紧两个零件，松开时，压板被弹簧顶起，并可绕轴旋转卸下零件。

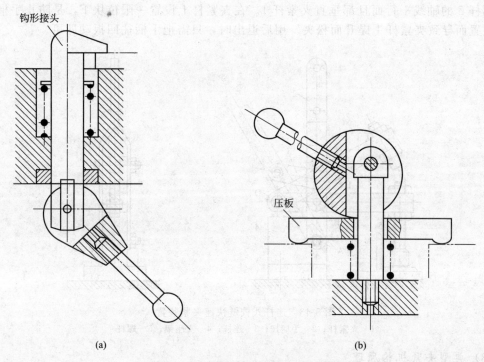

图 5-41　具有弹簧复位的偏心轮夹紧器

④ 杠杆夹紧器　杠杆夹紧器由三个点和两个臂组成，这是一种利用杠杆作用原理，使原始力转变为夹紧力的夹紧机构。杠杆夹紧器的夹紧动作迅速，而且通过改变杠杆的支点和力点的位置，可起到增力的作用。杠杆夹紧器自锁能力较差，受振动时易松开，所以常采用

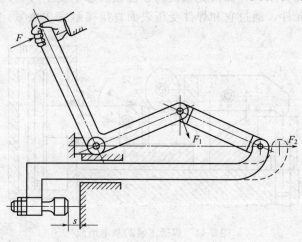

图 5-42　杠杆夹紧器示意图

气压或液压作夹紧动力源或与其他夹紧元件组成复合夹紧机构，充分发挥杠杆夹紧器可增力、快速或改变力作用方向的特点。图 5-42 是一个典型的杠杆夹紧器。当向左推动手柄时，间隙 s 增大，工件则被松开；当向右扳动手柄时，则工件夹紧。

⑤ 铰链夹紧机构　铰链夹紧机构是用铰链把若干个杆件连接起来实现夹紧工作的机构。铰链夹紧机构的夹紧力小，自锁能力差，怕振动。但夹紧和松开的动作迅速，可退出且不妨碍工件的装卸。因此，在大批量的薄壁结构焊接生产中广泛采用。其结构与工作特点如图 5-43 所示，图中位置是工件正处在被夹紧状态，这时 A、B、C 要处在一条直线上，该直线要与螺杆 5 的轴线平行而且都垂直夹紧杆 1。在夹紧杆上设置一限位块 E，是防止手柄杆越过该位置而导致夹紧杆 1 提升而松夹。用后退出时，只需把手柄往回扳动即可。

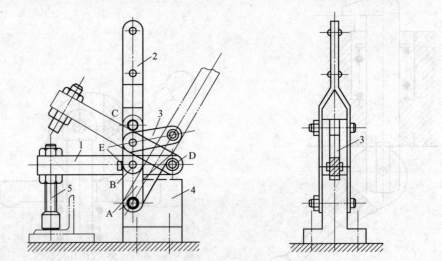

图 5-43　连杆式铰链快速夹紧装置
1—夹紧杆；2—手柄杆；3—连杆；4—支座架；5—螺杆

（3）典型夹紧机构原理

图 5-44 所示是一种典型的夹紧装置，基本上由三部分组成，包括力源装置、中间传动机构和夹紧元件。力源装置是产生夹紧作用力的装置，通常是指机动夹紧时所用的气压、液压、电动等动力装置；中间传动机构起着传递或转变夹紧力的作用，工作时可以通过它来改变夹紧作用力的方向和大小，并保证夹紧机构在自锁状态下安全可靠；夹紧元件（压板）是夹紧机构的最终执行元件，通过它和焊件受压表面直接接触完成夹紧；焊件通过定位销钉 6

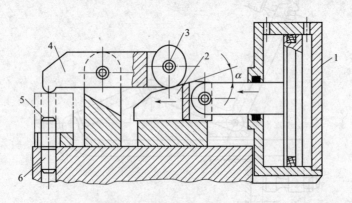

图 5-44　焊接工装的基本组成
1—气缸；2—斜楔；3—辊子；4—压板；5—焊件；6—定位销钉

进行定位。一般手动夹具，主要由中间传动机构和夹紧元件组成。

5.2.2.6 夹具体设计

夹具体是夹具的基础件，在它上面安装组成该夹具所需的各种元件、机构和装置等，起着支承、连接作用。其形状和尺寸取决于工件的外廓尺寸、各类元器件与装置的布置情况以及加工的性质。因此，设计时需要满足装焊工艺对夹具的刚度要求，并根据夹具元件的剖面形状和尺寸大小来确定主体结构方案和传动方案，如确定夹具结构的组成部分有哪些，结构主体的制造方法以及采用几级传动形式等。

夹具体的形状与尺寸在绘制夹具总图时，根据工件、定位元件、夹紧装置及其他辅助机构等在夹具体上的配置大体上可以确定，一般不做复杂计算，常参照类似夹具结构按经验类比法估计。然后根据强度和刚度要求选择断面的结构形状和壁厚尺寸。受到集中力的部位可以用肋板加强。按经验，铸造夹具体的壁厚一般取 $8\sim25mm$ 左右，焊接夹具体取 $6\sim10mm$，加强肋的厚度一般取壁厚的 $0.7\sim0.9$，加强肋高度，铸造的一般不大于壁厚的 5 倍。

夹具体设计的基本要求主要包括以下 6 点。

① 足够强度和刚度，保证夹具体在装配或焊接过程中正常工作，在夹紧力、焊接变形拘束力、重力和惯性力等作用下不致产生不允许的变形和振动。

② 结构简单、轻便，在保证强度和刚度前提下结构尽可能简单紧凑，体积小、质量轻和便于工件装卸；在不影响强度和刚度的部位可开窗口、凹槽等，以减轻结构质量，特别是手动式或移动式夹具，其质量一般不超过 10kg。

③ 安装稳定牢靠。夹具体可安放在车间的地基上或安装在变位机械的工作台架上。为了稳固，其重心尽可能低。若重心高，则支承面积相应加大，在底面中部一般挖空，让周边凸出。

④ 结构的工艺性好，应便于制造、装配和检验。夹具体上各定位基面和安装各种元件的基面均应加工。若是铸件应铸出 $3\sim5m$ 的凸台，以减少加工面积。不加工的毛面与工件表面之间应保证有一定空隙，常取 $8\sim15mm$，以免与工件发生干涉；若是光面，则取 $4\sim10mm$。

⑤ 尺寸要稳定且具有一定精度。对铸造的夹具体要进行时效处理，对焊接的夹具体要进行退火处理。各定位面、安装面要有适合的尺寸和形状精度。

⑥ 清理方便。在装配和焊接过程不可避免有飞溅、烟尘、渣壳、焊条头、焊机等杂物掉进夹具体内，应便于清扫。

如图 5-45 所示是一种年产 1 万台件的装焊拖拉机扇形板的工装夹具，其夹具体就是根据焊件（图中双点画线所示）形状尺寸、定位夹紧要求由型钢和厚钢板拼焊而成的。夹具体上安装着定位器总成，以保证零件 2 相对零件 1 的垂直度和相对高度。零件定位后，用圆偏心-杠杆夹紧机构夹紧，以保证施焊时零件的相互位置不发生改变。

5.2.3 焊接工装夹具定位元件的设计方法及步骤

5.2.3.1 定位基准的确定

首先应根据工件的技术要求和所需限制的自由度数目，确定好工件的定位基准。

在夹具上进行装配焊接时，一般分三步进行：定位、夹紧、定位焊。定位焊也称点固焊，就是对已定好位置的各个零部件以一定间隔焊一段焊缝，把这些零部件的相互位置固定，以保证整个结构件得到正确的几何形状和尺寸。选择定位基准时，应考虑焊接可达性，使施焊处于有利位置，同时尽可能在夹具上完成所有的焊接，有利于控制焊接变形。

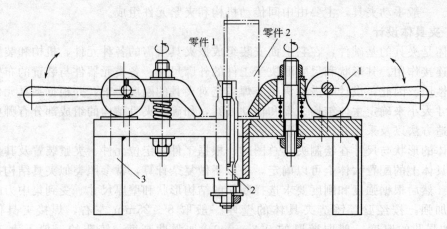

图 5-45　装焊拖拉机扇形板的工装夹具
1—圆偏心-杠杆夹紧机构；2—定位器总成；3—夹具体

一个零件的定位基准或待装部件用的组装基准，可以按下列原则去选择。

① 当在零部件的表面上既有平面又有曲面时，优先选择平面作为主要定位基准或组装基准，尽量避免选择曲面，否则夹具制造困难。如果各个面都是平面时，则选择其中最大的平面作为主定位基准或组装基准。但对于较复杂的薄板冲压件，可以选择曲面外形作为主要定位基准。

② 应选择零部件上窄而长的表面作为导向定位基准，窄而短的表面作为止推定位基准。

③ 应尽量使定位基准与设计基准重合，以保证必要的定位精度。以产品图样上已经规定好的定位孔或定位面作为定位基准。若没有规定时，应尽量选择设计图样上用以标注各零件位置尺寸的基准作为定位基准。

④ 尽量利用零件上经过机械加工的表面或孔等作为定位基准。或者以上道工序的定位基准作为本工序的定位基准。备料过程中，冲剪和自动气割的边缘以及原材料本身经过轧制的表面都比较平整光洁，可以作为定位基准。手工气割的边缘和手工成形的表面精度差，一般不宜作定位基准。

上述原则要综合考虑，灵活运用。检验定位基准选择得是否合理的标准是：能否保证定位质量、方便装配和焊接，以及是否有利于简化夹具的结构等。

例如，装配工字梁时，有两个面可作组装基准。图 5-46(a) 是以下盖板的底平面作组装基准，即采取立装，这样缺点较多，重心高，不稳定；装配上盖板时，定位与夹紧困难，需要仰面定位焊。因此，应如图 5-46(b) 那样，以腹板的侧面作为整个工字梁的组装基准，即采取放倒装配，这样装配稳定，并且施焊方便。但是，两面定位焊时，工件需要翻转。

5.2.3.2　定位器结构及布局的确定

定位基准确定之后，设计定位器时，应结合基准结构形状、表面状况、限制工件自由度的数目、定位误差的大小以及辅助支承的合理使用等，并在兼顾夹紧方案的同时进行分析比较，以达到定位稳定、安装方便、结构工艺性和刚性好等设计要求。

如果六点定位时支承点按图 5-47(a) 所示分布，A、B、C 三点位于同一直线上，工件的 X 自由度没有限制，这时工件为不完全定位。同样，如果支点按图 5-47(b) 的方式分布，侧面上的两个支点布置在垂直于底面的同一直线上，工件的 Z 自由度没有限制，工件也是不完全定位。同时，图 5-47(a) 中的 B 点，图 5-47(b) 中的 D 点却分别由于重复限制了自由度 Z 和 Y，成了过定位点。可以推论，6 个支点在底面布置 4 个，其余两个定位面上各布

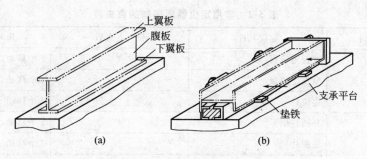

图 5-46　工字梁组装基准的选择

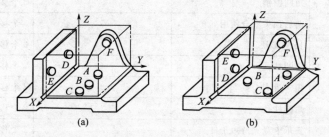

图 5-47　定位分析

置一个，或者在 3 个定位面上各布置 2 个或 6 个支点在两个平面上，均会出现不完全定位和过定位现象。

因此，6 个支点在 3 个相互垂直的平面上必须按"3-2-1"的规律分布，并将工件 3 个定位基准面与这些支点接触，使每个支点限制着一个自由度。

图 5-48 所示的是由 4 块板组成的方框在平台上布置定位挡铁的两种方案。这两种方案尽管都能把各零件的位置确定下来，但是当焊接变形引起尺寸 B 减小时，图 5-48（a）所示的方框焊好后无法从夹具中取出。如果把里面的挡铁 1 和 2 换到图 5-48（b）所示位置，就可避免被卡住的情况。图中小箭头表示夹紧力方向，大箭头表示装配或焊接完成后取出工件的方向。

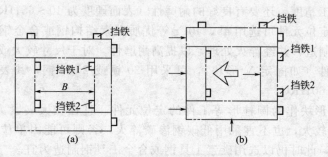

图 5-48　定位挡铁的布置

5.2.3.3　必限自由度的确定

根据工序图中装配顺序和技术要求，正确地确定必须限制的自由度（必限自由度），并用适当的定位器将这些自由度加以限制。表 5-2 列出了常用定位器相当的支点数和所能限制工件自由度的情况，供分析参考。

5.2.3.4　确定定位器的材料及技术要求

定位器本身质量要高，其材料、硬度、尺寸公差及表面粗糙度要满足技术要求，要有足够的强度和刚性，受力定位元件一般要进行强调和刚度计算。

表 5-2　常用定位器所限制的自由度

工件定位基准面	定位元件	相当支点数	限制自由度情况
平面	宽长定位板	3	1 个移动,2 个转动
	窄长定位板	2	1 个移动,1 个转动
	定位钉	1	1 个移动
圆柱孔	长圆柱销	4	2 个移动,2 个转动
	短圆柱销	2	2 个移动
	短削边销	1	1 个转动
	短圆锥销	3	3 个移动
	前后顶尖联合使用	5	3 个移动,2 个转动
圆柱体	长 V 形块	4	2 个移动,2 个转动
	长圆柱孔	4	2 个移动,2 个转动
	短 V 形块	2	2 个移动
	短圆柱孔	2	2 个移动
	三爪卡盘夹持短工件	2	2 个移动
	三爪卡盘夹持长工件	4	2 个移动,2 个转动
	短圆锥孔	3	3 个移动
	前后锥孔联合使用	5	3 个移动,2 个转动

　　焊接组合件的制造精度一般不超过 IT14 级,夹具的精度必须高出制件精度 3 个等级,即夹具精度应不低于 IT11 级。对于定位元件,与工件定位基准面或与夹具体接触或配合的表面,其精度等级可稍高一些,可取 IT9 或 IT8 级。装焊夹具定位元件的工作表面的粗糙度应比工件定位基准表面的粗糙度要好 1~3 级。定位元件工作表面的粗糙度值 Ra 一般不应大于 $3.2\mu m$,常选 $Ra=1.6\mu m$。

　　定位器的工作表面在装配过程中与被定位零件频繁接触且为零部件的装配基准,因此,不仅要有适当的加工精度,还要有良好的耐磨性(表面硬度为 40~65HRC),以确保定位精度的持久性。夹具定位元件可选用 45、40Cr 等优质碳素结构钢或合金钢制造,或选用 T8、T10 等碳素工具钢制造,并经淬火处理,以提高耐磨性。对于尺寸较大或需装配时配钻、铰定位销孔的定位元件(如固定 V 形块),可采用 20 铜或 20Cr 钢,其表面渗碳深度 0.8~2mm,淬硬达 54~60HRC。

　　但是,如果 V 形块作为圆柱形等工件的定位元件,且在较大夹紧力等负荷下工作时,即使 V 形块的尺寸较大,也不宜采用低碳钢渗碳淬火,否则可能因单位面积压力过大,表硬内软而产生凹坑,此时仍以选用碳素工具钢或合金工具钢制造为宜。

　　定位方案的设计,不仅要求符合定位原理,而且应有足够的定位精度。不仅要求定位器的结构简单、定位可靠,而且应使其加工制造和装配容易。因此要对定位误差大小、生产适应性、经济性等多方面进行分析和论证,才能确定出最佳定位方案。

5.2.3.5　定位方案实例分析

　　现以某汽车驾驶室的装配为例进一步说明定位方案的设计。

　　(1) 装焊定位基准的选择

　　根据基准统一原则,汽车驾驶室的装焊定位基准及其工装设计基准应与车身的设计基准保持一致,这对减少积累误差,保证汽车驾驶室的装焊质量是非常重要的。由于汽车车身是空间形体结构，因此，其设计基准均以 X、Y、Z 轴坐标系间距为 200mm 的网格线作基准线，即车身坐标线，如图 5-49 所示。

为此，装焊夹具设计、制造、安装以及测量基准都必须与车身的设计基准保持一致。夹具上的全部定位元件的空间位置均以三维坐标来标注尺寸。三个坐标的基准是：左右方向为 X 轴，其零基准线为车身横向对称轴线，左边为正，右边为负；前后方向为 Y 轴，其零基准线为两个前轮的中心连线，往前为负值，往后为正值；上下方向为 Z 轴，其零基准线为车架（或地板）的上平面，往上为正值，往下为负值。这三条基准线组成了车身设计、制造和装配的零基准线。

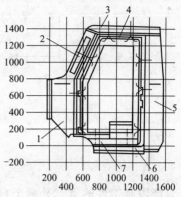

图 5-49　驾驶室总成示意图
1—前围；2—前风窗口；3—顶盖；
4—门上梁；5—后围；
6—门槛；7—底板

驾驶室由前围、后围、底板、顶盖等分总成组成，每个分总成又都由较多的大小不同目的冲压件装焊而成。在大量生产中，装焊驾驶室要设计几十套大型装焊夹具，只有正确选择装焊定位基准，才能生产出合格的驾驶室。

驾驶室两侧有装车门用的门框，前、后围有装风窗玻璃用的窗口。这些部位装配关系复杂，尺寸要求严格。另外，驾驶室要通过底板上的悬置孔固定在汽车车架上。因此，这些地方都是装配最重要的部分，在选择装配定位基准时要做到以下几方面。

首先应保证门框的装配尺寸。门框一般由前、后支柱，底板门槛，门上梁等部件装焊而成；车门要用铰链装配到前支柱上。车门与后支柱间有挡块同门锁联系，门框尺寸保证不了，会造成车门装配困难，甚至使车门锁不上、打不开。

除了冲压件尺寸不精确外，装配定位不合理也会造成门框尺寸不准。在驾驶室总成装焊夹具中，门框必须作为主要定位基准之一，EQ1090 驾驶室门框部位所选择的定位支承点如图 5-49 所示。在分装夹具中，凡与前、后支柱有关的分总成装焊，都应直接用前、后支柱定位，而且从分装到总装所选的定位基准应统一。

其次为了保证门框尺寸，有的驾驶室采用侧围装配形式，门框的装配精度可以在侧围分总成装焊时得到保证，而且也便于采用门框定位，组织驾驶室多品种生产。此外，还有将驾驶室门框冲压成整体结构，驾驶室总装时用预冲的工艺孔将门框装焊在底板上。其他分总成的装配直接靠门框定位，夹具上不需门框定位机构，总装夹具简化，装配容易，生产效率高。

最后保证前、后悬置孔的位置精度。驾驶室底板上的悬置孔一般冲压在底板加强梁上。底板分总成装焊时，一般用前、后加强梁上的平面作首要基准，用定位销分别定前、后加强梁上 4 个悬置孔中的两个孔，以保证 4 个悬置孔的相对位置要求。由于在底板加强梁分装时，已保证了悬置孔的相对位置，因此在总装夹具上就不必再用全部悬置孔定位。

同时保证前、后风窗口装配尺寸。前、后风窗口一般由外覆盖件和内覆盖件组成，需用定位元件对前、后风窗口定位，保证风窗口的尺寸精度，以便安装风窗玻璃。

（2）定位分析

如图 5-50 所示，定位支承块 3、5 为前围立柱上的首要定位基准，左门框和右门框上定位于前立柱上的 4 个定位支承（左右分别为两个）决定的平面位置，限制了前围件的 Y、X、Z 三个自由度。在前立柱的另一个翻边面上，有两个定位支承块 4、6，由于它们分别在左、右门框上，且门框上的 2 个定位面互相平行，因此分布在同一平面内的 2 个定位支承

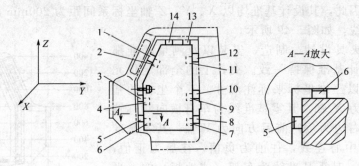

图 5-50 驾驶室门框的定位分析

1~14—定位支承块

点只能限制工件的 X、Y 两个自由度。此外，工件还有 Z 一个自由度未被限制，在结构上通常采用工艺孔定位的方法，即采用一个手动定位器上的定位销插入预冲的工艺孔内。

工艺孔采用图 5-51 所示的结构，以保证工艺孔在 X 的定位不发生干涉，而 Z 的定位精度为 ± 0.3mm。

后围立柱的定位分析与上述情况相同。

在上述前围立柱的定位分析中，左门框和右门框上定位于前立柱上的 4 个定位支承块决定一个平面，出现了过定位现象，从实际生产的角度出发，结合焊接件本身的特点，可以说过定位是必需的，而且这种过定位不但没有破坏工件的正确定位，反而提高了定位的稳定性。整个前围均采用薄板冲压件，它相当于一个弹性体靠在刚性体上，不会产生刚体过定位时产生的干涉所带来的定位不稳现象。

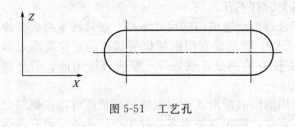

图 5-51 工艺孔

另外，驾驶室底板定位于夹具中作为基础组装件时，利用驾驶室底板加强梁上 4 个悬置孔中的 2 个孔作为定位基准，采用一面两销的定位方式。因此，驾驶室底板本身的定位精度尤为重要。在面积约为 2mm^2 的底板上布置 4 个定位支承块虽会出现过定位现象，但可从工艺上采取措施予以解决。这是因为加强梁的板材比较厚，刚性强，可以将 4 个支承块平面采用一次铣削平面加工消除过定位，使底板定位更加稳定可靠。对于大尺寸薄板冲压件，为了保证平面定位的稳定性，还需要考虑增设辅助支承，如图 5-50 所示，为防止弹性变形造成的门框上部分位置装配尺寸不准确，在左门框和右门框上各增加了一个定位支承块 1 作为辅助支承，它们同时起定位的作用。

（3）驾驶室总成装焊夹具

驾驶室总装随行夹具如图 5-52 所示，其左、右门框装焊夹具如图 5-53 所示。

驾驶室总装随行夹具的任务是完成底板、前围、后围、门上梁和顶盖的装焊。左、右门框夹具的底部可在 V 形导轨上沿 X 轴方向移动。其特点是导轨磨损后能自动补偿，不会产生间隙，因此导向性好。但由于底部平移，定位部分上部的摆差会使门框尺寸的精度受到一定的影响。

在门框的装焊夹具中左、右方箱本体的两侧各装有 3 个定位块（2 和 8），顶部各装有 2 个定位块 4，侧面还有活动定位销 9，组成了驾驶室左、右门框的定位结构。底板定位夹具由中部一个圆柱定位销和若干平面及周边定位块组成。

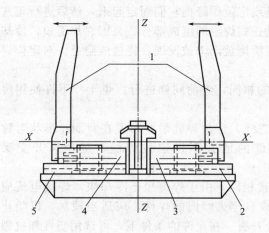

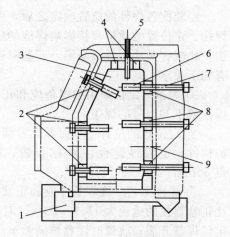

图 5-52　驾驶室总装随行夹具
1—左、右门框夹具；2—右导向座；3—右滑座；
4—左滑座；5—左导向座

图 5-53　左、右门框装焊夹具
1—导轨；2—前围定位块；3—方箱本体；
4—定位块；5—手动夹紧钳；6—汽缸；
7—气动夹紧钳；8—后围定位块；9—活动定位销

　　驾驶室的装焊顺序是，首先将底板装到底板定位夹具上，然后依次装上前围、后围和门上梁，使其分别紧靠定位块 2、8 和 4，再将活动定位销 9 插入前、后围定位孔中，并用气动夹紧钳压紧前围和后围，用手动夹紧钳夹紧门上梁。采用三台悬挂式焊钳分别点焊前围、后围与底板、门上梁的连接部分。最后将顶盖与前、后围和门上梁点焊。

　　装焊完毕，松开夹紧钳，左、右方箱本体沿 V 形导轨向外移动到位，将驾驶室吊到调整线上完成补焊及安装车门的工序，随行小车随末端升降台落到地坑内进行下一个装焊循环。

5.2.4　装配定位焊工艺

　　（1）装配

　　接头焊前的装配主要是使焊件定位对中，以及达到规定的坡口形状和尺寸。装配工作中，两焊件之间的距离称间隙，它的大小和沿接头长度上的均匀程度对焊接质量、生产率及制造成本影响很大，这一点在焊接生产中往往被忽视。

　　接头设计采用间隙是为了使焊条很好地接近母材及接头根部。带坡口的接头，为了熔透根部，必须注意坡口角度和间隙的关系。减少坡口角度时，必须增加间隙。坡口角度一定时，若间隙过小，则熔透根部比较困难，容易出现根部未焊透和夹渣缺陷。于是加大背面清根工作量；如果采用较小的焊条，就得减慢焊接过程；若间隙过大，则容易烧穿，难以保证焊接质量，并需要较多的焊缝填充金属，这就增加焊接成本和焊件变形。如果沿接缝根部间隙不均匀，则在接头各部位的焊缝金属量就会变化。结果，收缩和由此引起的变形也就不均匀，使变形难以控制。沿焊缝根部的错边可能在某些区域引起未焊透或焊根表面成形不良，或两者同时产生。所以，焊件坡口加工质量与精度以及装配工作中的质量，直接影响到焊接质量、产量和制造成本，须引起重视。

　　（2）定位焊

　　定位焊也称点固焊，是用来固定各焊接零件之间的相互位置，以保证整个结构件得到正确的几何形状和尺寸。定位焊缝一般比较短小，而且该焊缝作为正式焊缝留在焊接结构之中，故对所使用的焊条或焊丝应与正式焊缝所使用的焊条或焊丝牌号相同，而且必须按正式焊缝的工艺条件施焊。

经装配各焊件的位置确定之后，可以用夹具或定位焊缝把它们固定起来，然后进行正式焊接。定位焊的质量直接影响焊缝的质量，它是正式焊缝的组成部分。又因它焊道短，冷却快，比较容易产生焊接缺陷，若缺陷被正式焊缝所掩盖而未被发现、将造成隐患。对定位焊有如下要求。

① 焊条　定位焊用的焊条应和正式焊接用的相同，焊前同样进行再烘干。不许使用废焊条或不知型号的焊条。

② 定位焊的位置　双面焊且背面须清根的焊缝，定位焊缝最好布置在背面；形状对称的构件，定位焊缝也应对称布置；有交叉焊缝的地方不设定位焊缝，至少离开交叉点 50mm。

③ 焊接工艺　施焊条件应和正式焊缝的焊接相同，由于焊道短，冷却快，焊接电流应比正常焊接的电流大 15%～20%。对于刚度大或有淬火倾向的焊件，应适当预热，以防止定位焊缝开裂；收弧时注意填满弧坑、防止该处开裂。在允许的条件下，可选用塑性和抗裂性较好而强度略低的焊条进行定位焊。

④ 焊缝尺寸　定位焊缝的尺寸视结构的刚性大小而定，掌握的原则是：在满足装配强度要求的前提下，尽可能小些。从减小变形和填充金属考虑，可缩小定位焊的间距，以减少定位焊缝的尺寸。

装配定位焊工艺装备是指在焊接结构生产的装配与焊接过程中，起配合及辅助作用的夹具、机械装备或设备的总称，简称焊接工装。焊接工装夹具是将焊件准确定位并夹紧，用于装配和焊接的工艺装备。

焊接工装的正确选择，是生产合格焊接结构的重要保证。焊接工装的主要作用表现在以下几个方面：

a. 准确、可靠的定位和夹紧，可以减轻甚至取消下料和装配时的划线工作。减小制品的尺寸偏差，提高了零件的精度和互换性。

b. 有效地防止和减小焊接变形，从而减轻了焊接后的矫正工作量，达到减少工时消耗和提高劳动生产率的目的。

c. 能够保证最佳的施焊位置。焊缝的成形性优良，工艺缺陷明显降低，焊接速度提高，可获得满意的焊接接头。

d. 采用焊接工装，实现以机械装置取代装配零部件的定位、夹紧及工件的翻转等繁重的工作，改善了工人的劳动条件。

e. 可以扩大先进工艺方法和设备的使用范围，促进焊接结构生产机械化和自动化的综合发展。

装配定位焊夹具一般由定位元件（或装置）、夹紧元件（或装置）和夹具组成。焊接定位机械基本由驱动机构（力源装置）、传动装置和工作机构（定位及夹紧机构）三个基本部分组成，并通过机体把各部分连接成整体。

装配—焊接顺序基本上有三种类型：整装—整焊、零件—部件装配焊接—总装配焊接和随装随焊。

① 整装—整焊　即将全部零件按图样要求装配起来，然后转入焊接工序，将全部焊缝焊完，此种类型是装配工人与焊接工人各自在自己的工位上完成，可实行流水作业，停工损失很小。装配可采用装配胎具进行，焊接可采用滚轮架、变位机等工艺装备和先进的焊接方法，有利于提高装配—焊接质量。这种方法适用于结构简单、零件数量少、大批量生产条件。

② 随装随焊　即先将若干个零件组装起来，随之焊接相应的焊缝，然后再装配若干个零件，再进行焊接，直至全部零件装完并焊完，并成为符合要求的构件。这种方法是装配工

人与焊接工人在一个工位上交替作业，影响生产效率，也不利于采用先进的工艺装备和先进的工艺方法。因此，此种方法仅适用于单件小批量产品和复杂结构的生产。

③ 零件—部件装配焊接—总装配焊接　将结构件分解成若干个部件，先由零件装配成部件，然后再由部件装配—焊接成结构件，最后再把它们焊成整个产品结构。这种方法适合批量生产，可实行流水作业，几个部件可同步进行，有利于应用各种先进工艺装备、控制焊接变形和采用先进的焊接工艺方法。因此，此类型适用于可分解成若干个部件的复杂结构，如机车车辆底架、船体结构等。

5.3 典型焊接结构的装配过程

焊接结构生产的装配工艺是将组成结构的零件以正确的相互位置加以固定成组件、部件或结构的过程。装配时零件的固定通常用点固焊和装配（或装配焊接）夹具或装置来实现。

装配工序是焊接结构制造中的重要工序，又是一项繁重的工作，约占整体产品制造工作量的 25%～35%。它的下一道工序是焊接，因此装配质量直接影响到焊接质量，进而影响整个焊接结构的制造质量。例如焊缝装配间隙大小不均会影响自动焊接过程的稳定。所以，提高装配工作的效率和质量，多缩短产品制造周期、降低生产成本、保证产品质量等方面都具有重要的意义。

装配工作通常在平台、支架、专门装配台或装配夹具中进行。利用专门夹具或装置来进行装配不仅提高了劳动生产率，而且改善了装配质量。采用或不用以及用何种装配或装配焊接夹具取决于产品结构、技术条件、采用何种制造工艺以及产品生产性质等因素。

对于单件小批，结构简单的产品，往往利用划线来进行装配。按设计图纸，在零件相互之间划线。再利用简单的螺旋夹紧器或楔形、凸轮夹紧器来固定零件，符合图纸要求之后加以定点这种方法目前已获得广泛的应用。如起重机桥架金属结构的装配，桁架结构在产量不大时也用此法装配，它们零件之间相互位置常常划在装配平台上。而对于成批或大批量生产情况下，往往装配前的划线工作用预先做好的样板来完成或由定位装置取代。这样可以提高产品的质量和生产率。

5.3.1　梁的拼接

5.3.1.1　工字梁的装配

（1）装配的基本条件

在金属结构装配中，将零件装配成部件的过程称为部件装配；将零件或部件总装成产品则称为总装配。通常装配后的部件或整体结构直接送入焊接工序，但有些产品先要进行部件装配焊接，经矫正变形后在进行总装配。无论何种装配方案都需要对零件进行定位、夹紧和测量，这就是装配的三个基本条件。

① 定位　定位就是确定零件在空间的位置或零件间的相互位置。

② 夹紧　夹紧就是借助通用或专用夹具的外力将已定位的零件加以固定的过程。

③ 测量　测量是指在装配过程中，对零件间的相对位置和各部件尺寸进行一系列的技术测量，从而鉴定定位的正确性和夹紧力的效果，以便调整。

上述三个基本条件是相辅相成的，定位是整个装配工序的关键，定位后不进行夹紧就难以保证和保持定位的可靠与准确；夹紧是在定位的基础上的夹紧，如果没有定位，夹紧就是去了意义；测量是为了保证装配的质量，但有些情况下可以不进行测量（如一些胎夹具装配，定位元件定位装配等）。

（2）工字梁的装配

图 5-54 所示为在平台 6 上装配工字梁。工字梁的两翼板 4 的相对位置是由腹板 3 和挡

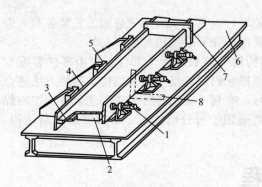

图 5-54　工字梁的装配
1—调节螺杆；2—垫板；3—腹板；
4—翼板；5,7—挡铁；
6—平台；8—90°角尺

铁 5 来定位，工字梁的端部是由挡铁 7 来定位；翼板与腹板间相对位置确定后，通过调节螺杆 1 来实现夹紧；定位夹紧后，需要测量两翼板相对平行度、腹板与翼板的垂直度（用 90°角尺 8 测量）和工字梁高度尺寸等项指标；平台 6 的工作面既是整个工字梁的定位基准面，又是结构的支承面。

（3）工字梁焊接变形及成因分析

① 工字梁是上、下盖板与腹板通过两个 T 形接头结合成一整体。T 形接头施焊过程中，随着焊接温度的变化，体积也发生变化，即局部的膨胀和收缩，焊件的局部膨胀收缩引起工件的变形。在焊接过程中，由于焊接热循环的特点，使焊件受到不均匀的加热，因此，焊接金属受热膨胀及冷却收缩的程度也不同，这样，在焊件内部就产生了应力，引起焊件变形。在制造过程中，工件的变形量是最重要的质量控制点之一。

在制作工字梁的时候，会出现局部的焊接变形（见图 5-55）：角变形；扭曲变形；弯曲变形。

② 在焊接上下盖板的时候一面温度较高，另一面较低，在焊接的那面受热膨胀较大，另一面较小，这样上下盖板冷却的时候，厚度方向上的收缩不均匀，焊接收缩面较大，另一面较小，产生了如图 5-55 所示的角变形。角变形的大小与焊接规范以及焊件的刚性有关，焊接规范中数值越大，它的输出能

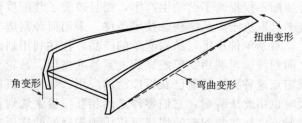

图 5-55　工字梁的局部变形图

量就越大，造成厚度方面的收缩就不均匀，角变形也就会很大，焊件的刚性越小，焊后引起的变形就越大，所以在焊接工字梁的时候就要合理加强板的刚性，在上下盖板之间增加工艺拉筋固定，同时利用反变形的方法，下料过程中，提前在上下盖板与腹板焊接的焊缝位置，向相反方向压型出 178°，控制变形。

③ 工字钢焊后的弯曲变形表现在构件实际中心线偏离设计中心线，产生一定的挠度，弯曲变形分为两种：焊缝横向收缩引起的弯曲变形和焊缝纵向收缩引起的弯曲变形。弯曲变形也与焊接规范和焊接构件的刚性有关，因此在焊接的时候尽量增加构件的刚度，同时运用较小的焊接规范进行焊接。但是合理的装配顺序也是很重要的，能增加焊接时的刚性，同时能减少弯曲变形。采用先焊接下盖板与腹板的焊缝，再焊接上盖板与腹板的焊缝。焊接时采用两个焊工同时施焊，并分段焊接，减小局部区域热输出量。

④ 扭曲变形产生的根本原因主要是焊缝的角变形沿焊缝长度分布不均匀，在这主要是角变形沿焊缝长度逐渐增大的结果。如果改变焊接顺序，两条相邻的焊缝同时同向同一个方向焊接，这样就会相互抵消各自的焊接变形；扭曲变形还由于构件本身的形状不规则、装配不当、搁置位置不正确等造成。

（4）工字梁焊接变形的防止

通过生产实践，发现工字梁的焊接变形形式主要包括：挠曲变形、拱变形、角变形出现频率较高，为主要变形；纵向收缩、横向收缩次之，为次要变形；扭曲变形最少，为微小变

形。所以焊接时要采取如下措施。

① 预留焊接收缩量　选择材质合格、表面平直的钢板下料，下料时应考虑焊接收缩余量。

② 反变形　反变形法方法简单，操作方便，但确定反变形量非常困难，目前主要依靠试验和经验，理论上的计算还很少。采用大变形理论研究了角焊缝焊接过程中预应变对角度变形的影响，结果表明预应变在加热过程中产生的变形可抵消构件在冷却时产生的反向变形。用迭代法推导出求解反变形形状的递推公式，对简单立体结构进行了有限元模拟，经过5次迭代得到最终反变形的设计形状。尽管每次迭代都要进行复杂的焊接变形计算，但这种迭代法思路还是很有意义。下料过程中，板厚在20mm以下时，提前在上下盖板与腹板焊接的焊缝位置，向相反方向压型出178°，控制变形。

③ 制作合理的焊接工艺　由于在焊接工字梁的时候，焊缝的长度很长，所以工艺的好坏直接影响工字梁焊缝和变形是否产生。因此，焊接的时候，宜采用对称逆向分段的焊接方法。把焊缝分为若干小段，每条焊缝的长度200～300mm。同时在焊接每一段的焊接方向皆与焊接总方向相反，选择技术较好且水平相近的2名焊工同时施焊，这样可将变形减小到最低限度。一般情况下应先焊接下盖板的两条角焊缝，再焊上盖板角焊缝，焊接方向要一致，焊接次数根据焊缝高度要求而定；多道焊时应制订翻转工艺，并加以测量，以便利用下一次焊接时采用焊接校正。

5.3.1.2　箱形梁的装配

箱形梁是由四块板组成管状承重结构，一般为矩形或方形。因其刚性大，自重轻，强度高，中间还可以灌注混凝

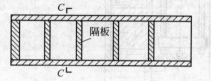
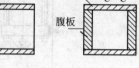

图 5-56　箱形梁结构示意

土，形成特殊、紧箍式钢柱结构，具有良好的承载轴力、弯矩和抵抗水平力的性能，在高层、超高层建筑中广泛采用。

箱形梁一般由腹板、隔板和翼板组成，其结构示意如图5-56所示。

（1）箱形梁的装配

① 线装配法　如图5-57所示的装配过程。装配前，先把翼板、腹板分别矫直、矫平，斜料不够先进行拼接。装配时将翼板放在平台上，划出腹板和肋板的位置线，并打上冲眼。各肋板按位置线垂直装配于翼板上，用90°角尺检验垂直度后定位焊，同时在肋板上部焊上

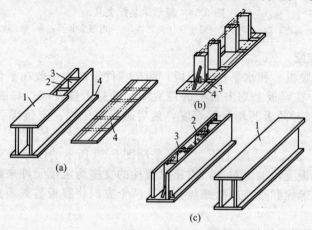

图 5-57　箱形梁的装配

1,4—翼板；2—腹板；3—肋板

临时支撑角钢，固定肋板之间的距离，如图 5-57（b）虚线所示。再装配两腹板，使它紧贴肋板立于翼板上，并与翼板保持垂直，用 90°角尺校正后实施定位焊。装配完两腹板后，应由焊工按一定的焊接顺序先进行箱形梁内部焊缝的焊接，并经焊后矫正，内部涂上防锈漆后再装配上盖板，即完成了整个装配工作。

② 胎具夹具装配法　批量生产箱形梁时，也可利用装配胎夹具进行装配，以提高装配质量和工作效率。

（2）箱形梁的装配夹具

图 5-58 所示是箱形梁的装配夹具，夹具的底座 1 是箱形梁水平定位的基准面，下盖板放在底座上面，箱形梁的两块腹板用电磁夹紧器 4 吸附在立柱 2 的垂直定位基准面上，上盖板放在两腹板的上面，由液压杠杆夹紧器 3 的钩头形压板夹紧。箱形梁经定位焊后，由液压缸 5 从下面把焊件往上部顶出。

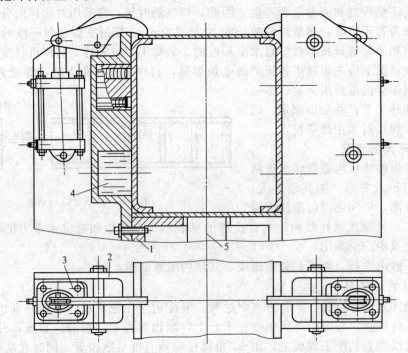

图 5-58　箱形梁装配夹具
1—底座；2—立柱；3—液压杠杆夹紧器；4—电磁夹紧器；5—液压缸

5.3.1.3　T 形梁的装配

T 形梁由立板（腹板）和水平板（面板）两个零件组成，一般在平台上装配。

① 划线装配法　在翼板上划出腹板的位置线，并打上样冲眼。将腹板按位置线立在翼板上，并用 90°角尺校对两板的相对垂直度，然后进行定位焊。定位焊后再经检验校正，才能焊接。

② 胎具装配法　成批量装配 T 形梁时，采用图 5-59 所示的简单胎夹具。装配时，不用划线，将腹板立于翼板上，端面对齐，以压紧螺栓的支座为定位元件来确定腹板在翼板上的位置，并由水平压紧螺栓和垂直压紧螺栓分别从两个方向将腹板与翼板夹紧，然后在接缝处定位焊。

5.3.1.4　大跨度建筑屋架结构的装配

大跨度建筑通常是指跨度在 30m 以上的建筑，主要用于民用建筑的影剧院、体育馆、展览馆、大会堂、航空港以及其他大型公共建筑。在工业建筑中则主要用于飞机装配车间、飞机库和其他大跨度厂房。

大跨度建筑发展的历史比起传统建筑毕竟是短暂的，它们大多为公共建筑，人流集中，占地面积大，结构跨度大，从总体规划、个体设计到构造技术都提出了许多新的研究课题，需要建筑工作者去探索。

大跨度建筑的基本结构形式有拱构结构、刚架结构、桁架结构、网架结构、平板网架结构、薄壳结构、悬索结构等。其中桁架结构在大跨度建筑中主要用于屋顶的承重结构，根据建筑的功能要求、材料供应和经济的合理性，可设计成单坡、双坡、单跨、多跨等不同的外观和形状，如图5-60所示。

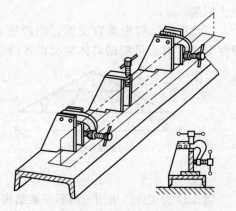

图 5-59　T 形梁的装配

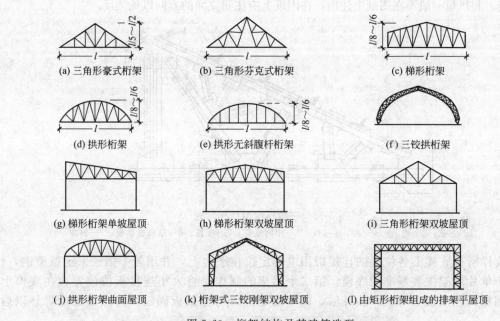

(a) 三角形豪式桁架　(b) 三角形芬克式桁架　(c) 梯形桁架
(d) 拱形桁架　(e) 拱形无斜腹杆桁架　(f) 三铰拱桁架
(g) 梯形桁架单坡屋顶　(h) 梯形桁架双坡屋顶　(i) 三角形桁架双坡屋顶
(j) 拱形桁架曲面屋顶　(k) 桁架式三铰刚架双坡屋顶　(l) 由矩形桁架组成的排架平屋顶

图 5-60　桁架结构及其建筑造型

三角形桁架可用钢、木或钢筋混凝土制作。当跨度不超过 18m 时，杆件内力较小，比较经济，故常用于跨度不大于 18m 的建筑。三角形桁架的坡度一般为 1/5～1/2，视屋面防水材料而定。采用各种瓦材时为 1/3～1/2，采用卷材防水时常用 1/5～1/4。

梯形桁架可用钢或钢筋混凝土制作。常用跨度为 18～36m，桁架矢高与跨度之比一般为 $\dfrac{f}{L}=\dfrac{1}{80}\sim\dfrac{1}{6}$。

拱形桁架的外形呈抛物线，与上弦的压力线重合，杆件内力均匀，比梯形桁架材料耗量少。矢高与跨度之比一般为 1/8～1/6。可用钢或钢筋混凝土制作。常用跨度为 18～36m。

桁架选型考虑的因素是：综合考虑建筑的功能要求、跨度和荷载大小、材料供应和施工条件等因素。当建筑跨度在 36m 以上时，为了减轻结构自重，宜选择钢桁架；跨度在 36m 以下时，一般可选用钢筋混凝土桁架，有条件时最好选用预应力混凝土桁架；当桁架所处的环境相对湿度大于 75% 或有腐蚀性介质时，不宜选用木桁架和钢桁架，而应选用预应力混凝土桁架。

三角形屋架跨中垂直支撑，当跨度≤18m时，应在屋架中央竖杆平面内设置一道。当跨度>18m时，可根据具体情况设置两道，如图5-61所示。

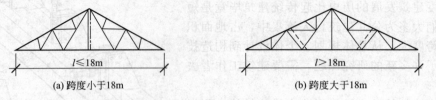

(a) 跨度小于18m　　　　　　　　　　　(b) 跨度大于18m

图 5-61　三角形屋架的垂直分布

图5-62为工业厂房用三角形屋架结构的一半，它由上弦1、下弦5、中间立撑4、基础连接板6、斜撑7、大小连接板3和檩条2等组成。上弦和下弦构成屋架的轮廓，立撑和各种斜撑用来增加屋架的刚性，它们之间用连接板连成一体，屋架由基础连板固定在基础板上，屋架之间靠檩条来连接。装配屋架时，首先在平台上放样，以千分之一预留焊接的收缩量，在平台上放样要画出起拱线。起拱量一般不在图纸上注出，在图纸上应注明立面的方向以免装反。

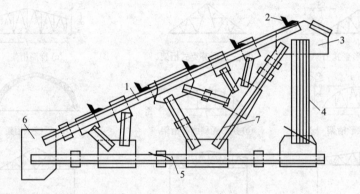

图 5-62　三角形屋架结构示意

1—上弦；2—檩条；3—大小连接板；4—中间立撑；5—下弦；6—基础连接板；7—斜撑

将放样所得底样上各位置的连接板用电焊定位在平台上，并用若干挡铁来定位型钢，作为第一个单片屋架拼装基准的底模。第二个屋架的制作是将大小连接板按位置放在底模上，所有型钢放到连接板上对正、找齐后，即可用定位焊与连接板固定。待全部定位焊好以后，

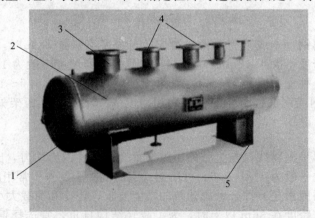

图 5-63　容器结构

1—封头；2—筒体；3—接管；4—法兰；5—支座

用吊车翻转180°。这样就可用该片屋架作为基准进行仿形复制装配焊接。

5.3.2 容器的装配

容器结构主要由封头、筒体、接管、法兰和支座组成。如图5-63所示。

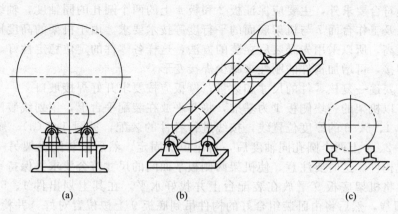

(a)   (b)   (c)

图5-64　筒体的卧装示意

（1）筒体的焊接装配

① 筒体的卧装　筒体卧装可在装配胎架上进行，图5-64（a）、（b）所示为筒体在滚轮架和辊筒架上装配。筒体直径很小时，也可在槽钢或型钢架上进行，如图5-64（c）所示。对接装配时，将两圆筒置于胎架上紧靠或按要求留出焊缝间隙，然后校正两节圆筒的同轴度，校正合格后实施定位焊。

② 筒体的立装　对于一些直径大长度不太大的容器可进行立装，其优点是可以克服由于自重而引起的变形。立装可采用图5-65所示的方法，先将一节圆筒放在平台上，并找好水平，在靠近上口处焊上若干个螺旋压马，然后将另一节圆筒吊上，用螺旋压马和焊在两节圆筒上的若干个螺旋拉紧器进行初步定位。然后检验两圆筒的同轴度并校正，检查环缝接口情况，并对其调整合格后进行定位焊。

（2）球罐的焊接装配

球罐的装配方法很多，现场安装时，一般采用分瓣装配法。分瓣装配法是将瓣片或多瓣片直接吊装整体的安装方法。分瓣装配法中以赤道带为基准来安装的方法运用的最为普遍。赤道带为基准的安装顺序是先安装赤道带，以此向两端发展。它的特点是由于赤道带先安装，其重力直接由支柱来支撑，使球体利于

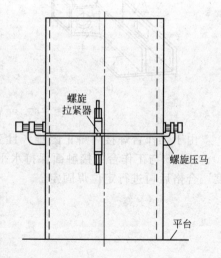

图5-65　筒体立装对接

定位，稳定性好，辅助工装少，图5-66所示是橘瓣式球罐分瓣装配法中以赤道带为基准的装配流程。

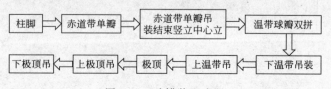

图5-66　球罐装配流程

5.3.3　机架结构的装配

许多焊接机器的零部件是用轧制钢板或型钢焊制成的，而且是单件和小批量生产的。

图 5-67 所示为单臂压力机机架的装配过程，是典型的板架结构。装配的技术问题，除要保证各接缝符合要求外，主要应保证板 2 和板 4 上的两个圆孔的同轴度，轴线与机架底面的垂直度，以及工作台面 7 与机架底面的平行度等技术要求。由于机架的高度比长度、宽度大，重心位置高，所以采用先卧装后立装的方法，这样各零件的定位稳定性好。同时，采用整体装配后焊接，可增加构件的刚性来减少焊接变形。

装配前，要逐一复核零件的尺寸和数量；厚板应按要求开好焊接坡口。

卧装时，以机架的一块侧板 1 为基准，将其平放在装配平台上，用划线装配法在其上面划出件 2、3、4、5、6 的厚度位置线，按线进行各件的装配，见图 5-67(a)。矫正好零件间垂直度以及件 2、4 上两个圆孔同轴度后，再定位焊固定。然后，装配机架另一块侧板，并点焊固定组成构件。这时要注意，使机架两侧板平面间的尺寸符合要求并保持平行。

立装时，将机架底板 9 平放在装配台上并找好水平，在其上划出件 1、5、6、8、10、11 的厚度位置线，然后将由卧装组合好的构件吊到底板 9 上按位置对好，并检验件 2、4 上两圆孔的轴线是否与底面垂直，校正后定位焊固定。再依次按线装配其他各件，并分别定位焊固定，如图 5-67(b) 所示。

工作台 7 一般都预先进行切削加工，装配焊后不再加工。装配前，一般先将卧装、立装后的构件先进行焊接并矫正，然后装配工作台并焊接，见图 5-67(c)。

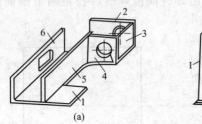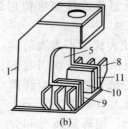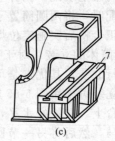

图 5-67　单臂压力机焊接机架装焊顺序示意

由于工作台焊接后矫正困难，且工作台面要求与机架底面保持平行，装配时应使件 8、10、11、6 与工作台的接触面保持水平。另外，工作台定位时必须严格检查其与底板的平行度，合格后再进行定位焊固定。

第 **6** 章 | 焊接工程结构焊接工艺分析

6.1 焊接工程结构焊接工艺分析

焊接生产工艺分析是编制焊接工艺过程、制订工艺文件、设计工艺装备和组织焊接生产的前提和基础。不经过全面详细地工艺分析和方案论证，所制订的生产和工艺过程是很难保证其技术经济合理性的。

所谓生产工艺分析，是指在整个焊接产品正式投产前对其结构构造、材料和技术要求进行分析研究，提出问题及其解决方法。特别是对结构的关键部件要找出技术难点，明确关键工艺并采取保证质量的措施。工艺分析过程也就是调查研究、提出问题和解决问题的过程。

生产工艺分析的明显特征是：在分析图样和技术要求阶段，生产技术、组织管理和质量检测人员就应密切合作，精心分析，了解和掌握生产中可能出现的一切问题，紧紧把握其关键部件、生产难点、关键工艺以及必须采取的关键技术、工艺、设备和工艺装备等，力求做到运筹帷幄之中，决胜在产品投产之前。生产工艺分析的所有结论和决定，都将在生产准备工作中付诸实施、验证和试验，并进行适时和必要的调整、修正与补充，建立相应的技术文档和规章制度。在生产重要的新产品、新结构时，工艺分析尤其显得重要和必需。

6.1.1 焊接结构工艺分析原则

进行焊接工艺分析的总原则是：在保证产品质量，满足设计技术要求的前提下，争取最好的经济和社会效益。

保证产品质量，除在几何尺寸、各项性能指标都能满足技术要求外，还应注意产品的内在质量，使其在服役条件下具有更长的寿命。例如，焊接结构的焊接内应力太大，在某些条件下（如低温或腐蚀介质）工作会提前失效。

保证经济效益，首先是降低产品的制造成本，降低生产过程中的材料和施工定额，降低劳动强度，改善生产安全和卫生条件等，开创先进、文明生产的局面。

进行具体焊接工艺分析时，应从下面三个方面着手：首先是工艺条件，即完成生产任务的技术力量和产品本身所具有的技术潜能。根据产品结构、数量、材料等特征，结合工厂的生产条件考虑拟采取的技术措施，以便能生产出合格的产品。产品本身应具有先进性和实用性；工厂应能够生产并通过生产提高工厂的生产水平和技术力量，在生产活动中进行革新和增强实力。其次是经济条件，在满足结构制造技术要求的前提下，估算新产品生产过程所需的基本费用（厂房、建设面积和投资等）和生产费用（原材料、动力消耗等）企业是否能够满足。基本原则是力求消耗少、回收快、盈利多，切忌强行上马。最后是劳保条件，采取各种安全技术措施，做到文明生产，保证环境卫生和生态平衡，把人身和设备事故率降低到最低点，这就需在生产管理与组织方面实现科学化和现代化。

按照上述原则进行工艺分析时，经常出现产品质量与生产成本相抵触、技术革新与生产管理组织相抵触等。在解决这些矛盾时，要调查研究，集思广益，提出各种方案进行论证比较，选择各方面兼顾的最佳工艺方案并付诸实施。

6.1.2 焊接工艺性分析的内容

在进行焊接结构工艺性分析前，除了要熟悉该结构的工艺特点和技术条件以外，还必须了解被分析产品的用途、工作条件、受力情况及生产规模等有关方面的问题。在进行焊接结构的工艺分析时，主要分析焊接工程结构在施焊时产生应力与变形影响因素及如何提高生产效率、降低成本，改善劳动环境和便于操作等。

6.1.2.1 减少焊接工程结构焊接应力与变形

影响焊接结构外形尺寸的主要因素是焊接残余变形和残余应力。焊接变形使结构在制造过程中就出现尺寸超差现象，而焊接应力太大时，使得结构在使用中由于局部应力达到或超过屈服极限导致变形。有时，自然时效等因素的影响也会产生二次变形而影响结构的准确尺寸。此外，焊接结构本身的形状和构造，备料加工过程中加工方法和精度等，也都会影响结构的形状尺寸，因此，尽可能地减少结构上的焊缝数量和焊缝的填充金属量。图 6-1 所示的框架转角，就有两个设计方案，图 6-1(a) 设计是用许多小肋板，构成放射形状来加固转角；图 6-1(b) 设计是用少数肋板构成屋顶的形状来加固转角，这种方案不仅提高了框架转角处的刚度与强度，而且焊缝数量又少，减少了焊后的变形和复杂的应力状态。

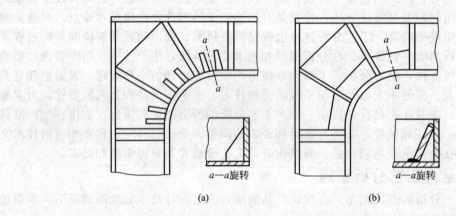

图 6-1　框架转角处加强肋布置的比较

同时，在不影响结构的强度与刚度的前提下，尽可能地减小焊缝截面尺寸或把连续角焊缝设计成断续角焊缝，减小了焊缝截面尺寸和长度，能减少塑性变形区的范围，使焊接应力与变形减少。在板料对接时，应采用对接焊缝，避免采用斜焊缝。对接接头不宜采用盖板加强形式。在各种焊接接头中以对接接头最为理想。质量优良的对接接头，其强度可以与母材相等。对接焊缝通常垂直于两被连接件的轴线，而不是采用斜焊缝，只有在被连接件的宽度较小时（如宽度小于 100mm），才可以考虑采取倾斜 45°的焊缝。用盖板加强对接接头（图 6-2）是不合理的设计，带角焊缝的接头由于应力分布极不均匀，动载强度较低，尤其是单盖板接头，动载性能更差。

尽量避免各条焊缝相交，因为在交点处会产生三轴应力，使材料塑性降低，并造成严重的应力集中。如图 6-3 所示为液化石油气瓶及与之类似的干粉灭火器，液化石油气瓶改革前的工艺过程是：压制封头—滚圆筒身—焊接纵缝—装配—焊接两端环缝。改革后的工艺过程是：压制杯形封头—装配—焊接环缝。结构改革使得工序和焊缝减少了，装配简化了，生产率大有提高，产品质量比较稳定，焊缝数量少了，减少了应力集中。

焊接接头应避开高应力区。尽管质量优良的焊接接头可以与母材等强度，但是由于在实

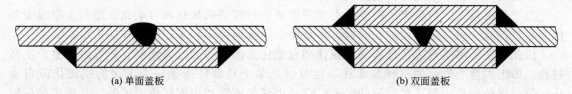

(a) 单面盖板　　　　　　　　　　　(b) 双面盖板

图 6-2　加盖板的对接接头

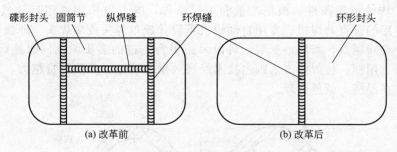

(a) 改革前　　　　　　　　　　　(b) 改革后

图 6-3　液化石油气瓶焊缝位置示意

际焊缝中难免会存在工艺缺陷，使结构的承载能力降低，所以设计者往往设法使焊接接头避开应力最高位置。例如承受弯矩的梁，对接接头经常避开弯矩最高的断面。对于工作条件恶劣的结构，焊接接头尽量避开断面突变的位置，至少也应采取措施避免产生严重的应力集中。例如小直径的压力容器，采用图 6-4(a) 所示的大厚度的平封头连接形式会使应力集中严重，使承载能力降低，而在封头上加工一个缓和槽［图 6-4(b)］就可降低接头处的刚度，从而改善接头工作条件，避免在焊缝根部产生严重的应力集中。最合理的结构形式是采用热压成形的球面、椭圆形封头，以对接接头连接筒体和封头。

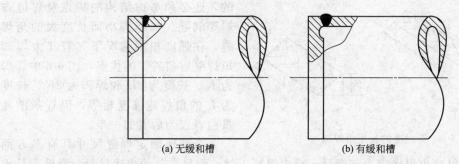

(a) 无缓和槽　　　　　　　　　　　(b) 有缓和槽

图 6-4　平封头的连接形式

6.1.2.2　提高焊接生产效率降低成本

在焊接结构生产中，不提高生产率和降低成本，就会失去竞争能力。除了在工艺上采取一定的措施外，还必须从设计上使结构有良好的工艺性。提高生产效率，降低成本要综合考虑多方面因素的影响。

（1）采用先进的焊接方法

目前焊接工艺技术已经发展到较高的水平，基本上能实现机械化、自动化和机器人焊接，可以有更多的选择余地。选用何种焊接方法，既要看产品结构的适用性，又要考虑采用的必要性。前者是技术问题，后者是经济问题。任何一种先进技术的应用都是有条件的，若不满足这些条件它的先进性便发挥不出来。以自动熔焊为例，焊接产品结构上的焊缝数量要少、焊缝应长且直或很有规则（如环焊缝、马鞍形焊缝）。并且焊缝周边清理必须干净，零件加工或成形、坡口的制备、装配质量等都应符合要求。

当产品批量大、数量多的时候，必须考虑制造过程的机械化和自动化。原则上应减少零件的数量，减少短焊缝，增加长焊缝，尽量使焊缝排列规则和采用同一种接头形式。

因此，在考虑实现工艺过程的机械化和自动化方面，要因时因地制宜，可以是整个工艺过程，即组织整个产品的机械流水线，也可以是某个局部件或某一个工序的机械化或自动化。例如锅炉制造中膜式水冷壁的生产，它是由许多钢管和扁钢拼焊而成的，其拼接接头如图 6-5 所示。从结构上看，每一组成单元都有四条长而直的焊缝，具备了采用埋弧自动焊和 CO_2 气体保护焊的可能条件。根据产量和工厂条件，既可以采用通用自动或半自动焊机，也可以设计专用的全自动焊机。专用自动焊机可设计成单焊头或多焊头。埋弧自动焊只能平焊，因此焊件必须翻身，若场地受限，可以采用更为先进的多头两面同时施焊的 CO_2 气体保护焊。最后选用哪一种焊接方法则由技术经济效果来确定。显然批量越大，采用更为先进的焊接技术，在经济上就越合理。

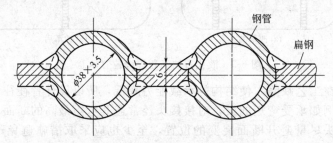

图 6-5　锅炉膜式水冷壁焊接接头

（2）合理地确定焊缝尺寸

确定工作焊缝的尺寸，通常用等强度原则来计算求得。但只靠强度计算有时还是不够的，还必须考虑结构的特点及焊缝布局等问题。如焊脚小而长度大的角焊缝，在强度相同情况下具有比大焊脚短焊缝省料省工的优点，图 6-6 中焊脚为 K、长度为 $2L$ 和焊脚为 $2K$、长度为 L 的角焊缝强度相等，但焊条消耗量前者仅为后者的一半。

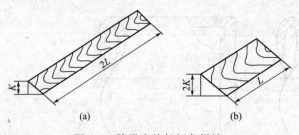

图 6-6　等强度的长短角焊缝

合理地确定焊缝尺寸具有多方面的意义，不仅可以减少焊接应力与变形、减少焊接工时，而且在节约焊接材料、降低产品成本上也有重大意义。因此，焊缝金属占结构总重量的百分比，也是衡量结构工艺性的标志之一。

（3）合理使用材料减少成本

合理地节约材料和使用材料，不仅可以降低成本，而且可以减轻产品重量，便于加工和运输等，所以也是应关心的问题。

设计者在保证产品强度、刚度和使用性能的前提下，为了减轻产品重量而采用薄板结构，并用肋板提高刚度。这样虽能减轻产品的重量，但要花费较多的装配、焊接、矫正等工时，而使产品成本提高。因此，还要考虑产品生产中其他的消耗和工艺性，这样才能获得良好的经济效果。

在结构选材时首先应满足结构工作条件和使用性能的需要，其次是满足焊接特点的需要。在满足第一个需要的前提下，首先考虑的是材料的焊接性，其次考虑材料的强度。现在有许多结构采用普通低合金结构钢来制造，这是从我国实际资源出发，冶炼出的这类钢种，其中强度钢已在工业各领域得到广泛使用，它具有强度高，塑性、韧性好，焊接及其他加工性能较好的性能。使用这类钢不仅能减轻结构的自重，还能延长结构的寿命，减少维修费用等。因此，它已被广泛用来制造各种焊接结构。另外，在结构设计的具体选材时，应立足国内，选用国产材料来制造。为了使生产管理方便，材料的种类、规格及型号也不宜过多。

降低结构的壁厚可以减轻质量，但是为了增强结构的局部稳定性和刚性必须增加更多的加强肋，因而增加了焊接和矫正变形的工作量，产品的成本很可能反而提高，结构的性能也会有所下降。设计结构在划分零、部件时，要考虑到备料过程中合理排料的可能性，在一些次要的结构、部件上应该尽量利用一些边料，例如桥式起重机主梁的内部隔板可以用边料拼焊而成（如图 6-7 所示），虽然增加了几条短焊缝，可是却节省了整块钢板。

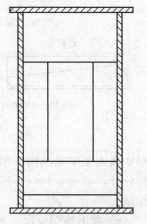

图 6-7　箱型梁的拼焊隔板

材料选择与焊接结构工艺性密切相关。选择材料必须考虑结构使用要求，如强度、耐腐蚀和耐高温等，在满足使用性能要求的前提下还首先应考虑材料的焊接性。具有相近使用性能的材料很多，如果不考虑材料的可焊性，而选择某种可焊性较差的材料，在生产中会造成困难，甚至会影响结构的使用性能。例如许多机器零件用 35 钢或 45 钢制造，这些钢含碳量高，作为铸钢件是合适的。如果改为焊接件，则不宜采用原来的材料，而应选用强度相当的可焊性较好的低合金结构钢。其次，除有特殊性能要求的部位采用特种金属外，其余均采用能满足一般要求的廉价金属。如有防腐要求的结构可以采用以普通碳素钢为基体的不锈钢为工作面的复合钢板或者基体表面上堆焊抗蚀层；有耐磨要求的结构，仅在工作面上堆焊耐磨合金或热喷涂耐磨层等等。

一般来说，零件的形状越简单，材料的利用率就越高。图 6-8(b) 是锯齿合成梁，如果用工字钢通过气割［图 6-8(a)］再焊接成锯齿合成梁，就能节约大量的钢材和焊接工时。

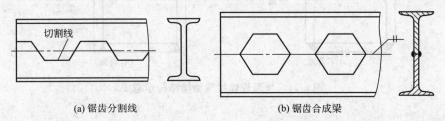

(a) 锯齿分割线　　　　　　　　(b) 锯齿合成梁

图 6-8　锯齿合成梁

6. 1. 2. 3　改善劳动环境便于施焊和检验

① 焊接接头检验方便　焊接结构的设计要便于质量检验。即焊缝周围要有可以探伤的条件，用不同的探伤方法相应有不同的要求。如采用射线照相探伤的焊接接头，为了获得一定的穿透力和提高底片上缺陷影像的清晰度，对于厚板焦距一般在 $400 \sim 700 \mathrm{mm}$ 范围内调节，可以据此确定机头到工件探测的距离以预留周围的操作空间。如果焊接接头采用超声波探伤，其探伤面要求比较高，其表面粗糙度 Ra 不大于 $6.3 \mu m$。探头在面上移动时，须按焊件厚度确定探头移动区的大小，然后根据移动区的大小预留出探伤的操作空间。

(a) 不合理　　　　(b) 合理

图 6-9　搭接接头示意

严格检验焊接接头质量是保证结构质量的重

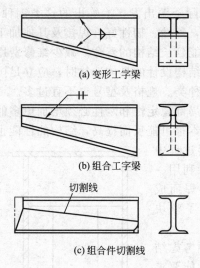

(a) 变形工字梁

(b) 组合工字梁

切割线

(c) 组合件切割线

图 6-10　变截面工字梁

要措施，对于结构上需要检验的焊接接头，必须考虑到是否检验方便。一般来说，可焊到性好的焊缝其检验也不会困难。

此外，在焊接大型封闭容器时，应在容器上设置人孔，这是为操作人员出入方便和满足通风设备出入需要，能从容舒适地操作和不损害工人的身体健康。如图 6-9 (a) 所示搭接接头设计施焊和检验均不方便，改为图 6-9 (b) 所示更合理。

② 减少辅助工时　焊接结构生产中辅助工时一般占有较大的比例，减少辅助工时对提高生产率有重要意义。结构中焊缝所在位置应使焊接设备调整次数最少，焊件翻转的次数最少。

利用型钢和标准件，经过相互组合可以构成刚性更大的各种焊接结构，对同一结构如果用型钢来制造，则其焊接工作量会比用钢板制造要少得多。如图 6-10 为一根变截面工字梁结构，图 6-10(a) 是用三块钢板组成，如果用工字钢组成，可将工字钢用气割分开，如图 6-10(c) 所示，再组装焊接起来，如图 6-10(b) 所示，就能大大减少焊接工作量。

③ 考虑施焊空间　不同的焊接方法对施焊的空间要求不同，设计焊接接头时应考虑施焊空间，便于施焊。如电阻焊，需考虑电极的位置，缝焊需考虑搭接边的宽度，以保证滚轮电极接触搭接边。气体保护焊时，如果间隙太小，焊枪无法探入焊缝底部施焊等。埋弧焊时应考虑焊剂存放空间，如图 6-11(a) 所示箱形结构采用埋弧焊时，焊剂无法堆放在焊道上，导致焊接过程不稳定，改为图 6-11(b)。

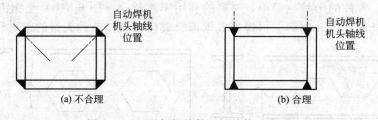

(a) 不合理

(b) 合理

图 6-11　埋弧焊焊接箱型梁结构示意图

6.2 焊接生产工艺过程分析

6.2.1　焊接生产基础知识

焊接生产过程由材料入库开始，在此阶段要先进行材料的复验，包括力学性能的复验和化学成分的分析，有些产品还要求对钢板进行探伤检查。接着进行装焊前的零件加工，包括矫正、划线、号料、下料（机加工和热切割），成形（冲压成形和卷板弯曲成形）等。典型的焊接生产工艺流程，见图 6-12。

焊接生产的准备工作是焊接结构生产工艺过程的开始。它包括了解生产任务，审查（重点是工艺性审查）与熟悉结构图样，了解产品技术要求，在进行工艺分析的基础上，制订全部产品的工艺流程，进行工艺评定，编制工艺规程及全部工艺文件、质量保证文件，订购金属材料和辅助材料，编制用工计划（以便着手进行人员调整与培训）、能源需用计划（包括

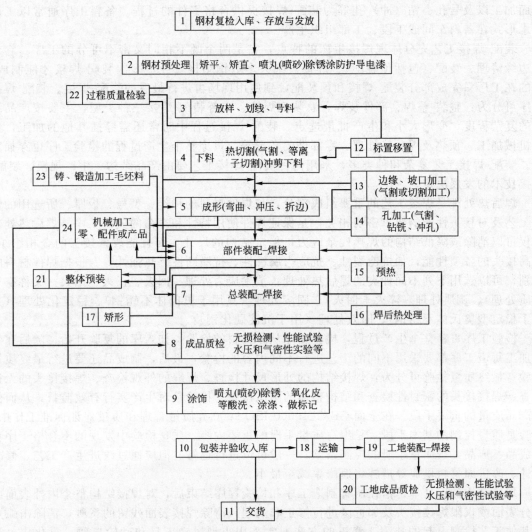

图 6-12　焊接工程结构生产工艺路线

电力、水、压缩空气等），根据需要定购或自行设计制造装配-焊接设备和装备夹具，根据工艺流程的要求，对生产面积进行调整和建设等。生产的准备工作很重要，做得越细致，越完善，未来组织生产越顺利，生产效率越高，质量越好。

　　材料库的主要任务是材料的保管和发放，它对材料进行分类、储存和保管并按规定发放。材料库主要有两种，一是金属材料库，主要存放保管钢材；二是焊接材料库，焊材库有一级库和二级库。焊材一级库要分合格区、不合格区、待检区；存放焊丝、焊剂和焊条货架摆放整齐、库房要防潮、地面要干燥，货架距离墙面和地面 300mm，其相对湿度小于60％。一级库要有红外线灯、温湿度计、排风扇、去湿机，并有专人管理，设有焊材进出库记录、发放台账、温湿度记录等。焊材二级库主要负责焊材的烘干、发放、回收等，设有排风扇、焊条烘干箱和焊剂烘干箱等。焊条、焊剂烘干需记录、焊条发放和焊条头回收记录。

　　焊接生产的备料加工工艺是在合格的原材料上进行的。首先进行材料预处理，包括矫正、除锈（如喷丸）、表面防护处理（如喷涂导电漆等）、预落料等。除材料预处理外，备料包括放样、划线（将图样给出的零件尺寸、形状划在原材料上）、号料（用样板来划线）、下料（冲剪与切割）、边缘加工、矫正（包括二次矫正）、成形加工（包括冷热弯曲、冲压、端面加工以及号孔、钻（冲）孔等为装配-焊接提供合格零件的过程。备料工序通常以工序流水形式在备料车间或工段、工部组织生产。

装配-焊接工艺充分体现焊接生产的特点，它是两个既不相同又密不可分的工序。它包括边缘清理、装配（包括预装配）、焊接。绝大多数钢结构要经过多次装配-焊接才能制成，有的在工厂只完成部分装配-焊接和预装配，到使用现场再进行最后的装配-焊接。装配-焊接顺序可分为：整装-整焊、部件装焊、总装配焊接、交替装配-焊接三种类型，主要按产品结构的复杂程度、变形大小和生产批量选定。装配-焊接过程中时常还需穿插其他的加工，例如机械加工、预热及焊后热处理、零部件的矫形等，贯穿整个生产过程的检验工序也穿插其间。装配-焊接工艺复杂和种类多，采用何种装配-焊接工艺要由产品结构、生产规模、装配-焊接技术的发展决定。

焊后热处理是焊接工艺的重要组成部分，与焊件材料的种类、型号、板厚、所选用的焊接工艺及对接头性能的要求密切相关，是保证焊件使用特性和寿命的关键工序。焊后热处理不仅可以消除或降低结构的焊接残余应力，稳定结构的尺寸，而且能改善接头的金相组织，提高接头的各项性能，如抗冷裂性、抗应力腐蚀性、抗脆断性、热强性等。根据焊件材料的类别，可以选用下列不同种类的焊后热处理：消除应力处理、回火、正火＋回火（又称空气调质处理）、调质处理（淬火＋回火）、固溶处理（只用于奥氏体不锈钢）、稳定化处理（只用于稳定型奥氏体不锈钢）、时效处理（用于沉淀硬化钢）。

检验工序贯穿整个生产过程，检验工序从原材料的检验，如入库的复验开始，随后在生产加工每道工序都要采用不同的工艺进行不同内容的检验，最后，制成品还要进行最终质量检验。最终质量检验可分为：焊接结构的外形尺寸检查、焊缝的外观检查、焊接接头的无损检查、焊接接头的密封性检查和结构整体的耐压检查。检验是对生产实行有效监督，从而保证产品质量的重要手段。在全面 GB/T 19000-ISO 9000 族质量管理和质量保证标准工作中，检验是质量控制的基本手段，是编写质量手册的重要内容。质量检验中发现的不合格工序和半成品、成品，按质量手册的控制条款，一般可以进行返修。但应通过改进生产工艺、修改设计、改进原材料供应等措施将返修率减至最小。

焊接结构的后处理是指在所有制造工序和检验程序结束后，对焊接结构整个内外表面或部分表面或仅限焊接接头及邻近区进行修正和清理，清除焊接表面残留的飞溅，消除击弧点及其他工艺检测引起的缺陷。修正的方法通常采用小型风动工具和砂轮打磨，氧化皮、油污、锈斑和其他附着物的表面清理可采用砂轮、钢丝刷和抛光机等进行，大型焊件的表面清理最好采用喷丸处理，以提高结构的疲劳强度。不锈钢焊件的表面处理通常采用酸洗法，酸洗后再作钝化处理。

产品的涂饰（喷漆、作标志以及包装）是焊接生产的最后环节，产品涂装质量不仅决定了产品的表面质量，而且也反映了生产单位的企业形象。

图 6-12 中序号 1～11 表示出焊接结构生产流程，其中序号 1～5 为备料工艺过程的工序，还包括穿插其间的 12～14 工序，应当指出，由于热切割技术，特别是数控切割技术的发展，下料工艺的自动化程度和精细程度大大提高，手工的划线、号料和手工切割等工艺正逐渐被淘汰。序号 6、7 以及 15～17 为装配-焊接工艺过程的工序。需要在结构使用现场进行装配-焊接的，还需执行 18～21 工序。序号 22 需在各工艺工序后进行，序号 23、24 表明焊接车间和铸、锻、冲压与机械加工车间之间的关系，在许多以焊接为主导工艺的企业中，铸、锻、冲压与机械加工车间为焊接车间提供毛坯，并且机加工和焊接车间又常常互相提供零件、半成品。

6.2.2 焊接生产工艺特点分析

为了提高生产率，选择经济、优质、高效的焊接方法是必要的。因此，除要具有焊接方法的工艺知识之外，了解各种焊接工艺的生产特点十分重要。常用熔焊方法的适用材料、厚度及焊缝位置见表 6-1，其生产工艺特点见表 6-2。

表 6-1　常用熔焊方法的适用材料、厚度及焊缝位置

焊接方法	适用材料及适用厚度								适用焊缝位置
	低碳钢	低合金钢	不锈钢	耐热钢	高强钢	铝及铝合金	钛及钛合金	铜及铜合金	
焊条电弧焊	各种厚度及难于施焊位置					很少用			全位置
埋弧焊	厚度＞4mm					较少用	厚度＞4mm	较少用	平焊
CO$_2$ 气体保护焊	厚度＞1mm					厚度＞3mm			全位置
钨极氩弧焊 TIG	少用	＜4mm 打底焊				各种厚度	≤4mm	≤3mm	全位置
熔化极氩弧 MIG	很少用		中等厚度以上	很少用		中等厚度以上			全位置
熔化极脉冲氩弧焊	很少用	用于薄板							全位置
药芯焊丝气体保护焊	厚度＞3mm					不用	厚度＞3mm	不用	全位置
等离子弧焊	很少用	厚度＜20mm		很少用		厚度＜20mm		很少用	平焊
电渣焊	50～60mm					很少用	厚度＞50mm	很少用	立焊
气焊	薄板					很少用			全位置

表 6-2　常用熔焊方法的焊接生产工艺特点

焊接方法	焊接生产特点				
	适用焊缝长度及形状	坡口准备及焊前清理	对焊接夹具要求	对焊前和焊后热处理要求	生产效率、设备投资、产品质量
焊条电弧焊	长、短及曲线焊缝	不严格	一般不要求	根据材料性能及厚度选择	效率低、设备廉，质量人为影响大
埋弧焊	长且规则焊缝	严格并清理光洁	根据条件必须配备	根据材料性能及厚度选择	效率高、质量高，设备投资较大
CO$_2$ 气体保护焊	长、短及曲线焊缝，自动焊要规则焊缝	不严格，自动焊要严格	不要求，自动焊则要求		效率高，不用清渣，设备投资低于埋弧焊
钨极氩弧焊 TIG	短及曲线焊缝	不严格，自动焊要严格	不要求，自动焊则要求		质量高，设备投资高于焊条电弧焊
熔化极氩弧 MIG	长和规则焊缝	严格并清理光洁	严格并清理光洁	一般不要求	效率高、质量高，设备投资高于埋弧焊
熔化极脉冲氩弧焊	长、短焊缝及规则焊缝	极严格			高质量，设备投资大
药芯焊丝气体保护焊	同 CO$_2$ 气体保护焊				基本同 CO$_2$ 焊（飞溅小、质量高）
等离子弧焊	长、短焊缝，规则形状	极严格	有要求	一般不要求	同熔化极氩弧焊
电渣焊		不开坡口，留大间隙	有要求	要求焊后正火＋回火处理	高效率，因晶粒粗大，韧性差，要求热处理后质量高，设备投资大
气焊	短焊缝，修补	小或无间隙清理，要求不严格	无要求		投资小，但焊缝质量差

6.2.3 焊接工艺评定

焊接结构进行了焊接生产工艺分析之后，能够确定在焊接生产中遇到的各种焊接接头，对这些接头的相关数据，如材质、板厚（管壁厚度）、焊接位置、坡口形式及尺寸、焊接方法等进行整理编号，进而确定需要进行焊接工艺评定的焊接接头。

6.2.3.1 焊接工艺评定规则

按照 AWS"钢结构焊接法规"，可将焊接工艺规程分为两大类：一类是免作评定的焊接工艺规程，或称通用焊接工艺规程，只要规程的各项内容均在法规规定的范围之内，则该焊接工艺规程可以免作焊接工艺评定试验；另一类焊接工艺规程，必须按法规的有关规定作焊接工艺评定试验，以证明该工艺规程的正确性，这类焊接工艺规程规定的下列各重要工艺参数只要有一项超出了法规容许的范围，必须重作焊接工艺评定。

① 焊接方法　法规容许焊接结构生产中采用焊条电弧焊、埋弧焊、熔化极气体保护焊、钨极氩弧焊、药芯焊丝电弧焊、电渣焊和气电立焊等焊接方法。从一种焊接方法改用另一种焊接方法，或每种焊接方法的重要工艺参数的变化超过原评定合格的范围，需对该焊接工艺规程作评定试验。

各种焊接方法焊接工艺因素分为重要因素、补加因素和次要因素。如表 6-3 所示。重要因素是指影响焊接接头拉伸和弯曲性能的焊接工艺因素；补加因素是指接头性能有冲击韧性要求时须增加的附加因素；次要因素是指对要求测定的力学性能无明显影响的焊接工艺因素。当变更任何一个重要因素时都需要重新评定焊接工艺；当增加或变更任何一个补加因素时，只按增加或变更的补加因素增加冲击韧性试验。变更次要因素则不需重新评定，但需重新编制焊接工艺。由于焊接工艺因素相当多，而且同一工艺因素对某一焊接方法或焊接工艺是重要因素，对另一焊接方法或焊接工艺可以是补加因素，也可以是次要因素，因此各标准都制定了工艺评定因素表。为了减少评定的工作量，将众多的母材及不同的厚度分成不同的类、组别，规定了相互取代的条件，评定时应参照标准执行，防止重复评定，又不至漏评。表 6-3 根据 NB/T 47014—2011《承压设备焊接工艺评定》标准规定列举了部分焊接方法电特性和技术措施焊接工艺评定影响因素。

② 母材金属　为了减少焊接工艺评定数量，将母材金属按其化学成分、强度级别和焊接性能相接近进行分类，在同一类母材金属中按强度和冲击韧度的等级进行分组。以固定式钢制压力容器为例，NB/T 47014—2011 标准对钢制压力容器常用国产钢种进行划分，该标准规定：凡一种母材评定合格的焊接工艺，可用于同类同组别号的其他母材，高组别号母材的评定，适用于低组别号母材的评定，适用于该组别号母材与低组别号母材所组成的焊接接头；除上述这两种情况外，母材组别号改变时，需重新评定；当不同类别号的母材组成焊接接头时，即使母材各自都评定合格，仍需重新评定。根据金属材料的化学成分、力学性能和焊接性能将焊制承压设备用母材进行分类、分组见表 6-4。

③ 焊后热处理　对于法规认可的常用弧焊方法焊接的接头，改变热处理类别需重新做工艺评定。除气焊、螺柱电弧焊、摩擦焊外，当规定进行冲击试验时，焊后热处理的保温温度或保温时间范围改变后要重新进行焊接工艺评定。试件的焊后热处理应与焊件在制造过程中的焊后热处理基本相同，低于下转变温度进行焊后热处理时，试件保温时间不得少于焊件在制造过程中累计保温时间的 80%。

④ 焊接填充金属和电极　焊接填充材料强度级别的提高，从低氢型焊条改成高氢型焊条或改用非标准焊条、焊丝或焊丝-焊剂组合的变动，在钨极氩弧焊中，增加或取消填充丝，从添加冷丝改成添加热丝或反之，钨极直径的改变以及采用非标准钨极；在埋弧焊中添加或取消附加铁合金粉末或粒状填充金属或焊丝段，增加其添加量以及采用合金焊剂时，焊丝直

表 6-3 各种焊接方法的焊接工艺评定因素（NB/T 47014—2011）

类别	焊接条件	重要因素						补加因素						次要因素					
		焊条电弧焊	埋弧焊	熔化极气体保护焊	钨极气体保护焊	等离子弧焊	气电立焊	焊条电弧焊	埋弧焊	熔化极气体保护焊	钨极气体保护焊	等离子弧焊	气电立焊	焊条电弧焊	埋弧焊	熔化极气体保护焊	钨极气体保护焊	等离子弧焊	气电立焊
电特性	改变电流种类或极性	—	—	—	—	—	—	○	○	○	○	○	○	—	—	—	○	○	—
	增加线能量或单位长度焊道的熔敷金属体积超过评定合格值	—	—	—	—	—	—	○	○	○	○	○	○	—	—	—	○	○	—
	改变焊接电流范围，除焊条电弧焊、钨极焊、钨极气体保护焊外，改变电弧电压范围	—	—	—	—	—	—	—	—	—	—	—	—	○	○	○	○	○	○
	在直流电源上叠加或取消脉冲电流	—	—	—	—	—	—	—	—	—	—	—	—	—	—	—	○	○	—
技术措施	钨极种类和直径	—	—	—	—	—	—	—	—	—	—	—	—	—	—	—	○	○	—
	不摆动或摆动	—	—	—	—	—	—	—	—	—	○	—	—	○	○	○	○	○	○
	改变焊前清理和层间清理方法	—	—	—	—	—	—	—	—	—	—	—	—	○	○	○	○	○	○
	改变清根方法	—	—	—	—	—	—	—	—	—	—	○	—	○	○	○	○	○	○
	由每面多道焊改为每面单道焊	—	—	—	—	—	—	—	—	—	—	—	—	○	○	○	○	○	○
	机动焊、自动焊时，单丝焊改为多丝焊，或反之	—	—	—	—	—	—	—	—	—	—	—	—	○	○	○	○	○	—
	从手工焊、半自动焊改为机动焊、自动焊时，改变电极间距	—	—	—	—	—	○	—	—	—	—	—	—	○	○	○	○	○	○
	有无锤击焊缝	—	—	—	—	—	—	—	—	—	—	—	—	○	○	○	○	○	—
	喷嘴、喷嘴尺寸	—	—	—	○	—	—	—	—	—	—	—	—	—	—	—	○	○	—
	对于纯钛、钛铝合金、钛钼合金，改为在密封室内焊接，改为密封室外焊接	—	—	—	—	—	—	—	—	—	—	—	—	—	—	—	—	—	—

注：符号"○"表示焊接工艺评定因素，符号"—"表示焊接工艺评定因素对于该焊接方法为评定因素，符号"—"表示焊接工艺评定因素对该焊接方法不作为评定因素。

表 6-4　焊制承压设备用母材分类分组

类别号	组别号	钢号	相应标准号
Fe-1	Fe-1-1	Q235A	GB/T 700,GB/T 912,GB/T 3091,GB/T 3274,GB/T 13401
		Q235B	GB/T 700,GB/T 912,GB/T 3091,GB/T 3274,GB/T 13401
		Q235C	GB/T 700,GB/T 912,GB/T 3274
	Fe-1-2	HP345	GB 6653
		Q345	GB 1591,GB/T 8163,GB/T 12459
		Q345R	GB 713
		Q390	GB/T 1591
	Fe-1-3	HP365	GB 6653
		Q370R	GB 713
	Fe-1-4	07MnMoVR	GB 19189
		12MnNiVR	GB 19189
Fe-2	—	—	—
Fe-3	Fe-3-1	12CrMo	GB 6479,GB 9948,JB/T 9626
		12CrMoG	GB 5310
	Fe-3-2	20MnMo	NB/T 47008
		20MnMoD	NB/T 47009
	Fe-3-3	20MnNiMo	NB/T 47008
		20MnNiNb	NB/T 47008
Fe-4	Fe-4-1	15CrMo	GB/T 3077,GB 6479,GB 9948,GB/T 12459,JB/T 9626,NB/T 47008
		15CrMoR	GB 713,GB/T 12459,GB/T 13401
	Fe-4-2	12Cr1MoV	GB/T 3077,JB/T 9626,NB/T 47008
		12Cr1MoVR	GB 713
Fe-5A	—	08Cr2AlMo	GB 150.2
		12Cr2Mo1	GB 150.2,NB/T 47008
		12Cr2Mo1R	GB 713,GB/T 13401
Fe-5B	Fe-5B-1	1Cr5Mo	GB 6479,GB/T 9948,GB/T 12459,NB/T 47008
	Fe-5B-2	10Cr9Mo1VNb	GB 5310
Fe-5C	—	12Cr2Mo1VR	GB 150.2
		12Cr2Mo1V	NB/T 47008
Fe-6	—	12Cr13	GBT 3280
		20Cr13	GB/T 3280
Fe-7	Fe-7-1	06Cr13Al	GB 24511
	Fe-7-2	1Cr17	GB 13296
Fe-8	Fe-8-1	12Cr18Ni9	GB/T 3280
		06Cr19Ni10(S30408)	GB/T 12771,GB 24511,GB/T 24593,NB/T 47010
		1Cr18Ni9	GB 5310,GB/T 12459
		1Cr18Ni9Ti	GB 13296

类别号	组别号	钢号	相应标准号
Fe-8	Fe-8-2	06Cr25Ni20(S31008)	GB 24511,NB/T 47010
		0Cr25Ni20	GB/T 12459,GB/T 12771,GB 13296,GB/T 13401,GB/T 14976
Fe-9B	—	06Ni3MoDG	GB/T 12459,GB/T 18984
Al-1	—	1060	GB/T 3880.2,GB/T 4437.1,GB/T 6893
Al-2	—	5052	GB/T 3880.2,GB/T 4437.1,GB/T 6893
Ti-1	—	TA1	GB/T 3621,GB/T 3624,GB/T 3625,GB/T 16598
		TA9	GB/T 3621,GB/T 3624,GB/T 3625,GB/T 16598
Ti-2	—	TA2	GB/T 3621,GB/T 3624,GB/T 3625,GB/T 16598
		TA10	GB/T 3621,GB/T 3624,GB/T 3625,GB/T 16598
Cu-1	—	T2	GB/T 1527,GB/T 2040,GB/T 4423,GB/T 17791
		TP1	GB/T 1527,GB/T 2040,GB/T 17791
Cu-2	—	H62	GB/T 1527,GB/T 2040
		HSn62-1	GB/T 1527,GB/T 2040
Ni-1	—	N5	GB/T 2054
		N6	GB/T 2054,GB/T 2882,GB/T 4435,GB/T 12459,YB/T 5264
Ni-2	—	NCu30	GB/T 2054,GB/T 12459,JB 4741,JB 4742,JB 4743

径的任何变更；以及在各种机械和自动焊接法中焊丝根数的变化等均视作焊接工艺重要参数的改变，均应作焊接工艺评定。

在电渣焊和气电立焊中，填充金属或熔嘴金属成分的重要变化，熔池挡板从金属型改成非金属型或反之，从可熔挡板改成不可熔挡板或反之，实心的非熔挡板任何横截面尺寸或面积的减小大于原有挡板的 25%，实心的非熔挡板改为水冷挡板或反之，熔嘴金属芯横截面的变化大于 30%，加焊剂方式的改变（如由药芯改为磁性焊丝或外加焊剂），焊剂成分包括熔嘴涂料成分的改变，焊剂配料成分变化大于 30% 等均为重要工艺参数。上列重要参数超过规定范围应作工艺评定。

⑤ 预热和层间温度 法规按钢种和板厚规定了最低的预热温度和层间温度。如预热温度和层间温度降低值超过下列规定，则应通过工艺评定试验。对于焊条电弧焊、埋弧焊、熔化极气体保护焊和药芯焊丝电弧焊为 14℃；对于钨极氩弧焊为 55℃。对于要求缺口冲击韧度的焊接接头，层间温度不应比规定值高 55℃ 以上。

⑥ 焊接电参数 重要的焊接电参数包括：焊接电流、电流种类和极性，熔滴过渡形式、电弧电压、焊丝送进速度、焊接速度和热输入量。这些参数的变量如超过下列容许极限，则应作焊接工艺评定试验。其中每种直径焊条或焊丝的变量，对于焊条电弧焊不应超过焊条制造厂所推荐的上限值；对于埋弧焊、熔化极气体保护焊和药芯焊丝电弧焊不应超过原评定值的 10%；对于钨极氩弧焊不应超过 25%。埋弧焊焊接时，当使用合金焊剂或焊接淬火-回火钢时，电流种类和极性的变化以及熔化极（包括药芯焊丝）气体保护焊时熔滴过渡形式的变化均被看作重要参数。电弧电压的变量对于焊条电弧焊不应超过焊条制造厂推荐的上限值；对于埋弧焊、熔化极气体保护焊不应超过 7%；对于钨极氩弧焊不应超过 25%。对于各种机械焊接方法，焊丝的送进速度不应大于原评定值的 10%。在不要求控制热输入量的情况下，焊接速度的变量对于埋弧焊、熔化极气体保护焊和钨极氩弧焊相应不得超过 15%、25% 和

50%。当要求控制热输入量时，增加值不应超过原评定值的 10%。对于电渣焊和气电立焊，焊接电流的增或减不应超过 20%，电压值增或减不应大于 10%，焊丝送进速度的变化不超过 40%，焊接速度的增或减不大于 20%。

⑦ 保护气体　在各种气体保护焊中，保护气体从一种气体改为另一种保护气体或改用混合气体，或改变混合气体的配比或取消气体保护，或使用非标准保护气体均看作是重要参数的改变。对于熔化极气体保护焊，药芯焊丝电弧焊和钨极氩弧焊，保护气体总流量如相应增加 20%、超过 25% 和 50%，或相应减少 10%、超过 10% 和 20%，则需通过焊接工艺评定试验。对于气电立焊，保护气体总流量变化的容限比为 25%，采用混合保护气体时，任何一种气体混合比的变化不应大于总流量的 5%。

⑧ 坡口形式和尺寸　坡口形式的改变，例如从单 V 形改成双 V 形，从直边对接改成开坡口，或坡口的截面积的增加或减小比原评定值大 25%，或取消背面衬垫以及坡口尺寸的变化，即坡口角减小、间隙减小和钝边增加超过了法规有关条款规定的容限值，则需作焊接工艺评定试验。但全焊透开坡口接头的工艺评定适用于所有通用焊接工艺规程所采用的各种坡口，包括局部焊透开坡口的接头形式。

⑨ 焊接位置　焊接工艺评定试验的焊接位置分平焊、立焊、横焊和仰焊，工艺评定焊接位置只适用于相对应的产品焊接位置。从一种焊接位置改成另一种焊接位置需通过焊接工艺评定。电渣焊和气电立焊时，接头垂直度偏差不应大于 10°。焊条电弧焊和气体保护焊立焊时，焊接方向从向上立焊改成向下立焊或反之，亦应看作重要工艺参数的变动。

⑩ 试件厚度与焊件厚度　对接焊缝试件评定合格的焊接工艺适用于焊件厚度的有效范围见表 6-5。用焊条电弧焊、埋弧焊、钨极气体保护焊、熔化极气体保护焊、等离子弧焊和气电立焊等焊接方法完成的试件，当规定进行冲击试验时，焊接工艺评定合格后，若 $T \geqslant$ 6mm 时，适用于焊件母材厚度的有效范围最小值为试件厚度 T 与 16mm 两者中的最小值。当 $T < 6$mm 时，适用于焊件母材厚度的最小值为 $T/2$。

表 6-5　对接焊缝试件厚度与焊件厚度规定（试件进行拉伸试验和横向弯曲试验）　　mm

试件母材厚度 T	适用于焊件母材厚度的有效范围		适用于焊件焊缝金属厚度(t)的有效范围	
	最小值	最大值	最小值	最大值
< 1.5	T	$2T$	不限	$2t$
$1.5 \leqslant T \leqslant 10$	1.5	$2T$	不限	$2t$
$10 < T < 20$	5	$2T$	不限	$2t$
$20 \leqslant T < 38$	5	$2T$	不限	$2t (t < 20)$
$20 \leqslant T < 38$	5	$2T$	不限	$2T (t \geqslant 20)$
$38 \leqslant T \leqslant 150$	5	$200$①	不限	$2t (t < 20)$
$38 \leqslant T \leqslant 150$	5	$200$①	不限	$200$① $(t \geqslant 20)$
> 150	5	$1.33T$①	不限	$2t (t < 20)$
> 150	5	$1.33T$①	不限	$1.33T$① $(t \geqslant 20)$

① 限于焊条电弧焊、埋弧焊、钨极气体保护焊、熔化极气体保护焊。

总之不同的标准对焊接工艺评定都做了相应的规定。凡属下列情况之一者，均需重新评定：a. 改变或增加焊接方法；b. 母材类别号改变，需要重新进行焊接工艺评定；c. 改变基体钢材的类别号；d. 变更填充金属类别号；e. 改变焊后热处理类别，需重新进行焊接工艺评定；f. 当变更任何一个重要因素时，都需重新进行焊接工艺评定。

在企业，不是每台产品都需做焊接工艺评定，如果已有的焊接工艺评定能够覆盖产品制造范围，可以依据原来的焊接工艺评定编制焊接工艺规程。焊接工艺规程编制流程示意如图 6-13 所示。

6.2.3.2 焊接工艺评定试件

根据制订的焊接工艺指导书，由焊接工程师或技术人员根据有关标准的规定，进行焊接试件的准备与焊接，主要内容如下。

① 按标准规定的图样，选用材料并加工成待焊试件。例如，根据钢制压力容器焊接结构特点，焊接工艺评定用的试件主要有如图 6-14 所示的板材对接焊缝试件、管材对接焊缝试件、板材角焊缝试件、管子与板材对接焊缝试件和管-管角接焊缝试件。

对接焊缝试件的厚度应充分考虑适用于焊件厚度的有效范围，试件其他尺寸应能满足制备试样的要求，图 6-15 所示板-板对接焊缝试件尺寸仅供参考。

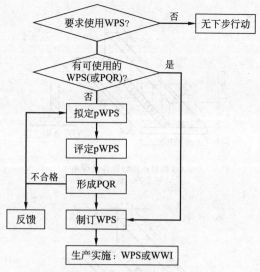

图 6-13　焊接工艺规程编制流程示意

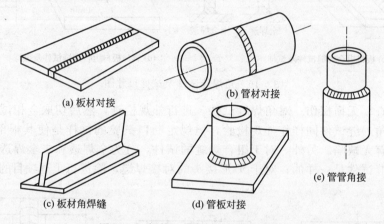

(a) 板材对接　　(b) 管材对接

(c) 板材角焊缝　　(d) 管板对接　　(e) 管管角接

图 6-14　焊接工艺评定所用试样形式

角焊缝试件可以分为板材角焊缝、管与板角焊缝、板材组合角焊缝和管与板材组合角焊

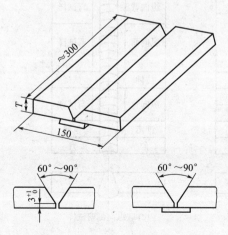

图 6-15　板-板对接焊缝试件尺寸

缝。其焊接试板尺寸如图 6-16 所示。图中尺寸标注中的 min 表示最小值，如 300min 表示最小 300mm。

② 使进行焊接工艺评定所用的焊接设备、装备和仪表处于正常工作状态。值得注意的是焊工须是本企业熟练的技师或持证焊工。

③ 试件焊接是焊接工艺评定的关键环节之一。要求焊工按预焊接工艺规程的规定认真操作，同时应有专人做好实焊记录。它是现场焊接的原始资料，是焊接工艺评定报告的重要依据。

6.2.3.3 焊接工艺评定试件检验与测试

需要对焊接好的试件进行各种检验和性能测试，主要包括焊缝缺陷检验和力学性能试验两个部分。

① 对试件进行焊缝的检测　对接焊缝的试件，

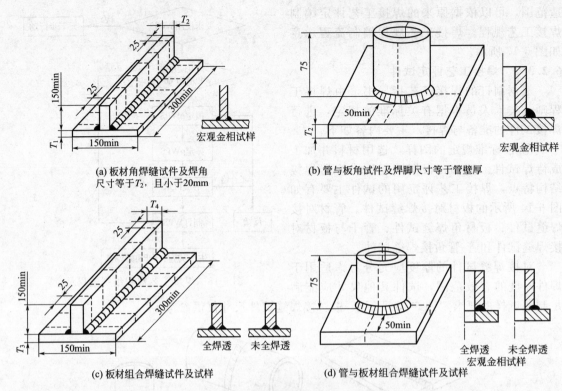

(a) 板材角焊缝试件及焊角
尺寸等于T_2，且小于20mm

(b) 管与板角试件及焊脚尺寸等于管壁厚

(c) 板材组合焊缝试件及试样

(d) 管与板材组合焊缝试件及试样

图 6-16　角焊缝试件及试样尺寸图

需进行外观检查、无损探伤；对角焊缝试件，进行外观检查，然后切取金相试样，进行宏观金相检验；对角焊缝试件同样作外观检验，但规定断口试验的试样是使其根部受拉并折断，检查断口全长有无缺陷。另外，对于组合焊缝的试件，分为全焊透和未全焊透两类，检验项目方法和角焊缝试件是一样的；对于 T 形接头的对接焊缝，除进行上述项目的检验外，还要

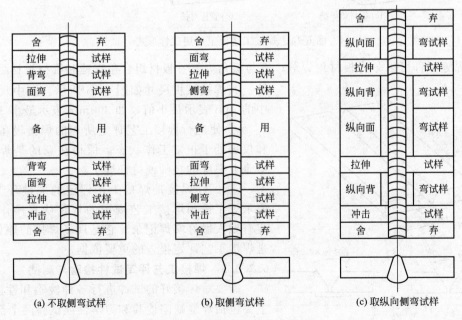

(a) 不取侧弯试样　　　　　(b) 取侧弯试样　　　　　(c) 取纵向侧弯试样

图 6-17　板材对接焊缝的取样位置

求进行力学性能检验，是用除接头形式不同而其他参数相同的对接接头的对接焊缝试件进行的。此外，还有耐蚀堆焊层和堆焊层的试件、试样的检验，螺柱焊的检验等。送交试件时，应随附检测任务书、加工试样的图样，注明检测项目和要求并妥善保存各项试验的报告。

　　② 对于焊缝缺陷检验合格的试件，按标准规定进行力学性能试验，包括拉伸、弯曲（面弯、背弯和侧弯），有的还包括冲击、硬度试验。各种力学性能的试样尺寸和实验过程可以参考相关标准进行。

　　材料对接试件的试样选取方法。图 6-17 表示了板材对接试样的力学性能取样方法，表6-6 为力学性能试验及取样数量。

表 6-6　试件的力学性能试验及取样数量（NB/T 47014—2011）

试件母材的厚度 T/mm	试样的类别和数量					
	拉伸试验	弯曲试验			冲击试验	
	拉伸试样	面弯试样	背弯试样	侧弯试样	焊缝区试样	热影响区试样
T<1.5	2	2	2	—	—	—
1.5≤T≤10	2	2	2	3	3	3
10<T<20	2	2	2	3	3	3
≥20	2	—	—	4	3	3

　　管材对接焊缝试样。在管材对接焊缝试件上按图 6-18 所示的位置取样，取样数量同表6-6。角焊缝和组合焊缝试件焊后只作外观检查和宏观金相检验。宏观金相试样的截取如图6-16（c）中虚线所示。板材试件两端各舍去 25mm，并沿试件横向等分截取 5 个试样；管与板试件等分截取 4 个试样，焊缝的起始和终了位置应位于试样焊缝中部。每一块试样取一

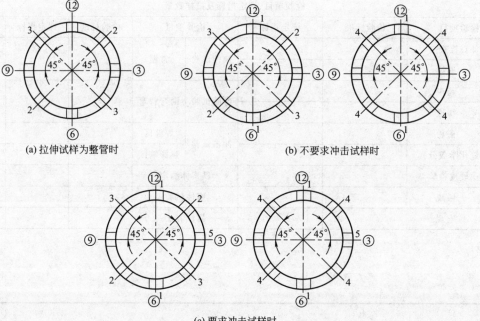

(a) 拉伸试样为整管时　　　　　(b) 不要求冲击试样时

(c) 要求冲击试样时

图 6-18　管材对接焊缝试件取样位置
1—拉伸试样；2—面弯试样；3—背弯试样；4—侧弯试样；5—冲击试样；
③，⑥，⑨，⑫—钟点记号，为水平定位焊时的定位标记

个面进行金相检验，任意两检验面不得是同一切面的两个侧面。

6.2.3.4 焊接工艺评定的文件格式

各类焊接工艺评定标准都规定了基本的焊接工艺评定程序或规则，同时对焊接工艺评定文件格式也推荐使用。

根据 NB/T 47014—2011《承压设备焊接工艺评定》标准，通常由生产单位的设计或工艺技术管理部门根据新产品结构、材料、接头形式、所采用的焊接方法和钢板厚度范围，以及老产品在生产过程中因结构、材料或焊接工艺的重大改变，需要重新编制焊接工艺规程时，提出需要焊接工艺评定的项目。

对于所提出的焊接工艺评定项目经过一定审批程序后，根据有关法规和产品的技术要求编制焊接工艺评定任务书、预焊接工艺规程（pWPS）。其内容包括：产品订货号、接头形式、母材金属牌号与规格、对接头性能的要求、检验项目和合格标准，其任务书推荐格式见表 6-7。

表 6-7　推荐焊接工艺评定任务书

预焊接工艺规程编号(pWPS)		试件材料		焊接材料		
焊接工艺评定报告编号(PQR)		试件编号		焊接方法		
评定理由		完成日期				
试件简图：		试件接头简图				

检验项目、评定指标及试样数量						
检验项目	检验标准	评定指标	检验项目		检验标准	评定指标	试样数量
外观检查			拉伸试验	常温			
无损检测 射线			弯曲试验	面弯背弯			
无损检测 超声							
无损检测 渗透			冲击试验	焊缝区			
无损检测 磁粉			冲击试验	热影响区			
焊缝化学成分			铁素体测定				
接头硬度检验			腐蚀试验				
金相 微观			腐蚀方法				
金相 宏观							

备注：

根据焊接工艺评定任务书的要求，通常由焊接工程师编制预焊接工艺评定规程，用于具体指导焊接工艺评定，其格式可以由有关部门或制造厂自行确定。然而编制焊接工艺评定规程是一项需要运用专业知识、文献资料和实际经验的工作，编制的准确性将直接影响焊接工艺评定的结果。推荐的预焊接工艺评定规程（pWPS）的格式见表 6-8。

表 6-8　推荐的预焊接工艺规程（pWPS）的格式

焊接接头：　　　板-板对接

坡口形式：　　　I 形

衬垫（材料及规格）：＿＿＿＿＿＿＿＿＿／＿＿＿＿＿＿＿＿＿＿＿

其他：＿＿＿＿＿＿＿＿＿＿＿＿＿＿＿＿＿／＿＿＿＿＿＿＿＿＿＿＿

简图：（接头形式、坡口形式与尺寸、焊层焊道布置及顺序）

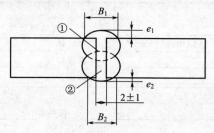

间隙 $b=2\pm1$ mm

焊缝余高：$e_1\leqslant1.5$ mm；$e_2\leqslant1.5$ mm

焊缝宽度：$B_1=6\pm2$ mm；$B_2=6\pm2$ mm．板厚：$\delta=4$ mm

母材：

类别号　Fe-1　组别号　Fe-1-1　与类别号　Fe-1　组别号　Fe-1-2　相焊及

标准号　GB/T 3274　钢号　Q235B　与标准号　G713　钢号　Q345R　相焊

厚度范围(mm)：

母材：对接焊缝　　　SMAW：2～8mm　　　角焊缝　　　SMAW：不限

管子直径、厚度范围：对接焊缝　SMAW：2～8mm　　　角焊缝　　　SMAW：不限

焊缝金属厚度范围(mm)：对接焊缝 SMAW：≤8mm　　　角焊缝　　　SMAW：不限

其他：＿＿＿＿＿＿＿＿＿＿＿＿＿＿＿／＿＿＿＿＿＿＿＿＿＿＿＿＿

焊接材料：

焊材类别	焊条(FeT-1-1)
焊材标准	GB/T 5117—1995、JB/T 4747、NB/T 47018.2—2011
填充金属尺寸	$\phi3.2$
焊材型号	E4315
焊材牌号（钢号）	J427
其他（设备）	ZX$_5$-500D
其他（标准）	NB/T 47014—2011

耐蚀堆焊金属化学成分/%

C	Si	Mn	P	S	Cr	Ni	Mo	V	Ti	Nb
/	/	/	/	/	/	/	/	/	/	/

其他：

无

焊接位置：　　　　　　　　　　　　　　　　　　焊后热处理：

　　对接焊缝的位置：_____平焊_____　　　　　温度范围(℃)_____/_____

焊接方向：(向上、向下)_____向下_____　　　保持时间(h)_____/_____

角焊缝位置：_____/_____

焊接方向：(向上、向下)_____/_____

预热：　　　　　　　　　　　　　　　　　　　　气体：

　　预热温度(℃)(允许最低值)_____/_____　　　　　气体种类　　　混合比　　　流量(L/min)

　　层间温度(℃)(允许最高值)____SMAW150____　　保护气体___/___　　___/___　　___/___

　　保持预热时间_____/_____　　　尾部保护气___/___　　___/___　　___/___

　　加热方式_____/_____　　　　　背部保护气___/___　　___/___　　___/___

电特性

电流种类：_____直　流_____　　　　　　　　极性：_____反极性_____

焊接电流范围(A)：SMAW：120～140　　　　　　电弧电压(V)：_____22～24_____

钨极类型及直径：_____/_____　　喷嘴直径(mm)：_____/_____

熔滴过渡形式：_____颗粒过渡_____　　　　　焊丝送进速度(cm/min)：SMAW：5～15

(按所焊位置和厚度，分别列出电流和电压范围，记入下表)

焊道/焊层	焊接方法	填充材料		焊接电流		电弧电压 /V	焊接速度 /(cm/min)	线能量 /(kJ/cm)
		牌号	直径	极性	电流/A			
①	SMAW	J427	$\phi3.2$	反极性	100～140	22～26	10～14	10～16
②	SMAW	J427	$\phi3.2$	反极性	100～140	22～26	10～14	10～16

技术措施：

　　摆动焊或不摆动焊：_____/_____　　摆动参数：_____/_____

　　焊前清理或层间清理：坡口两侧20mm应打磨露出金属光　　背面清根方法：_____/_____

　　　　　　泽，去油污、水渍。层间钢丝刷清理焊渣。　　　　_____/_____

　　单道焊或多道焊(每面)：_____单道焊_____　　　单丝焊或多丝焊：_____单丝焊_____

　　导电嘴至工件距离(mm)：_____SMAW2～6_____　锤击：_____/_____

　　其他：_____环境温度：>5℃；相对湿度：<90%_____

编制		日期		审核		日期		批准		日期	

当焊接试件经外观检测、无损检测和理化试验检测合格，对焊接工艺评定合格试件必须出具焊接工艺评定报告（PQR），焊接工艺评定报告需第三方认证。PQR 推荐格式见表 6-9。

表 6-9　推荐的焊接工艺评定报告格式

焊接接头：　　　板-板对接　　　　　　　　　　　　　　　　　　　　　　　　　

坡口形式：　　　Ⅰ形　　　　　　　　　　　　　　　　　　　　　　　　　　　

衬垫（材料及规格）：　　　　　　　　　　/　　　　　　　　　　　　　　　　

其他：　　　　　　　　　　　　　　　　　　/　　　　　　　　　　　　　　　

简图：（接头形式、坡口形式与尺寸、焊层焊道布置及顺序）

间隙 $b = 2 \pm 1mm$

焊缝余高：$e_1 \leqslant 1.5mm$；$e_2 \leqslant 1.5mm$

焊缝宽度：$B_1 = 6 \pm 2mm$；$B_2 = 6 \pm 2mm$，板厚：$\delta = 4mm$

母材：

类别号　　Fe-1　　组别号　　Fe-1-1　　与类别号　　Fe-1　　组别号　　Fe-1-2　　相焊及

标准号　GB/T 3274　钢号　Q235B　与标准号　GB 713　钢号　Q345R　相焊

厚度范围（mm）：

母材：对接焊缝　　SMAW：2～8mm　　　　　　角焊缝　　SMAW：不限

管子直径、厚度范围：对接焊缝　SMAW：2～8mm　　　角焊缝　　SMAW：不限

焊缝金属厚度范围（mm）：对接焊缝 SMAW：$\leqslant 8mm$　　　角焊缝　　SMAW：不限

其他：　　　　　　　　　　/　　　　　　　　　　　　　　　　　　　　　　

焊接材料：

焊材类别	焊条（FeT-1-1）
焊材标准	GB/T 5117—1995、JB/T 4747、NB/T 47018.2—2011
填充金属尺寸	$\phi 3.2$
焊材型号	E4315
焊材牌号（钢号）	J427
其他（设备）	ZX_5-500D
其他（标准）	NB/T 47014—2011

耐蚀堆焊金属化学成分/%

C	Si	Mn	P	S	Cr	Ni	Mo	V	Ti	Nb
/	/	/	/	/	/	/	/	/	/	/

其他：

　　　　　　　　　　　　　　　　无

焊接位置：		焊后热处理：
对接焊缝的位置：　　　平焊		温度范围（℃）　　　／
焊接方向：(向上、向下)　　　向下		保持时间(h)　　　／
角焊缝位置：　　　／		
焊接方向：(向上、向下)　　　／		

焊接位置：

　对接焊缝的位置：＿＿＿＿平焊＿＿＿＿

焊接方向：(向上、向下)＿＿＿向下＿＿＿

角焊缝位置：＿＿＿＿／＿＿＿＿

焊接方向：(向上、向下)＿＿＿／＿＿＿

焊后热处理：

　温度范围（℃）＿＿＿＿＿／＿＿＿＿＿

　保持时间(h)＿＿＿＿＿／＿＿＿＿＿

预热：

　预热温度(℃)(允许最低值)＿＿＿＿／＿＿＿＿

　层间温度(℃)(允许最高值)＿＿SMAW150＿＿

　保持预热时间＿＿＿＿／＿＿＿＿

　加热方式＿＿＿＿／＿＿＿＿

气体：

	气体种类	混合比	流量(L/min)
保护气体	／	／	／
尾部保护气	／	／	／
背部保护气	／	／	／

电特性

电流种类：＿＿＿＿直　流＿＿＿＿　　　　极性：＿＿＿＿反极性＿＿＿＿

焊接电流范围(A)：SMAW：120～140　　　　电弧电压(V)：＿＿＿22～24＿＿＿

钨极类型及直径：＿＿＿＿＿／＿＿＿＿＿　　喷嘴直径(mm)：＿＿＿＿＿／＿＿＿＿＿

熔滴过渡形式：＿＿＿颗粒过渡＿＿＿　　焊丝送进速度(cm/min)：SMAW：5～15

(按所焊位置和厚度，分别列出电流和电压范围，记入下表)

焊道/焊层	焊接方法	填充材料		焊接电流		电弧电压 /V	焊接速度 /(cm/min)	线能量 /(kJ/cm)
		牌号	直径	极性	电流/A			
①	SMAW	J427	$\phi3.2$	反极性	120～140	22～24	13～14	10～12
②	SMAW	J427	$\phi3.2$	反极性	120～140	22～24	13～14	10～12

技术措施：

摆动焊或不摆动焊：＿＿＿＿／＿＿＿＿　　摆动参数：＿＿＿＿＿／＿＿＿＿＿

焊前清理或层间清理：坡口两侧20mm应打磨露出金属光　　背面清根方法：＿＿＿＿＿／＿＿＿＿＿

　　　　泽，去油污、水渍。层间钢丝刷清理焊渣。　　＿＿＿＿＿＿＿＿／＿＿＿＿＿＿＿＿

单道焊或多道焊(每面)：＿＿单道焊＿＿　　单丝焊或多丝焊：＿＿＿单丝焊＿＿＿

导电嘴至工件距离(mm)：＿SMAW2～6＿　　锤击：＿＿＿＿＿／＿＿＿＿＿

其他：＿＿＿＿＿＿环境温度：＞5℃；相对湿度：＜90%＿＿＿＿＿＿

拉伸试验

试验报告编号：_____HP01-2013_____

试样编号	宽/mm	厚/mm	面积/mm²	断裂载荷/kN	拉伸强度/MPa	断裂特点及部位
L₁（HP01-L1）	25.3	4.2	106.62	55.6	525	焊缝
L₂（HP01-L2）	25.3	4.2	106.26	58.0	545	焊缝

弯曲试验

试验报告编号：_____HP01-2013_____

试样编号	试样厚度/mm	试样类型	弯轴直径/mm	弯曲角度/(°)	试样结果
M₁（HP01-M1）	4	面弯	16	180	无裂纹
M₂（HP01-M2）	4	面弯	16	180	无裂纹
B₁（HP01-B1）	4	背弯	16	180	无裂纹
B₂（HP01-B2）	4	背弯	16	180	无裂纹

冲击试验

试验报告编号：_____/_____

试样编号	试样尺寸/mm	缺口类型	缺口位置	试验温度/℃	冲击吸收功/J	备注
/	/	/	/	/	/	/

金相检验(角焊缝)：

试验报告编号：_____/_____

根部(焊透、未焊透)_____/_____   焊缝：(熔合、未熔合)_____/_____，

焊缝、热影响区：(有裂纹、无裂纹)_____/_____。

检验截面	Ⅰ	Ⅱ	Ⅲ	Ⅳ	Ⅴ
焊脚差/mm	/	/	/	/	/

无损检测：HP01

RT：_____100％RT Ⅰ级_____   UT：_____/

MT：_____/_____   PT：_____/

其他：_____/

耐蚀堆焊金属化学成分/％

C	Si	Mn	P	S	Cr	Ni	Mo	V	Ti	Nb
/	/	/	/	/	/	/	/	/	/	/

分析表面或取样开始表面至熔合线的距离(mm)：_____/_____

附加说明：

_____/

结论：本评定按 NB/T 47018—2011 规定焊接试件、检验试样、测定性能、确定试验记录正确。

评定结果：_____合　格_____

焊工姓名	/	焊工代号	01	施焊日期	2013.03.23
编制		日期		审核		日期		批准		日期	

第三方检验	

6.3 焊接工艺规程编制

　　焊接工艺规程，有时也称为焊接工艺卡。从广义的角度两者是相同的，从细节来说，焊接工艺规程要更详细一些。对于给定的焊接结构进行焊接工艺分析，工艺方案和工序流程图的确定，车间分工明细及有关工艺标准、资料等是进行焊接工艺规程设计的主要依据。但更重要的是焊接工艺评定报告，这是焊接工艺规程编制的基础。

　　以制造焊接工程结构为主的公司、工厂或车间，根据积累的实际生产经验（大量的焊接

工艺评定结果）编制通用焊接工艺规程，其中规定了常见的不同材料、不同焊接工艺、不同接头（厚度）的焊接工艺，供生产中选用和执行。而对每一产品都要制订包括焊接工艺在内的专用的工艺规程。焊接工艺规程原则上是以产品接头形式为单位进行编制。如压力容器壳体纵缝、环缝、筒体接管焊缝、封头人孔加强板焊缝都应分别编制一份焊接工艺规程。如容器壳体纵、环缝采用相同的焊接方法、相同的重要工艺参数，则可以用一份焊接工艺评定报告作为支持纵、环缝两份焊接工艺规程。如某一焊接接头需采用两种或两种以上焊接方法焊成，则这种焊接接头的焊接工艺规程应以相对应的两份或两份以上的焊接工艺评定报告为依据。具体编制时，参考焊接工艺评定报告及相关标准的规则规定进行。推荐的焊接工艺规程格式见表6-10。

表 6-10 工艺规程幅面和表头、表尾及附加栏

单位：mm

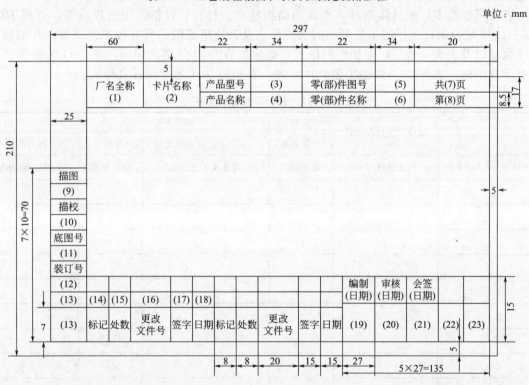

一份完整的焊接工艺规程，应当列出为完成符合质量要求的焊缝所必需的全部焊接工艺参数，除了规定直接影响焊缝力学性能的重要工艺参数以外，也应规定可能影响焊缝质量和外形的次要工艺参数。具体项目包括：焊接方法，母材金属类别及钢号，厚度范围，焊接材料的种类、牌号、规格，预热和后热温度，热处理方法和温度，焊接工艺参数，接头及坡口形式，操作技术和焊后检查方法及要求。对于厚壁焊件或形状复杂的易变形的焊件还应规定焊接顺序。如焊接工艺规程编制者认为有必要，也可列入对按法规焊制焊件有用的其他工艺参数，如加可熔衬垫或其他焊接衬垫等。

对于一般的焊接结构和非法规产品，焊接工艺规程可直接按产品技术条件、产品图样、工厂有关焊接标准，焊接材料和焊接工艺试验报告以及已积累的生产经验数据编制焊接工艺规程，经过一定的审批程序即可投入使用，无需事先经过焊接工艺评定。

对于受监督的重要焊接结构和法规产品，每一份焊接工艺规程必须有相应的焊接工艺评定报告作为支持，即应根据已评定合格的工艺评定报告来编制焊接工艺规程。如所拟订的焊接工艺规程的重要焊接工艺参数，已超出本企业现有焊接工艺评定报告中规定的参数范围，

则该焊接工艺规程必须按下节所规定的程序进行焊接工艺评定试验。只有经评定合格的焊接工艺规程才能用于指导生产。

6.3.1 焊接生产工艺规程文件

企业组织生产活动最重要的文件之一是工艺规程，它是直接指导现场生产操作的重要技术文件，应做到正确、完整、统一、清晰。工艺规程应在充分利用本厂现有生产条件基础上，尽可能采用国内外先进工艺技术和经验。在保证产品质量基础上，尽可能提高生产率和降低消耗。必须考虑生产安全和工业卫生（环境保护），采取相应措施。结构和工艺特征相近的构件、零件应尽量设计典型工艺规程，以避免重复编制工艺规程。工艺规程中所用的术语、符号、代号要符合相应标准的规定。工艺规程中的计量单位应全部采用法定计量单位。工艺规程文件的格式、幅面与填写方法和编号应分别按专业和加工方法填写。

各工厂根据本厂的具体条件，产品的结构特点、材料、设备、生产规模等，依照 JB/Z 338—1988 规范制订工厂的工艺规程的文件形式及其使用范围。所有各工艺规程卡片的幅面尺寸大小以及表头、表尾、附加栏的格式，都应按表 6-10 的格式印刷，表 6-11 为装配工艺过程卡片示例，表 6-12 为焊接工艺卡片示例，表 6-13 为工艺守则首页样式。

表 6-11 装配工艺过程卡片

装配工艺过程卡片		产品型号		部门图号			共　页	
		产品名称		部门名称			第　页	
工序号	工序名称	工序内容	装配部门	设备及工艺设备		辅助材料	工时定价(分)	
					编制 (日期)	审核 (日期)	会签 (日期)	
标记	处数	更改文件号	签字	日期	标记	处数	更改文件号	签字	日期			

表 6-12 焊接工艺卡

接头简图：	焊接工艺程序	焊接工艺卡编号	
		适用材料	
		接头名称	
		接头代号	
		接头编号	
		焊接工艺评定报告编号	
		焊工持证项目	
		母材	厚度/mm
		焊缝金属	厚度/mm
		检验	
		本厂	监检单位

焊接位置 施焊技术		层道	焊接方法	填充材料 牌号	直径	焊接电流 极性	电流/A	电弧电压 /V	焊接速度 /(cm/min)	线能量 /(kJ/cm)
预热温度/℃										
道间温度/℃										
焊后热处理										
钨极直径/mm										
喷嘴直径/mm										
气体成分										
气体流量/(L/min)	正面									
	背面									
技术要求										

工艺规程设计的依据是产品的工艺方案，以及有关的焊接实验或焊接工艺评定，它是编制焊接工艺规程最重要的依据之一。还有产品零、部件工艺路线表，有的工厂称为工艺-工序流程图，车间分工明细表，有关的工艺标准，有关的设备和工艺装备资料，国内外同类产品的有关工艺资料等。

工艺规程编制好后，要经过审核、标准化审查、会签，最后批准的审批程序。工艺工程师设计的工艺规程首先经主管工艺师（或工艺组长）审核，关键工艺规程可由工艺处（科、室）负责人审核。按照 JB/Z 338.7—1988 进行工艺规程标准化审查。经审查和标准化审查后的工艺规程应送交有关生产车间，车间根据本车间的生产能力，审查工艺规程中安排的加工和（或）装配-焊接内容在本车间能否完成；工艺规程中选用的设备和工艺装备是否合理，

表 6-13 工艺守则首页

表 6-13 工艺守则首页

进行会签。此后成套工艺规程，一般经由工艺处（科、室）负责人批准，成批生产的产品和单件生产的关键产品的工艺规程，应由总工艺师或总工程师批准。

6.3.2 计算机辅助焊接工艺设计

随着计算机和网络技术的迅速发展，焊接作为制造业的重要工艺，面临先进制造技术变革的挑战，其中引入计算机技术到焊接生产是加快焊接生产现代化的重要手段。计算机辅助工艺规程设计软件的开发和应用是最为普遍和重要的一个方面。对于计算机辅助焊接工艺规程设计的软件开发国外都做了大量工作，这些基于数据库、专家系统、相应的国家标准和某些经验方法研制的软件，往往针对某一特定企业，最终形成商品化的软件产品很少。考虑到国内外标准和生产传统的差异，很难直接引用国外软件产品，因此可行的道路还需自主努力开发适合国情的焊接工艺规程设计应用软件。

计算机辅助焊接主要用于储存、应用和管理材料性能、焊接工艺、工艺评定及焊工资格管理等方面数据资料的数据库（DB-Database）和数据库管理系统。

对于重要的焊接结构，如锅炉、压力容器、管道、船舶、桥梁和承载金属结构，都必须按相应制造法规的有关规定作焊接工艺评定，而且必须以接头为单位按焊接方法、钢种类别、接头厚度、焊材种类、重要焊接参数，以及焊后热处理制度等逐项进行评定。因此，对于大中型焊接生产企业，每年都需作上百项焊接工艺评定，数年以后，工艺评定项目总数可能会超过千项。按照焊接工艺评定程序，在新的焊接工艺评定立项前，为避免重复评定，通常应仔细核对拟评定的焊接工艺规程，是否在已有焊接工艺评定报告所评定的范围之内，这种核对工作是十分费时的。另一方面，焊接工程师还必须熟记有关法规所规定的焊接工艺评定规则，以正确无误地对工艺评定项目的必要性做出判断。这项工作不但技术性强，而且必须全面理解法规有关条款，尤其是对于新从事焊接工艺评定的工程师，要求短时期内完全掌握正确判断确实不是件容易的事。这种人工进行的焊接工艺评定及工艺文件的编制和管理在实际应用过程中存在很多问题，受个人经验和知识的影响较大，并且技术准备周期长，工作效率较低；工艺经验及资料缺乏整理与继承，标准化、规范化程度较低；重复性劳动多，工作任务繁重，生产环节衔接不紧密，容易浪费大量的人力、物力、财力。焊接工程管理中的落后局面已不能适应当代焊接技术发展的要求。

计算机的出现及日新月异的发展，加上近年来网络和通信技术的迅速进步，使人类进入信息时代。计算机在数据处理上有着十分明显的优势，利用它可对焊接工艺过程的参数进行采集、存储并打印出规范的报告书，还可对信息进行实时控制、设计、运算和分析。其测量和记录的速度快，信息存储量大，可实现焊接工艺评定优化设计。此外，数据库系统还具有数据的结构化、数据共享、数据独立性、可控冗余度等特点。利用它可以缩短生产的设计周期，减少设计成本，大大提高生产的效率和效益，可以克服人工编制的诸多缺点，从而实现企业减员增效，使工程师们能有更多的精力致力于开拓新的领域。计算机能很好辅助人工进行焊接工艺评定，并帮助焊接工程师进行有效的焊接工艺文件管理，最终使焊接技术向高效、自动化、智能化方向发展。

根据焊接工艺评定的过程，通常采用的焊接工艺设计专家系统的模型如图6-19所示。焊接工艺评定专家系统就其基本内容来说应该包括评定必要性判断、评定项目提出和评定结果判定三部分。在基本信息录入后，程序进入评定必要性判断阶段。搜索评定报告知识库要严格按照评定规则来执行，这里的评定规则主要有焊缝形式评定规则、焊接方法评定规则、类别评定规则、组别评定规则、热处理评定规则以及厚度评定规则等，评定规则之间的关系是"与"的关系。如无可用评定报告，系统将给出评定项目，并进行评定结果判定。

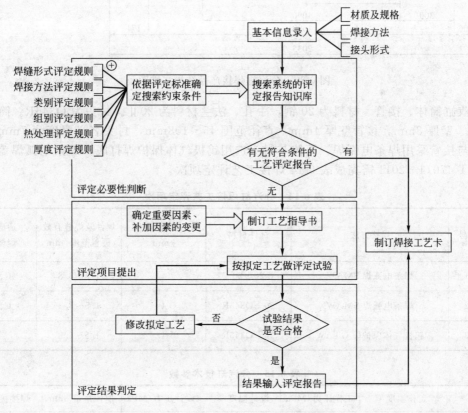

图 6-19　焊接工艺设计专家系统模型

6.4 分汽缸焊接生产工艺规程

6.4.1 分汽缸结构分析

分汽缸是锅炉的主要配套设备，用于把锅炉运行时所产生的蒸汽分配到各路管道中去，分汽缸系承压设备，属压力容器，其承压能力、容量应与配套锅炉相对应。分汽缸主要受压元件为：封头、壳体、法兰、手孔。筒体外径为 $\phi 159 \sim 1500$mm，工作压力为 $1 \sim 2.5$MPa，工作温度为 $0 \sim 400$℃，工作介质为蒸汽、冷热水、压缩空气。图 6-20 为筒体外径 $\phi 329$mm 分汽缸焊接产品结构二维图。

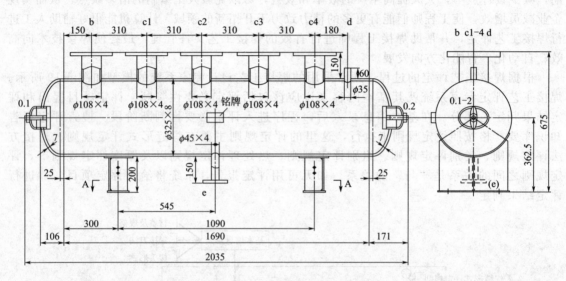

图 6-20 分汽缸焊接产品结构二维图

分汽缸筒体、接管、材料为 20 钢，手孔、法兰材料为 20Ⅱ。封头为 Q345R。筒体直径 325mm、壁厚 8mm，接管壁厚 4mm，直径范围 $45 \sim 108$mm，封头名义厚度为 7mm。经分析法兰与接管采用焊条电弧焊，筒体与封头选用钨极气体保护焊打底，焊条电弧焊盖面。根据 NB/T 47014—2011 需完成表 6-14 焊接工艺评定项次。

表 6-14 分汽缸焊接工艺评定项次

PQR 编号	焊接方法	试件材料	评定试件厚度/mm	焊件及焊缝有效覆盖范围/mm	适应焊接焊缝位置
PQR01	焊条电弧焊 SMAW	20＋20	4	1.5～8.8	C、D、B
PQR02	焊条电弧焊 SMAW	20＋Q345R	4	1.5～8.8	C、D、B
PQR03	钨极气体保护焊 GTAW	20＋Q345R	4	1.5～8.8	B

表 6-15 分汽缸技术参数

介质	工作温度/℃	工作压力/MPa	设计温度/℃	设计压力/MPa	腐蚀裕量/mm	焊接接头系数
饱和水蒸气	≤184	≤1.0	184	1.0	1.0	1.0/0.85

表 6-16 分汽缸焊接工艺规程

接头编号示意图：

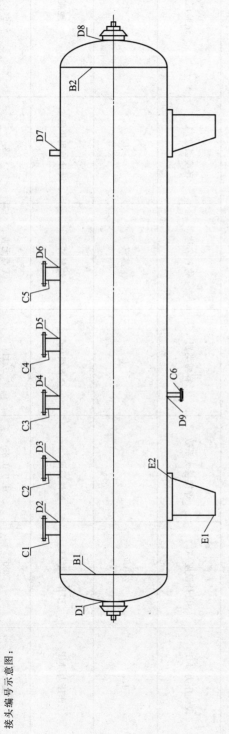

接头编号	接头材料	焊接工艺卡编号	焊接工艺评定编号	焊工持证项目	无损检测要求	备 注
E1,E2	20＋Q235A	HG5-02	PQR-01	SMAW-FeⅡ-3G-12-Fef3J	/	支座组件 E1
D1,D2,D3,D4,D5,D6,D7,D8	20＋20	HG4-03	PQR-01	SMAW- FeⅠ/FeⅡ-6FG-3.5/57- Fef3J	/	接管与筒体组焊
C1,C2,C3,C4,C5,C6	20＋20Ⅱ	HG3-03	PQR-01	SMAW-FeⅠ/FeⅡ-2FG-3.5/57-Fef3J	/	法兰接管组件
B1,B2	20＋Q345R	HG2-03	PQR-02,03	SMAW-FeⅡ-3G-12-Fef3J GTAW-FeⅠ/FeⅡ-6FG-3.5/57	20％RT-Ⅲ	封头与筒体组焊

续表

母材	焊条电弧焊 SMAW				埋弧焊 SAW					气体保护焊 MIG/TIG			
	焊条牌号	规格	烘干温度/℃	时间/h	焊丝牌号	规格	焊剂	烘干温度/℃	时间/h	焊丝牌号	规格	保护气体	混合比
简体 20	J427	φ3.2	150℃	1	/	/	/	/	/	JQ.TG50	φ2.5	Ar	/
封头 Q345R	J427	φ4.0	150℃	1	/	/	/	/	/	/	/	/	/
接管 20													
法兰 20Ⅱ													
手孔 20Ⅱ													
施焊部位	B,C,D									B1,B2			

压力容器技术特性

设计压力/MPa	1.3	焊接接头系数	1.0	容器类别	Ⅰ	试验压力/MPa	1.67
工作压力/MPa	≤1.3	腐蚀裕度/mm	1.0/0.85	全容积/m³	0.11		
设计温度/℃	200	环境温度/℃	≥0	物料名称	蒸汽	地震烈度	6(0.05g)
工作温度/℃	≤200	设计使用年限	8	物料特性	无毒无害		

焊接生产实用技术

続表

接头简图：

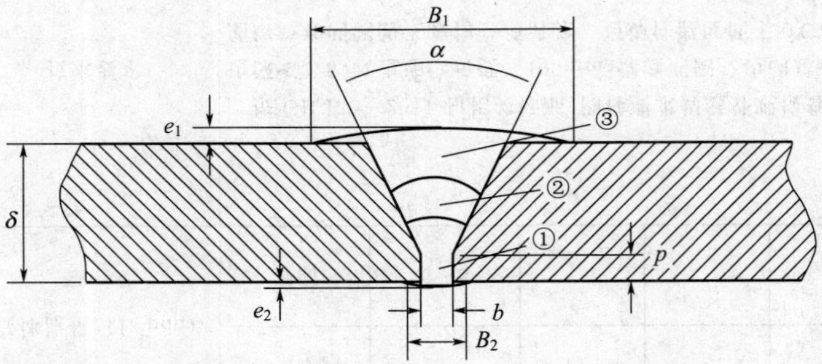

坡口角度 $\alpha=60°\pm5°$；钝边 $p=(1\pm1)$mm
同隙 $b=(1\pm1)$mm
焊缝余高：$e_1=(0\sim15)\%$ $\delta=0\sim1.2$mm；$e_2\leqslant1.5$mm
焊缝宽度：$B_1=(12\pm2)$mm；$B_2=(6\pm2)$mm

焊接工艺程序		焊接工艺卡编号	HG2-03	
1. 按图纸要求开坡口，清理坡口两侧20mm		适用材料	Fe-1-1+Fe-1-2（Q345R）	
2. 按①焊接规范定位焊，电流增加10%～15%		接头名称	壳体、封头对接环焊缝	
3. 按①焊接工艺参数施焊，注意防止错边		接头代号	DU4	
4. 清理焊缝氧化皮		接头编号	B1、B2	
5. 按②、③焊接工艺参数施焊，并记录施焊参数		焊接工艺评定报告编号	PQR-02、03	
6. 检验焊缝外观质量		焊工持证项目	SMAW-FeⅠ/FeⅡ-3G-8-Fe13J GTAW-FeⅠ/FeⅡ-6FG-3.5/57	
7. 在焊缝合适位置打焊工钢印号				
8. B1B2焊缝必须经径20%RT探伤，且符合JB/T 4730.4—2005标准，Ⅲ级合格		母材	Q345R 20	封头7 壳体8 厚度/mm
9. 如有缺陷焊缝返修，返修后扩探20%		焊缝金属	H08A JQ.TG50	封头壳体≥8 厚度/mm
		检验		
		本厂		监检单位

焊接位置	1G								
施焊技术	氩弧焊手工焊								

层·道	焊接方法	填充材料		焊接电流		电弧电压/V	焊接速度/(cm/min)	线能量/(kJ/cm)
		牌号	直径	极性	电流/A			
①	GTAW	TG50	φ2.5	正极性	100~120	12~15	10~12	≤7.0
②	SMAW	J427	φ3.2	反极性	120~140	22~24	13~14	10~12
③	SMAW	J427	φ4.0	反极性	140~160	24~26	11~12	14~16

预热温度/℃		/
道间温度/℃		GTAW<100 SMAW<150
焊后热处理		/
钨极直径/mm		/
喷嘴直径/mm		/
气体成分		Ar
气体流量/(L/min)	正面	8~10
	背面	6~8

技术要求：按 GB 150—2011 和相关标准，图样要求焊缝外观检查焊缝外形尺寸符合规定，圆滑过渡，焊缝和热影响区表面不得有裂纹，气孔，弧坑和夹渣等缺陷，焊缝咬边深≤0.5，咬边连续长度≤100mm，焊缝两侧咬边过该超过长的总长不得超过该焊缝长度的10%，打磨焊缝表面消除缺陷或机械损伤后的厚度不小于母材的厚度，焊缝上的熔渣和两侧的飞溅物必须清除。当焊件温度低于0℃时，应在始焊处100mm范围内预热15℃左右

焊接工艺卡编号	HG3-03
适用材料	Fe-1-1＋ Fe-1 (20Ⅱ)
接头名称	接管与法兰插接角焊缝
接头代号	/
接头编号	C1,C2,C3,C4,C5,C6
焊接工艺评定报告编号	PQR-01
焊工持证项目	SMAW-Fe I / Fe II -2FG-3.5/57-Fef3J

焊接工艺程序

1. 按图纸要求组装、定位焊，清理坡口两侧焊参数
2. 按①、②焊接参数施焊，并记录施焊参数
3. 角磨机清理焊缝背面，按③焊接工艺参数施焊，并记录施焊参数
4. 检验法兰与接管偏差尺寸并矫正

检验

检验项目		厚度/mm		厚度/mm
母材	20\20Ⅱ	接管 18,22 法兰		
焊缝金属	H08A	>5		
本厂				监检单位

接头简图：

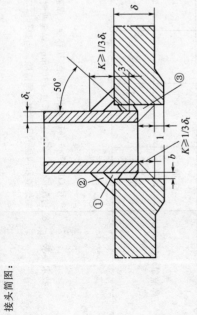

间隙 $b=(2\pm0.5)$mm

焊缝脚高：$K \geqslant 1/3\delta_t$，且 $K \geqslant 5$mm

焊接位置	2FG								
施焊技术	手工								
预热温度/℃	/								
道间温度/℃	手工焊<150								
焊后热处理	/								

层道	焊接方法	填充材料 牌号	填充材料 直径	焊接电流 极性	焊接电流 电流/A	电弧电压/V	焊接速度/(cm/min)	线能量/(kJ/cm)
①	SMAW	J427	$\phi3.2$	DCEP	120~140	22~24	13~14	10~12
②	SMAW	J427	$\phi4.0$	DCEP	160~180	24~26	11~12	15~20
③	SMAW	J427	$\phi4.0$	DCEP	160~180	24~26	11~12	15~20

钨极直径/mm	/
喷嘴直径/mm	/
气体成分	
气体流量/(L/min) 正面	
气体流量/(L/min) 背面	

技术要求　按 GB 150—2011 和相关标准、图样要求焊缝外观检查焊缝外形尺寸符合规定,圆滑过渡,焊缝和热影响区表面不得有裂纹、气孔、弧坑和夹渣等缺陷,焊缝咬边深≤0.5,咬边连续长度≤100mm,焊缝两侧咬边的总长不得超过该焊缝长度的 10%,打磨焊缝表面消除缺陷后母材的厚度不小于母材的厚度,焊缝上的熔渣和两侧的飞溅物必须清除。当焊件温度低于 0℃时,应在始焊处 100mm 范围内预热 15℃左右

焊接工艺卡编号		HG4-03		
适用材料		Fe-1-1＋ Fe-1-1 (20)		
接头名称		接管与壳体角接		
接头代号		G2		
接头编号		D1,D2,D3,D4,D5,D6,D7,D8,D9		
焊接工艺评定报告编号		PQR-01		
焊工持证项目		SMAW- Fe I / Fe II -6FG-3.5/57- Fef3J		
	检 验		厚度 /mm	
母材	20\20		接管 4 筒体 8	
焊缝金属	H08A		≥8	
本厂		监检单位		

焊接工艺程序

1. 法兰-接管组件与筒体或封头组焊,清理焊缝坡口两侧,按图纸要求组装,定位焊
2. 按①焊接参数施焊,并记录施焊参数
3. 角磨机清理焊缝熔渣
4. 按②、③焊接工艺参数施焊,并记录施焊参数
5. 检验接管与筒体偏差尺寸并矫正

接头简图:

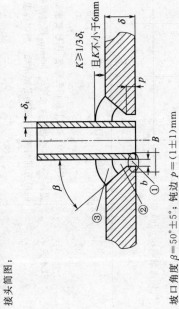

坡口角度 $\beta=50°\pm5°$; 钝边 $p=(1\pm1)$mm
间隙 $b=(2\pm1)$mm; $K\geq1/3\delta_t$,且 $K\geq6$mm $B=(6\pm2)$mm
焊缝脚高:$K\geq1/3\delta_t$

续表

焊接位置	6FG								
施焊技术	手工								
	层道	焊接方法	填充材料		焊接电流		电弧电压/V	焊接速度/(cm/min)	线能量/(kJ/cm)
			牌号	直径	极性	电流/A			
预热温度/℃ 手工焊<150	①	SMAW	J427	φ3.2	DCEP	120~140	22~24	13~14	10~12
道间温度/℃	②	SMAW	J427	φ4.0	DCEP	160~180	24~26	11~12	15~20
焊后热处理	③	SMAW	J427	φ4.0	DCEP	160~180	24~26	11~12	15~20
钨极直径/mm	/								
喷嘴直径/mm	/								
气体成分	/								
气体流量/(L/min)	正面 /								
	背面 /								

技术要求　按 GB 150—2011 和相关标准,图样要求焊缝外观检查焊缝外形尺寸符合规定,圆滑过渡,焊缝和热影响区表面不得有裂纹、气孔、弧坑和夹渣等缺陷,焊缝咬边深≤0.5,咬边连续长度≤100mm,焊缝两侧咬边的总长不得超过该焊缝长度的10%,打磨焊缝表面消除缺陷后的厚度不小于母材的厚度,焊缝上的熔渣和两侧的飞溅物必须清除。当焊件温度低于0℃时,应在始焊处100mm范围内预热15℃左右。

续表

焊接工艺程序	焊接工艺卡编号	HG5-02
	适用材料	Fe-1-1＋Fe-1-1（Q235B）
1. 按图纸要求组装，清理焊缝坡口两侧20mm	接头名称	垫板与壳体搭接角焊缝
2. 按①焊接规范定位焊，电流增加10%～15%	接头代号	Da1
3. 按①、②、③焊接工艺参数施焊检验焊角高	接头编号	E1E2
4. 尺寸符合要求	焊接工艺评定报告编号	PQR-01
5. 注意护板开透气孔	焊工持证项目	SMAW-Fe Ⅱ-3G-12-Fef3J

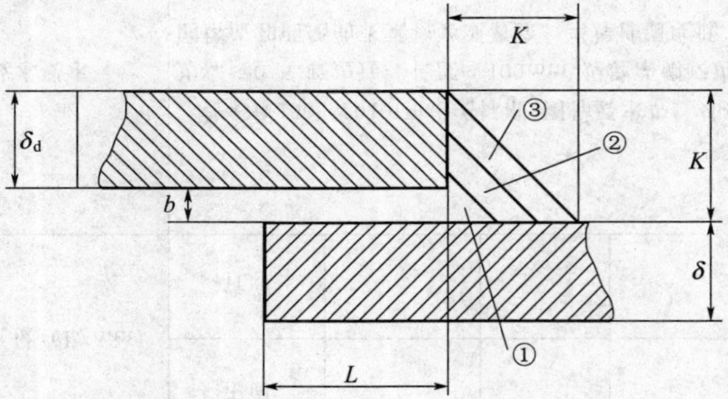

			厚度/mm	
母材	Q235B	20	垫板 8	筒体 8
焊缝金属	H08A		厚度/mm	>8

检 验

本 厂	监检单位

接头简图：

同隙 b＝（0＋2）mm

焊缝脚高：$K=\delta_d+b$；$L \geq 5\delta_d$，且 $\geq 25mm$；$\delta_d=3\sim16$；$\delta=3\sim12$

续表

焊接位置	2F			
施焊技术	手工+自动			

层-道	焊接方法	填充材料 牌号	填充材料 直径	焊接电流 极性	焊接电流 电流 I/A	电弧电压 U/V	焊接速度 V/(cm/min)	线能量 E/(kJ/cm)
①	SMAW	J427	φ3.2	DCEP	120~140	22~24	13~14	10~12
②	SMAW	J427	φ4.0	DCEP	160~180	24~26	11~12	15~20
③	SMAW	J427	φ4.0	DCEP	160~180	24~26	11~12	15~20

预热温度/℃	手工焊<150；埋弧焊<250
道间温度/℃	<250
焊后热处理	/
钨极直径/mm	/
喷嘴直径/mm	/
气体成分	/
气体流量/(L/min) 正面	/
气体流量/(L/min) 背面	
技术要求	按 GB 150—2010 和相关标准、图样要求焊缝外观检查焊缝外形尺寸符合规定，圆滑过渡，焊缝和热影响区表面不得有裂纹、气孔、弧坑和夹渣等缺陷，焊缝咬边深≤0.5，咬边连续长度≤100mm，焊缝两侧咬边的总长不得超过该焊缝长度的10%，打磨焊缝表面消除缺陷或机械损伤后的厚度不小于母材的厚度，焊缝上的熔渣和两侧的飞溅物必须清除。当焊件温度低于0℃时，应在始焊处100mm范围内预热15℃左右

分汽缸焊接生产主要是为简体、封头、接管-法兰及支座焊接。其工艺流程为首先将法兰与接管组焊，支座组焊，简体与封头组焊，最后将法兰-接管组件、支座组件与简体组焊，其焊接生产工艺流程如图 6-21 所示。

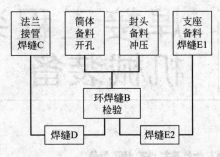

图 6-21 分汽缸焊接生产工艺流程

6.4.2 分汽缸焊接工艺规程

编制焊接工艺规程首先应了解分汽缸的主要技术参数和工作环境，分汽缸技术参数见表 6-15。

由技术参数得知分汽缸为 D 类容器，焊缝探伤主要是 B 焊缝，根据标准对焊缝进行 20％射线检测，要求达到三级合格。分汽缸焊缝接头编号及其焊接工艺规程见表 6-16。

第**7**章 | 焊接工程装配-焊接机械装备

7.1 装配-焊接机械装备概述

随着科学技术的进步及生产规模的日益扩大，焊接结构正朝着超大型、高容量、高参数的方向发展，这就不仅需要为焊接生产提供质量更高、性能更好的各种焊机、焊接材料和焊接工艺，而且要求提供各种性能优异的焊接工装设备，使焊接生产实现机械化和自动化，减少人为因素干扰，达到保证和稳定焊接质量、改善焊工劳动条件、提高生产率的目的。

装配-焊接机械装备就是在焊接生产中与焊接工序相配合，有利于实现装配、焊接生产机械化、自动化，提高装配-焊接质量，促使焊接生产过程加速进行的各种辅助机械装备和设备。

装配-焊接机械装备对焊接生产的有利作用主要反映如下。

① 零件由定位器定位，不用划线，不用测量就能得到准确的装配位置，由于焊件在夹具中可强行夹固或预先给予反变形，保证了装配精度，控制了焊接变形，所以可提高焊件的互换性能。

② 在焊接工装夹具上大都采用磁力、液压、气动夹具，即使采用手动夹具，也都有扩力机构，因此可减轻工人的体力劳动，提高装配效率。

③ 焊件上的配合孔、配合槽等机械加工要素可由原来的先焊接后加工改为先加工后焊接，从而避免了大型焊件焊后加工所带来的困难，有利于缩短焊件的生产周期，同时可缩短装配和施焊过程中的焊件翻转变位的时间，减少了辅助工时，提高了焊机利用率和焊接生产率。

④ 采用焊接变位机械可使焊件处于水平及船形位置上进行焊接，同时可扩大焊机的焊接范围，例如，埋弧焊机配合相应的焊接装备后，可完成内外环缝、空间曲线焊缝的焊接和空间曲面的堆焊。

⑤ 采用焊接机械装备后，既可使手工操作变为机械操作，人仅处于控制机械的地位，减少了人为因素对焊接质量的影响，也可降低对焊工操作技术水平的要求，还可使装配和焊接集中在一个工位上完成，可减少工序数量，节约车间使用面积。

⑥ 只有与焊接机械装备相配合，才能在条件困难、环境危险、不宜由人工直接操作的场合实现焊接作业，例如在高温、深水、剧毒、有放射性的环境中进行焊接作业，都需要与相应的焊接机械装备相配合才能实现。

⑦ 欲使焊接工序本身实现机械化和自动化，或者使焊接生产过程实现综合机械化、自动化，都需要装配-焊接机械装备的配合才能实现。

装配-焊接机械装备对焊接生产的有利作用是多方面的，概括而言，就是保证焊接质量，提高焊接生产率，改善工人的作业条件，实现机械化、自动化焊接生产过程四个方面。因此，无论是在焊接车间或是在施工现场，装配-焊接机械装备已成为焊接生产过程中不可缺少的装备之一，从而获得了广泛的应用。

7.1.1　装配-焊接机械装备的分类

从使用范围来分，焊接机械装备分为通用和专用两大类。

通用焊接机械装备通用性强、适应性广，整台机械能适应产品结构的变化重复使用。它们可以组合在一起使用，也可以组装在焊接生产线上，成为焊接生产线的一个组成部分。由于这种装备通用性强，所以机械化、自动化水平不是很高，主要满足多品种、小批量焊接生产的需要。

专用焊接机械装备是为了适应单品种、大批量焊接生产的需要专门设计制造的。这种装备专用性强、生产率高、控制系统先进，能很好地满足产品结构、装焊工艺、生产批量的要求。例如：专用焊接工装夹具、专用焊接机床就属于这类装备。

按用途分，装配-焊接机械装备包括焊接工装夹具、焊接变位机械、焊件输送机械三个方面，其次还有导电装置、焊剂输送与回收装置、坡口准备及焊缝清理与精整装置等。

焊接变位机械是改变焊件、焊机或焊工空间位置来完成机械化、自动化焊接的各种机械设备。使用焊接变位机械可缩短焊接辅助时间，提高劳动生产率，减轻工人劳动强度，保证和改善焊接质量，并可充分发挥各种焊接方法的效能。

焊接变位机械分为三大类，如图7-1所示。

在手工焊作业中，经常使用各种焊件变位机械，但在多数场合，焊件变位

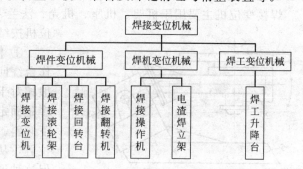

图 7-1　装配-焊接变位机械分类

机械是与焊机变位机械相互配合使用的，用来完成纵缝、横缝、环缝、空间曲线焊缝的焊接以及堆焊作业。焊件变位机械也是机械化、自动化装焊生产线上的重要组成部分。在以弧焊机器人为中心的柔性加工单元（FMC）和加工系统（FMS）中，焊件变位机械也是组成设备之一。在复杂焊件焊接和要求施焊位置精度较高的焊接作业中，例如窄间隙焊接、空间曲面的带极堆焊等，都需要焊件变位机械的配合，才能完成其作业。

各种焊接变位机械不仅用于焊接作业，也用于装配、切割、打磨、喷漆等作业。

7.1.2　装配-焊接机械装备的选用

焊接结构的生产规模和批量，在相当大的程度上决定了它的工艺装备的专用化程度、完善性、效率及构造。制品的结构特征、重量以及质量要求等技术特征也是选择工艺装备的重要依据。

单件生产时，除非该产品的技术要求特别高，一般是采用通用的夹具及机械装置；但如果类似产品较多，也可以采用有一定通用性的高效工艺装备。

成批生产时，可根据技术要求、批量大小、工作场地面积、焊接与辅助时间的比例以及工艺装备的成本等，来决定所应采用工艺装备的完善性及效率。

对于大量生产的焊接产品，应考虑采用专用的工艺装备，并严格按照生产的节奏来计算每一工序所需要的时间及该工序的工艺装备应完成的工作，使每一工位完成某些工序时具有相同的生产时间，从而保证流水生产得以顺利进行。在大量生产中，常用气压、液压、电动和电磁式的快速夹具和电动的机械化、自动化装置，并宜采用焊接机床及多种装配-焊接专用装备组成生产线。

近年来，由于产品更新速度加快及用户对产品规格、品种要求的多样化，工艺装备的设计、选用也应当适应这一特点而具有"柔性"。

设计、制造及使用工艺装备的费用是计入产品成本的，因此，在决定是否采用以及采用怎样的工艺装备时要仔细地核算它的综合经济效益及技术效果。

7.2 焊件变位机械

焊件变位机械用于在焊接过程中改变焊件的位置，包括焊接变位机、焊接滚轮架、焊接回转台、焊接翻转机。

7.2.1 焊接变位机

7.2.1.1 焊接变位机结构形式

焊接变位机是在焊接作业中将焊件回转并倾斜，使焊件上的焊缝置于有利施焊位置的焊件变位机械。

焊接变位机主要用于机架、机座、机壳、法兰、封头等非长形焊件的翻转变位。焊接变位机按结构形式可分为三种。

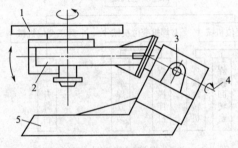

图 7-2　伸臂式焊接变位机
1—回转工作台；2—伸臂；3—倾斜轴；
4—转轴；5—机座

① 伸臂式焊接变位机　见图 7-2，其回转工作台绕回转轴旋转并安装在伸臂的一端，伸臂一般相对于某一转轴成角度回转，而此转轴的位置多是固定的，但有的也可在小于 100°的范围内上下倾斜。这两种运动都改变了工作台面回转轴的位置，从而使该机变位范围大，作业适应性好。但这种形式的变位机，整体稳定性较差。

该机多为电动机驱动，承载能力在 0.5t 以下，适用于小型焊件的翻转变位。也有液压驱动的，承载能力多在 10t 左右，适用于结构尺寸不大，但自重较大的焊件。伸臂式焊接变位机在手工焊中应用较多。

② 座式焊接变位机　见图 7-3，其工作台连同回转机构通过倾斜轴支承在机座上，工作台与焊速同步回转，倾斜轴通过扇形齿轮或液压缸，多在 110°~140°的范围内恒速或变速倾斜。该机稳定性好，一般不用固定在地基上，搬移方便，适用于 0.5~50t 焊件的翻转变位，是目前产量最大、规格最全、应用最广的结构形式。常与伸臂式焊接操作机或弧焊机器人配合使用。

③ 双座式焊接变位机　见图 7-4，工作台安装在"⊓"形架上，以所需的焊接速度回转；"⊓"形架座在两侧的机座上，多以恒速或所需的焊接速度绕水平轴线转动。该机不仅稳定性好，而且如果设计得当，可使焊件安放在工作台上后，随"⊓"形架倾斜的综合重心位于或接近倾斜机构的轴线，从而使倾斜驱动力矩大大减小。因此，重型焊接变位机多采用这种结构。

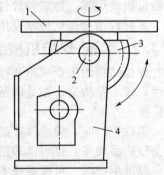

图 7-3　座式焊接变位机
1—回转工作台；2—倾斜轴；
3—扇形齿轮；4—机座

双座式焊接变位机适用于 50t 以上大尺寸焊件的翻转变位。在焊接作业中，常与大型门式焊接操作机或伸缩臂式焊接操作机配合使用。

焊接变位机的基本结构形式虽只有上述三种，但其派生形式很多，有些变位机的工作台还具有升降功能，见图 7-5。

7.2.1.2 焊接变位机工作原理

焊接变位机的工作台应具有回转、倾斜两个运动，有的中型焊接变位机的工作台还有升降运动。焊接变位机工作台的回转运动，多采用直流电动机驱动，无级变速。近年来出现的全液压变位机，其回转运动是用液压马达来驱动的。工作台的倾斜运动有两种驱动方式，一种是电动机经减速器减速后通过扇形齿轮带动工作台倾斜（图 7-3）或

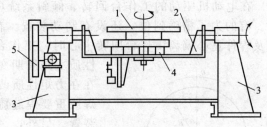

图 7-4　双座式焊接变位机
1—工作台；2—"凵"形架；3—机座；
4—回转机构；5—倾斜机构

通过螺旋副使工作台倾斜（应用不多）；另一种是采用液压缸直接推动工作台倾斜，见图 7-6。这两种驱动方式都有应用，在小型变位机上以电动机驱动为多。工作台的倾斜速度多是恒定的，但对应用于空间曲线焊接及空间曲面堆焊的变位机，则是无级调速的。工作台的升降运动，几乎都采用液压驱动，通过柱塞式或活塞式液压缸进行。

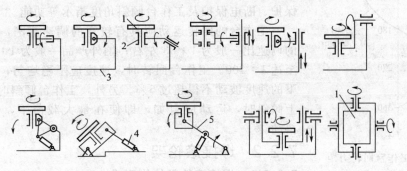

图 7-5　焊接变位机的派生形式
1—工作台；2—轴承；3—机座；4—推举液压缸；5—伸臂

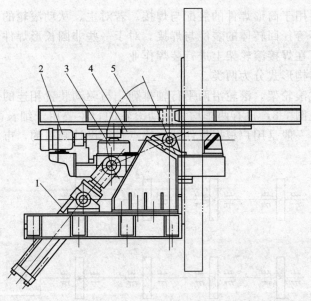

图 7-6　工作台倾斜采用液压缸推动的焊接变位机
1—液压缸；2—电动机；3—减速器；4—齿轮副；5—工作台

在电动机驱动的工作台回转、倾斜系统中，常设有一级蜗杆传动，使其具有自锁功能。有的为了精确到位，还设有制动装置。在变位机回转系统中，当工作台在倾斜位置以及焊件重心偏离工作台回转中心时，工作台在转动过程中，重心形成的力矩在数值和性质上是周期变化的，见图7-7，为了避免因齿侧间隙的存在在力矩性质改变时产生冲击，导致焊接缺陷，在用于堆焊或重要焊缝施焊的大型变位机上，设置了抗齿隙机构或装置。另外，一些供弧焊机器人使用的变位机，为了减少倾斜和回转系统的传动误差，保证焊缝的位置精度，也设置了抗齿隙机构或装置。

在重型座式和双座式焊接变位机中，常采用双扇形齿轮的倾斜机构，扇形齿轮或用一个单独的电动机驱动，或用各自的电动机分别驱动。在分别驱动时，电动机之间设有转速联控装置，以保证转速的同步。

另外，在驱动系统的控制回路中，应有行程保护、过载保护、断电保护及工作台倾斜角度指示等功能。

工作台的回转运动应具有较宽的调速范围，国产变位机的调速比一般为1∶33左右；国外产品一般为1∶40，有的甚至达1∶200。工作台回转时，速度应平稳均匀，在最大载荷下的速度波动不得超过5%。另外，工作台倾斜时，特别是向上倾斜时，运动应自如，即使在最大载荷下，也不应产生抖动。

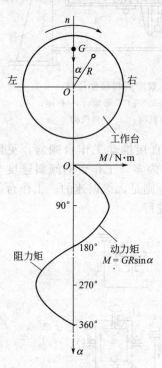

图 7-7　工作台回转力矩
的周期变化

G—综合回转重心；α—转角；
O—工作台回转中心；n—转速

7.2.2　焊接滚轮架

7.2.2.1　焊接滚轮架结构形式

焊接滚轮架是借助主动滚轮与焊件之间的摩擦力，带动焊件旋转的焊件变位机械。

焊接滚轮架主要用于筒形焊件的装配与焊接。若对主、从动滚轮的高度作适当调整，也可进行锥体、分段不等径回转体的装配与焊接。对于一些非圆长形焊件，若将其装卡在特制的环形卡箍内，也可在焊接滚轮架上进行装焊作业。

焊接滚轮架按结构形式分为两类。

第一类是长轴式滚轮架。滚轮沿两平行轴排列，与驱动装置相连的一排为主动滚轮，另一排为从动滚轮，见图7-8，也有两排均为主动滚轮的，主要用于细长薄形焊件的组对与焊接。长轴式滚轮架，一般是用户根据焊件结构特点自行设计制造的，市场可供选用的定型产品很少。

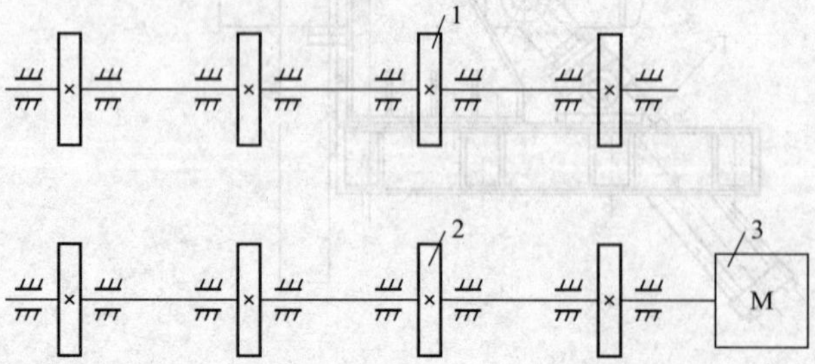

图 7-8　长轴式焊接滚轮架
1—从动滚轮；2—主动滚轮；3—驱动滚轮

第二类是组合式滚轮架，见图7-9，它的主动滚轮架见图7-9(a)，从动滚轮架见图7-9(b)，混合式滚轮架见图7-9(c)，即在一个支架上有一个主动滚轮座和一个从动滚轮座都是独立的，使用时可根据焊件的重量和长度进行任意组合，其组合比例也不仅是1与1的组合。因此，使用方便灵活，对焊件的适应性很强，是目前应用最广泛的结构形式。国内外有关生产厂家，均有各自的系列产品供应市场。

为了焊接不同直径的焊件，焊接滚轮架的滚轮间距应能调节。调节方式有两种：第一种是自调式的；第二种是非自调式的。自调式的可根据焊件的直径自动调整滚轮的间距，见图7-10；非自调式的靠移动支架的滚轮座来调节滚轮的间距，见图7-11。

焊接滚轮架的滚轮结构主要有四种类型，其特点和适用范围见表7-1。

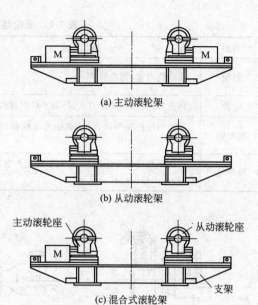

(a) 主动滚轮架

(b) 从动滚轮架

(c) 混合式滚轮架

图7-9　组合式焊接滚轮架

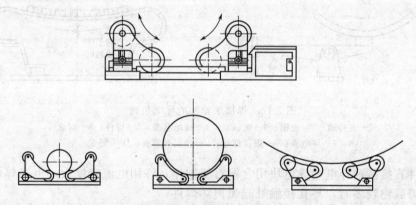

图7-10　自调式焊接滚轮架

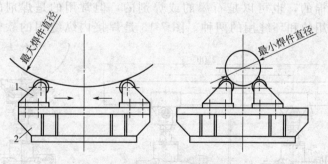

图7-11　非自调式焊接滚轮架
1—滚轮座；2—支架

7.2.2.2　焊接滚轮架导电装置及焊剂垫

焊接滚轮架常用导电装置的结构形式较多，见图7-12，其过流能力在500～1000A之间，最大的可达2000A。图7-12(a)和图7-12(b)所示导电装置是卡在焊件上进行导电的，前者用电刷导电，后者用铜盘导电，其导电可靠，不会在焊件上起弧。图7-12(c)、(d)、(e)是

表 7-1　滚轮结构的特点和使用范围

类型	特　点	适用范围
钢轮	承载能力强，制造简单	一般用于重型焊件和需预热处理的焊件以及额定载重量大于 60t 的滚轮架
胶轮	钢轮外包橡胶、摩擦力大、传动平稳但橡胶易压坏	一般多用于 10t 以下的焊件和有色金属容器
组合轮	钢轮与橡胶轮相结合，承载能力比橡胶轮高、传动平稳	一般多用于 10～60t 的焊件
履带轮	大面积履带和焊件接触，有利于防止薄壁工件的变形，传动平稳但结构较复杂	用于轻型、薄壁大直径的焊件及有色金属容器

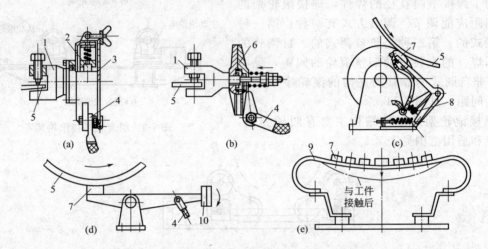

图 7-12　焊接滚轮架的导电装置

1—夹持轴；2—电刷；3—电刷盒；4—接地电缆；5—焊件；6—铜盘；
7—导电块；8—限位螺栓；9—黄铜弹簧板；10—配重

导电块与焊件直接接触导电，导电块用含铜石墨制作，许用电流密度大，但当焊件表面粗糙以及氧化皮等脏物较多时，易在接触处起弧损坏焊件。

进行埋弧焊时，为了背面成形及防止将焊件烧穿，常在焊缝背面敷以衬垫，衬垫可以采用紫铜的、石棉的，也可以是石墨的或焊剂的，但常用的是焊剂的。滚轮架上用的是焊剂垫，有纵缝用的和环缝用的两种。图 7-13 是焊接内纵缝用的软管式焊剂垫。汽缸

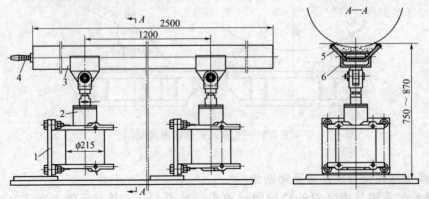

图 7-13　软管式纵缝焊剂垫

1—汽缸支座；2—举升汽缸；3—焊剂槽；4—气嘴；5—帆布衬槽；6—夹布胶管

动作将焊剂槽举升接近焊件表面，然后，夹布胶管充气鼓胀，将帆布衬槽托起，使焊剂与焊缝背面贴紧。这种装置结构简单，压力均匀，也可用于焊缝背面的成形。

图 7-14 是用于内环缝的圆盘式焊剂垫。转盘在摩擦力的作用下随焊件的转动而绕自身的主轴旋转，将焊剂连续不断地送到施焊处。其结构简单，使用方便，国内焊接辅机厂已有生产。图 7-15 是螺旋推进式的焊剂垫，也用于内环缝的焊接。该装置移动方便，可达性好，装置上的螺旋推进器可使焊剂自动循环。缺点是焊剂垫透气性差，焊剂易铰碎。这种装置国内也有定型产品供应。

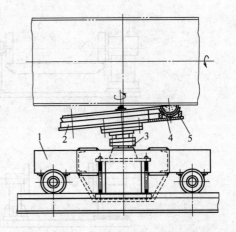

图 7-14　圆盘式环缝焊剂垫
1—行走台车；2—转盘；3—举升汽缸；
4—环行焊剂槽；5—夹布橡胶衬槽

7.2.3　焊接翻转机

焊接翻转机是将焊件绕水平轴转动或倾斜，使之处于有利装焊位置的焊件变位设备。

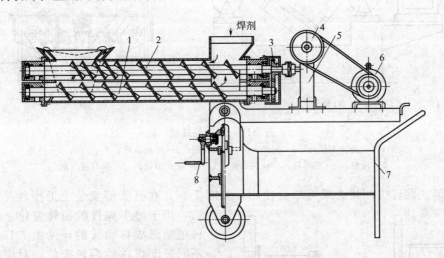

图 7-15　螺旋推进式环缝焊剂垫
1—回收推进器；2—焊剂输送推进器；3—齿轮副；4—带传动；
5—减速器；6—电动机；7—小车；8—手摇升降机构

焊接翻转机种类较多，常见的有框架式、头尾架式、链条式、转环式、推拉式等翻转机，见图 7-16，其使用场合见表 7-2。

表 7-2　常用焊接翻转机的基本特征及使用场合

形式	变位速度	驱动方式	使用场合
框架式	恒定	机电或液压（旋转液压缸）	板结构、桁架结构等较长焊件的倾斜变位，工作台上也可进行装配作业
头尾架式	可调	机电	轴类和椭圆形焊件的环缝焊、表面堆焊时的旋转变位
链条式	恒定	机电	装配定位焊后，自身刚度很强的梁柱型构件的翻转变位
转环式	恒定	机电	装配定位焊后，自身刚度很强的梁柱型构件的转动变位。在大型构件的组对与焊接中应用较多
推拉式	恒定	液压	各类构件的倾斜变位。装配和焊接作业在同一工作台上进行

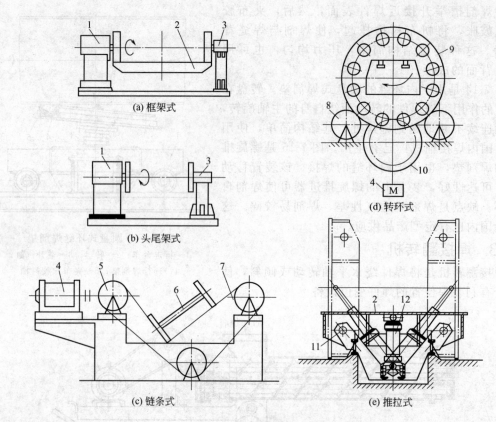

图 7-16 焊接翻转机

1—头架；2—翻转工作台；3—尾架；4—驱动装置；5—主动链轮；6—工件；7—链条；
8—托轮；9—支承环；10—钝齿轮；11—推拉式轴销；12—举升液压缸

头尾架式翻转机，其头架可单独使用，见图 7-17，在其头部安装上工作台及相应夹具后，用于短小焊件的翻转变位。有的翻转机尾架做成移动式的，见图 7-18，以适应不同长度焊件的翻转变位。对应用在大型构件上的翻转机，其翻转工作台常做成升降式的，见图 7-18(b)。

我国还未对各种形式的焊接翻转机制定出系列标准，但国内已有厂家生产头尾架式的翻转机，并成系列，其技术数据见表 7-3。

配合焊接机器人使用的框架式、头尾架式翻转机，国内外均有生产。它们都是点位控制，控制点数以使用要求而定，但

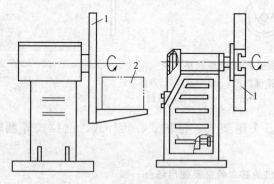

图 7-17 头架单独使用的翻转机

1—工作台；2—焊件

多为 2 点（每隔 $180°$）、4 点（每隔 $90°$）、8 点（每隔 $45°$）控制，翻转速度以恒速的为多，但也有变速的。翻转机与机器人联机按程序动作，载重量在 $20\sim3000$kg 之间。

在我国汽车、摩托车等制造行业使用的弧焊机器人加工中心，已成功地采用了国产头尾架式和框架式的焊接翻转机，由于是恒速翻转，点位控制，并辅以电磁制动和汽缸锥销强制定位，所以多采用交流电动机驱动、普通齿轮副减速，机械传动系统的制造精度比轨迹控制

(a) 工作台高度固定　　　　　(b) 工作台高度可调

图 7-18　尾架移动式的翻转机

表 7-3　国产头尾架式焊接翻转机技术数据

参　数		FZ-2	FZ-4	FZ-6	FZ-10	FZ-16	FZ-20	FZ-30	FZ-50	FZ-100
载重量	kg	2000	4000	6000	10000	16000	20000	30000	50000	100000
工作台转速	r/min	0.1～1.0	0.1～1.0	0.15～1.5	0.1～1.0	0.06～0.6	0.05～0.5			
回转扭矩	N·m	3450	6210	8280	1380	22080	27600	46000		
允许电流	A	1500	1500	2000			3000			
工作台尺寸	mm	800×800		1200×1200			1500×1500			2500×2500
中心高度	mm	705	705	915	915	1270				1830
电动机功率	kW	0.6	1.5	2.2	3			5.5		7.5
自重(头架)	kg	1000	1300	3500	3800	4200	4500	6500	7500	20000
自重(尾架)	kg	900	1100	3450	3750	3950	3950	6300	6900	17000

的低 1～2 级，造价便宜。

7.2.4　焊接回转台

焊接回转台是将焊件绕垂直或倾斜轴回转的焊件变位设备。主要用于回转体焊件的焊接、堆焊与切割。图 7-19 是几种常用焊接回转台的具体结构形式。

焊接回转台多采用直流电动机驱动，工作台转速均匀可调。对于大型绕垂直轴旋转的焊接回转台，在其工作台面下方均设有支承滚轮，工作台面上也可进行装配作业。有的工作台还做成中空的，以适应管材与接盘的焊接，见图 7-20。

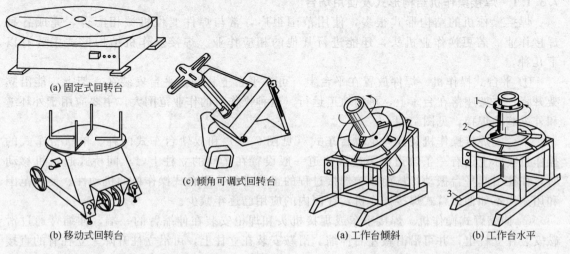

(a) 固定式回转台

(c) 倾角可调式回转台

(b) 移动式回转台

图 7-19　几种常用的焊接回转台

(a) 工作台倾斜　　　(b) 工作台水平

图 7-20　中空式回转台
1—工件；2—回转台；3—支架

焊接回转台驱动功率的计算与焊接变位机回转功率的计算相同，由于回转台转轴的倾斜角度是固定的，因此，计算更为简单。我国已有厂家生产焊接回转台，并成系列供应，其数据见表7-4。

表 7-4　国产焊接回转台技术数据

参　数		ZT-0.5	ZT-1	ZT-3	ZT-5	ZT-10	ZT-20	ZT-30	ZT-50	ZT-100
载重量/偏心距	kg/mm	500/150	1000/150	3000/300	5000/300	10000/300	20000/300	30000/300	50000/300	100000/300
工作台口转速	r/min	0.02~0.2			0.1~1	0.05~0.5		0.03~0.3		
允许焊接电流	A	1000	1500		2000					
工作台直径	mm	1000	1500	1500	1800	2000	2000	2500	2500	3000
工作台至底面高度	mm	600	600	1000	1200	1500	1500	1800	1800	2000
机体(长×宽)	mm	920×920	920×920	1000×1000	1000×1000	1200×1200	1500×1500	2400×1500	2600×2000	3000×2500
电动机功率	kW	0.6	1.1	1.5	2.2	2.2	3.0	4	5.5	7.5
自重	kg	880	1200	2100	3500	7500	14000	20000	38000	45000

7.3 焊机变位机械

焊机变位机械是改变焊接机头空间位置进行焊接作业的机械设备。焊机变位机械能将焊接机头（焊枪）准确送到待焊位置，并保持在该位置或以选定焊速沿设定轨迹移动焊接机头。它主要包括焊接操作机和电渣焊立架。

7.3.1　焊接操作机

7.3.1.1　焊接操作机结构形式及使用场合

焊接操作机的结构形式很多，使用范围很广，常与焊件变位机械相配合，完成各种焊接作业。若更换作业机头，还能进行其他的相应作业。焊接操作机结构形式主要有以下几种。

① 平台式操作机　焊件放置在平台上，可在平台上移动；平台安装在立架上，能沿立架升降；立架座落在台车上，可沿轨道运行。这种操作机的作业范围大，主要应用于外环缝和外纵缝的焊接，见图7-21。

平台式焊接操作机又分为单轨台车式（见图7-21）和双轨台车式两种。单轨台车式的操作机实际上还有一条轨道，不过该轨道一般设置在车间的立柱上，车间桥式起重机移动时，往往引起平台振动，从而影响焊接过程的正常进行。平台式操作机的机动性、使用范围和用途均不如伸缩臂式焊接操作机，在国内的应用已逐年减少。

② 伸缩臂式操作机　焊接小车或焊接机头和焊枪安装在伸缩臂的一端，伸缩臂通过滑鞍安装在立柱上，并可沿滑鞍左右伸缩。滑鞍安装在立柱上，可沿立柱升降。立柱有的直接固接在底座上；有的虽然安装在底座上，但可回转；有的则通过底座，安装在可沿轨道行驶的台车上。这种操作机的机动性好，作业范围大，与各种焊件变位机构配合，可进行回转体

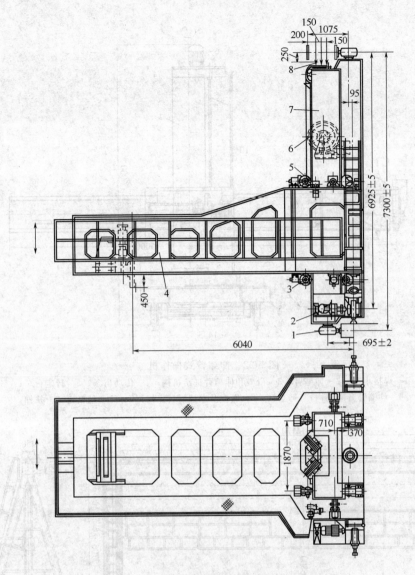

图 7-21　平台式操作机

1—水平轮导向装置；2—台车驱动机构；3—垂直导向轮装置；4—工作平台；

5—起重绞车；6—平台升降机构；7—立架；8—集电器

焊件的内外环缝、内外纵缝、螺旋焊缝的焊接，以及回转体焊件内外表面的堆焊，还可进行构件上的横、斜等空间线性焊缝的焊接，是国内外应用最广的一种焊接操作机。此外，若在其伸缩臂前端安上相应的作业机头，还可进行磨修、切割、喷漆、探伤等作业，用途很广泛（图 7-22）。

　　为了扩大焊接机器人的作业空间，国外将焊接机器人安装在重型操作机伸缩臂的前端，用来焊接大型构件。另外，伸缩臂操作机的进一步发展，就成了直角坐标式的工业机器人，它在运动精度、自动化程度等方面比前者具有更优良的性能。

　　③ 门式操作机　　这种操作机有两种结构：一种是焊接小车坐落在沿门架可升降的工作平台上，并可沿平台上轨道横向移行（图 7-23）；另一种是焊接机头安装在一套升降装置上，该装置又坐落在可沿横梁轨道移行的跑车上。这两种操作机的门架，一般都横跨车间，并沿轨道纵向移动。其工作覆盖面很大，主要用于板材的大面积拼接和筒体外环缝、外纵缝

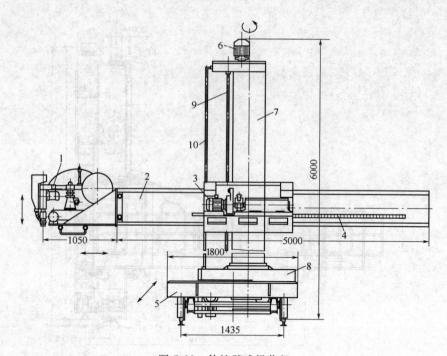

图 7-22　伸缩臂式操作机

1—焊接小车；2—伸缩臂；3—滑鞍和伸缩臂进给机构；4—传动齿条；5—行走台车；
6—伸缩臂升降机构；7—立柱；8—底座及立柱回转机构；9—传动丝杠；10—扶梯

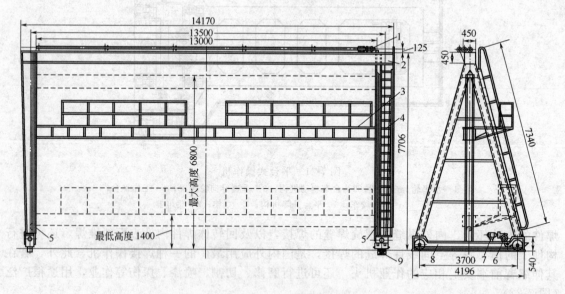

图 7-23　门式操作机

1—平台升降机构；2—门架；3—工作平台；4—扶梯；5—限位器；
6—台车驱动机构；7—电动机；8—行走台车；9—轨道

的焊接。

有的门式操作机，安装有多个焊接机头，可同时焊接多道相同的直线焊缝，用于板材的大面积拼接或多条立筋的组焊，效率很高。

为了扩大焊接机器人的作业空间，满足焊接大型焊件的需要，或者为了提高设备的利用率，也可将焊接机器人倒置在门式操作机上使用。机器人本体除可沿门架横梁移动外，有的还可升降和纵向移动，这样也进一步增强了机器人作业的灵活性、适应性和机动性。

焊接机器人使用的门式操作机，有的门架是固定的，有的则是移动的。除弧焊机器人使用的门式操作机，有的结构尺寸较小外，多数门式操作机的结构都很庞大，在大型金属结构厂和造船厂应用较多。

④ 桥式操作机　这种操作机与门式操作机的区别是门架高度很低，有的甚至去掉了两端的支腿，貌似桥式起重机。主要用于板材与肋板的 T 形焊接，在造船厂应用较多。

⑤ 台式操作机　这种操作机与伸缩臂式操作机的区别是没有立柱，伸缩臂通过鞍座安装在底座或行走台车上。伸缩臂的前端安有焊枪或焊接机头，能以焊接速度伸缩。多用于小径筒体内环缝和内纵缝的焊接。

7.3.1.2　焊接操作机的系列标准及选用

焊接操作机虽有多种结构形式，但伸缩臂式的焊接操作机以其机动性好、适应性强、应用范围广等优点，已成为焊接操作机中的主流产品。国内外有关焊接辅机制造厂都以各自的系列批量生产，其结构和技术数据虽有差异，但主要功能是基本一致的。

1993 年，我国针对广泛使用的伸缩臂式焊接操作机制定了行业标准（JB/T 6965—1993）。标准中将该类操作机分为立柱横臂固定式（即伸臂固定，焊接机头可在伸臂上移行）、立柱固定而横臂可调式（即焊接机头安装在伸臂的一端，伸臂可以伸缩）、立柱可移横臂固定式和立柱可移横臂可调式四种类型，并规定了相关基本参数，见表 7-5。

表 7-5　基本参数

焊接机头沿横臂方向移动的最大距离/mm	横臂沿立柱升降的最大距离/mm	横臂沿立柱升降的最大速度/(mm/min)	立柱最大的空程速度/(mm/min)	横臂或机头移动速度范围[①]/(mm/min)	横臂或机头最大空程速度[②]/(mm/min)	横臂回转角度[③]/(°)
800	630	≥950	≥5000	1000~1500	≥2000	≥270
1250	1000					
2000	1600					
2500	2500					
3150	3150					
4000	4000	≥710				
5000	5000					
6000	6000	≥450	≥3000			
8000	8000					

① 满足本标准要求的前提下，允许扩大移动速度的范围。

② 柱固定式操作机无此参数。

③ 这是对横臂可回转的操作机而言。

上述的基本参数和技术要求，厂家在设计制造时都应严格遵循，用户也可将此标准作为选用操作机的依据。

我国目前生产的操作机，除大型的以外，其性能完全可以满足生产的需要，应优先予以选用。其有关技术数据见表 7-6。此外，在选用订购焊接操作机时，还应注意：①操作机的作业空间应满足焊接生产的需要；②对伸缩臂式操作机，其臂的升降和伸缩运动是必须具备的，而立柱的回转和台车的行走运动，要视具体需要而定；③要根据生产的需要，考虑是否要向制造厂提出可搭载多种作业机头的要求，例如，除安装埋弧焊机头外，是否还需要安装窄间隙焊、碳弧气刨、气保护焊、打磨等作业的机头；④施焊时，若要求操作机与焊件变位机械协调动作，则对操作机的几个运动，要提出运动精度和定位精度的要求，操作机上应有和焊件变位机械联控的接口；⑤小筒径焊件内环缝、内纵缝的焊接，因属盲焊作业，所选焊接操作机要设有外界监控设施。

表 7-6　伸缩臂式操作机技术数据

型　　号	W 型（微型）	X 型（小型）	Z 型（中型）	D 型（大型）
臂伸缩行程/m	1.5　2	3　3　4　4	4　4　5　5	5　5　6　6
臂升降行程/m	1.5　2	3　4　3　4	4　5　4　5	5　6　5　6
臂端搭载重量/kg	120　75	210　120	300　210	600　500
臂的允许总荷重/kg	200	300	500	800
底座形式	底板固定式	地板固定式、台车固定式、行走台车固定式		
台车行走速度/(mm/min)	—	80～3000（无级可调）		
立柱与底座结合形式	固定式	固定式、手动回转式	固定式、手动或机动回转式	固定式、机动回转式
立柱回转范围/(°)	—	±180		
立柱回转速度/(r/min)	—	—	机动回转 0.03～0.75	
臂伸缩速度/(mm/min)	60～2500（无级可调）			
臂升降速度/(mm/min)	2000		2280	3000
台车轨距/mm	—	1435	1730	2000
钢轨型号	—	P43		

操作机伸缩臂运动的平稳性，以及最大伸出长度时端头下挠度的大小，是操作机性能好坏的主要指标，选购时应予特别重视。

7.3.2　电渣焊立架

电渣焊立架是将电渣焊机连同焊工一起按焊速提升的装置，见图 7-24。它主要用于立缝的电渣焊，若与焊接滚轮架配合，也可用于环缝的电渣焊。

电渣焊立架多为板焊结构或桁架结构，一般都安装在行走台车上。台车由电动机驱动，单速运行，可根据施焊要求，随时调整与焊件之间的位置。桁架结构的电渣焊立架由于重量较轻，因此，也常采用手驱动使立架移动。

电渣焊机头的升降运动，多采用直流电动机驱动，无级调速。为保证焊接质量，要求电渣焊机头在施焊过程中始终对准焊缝，因此施焊前，要调整焊机升降立柱的位置，使其与立缝平行。调整方式多样，有的采用台车下方的四个千斤顶进行调整；有的采用立柱上下两端

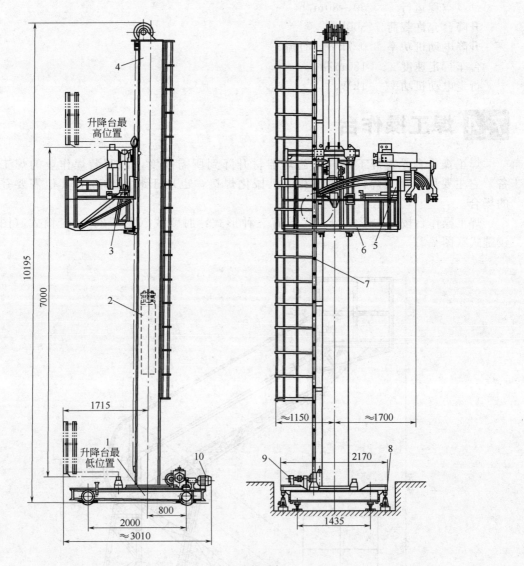

图 7-24　电渣焊立架

1—行走台车；2—升降平衡重；3—焊机调节装置；4—焊机升降立柱；5—电渣焊机；
6—焊工、焊机升降台；7—扶梯；8—调节螺旋千斤顶；9—起升机构；10—运行机构

的球面铰支座进行调整。在施焊时，还可借助焊机上的调节装置随时进行细调。

　　有的电渣焊立架，还将工作台与焊机的升降做成两个相对独立的系统，工作台可快速升降，焊机则由自身的电动机驱动，通过齿轮-齿条机构，可沿导向立柱做多速升降。由于两者自成系统，可使焊机在施焊过程中不受工作台的干扰。

　　电渣焊立架，在国内外均无定型产品生产，我国企业使用的都是自行设计制造的。图7-24 所示电渣焊立架的技术数据如下：

焊件最大高度　　　7000mm

升降台行程　　　　7000mm

升降台起升速度

焊速运行	0.5～9.6m/h
空程运行	50～80m/h
升降台允许载荷	500kg
升降电动机功率	0.7kW（直流）
台车行走速度	180m/h
行走电动机功率	1kW

7.4 焊工操作台

焊工操作台是将焊工连同其施焊器材升降到所需高度，以利装焊作业的焊工变位设备。它主要用于高大焊件的手工和半机械化焊接，也用于装配作业和其他需要登高作业的场合。

焊工操作台按结构形式分，大致有三种形式：肘臂式（图7-25）、套筒式（图7-26）、铰链式（图7-27）。

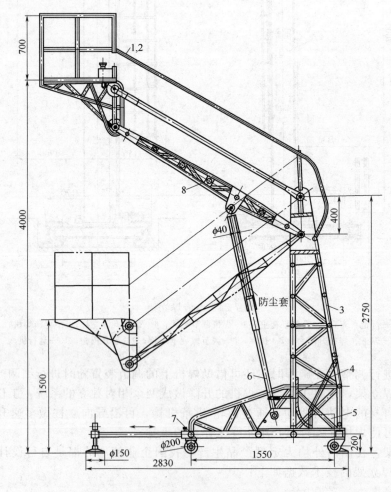

图 7-25　肘臂式管结构焊工升降台
1—脚踏油泵；2—工作台；3—立架；4—油管；5—手摇油泵；
6—液压缸；7—行走底座；8—转臂

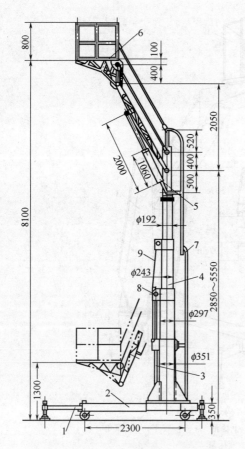

图 7-26　套筒式焊工升降台
1—可伸缩支撑座；2—行走底座；3—升降液压缸；
4—升降套筒总成；5—工作台升降液压缸；
6—工作台；7—扶梯；8—滑轮；9—提升钢索

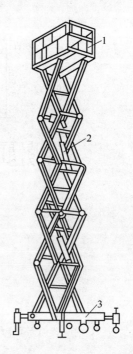

图 7-27　铰链式焊工升降台
1—工作台；2—推举液压缸；3—底座

肘臂式焊工升降台又分为管结构和板结构（图 7-28）两种，前者自重小，但焊接制造麻烦；后者自重较大，但焊接制造工艺简单，整体刚度好，是目前应用较广的结构形式。

焊工升降台几乎都采用手动油泵驱动，其操纵系统一般有两套，一套在地面上操纵，粗调升降高度；一套在工作台上操纵，进行细调。

焊工升降台的载重量一般为 250～500kg，工作台的最低高度为 1.2～1.7m，最大高度为 4～8m，台面有效工作面积为 1～3m²。焊工升降台的底座下方，均设有走轮，靠拖带移动，工作时利用撑脚承载。

焊工升降台油路系统要有很好的密封性，特别是液压缸前后油腔的密封，手动控制阀在中间位置的密封，都至关重要。为了保证焊工的人身安全，设计安全系数均在 5 以上，并在工作台上设置护栏，台面铺设木板或橡胶绝缘板，整体结构要有很好的刚性和稳定性，在最大载荷时，工作台位于作业空间的任何位置，升降台都不得发生颤抖和整体倾覆。

肘臂式的焊工升降台，国外有厂家专门生产，而且以板结构的居多。国内用户使用的，大都是自行设计制造的。现在我国已有厂家定型生产多用途的铰链式升降台和用于飞机检修的升降工作台，也可用来作为焊工升降台使用。

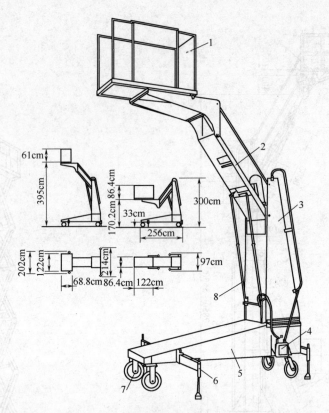

图 7-28　肘臂式板结构焊工升降台
1—工作台；2—转臂；3—立柱；4—手摇油泵；5—底座；6—撑角；
7—走轮；8—液压缸

7.5 焊接机器人

7.5.1　焊接机器人的发展概论

近十多年来微电子学、计算机科学、通信技术和人工智能控制的迅猛发展，为先进制造技术水平的提高带来了前所未有的机遇。焊接机器人是机电一体化的高科技成果，它对制造技术水平的提高起到了很大的推动作用。自 1962 年美国推出世界上第一台 Unimate 型和 Versatra 型工业机器人以来，1996 年底全世界已有大约 68 万台工业机器人投入生产应用，这其中大约有半数是焊接机器人。随着现代高技术产品的发展和对焊接产品质量、数量的需求不断提高，以焊接机器人为核心的焊接自动化技术已有长足的发展。

焊接机器人是焊接自动化的革命性进步，它突破了焊接刚性自动化的传统方式，开拓了一种柔性自动化生产方式，并且实现了在一条焊接机器人生产线上同时自动生产若干种焊件。

从 20 世纪 60 年代诞生和发展到现在，焊接机器人可大致分为三代。第一代是指基于示教再现工作方式的焊接机器人，由于其具有操作简便、不需要环境模型、示教时可修正机械结构带来的误差等特点，在焊接生产中得到大量使用。第二代是指基于一定传感器信息的离线编程焊接机器人，得益于焊接传感器技术的不断改进，这类机器人现已进入应用研究的阶段。第三代是指装有多种传感器，接受作业指令后能根据客观环境自行编程的高度适应性智能焊接机器人，由于人工智能技术的发展相对滞后，这一代机器人正处于试验研究阶段。随着计算机控制技术的不断进步，使焊接机器人由单一的示教再现型向智能化的方向发展，将成为科研人员追求的目标。

焊接机器人的主要优点有：稳定和提高焊接质量，保证其均匀性；提高劳动生产率；改造工人劳动条件；降低对工人操作技术的要求；缩短产品改型换代的准备周期，减少相应的设备投资；可实现小批量产品的焊接自动化；能在空间站建设、核能设备维修、深水焊接等极限条件下完成人工难以进行的焊接作业；为焊接柔性生产线提高技术基础。

目前，国内外已有大量的焊接机器人系统应用于各类自动化生产线上，据 1996 年底的不完全统计，目前中国已有 500 台左右的焊接机器人分布于各大中城市的汽车、摩托车、工程机械等制造业，其中 55% 左右为弧焊机器人，45% 左右为点焊机器人。这些焊接机器人系统从整体上看基本都属于第一代的任务示教再现型，功能较为单一，工作前要求操作者通过示教盒控制机器人各关节的运动，采用逐点示教的方式来实现焊枪空间位姿的定位和记录。由于焊接路径和焊接参数是根据实际作业条件预先设定的，在焊接时缺少外部信息传感和实时调整控制的功能，这类焊接机器人对作业条件的稳定性要求严格，焊接时缺乏"柔性"，表现出不具备适应焊接对象和任务变化的能力；对复杂形状的焊接编程效率低，占用大量生产时间；不能对焊接动态过程实时检测控制，无法满足对复杂焊件的高质量和高精度焊件要求等明显缺点。

在实际焊接过程中，作业条件是经常变化的，如加工和装配上的误差会造成焊缝位置和尺寸的变化，焊接过程中工件受热及散热条件改变会造成焊道变形和熔透不均。为了克服机器人焊接过程中各种不确定因素对焊接质量的影响，提高机器人作业的智能化水平和工作的可靠性，要求焊接机器人的在线调整和焊缝质量的实时控制，为了达到上述目标，科研人员围绕机器人焊接智能化展开了广泛的研究工作。

7.5.2　焊接机器人的分类

焊接机器人是一个机电一体化的设备，可以按用途、结构、受控运动方式、驱动方法等观点对其进行分类。

（1）按用途分类

按用途分类，焊接机器人可分为弧焊机器人和点焊机器人两类：

① 弧焊机器人　由于弧焊工艺早已在诸多行业中得到普及，弧焊机器人在通用机械、金属结构等许多行业中得到广泛运用。弧焊机器人是包括各种电弧焊附属装置在内的柔性焊接系统，而不只是一台以规划的速度和姿态携带焊枪移动的单机，因而对其性能有着特殊的要求。在弧焊作业中，焊枪应跟踪工件的焊道运动，并不断填充金属形成焊缝。因此运动过程中速度的稳定性和轨迹精度是两项重要指标。一般情况下，焊接速度约取 5~50mm/s，轨迹精度约为 ±(0.2~0.5)mm，由于焊枪的姿态对焊缝质量也有一定影响，因此，希望在跟踪焊道的同时，焊枪姿态的可调范围尽量大。

② 点焊机器人　汽车工业是点焊机器人系统一个典型的应用领域，在装配每台汽车车体时，大约 60% 的焊点是由机器人完成。最初，点焊机器人只用于增强焊作业（往已拼接好的工件上增加焊点），后来为了保证拼接精度，又让机器人完成定位焊接作业。

（2）按结构坐标系分类

① 直角坐标型　这类机器人的结构和控制方案与机床类似，其到达空间位置的三个运动是由直线运动构成，见图 7-29，这种形式的机器人优点是运动学模型简单，各轴线位移分辨率在操作容积内任一点上均为恒定，控制精度容易提高；缺点是机构庞大，工作空间小，操作灵活性较差。简易和专用焊接机器人常采用这种形式。

② 圆柱坐标型　这类机器人在基座水平转台上装有立柱，水平臂可沿立柱作上下运动并可在水平方向伸缩，见图7-30。这种结构方案的优点是末端操作可获得较高速度，缺点是末端操作器外伸离开立柱轴心愈远，其线位移分辨精度愈低。

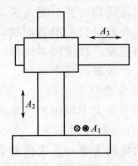

图7-29　直角坐标型机器人

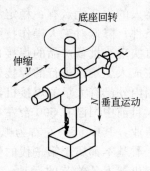

图7-30　圆柱坐标型机器人

③ 球坐标型　与圆柱坐标结构相比较，这种结构形式更为灵活。但采用同一分辨率的码盘检测角位移时，伸缩关节的线位移分辨率恒定，但转动关节反映在末端操作器上的线位移分辨率则是个变量，增加了控制系统的复杂性，见图7-31。

④ 全关节型　全关节型机器人的结构类似人的腰部和手部，其位置和姿态全部由旋转运动实现，见图7-32，其优点是机构紧凑，灵活性好，占地面积小，工作空间大，可获得较高的末端操作器线速度；其缺点是运动学模型复杂，高精度控制难度大，空间线位移分辨率取决于机器人手臂的位姿。

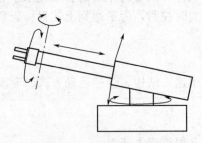

图7-31　球坐标型机器人

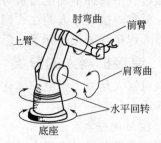

图7-32　全关节型机器人

（3）按受控运动方式分类

① 点位控制（PTP）型　机器人受控运动方式为自一个定位目标移向另一个点位目标，只在目标点上完成操作。要求机器人在目标点上有足够的定位精度，相邻目标点间的运动方式之一是各关节驱动机以最快的速度趋近终点，各关节视其转角大小不同而到达终点有先有后；另一种运动方式是各关节同时趋近终点，由于各关节运动时间相同，所以，角位移大的运动速度较高。点位控制型机器人主要用于点焊作业。

② 连续轨迹控制（CP）型　机器人各关节同时作受控运动，使机器人终端按预期的轨迹和速度运动，为此各关节控制系统需要实时获取驱动机的角位移和角速度信号。连续控制主要用于弧焊机器人。

（4）按驱动方式分类

① 气压驱动　使用压力通常为0.4～0.6MPa，最高可达1MPa。气压驱动的主要优点是气源方便，驱动系统具有缓冲作用，结构简单，成本低，易于保养；主要缺点是功率质量比小，装置体积小，定位精度不高。气压驱动机器人适用于易燃、易爆和灰尘大的场合。

② 液压传动　液压驱动系统的功率质量比大，驱动平稳，且系统的固有效率高、快速

性好，同时液压驱动调速比较简单，能在很大范围内实现无级调速；其主要缺点是易漏油，这不仅影响工作稳定性与定位精度，而且污染环境，液压系统需配备压力源及复杂的管路系统，因而，成本也较高。液压驱动多用于要求输出力较大、运动速度较低的场合。

③ 电气驱动　电气驱动是利用各种电动机产生的力或转矩，直接或经过减速机构去驱动负载，以获得要求的机器人运动。由于具有易于控制、运动精度高、使用方便、成本低廉、驱动效率高、不污染环境等诸多优点，电气驱动是最普遍、应用最多的驱动方式。电气驱动又可细分为步进电动机驱动、直流电动机驱动、无刷直流电动机驱动和交流伺服电动机驱动等多种方式。后者有着最大的转矩质量比，由于没有电刷，其可靠性极高，几乎不需任何维护。20 世纪 90 年代后生产的机器人大多采用这种驱动方式。

7.5.3　焊接机器人的系统组成

机器人要完成焊接作业，必须依赖于控制系统与辅助设备的支持和配合。完整的焊接机器人系统一般由机器人操作机、变位机、控制器、焊接系统、焊接传感器、中央控制计算机和相应的安全设备等几部分组成，见图 7-33。机器人操作机是焊接机器人系统执行机构，它的任务是精确地保证末端操作器所要求的位置、姿态和实现其运动。变位机作为机器人焊接生产线及焊接柔性加工单元的重要组成部分，其作用是将被焊工件旋转到最佳的焊接位置，通过夹具来装卡和定位，对焊件的不同要求决定了变位机的负载能力及其运动方式。控制器是整个机器人系统的神经中枢，负责处理焊接机器人工作过程中的全部信息和控制其全部动作。典型的焊接机器人控制系统结构原理见图 7-34。

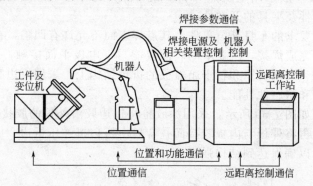

图 7-33　焊接机器人系统原理

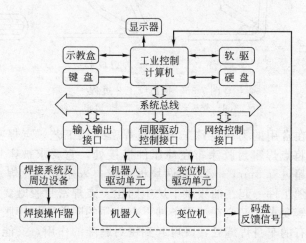

图 7-34　典型的焊接机器人控制器系统结构原理

7.6 汽车装焊夹具

7.6.1 汽车装焊夹具的特点

汽车装焊夹具与一般的装焊夹具一样，其基本结构也是由定位件、夹紧件和夹具体等组成，定位夹紧的工作原理也是一样的。但由于汽车焊接结构件本身形状的特殊性，其装焊夹具具有如下特点。

① 汽车装焊构件是一个外形复杂的空间曲面结构件，并且大多是由薄板冲压件构成（尤其是车身），其刚性小、易变形，装焊时要按其外形定位，因此定位元件的布置亦具有空间位置特点，定位元件一般是由几个零件所组成的定位器。

② 汽车构件的窗口、洞口和孔较多，因而常选用这些部位作为组合定位面。

③ 汽车生产批量大，分散装配程度高，为了保证互换性，要求保证同一构件的组合件、部件直至总成的装配定位基准的一致性，并与设计基准（空间坐标网格线）尽量重合。

④ 由于汽车生产效率高，多采用快速夹紧器，如手动铰链-杠杆夹紧器、气动夹紧器和气动杠杆夹紧器等。

⑤ 汽车装焊夹具以专用夹具为主，且夹具与机械化、自动化程度高的汽车装焊生产线相匹配。

⑥ 汽车车身焊接一般采用电阻点焊和 CO_2 气体保护焊，装焊夹具要与焊接方法相适应，保证焊接的可达性及夹具的开敞性。

对于某些有外观要求的车身外覆盖件，其点焊表面不允许有凹陷，在产品结构设计时应考虑在固定点焊机上完成焊接，所要求的表面应能与下电极平面接触，或采用单面双点焊。甚至有的车型在车门、发动机罩和行李箱盖板的折边结构上，采用折边胶代替点焊工艺，以提高产品的外观质量和耐腐蚀性能。

折边胶工艺过程如图 7-35 所示，采用涂胶枪将折边胶沿外板的胶接面，以一定的间隔，准确、适量地涂敷，再将外板与内板胶接面叠合后由折边机冲压折边，以确保胶接件紧密贴合，最后加热固化，以确保达到结构强度。

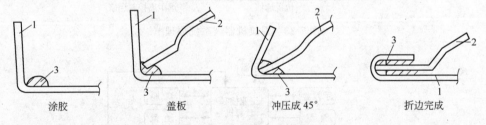

图 7-35　折边胶工艺过程

1—外板；2—内板；3—折边胶

汽车车身装焊现在常用的另一特殊工艺是点焊密封胶工艺。点焊密封胶施工过程如图 7-36 所示，在焊接前将点焊密封胶涂布在冲压件搭接处，它要求被密封冲压件的贴附性要好，点焊后间隙不得超过 0.3mm。然后将两块板合拢，采用电阻点焊。点焊密封胶不需要单独加热固化，可以随工件一起在油漆烘干炉中固化。点焊密封胶既要满足点焊胶所必需的点焊性和耐磷化处理等要求，又要在油面条件下有较强的附着力、膨胀率和柔韧性。点焊密封胶几乎可以用于所有的车身焊缝处，既可起到密封缝隙的作用，又能防止焊缝锈蚀。

在两钢板之间涂敷点焊密封胶后，对焊接条件多少会有一些影响，在使用前，要对焊接参数，如电极压力、电流强度、焊接时间等进行适当的调整，以获得最佳效果，既不影响焊

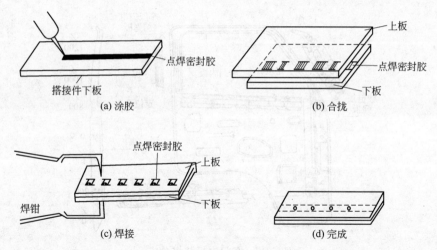

图 7-36　点焊密封胶施工过程

点强度，又不过多增加能耗。一般来说，涂点焊密封胶后，电极压力要增加 $13\%\sim20\%$，电流强度降低 $10\%\sim20\%$。

7.6.2　车门装焊夹具

车门主要由壳体（外板）、内饰盖板（内板）和附件三个部件组成。其结构形式可分为整体式和框架式两种，由于结构形式的不同，装焊夹具的结构形式也有所区别。现以整体式门为例来说明汽车车门装焊夹具的特点。

整体式车门主要是玻璃窗框与车门外板一体冲压而成，其优点是由于窗框是整体，尺寸易保证，装焊零件数量少，结构开敞性好，便于采用高效率的电阻点焊方法焊接。但由于内、外板零件的尺寸较大，装焊夹具上的定位件设置较多，常采用型面定位的方式，以保证定位可靠、焊接变形小。

如图 7-37 所示为车门内板装焊总成，它由车门内板、铰链加强板、内板加强板和车门窗框加强板等部件所组成。采用悬挂式点焊机进行焊接。由于其组成零部件均为薄板冲压件，刚性较小，尤其是车门内板的尺寸大，在其自重的作用下，难以保持准确形状，因此采用八个定位支架进行空间型面定位和两个定位销（其中一个是削边销）进行对孔定位，如图 7-38 所示。

这是用过定位的形式来保证零件的准确形状和可靠定位。定位支架的分布和支架上的定位面的形状，尽量选择零件外形表面较规则的平面或斜面，少选用复杂的曲线和曲面，以减小定位支架的加工难度。定位面的大小，在保证定位可靠的前提下，尽量减少接触面积。

由于产品的尺寸较大，故夹具采用框架式骨架。先用槽钢焊成框架，然后用 12mm 厚的低碳钢板组焊成平台，定位件和夹紧件通过垫板固定在平板上，板面上加工有装配基准线，便于夹具元件的安装与测量。这类骨架也可以不用平板，而采用一些纵横梁拼焊骨架。定位件、夹紧件通过垫板安装在骨架的纵横梁上。定位元件的安装调整与检验是依靠合格的车门样件来进行的。为便于操作，骨架与夹具底座的连接采用转动式结构。这样在焊接过程中，可以根据焊接位置的变化要求旋转工作台面，而点焊机和操作者不需要随着焊接位置的变化来回移动，从而减轻工人的劳动强度，提高生产效率。夹紧器采用气动夹紧，用八个汽缸控制八套夹紧器，与定位支架相连接，依据装焊顺序的要求分别打开气阀逐次夹紧。

7.6.3　车身装焊夹具

车身总成装焊夹具主要是将车身从生产工艺要求所分离的六大部件，即车架（或地板）、

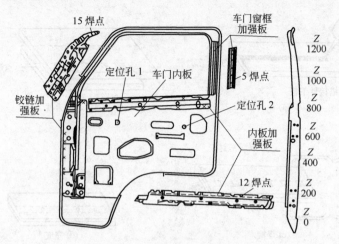

图 7-37　车门内板装焊总成

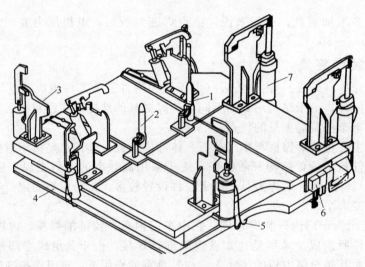

图 7-38　车门装焊夹具

1,2—定位销；3—定位器；4—底板；5—管道；6—配气阀；7—夹紧器

前围、后围、左侧围、右侧围以及顶盖装焊在一起。因此车身总成装焊夹具体积大，结构复杂，精度要求高。

现以某旅行车车身为例来说明车身总成装焊夹具的特点。

（1）车身总成结构及装焊过程

如图 7-39 所示，该车是由车架、前围、后围、右侧围、左侧围以及顶盖六大基本构件和地板、发动机盖、仪表板、车门等其他组合件所组成的封闭式构架。各部件先采用电阻点焊组焊，而后进入总成。该车身总成几大部件的连接处多为角接接头和对接接头形式，主要采用 CO_2 气体保护焊进行焊接。该车身总成装焊按若干个工位所组成的流水生产线进行，装配过程是：首先在生产线第一工位上设有固定式（一次性定位）总成装焊夹具，车架作为该车身总成的装配基准件，置于工艺车上进入总成夹具定位，定位件将车架托起，按装配顺序装上左右侧围、前后围。定位夹紧后，进行定位焊和满焊。

焊接后构成车身总成骨架，如图 7-39（b）所示，然后将车身骨架卸在工艺车上，用传送带将小车输送到下一个工位，按工序装焊车身其他零部件，经若干个工位后，最后装焊蒙

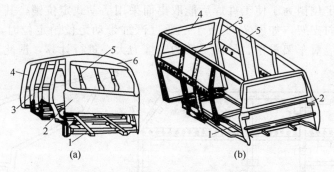

图 7-39　车身基本结构和骨架示意图

1—车架；2—前围；3—右侧围；4—后围；5—左侧围；6—顶盖

皮，即完成了"白皮"车身的装焊生产过程。

（2）车身总成装焊夹具的定位及定位件

根据基准统一原则，汽车车身的装焊定位基准及其工装设计基准应与车身的设计基准保持一致，这对减少积累误差、保证车身的装焊质量是非常重要的。由于汽车车身是空间形体结构，因此，车身总成及其零部件的设计基准均以 X、Y、Z 轴坐标系间距为 200mm 的网格线作基准线。三个坐标的零基准线是：左右方向为 X 轴，其零基准线为车身横向对称轴线；前后方向为 Y 轴，其零基准线为两个前轮的中心连线；上下方向为 Z 轴，其零基准线位于车架（或地板）的上平面。车身的装焊夹具设计、制造、安装以及测量基准都必须与车身的设计基准保持一致，夹具上的全部定位元件的空间位置均以车身坐标线标注。

该车身总成装焊夹具的设计基准在 X、Z 轴方向，与车身设计基准完全一致。但该车的车架在生产中 Z 轴方向的定位基准是以车架前后钢板弹簧其中四个吊耳孔进行定位制造的。在车身装配过程中，车架作为基准件第一个进入夹具中装配，而该基准件的定位装配基准仍是这四个吊耳孔，这样车架部件的加工制造装配基准与车身总成的定位、安装基准相重合，但与车身在 Z 轴方向的设计基准不一致，而会产生基准不重合误差。为此，在车架制造时须严格控制吊耳零件的加工精度和定位安装精度。

车身装配的定位基准应与各大部件装焊时的定位基准协调一致，只是由于部件装焊后的刚度增大，定位接触面或定位件的数量可相应减少，如车架定位，在车身装焊时只以四个吊耳孔作为定位基准，采用定位销进行定位。由于车架是刚性件，为了避免产生过定位，前吊耳孔采用削边销定位，后吊耳孔采用圆柱销定位。为使定位时车架脱离工艺车进入定位状态，以上四个定位销距离地面高度应比工艺车上车架孔高 3mm，如图 7-40 所示。

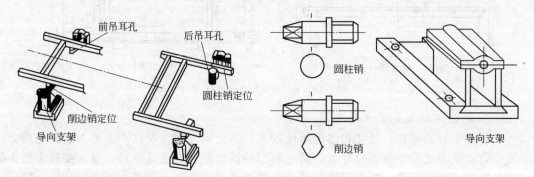

图 7-40　车架的定位及定位件

这种分别采用四个销定位的方式，对定位销的同轴度和平行度要求较高，否则不能保证准确定位，这四个定位销为了使工件焊后能取出而采用活动式定位销，其导向机构采用精度较高的燕尾槽作导向支架，如图 7-41 所示。通过汽缸带动定位销定位时，进入吊耳孔后将车架托起，因此，应对车架重量、导向支架的摩擦力大小进行计算，据此选用汽缸类型。

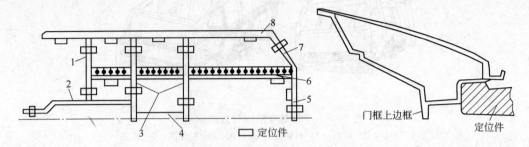

图 7-41　侧围定位件分布

1—前门后立柱；2—前门下框；3—中立柱；4—地板转梁；5—后风挡下段；
6—腰梁；7—后风挡上段；8—顶边框

另一种定位方法是采用两根长轴进行定位，在车架未进入总成夹具前插入吊耳孔内，进入夹具后，采用定位件（V 形块）将定位轴托起定位。这种方式因轴太长，容易变形，而影响定位精度，但结构简单，便于安装调整。

左、右侧围在总成装焊夹具上的定位与该部件装焊时的定位基准相同，主要是以车身侧围窗框和门框上边框、腰梁和立柱外表面等平面和型面作为定位基准，采用定位件进行定位，如图 7-41 所示为侧围定位件分布。左右侧围的定位基本对称，为了保证侧围的曲面形状，定位件也是采用空间位置的型面定位。

前、后围的定位，分别采用六个定位件进行定位，分布在前、后围立柱上，如图 7-42 所示。以上几大部件尚未实现完全定位，还必须通过这几大部件的规则平面相互进行定位，如后围 Z 方向由车架尾托上平面定位等。

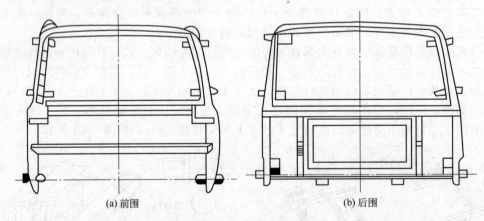

(a) 前围　　　　　　　　　　　(b) 后围

图 7-42　前、后的定位件分布

（3）车身装焊胎具夹紧件的选用

由于装配车身的重量、尺寸和结构刚性较大，加之部件焊接时已产生了一定的变形，因此所需要的夹紧力比部件装焊时要大，同时为了控制焊接车身总成变形，也需要较大的夹紧力。故车身总成装焊夹具一般选用快速螺旋夹紧器或汽缸夹紧，后者生产效率较高，适应于大批量生产。夹紧器可通过螺栓与骨架连接，也可与定位件底座连接在一起。夹紧件的布置应与定位件的布置基本一致，为了保证夹紧力的作用点和方向正确合理，夹紧器的压头应和工件外表面形状相适应，而且要求耐磨性好。为便于维修更换，故采用 45 钢经淬火处理（45～50HRC）的压头镶嵌在夹紧器上，用螺栓固定。总成装焊夹具上常用的气动夹紧和压头的基本形式如图 7-43 所示。

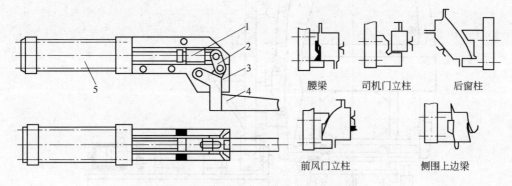

图 7-43　气动夹紧和压头的基本形式
1—连杆；2—连接板；3—连杆机构支架；4—压头连接杆；5—汽缸

（4）车身总成装焊夹具骨架形式

夹具骨架结构主要取决于工件的形状、尺寸以及定位件和夹紧件的布置等。车身总成装焊夹具骨架主要是车身左、右侧围骨架，由于左、右侧围体积尺寸较大，结构较复杂，要求骨架应具有良好的开敞性。常用框架式结构如图 7-44 所示，为减轻骨架重量，同时又保证其刚度，一般选用型材（如槽钢）焊接而成。定位件和夹紧件通过底座用螺栓与骨架连接，骨架上设有垫板，其表面进行机械加工，保证定位件的安装精度，并减少骨架的机加工工作量。其他零部件的安装，骨架表面一般不需要进行机械加工均能满足要求。

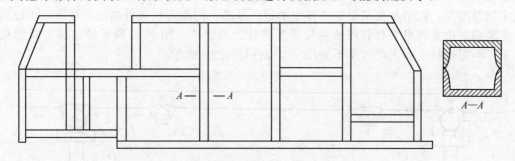

图 7-44　装焊夹具侧围骨架

（5）车身总成装焊夹具导向系统

车身总成夹具上的导向支架，包括车架四个吊耳孔导向支架定位销的运动，在汽缸作用下同步进行，装配时先于左、右侧围夹具骨架进行定位。

左、右侧围夹具骨架导向系统的形式与车身总成装焊夹具整体结构有关，对于一次性定位总成装焊夹具来说，按运动的形式有平移式和铰链式两种。

图 7-45 所示为平移式车身总成装焊夹具示意图，该夹具以 O_1-O_1 为轴线左右对称布置，包括左、右骨架定位夹紧部分，平移导向系统，车架定位系统和输送工艺车。按照生产工艺流程，夹具置于车身装焊生产线的第一个工位上，属于一次性定位夹具，其工作过程如下：根据装焊工艺过程卡的要求，首先将车架 11 置于工艺车 14 上，插上吊耳孔定位轴 12（两根）。工艺车用人工推动，在工艺车下面导向杆 13 的引导下进入总成夹具定位位置，由 4 只汽缸同步推动 4 个 V 形定位块 15，将两根吊耳定位轴顶起，使其脱离工艺车进行定位。

由于车架是刚体，采用两根长圆柱轴分别对两个前吊耳孔和两个后吊耳孔进行定位时，

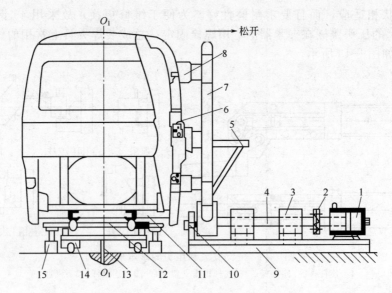

图 7-45　平移式车身总成装焊夹具

1—汽缸；2—联轴器；3—轴承；4—轴；5—工作平台；6—侧围；
7—侧围骨架；8—定位件；9—支座；10—限位块；11—车架；
12—定位轴；13—导向杆；14—工艺车；15—V 形定位块

易产生过定位。如图 7-46 所示，为了避免过定位，前吊耳孔定位轴采用 V 形块定位，后吊耳孔定位轴采用平面定位。这样既可解决车架纵向定位问题，又可防止过定位。另外车架的横向定位和绕 O_1—O_1 轴的转动是靠前吊耳孔定位轴的台阶端面限制的。车架是车身总成装焊的定位基准件，而吊耳孔又是定位件上的定位基准。因此定位元件的加工精度要求较高。

车架的定位方式对车身装焊的定位精度有较大的影响，图 7-46 所示的定位方式结构上较简单，但定位精度和生产效率不如图 7-40 所示的定位方式。

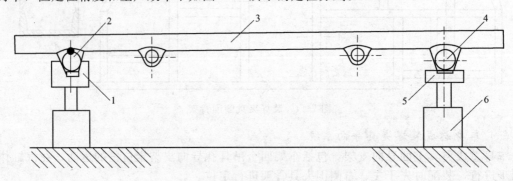

图 7-46　车架的定位

1—V 形定位块；2—前吊耳孔定位轴；3—车架纵梁；
4—后吊耳孔定位轴；5—平面定位块；6—汽缸

当车架定位后，将夹具骨架上已定位夹紧的车身左、右侧围，分别在汽缸的推动下进入总成装配。见图 7-45，由汽缸 1 推动联轴器 2，带动轴 4，推动侧围骨架 7 向定位基准件车架靠拢，由限位块 10 对左、右侧围骨架行程进行限制（定位），以保证车身的宽度和调整左、右侧围 6 与车架 11 的间隙。因采用 CO_2 气体保护焊焊接，其间隙不超过 0.5mm。然后装上前、后围，并进行定位夹紧，全部装配完后，用 CO_2 气体保护焊进行焊接。图 7-45 中工作平台 5 是供焊工施焊用的。

当装焊完毕后，左、右侧围骨架在汽缸作用下分别松开（每一侧围骨架采用两个汽缸同步进行松开或合拢），然后将吊耳孔定位轴落入工艺车上，送往下一个工位继续装配。

这种平移式装焊夹具用于较大的车身总成装焊，由于左、右侧围骨架体积大，较笨重，须采用推力较大的固定式汽缸作动力，对两根动力轴的安装调整，即平行度和平面度要求高，以及对两汽缸的同步性要求亦高。图 7-47 所示为铰链式车身总成装焊夹具。该夹具以 O_1-O_1 为轴线左右对称布置，每一侧围骨架采用两个汽缸同步进行松开或合拢。其装焊过程与平移式基本相同。

首先将车架总成 5 装配在车架骨架 3 上，进行定位夹紧，车架骨架 3 是由生产线上的传动装置带进车身总成装焊夹具中的。然后由总成夹具中的车架定位器 4（4 个定位销）通过同步汽缸将车架骨架 3（4 个定位基准孔）向上顶起进行定位，接着汽缸 1 推动活塞杆，通过铰链 A 推动侧围骨架 2，绕铰链 B 转动，将左、右侧围合拢，进行定位，同时汽缸绕铰链 C 转动。左、右侧围采用电阻点焊和 CO_2 气体保护焊进行焊接。施焊后，汽缸 1 将侧围骨架 2 松开，左、右两个同时松开，最后车架骨架 3 卸到传送装置上，将车身总成送往下一工位继续装配。

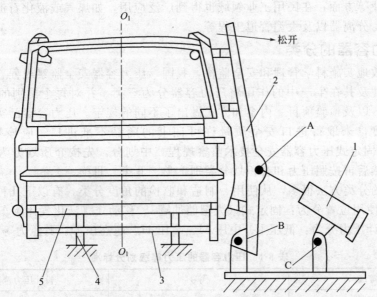

图 7-47　铰链式车身总成装焊夹具
1—汽缸；2—侧围骨架；3—车架骨架；4—车架定位器；5—车架总成

这种铰链式装焊夹具适用于承载式车身总成装焊，结构简单，开敞性好，装配精度高，生产效率高，但对汽缸和铰链的精度要求高，且耐磨性好。

第 **8** 章 | 典型焊接工程结构生产

8.1 压力容器

压力容器是能承受一定压力作用的密闭容器，它主要用于石油、化学工业、能源工业、科研和军事工业等方面；在民用工业领域也得到广泛应用，如煤气或液化石油气罐、各种蓄能器、换热器、分离器以及大型管道工程等。

8.1.1 压力容器的分类

为了更有效地实施科学管理和安全监检，我国《压力容器安全监察规程》中根据工作压力、介质危害性及其在生产中的作用将压力容器分为三类。并对每个类别的压力容器在设计、制造过程，以及检验项目、内容和方式做出了不同的规定。压力容器已实施进口商品安全质量许可制度，未取得进口安全质量许可证书的商品不准进口。应该按照最新 TSG R0004—2009《固定式压力容器安全技术监察规程》中划分，先按介质划分为第一组介质和第二组介质，然后再按照压力和容积划分类别 I 类、II 类、III 类。

压力容器的分类方法很多，从使用、制造和监检的角度分类，有以下几种。

① 经按照使用位置分为：固定式（大型储油罐）、移动式（液化气体罐车）。

② 按照设计压力分为：低压 L、中压 M、高压 H、超高压 U。其压力等级见表 8-1。

表 8-1　压力容器的压力等级划分标准

压力等级	代号	设计压力范围/MPa
低压容器	L	$0.1 \leqslant p < 1.6$
中压容器	M	$1.6 \leqslant p < 10$
高压容器	H	$10 \leqslant p < 100$
超高压容器	U	$p \geqslant 100$

③ 按盛装介质分为：非易燃、无毒、易燃或有毒和剧毒。

压力容器的介质分为以下两组，包括气体、液化气体或者最高工作温度高于或者等于标准沸点的液体。

第一组介质：毒性程度为极度危害、高度危害的化学介质，易爆介质，液化气体。第二组介质：除第一组以外的介质。

介质危害性指压力容器在生产过程中因事故致使介质与人体大量接触，发生爆炸或者因经常泄漏引起职业性慢性危害的严重程度，用介质毒性程度和爆炸危害程度表示。毒性程度是综合考虑急性毒性、最高容许浓度和职业性慢性危害等因素。极度危害最高容许浓度小于 0.1mg/m^3；高度危害最高容许浓度 $0.1 \sim 1.0\text{mg/m}^3$；中度危害最高容许浓度 $1.0 \sim$

$10.0\mathrm{mg/m^3}$；轻度危害最高容许浓度大于或者等于 $10.0\mathrm{mg/m^3}$。易爆介质是指气体或者液体的蒸气、薄雾与空气混合形成的爆炸混合物，并且其爆炸下限小于 10%，或者爆炸上限和爆炸下限的差值大于或者等于 20% 的介质。

④ 按照压力容器在生产工艺过程中的作用分为反应压力容器等，见表 8-2。

表 8-2　按压力容器作用分类

压力容器分类	压力容器代号	压力容器作用
反应压力容器	R	用于完成介质的物理、化学反应的压力容器，如反应器、反应釜、煤气发生炉等
换热压力容器	E	用于完成介质的热量交换的压力容器，如管壳式余热锅炉、热交换器、冷却器、冷凝器、蒸发器、加热器等
分离压力容器	S	用于完成介质的流体压力平衡和气体净化分离等的压力容器，如分离器、过滤器、集油器、缓冲器、洗涤器、吸收塔、干燥塔等
储存压力容器	代号C，其中球罐代号 B	用于盛装生产用的原料气体、液化气体等的压力容器，如各种形式的储罐

【注意】　当某种压力容器同时具备两个以上的工艺功能时，其品种划分应按主要作用来进行。

⑤ 按容器壁厚分为薄壁容器和厚壁容器。薄壁容器壁厚小于等于内径的 $1/10$；或外径内径之比 $K = D_\mathrm{o}/D_\mathrm{i} \leqslant 1.2$（式中 D_o 为容器的外径；D_i 为容器的内径）。厚壁容器壁厚大于内径的 $1/10$；或外径内径之比 $K = D_\mathrm{o}/D_\mathrm{i} > 1.2$。

⑥ 按压力容器的压力等级、品种划分及介质危害程度分类见表 8-3。

表 8-3　按压力容器的压力等级、品种划分及介质危害程度综合分类

第一类	一般低压容器
第二类	(1)一般中压容器 (2)易燃介质或毒性程度为中度危害介质的低压容器 (3)毒性程度为极度和高度危害介质的低压容器 (4)低压管壳式余热锅炉 (5)搪玻璃压力容器
第三类	(1)高压容器 (2)毒性程度为极度或高度危害介质的中压容器和压力 p 与容积 v 的乘积 $\geqslant 0.2\mathrm{MPa \cdot m^3}$ 的低压容器 (3)易燃或毒性程度为中度危害介质且 $pv \geqslant 0.5\mathrm{MPa \cdot m^3}$ 的中压反应容器和 $pv \geqslant 10\mathrm{MPa \cdot m^3}$ 的中压储存容器 (4)高压、中压管壳式余热锅炉

8.1.2　焊接容器结构与用途

8.1.2.1　储罐类焊接容器

① 立式储罐　立式储罐用来储存石油及其制品，详细结构见图 8-1，承受液体静压及挥发压力，该压力低于罐顶安装的安全阀（溢流阀）开启压力。罐体通常建造在砂质、三合土、沥青或水泥地基之上。由于罐的体积庞大，超过运输界限，所以都在工地上建造。也有把制成的部件运到工地上安装的，用这种方法建造储罐有较高的生产率，且质量易于保证。

② 湿式和干式储气柜　主要用作城市煤气柜，图 8-2 所示为湿式储气柜，筒节 2 是可伸缩的，用水密封，也有用橡胶圈密封的，故称为湿式储气柜，可动筒节依靠滚轮 5 在导轨 4 中的滚动来移动。干式储气柜如图 8-3 所示，壳体 3 是不动的，它与底板 1 和顶盖 4 用焊接密闭连接，用壳内上下移动的活塞 2 保持气体的压力。湿式储气柜容积可达 $50000\mathrm{m^3}$，而干式储柜容积可更大一些。

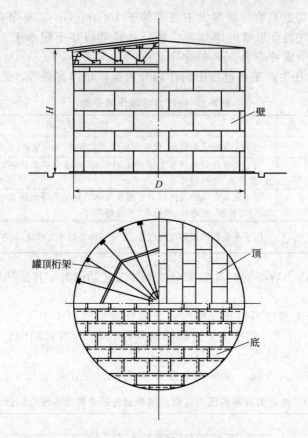

图 8-1 立式储罐结构示意

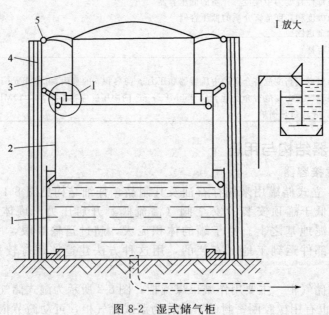

图 8-2 湿式储气柜

1—储罐；2—可伸缩的简节；3—钟形罩；4—导轨；5—滚轮

③ 球罐和水珠状储罐 图 8-4 所示的球罐和图 8-5 所示的水珠状储罐常用来储存液化石油气、液化天然气、乙烯、丙烯、氧、氮等气体及化工原料。国内这种容器储存介质

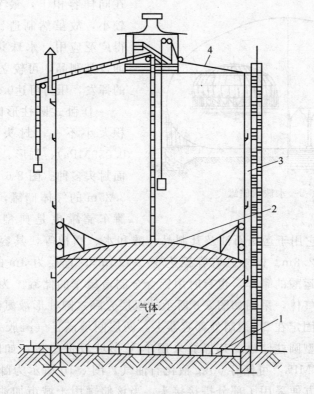

图 8-3 干式储气柜
1—底板；2—活塞；3—筒形壳体；4—顶盖

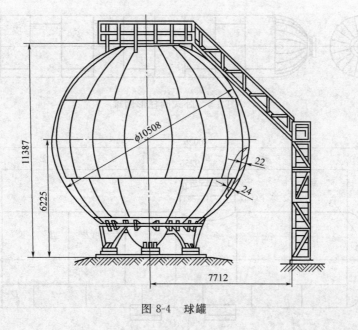

图 8-4 球罐

的压力已达 2.94MPa。由于球罐体积庞大，压力较高，又不便焊后热处理，故规定其壁厚一般不超过 34mm。日本以厚度不超过 36mm 为限，选用 490MPa 级强度钢，设计制造了直径为 33m、容积为 20000m³、压力为 0.49MPa 的巨型球罐。由于球罐和水珠状储罐

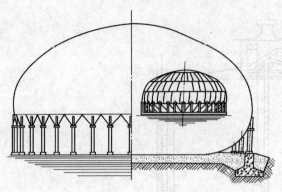

图 8-5　水珠状储罐

在同样容积下,最节省材料,工作应力较小,故虽然制造比较复杂,目前仍获得广泛应用。水珠状储罐现用于储存石油及其制品,可较立式圆柱储罐减少油品的挥发,压力可达0.04～0.06MPa。

④ 卧式圆柱形储罐　这类储罐的容积大小不一,封头有平底(内压小于0.039MPa)、锥形、圆柱面、椭球面及球面封头多种。图 8-6 为球形封头、直径为3.25m 的气体储罐,其壁厚接近 34mm。罐车储罐也是典型的卧式圆柱形储罐

(如图 8-7 所示),它用于运送石油及其制品、酸和水、酒精等,其容积为 50～60m³,直径分别为 2.6m 和 2.8m。国外已有容积达 90～120m³、直径为 3m 的卧式圆柱储罐。有时采用双层钢制造运酸的罐车,也有时用铝合金制造罐车的储罐。为了运送液化(石油、天然气、氮气等)气体,采用如图 8-8 所示的双层壳卧式圆柱形液氨储罐,其内筒由铝锰合金制造,用链子固定在 20 钢制外部容器上,两层间填满了气凝胶并抽去空气。家用液化石油气储罐是小型圆柱储罐,其焊缝采用单 V 形坡口带垫板,如图 8-9 所示,该容器的设计压力为 1.57MPa,可储存 50kg 液化石油气。图 8-10 所示为卧式圆柱形石油储罐,罐壁较薄,为装配方便采用了部分搭接接头,当该储罐用于城市加油站储存石油制品时,通常将该罐埋入地下。

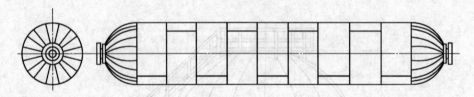

图 8-6　卧式圆柱形储罐

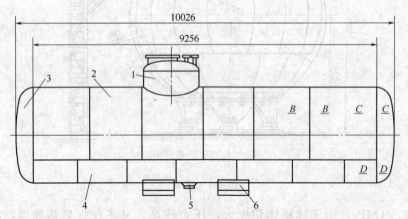

图 8-7　油罐车储罐体结构示意
1—空气包;2—上板;3—端板;4—底板;5—聚油窝排油阀;6—罐体托板

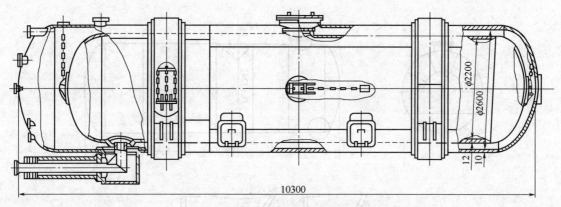

图 8-8　双层壳卧式圆柱形液氨储罐

8.1.2.2　化工反应类容器

各种反应釜、反应器（罐）、合成塔及蒸煮球等是石油化工、石油化纤、化肥、造纸等工业的关键设备。

① 套管式热交换器　套管式热交换器结构如图 8-11所示，它是圆柱形两端带椭球封头的受内压的壳体，内有排管与管板相连，其内、外壁供不同介质进行热交换，受环境介质、温度和压力作用。同样功能的热交换器还有螺旋板式、（冲压）板式热交换器等多种，其结构互不相同。

② 加氢反应器　加氢反应器结构如图 8-12 所示，为我国 20 世纪 70 年代制造，它是一个双层热套式圆柱形受压容器（和目前国内外普遍采用 2.25Cr1Mo 钢制造的单层加氢反应器不同），内筒用壁厚 $\delta_n \geqslant 85mm$ 的20CrMo9 抗氢钢制造，外筒则用壁厚 $\delta_w \geqslant 75mm$ 的18MnMoNb 低合金结构钢制造，由图 8-12 可见，外筒的大部分环缝是不焊接的，内外筒过盈套合（过盈量为

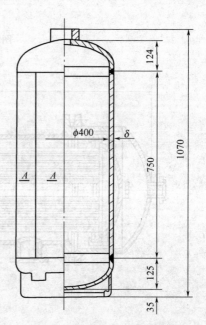

图 8-9　家用液化石油气储罐

0.13%D～0.22%D，即 3～5mm），因而外筒好像是多个套箍，它只承受径向力，而不承受轴向力。这是充分考虑到圆筒容器受力特点的结果。

③ 尿素合成塔　尿素合成塔的壳体结构如图 8-13 所示，它是层板包扎式高压容器（内压 $p=21.57MPa$，工作温度 $T=180～190℃$），其内筒（13mm 厚）上包扎焊接 13 层（每层板厚为 6mm），层板材质为 Q390（15MnV）钢。为了防止介质的腐蚀，其内筒的内衬筒由超低碳不锈钢 00Cr18Ni12Mo2 制成。为防止合成塔内压力的变动，甚至出现负压时，内衬不致与筒分离或起鼓，一些合成塔的内筒采用双层钢，或将内衬与内筒用塞焊、爆炸焊等方法连接在一起。图 8-13 所示的合成塔是小型化肥厂用、容积为 4.5m³、介质为尿素、氨基甲酸等溶液的小型合成塔。

④ 反应釜　反应釜的广义理解即有物理或化学反应的容器，通过对容器的结构设计与参数配置，实现工艺要求的加热、蒸发、冷却及低高速的混配功能。

反应釜广泛应用于石油、化工、橡胶、农药、染料、医药、食品，用来完成硫化、硝

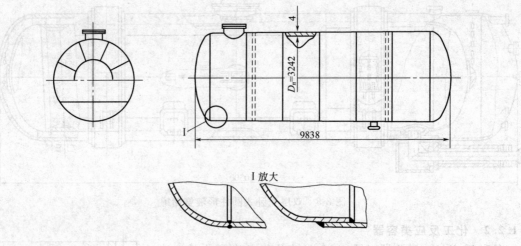

图 8-10　卧式圆柱形石油储罐

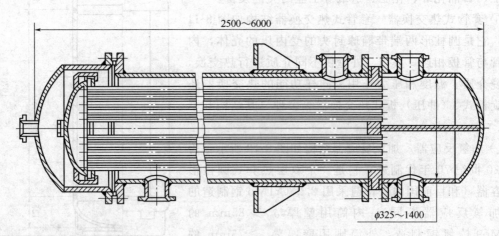

图 8-11　套管式热交换器

化、氢化、烃化、聚合、缩合等工艺过程的压力容器，例如反应器、反应锅、分解锅、聚合釜等；材质一般有碳锰钢、不锈钢、锆、镍基（哈氏、蒙乃尔、因康镍）合金及其他复合材料。

　　反应釜结构如图 8-14 所示，其由釜体、釜盖、夹套、搅拌器、传动装置、轴封装置、支承等组成。搅拌形式一般有锚式、桨式、涡轮式、推进式或框式等，搅拌装置在高径比较大时，可用多层搅拌桨叶，也可根据用户的要求任意选配。并在釜壁外设置夹套，或在器内设置换热面，也可通过外循环进行换热。加热方式有电加热、热水加热、导热油循环加热、远红外加热、外（内）盘管加热等，冷却方式为夹套冷却和釜内盘管冷却、搅拌桨叶的形式等。支承座有支承式或耳式支座等。

8.1.2.3　电站锅炉锅筒与工业锅炉

　　电站锅炉是利用燃料在炉内燃烧所释放的热量加热给水，产生符合规定参数（温度、压力）和品质的蒸汽，送往汽轮机做功。电站锅炉由锅炉本体设备和辅助设备组成。锅炉本体设备包括汽水系统和燃烧系统以及炉墙、锅炉构架等。汽水系统主要由省煤器、汽包、下降

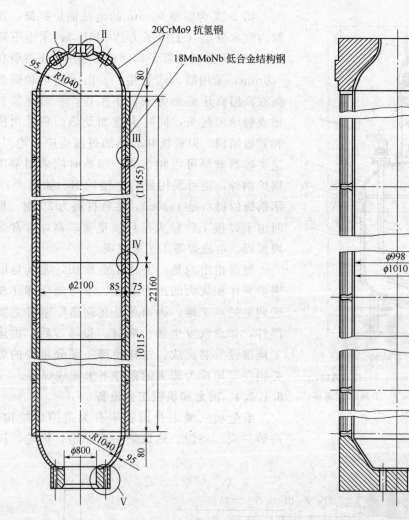

图 8-12 加氢反应器   图 8-13 尿素合成塔的壳体结构

管、水冷壁、过热器、再热器、联箱等组成。燃烧系统主要由炉膛、烟道、燃烧器、空气预热器等组成。锅炉辅助设备主要有透风设备、输煤设备、制粉设备、给水设备、除尘设备、除灰设备、自动控制设备、水处理设备及锅炉附件（安全门、水位计、吹灰器、热工仪表）等。图 8-15 为锅炉机组的工作过程示意。

工业锅炉和取暖锅炉大多是火管或水管锅炉。利用煤气余热的废热锅炉的蒸汽发生器如图 8-16 所示，它是火管锅炉的例子，高温煤气通过两管板间 160 根火管把水加热成蒸汽，工作温度为 164℃，工作压力为 0.59MPa，全部蒸发面积达 100m²，筒体壁厚为 10～14mm，由于制造上的原因，有一条环缝是带垫板的。

锅筒是水管锅炉中用以进行汽水分离和蒸汽净化，组成水循环回路并蓄存锅水的筒形压力容器，又称汽包。主要作用为接纳省煤器来水，进行汽水分离和向循环回路供水，向过热器输送饱和蒸汽。锅筒中存有一定水量，具有一定的热量及介质的储蓄，在工况变动时可减缓汽压变化速度，当给水与负荷短时间不协调时起一定的缓冲作用。锅筒中装有内部装置，以进行汽水分离、蒸汽清洗、锅内加药、连续排污，以保证蒸汽品质。

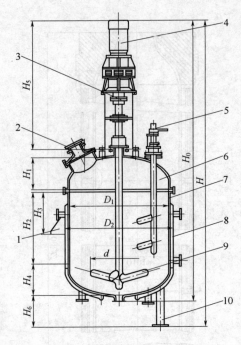

图 8-14　反应釜结构示意

1—耳式支座；2—加料口；3—传动机构；

4—电机；5—轴封装置；6—釜盖；7—筒体；

8—夹套；9—搅拌器；10—立式支座

图 8-17 为壁厚 90mm 的电站锅炉锅筒，在锅筒内汽水分离（工作压力达 8MPa），水由下降管（图 8-17 下部四根管子）回到集箱中，下降管径为 480mm，采用插入式管接头。由于锅炉和锅炉锅筒在高温高压的恶劣条件下工作，一般都装有球形或椭球形封头，同时为增加受热面积采用排管和管板结构，但管板和筒体的过渡也应是均匀的。这类容器壁厚可以相当大，制造时除采用常用的锅炉钢外，也可采用低合金结构钢，如图 8-17 所示锅筒的材料是 19Mn5，接管材料为 20 钢。焊接时由于焊接工作量大，且质量要求高，常常采用埋弧焊、电渣焊等工艺来完成。

值得指出的是：上述工业锅炉，尤其是电站锅炉是体积庞大的压力容器，不可能全部建成再运到电站或工地，因而总是在制造厂造好主要的部件，如蒸汽发生器、锅筒、集箱等后，再运到工地继续安装完成，这样使得一部分重要的焊缝必须在工地较为恶劣的条件下来完成焊接。

8.1.2.4　冶金和机械工业设备

冶金和机械工业设备中有大量的焊接构件。高炉炉壳、浇包、热风炉、洗涤塔、齿轮、压力

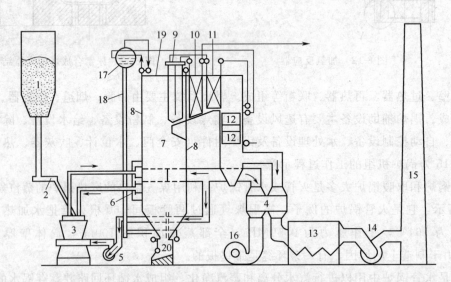

图 8-15　锅炉机组的工作过程示意

1—煤斗；2—给煤机；3—磨煤机；4—空气预热器；5—排粉风机；6—燃烧器；

7—炉膛；8—冷水壁；9—屏式过热器；10—高温过热器；11—低温过热器；

12—省煤器；13—除尘器；14—引风机；15—烟囱；16—送风机；

17—锅筒；18—下降管；19—顶棚过热器；20—排渣室

机是典型的结构。如高炉炉壳由多节变锥度的圆锥体组成，它在高压和高热（并有热疲劳）条件下工作，其内压由内衬、矿石、焦炭和铁液等形成。随着高炉向大型化（如日本高炉最大容积为 $5000m^3$；俄罗斯高炉最大容积达到 $5580m^3$；美国也达到 $3000m^3$）方向发展，高炉炉壳的工作条件更为恶劣，壳壁更厚，空间位置的焊接工作量更大，焊接质量要求更高。如图 8-18 所示为钢包体外形结构。钢包又称钢水包、盛钢桶和大包等，是用于盛钢水的，并且在钢包中还要对钢水进行精炼处理等工艺操作。钢水包是由外壳、内衬和注流控制机构三部分组成的。钢包外壳是由锅炉钢板焊接而成，桶壁和桶底钢板厚度约在 $14\sim30mm$ 和 $24\sim40mm$ 之间。为了保证烘烤水分的顺利排除，在钢包外壳上钻有 $8\sim10mm$ 的小孔。此外，盛钢桶外壳腰部还焊有加强筋和加强箍。

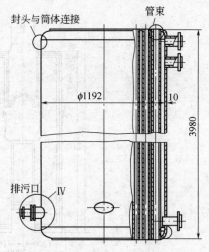

图 8-16　工业废热锅炉蒸汽发生器

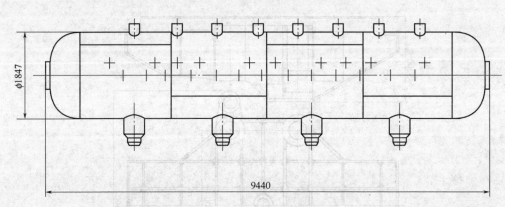

图 8-17　电站锅炉锅筒

机械工业设备中，由轧制材料焊接的机器零件应用十分普遍，如各种机器基座、巨型减速器箱体、大型卷扬机鼓筒、齿轮等。许多巨型机器的床身主要由轧制材料、部分零件是铸件或锻件经焊接而成。图8-19为冲压机的床身结构，图8-20为6000t水压机下横梁结构。水压机下横梁的柱套提升缸和顶出器座是铸钢毛坯，其余为 50mm、70mm、80mm、100mm、120mm 厚的轧制钢板。与其类似，冲压机床床身的上部巨型横梁和管子是铸钢和锻钢毛坯，其余为轧制厚板，所以它们也是铸-焊和铸-轧-锻-焊结构。

图 8-18　钢包体外形结构
1—钢包体筒；2—轴耳；3—加强箍

8.1.2.5　特殊用途的焊接容器

不属于上述范畴的容器有核容器、航空和航天器上的容器、承受外压的非石油化工容器，如潜艇及深海探测器承受外压的压力壳（艇

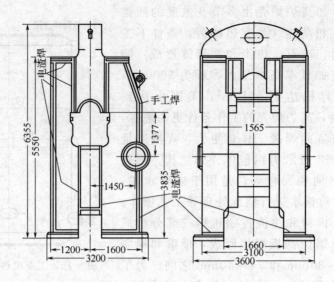

图 8-19　冲压机的床身结构

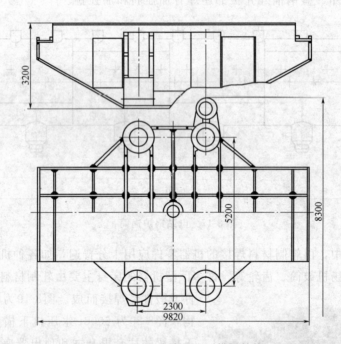

图 8-20　6000t 水压机下横梁结构

壳）等。

图 8-21 所示为核电站核反应堆的承压壳，是核电设备中的关键设备，它是一种厚壁压力容器，最大壁厚达 235mm；最大内径为 5000mm。图 8-22 所示为储存火箭燃料的环形容器，这类容器还有制成圆柱形和球形的，为适应航天航空需要，都采用高强材料（如超高强度合金钢或高强铝合金）制造，以便减小壁厚、减轻容器的重量。

综上所述，绝大多数焊接容器都在内、外压力下工作，都是压力容器。容器的失效，如脆断、应力腐蚀开裂、疲劳或热疲劳开裂，以及由于设计计算或制造加工，甚至使用不当都可能引起容器的损坏，许多容器的损坏都发生在焊接接头区，或由此引发，造成人员和财产重大损失。因此绝大多数容器的设计、制造、安装及使用都是在有关部门的监督下按有关规程进行的，这种监督规程具有法律效力。

8.1.3 压力容器的结构特点

8.1.3.1 压力容器结构分类

压力容器一般由简体（又称壳体）、封头（又称端盖）、法兰、密封元件、开孔与接管（人孔、手孔、视镜孔、物料进出口接管、液位计、流量计、测温管、安全阀等）和支座以及其他各种内件所组成。按支座形式可分为卧式容器、立式容器和悬挂式容器。按其封头可分为椭圆封头、蝶形封头、锥形封头、球形封头、半球形封头和平板封头。按容器总体形状可分为圆柱形压力容器、球形容器和矩形容器等。最常见的结构为圆柱形、球形和锥形三种，如图 8-23 所示。

由于圆柱形和锥形容器在结构上大同小异，所以这里只简单介绍圆柱形容器的结构特点。

① 简体 简体是压力容器最主要的组成部分，由它构成储存物料或完成化学反应所需的大部分压力空间。当简体直径较小（小于 500mm）时，可用无缝钢管制作。当直径较大时，简体一般用钢板卷制或压制（压成两个半圆）后焊接而成。

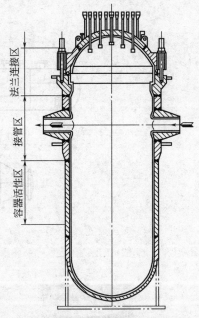

图 8-21 核电站核反应堆的承压壳

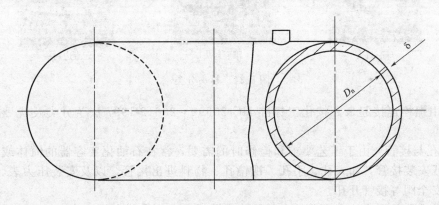

图 8-22 环形火箭燃料箱

中、低压容器简体一般为单层结构；高压容器中有的简体采用单层，有的采用多层结构。

② 封头 根据几何形状的不同，压力容器的封头可分为凸形封头、锥形封头和平盖封头三种，其中凸形封头应用最多。椭圆封头在内压作用下趋圆，在外压作用下趋扁，与其连接的简体恰好相反。也就是说在连接部位产生相反的径向位移，这样封头和简体的径向位移变形多数可以互相抵消，使封头周向压缩（拉）应力和简体周向拉（压缩）应力减少。所以最好选用椭圆封头，因为椭圆封头和简体连接时是没有凸变，它的弯曲半径是连续的不产生应力，所以可以用在较高压力的容器当中。按 JB/T 4746 标准封头分类如图 8-24 所示。

③ 法兰 法兰按其所连接的部分分为管法兰和容器法兰。用于管道连接和密封的法兰叫管法兰；用于容器顶盖与简体连接的法兰叫容器法兰。法兰与法兰之间一般加密封

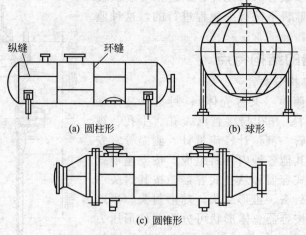

(a) 圆柱形　　　　　　　(b) 球形

(c) 圆锥形

图 8-23　典型容器结构

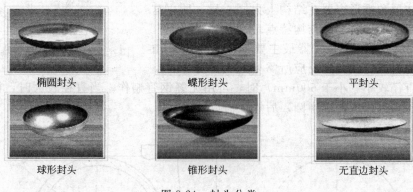

椭圆封头　　　　　　蝶形封头　　　　　　平封头

球形封头　　　　　　锥形封头　　　　　无直边封头

图 8-24　封头分类

元件，并用螺栓连接起来。按化工标准 HG 20592～20612-1997 法兰分类及代号如图 8-25 所示。

④ 开孔与接管　由于工艺要求和检修时的需要，常在石油化工容器的筒体或封头上开设各种孔或安装接管，如人孔、手孔、视镜孔、物料进出接管，以及安装压力表、液位计、流量计、安全阀等接管开孔。

手孔和人孔是用来检查容器的内部并用来装拆和洗涤容器内部的装置。当压力容器内径大于 1000mm，应至少设一个人孔；压力容器内径大于等于 500mm 小于 1000mm 的，应开设一个人孔或两个手孔；压力容器内径大于等于 300mm 小于 500mm 的，至少应开设两个手孔。圆形人孔直径应不小于 400mm，椭圆形人孔尺寸应不小于 400×300mm；圆形手孔直径应不小于 100mm；椭圆形手孔尺寸应不小于 75mm×50mm。

筒体与封头上开设孔后，开孔部位的强度被削弱，一般应进行补强。

⑤ 支座　压力容器靠支座支承并固定在基础上。随着圆筒形容器的安装位置不同，有立式容器支座和卧式容器支座两类。对卧式容器主要采用鞍式支座，对于薄壁长容器也可采用圈式支座。一台设备一般配置 2～4 个支座。必要时也可适当增加，但在安装时不容易保证各支座在同一平面上，也就不能保证各耳座受力均匀。对于大型薄壁容器或支座的底板连成一体组成圈座，既改善了容器局部受载过大，又可避免各耳座受力不均。根据压力容器 JB 4712 标准支座分类如图 8-26 所示。

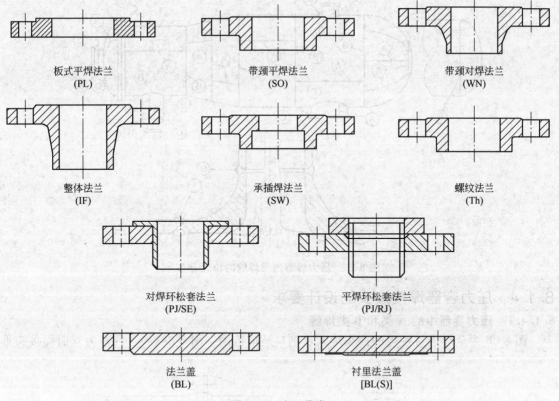

板式平焊法兰
(PL)

带颈平焊法兰
(SO)

带颈对焊法兰
(WN)

整体法兰
(IF)

承插焊法兰
(SW)

螺纹法兰
(Th)

对焊环松套法兰
(PJ/SE)

平焊环松套法兰
(PJ/RJ)

法兰盖
(BL)

衬里法兰盖
[BL(S)]

图 8-25　法兰分类

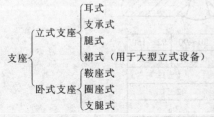

图 8-26　支座分类

8.1.3.2　压力容器焊缝规定

标准 GB 150—2011《压力容器》内容包括压力容器用钢标准及在不同温度下的许用应力，板、壳元件的设计计算，容器制造技术要求、检验方法与检验标准。为贯彻执行上列基础标准，各部门还制定了各种相关的专业标准和技术条件。

在 GB 150—2011 标准中规定，压力容器受压元件用钢应具有钢材质检证书，制造单位应按该质检证书对钢材进行验收，必要时还应进行复检。把压力容器受压部分的焊缝按其所在的位置分为 A、B、C、D 四类，如图 8-27 所示。

① A 类焊缝　受压部分的纵向焊缝（多层包扎压力容器层板的层间纵向焊缝除外），各种凸形封头的所有拼接焊缝，球形封头与圆筒连接的环向焊缝以及嵌入式接管与圆筒或封头对接连接的焊缝，均属于此类焊缝。

② B 类焊缝　受压部分的环形焊缝、锥形封头小端与接管连接的接头、长颈法兰与壳体或接管连接的焊缝间的对接环向焊缝，平盖或管板与圆筒对接连接的焊缝均属于此类焊缝（已规定为 A、C、D 类的焊缝除外）。

③ C 类焊缝　法兰、平封头，管板等与壳体、接管连接的焊缝，内封头与圆筒的搭接填角焊缝以及多层包扎压力容器层与层纵向焊缝，均属于此类焊缝。

④ D 类焊缝　接管、人孔、凸缘等与壳体连接的焊缝，均属于此类焊缝（已规定为 A、B 类的焊缝除外）。

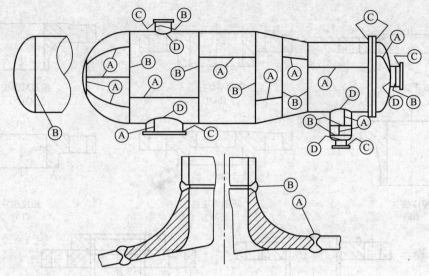

图 8-27　压力容器四类焊缝的位置分布

8.1.4　压力容器焊接接头的设计要求

8.1.4.1　压力容器中的 A 类和 B 类焊缝

图 8-28 为全焊透对接焊的接头形式及剖口适应范围。图 8-28(a)、(b) 为双面焊接头形

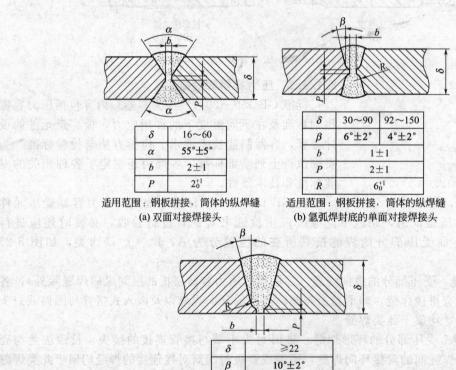

δ	16～60
α	55°±5°
b	2±1
P	2_0^{+1}

适用范围：钢板拼接，筒体的纵焊缝
(a) 双面对接焊接头

δ	30～90	92～150
β	6°±2°	4°±2°
b	1±1	
P	2±1	
R	6_0^{+1}	

适用范围：钢板拼接，筒体的纵焊缝
(b) 氩弧焊封底的单面对接焊接头

δ	≥22
β	10°±2°
b	$2_0^{+0.5}$
P	$1_0^{+0.5}$
R	5±1

适用范围：不能进行双面焊且要求全焊透的纵、环向焊缝
(c) 加衬垫的单面对接焊接头

图 8-28　受压容器 A、B 类接头的各种形式

式，对结构尺寸受限制的，也可采用单面开坡口的接头形式 [图 8-28（c）]，但必须保证形成相当于双面焊的全焊透对接接头。为此，应采用氩弧焊焊接工艺完成全焊透的封底焊道，或在焊缝背面加临时衬垫或固定衬垫，采用适当工艺保证根部焊道与坡口两侧完全熔合，见图 8-28(b)、(c)。当对接接头两侧壁厚不等且厚度差大于较薄壳壁厚度的 1/4 或 3mm 时，则应按图 8-29 的形式将较厚壳壁接头边削薄，其斜度至少为 1∶30。

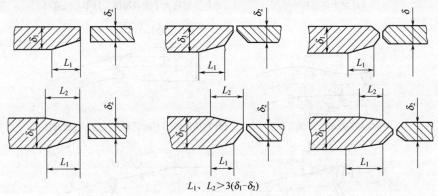

L_1、$L_2 > 3(\delta_1 - \delta_2)$

图 8-29　壳壁不等厚对接接头的坡口形式

为避免相邻焊接接头残余应力的叠加和热影响区的重叠，压力容器壳体上的 A 类或 B 类焊缝之间的距离至少应为壁厚的 3 倍，且不小于 100mm。对于壁厚大于 20mm 的压力容器壳体应尽量避免十字接头。同理，在 A、B 类焊缝及其附近不应直接开管孔。如因管孔过于密集而必须开在这两类接头上时，则必须对开孔部位的焊缝作 100％X 射线照相或超声波探伤。壁厚大于 50mm，在焊接接管之前应将开孔区焊缝作消除应力处理。

容器筒身和封头上的 A、B 类焊缝应布置在不直接受弯曲应力作用的部位。如受压部件加载后发生弯曲而使焊缝根部产生集中弯曲应力，则不应采用直角角焊缝，见图 8-30。

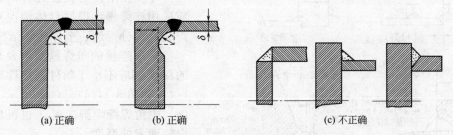

(a) 正确　　　　(b) 正确　　　　(c) 不正确

图 8-30　受弯曲应力作用部位的接头形式

筒身与封头的对接接头可采用图 8-31 的连接形式。

8.1.4.2　压力容器 C 类焊缝

压力容器中 C 类焊缝主要用于法兰与筒身或接管的连接。法兰的厚度是按所加弯矩进行刚度计算确定的，因此比壳体或接管的壁厚大得多。对这类接头不必要求采用全焊透的接头形式，而允许采用图 8-32 局部焊透的接头形式。低压容器中的小直径法兰甚至可以采用不开坡口的角焊缝来连接，但必须在法兰内外两面进行封焊，这既可以防止法兰的焊接变形，又可保证法兰所要求的刚度。

8.1.4.3　压力容器 D 类焊缝

在压力容器中 D 类焊缝的接头受力条件比 A、B 类焊缝的接头复杂得多。在设计这类焊缝接头时，应作全面的分析对比，选择最合理、最可靠的接头形式。目前在压力容器中最常用的 D 类焊缝的接头形式有插入式接管全焊透接头、插入式接管局部焊透接头、带补强圈

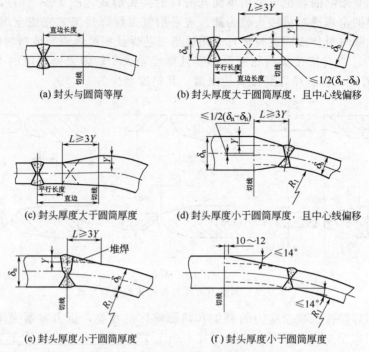

(a) 封头与圆筒等厚　　(b) 封头厚度大于圆筒厚度，且中心线偏移

(c) 封头厚度大于圆筒厚度　　(d) 封头厚度小于圆筒厚度，且中心线偏移

(e) 封头厚度小于圆筒厚度　　(f) 封头厚度小于圆筒厚度

图 8-31　筒身与封头的连接型式

接管接头，鞍座式接管的角接接头以及小直径法兰和接管的角接接头。其典型的连接形式和坡口的形状尺寸如图 8-33 所示。

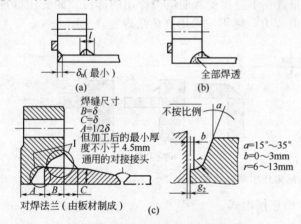

图 8-32　C 类焊缝接头的典型形式

8.1.4.4　压力容器 E 类焊缝

非受压附件与受压元件的连接一般应采用连续焊，根据具体情况可采用角焊缝、部分焊透、全焊透等结构形式。

T 形连接的角焊缝高度及部分焊透的深度 a 应不小于附件连接件厚度 S 的 $1/4$，如图 8-34(a)、(b) 所示。图 8-34(a) 中角焊缝焊脚高度 a 也可取与焊件中较薄者的厚度。

垫板与容器壁的搭接角焊缝焊脚高度及部分焊透的深度 b 应不小于垫板厚度 S 的 $1/2$，如图 8-34(c)、(d) 所示。图 8-34(c) 中，对于补强圈的焊脚高 b，

当补强圈的厚度不小于 8mm 时，其值可取补强圈厚度的 70%，且不小于 8mm。

T 形连接的全焊透焊接结构如图 8-34(e)，一般适用于承受较大载荷的设备吊耳等附件与容器壁或其垫板的连接。

裙座与筒体的连接也属于搭接接头，裙座从承重量和受力以及稳定性上都要好于支腿，一般用于塔器或者比较大、重的立式容器。支腿相对来说只能用于直径小、重量轻的设备，细高形的塔器，较大且重的立式容器，一般都采用裙座。它可承受较大的风载；设备和裙座的连接呈环状，应力均匀，稳定性好，连接可靠。制作、安装较支腿难。图 8-35 是立式容器裙座与封头相连接的搭接接头。

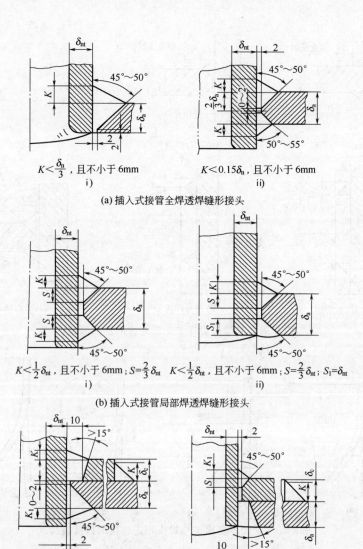

$K < \dfrac{\delta_n}{3}$，且不小于 6mm
i)

$K < 0.15\delta_n$，且不小于 6mm
ii)

(a) 插入式接管全焊透焊缝形接头

$K < \dfrac{1}{2}\delta_{nt}$，且不小于 6mm；$S = \dfrac{2}{3}\delta_{nt}$ $K < \dfrac{1}{2}\delta_{nt}$，且不小于 6mm；$S = \dfrac{2}{3}\delta_{nt}$；$S_1 = \delta_{nt}$
i) ii)

(b) 插入式接管局部焊透焊缝形接头

i) ii)

(c) 带补强圈接管接头

i) 当 $\delta_c \leqslant 8$mm 时，$K = \delta_c$；$\delta_c > 8$mm 时，$K = 0.7\delta_c$，
且不小于 8mm；$K_1 \geqslant 6$mm

ii) 当 $\delta_c \leqslant 8$mm 时，$K = \delta_c$；$\delta_c > 8$mm 时，$K = 0.7\delta_c$，
且不小于 8mm；$K_1 \geqslant 6$mm $S = \dfrac{2}{3}\delta_{nt}$（仅带补强接管）

图 8-33 D 类焊缝接头形式

8.1.5 换热器

8.1.5.1 换热器分类

换热器是化工、石油、动力、食品及其他许多工业部门的通用设备，在生产中占有重要地位。在化工生产中换热器可作为加热器、冷却器、冷凝器、蒸发器和再沸器等，应用更加广泛。换热器是指两种不同温度的流体进行热量交换的设备。换热器作为传热设备被广泛用于耗能用量大的领域。随着节能技术的飞速发展，换热器的种类越来越多。适用于不同介质、不同工况、不同温度、不同压力的换热器，结构形式也不同，换热器的具体分类如下。

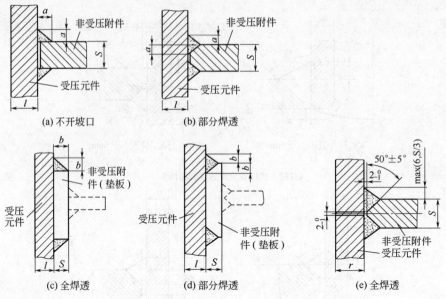

图 8-34　非受压附件与受压元件的连接形式

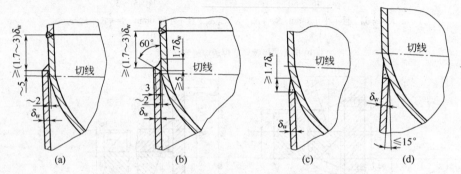

图 8-35　立式容器裙座与封头相连连接的搭接接头

（1）按传热原理分类

① 表面式换热器　表面式换热器是温度不同的两种流体在被壁面分开的空间里流动，通过壁面的导热和流体在壁表面对流，两种流体之间进行换热。表面式换热器有管壳式、套管式和其他形式的换热器。

② 蓄热式换热器　蓄热式换热器通过固体物质构成的蓄热体，把热量从高温流体传递给低温流体，热介质先通过加热固体物质达到一定温度后，冷介质再通过固体物质被加热，使之达到热量传递的目的。蓄热式换热器有旋转式、阀门切换式等。

③ 流体连接间接式换热器　流体连接间接式换热器，是把两个表面式换热器由在其中循环的热载体连接起来的换热器，热载体在高温流体换热器和低温流体之间循环，在高温流体接受热量，在低温流体换热器把热量释放给低温流体。

④ 直接接触式换热器　直接接触式换热器是两种流体直接接触进行换热的设备，例如，冷水塔、气体冷凝器等。

（2）按用途分类

① 加热器　加热器是把流体加热到必要的温度，但加热流体没有发生相的变化。

② 预热器　预热器预先加热流体，为工序操作提供标准的工艺参数。

③ 过热器　过热器用于把流体（工艺气或蒸汽）加热到过热状态。

④ 蒸发器　蒸发器用于加热流体，达到沸点以上温度，使其流体蒸发，一般有相的变化。

（3）按结构分类

按换热器的结构可分为：浮头式换热器、固定管板式换热器、U 形管板换热器、板式换热器等。

8.1.5.2 铝制固定管板式换热器

铝制的固定管板式换热器，其结构比较简单，如图 8-36 所示，它适用于壳体与管子间温差比较小的场合。当壳体与管子间温差应力较大时，则在壳体上必须考虑设置膨胀节，从而减少由于两者温差而产生的热应力。

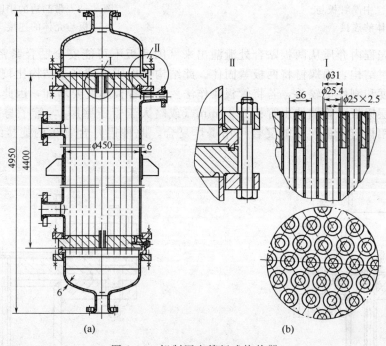

图 8-36　铝制固定管板式换热器

一般铝制列管式换热器，其管子在管板上的排列多采用正三角形排列方式，也有采用正方形排列方式的。管子的布置，应尽量减少沿管束周围发生短接的现象。

（1）管板与壳体的连接

因管板与壳体厚度相差很大，焊接质量难以保证，为提高焊接质量，管板与设备壳体往往采用等厚度对接焊接。目前，常用的中厚管板与壳体的连接如图 8-37、图 8-38 所示，其中 H 的长度应考虑焊接时的位置，一般取 $H=(1.5\sim2)\delta$，且要求 H 值大于 12mm，$R\geqslant\delta$。图 8-38 也适用于铸造管板，用加压法铸造，可保证铸造质量及密度。H 值可适当加高至 20mm 左右。

（2）管板与法兰的连接

壳程为腐蚀性介质，则采用铝筒体，管板与法兰连接结构形式如图 8-39 所示。壳程为非腐蚀性介质（如冷却水），可采用碳钢筒体，如图 8-40 所示。这种结构在安装时先使铝管板与筒体法兰压紧，然后再将封头与管板压紧，这种结构形式常用于浮头式或 U 形管式换热器。若使用固定管板式换热器，则存在着管板与壳程法兰间的垫片不易更换问题。

图 8-41 所示的结构是铝与碳钢混合结构的又一种形式。为了使铝管板与碳钢紧贴在一起，在管板上用螺钉固定，拉杆拧入铝板后再与碳钢管板焊牢。铝管可以先贴胀再与铝板焊

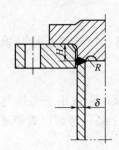

图 8-37　中厚管板与
壳体的连接

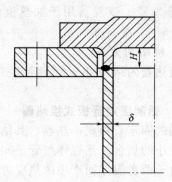

图 8-38　带凸边的中厚管
板与壳体的连接

接。为了避免壳程内介质从两板贴合处泄漏出来（因两板不可能安全贴合紧密），故在两板贴合间加一密封结构，用螺钉将两板紧固住。此结构使用压力较高，结构比较复杂。

　　因铝的强度和刚性都较差，若将管板兼作法兰，则管板厚度要增加，因此可采用在碳钢管板上复合一层铝板，管端伸出管板 3～4mm（或略大于管子壁厚），管子与覆合面上的铝板进行焊接。铝板与碳钢管板的复合可用爆炸复合。此种铝复合管板的连接结构如图 8-42所示。

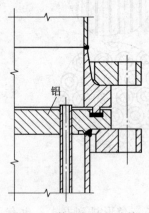

图 8-39　管板与法兰连接

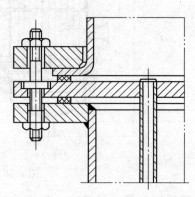

图 8-40　碳钢筒体与管板的连接

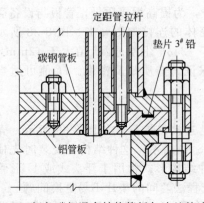

图 8-41　铝与碳钢混合结构管板与法兰的连接

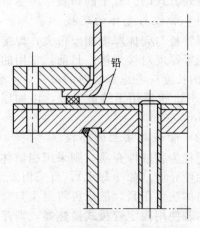

图 8-42　铝复合管板的连接

（3）管子与管板的连接

管子与管板的连接形式有胀接、焊接以及胀焊混合结构。无论采用何种连接方法都必须保证连接处的充分气密性以及强度条件。目前，焊接法已被广泛地采用。

① 胀接法　当温度差不大，压力较低（0.1～0.2MPa）且设备就地制造，不经长途运输时，管子与管板采用胀接，一般可满足要求。胀接结构制造简单，管子的更换和修补比较容易。为了提高胀接质量，管板材料的硬度一定要高于管子或者管板与管子采用同样材料经不同热处理，使管板比管子硬，这样才能保证胀接强度和紧密性。

胀管翻边由于翻边作用，使管子与管板结合得更加牢固，抗拉脱能力更强，使用压力提高。胀管翻边在管子受拉时才有利，若管束受压应力时，则没有翻边的必要。开槽孔胀接是典型的胀接结构。开槽的目的与翻边相似，主要是提高抗拉脱能力，但也能增强密封性。其结构是在管板孔中开一定形状的小槽，如图 8-43 所示，在管板内开凹槽，凹槽的深度为 0.5mm，宽度为 3～4mm；凹槽的间距有 6mm 及 8mm 两种尺寸，如图 8-44 所示。胀管时，管子被胀入槽内，由于槽形起迷宫式密封作用，所以介质不易泄漏。

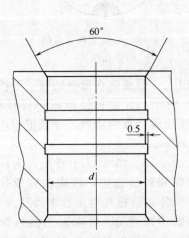

图 8-43　管板孔中的小槽

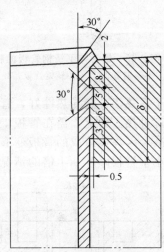

图 8-44　开槽孔胀接

胀接结构不宜用于外壳与管子有较大温度差或压力较高的场合，这是由于管子与管板胀接不是特别紧密而可能造成松脱现象，或者经由长途运输的震动，胀接就不可靠；又因铝的强度较低，在胀管时，极易造成过胀，这样，管子直径胀大了，管板孔也随之胀大了而产生永久变形，结果使管板与管子没有很好紧密贴合，一有压力，液体或气体就会渗漏。另外，碳钢或不锈钢管板与铝管胀接时，因硬度相差较大，在胀接处铝管易被挤拧断裂而使胀接失效，故不能采用直接胀接结构。有工厂在铝管内加一不锈钢短节，将铝管与不锈钢管板胀接，得到满意效果，其结构如图 8-45 所示。

② 焊接法　因纯铝或铝合金管板强度较低，弹性极限更低，在较高压力操作条件下若采用胀接是不适宜的。因此目前应用较为广泛的是采用氩弧焊接。先胀后焊，胀接能起定位作用，并消除管板孔与管子外壁间的间隙，从而避免间隙腐蚀。由于消除了上述的间隙，因此在焊接时熔池金属中气体不易溢散而导致焊缝中容易形成气孔。如没有特殊需要，不必先胀后焊。

国外有采用先焊后胀的，效果较好。其具体作法是先将管子与管板焊好，然后把胀管器伸到管内一定深度（在管板厚度范围内）后再胀。这样，既达到增加拉脱力的目的，又不影响焊接质量，还可消除管板孔与管子外壁间的间隙。

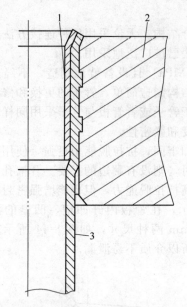

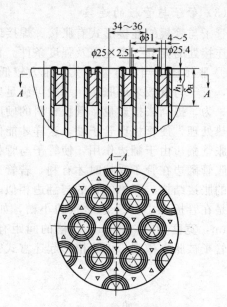

图 8-45　铝管与不锈钢管板的胀接
1—不锈钢短节；2—不锈钢管板；3—铝管

图 8-46　管板上开等温槽
的焊接结构

由于铝及铝合金导热性好，管子与管板的壁厚相差很大，焊接时在薄壁的管子处很容易造成局部过热。为此，需在管板上开等温槽，如图 8-46 所示。此结构还能减少焊接应力，从而可减少因焊接造成的管板变形，因此，适用于应力腐蚀较严重的场合。一般推荐用于管壁厚度小于管板厚度 0.1 倍的情况，管孔形式如图 8-47 所示。

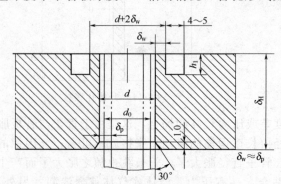

图 8-47　开等温槽管板的管孔

从图 8-46、图 8-47 中看出，为使管子能顺利穿到管板孔中，除应在管板孔的壳侧设导角外，管板孔应比管子外径大一些。等温槽壁的厚度 δ_w 应略大于换热管壁厚 δ_p，因加工凹槽时要产生误差，但最小应等于换热管壁厚。如图 8-47 所示，对 $\phi25\text{mm} \times 2.5\text{mm}$ 的换热管，槽内径为 $\phi31\text{mm}$，等温槽的壁厚为 $\delta_w = 2.8\text{mm}$。

等温槽的宽度除了与机加工刀具强度有关外，还与焊接工艺有关。等温槽宽度小，管间距亦小。但等温槽的宽度不能太小，因太小了在焊接时可能产生偏弧，从而使邻近原已焊好的管子的焊缝受到破坏。等温槽的宽度也不能过大，过大，随之管间距也变得过大，使管板利用率降低，不经济。故应在满足焊接工艺及管板机加工要求的前提下，尽量选取较小值。等温槽宽度以 4~5mm 为宜。

间距的确定：综合上述，管间距（t）一般取

$$t \geqslant d + 2\delta_w + (4 \sim 5)$$

式中　t——管间距，mm；

d——管板孔直径，mm；

δ_w——板凹槽焊接宽度，一般 $\delta_w \approx \delta_p$，mm；

δ_p——管子壁厚，mm。

例如：对于 $\phi25\text{mm} \times 2.5\text{mm}$ 的管子，管间距一般为：34~36mm。

温槽深度 h_1 应根据管子壁厚确定，管子壁厚大时，管板厚度厚时，h_1 值应适当加大一些。一般情况下，等温槽深度大于或等于 2 倍管壁厚，即 $h_1 \geqslant 2\delta_w$。

为避免在焊接时的偏弧，减少焊接时对邻管的影响，管板小桥部分（图 8-46 中△部分）应予除掉。

③ 爆胀法　利用工业用纸质雷管，塞入欲胀管的数根管内，引爆后将管子与管板进行胀接。爆炸胀管比机械胀管劳动强度低，胀管速度快，可以几根管子同时胀管。由于管子的胀管段长度较长，伸入管板的管端部分与管板连接紧密，不存在缝隙，提高了耐腐蚀性。同时，爆炸胀管所需费用低（为焊接费用的三分之一左右）。但爆胀法个别情况可能出现将管子炸裂，而炸裂的管子更换较困难，爆炸胀管还需有一定的施工场地和安全措施。

爆胀法目前是一种新型的胀接工艺，同时也能有效地解决因焊接法所产生管板焊接变形和翘曲以及焊接法造成的焊缝存在气孔和疏松组织等不易克服。

（4）膨胀节

固定管板列管式换热器中的管子胀接或焊接在管板上，管板又固定在壳体上，在操作温度下，管子与壳体都要发生热膨胀，但是由于温度不同（例如，当管程操作温度高于壳程操作温度时），在同样材质情况下，两者所引起的膨胀量是不一样的。管子温度高，膨胀量大，管子温度低，膨胀量小。当管子与壳体材质不一样时（如管子为铝材，壳体为钢材），所产生的膨胀量差也就会更大，在这种情况下，管子的膨胀便会受到壳体的限制。反之，就会出现壳体的膨胀受到管子的约束。在这种由于温差而引起的膨胀量（拉伸或压缩）受到限制时，壳体与壳体之间便产生相互作用力，因此，在管子与壳体内部都产生热应力（也称温差应力）。无论是外壳还是管子，都要尽量避免产生过大的热应

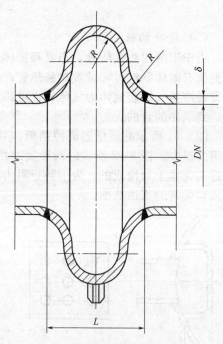

图 8-48　膨胀节

力。在固定管板列管式换热器壳体上设置膨胀节，就可以降低换热管和壳体中的温差应力。

膨胀节是装在换热器壳体上的挠性构件，如图 8-48 所示．它的特点是受轴向力后容易变形。因而，当换热器管和壳体的温度不同，产生不同膨胀量时，膨胀节便发生相应的变形。依靠这种易变形的挠性构件对管子与壳体的热变形进行补偿。

因铝材强度低，膨胀系数大，当温差较大时，伸缩量也就较大，故膨胀节应设计成有较大的挠性，以此来消除壳体和管子因温差而引起的温差应力。制造膨胀节的材料愈薄，则柔性愈好，补强能力愈高，所以厚度总要比外壳薄一些。但也不能太薄，用材料过薄，则所能承受的压力就不高。材质可与壳体材质相同（换热器壳体为铝材料时）。铝制膨胀节一般为波形膨胀节，结构较简单，使用可靠。其尺寸可见 GB 150—2011《压力容器波形膨胀节》。卧式带膨胀节的热交换器，在膨胀节的正下方应设一个排液口，操作过程中用螺塞堵住。立式设备带膨胀节时，则可不设排液口。为了减小流体的阻力，在立式换热器上方或卧式换热器的液体流动方向焊一做导流用的衬板，其结构如图 8-49 所示。

为避免运输过程中膨胀节变形，在膨胀节的外部，设备的壳体上焊上四块固定板，安装后再将固定板割除，使膨胀节能自由伸缩，如图 8-50 所示。

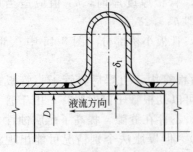

图 8-49 带导流板的膨胀节

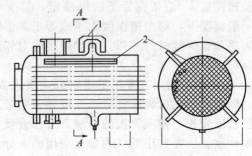

图 8-50 壳体上焊固定板
1—固定板；2—支承板

（5）缓冲挡板

由于铝的耐磨性能差，当壳程流体从入口管进入壳程时，尤其流体入口速度较高或流体内夹杂有固体颗粒时，常常对换热管产生剧烈冲击。为了克服这一现象，需在流体入口管处装设缓冲挡板。若流体为气体，也可将进口管做成逐渐扩大的喇叭形，以降低进口流速，从而达到缓冲的目的。

图 8-51 所示的是槽形缓冲挡板。其板面上的圆形通孔，是为了增大流体通道截面，减少阻力损失。图 8-52 所示的圆形缓冲挡板，是把一块圆板用三块拉筋焊接固定在流体入口附近的壳体上而构成的。为了防止阻力增大，在任何情况下，缓冲挡板的通道截面都不应小于入口接管的流道截面。

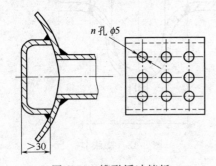

图 8-51 槽形缓冲挡板

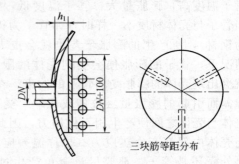

图 8-52 圆形缓冲挡板

当流体介质为气体时（如蒸气等），可将气体入口管做成喇叭形，并在其中装有导流板，如图 8-53 所示。将其做成喇叭形的目的，是在于降低蒸气入口速度，减小蒸气对换热管的冲击。当中的两块导流板，是用来改变蒸气入口的方向，避免蒸气对换热管的正面冲击。

利用壳体本身做缓冲挡板，如图 8-54 所示，在壳体上开孔，再焊上进口管，壳体上开孔的总截面一定要大于进口管截面。

（6）折流板和支承板

在对流传热的换热器中，为了加大壳程内流体流速和达到湍流程度以提高传热效果，或为对换热器管子加以支承，增加换热器管子的刚度，从而减少振动，在换热器中，除冷凝器外大都装折流板或支承板。常用的折流板为弓形，结构尺寸可参照"钢制换热器折流板"的规定选取。其板厚见表 8-4。由于换热器的功用不同，以及壳程内的介质的流量及黏度等不同，折流板的板间距也不同。其板间距应从减小壳程流体阻力和提高换热效果的角度来确定，通常是使弓形缺口的有效流通断面与相邻两折流板间流通断面相等或相近。一般折流板间距为壳体内径的 0.2～1 倍。这样可以防止板间距过小所造成的阻力太大或极间距过大造成的壳程流体流向与管子几乎平行，而使换热器的传热效率降低。

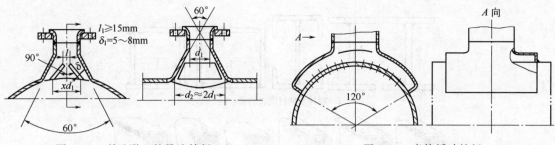

图 8-53 喇叭形口的导流挡板　　　　　　　　　图 8-54 壳体缓冲挡板

对于卧式换热器，当工艺上无折流要求，不需要设折流板时（如管间是蒸气冷凝的情况），而换热管又比较细长，为避免换热器管子变形过大和便于安装，需要对换热管加以支撑，因而应考虑设置一定数量的支承板。支承板做成半圆形较好，两支承板间最大不支承距离见表 8-5。若设备需长途运输时，在支承板上应焊短管，以避免运输中支承板将管子磨穿。

表 8-4　折流板厚度　　　　　　　　　　　　　　　　　　　　　　　mm

壳体公称内径	两块折流板距离				
	≤300	300～450	450～600	600～750	＞750
	板　厚				
200～350	3	5	6	10	10
350～700	5	6	10	10	12
700～950	6	8	10	12	16
＞950	6	10	12	16	18

表 8-5　两支承板间最大不支承距离　　　　　　　　　　　　　　　mm

管子外径	14	18	25	32	38	55
允许最大不支承支管跨距长度	1140	1320	1620	1930	2200	2790

8.2　建筑工程焊接结构生产

建筑工程焊接结构是由角钢、槽钢、工字钢、圆管等组装成六面体或多面体细长框架结构。其中每一面都是由杆件如角钢、槽钢等，通过多次正交刚性结点组合成端面。每个端面均由多个小方框组成平面方框结构。建筑结构主要承受压和弯曲。因此主要是梁、柱和桁架，以及金属网架等结构。

8.2.1　焊接梁与柱的制造

梁和柱是建筑金属结构中的基本元件，使用量大面广。它们有各种各样的断面形状，如图 8-55 所示，但都可以归纳成开式断面和闭式断面两大类。有些在梁或柱上设置有肋板；有些沿长度方向上做成变截面的，即等强度梁和柱。

焊接梁与柱的制造方法基本相同，主要生产工艺流程有四部分，即备料、装配、焊接、矫形。装配和焊接经常是交叉进行的。无论是单件还是大批量生产，对备料的要求都是一样的，它必须在装配之前准备好几何形状和尺寸合乎要求的零件，这些零件的待焊部位要经过坡口加工和清理等。

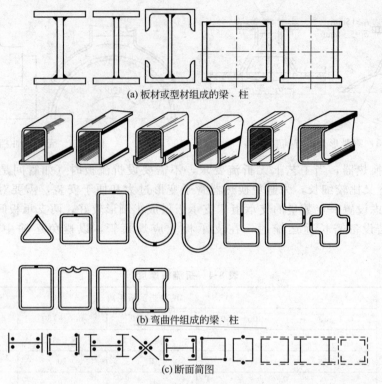

(a) 板材或型材组成的梁、柱

(b) 弯曲件组成的梁、柱

(c) 断面简图

图 8-55　焊接梁、柱的断面图

　　除了少数重型梁、柱结构采用 Q345 钢制造外，大多数均选用 Q235 类低碳钢制造。

8.2.1.1　工字形断面的梁与柱

　　建筑工程经常使用具有各种工字形和 H 形（当翼板宽度与腹板高度比值较大时称 H 形）断面的梁或柱，其基本形状都是由一块腹板和上、下两翼板（或称盖板）互相垂直而构成，仅仅在相互位置、厚与薄、宽与窄和有无肋板等方面有区别。应用最多的是腹板居中，左右和上下对称的工字断面的梁和柱，一般由四条纵向角焊缝连接。制造这种对称的工字梁和柱，必须要控制的主要变形有翼板角变形和整体结构的挠曲变形。挠曲变形中有上拱或下挠以及左（或右）旁弯、腹板的波浪变形（凸凹度）和难以矫正的扭曲变形等。下面以图 8-56 所示的吊车工字梁为例，简述其生产工艺过程。

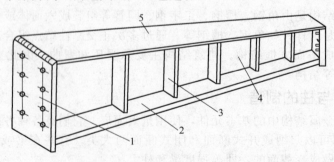

图 8-56　实腹式吊车工字梁示意

1—端板；2—下翼板；3—肋板；4—腹板；5—上翼板

　　① 生产工艺流程　如图 8-57 所示。
　　② 零件的备料加工　下料前应将弯曲和平行度超差的钢板进行矫正，以保证下料和加

324　　⟫⟫　│　焊接生产实用技术

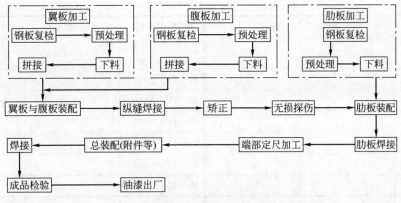

图 8-57 吊车工字梁生产工艺流程

工的精度。下料时要考虑加工余量和焊接收缩量。焊接收缩量的大小可参见表 8-6～表 8-8。加工余量包括切割余量、边缘（包括坡口）加工余量。图 8-56 所示吊车工字梁的焊接收缩量，应包括四条纵缝和肋板与腹板焊缝，即所有焊缝的收缩量，在下料时都要留出来。如吊车工字梁的跨度较大，为保证其上挠度，腹板下料时可预制一定拱度。

零件的剪切和气割应尽可能准确。腹板与上翼板的 T 形接头要求焊透，所以腹板应进行边缘加工或坡口加工。

表 8-6　埋弧焊工字形构件收缩数值

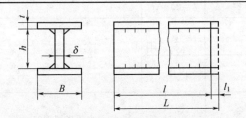

t—翼板厚度；B—翼板宽度；h—腹板宽度（高）；
δ—腹板厚度；A—断面积（$2tB+\delta h$）；
L—杆件长；l—收缩后杆件长；l_1—收缩值

焊脚尺寸/mm	断面积 A/cm²	收缩值 l_1（$L=10\text{m}$ 时）		焊脚尺寸/mm	断面积 A/cm²	收缩值 l_1（$L=10\text{m}$ 时）	
		$t=14～16\text{mm}$	$t=16～25\text{mm}$			$t=14～16\text{mm}$	$t=16～25\text{mm}$
6～7	90	5～6	—	8～9	280	3	—
6～7	100	5～6	—	8～9	290	3	—
6～7	110	4.5	—	8～9	300	2.5	—
6～7	120	4	—	8～9	310	2.5	—
6～7	130	3.5	—	8～9	320	2.5	—
6～7	140	3	—	10～11	330	—	3.5
6～7	150	3	—	10～11	340	—	3.5
6～7	160	3	—	10～11	350	—	3.5
8～9	170	—	6	10～11	400	—	3.5
8～9	180	—	5	10～11	450	—	3
8～9	190	—	5	10～11	500	—	3
8～9	200	—	5	10～11	550	—	3

焊脚尺寸/mm	断面积 A/cm²	收缩值 l_1($L=10$m 时)		焊脚尺寸/mm	断面积 A/cm²	收缩值 l_1($L=10$m 时)	
		$t=14\sim16$mm	$t=16\sim25$mm			$t=14\sim16$mm	$t=16\sim25$mm
8～9	210	—	4	10～11	600	—	2
8～9	220	—	4	10～11	650	—	2
8～9	230	—	4	10～11	700	—	2
8～9	240	—	3.5	10～11	750	—	1.5
8～9	250	—	3.5	10～11	800	—	1.5
8～9	260	—	3.5	10～11	850	—	1.5
8～9	270	—	3.5	10～11	900	—	1.5

表 8-7 工字形梁、柱焊接肋板的收缩数值　　　　　　　　　　　　mm

肋板的厚度 δ	（一对肋板的)收缩数值	肋板的厚度 δ	（一对肋板的)收缩数值
8	1	12	0.57
10	0.6	16	0.55

表 8-8 焊条电弧焊时各种钢材焊接接头的收缩数值

名称	接头样式	（一个接头处)收缩量/mm		注释
		$\delta=8\sim16$	$\delta=20\sim40$	
钢板对接	单面坡口	1～1.5	—	—
	双面坡口	—	1～1.5	
槽钢对接		—	1～1.5	大规格型钢的缩量较小些
工字钢对接		—	1～1.5	—

　　腹板或翼板如若拼接，其对接焊缝要求焊透。焊接时应加引弧板和熄弧板并考虑反变形等，如图 8-58 所示。同时，要注意使腹板和翼板的拼接焊缝至少错开 500mm，避免焊缝交叉。为了减少焊后翼板的角变形，可考虑对翼板焊前使用翼板反变形机预制（压出）反变

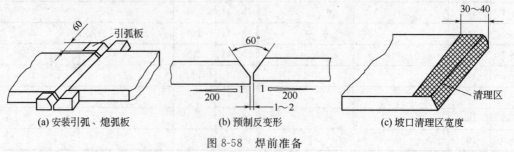

(a) 安装引弧、熄弧板　　(b) 预制反变形　　(c) 坡口清理区宽度

图 8-58　焊前准备

形，其原理如图 8-59 所示。反变形量的大小可参阅表 8-9。

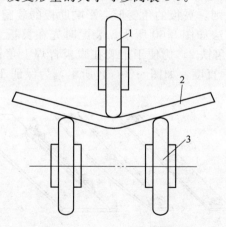

图 8-59　用反变形机进行翼板反变形原理
1—从动轮；2—工件（翼板）；3—主动轮

表 8-9　焊接工字梁翼板的反变形值　　　　　　　　　　　　mm

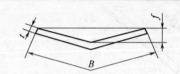

B—板宽；t—板厚；f—挠度

板宽 B	板厚 t								
	12	14	16	20	25	28	30	36	40
	挠度 f								
150	2	2	1.5	1	1	0.5	0.5	0.5	
200	2.5	2.5	2	2	1.5	1	1	0.5	0.5
250	3	3	2.5	2	2	1.5	1	0.5	0.5
300	4	3.5	3	2.5	2.5	1.5	1.5	1	0.5
350	4.5	4	3.5	3	3	2	1.5	1	0.5
400	5	4.5	4	3.5	3	2	1.5	1	1
450	5.5	5	4	3.5	3.5	2	2	1	1
500	6	5.5	4.5	4.5	4	2.5	2	1.5	1
550	—	6	5	4.5	4	2.5	2	1.5	1
600	—	—	5	5	4.5	3	2.5	1.5	1
650	—	—	—	5	5	3	2.5	1.5	1.5
700	—	—	—	—	5	3.5	3	2	1.5
750	—	—	—	—	—	4	3	2	1.5
800	—	—	—	—	—	4	3.5	2.5	—

　　③ 工字梁的装配　对称的工字梁（或柱）结构，制造的程序应是先装配后焊接，即先装配成工字形状并定位焊后再进行焊接。不应边装配边焊接，即不能先焊成 T 形断面再装另一翼板，最后焊成完整的工字形，这样做变形大、工序多、生产周期长。如果加有肋板

（也称筋板）的工字梁，而且是采用焊条电弧焊或半自动二氧化碳气体保护焊，更应把肋板装配好后，最后再焊接，否则，翼板的角变形会影响肋板的装配。

工字梁装配的最简单方法如图 8-60 所示。装配时先在翼板上划出腹板的位置线，如图 8-60(a) 所示，并焊上定位角铁 2。为便于吊装在腹板背焊上角铁，如图 8-60(b) 所示。用 90°角尺检查腹板与翼板的垂直度，如图 8-60(c) 所示，为保证 T 字梁腹板与翼板紧密接触，可采用各种合适的夹具。

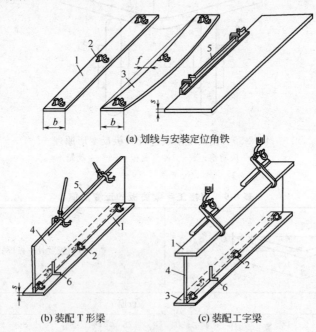

(a) 划线与安装定位角铁

(b) 装配 T 形梁   (c) 装配工字梁

图 8-60　工字梁的装配

1，3—翼板；2—定位角铁；4—腹板；5—吊具；6—90°角尺

值得注意的是，定位焊的焊脚尺寸不能超过焊接时焊缝尺寸的一半，反、正面定位焊缝要错开。定位焊缝长度以 30～40mm 为宜，间距视结构尺寸而定。

批量生产时可采用如图 8-61 和图 8-62 所示的专用装配胎具。

④ 工字梁的焊接　表 8-10 中电弧焊接的三种方案都可以在生产中采用。生产中要解决的主要问题是焊接变形和纵向角焊缝的熔透程度，其次是工件的翻转。

表 8-10　焊接工字形梁、柱的基本方案

焊接方法	示意图	特点
电弧焊（焊条电弧焊、二氧化碳焊、埋弧焊）		船形位置单头焊。焊缝成形好，变形控制难度大，工件翻身次数多，生产效率低
电弧焊（二氧化碳焊或埋弧焊）		卧放位置，双头在同侧、同步、同方向、施焊。翼板有角变形。左右两侧不对称，有旁弯，工件最少翻身一次

焊接方法	示意图	特点
电弧焊（二氧化碳焊或埋弧焊）		立放位置，双头两侧对称同步、同方向施焊。翼板的角变形左右对称，有上拱或下挠变形，工件最少翻身一次
电阻焊		立放位置，上、下翼板同时和腹板边装配边通过高频电流并加压完成施焊。不需要工件翻转，生产效率高，要有辅助设备配套

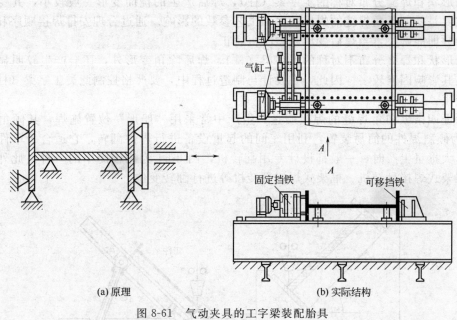

(a) 原理 　　　　　　(b) 实际结构

图 8-61　气动夹具的工字梁装配胎具

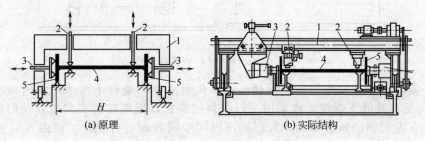

(a) 原理 　　　　　　(b) 实际结构

图 8-62　移动式龙门架工字梁装配胎具

1—龙门架；2—垂直气动夹紧器；3—水平气动夹紧器；4—腹板；5—翼板

焊接角变形有两种处理方法：一是预防并及时控制；二是焊接时让其自由变形，焊后统一矫正。前者要求有焊接经验，后者要求有矫正经验。采用自动焊时，经常焊后再矫正。预防翼板变形的最好方法是反变形法，见表8-11。

表 8-11　防止翼板变形的反变形方法

方法名称	刚性固定	翼板预制反变形	夹紧反变形
示意图	 平台		 平台　小圆棒
说明	利用夹具把翼板夹紧在刚性平台上。可减少角变形，但不能全消除，故很少使用	用冲压方法在翼板上预制反变形量，在无拘束状态下焊接，应力小，要有经验和设备条件	靠夹具的夹紧力获得翼板所需的反变形量，焊后松开翼板应回弹。反变形量的控制需有一定经验

　　断面形状和焊缝分布对称的工字梁（柱），焊后产生的挠曲变形一般较小，其变形方向和大小主要是受四条角焊缝的焊接顺序和工艺参数的影响。通过合理安排焊接顺序和调整焊接工艺参数即能解决，当焊后变形超差时再矫正。

　　断面形状和焊缝分布不对称的工字梁（柱），焊后除角变形外，还会产生较明显的挠曲变形，且其影响因素较多。因此，在设计与制造过程中，要严格控制此类工字梁（柱）挠曲变形的产生。

　　为保证四条纵向角焊缝的焊接质量，生产中常采用"船形"位置施焊，其倾角为45°。图8-63为倾斜焊件的简易装置，利用车间的起重设备进行焊件翻转，它适合于单件或小批量生产。大批量生产时，一般都设计专用翻转机，图8-64为比较简单的一种。此外，还可采用头尾架式焊接翻转机、框架式焊接翻转机等进行翻转变位。

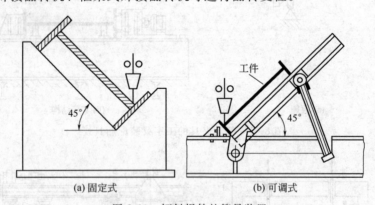

图 8-63　倾斜焊件的简易装置

　　如果不需要采用"船形"位置焊接时，在批量生产的条件下可采用双头自动焊，见表8-7。若工件是在卧放下焊接，宜采用龙门式焊接装置，把焊接机头安放在龙门架上，焊接时工件不动，龙门架沿轨道移动，两机头可以同步同方向进行焊接，如图8-65所示。一侧焊完后，将工件翻180°，再焊另一侧。若工字梁（柱）腹板在垂直放置状态下焊接，则机头分别固定在两侧，焊接时最好是工件移动，如图8-66所示。注意，焊接时两个机头前后要错开一定距离，以免烧穿腹板。

工字梁（柱）四条纵向角焊缝通常采用埋弧焊和二氧化碳气体保护焊进行焊接，需装引弧板和熄弧板，焊前要认真清理焊接区。腹板厚度较大且要求焊透时，需在腹板上开 K 形坡口。在对焊接变形进行矫正（可采用机械矫正或气体火焰矫正）之后，工字形结构制造完成。

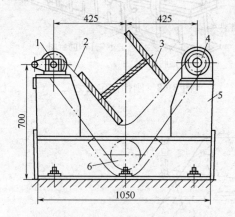

图 8-64　一种简单的链式翻转机

1—空程链轮；2—链条；3—工字梁；
4—主动链轮；5—支架；6—张紧链轮

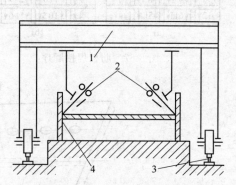

图 8-65　龙门式双头焊接装置

1—移动式龙门架；2—焊机头；
3—轨道；4—工字梁

⑤ 总装配焊接　吊车梁腹板高度大于 $800 \sim 900$mm 就要加装肋板，先在腹板上划肋板装配线，可使用合适的夹紧器（如永磁式夹紧器）予以定位夹紧。如肋板与翼板要求顶紧时，肋板应刨平且装配时顶紧翼板。

肋板的焊接一般为焊条电弧焊或二氧化碳气体保护焊。为减少焊接变形，可采用图 8-67 所示的肋板焊接，腹板高度小于 1m，按图 8-67（a）所示顺序焊接；如腹板高度大于 1m，按图 8-67（b）所示焊接顺序，从腹板中间分别向上、下两方向焊接。如短肋板过多，可采用两梁夹紧后焊接，目的是增加刚度，如图 8-68 所示，以减少在整个长度方向的弯曲变形。为防止肋板焊缝与纵向角焊缝交叉，肋板的两内角要切掉一部分。

肋板焊接后，如无变形，吊车工字梁在长度方向上测量一定尺寸切割后进行端面铣平或磨平，然后装焊端部支承板（端板）。先在端部支承板上划装配线及焊接定位板块，如图 8-69所示。用如图 8-70 所示的倒装法或如图 8-71 所示的螺旋夹紧器进行装配，其焊接顺序如图 8-72 所示。若大量生产且品种单一，规格尺寸变化不大的工字形结构时，可以采用电弧焊接工字梁流水生产线及高频电阻焊焊接 H 形钢生产线。

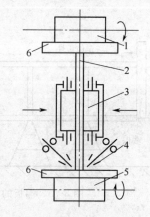

图 8-66　腹板两面两侧双
面焊接示意图

1—从动轮；2—腹板；3—导向轮；
4—焊接机头；5—主动轮；6—翼板

8.2.1.2　箱形断面柱

箱形梁的断面形状多为长方形，箱形柱断面则多为正方形。两者的基本特征均是由四块平板用四个角接接头连接成的整体。就断面轮廓尺寸而言，梁的壁较薄，而柱的壁则较厚。为了提高箱形柱的整体和局部刚度及稳定性，在其内部常加装肋板（亦称隔板）。

在高层建筑的钢结构中，柱子多设计成方箱形的结构（也有工字形结构），而梁多采用工字形的结构。例如北京某大厦高 180 多米，50 多层，其使用的箱形柱断面尺寸最大为

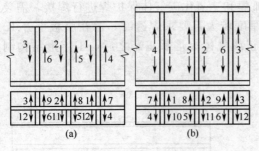

图 8-67　肋板焊接顺序

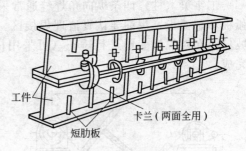

图 8-68　刚性固定法之一

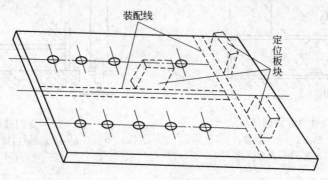

图 8-69　在端板上划装配线及安装定位板块

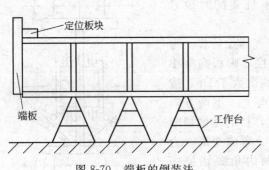

图 8-70　端板的倒装法

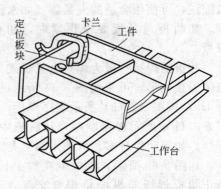

图 8-71　端板的螺旋夹紧器装配法

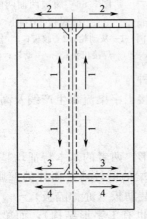

图 8-72　端板的焊接顺序（1～4）

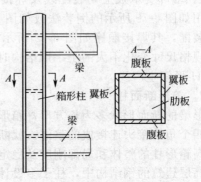

图 8-73　方箱形柱焊接结构简图

750mm×750mm，随着层数的上升，断面尺寸逐渐缩小。在大型建筑钢结构中，方箱形钢柱的用量越来越大。

方箱形柱是由四块平板焊接而成的。柱子较长，贯穿若干层楼面，每层均与横梁垂直连接，如图 8-73 所示。为了提高柱子的刚性和抗扭能力，在柱子的内部设置有横向肋板（隔板），肋板设置于柱子与梁连接的节点处以及上下两节点之间。柱子的材料多为高强度钢，如我国的 Q345A、日本的 SM50A 等。这些钢的焊接性能良好，具有较好的抗裂性。

根据方箱形柱子的结构形式和所用的材料来看，焊接生产并不困难。但是，由于柱内空间小，四个角焊缝的接头都必须从外面焊接。接头的坡口形式一般如图 8-74 所示，要求全焊透时，里面采用永久性垫板。可使用二氧化碳气体保护焊或埋弧焊。当壁厚较大且环境温度较低时，要适当采取预热措施。

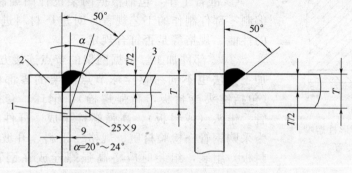

图 8-74　方箱形柱角接头坡口形式
1—垫板；2—上翼板；3—腹板

生产中遇到的最大困难是横向肋板与壁板连接的四条焊缝的焊接问题。由于柱内空间小，只能焊接其中的三条，最后一条焊缝如何施焊成为厚壁方箱柱生产中的技术难题。日本是采用熔嘴电渣焊方法解决的，我国也已在使用，具体方法如图 8-75 所示。此时要把肋板加工的窄些，以使其端部与壁板之间留出焊道。在肋板端部两侧焊上贴板，这样在安装最后一块壁板时，就在肋板与壁板间构成一个方形孔道。在上、下壁板与该方形孔所对应处各钻一个小圆孔。最后在下壁板圆孔处安上引弧装置，在上壁板圆孔处安上铜制有循环水冷却的引出器，如图 8-76 所示。插入熔嘴，即可进行电渣焊。为了防止变形，在实际生产中往往在肋板两侧对称采用熔嘴电渣焊。

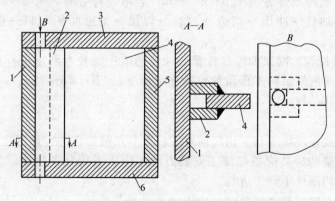

图 8-75　箱形柱熔嘴电渣焊接头准备示意
1，5—腹板；2—贴板；3，6—翼板；4—肋板

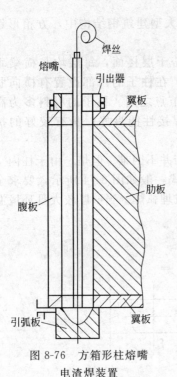

图 8-76　方箱形柱熔嘴
电渣焊装置

箱形柱生产工艺流程如图 8-77 所示。

8.2.2　建筑金属网架生产

随着建筑行业迅猛发展，出现了许多新型空间结构体系，如钢管网架、螺栓球节点网架、焊接球（空心球）节点网架等。这些新型空间结构由众多杆件从几个方向有规律的组成，具有重量轻、刚度大、抗振性好等特点，因而受到建筑行业的普遍关注。下面简单介绍螺栓球和焊接球节点网架的制作与安装。

（1）网架零部件的制作

一般制作分为三部分。

① 准备工作，包括根据网架设计图编制零部件加工图；编制零部件制作的工艺规程；对进厂材料进行复查，如钢材的性能、规格等是否符合规定。

② 零部件加工。根据网架的节点连接方式不同，零部件加工方法也不同。螺栓球节点网架的零部件主要有：杆件（包括锥头或封板，高强螺栓），钢球，套筒等。杆件由钢管、锥头（或封板）、高强螺栓组成。杆件的制作工艺过程为采购钢管→检验材质、规格→下料、开坡口→与锥头（或封板）组装，组装时应将高强螺栓放在钢管内→点焊→焊接→检验。钢球由 45 钢制成，其加工工艺流程为圆钢加热→锻造毛坯→正火处理→加工定位螺纹孔（M20）及其平面→加工各螺纹孔及平面→打加工工号→打球号；螺纹孔及其平面加工流程为铣平面→钻螺纹底孔→倒角→丝锥攻螺纹。螺纹孔及其平面加工宜采用加工中心机床，其转角误差不得大于 10′。锥头和封板加工工艺流程为锥头、钢材下料→胎模锻造毛坯→正火处理→机械加工；封板加工为钢板落料→正火处理→机械加工；套筒加工工艺流程为成品钢材下料→胎模锻造毛坯→正火处理→机械加工→防腐处理。高强螺栓由螺栓制造厂供应，入厂时应进行抽样检查。

空心球节点零部件有杆件和空心球。杆件的加工工艺流程为：钢管→下料→坡口加工。杆件的下料应预留焊接收缩量，以减少网架拼装时的误差。影响焊接收缩量的因素很多，如焊缝厚度，焊接时电源强度、气温、焊接方法等。应根据经验和现场加工情况，通过试验确定。一般每条焊缝放 1.5～3.5mm。若不设衬管时，为 2～3mm。空心球加工工艺流程为下料→加热→冲压→切边→对装→焊接→整形肋板下料→挖孔。空心形节点接头如图 8-78 所示。

③ 零部件质量检验。网架的零部件都必须按图纸中的技术要求进行检查，检查后打上编号钢印。检验按《网架结构工程质量检验评定标准》（JGJ 78—1991）进行，网架拼装前应检查零部件数量和品种。

（2）网架的拼装

网架的拼装一般在现场进行。出厂前对螺栓球节点网架宜进行预拼装，以检查零部件尺寸和偏差情况。网架的拼装应根据施工安装方法不同，采用分条拼装、分块拼装或整体拼装，拼装应在平整的刚性平台上进行。

对于空心球节点的网架在拼装时，应正确选择拼装次序，以减少焊接变形和焊接应力，根据构件焊接变形规律，拼装焊接顺序应由里向外，由中间向两边或四周进行，如图 8-79 (a)、(b) 所示，因为网架在向前拼接时，两端及前边均可自由收缩；而且要求在焊完一条

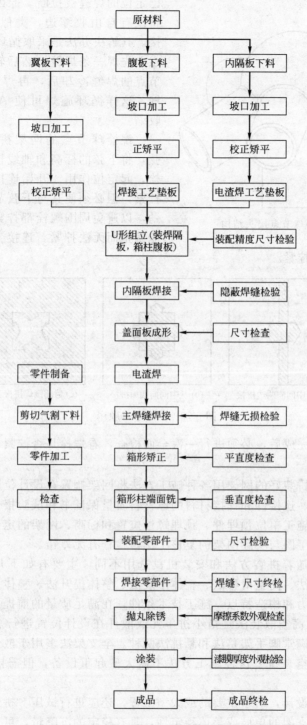

图 8-77　箱形柱生产工艺流程

节间后，可检查一次尺寸和几何形状，以便由焊工在下一条定位焊时给予调整。网架拼装中应避免在封闭圈中施焊，如图 8-79(c) 所示，否则焊接应力将较大易使网架变形。

网架常用的焊接工艺是先焊下弦，使下弦因收缩产生一定的上拱，然后再焊腹杆及上弦杆。如果采用散件总拼时（不用小拼单元）把所有杆件全部定位焊好，在全面施焊时易造成

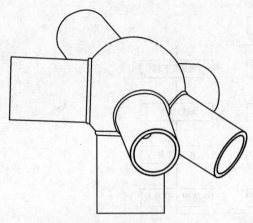

图 8-78　空心球节点接头结构

已定位的焊缝被拉断。原因是全面施焊时焊缝将没有自由收缩边，类似在封闭圈中进行焊接。其解决办法是采取循环焊接法，即在 A 节点上先焊一条焊缝，然后转向节点 B…，待 A 节点的焊缝冷却后，再焊 A 节点的第二条焊缝，这样循环施焊可使 A、B 节点产生自由收缩。

螺栓球节点的网架拼装时，也是先拼下弦，将下弦的标高和轴线校正后，全部拧紧螺栓，起定位作用。开始连接腹杆时，螺栓不宜拧紧，但必须使其与下弦节点连接的螺栓吃上劲，以避免周围螺栓都拧紧后，这个螺栓因可能偏歪而无法拧紧。连接上弦时，开始不得拧紧，待安装几行后再拧紧。

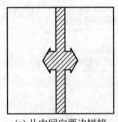　　

(a) 从中间向两边拼接　　(b) 从中间向四周拼接　　(c) 封闭围焊拼接示意

图 8-79　网架总拼顺序

在整个网架拼装完成后，必须进行一次全面检查，看螺栓是否拧紧。

（3）网架的安装

网架的安装是指拼装好的网架用各种施工方法将网架搁置在设计位置上。网架安装前首先查验各节点、杆件、连接件和焊接材料的原材料质量保证书和试验报告，复验小拼单元质量合格证书；其次对施工单位预埋件、预埋螺栓位置和标高、网架的定位轴线和标高进行复核检查；最后网架施工图与实际网架的复核工作，检查有无差错。

网架的安装方法随着拼装方法和安装机具选用不同，主要有如下几种方法：高空散装法、分条或分块安装法、高空滑移法、整体吊装法、整体提升法、整体顶升法等。网架的安装方法应根据网架受力和构造特点，施工技术条件，在满足质量的前提下综合确定。

① 高空散装法　高空散装法是指小拼单元或散件在设计位置进行总拼的方法。高空散装法又分全支架（即满堂脚手架）法和悬挑法两种。全支架法多用于散件拼装，而悬挑法则多用于小拼单元在高空总拼。这种施工方法不需大型起重设备，但需搭设大规模的拼装支架，需耗用大量材料。

拼装支架应进行设计，对于重要的或大型工程，还应进行试压。拼装支架应具有足够的强度和刚度，应满足支架的单肢或整体稳定性，具有稳定的沉降量，可采用木楔或千斤顶进行调整。支架的支承点应设在下弦节点处。支承点的拆除应在网架拼装完成后进行，拆除顺序应根据网架自重挠度曲线分区按比例降落，以避免个别支承点因负载集中而不易拆除。对于小型网架，可采用一次同时拆除，但必须速度一致。高空散装法适用于螺栓连接节点的各类网架，在我国应用较多。

② 分条或分块安装法　这种方法是根据网架组成的特点及起重设备的能力，先将网架

在地面拼成条状或块状单元，分别由起重机吊装至高空设计位置就位，然后再拼装成整体的安装方法。所谓分条，是指网架沿长跨方向分割为若干区段，而每个区段宽度为一个网格以上，其长度则为短跨的跨度。所谓分块是指网架沿纵横方向分割后的单元形状为矩形或正方形。分条或分块划分大小原则是以每个单元的重量与现场现有起重设备相适应。大部分焊接、拼装工作量在地面进行，有利于提高工程质量。图 8-80 为一正放四角锥网架条状单元划分方法示例。图 8-81 为两向正交正放网架条状单元划分方法示例。

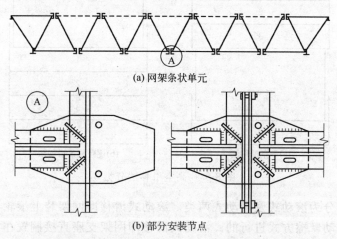

(a) 网架条状单元

(b) 部分安装节点

图 8-80　正放四角锥网架条状单元划分方法示例

图 8-81　两向正交正放网架条状单元划分方法示例

　　在分条分块单元中，吊装单元受力状态与网架实际情况不同，其挠度值必然比设计值大，可用钢管作顶撑，在钢管下端设千斤顶，调整标高时将千斤顶顶高即可使单元挠度与设计挠度相符。图 8-82 表示条状单元安装后顶点布置图，在各单元中部设一个顶点，共设六个点。对于跨度较大的网架，根据工程实际情况，在各单元设两个顶点。如果在设计时考虑到分条安装的特点而加高了网架高度，则不需调整挠度。分条分块单元如需运输时，应采取措施防止网架变形。分条或分块安装法适用于分割后刚度和合力改变较小的网架，如两向正交、正放四角锥、正架等。

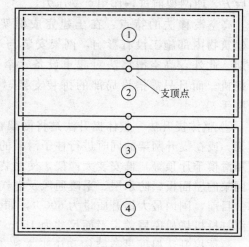

图 8-82　条状单元安装后支顶点位置
①~④—单元编号

　　③ 高空滑移法　高空滑移法是指分条的网架单元在预先设置的滑轨上单条滑移到设计位置拼接成整体的安装方法。单条状单元可以在地面拼成后用起重机吊至支架上，如设备能力不足或其他因素，也可用小拼单元甚至散件在高空拼装平台上拼成条状单元。高空支架一般设在建筑物的一端，滑移时网架的条状单元由一端滑向另一端。高空滑移法按滑移方式可分单条滑移法和逐条积累滑移法。单条滑移法如图 8-83(a)，将条状单元一条一条地分别从一

端滑移到另一端就位安装，各条之间分别在高空进行连接，即逐条滑移，逐条连成整体。逐条积累滑移法，如图 8-83(b)，先将条状单元滑移一段距离后（能拼装上第二单元的宽度即可），连接好第二条单元后，两条一起再滑移一段距离（宽度同上），再连接第三条又一起滑移一段距离，如此循环操作直至接上最后一条单元为止。

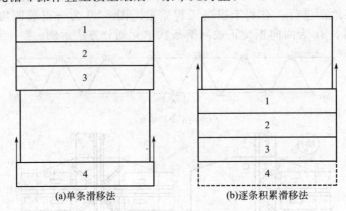

图 8-83　高空滑移法分类

按摩擦方式可分为滚动式及滑动式两类。滚动式滑移即网架装上滚轮，网架滑移时是通过滚轮与滑轨的滚动摩擦方式进行的。滑动式滑移即网架支座直接搁置在滑轨上，网架滑移时是通过支座底板与滑轨的滑动摩擦方式进行的。

按滑移坡度可分为水平滑移、下坡滑移及上坡滑移三类。如建筑平面为矩形，可采用水平滑移或下坡滑移；当建筑平面为梯形时，短边高、长边低、上弦节点支承式网架，则应采用上坡滑移；当短边低、长边高或下弦节点支承式网架，则可采用下坡滑移。

按滑移时力作用方向可分为牵引法及顶推法两类。牵引法即将钢丝绳钩扎于网架前方，用卷扬机或手扳葫芦拉动钢丝绳，牵引网架前进，作用点受拉力。顶推法即用千斤顶顶推网架后方，使网架前进，作用点受压力。

高空滑移法的特点：在土建完成框架、圈梁以后进行，即可架空安装网架。因此，对建筑物内部施工没有影响，网架安装与下部土建施工可以同时立体作业，大大加快了工期。此外，高空滑移法对起重设备、牵引设备要求不高，可不用或采用小型起重机或卷扬机。而且只需搭设局部的拼装支架，如建筑物端部有平台的可充分利用平台，不搭设脚手架。

④ 整体提升法　整体提升法是将网架在地面就地拼装，在结构柱上安装提升设备提升网架，或在提升网架的同时进行柱子滑模的施工方法。这种施工方法利用小机（如升板机、液压滑模千斤顶等）群安装大网架，使吊装成本降低。其次是提升设备能力较大，提升时可将网架的屋面板、防水层、采暖通风及电气设备等全部在地面施工后，然后再提升到设计标高。目前，国内最大提升质量为 6000t，如上海歌剧院屋盖工程。最大提升跨度为 90m。如上海虹桥机场机库屋盖，平面尺寸为 150m×90m。

整体提升法根据吊装结构和施工方法不同可分为单提网架法、升梁抬网法和升网滑模法。单提网架法是将网架在地面拼装完后，利用安装在柱子上的小型设备，将其整体提升到设计标高以上，然后再下降、就位和固定。升梁抬网法是将网架及支承网架的梁在地面先拼装完后，在提升梁的同时，同时抬着网架升至设计标高。升网滑模法是将网架在地面拼装完后，柱用滑模施工。网架的提升是用柱内主筋在支撑网架提升，施工时一面提升一面滑升模板浇筑柱混凝土。

⑤ 整体顶升法与整体提升法不同之处是前者提升设备安置在网架的下面，而后者安置在网架上面，都是通过吊杆将网架提升，只要提升设备安装正确，不会发生定位偏移问题，顶升法需设导向措施，使网架不偏移。但两者吊装方法也有相似处，均采用小机具吊装大网架，提升设备布置应尽量使吊装阶段受力与使用阶段受力相等。顶升千斤顶可采用丝杆千斤顶或液压千斤顶。如图 8-84 是某市煤管局仓库网架采用顶升法施工的示意。

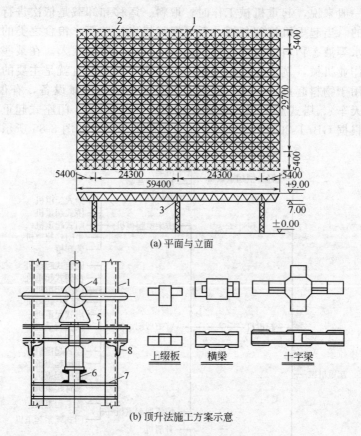

(a) 平面与立面

(b) 顶升法施工方案示意

图 8-84　顶升法施工方案示意
1—柱；2—网架；3—柱帽；4—球支座；5—十字梁；
6—横梁；7—下缀板；8—上缀板

（4）组合网架的安装

组合网架由钢筋混凝土板和钢腹杆及下弦杆组成。钢筋混凝土板为预制，尽量不采用现浇板。腹杆和下弦杆的拼装方法和要求同网架结构一样，可参阅前述有关内容。

组合网架的安装一般采用高空散装法、整体提升法和整体顶升法。也可采用分条（分块）法、高空滑移法。

组合网架的腹杆与下弦的制作、安装要求与网架结构相同。组合网架当采用预制钢筋混凝土板方案时，板与腹杆及下弦有两种安装方案：一种是预先拼装成单锥体，然后翻身吊装拼成条状单元或整体网架；另一种是先拼装腹杆及下弦杆件，然后将预制钢筋混凝土板安装在上弦节点上。当预制板安装并点焊固定后，组合网架尚需灌缝，还没有形成整体结构，因此，不能过早拆除拼装支点，必须待灌缝混凝土（如为叠合式板，还应浇筑面层混凝土）均达到 70% 以上方可拆除支点。待混凝土强度达 100% 设计要求后方可进行高空滑移、整体提升、顶升等作业。

8.3 起重机梁焊接结构

起重机械主要用于搬运成件物品，多数起重机械在吊具取料之后即开始垂直或垂直兼有水平的工作行程，到达目的地后卸载，再空行程到取料地点，完成一个工作循环，然后再进行第二次吊运。一般来说，起重机械工作时，取料、运移和卸载是依次进行的，各相应机构的工作是间歇性的。当起重机械配备抓斗后可搬运煤炭、矿石、粮食之类的散状物料，配备盛桶后可吊运钢水等液态物料。有些起重机械如电梯也可用来载人。在某些使用场合，起重设备还是主要的作业机械，例如在港口和车站装卸物料的起重机就是主要的作业机械。

起重机械是用于物料起重、运输、装卸和安装等作业的机械设备，有很多种结构形式，如桥式起重机（天车）、塔式起重机、履带式起重机（坦克吊）、门座式起重机（鹤式吊）和汽车起重机等。根据 GB/T 20776—2006《标准起重机分类》如图 8-85 所示。

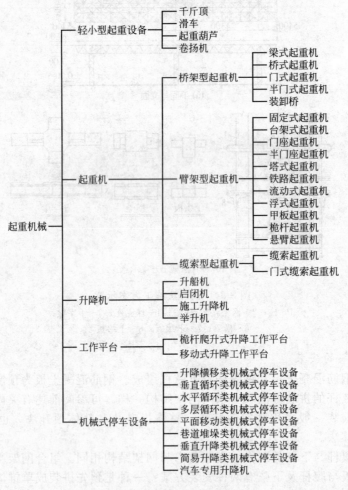

图 8-85 起重机械分类

8.3.1 桥式起重机结构特点及分类

通常把桥式起重机的主梁与端梁等部件组成的结构称为桥架。桥架有单梁和双梁两种。梁的横截面又分为工字形和箱形。一般起重吨位较小的起重机（5t 以下），多为工字形单梁结构，在承载较大时可采用组合截面或增加副梁。而大吨位的桥式起重机都是由箱形双主梁与两端梁连接而成的桥架式结构，主梁的端部与端梁连接起来。两根主梁可选用轧制的工字钢，但应用较多较广的是箱形梁结构。箱形桥式起重机的桥架结构如图8-86所示。它由主梁（或桁架）、栏杆（或辅助桁架）、端梁、走台（或水平桁架）、轨道及操纵室等组成。桥架的外形尺寸取决于起重量、跨度、起升高度及主梁结构形式。桥式起重机桥架常见的结构形式如图8-87所示。

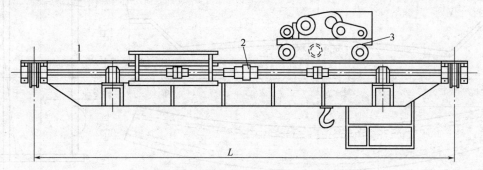

图 8-86　箱形桥式起重机的桥架结构
1—桥架；2—运移机构；3—载重机构

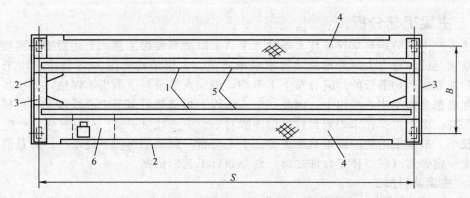

图 8-87　桥式起重机桥架常见的结构形式
1—主梁；2—栏杆；3—端梁；4—走台；5—导轨；6—操纵室

　　桥架最主要的受力元件是主梁。主梁的严格技术要求是保证桥架技术条件得到满足的前提，主梁的制造是桥架金属结构制造的关键。箱形主梁结构如图8-88所示。

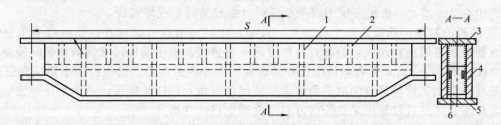

图 8-88　箱形主梁结构
1—长肋板；2—短肋板；3—上翼板；4—腹板；5—下翼板；6—水平肋

　　因此，主梁的主要技术要求有跨中上拱度 f_k 应为 $(0.9/1000 \sim 1.4/1000)L$。轨道居中正轨箱形梁及偏轨箱形梁：水平弯曲（旁弯）$f_b \leqslant L/2000$；腹板波浪变形，离上翼板 $H/3$

以上区域（受压区）波浪变形 $e < 0.7\delta_f$，其余区域 e 为 $1.2\delta_f$。

箱形梁上翼板的水平偏斜 $c \leqslant B/200$；箱形梁腹板垂直偏斜值 $a \leqslant H/200$，如图 8-89 所示。

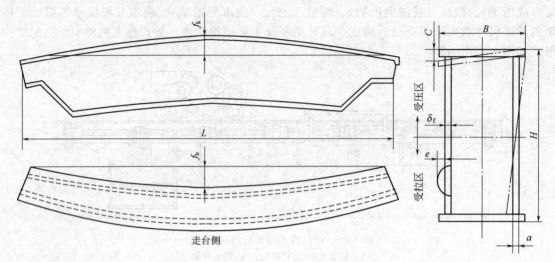

图 8-89　箱形梁制造的主要技术要求

8.3.2　主梁工艺分析

焊接生产工艺分析要从保证技术条件入手。采取适当装焊工艺，上述桥架的主要技术条件是不难满足的。唯有主梁外形尺寸要求最难满足。主梁结构如图 8-88 所示。由于主梁内部有大量加筋板，加筋板的焊缝分布上下不均，横向大筋板与下盖板不焊接，而小加筋全部连续角焊缝都在水平中心线以上，因此，中心线以上焊缝数量多于中心线以下，这样极易造成主梁下挠。由于主梁在未焊走台件以前焊缝对垂直中心线（y 轴）左右对称，产生旁弯的可能性较小。故主梁上挠的要求是个关键。于是分析并保证如何使下挠最小，并且能预制上挠和造成一定旁弯（在焊接走台件之前）则是制订工艺的依据。

8.3.2.1　主梁备料加工

① 拼板对接焊工艺　主梁长度一般为 $10 \sim 40\mathrm{m}$，腹板与上下翼板要用多块钢板拼接而成，所有拼缝均要求焊透，并要求通过超声波或射线检验，其质量应满足起重机技术条件中的规定。

为避免应力集中，保证梁的承载能力，翼板与腹板的拼接接头不应布置在同一截面上，错开距离不得小于 $200\mathrm{mm}$；同时，翼板及腹板的拼板接头不应安排在梁的中心附近，一般应距离中心 $2\mathrm{m}$ 以上。拼板多采用焊条电弧焊（板较薄时）或埋弧焊。

② 筋板的制造　筋板是一个长方形，长筋板中间一般也有减轻孔。筋板可采用整料制成，长筋板也可用整料制成，为节省材料可用零料拼接。由于筋板尺寸影响到装配质量，要求其宽度只能小于 $1\mathrm{mm}$ 左右，长度尺寸允许有稍大一些的误差。筋板的四个角应保证 $90°$，尤其是筋板与上盖板接触处的两个角更应严格保证直角，这样才能保证箱形梁在装配后腹板与上盖板垂直，并且使箱形梁在长度方向不会产生扭曲变形。

③ 腹板上拱度的制备　考虑到梁的自重和焊接变形的影响，为满足技术规定的主梁上拱要求，腹板应预制出数值大于技术要求的上拱度，具体可根据生产条件和所用的工艺程序等因素来确定，上拱沿梁跨度对称跨中均匀分布。

腹板上拱度的制备方法如图 8-90 所示。生产上多采用先划线后气割，切出具有相应的曲线形状。在专业生产时，也可采用靠模气割。图 8-91 为靠模气割示意，气割小车 1 由电

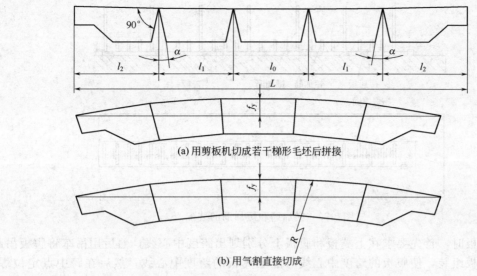

(a) 用剪板机切成若干梯形毛坯后拼接

(b) 用气割直接切成

图 8-90　制备腹板上拱度的方法

动机驱动，四个滚轮 4 沿小车导轨 3 作直线运动，运动速度为气割速度且可调节。小车上装有可作横向自由移动的横向导杆 7，导杆的一端装有靠模滚轮 6 沿着靠模 5 移动。靠模制成与腹板上拱曲线相同形状的导轨，导杆上装有两个可调节的割嘴 2，割嘴间的距离应等于腹板的高度加割缝宽度。当小车沿导轨运动时，就能割出与靠模上拱曲线一致的腹板。

　　起重机受力梁的盖板、腹板对接焊缝，为保证设计强度要求，对接焊缝经射线检测达到 GB/T 3323—2005 中规定的 Ⅱ 级焊缝，超声波检测应不低于 GB/T 11345—2013 中 B 级检验 Ⅰ 级质量要求。采取工艺措施，如厚板开坡口，合理的钝边和工艺规范可达到上述质量要求。

　　起重机各种箱形梁、H 形梁、T 形梁和柱，即主梁、端梁、上横梁、下横梁、支腿、拱架、吊钩梁、桁架结构上下弦杆、带悬臂可变幅的起重机臂架梁、拉杆、侧梁和小车架各梁等，其上下盖板和

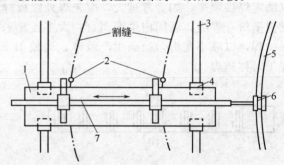

图 8-91　腹板靠模气割示意
1—气割小车；2—气割嘴；3—小车轨道；
4—滚轮；5—靠模；6—靠模滚轮；7—横向导杆

腹板的对接焊缝，应按 GB/T 19418—2003 钢的弧焊接头缺陷质量分级指南 C 等级以上焊缝质量要求。另外，卷筒的对接焊缝均应按上述质量要求。

8.3.2.2　箱形主梁的装配焊接

　　箱形主梁由两块腹板、上下翼板及长、短肋板组成，当腹板较高时需要加水平肋板（见图 8-88）。主梁多采用低合金钢（如 Q345）材料制造。

　　① 装焊 Ⅱ 形梁　Ⅱ 形梁由上翼板、腹板和筋板组成。该梁的组装定位焊分为机械夹具组装和平台组装两种，目前应用较广的是采用平台组装工艺，又以上翼板为基准的平台组装居多。装配时，采用在上翼板上的划线定位的方式装配筋板，用 90°角尺检验垂直度后进行定位焊，见图 8-92。为减小梁的下挠变形，装好筋板后应进行筋板与上翼板焊缝的焊接。为防止变形，如果翼板未预制旁弯，焊接方向应由内侧向外侧 [见图 8-93（a）]，以满足一定旁弯的要求；如翼板预制有旁弯，则方向采用图 8-93（b）所示方向。

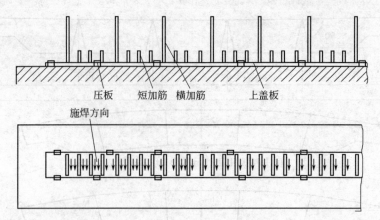

图 8-92 横加筋和短加筋的装配

组装腹板时，首先要求在上翼板和腹板上分别划出跨度中心线，然后用吊车将腹板吊起与翼板、筋板组装，使腹板的跨度中心线对准上翼板的跨度中心线，然后在跨中点定位焊。腹板上边用安全卡 1 将腹板临时紧固到长筋板上，可在翼板底下打楔子使上翼板与腹板靠紧，通过平台孔安放沟槽限位板 3，斜放压杆 2（见图 8-94），并注意压杆要放在筋板处。当压下压杆时，压杆产生的水平力使下部腹板靠紧筋板。为了使上部腹板与筋板靠紧，可用专用夹具式腹板装配胎夹紧。由跨中组装后定位焊至腹板一端，然后用垫块垫好（见图 8-95），再装配定位焊另一端腹板。腹板装好后，即应进行筋板与腹板的焊接。焊前应检查变形情况以确定焊接顺序。如旁弯过大，应先焊外腹板焊缝；如旁弯不足，应先焊内腹板焊缝。Ⅱ 形梁内壁所有焊缝，就国内生产而言，大多还是采用焊条电弧焊。较理想的是用二氧化碳气体保护焊，以减小变形，提高生产效率。为使 Ⅱ 形梁的弯曲变形均匀，应沿梁的长度由偶数焊工对称施焊。

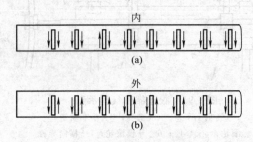

图 8-93 筋板焊接方向

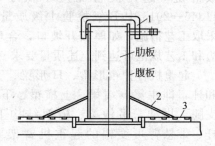

图 8-94 腹板夹卡装配图
1—安全卡；2—压杆；3—沟槽限位板

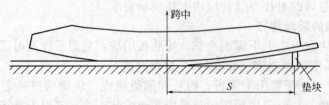

图 8-95 腹板装配过程

② 下翼板的装配 下翼板的装配关系到主梁最后成形质量。装配时先在下翼板上划出腹板的位置线，将 Ⅱ 形梁吊装在下翼板上，两端用双头螺杆将其压紧固定，如图 8-96 所示。然后用水平仪和线锤检验梁中部和两端的水平和垂直度及拱度，如有倾斜或扭曲时，用双头

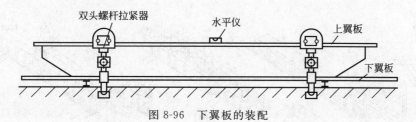

图 8-96　下翼板的装配

螺杆单边拉紧。

下翼板与腹板的间隙应不大于 1mm，定位焊时应从中间向两端两面同时进行。主梁两端弯头处的下翼板可借助起重机的拉力进行装配定位焊。

③ 主梁纵缝的焊接　主梁的腹板与翼板间有四条纵向角焊缝，最好采用自动焊方法（在外部）焊接，生产中多采用埋弧焊或粗丝二氧化碳气体保护焊。其装配间隙应尽量小，最大间隙不可超过 0.5mm。当焊脚尺寸 6～8mm 时，可两面同时焊接，以减少焊接变形；焊脚尺寸超过 8mm 时，应采用多层焊。焊接顺序视梁的拱度和旁弯的情况而定。

当拱度不够时，应先焊下翼板两条纵缝；拱度过大时，应先焊上翼板两条纵缝。采用自动焊时，可参照图 8-97 所示的焊接方式，从梁的一端直通焊到梁的另一端。其中图 8-97(a)所示为"船形"位置单机头焊，梁不动，靠焊接小车移动来完成焊接工作。平焊位置可采用如图 8-97(b)、(c) 所示的双机头焊。前者是靠主梁的移动完成焊接；后者是靠小车的移动完成焊接。

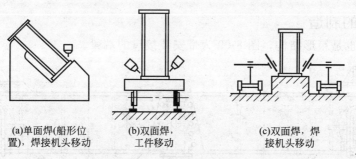

(a)单面焊(船形位置)，焊接机头移动　　(b)双面焊，工件移动　　(c)双面焊，焊接机头移动

图 8-97　主梁纵向缝自动焊

若使用焊条电弧焊时，应采用对称的焊接方法，即把箱形梁平放在支架上，由四名焊工同时从两侧的中间分别向梁的两端对称焊接，焊完后翻面，以同样的方式焊接另外一面的两条纵缝。

④ 主梁的矫正　箱形主梁装焊完毕后应进行检查，每根箱形梁在制造时均应达到技术条件的要求，如果变形超过了规定值，应进行矫正。矫正时，应根据变形情况选择好加热的部位与加热方式，一般采用火焰矫正法。

⑤ 主梁流水线生产　桥式起重机主梁流水作业线上的装备如图 8-98 所示。图 8-98(a)是用埋弧焊机机头 4 焊接上翼板 5 的拼接焊缝（内侧），依靠龙门架 2 通过真空吸盘 3 把上翼板送至拼焊地点；图 8-98(b) 是安装长短筋板 6；图 8-98(c) 由行走龙门架 8 运送和安装腹板，再由行走龙门架 9 上的气动夹紧装置使腹板向筋板和上翼板贴紧，然后点固焊；图 8-98(d) 是有两个工作台同时工作，主梁翻转 90°处于倒置状态后，焊接腹板里侧的拼接焊缝和筋板焊缝，焊完一侧后，翻转 180°再焊另一侧；图 8-98(e) 位置是装配下翼板，用液压千斤顶 10 压住主梁两端，再由翻转机 11 送进下翼板，在行走龙门架 12 的气动夹紧装置的压紧下进行点固焊，全部点固后松开主梁，然后焊接上翼板外面的拼接焊缝；图 8-98(f) 是焊接箱形主梁外侧的纵向角焊缝和腹板的拼接焊缝；图 8-98(g) 处是进行质量检验，整个箱

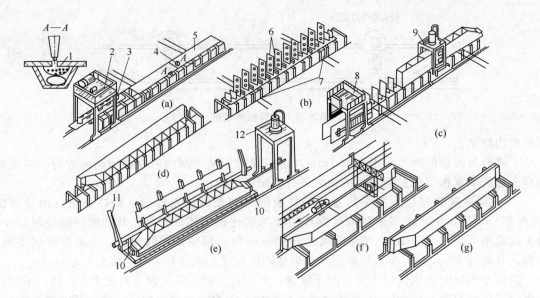

图 8-98　流水线上装焊主梁

1，7—小车；2—龙门架；3—真空吸盘；4—焊机机头；5—上翼板；6—筋板；
8，9，12—行走龙门架；10—液压千斤顶；11—翻转机

形主梁即告完成。

8.3.3　端梁的制造

端梁的截面也是箱形结构，图 8-99 为带安装接口的端梁。

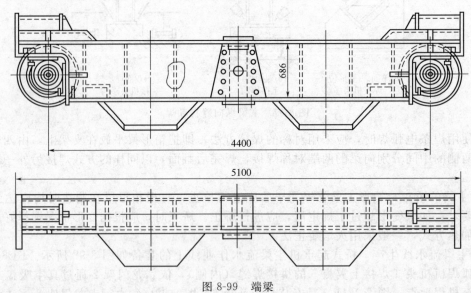

图 8-99　端梁

根据端梁焊接变形的特点，对端梁焊接变形采取如下措施：对端梁与主梁连接为焊接接头形式，因与主梁连接的内侧焊缝较多，桥架组装焊接后，端梁会产生向外的水平弯曲。为使与桥架组装焊接后端梁成直线形，可采取预制反变形法，即要求端梁单件制成后应有向内侧的水平弯曲 f_k 为 2～5mm。

使端梁产生水平弯曲可采用以下工艺方法：①用上下盖板反弯变形，平台组装定位焊上、下盖板，可通过调整盖板接口的间隙使盖板形成预弯曲；②焊接肋板的方向应由外侧向

内侧焊；③焊接 π 形梁内壁焊缝，先焊接外侧腹板与肋板的焊缝，后焊接内侧腹板与肋板的焊缝。

对箱形截面端梁，盖板与腹板焊后，盖板外边缘会产生角变形，因此对于盖板的外边缘至腹板的距离大于 60mm 的应预制反变形，反变形值的经验数据见表 8-12。反变形可采用折边机或油压机压制。

表 8-12　盖板反变形值　　　　　　　　　　　　　　　　　　mm

序号	δ	b	c	示意图
1	6～8	60～120	2～4	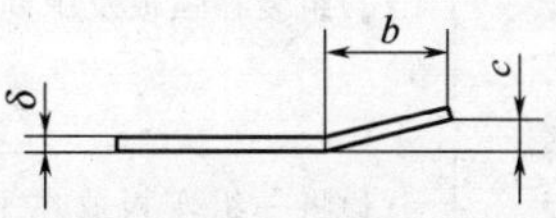
2	10～12	60～120	2～3	
3	14～20	60～120	0.5～2	

注：b 大且 δ 小的 c 取大值。

角型轴承箱式端梁两端的弯板与腹板焊接会使弯板的弯角变小，故在端梁制造时弯板压形弯角要略大于 90°，折合间隙 δ 为 0.5～1.5mm。腹板两端的 90° 角，采用数控切割或靠模切割，要求与弯板一致。

角型轴承箱式端梁两端弯板焊接时易产生扭曲，影响走轮装配质量，通常要求端梁两组弯板组装焊接后扭曲≤3mm。其控制方法是将一组两块弯板放置在平台上，用定位胎将其一端连成一体，用直角弯尺测量两个弯板平面，经调整符合要求再与端梁组装焊接。在端梁上组装弯板，用水平尺检查弯板水平度，符合要求方可定位焊。角形轴承端梁焊接生产工艺见表 8-13。

表 8-13　角形轴承端梁焊接生产工艺

工序名称	技术要求	示意图
肋板备料与成形	(1)肋板剪切或切割要求 $a \leqslant 1.5$mm (2)弯板压制成形使弯角大于 90°，间隙 b 为 0.5～1.5mm	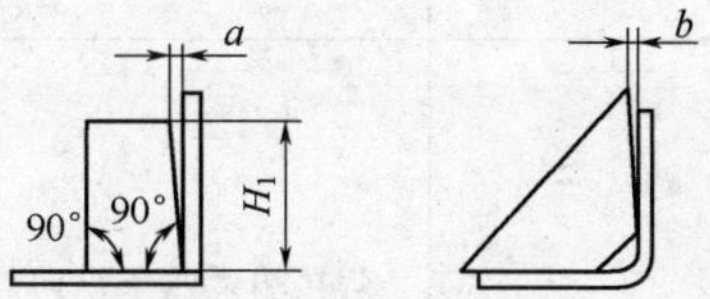
腹板备料与成形	腹板、盖板按图样号料并增加焊接收缩量，按每米加 1mm 计算	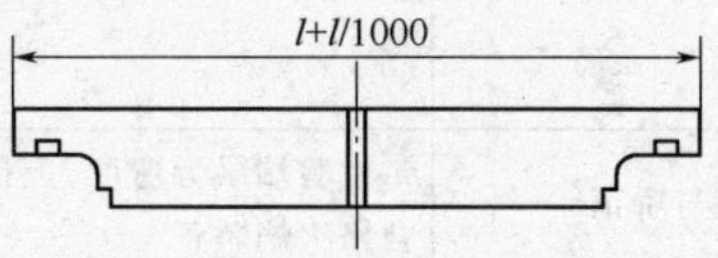
端梁上盖板与肋板装配	(1)上盖板平放于平台上，画出肋板和腹板的定位线 (2)组装定位焊肋板，用 90° 角尺检查肋板垂直度	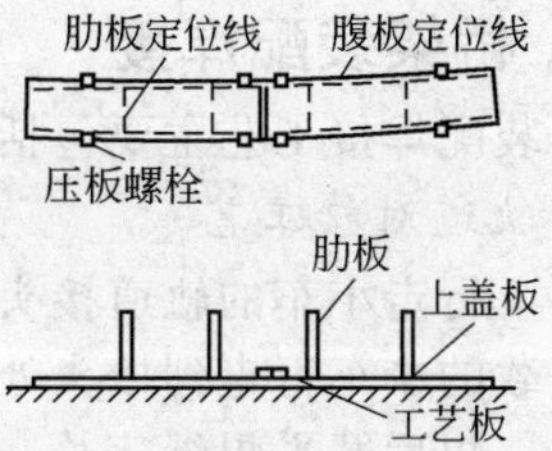

工序名称	技术要求	示意图
端梁外腹板组装与焊接1	(1)组装定位焊外腹板 (2)肋板与盖板焊接方向如图 (3)检验后矫形	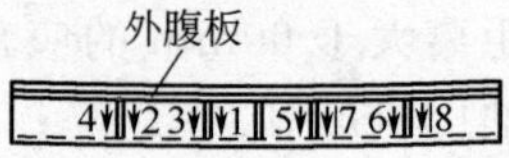
端梁内腹板组装	(1)组装定位焊内腹板 (2)组装补强板及中间连接角钢、连接板等	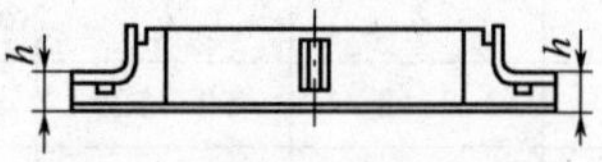
弯板组装	(1)将一组弯板放在平台上用定位胎将其连成一体 (2)组装端梁弯板,使用水平尺检查弯板的水平度,调整弯板 h 的公差在 $\pm1mm$ 范围内 (3)焊接两端腹板与盖板焊缝	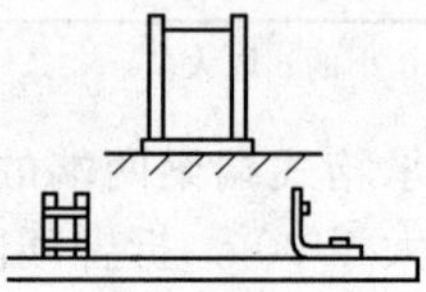
焊接2	焊接端梁内壁焊缝: (1)先焊接外腹板与肋板、弯板的焊缝,焊接方向及顺序如图 (2)焊接内腹板与肋板、弯板的焊缝	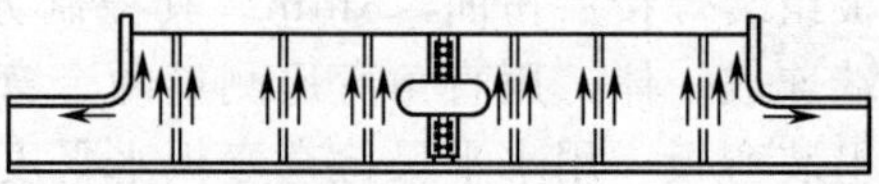
装配下盖板	(1)用90°角尺测量,调整使上下盖板对齐 (2)用水平尺测量盖板的水平差,控制盖板扭曲。然后定位焊下盖板	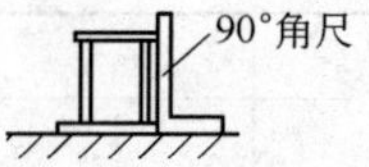
焊接3	焊接端梁四条纵向焊缝:先焊接下盖板与腹板焊缝,后焊接上盖板与腹板焊缝	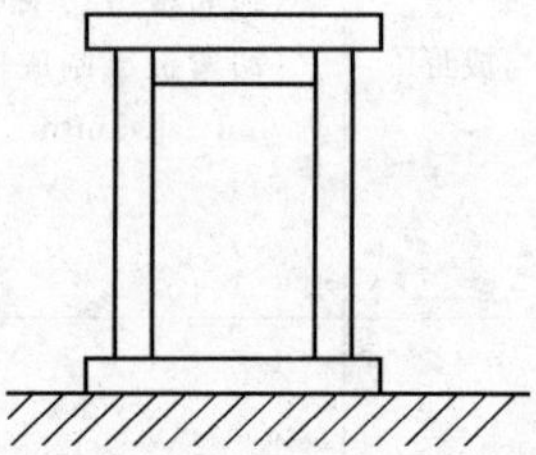
检验与矫正	检验端梁旁弯度、上拱度等是否合格,不合格火焰矫正	
组装其他附件	划线组装其他附件并焊接	

8.3.4 桥架装配焊接

桥架装配焊接工艺主要包括轨道对接工艺和主梁与端梁的装配焊接等。

（1）轨道对接工艺

桥架上行走小车的轨道接头,若用轨道压板固定,接头处会产生高低不平和侧向错位等问题,重载的小车行走到接头处还可能引起对桥架轨道的冲击。若采用电弧焊方法将轨道焊接成整体,焊后磨平焊缝表面,可大大提高轨道接头的抗冲击性能,轨道接头对接焊工艺如下。

首先清理轨道接头端面后，底部用E5015 焊条堆焊一层，并沿轨道底面磨平。

其次使两轨道接头处留 14～16mm间隙。为补偿焊缝收缩引起的角变形，轨道端部装配成 1：100 的斜度，如图8-100 所示。

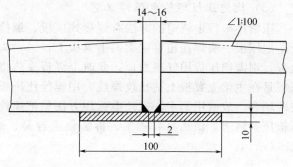

图 8-100　钢轨的拼接

焊前将轨道预热至 250～300℃，预热长度每边不小于 300mm。如图 8-101所示分三层进行多层焊。底层用 E5015焊条焊接，清渣后两侧装上铜挡块，钢轨与挡块间隙不小于 4mm。第Ⅱ层仍用 E5015 焊条焊接，且保持预热温度。第Ⅱ层焊好后立即焊第Ⅲ层，此层用 EDPMn3-15 焊条焊接，焊条使用前需 250℃烘干。焊接结束后，应马上拆除铜挡块检查接头，发现缺陷要及时修补，不能在焊缝冷却后修补，以免引起焊缝开裂。

焊后将轨道对接接头处再加热到预热温度，随后保温缓冷。

轨道堆焊层侧面先目测有无裂纹，然后将侧面焊缝磨平，进行磁粉探伤。如果发现裂纹要磨去，再预热至 250～300℃进行补焊，并重复检查直至合格。第Ⅰ、Ⅱ层焊缝以目测为主，必要时可做磁粉或着色探伤。

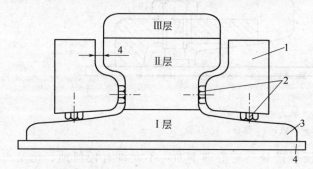

图 8-101　挡块装配及焊层分布
1—铜挡块；2—调整螺钉；3—钢轨；4—垫板

（2）主梁与端梁的装配焊接

主梁与端梁的连接有焊接和螺栓两种方案，本章仅介绍焊接连接。在此方案中，一般是采用翼板实现连接。在主梁垂直腹板端头与端梁腹板之间可留有10～20mm 的装配间隙，以便于调整吊车各部件的相对位置。为了保证吊车在水平面内的刚度，主梁的上翼板可以搭接在端梁上并以接合部位连接板的形式将翼板这一部位加宽。主梁的下翼板 2 与连接板 1 同样以搭接形式连接，如图 8-102 所示。在用焊接完成主梁与端梁连接时，考虑到运输条件限制，端梁必须有用螺栓连接的可拆卸接头。

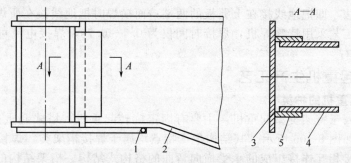

图 8-102　箱形主梁与端梁的连接
1，5—连接板；2—主梁下翼板；3—端梁腹板；4—主梁腹板

起重机箱形主梁与端梁的连接焊缝主要为搭接和角接，且有立焊和仰焊位置，因此多用焊条电弧焊和半自动二氧化碳气体保护焊，对焊接操作者技术水平要求较高。

（3）轨道压板螺栓电弧焊工艺

压紧小车行走轨道的方法有焊接式压板、螺栓式压板和螺栓电弧焊方法。其中焊接式压板是把压板一头焊在箱形主梁的上翼板上，另一头把轨道压牢在上翼板上固定。如果要更换轨道，则需把压板用气割割掉，此时上翼板受热将影响主梁的上拱，导致维修困难。螺栓式压板是在主梁上翼板上钻孔攻螺纹，用螺栓使压板压紧轨道。这种方法效率低且受限于翼板较薄场合，故应用不多。螺栓电弧焊方法是把螺栓用特殊的焊接方法焊牢在上翼板上，再用压板压紧轨道。该法具有省工、拆装轨道容易、维修方便等优点。轨道与压板的装配如图8-103所示。

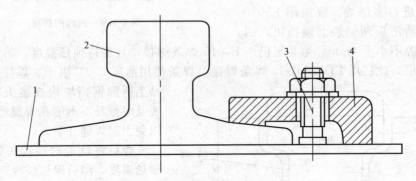

图 8-103　轨道与压板的装配
1—上翼板；2—钢轨；3—螺栓；4—压板

具体生产工艺如下：a. 螺栓和上翼板焊接处一定清理干净，不允许有任何油、锈及水等污物且磨出金属光泽；b. 焊接时所使用的保护瓷套应干燥，表面无污物，并保证电弧焊过程中不开裂，不粘于焊缝上，保护瓷套截面形状如图8-104所示，其具体尺寸视采用的螺栓规格而定，生产中常使用 M20 或 M16 螺栓；c. 焊后需做冷弯试验，要求弯曲90°不裂，也可根据螺栓强度等级用扭矩法做工艺试验；d. 螺栓电弧焊由于焊接时间短，电流大，易产生磁偏吹。因此为了使焊缝质量良好，要求接地可靠，故平焊时可采

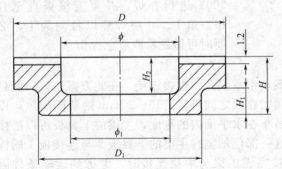

图 8-104　保护瓷套截面形状

用两边对称接地法，即把地线接在上翼板的两端；而横焊时把地线接在所焊螺栓部位下面。

螺栓电弧焊工艺采用特殊焊机，焊接时间仅为 0.4～0.7s，焊接电流可达 800～1200A，电弧电压 30V 左右。

8.3.5　桁架起重机生产工艺

8.3.5.1　桁架起重机的种类

桁架起重机属于臂架类型起重机。主要有固定旋转起重机、塔式起重机、汽车起重机、铁路起重机等，如图8-105所示。其结构生产特点均属于焊接桁架类。焊接桁架是指由直杆在节点处通过焊接相互连接组成的承受横向弯曲的格构式结构。桁架结构的组成是由许多长短不一、形状各异的杆件通过直接连接或借助辅助元件（如连接板）焊接而成节点的构造。

桁架结构具有材料利用率高、重量轻、节省钢材、施工周期短及安装方便等优点，尤其是在载荷不大而跨度很大的结构上优势更为明显。因此，在主要承受横向载荷的梁类结构（如桥梁等）、机器的骨架、起重机臂架以及各种支承塔架上应用非常广泛。桁架杆件材料的

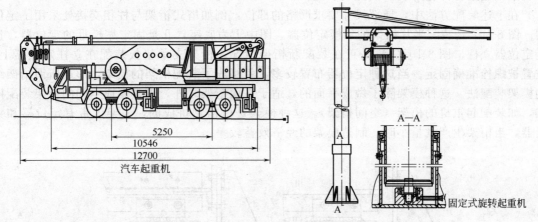

5250

10546

12700

汽车起重机

A—A

固定式旋转起重机

图 8-105　桁架起重机

选用，与其工作条件、承受载荷的大小及跨度等因素有关。

8.3.5.2　桁架起重机的焊接生产

由于桁架产品的焊缝多为短的角焊缝，实行焊接自动化比较困难，故目前国内主要采用手弧焊及二氧化碳气体保护焊，后者有较高的生产率，值得推广。

桁架结构的焊接一般都是在结构装配完成之后进行的。由于桁架装配焊接后需保证杆件轴线与几何图形线重合，在节点处交于一点，以免产生设计载荷之外的偏心矩，故装配要有较高的准确度。桁架装配比较费工，提高桁架装配速度是提高整个桁架生产率的重要途径。

在单件小批量生产桁架条件下，产品尺寸规格经常变动，采用专门胎具生产不合适，而多采用划线和仿形装配方法。划线装配法是按照桁架的施工图，将切割下料好的角钢置于装配平台上，然后在角钢上沿轴线划线，在上下弦杆上除绘制轴线外，还要绘出腹杆轴线（竖直准线）位置，并在水平和竖直线交点处打上洋冲眼，再用白漆圈上（作标记），然后在节点板上划线，将划好线的弦杆与之按线装配，然后将两端划好的中心线的腹杆与带有节点板的弦杆装配，装配时使用万能夹具（如螺旋压紧器等），全部位置合适后进行点固焊，接着将已完成装配点固的半片桁架吊起，翻转放置在平台上（见图 8-106），再以这半片桁架作为仿模，在对应位置放置对应的节点板和各种杆件，用万能夹具卡紧后［见图 8-106（b）］点固焊；已完成新的半片桁架，吊下翻转 180°，放置平台上，则可布置垫板，装配另外一半桁架各杆件［见图 8-106（c）］，点固焊完成之后，即可到焊接工作地，进行全部焊缝的焊接。

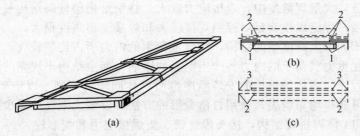

（a）　　　　　　　　　　　（b）　　　　　　　（c）

图 8-106　桁架仿形装配法示意

除采用角钢、槽钢等杆件轴心划线法之外，也有在平台上先划几何图形线，依据几何图形线绘制型钢杆件轮廓线，按此线装配。

在上述装配方法中，局部尺寸要求严格的部位，例如塔式桁架与柱相交接处采用了定位器。图 8-107 是装配半片桁架的靠模定位器。图中Ⅰ为底座，Ⅱ是固定靠模Ⅲ的定位器，Ⅳ是定位器立柱。图 8-107(b) 是正在装配新桁架情况。桁架支承垫板装配在立柱定位器上，位置被螺栓准确固定。当这种定位器布置较多，就组成了装配桁架的模架，形成所谓桁架结构模架装配法。这种模架除了做成平面的，适于平面桁架之外，也常制成空间的桁架装配模架，如装配起重机的桁架（空间桁架）。这种模架是由槽钢拼成的，模架上带有定位器和夹紧器，当桁架生产批量小时，制造模架的经济效益较差。

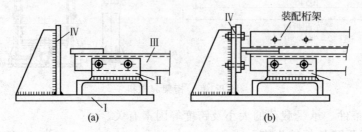

图 8-107　固定桁架端部（支承部）的定位器

综上所述，焊接桁架的工艺分析首先考虑保证产品几何形状（装配位置正确），然后希望提高生产率，首要的是装配效率，焊接工艺要采用半自动的、灵活的熔焊工艺，如 CO_2 气保护焊等。

8.3.5.3　鸟巢工程结构

在大型桁架结构中，简单的杆件体系已经不能满足其力学性能的要求，而应采用箱形板壳结构。箱形板壳结构主要是以板材经过冷或热加工后形成截面为方形、长方形、圆形，具有纵向焊缝的结构形式，具有优异的综合力学特征，能够承受多方向的拉、压、弯、扭形式的静载、动载和疲劳载荷，具有较强的形状稳定性和抗变形能力。箱形板壳桁架结构目前广泛应用于大型体育场馆、飞机场航站楼和高层建筑。

2008 年北京奥运会国家体育场"鸟巢"钢结构工程是典型的箱形板壳桁架结构形式，为全焊接结构。其建筑造型独特新颖，顶面为双曲面马鞍型结构，长轴为 332.3m，短轴为 297.3m，最高点高度为 68.5m，最低高度为 40.1m。结构用钢总量约 53000t，涉及 6 个钢种，消耗焊材 2100t 以上。焊缝的总长度超过了 31 万米，现场焊缝超过 6.2 万米（不含角焊缝），仰焊焊缝有 1.2 万米以上，对接接头焊缝为全熔透Ⅰ级焊缝。采用的钢板规格厚度大于 42mm 的占总用钢量的 24%，达 12800t，桁架柱脚焊缝钢板厚 100～110mm。

主体钢结构由桁架柱、平面主桁架、立体桁架和立面次结构组成，其横截面形状基本一致，为 1～2m 的矩形板壳结构，该工程存在大量复杂的焊接节点，板件的厚度较大，板件之间的相互约束显著，大量焊缝集中，焊接应力较大。特别是桁架柱脚结构复杂，内部肋板多数要求全焊透焊接，焊缝纵横交错，控制焊接应力和焊接变形难度很大。

屋盖主结构属于大型大跨度空间结构，其自重产生的内力所占比例较大，主结构的施工和焊接顺序对结构在重力载荷下的内力将产生明显的影响，而主结构不规则的走向，很难排定焊接顺序和安装程序。主体钢结构的安装顺序遵循对称同步的原则，以桁架柱（主结构）为中心对称施焊，可获得均布应力，采用自由变形的方法可以最大限度地减少焊接应力。图 8-108 为鸟巢桁架 C14 柱脚拼装结构，接头焊缝密、集焊接应力和变形较大。

由图 8-108 看出 C14 柱脚分为三角形箱体（A、B）、次结构箱体、T 形合并段（A、B、C）、连接件（A、B）及散件（补板）。

① 桁架 C14 柱脚拼装焊缝　C14 柱脚主要包括三角形箱体 A 与三角形箱体 B 连接焊

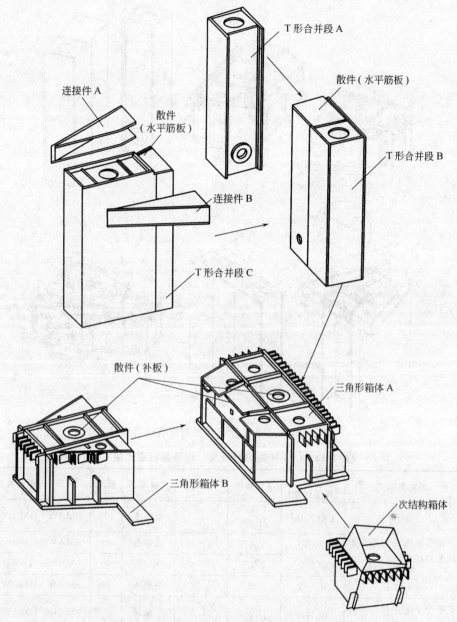

图 8-108　鸟巢桁架 C14 柱脚拼装结构示意

缝；T 形合并段 A 与 T 形合并段 B 连接焊缝；连接件 A、B 与 T 形合并段 C 连接焊缝（平、横、立）；三角形箱体 A、B 与 T 形合并段 A、B 内部垂直筋板对接横焊缝；三角形箱体 A、B 内部与 T 形合并段连接的外环焊缝；三角形箱体 A、B 散件（补板）环焊缝；T 形合并段 A、B 与散件（水平筋板）环焊缝；次结构箱体与三角形箱体连接焊缝。共计 9 类焊缝。全部为一级全熔透焊缝，板厚为 50mm、60mm、90mm、100mm 四种，材质均为 Q345GJD，焊接位置涵盖平、横（仰角）、立、仰全位置焊接，坡口形式均为单面 V 形、X 形坡口，接头形式为对接和 T 形接头两种。桁架 C14 柱脚拼装焊缝编号如图 8-109 所示。

C14 柱脚焊缝分类、编号及对应焊接方法见表 8-14。

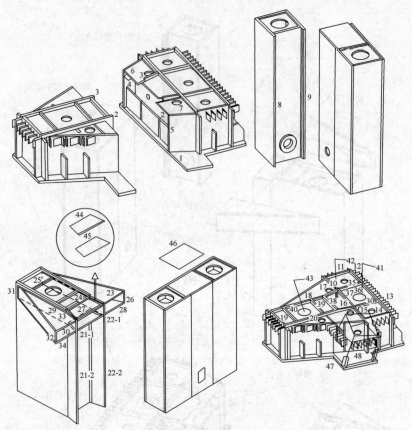

图 8-109　鸟巢工程 C14 柱脚拼装焊缝编号

表 8-14　C14 柱脚焊缝分类、编号及对应焊接方法

序号	焊缝类别	焊缝类型（焊接位置）	坡口角度	焊缝编号	焊缝要求	板厚	焊接方法
1	三角形箱体 A 与三角形箱体 B 连接焊缝	BX(F、O)	F-35° O-22°	1	全熔透	100	SMAW＋GMAW＋FCAW-G
		BL(V)	V-35°	2～3	全熔透	60	SMAW＋GMAW＋FCAW-G
		BL(V)	V-35°	4～5	全熔透	50	SMAW＋GMAW＋FCAW-G
		BL(F)	F-35°	6～7	全熔透	50	SMAW＋GMAW＋FCAW-G
2	T 形合并段 A 与 T 形合并段 B 连接焊缝	BL(H)	H-35°	8～9	全熔透	60	SMAW＋GMAW＋FCAW-G
3	三角形箱体与 T 形合并段连接的外环焊缝	BL(H)	H-35°	10～12 18～20	全熔透	90	SMAW＋GMAW＋FCAW-G
		BL(H)	H-35°	13～17	全熔透	60	SMAW＋GMAW＋FCAW-G
4	T 形合并段 A 与 T 形合并段 B	BL(V)	V-35°	21～22	全熔透	60	SMAW＋GMAW＋FCAW-G
5	连接件 A、B 与 T 形合并段 C 连接焊缝（平、横、立）	BL(F)	F-35°	23、24、 29、30	全熔透	50	SMAW＋GMAW＋FCAW-G
		BL(V)	V-35°	24、25、 31、32	全熔透	50	SMAW＋GMAW＋FCAW-G
		BL(O)	O-35°	27、28、 33、34	全熔透	50	SMAW＋GMAW＋FCAW-G

序号	焊缝类别	焊缝类型（焊接位置）	坡口角度	焊缝编号	焊缝要求	板厚	焊接方法
6	三角形箱体与T形合并段内部垂直筋板对接横焊缝	BL（H）	H-35°	35、38	全熔透	90	SMAW
		BL（H）	H-35°	36、37、39、40	全熔透	60	SMAW
7	三角形箱体内部人孔散件（补板）环焊缝	BL（H）	H-35°	41～43	全熔透	50	SMAW
8	T形合并段内部水平筋板环焊缝	BL（H）	H-35°	44～46	全熔透	50	SMAW+GMAW+FCAW-G
9	次结构箱体与三角形箱体A连接焊缝	BL（H）	H-35°	47、48	全熔透	20	FCAW-G

注：1. 焊接位置：F（平焊），H（横焊），V（立焊）。

2. 焊接接头：B（对接），T（T形接头）。

3. 坡口形式：L（单面V形坡口），X（X形坡口）。

4. 焊接方法：GMAW（CO_2 实心焊丝气体保护焊），SMAW（焊条电弧焊），FCAW-G（CO_2 药芯焊丝气体保护焊）。

② 桁架 C14 柱脚焊接方法与焊材选择 三角形箱体 A 与三角形箱体 B 连接焊缝，T 形合并段 A 与 T 形合并段 B 连接焊缝，三角形箱体与 T 形合并段连接的外环焊缝，T 形合并段 A 与 T 形合并段 B 连接的立焊缝，连接件与 T 形合并段连接的平、横、立焊缝，T 形合并段 B 与 T 形合并段 A 连接处水平筋板环焊缝，采用焊条电弧焊（SMAW）打底，CO_2 实心气保焊（GMAW）填充，CO_2 药芯气保焊（FCAW-G）盖面的焊接工艺。

对于三角形箱体与 T 形合并段内部垂直筋板对接横焊缝、三角形箱体内部人孔散件（补板）环焊缝，由于在箱形体底部施焊，通风及散热条件恶劣，采用焊条电弧焊（SMAW），防止由于采用 CO_2 实心气保焊（GMAW）焊接过程中产生的 CO_2 气体造成窒息。

次结构箱体与三角形箱体连接焊缝采用 CO_2 药芯焊接气体保护焊（FCAW-G）的焊接工艺。桁架 C14 柱脚材料均为 Q345GJD，依据焊接工艺试验结果，C14 柱脚焊接材料选用见表 8-15。

表 8-15 C14 柱脚焊接材料选用

焊材类别	产地	牌号	直径/mm	使用部位
焊条	西川大西洋	CHE507	φ3.2	定位焊打底
			φ4.0	填充、盖面焊（仰）
			φ5.0	
实心焊丝	锦州锦泰	JM58	φ1.2	填充焊（平、横）
		JM56	φ1.2	填充（立）
药芯焊丝	昆山天泰	TWE-711	φ1.2	盖面焊（平、横、立）

③ 桁架 C14 柱脚焊接工艺参数 依据焊接工艺评定试验所取得的数据，结合 C14 柱脚拼装焊缝的焊接方式及焊接位置的不同，焊接工艺参数选择应调整。如定位焊工艺同正式焊接工艺，采用 SMAW 焊接工艺参数，且点焊长度需大于 50mm，厚度为 4～5mm。打底层焊接均采用 SMAW，分不同焊接位置（F、H 和 V），采用不同的工艺参数，立焊参数比 F、H 参数小。

采用 GMAW 进行填充时，在 F、H 位置焊接时，采用 JM58 焊丝；在 V 位置焊接时，采用 JM56 焊丝。由于焊丝性能和位置的不同，JM58 焊接时，焊接规范较 JM56 大。在盖面焊时，除箱形内部隐蔽焊缝外，均采用 FCAW-G 焊接，焊接规范较小。焊接时每层厚度不超过 4mm，立焊摆幅 15～20mm，其他焊接位置不允许有摆幅，不同板厚的焊接层数见表 8-16。具体焊接工艺参数见表 8-17，其热参数如层间温度、预热温度及后热温度选择见表 8-18。

表 8-16　C14 柱脚各板厚的焊接层数选择

板厚/mm	层厚/mm	层数	板厚/mm	层厚/mm	层数
50	4	≥13	90	4	≥23
60	4	≥20	100	4	≥25

表 8-17　C14 柱脚焊接工艺参数选择

焊接部位	焊接方法	焊接位置	焊材牌号规格/mm	板厚/mm	焊接电流/A	焊接电压/V	CO_2 气体流量/(L/min)
定位焊	SMAW	F、H、V	CHE507/ϕ4.0	50、60、90、100	140～160	19～24	—
打底焊	SMAW	F、H	CHE507/ϕ3.2	50、60、90、100	120～140	15～22	—
		F、H	CHE507/ϕ4.0		140～160	19～24	—
		V	CHE507/ϕ3.2	50、60、90、100	100～110	19～22	—
		V	CHE507/ϕ4.0		120～150	19～24	—
填充焊	SMAW	F、H	CHE507/ϕ4.0	50、60、90、100	140～200	19～24	—
	GMAW	F、H	JM58/ϕ1.2	50、60、90、100	230～320	28～32	25～50
		V	JM56/ϕ1.2	50、60	120～210	18～27	25～50
盖面焊	SMAW	F、H	CHE507/ϕ4.0	50、60、90、100	140～200	20～26	—
	FCAW-G	F、H	TWE-711/ϕ1.2	50、60、90、100	150～200	20～30	25～50
		V	TWE-711/ϕ1.2	50、60	130～180	20～28	25～50

表 8-18　C14 柱脚焊接热参数选择

焊缝类型	板厚/mm	预热温度/℃	预热时间/h	层间温度/℃	后热温度/℃	后热时间/h
三角形箱体 A 与三角形箱体 B 连接焊缝	100	140	3	80～140	250～300	2
T 形合并段 A 与 T 形合并段 B 连接焊缝	60	80	2	80	250～300	2
三角形箱体与 T 形合并段连接的外环焊缝	90	140	3	80～140	250～300	2
	60	80	2	80	250～300	2
T 形合并段 A 与 T 形合并段 B	60	80	2	80	250～300	2
连接件 A、B 与 T 形合并段 C 连接焊缝（平、横、立）	50	80	2	80	—	—
三角形箱体与 T 形合并段内部垂直筋板对接横焊缝	90	140	3	80～140	—	—
	60	80	2	80	—	—

焊缝类型	板厚/mm	预热温度/℃	预热时间/h	层间温度/℃	后热温度/℃	后热时间/h
三角形箱体内部人孔散件（补板）环焊缝	50	80	2	80	—	—
T形合并段内部水平筋板环焊缝	50	80	2	80	—	—
次结构箱体与三角形箱体A连接焊缝	20	—	—	80	—	—

注：本表适应条件：①测温采用远红外测温仪；②预热温度测温点在距坡口边缘75mm处，平行于焊缝中心的两条直线上；③层间温度测温点在焊缝中心；④后热温度测温点在焊缝表面；⑤后热需保温缓冷；⑥预热时需有专人进行监控，严禁预热温度过高，加热时间过长。

8.4 机械设备焊接结构

8.4.1 机床焊接机身

机械切削加工是高精度的工艺过程，要求保证零件在加工后的形状和尺寸精确，因此必须严格控制切削机床在加工过程中引起的变形，亦即要求机床的机身具有很高的刚度。

机身需承受工件的重量及切削力，而这些力对于切削机床的机身来说是较小的，所以切削机床的强度要求容易满足，而刚度要求很高。

大型重要的机床床身、工作台、底座等构件过去采用铸造结构，现在出于提高机床工作性能、减轻结构重量、缩短生产周期或降低制造成本等原因，逐渐改用焊接结构。焊接床身的刚度主要不是靠增加钢板厚度和大量使用肋板来保证，而是尽可能利用型钢或钢板冲压件组成合理的构造形式来获得，要把结构中肋板的数量或焊缝的数量降至最少。

① 机床的受力与变形　机床在工作时所承受的力有切削力、重力、摩擦力、夹紧力、惯性力、冲击或振动干扰力、热应力等。因此，机床在静力作用下可能发生本体变形、断面畸变、局部变形、接触变形等4种类型的变形，有些只发生其中一种，有些可能是几种变形的组合。在工作时床身的变形有弯曲变形、扭转变形和导轨的局部变形，其中扭转变形占总变形的50%～70%。设计车床床身结构应满足一般机床大件所要求的静刚度、动刚度、尺寸稳定性等。

② 机床机身的结构形式和材料　从结构形式上来看，机床机身结构属于实体结构，由形状各异、大小不同的箱格式结构组成。存在铸造与锻造部件，属于铸焊与锻焊结构。

切削机床工作时，机身中产生的工作应力较低，所以焊接机身可以用焊接性好的低碳钢制造。导轨则可以用强度高的耐磨材料，但是导轨与机身本体的焊接需克服异种材料焊接的困难，可以用螺栓固定在机身本体上。

③ 普通车床床身　图8-110是普通车床的焊接床身，这类结构长度较长，常设计成梁式结构。在图中把组成该床身的零部件以图解方式表示在它的周围。箱形床腿为焊接件，纵梁、"Ⅱ形肋"形肋和液盘等均为冲压件，减少了焊缝数量。这样的结构适用批量生产的焊接床身。

④ 铣床、磨床床身　这类床身较短，常设计成能承受重力和切削力的刚性台架式结构。按焊接工艺特点，本着少用肋板而尽可能采用箱形结构的原则进行设计。图8-111是一台卧式铣床焊接床身的结构。其特点（如图中B—B剖面）是巧妙地利用3个钢板冲压件，组焊成具有3个封闭箱体的床身主体结构，焊接接头少。底板是用稍厚一些的5条扁钢组焊成的边框而减轻重量，节省材料，用$W_c=0.4\%$的中碳钢作导轨，直接焊到壁板

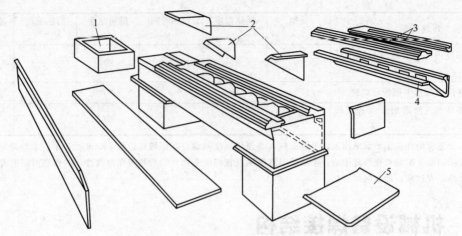

图 8-110　普通车床的焊接床身及其零部件

1—箱形床腿；2—Ⅱ形肋；3—导轨；4—纵梁；5—液盘

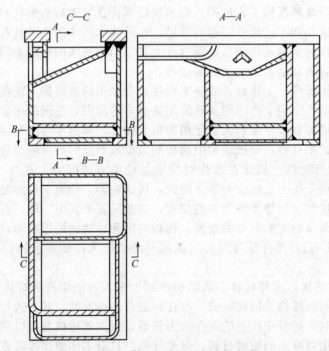

图 8-111　卧式铣床焊接床身的结构

上，用双层壁支承，焊后对导轨作火焰淬火和磨削加工。整个床身重量轻，刚性大，结构紧凑。

⑤ 龙门式刨床、镗床床身　图 8-112 是大型龙门铣刨床焊接床身截面结构。龙门式机床多为大型或重型机床，这类床身长度较大，在工作时主要承受弯曲载荷，可以设计成封闭的箱形端面结构。该床身中间 4 条纵向肋和两侧壁构成 5 个箱形结构；整个床身很长，仅中段的长度为 8.5m，所以每隔 900mm 左右设置一横肋板，厚为 15mm，中间开减轻孔，整个床身成为箱格结构。床面上承受重力大，为了稳定不设床腿，床身直接安装在基础上，使床身高度尽量减小。导轨的接触面大，在它的正下方或附近，设置支撑壁或垂直肋，以保证导轨的支持刚度。

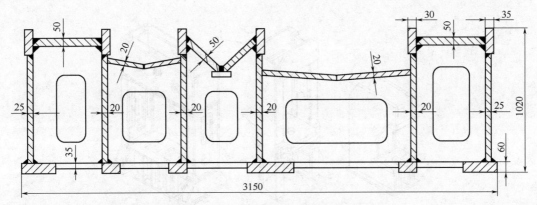

图 8-112　大型龙门铣刨床焊接床身截面结构

8.4.2　锻压设备焊接机身

各种锻锤、机械压力机、液压机、剪切机、折边机等锻压设备都是对金属施加压力使之成形的机器，工作力大是它们的基本特点。压力机是典型的锻压设备，其不同于切削机床，加工件的精度要求比切削加工件低，其机身宜采用焊接结构，特别像重型的机械压力机和液压机的机身采用焊接结构经济效益更为显著。我国在 20 世纪 60 年代初就已经成功制造出焊接结构的 12000t 水压机，现在各种吨位的压力机机身都采用焊接结构。

（1）锻压机身的受力分析

压力机在工作时，机身承受全部变形力，它必须满足强度要求，通过较低的许用应力以充分保证工作安全和可靠。同时，还必须具有足够的刚度，因为机身的变形改变了滑块与导轨之间相对运动的方向，既加速导向部分的磨损，又直接影响冲压零件的精度和模具寿命。锻压设备是承受动载荷的，应尽可能降低关键部位的应力集中以免产生疲劳破坏，损害机器的使用寿命。总体结构和局部结构的强度和刚度力求均衡，在满足强度和刚度的前提下使结构尽量简单、重量轻。在焊缝布置上，应尽可能不使其承受主要载荷。

（2）锻压机身所用的材料

多数的锻压机身是铸钢件或是焊接结构。一般情况铸钢件的成本比焊接件高，因此压力机的机身应用焊接结构比较普遍。锻压设备在工作时承受动载荷，常用的材料是对缺口敏感性较低的普通碳素结构钢 Q235，如果强度要求高或要减轻机器重量时，可选用普通低合金结构钢，如 Q345 等。但要注意，因锻压机身材料的许用应力取得较低，结果板厚较大，例如大厚度 Q345 钢板焊接时，可能会产生焊接裂纹，为此，常在焊前进行预热。

（3）锻压机身的结构形式

压力机是典型的锻压设备，其结构形式有开式（C 型）和闭式（框架型）两类（见图 8-113）。按各主要部件之间的连接方式，则可分为整体式［见图 8-113(b)］和组合式［见图 8-113(c)］两种。

开式机身操作范围大而方便，机身结构简单，但刚性较差，适用于中小型压力机。这种机身在工作力的作用下产生角变形，如果角变形过大将影响上下模具对中心位置，降低冲压的精度和模具寿命。开式机身的喉口结构对于机身的强度和刚度影响较大，喉口上下转角处局部应力最高，转角圆弧半径越小，局部应力越高。增大转角半径和减小喉口深度可提高机身的强度和刚度，有利于改善压力机的工作性能。在转角处连接侧壁板和弯板的焊缝受力最严重，该处常出现疲劳裂纹，设计时应该增强，通常是对侧壁板

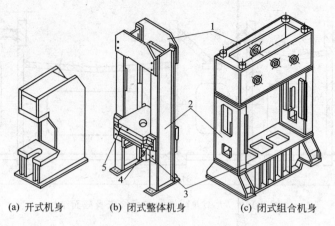

图 8-113　压力机机身结构形式

1—上横梁；2—立柱；3—下横梁；4—滑块；5—活动横梁

局部补强。

闭式机身可以采用整体的焊接结构，这种结构具有重量轻、刚度大和工作精度高的优点，适用于大中型压力机，但工件尺寸受到限制。框架整体式机身可以用钢板和型钢焊成，也可以采用一些锻铸件构成复合结构，这种复合结构具有结构简单、制造方便和刚性好等优点，因此获得广泛应用。整体式框架结构中内侧四个转角处也是应力集中区，应当有适当的圆弧过渡，以降低应力集中，提高疲劳强度。

大型的机械压力机和液压机大量采用组合式机身，因为组成机身的上横梁、立柱、下横梁、滑块或活动横梁等大件，可以分别单独进行制造，这样有利于组织生产和控制焊接质量，同时又解决整机运输上的困难。压力机立柱支承上部机器部件的重量和承受拉紧螺栓的压力，同时是滑块运动的导轨，立柱是受压件，用厚钢板焊成，以保证局部稳定性和刚性。

（4）6000t 自由锻造水压机下横梁的焊接生产

图 8-20 所示的水压机下横梁是该水压机最大的工件，重 215t，材料为 Q235 热轧板和 15 号铸钢（ZG15）。工艺分析表明焊接工作量极大。采取高生产率的电渣焊方法是正确的手段，所有立板焊缝采用电渣焊困难不大，而面板 1 和底板 5 与各立板之间的 T 形焊缝工作量很大，采用电渣焊的困难是如何使这些焊缝转到垂直位置施焊，再一困难是在立板十字交叉处，如何保持渣池不泄漏，维持电渣焊过程稳定。通过在工件上焊接回转轴，在专门制造的下横梁回转架装备上，将工件转至焊缝处于垂直位置，并将与待焊焊缝相垂直的焊缝间隙中加上与立板厚度相同的钢垫块，以防渣池泄漏，用这种方法成功地解决了上面板 1、底板 5 与立板之间 T 形焊缝电渣焊困难。由于 4 个柱套及 2 个提升缸套均为铸钢毛坯，经过粗加工后，进行装配焊接，虽然有精加工的裕量，但必须控制中心距的误差，故控制电渣焊变形及采用反变形方法是获得一定误差尺寸的下横梁的重要条件。经过实验，电渣焊的收缩变形及反变形量见表 8-19。由表中可以查得应留出的收缩裕量。例如柱套中心距纵向要求尺寸为 5200mm，柱套凸台和立板对接各 2 个接头，立板有 4 个丁字接头，查表可得收缩量 $\varepsilon = 2 \times \varepsilon_2 + 8 \times \varepsilon_4 = 2 \times 4 + 8 \times 1.5 = 20mm$，装配时留出 28mm 收缩裕量，焊后还剩 7mm 收缩裕量，即实际收缩了 21mm。表中所给出的角变形是因为用丝极电渣焊时，冷却滑块需沿工件滑动，焊机一面不能布置装配定位块，收缩阻力在两面不同，因而发生了角变形。

表 8-19　水压机横梁电渣焊变形类别及反变形量

收缩变形种类	接头形式	反变形量	反变形示意图
电渣焊缝始末端不同收缩量	各种接头	$H-h=1.5\sim2(\mathrm{mm/m})$	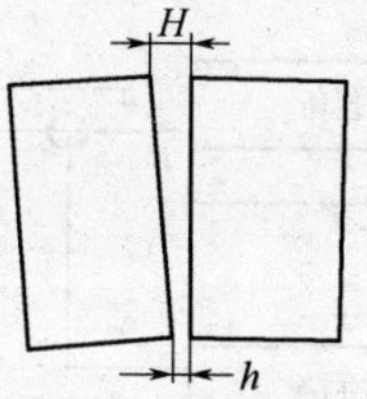
横向收缩	对接接头	$\varepsilon_1=2\sim4(\mathrm{mm})$	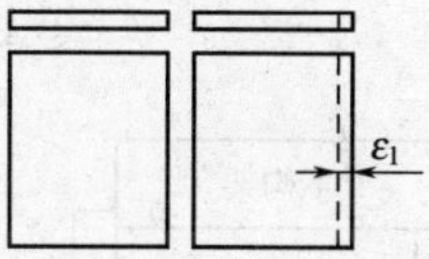
	丁字接头	$\varepsilon_2=2\sim3(\mathrm{mm})$	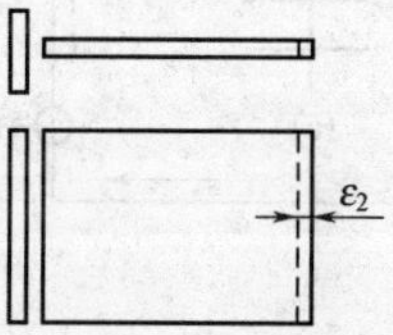
		$\varepsilon_3=1\sim1.5(\mathrm{mm})$	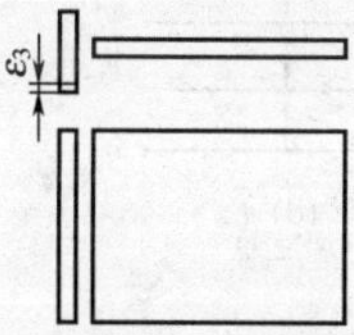
纵向收缩	各种接头	$\varepsilon_4=0.5\sim1(\mathrm{mm/m})$	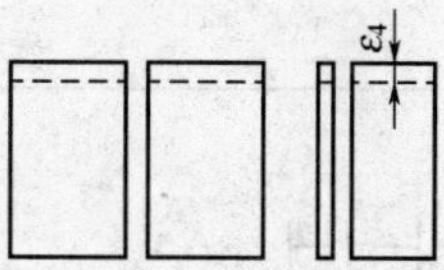
角变形	对接接头	$\varepsilon_5=1\sim1.5(\mathrm{mm/m})$	
	角接头	$\varepsilon_6=3\sim4(\mathrm{mm/m})$	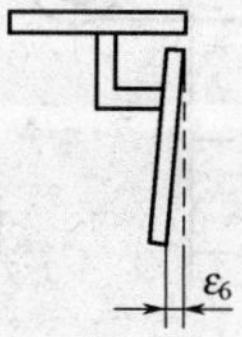

下横梁的装配焊接过程如图 8-114 所示，板材的拼接包括中央构架 ［图 8-114(e)］ 的横

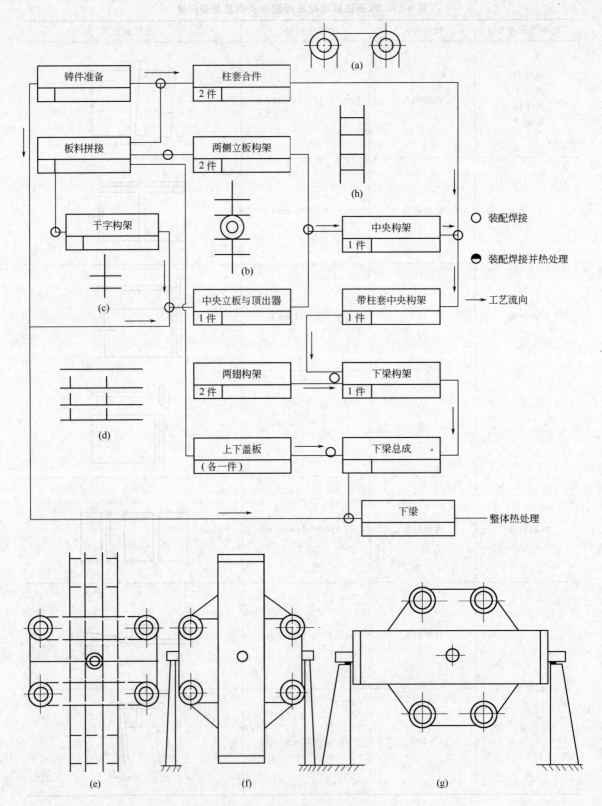

图 8-114　下横梁的装配焊接过程图

向立板 6,上下盖板 1、5(图 8-20)及一切需拼接的板拼板时,焊缝不得在同一平面上,拼接焊缝和构架焊缝不得重合。下料时板材按表 8-16 留出收缩裕量。如中央构架的纵向立板 9(图 8-20)高度方向需留 30mm 裕量,而横向按尺寸下料;翅架[图 8-114(d)]纵向立板 7(图 8-20)高度方向留出 40mm 裕量,长度方向留出 50mm 裕量,并且斜角先不切割,中央构架横向立板高度方向留出 30mm 裕量,长度方向留出 50mm 裕量等等。

铸件准备指铸钢毛坯焊前的粗加工。

柱套合件[如图 8-114(a)]是由粗加工的柱套毛坯与外侧纵向立板 10 用电渣焊接而成。为保证柱套中心距符合技术条件关于尺寸公差的要求,装配时中心距比要求尺寸大 10mm,焊后经消除应力热处理,中心距比要求尺寸小了 6~7mm,即实际焊两条电渣焊缝,共收缩(横向)16mm 左右,即比表 8-16 值大,亦即预留反变形不足。原因是焊缝间隙较大,且工件处于自由状态(只在柱套铸造凸台之间加弹性支承,以防止柱套回转),故收缩量超过预计值。

两侧立板构件[图 8-114(h)]的装配焊接过程,是将横向立板和纵向立板二次装配定位焊,然后同时焊接每块纵向立板两端的电渣焊缝。

将焊好的中央立板与顶出器构架[图 8-114(b)]两侧立板构件装配在一起,采用对称跳焊的办法完成 8 条电渣焊缝,得到中央构架。再与经消除应力热处理的柱套合件整体合拢,此时要注意保证两柱套合件间的中心距。预留的反变形量如前所述。

将焊好柱套的中央构架和焊后经消除应力热处理的两翅构架[图 8-114(d)]合拢,而后焊接它们之间的立板电渣焊缝,获得下梁构架。下梁构架同时装配上、下盖板,并在中央构件的外侧纵向立板上焊上直径 400mm 的回转轴,如图 8-114(f) 所示。采取加垫块等措施后,用熔嘴电渣焊完成 4 条 10m 长的电渣焊缝。由于顶出器左右空间窄小,无法布置水冷铜滑块,因而此处设置了垫铁。与此类似,焊接下盖板与立板的焊缝。

随后焊接上、下盖板与横向立板的焊缝,此时回转轴处于两翅构架端部,如图 8-114(g) 所示,用气割将十字立板处纵向立板与盖板的焊缝(已焊好)割穿,以便实现盖板与横向立板焊缝的连续焊接。

下梁转平后,于工作位置装配提升缸套 2(图 8-20),焊接缸套 2 与柱套 3 之间的电渣焊缝。此焊缝甚宽(200mm),因此采用两个熔嘴。分阶段引弧造渣的办法完成。装配焊接其他零件,如侧立板 11(图 8-20)与柱套的焊缝;铰链座 12,横向端板 13,下斜肋板 14之间的焊缝(自动焊);侧盖板 15 与制动装置座 16 之间开坡口的角焊缝(熔嘴电渣焊)。最后,进行下横梁的整体热处理(910℃退火)。

8.4.3 减速器箱体

大型减速器的箱体从铸造结构改用焊接结构后,制作简化,节省材料,成本可降低约50%。此外,还具有重量轻、结构紧凑和外形美观等优点。现在不仅生产单个减速器箱体采用焊接结构,而且在一些机械行业中已形成焊接减速器系列,定型批量生产。

减速器箱体的基本功能是对齿轮传动机构的刚性支承,同时,还起到防尘和盛装冷却润滑齿轮油的作用。箱体必须具有足够刚度,否则工作时轴和轴承发生偏移,降低齿轮的传动效率和使用寿命。

① 箱体受力分析 一般情况作用在箱体上的力不大,减速器箱体的刚度最为重要,所以只要箱体的刚度满足要求,强度通常不成问题。齿轮传动时所产生的力是通过轴和轴承作用到箱体的壁板上,通常是把壁板当作一根梁,根据支反力和相应的刚度条件进行壁板的断面设计和计算。减速器箱体多用低碳钢制造,主要用 Q235 钢。

② 箱体结构 减速器箱体可以根据传动机构的特点设计成整体式或剖分式的箱体结构。

整体式的刚性好，但制造、装配、检查和维修都不如剖分式方便。剖分式箱体是把整个箱体沿某一剖分面划分成两半，分别加工制造，然后在剖分面处通过法兰和螺栓把这两部分连接成整体，剖分面的位置常取在齿轮轴的轴线上。单壁板剖分式焊接减速器箱体的实例如图8-115所示，由上盖、下底、壁板、轴承座、法兰和肋板等构件组成。

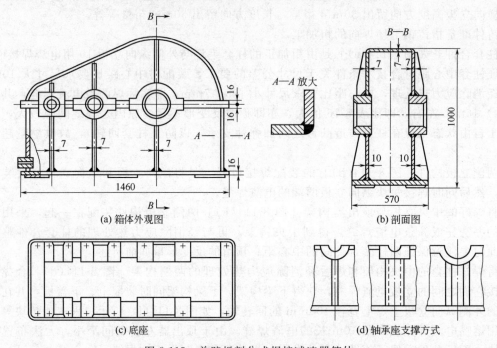

图 8-115　单壁板剖分式焊接减速器箱体

一般的焊接减速器箱体是单层壁板，壁板上采用加强肋增强轴承支座的刚度，加强肋可以用板条和型钢，如图8-115(d)所示。承受大转矩的重型机器减速器箱体可以采用双层壁板的结构，在双层壁板之间设置肋板以增加箱体的刚度。

由于载荷是通过轴承座传递到壁板上的，所以除轴承座之外，连接部位的刚性要求也很高。为了增强焊接箱体的刚度，在箱体的轴承座处设置加强筋，轴承座必须有足够的厚度，以备机械加工时有足够的余量。小型焊接箱体的轴承座用厚钢板弯制，大型的焊接箱体的轴承座采用铸件或锻件。箱体的下半部承受轴的作用力并与地基固定，必须用较厚的钢板，而上半部分（上盖）可以用较薄的钢板。

在减速器箱体上经常有两个或两个以上的轴承座并行排列。整体式箱体中有图8-116所示的两种结构形式。图8-116(a)适用于大型减速器的箱体，特别是当相邻两轴承座的内径相差大，两轴线距离也较远的情况。其特点是两轴承座是单独制作的。中小型减速器箱体，其轴承座内径相差不大，且轴线距离较小时，建议采用图8-116(b)所示的结构，即两轴承座用一块厚钢板或铸钢件做成。这样的结构不仅刚性大，而且制作十分简单和方便。

③ 箱体的焊接　一般机器的减速器工作条件比较平稳，可以不必开坡口，用角焊缝连接，并不要求与母材等强度，焊脚尺寸也可以较小些。壁板与上盖、下底座、法兰、轴承座的焊缝，采用双面角焊缝或开坡口背面封底焊缝等，以增强焊缝的抗渗漏能力。每条密封焊缝，都应处在最好条件下施焊，周围须留出便于施焊和质量检验的位置和自由操作空间。为了提高轴承座的支承刚性，可在轴承座周围设置适当肋板，肋板在减速器箱体外侧，用角焊缝连接，并起到一定散热作用。此外，为了获得焊后机械加工精度以及保持使用过程中的稳定性，焊后须作消除应力处理，如采用退火或振动等方法。

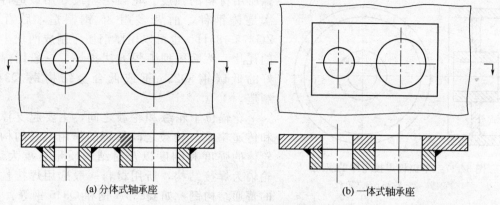

(a) 分体式轴承座   (b) 一体式轴承座

图 8-116　轴承座的结构

8.5　旋转体结构焊接

　　在机器中绕某固定轴线旋转的运动件，通称为旋转体。这些旋转体包括齿轮、滑轮、带轮、飞轮、卷扬筒、发电机转子支架、汽轮机转子和水轮机工作轮等。小型的旋转体多为锻件和铸件，而大型的旋转体已越来越多地改用焊接方法来制造。

　　大部分旋转体对结构设计的要求都是强度高、质量小、刚性大和尺寸紧凑，并要求旋转过程平稳，无振动、无噪声。旋转体是一个动、静平衡体，几何形状的轴对称是最基本的要求，务必使结构对回转轴线对称分布，即尽可能使旋转体上产生离心惯性力系的合力通过质心，对质心的合力矩为零。否则将产生不平衡的惯性力和力矩，就会对轴承和机架产生附加的动压力，从而降低轴承寿命。旋转体的几何形状多为比较紧凑的圆盘状或圆柱状，每个横截面都是对称平面，都共有一根垂直于截面的几何轴线。旋转体结构特殊，工作条件复杂，在工作时承受着多种载荷，从而引起复杂的应力。常受到下列作用力：

　　① 旋转体传递功率而受到转矩，引起切应力。

　　② 旋转体自重产生弯矩，引起弯曲应力。对转动的旋转体来说，这是交变应力。

　　③ 旋转体高速转动时产生的离心力，在其内部产生切向和径向应力。

　　④ 由于工作部分结构形状和所处的工作条件不同而引起的轴向力和径向力。

　　⑤ 由于各种原因引起的温度应力、振动和冲击力。

　　⑥ 旋转体在焊接或焊后热处理过程中所造成的残余应力。

　　有些旋转体，如斜齿轮，工作时除了受到周向力外，同时还受到轴向力和径向力的作用，径向力能引起轮体轴线挠曲和体内构件径向位移，还能引起轮体歪斜。变形的结果破坏轮子的机械平衡和工作性能等。因此，旋转体的强度和刚度同样重要。

8.5.1　齿轮、带轮和飞轮

8.5.1.1　轮体结构

　　这类焊接机器零件通常是由轮毂、轮辐和轮缘三部分组成。齿轮和带轮一般转速不高，主要是传递扭转力矩，在轮辐和焊缝中的工作应力是切应力，离心力引起的应力很小，可以不计。飞轮一般是转速高，离心力大，由于离心力作用可引起较高的正应力。轮体结构如图8-117 所示。

　　轮毂是轮体与轴相连的部分，转动力矩通过它与轴之间的过盈配合或键进行传递，它的结构是个简单的厚壁圆筒体。轮毂的工作应力一般不高，所用材料的强度应等于或略高于轮

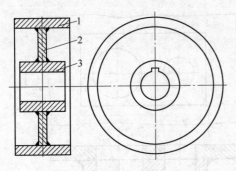

图 8-117 单辐板焊接轮体的组成
1—轮缘；2—轮辐；3—轮毂

辐所用材料的强度。轮毂毛坯最好用锻造件，其次是铸钢件，前者多用 35 钢制造，后者常用 ZG275-485H。也可以用厚钢坯弯制成两块半圆形的瓦片，然后用埋弧焊方法拼焊，一般用焊接性好的低碳钢 Q235 钢或低合金结构钢 Q345 钢制造。

轮辐位于轮缘和轮毂之间，主要起支撑轮缘和传递轮缘与轮毂之间扭矩的作用，它的构造对轮体的强度和刚度以及对结构质量有重大影响。轮辐为焊接结构，所用材料一般选用焊接性较好的普通结构钢，如 Q235A 钢和 Q345 钢等。

轮辐的结构形式可归纳为辐板式和辐条式两种。辐板式结构简单，能传递较大的扭转力矩。焊接齿轮多采用辐板式结构，如图 8-118(a) 所示。根据齿轮的工作情况和轮缘的宽度采用不同数目的辐板，当轮缘宽度较小时采用单辐板，加放射状肋板以增强刚度，当轮缘较宽或存在轴向力时，则采用双辐板的结构，在两辐板间设置辐射状隔板，构成一个刚性强的箱格结构，辐板上开窗口以便焊接两辐板间的焊缝。辐板和肋板之间的焊缝受力不大，焊脚尺寸可取肋板厚度的 0.5~0.7 倍，但不低于 4mm。从强度、刚度和制造工艺角度看，同样直径的轮体，用双辐板的结构要比用带有放射状肋板的单辐板结构优越。因为双辐板构成封闭箱形结构，具有较大的抗弯和抗扭刚度，抗振性能也比较强。

图 8-118(b) 所示是辐条式焊接带轮。采用辐条式轮辐的目的是减轻结构的重量，支承轮缘的不是圆板，而是若干均布的支臂。一般用于大直径低转速而传递力矩较小的带轮、导轮和飞轮。辐条是承受弯矩的杆件，要按受弯杆件校核强度。

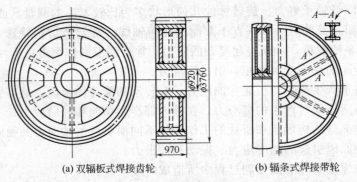

(a) 双辐板式焊接齿轮　　　　　　　　(b) 辐条式焊接带轮

图 8-118　焊接齿轮

轮缘位于基体外缘，起支承与夹持工作部件的作用，轮缘是齿轮和带轮的工作面。带轮靠摩擦传力，其轮缘工作应力不高，用低碳钢制造。齿轮的齿缘工作应力很高，轮齿磨损严重。为了提高齿轮的使用寿命，轮缘应该用强度高耐磨性好的合金钢制造，但需要解决异种钢的焊接工艺问题。

8.5.1.2　轮体结构的焊接

① 毂和轮辐的焊接　轮毂和轮辐之间的连接通常采用丁字接头，其角焊缝均为工作焊缝。比较起来，轮毂和轮辐之间的环形角焊缝承受着最大的载荷，应进行强度计算。

为了提高接头的疲劳强度，焊缝最好为凹形角焊缝，向母材表面应圆滑地过渡。角焊缝的根部是否需要熔透，应由轮体的重要程度决定。应该指出，该处的角焊缝要做到全熔透是相当困难的，特别是对双辐板轮体，因焊缝背面无法清根，无损探伤也有困难。因此，只有对高速旋转的或经常受到逆转冲击负载的轮子才要求全熔透。一般的轮子采用开坡口、深熔焊、双面焊来解决，必要时改成对接接头。图8-119列出了可以采用的接头形式。图8-119（a）适用于负荷不大、不甚重要的轮体；图8-119（b）适合于承受较大载荷、较为重要的轮体；图8-119（c）适合于工作环境恶劣、有冲击性载荷或经常有逆转和紧急制动等情况。

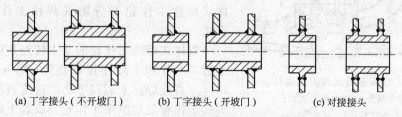

(a) 丁字接头（不开坡门）　　(b) 丁字接头（开坡门）　　(c) 对接接头

图8-119　轮辐与轮毂的接头形式

　　② 板与轮缘的焊接　轮板与轮缘之间的连接接头，原则上与轮毂连接相同。轮缘和辐板之间的焊缝虽然比轮辐和轮毂之间的焊缝长许多，但实际上应力分布是不均匀的，在力的作用点附近焊缝的工作应力相当高，而且是脉动的，所以轮缘与辐板之间的焊缝焊脚不能太小。尽可能采用对接接头，图8-120是采用对接接头的例子。

　　③ 异种钢的焊接　轮体设计和制造时，原则是把性能好的金属用在重要部位，其余选用来源容易、价格便宜的钢材。例如，直接从轮缘上加工出轮齿的大型齿轮，由于齿面硬度要求，须选用调质钢如45钢或40Cr等作为轮缘材料，轮辐则选用便宜的普通结构钢Q235A钢等。这时要注意异种钢的焊接性问题，如图8-121所示，可先在合金钢的轮毂或轮缘上堆焊过渡层，然后再把辐板与轮毂或轮缘焊在一起。

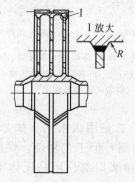

图8-120　轮辐与轮缘的
对接接头形式

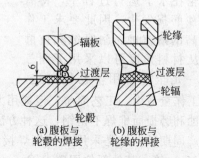

(a) 腹板与
轮毂的焊接

(b) 腹板与
轮缘的焊接

图8-121　异种钢焊接过
渡层的使用

　　④ 焊接残余应力的控制　轮体上两条环形封闭焊缝，在焊接过程中最容易产生裂纹，主要是因为刚性拘束应力过大引起。应选用抗裂性能好的低氢型焊接材料，在工艺上通常采用预热工件或对称地同时施焊等措施。预热温度由所用材料及其厚度决定，常常使外件的温度略高于内件的温度。这样焊后工件与焊缝同时冷却收缩，外件收缩略多于内件，减少焊接应力，甚至有可能使焊缝出现压应力，达到防止裂纹的目的。

　　⑤ 焊接残余变形的控制　轮体刚度很大，变形不易矫正，所以必须重视控制变形问题。在施焊中严格按对称结构对称焊原则，使整个轮体受热均匀。尽量采用胎夹具或在变位机上自动焊接。防止发生轮缘不圆正、轴位偏移以及平面翘曲等变形。

8.5.2　水轮机工作轮

　　水力发电设备由水轮机工作轮和水轮发电机组成。图8-122所示为典型的立式混流式水力发电机组布置图，由引水钢管将水流引入水轮机，在水流能量作用下水轮机工作轮旋转，

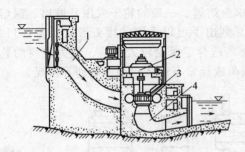

图 8-122　立式混流式水力发电机组
1—引水铜管；2—水轮发电机；
3—水轮机；4—尾水管

并带动发电机转子旋转。混流式水轮机的工作轮是由上冠、下环和多个叶片组成的旋转体，如图 8-123(a) 所示。大中型的工作轮受到工厂铸造能力和运输条件限制，常设计成铸焊联合结构，并有整体式焊接工作轮和分瓣式焊接工作轮两种结构形式。

整体式焊接工作轮的基本特点是用焊接方法把上冠、叶片和下环连接成整体，常采用 T 形接头将叶片直接焊在上冠和下环的过流表面上。分瓣式焊接工作轮是把整个工作轮分成若干瓣，在工厂中分别制造好运到现场进行组装成整体。焊接方法需

要根据工作轮的直径大小和工厂的变位条件选择。目前用焊条电弧焊、MAG 焊和管状熔嘴电渣焊，前两者均适用于焊接中型工作轮，直径大于 6m 的工作轮最好采用熔嘴电渣焊。图 8-123(b) 是采用焊条电弧焊的接头形式，图8-123(c) 是采用熔嘴电渣焊的接头形式，图 8-123(d) 是熔嘴电渣焊的布置。近年来，大型焊接工作轮已开始用弧焊机器人进行焊接。

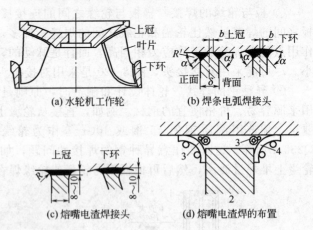

图 8-123　轮机工作轮及熔嘴电渣焊的布置
1—上冠或下环；2—叶片；3—涂药熔嘴；
4—铜质水冷成形板

工作轮在水下运行过程中，将有汽蚀和泥沙磨损发生，因此要求工作轮具有较高的耐汽蚀、耐腐蚀和抗磨损性能。从材料角度可以采用下面三种方法：一是全部采用不锈钢制造，这样焊接工作量最少，工艺简单，但耗用大量的贵重金属；二是用碳素钢（如 20MnSi）制造，在汽蚀和磨损面堆焊不锈钢，这种方法可以节省贵重金属，但工艺复杂，焊接变形难以控制，生产周期长；三是采用异种钢焊接工作轮，在汽蚀和磨损部位用马氏体不锈钢（如 0Cr13Ni4Mo）等，其他部位用碳素钢。

20 世纪 70 年代，我国就成功制造了总质量 120t 全电渣焊的水轮机工作轮。在三峡大坝水利发电机组中，又成功制造了直径 10.7m、高 5.4m、总质量 440t 的水轮机工作轮，如图 1-13 所示，从体积和质量来说都为世界第一，仅焊接材料就耗用 12t。

8.5.3　汽轮机转子

汽轮机结构由固定部分（静子）和转动部分（转子）组成，与回热加热系统（包括抽汽、给水、凝结水及疏水系统等）、调节保安系统、油系统以及其他辅助设备共同组成汽轮机组件。

固定部分包括汽缸、隔板、喷嘴、汽封、紧固件和轴承等。转动部分包括主轴、叶轮或轮鼓、叶片和联轴器等。固定部分的喷嘴、隔板与转动部分的叶轮、叶片组成蒸汽热能转换为机械能的通流部分。汽缸是约束高压蒸汽不得外泄的外壳，还设有汽封系统。汽轮机内部剖视结构如图 8-124 所示。

汽轮机转子是在高温高压的气体质中工作，且转速很高，要求具有高温力学性能、疲劳

性能、动平衡以及高度运行可靠性。目前汽轮机转子可用锻造、套装和焊接方法制造。与前两种方法比较，焊接转子具有刚性好、启动惯性小、临界转速高、锻件尺寸小、质量易保证等优点。

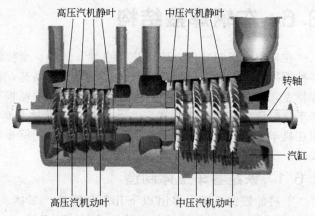

图 8-124　汽轮机横截面剖视结构示意

焊接转子一般采用盘鼓式结构，即由两个轴头、若干个轮盘和转鼓拼焊而成的锻焊结构。汽轮机转子用珠光体或马氏体耐热钢制造，这类钢焊接性不好，必须预热到较高的温度才能施焊，焊后尚须进行正火热处理。我国设计的 600MW 的汽轮机焊接转子（见图 8-125）由 6 块轮盘、2 个端轴及 1 个中央环组成，共有 8 个对接接头，总质量 45t 以上，连接轮盘的对接焊缝厚度为 125mm。汽轮机转子的焊接工艺要求很高，必须保证焊接质量和尺寸精度。

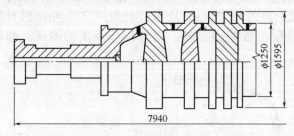

图 8-125　600MW 汽轮机低压焊接转子

转子各轮盘之间的焊缝坡口形式非常重要，图 8-126 列出了目前国内外使用的几种转子对接接头的结构形式。图 8-126(a) 是气体保护焊和埋弧焊并用的接头，在焊缝根部设计成锁边接头，左右两凸缘共厚 5mm，它们之间有 0.1mm 的过盈配合，满足装配定位要求。

先用 TIG 焊或等离子弧焊焊接第一条焊缝，要求单面焊背面成形，然后用 MIG 焊至一定厚度转用埋弧焊填满整个坡口。在焊缝根部两侧，设计 45° 斜面的槽，为超声波探测焊缝根部质量所需的反射面。图 8-126(b)、(c)、(d) 所示的坡口形式的示意图基本相似，但各有特色。图 8-126(b) 所示的坡口背面安置有陶瓷垫，保证单面焊背面成形；图 8-126(c) 所示的坡口定位准确，焊接过程中收缩自由，冷却慢，不易产生裂纹，缺点是不易加工；图 8-126(d) 所示的坡口在焊前增加一根纵向开口的管子，打底焊时，焊缝直接焊在管子上，这样有利于改善焊缝根部的应力分布，根部不易产生裂纹。图 8-126(e) 所示的坡口用于窄间隙焊接，其填充金属量很少。

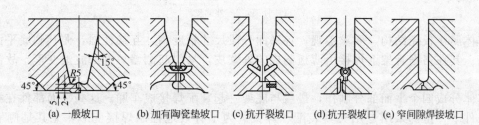

(a) 一般坡口　　(b) 加有陶瓷垫坡口　　(c) 抗开裂坡口　　(d) 抗开裂坡口　　(e) 窄间隙焊接坡口

图 8-126　焊接转子坡口形貌

8.6 车辆焊接结构

在轻型汽车制造中，广泛应用点焊、缝焊、摩擦焊、气体保护焊、电子束焊和激光焊的多种焊接方法。其中电阻焊和气体保护焊具有高速、低耗、变形小、易实现机械化和自动化等特点，特别适用于汽车车身薄板覆盖零件和中厚板车桥、车架和车箱等部件的焊接。在汽车车身制造中，电阻焊约占75%。在车架、车桥和车箱制造中，90%以上采用气体保护焊。而在机车车辆、重型汽车及改装车制造中，由于钢板厚度相对较大，主要焊接方法有焊条电弧焊、气体保护焊和埋弧焊。

8.6.1 铁路客车主体制造

一般的铁路车辆大多由以下几部分组成：车体、车底架、车钩及缓冲装置、行走部分（包括转向架、减震器轴承与车轮）及制动装置等。

全焊结构的车辆即指车体和底架是全焊结构的。如全焊的客车体是由顶盖、侧墙、端墙和门墙等预制好的大尺寸构件装配焊接而成，而车底架和钢板焊接在一起，最后两者焊接成为一个封闭的车厢。车体为格栅骨架结构。它是由顶盖、侧墙、端墙和门墙所组成的全焊接结构。车体与车底架装配焊接在一起即组成全焊接车厢结构。顶盖、侧墙、端墙和门墙等较大尺寸的构件均由格栅骨架和外蒙皮组成，如图8-127(a)所示。骨架由Z形冲压型材组成。外蒙皮为1.5～4mm厚的钢板，常将蒙皮板冲压起棱，以增加外蒙皮的刚度，如图8-127(b)所示。

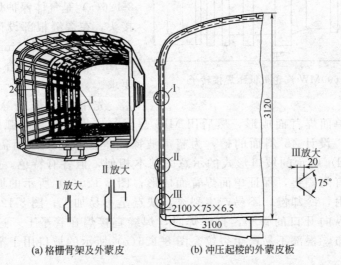

(a) 格栅骨架及外蒙皮　　(b) 冲压起棱的外蒙皮板

图 8-127　客车车厢焊接结构示意图

1—骨架；2—外蒙皮

车体属于板壳结构，要求美观，各平面分段尺寸精度高，互换性强，尤其侧墙平面度要求较高。其在格栅骨架上焊接由薄板制成的外蒙皮，易引起侧墙等件的波浪变形，故需严格控制。

车体分成四个平面部分制作，最后与底架一起装配焊接成车厢。这些平面部件在批量生产的条件下，全部采用专用夹具装配和焊接。为了有效地控制焊接变形，尤其是侧墙的变形，蒙皮与骨架间的连接采用双面接触点焊，而骨架间采用二氧化碳气体保护焊。

平面部件的装配和焊接均在专用装配焊接夹具上进行，如图8-128所示。该夹具由装配平台2，两个装配门架4和焊机1组成，如图8-128(a)所示。装配步骤如下：先在夹具上铺设蒙皮板，然后放置格栅骨架（Z形冲压型材），用其压紧外蒙皮并使其预弯变形。外蒙皮的预弯、格栅骨架的定位均由装配门架上的支架 6 上所安装的一系列装配定位压紧器来完，如图 8-128(b) 所示。门架可以沿装配平台纵向移动，移到设计的位置将其固定。气缸 2 将销子 7 插入轨道下边工字钢中的定位孔 8 中。门架固定后，气动杠杆压紧器 3 和 5 ［见图 8-128(b)］中的 A-A、B-B、C-C 将格栅骨架和蒙皮压紧，并用气动压紧器 4 造成预弯，然后进行定位焊。定位焊后，各压紧器恢复原位，门架移到下一个装配位置。

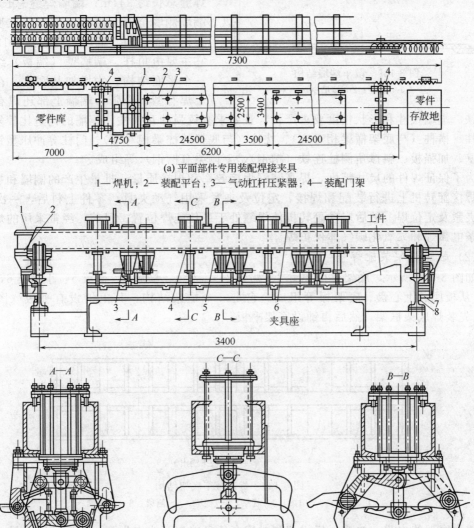

(a) 平面部件专用装配焊接夹具
1— 焊机；2— 装配平台；3— 气动杠杆压紧器；4— 装配门架

(b) 装配门架
1— 门架；2— 定位气缸；3,5— 气动杠杆压紧器；
4— 气动压紧器；6— 支架；7— 销子；8— 定位孔
图 8-128　客车车体平面部件的专用装配焊接夹具

　　顶盖由槽形蒙皮和格栅骨架构成，也可以在流水生产线上生产，只需将装配平台改为弧形（槽形）即可。蒙皮与格栅骨架采用双柱式接触点焊机实施双面接触点焊，焊好的平面构件用夹具上的起升支柱抬高。在纵向焊缝焊接时，三点接触点焊机沿轨道纵向移动；横向焊缝则是由装在门架上、下的焊接装置沿门架同步移动并实施同步焊接。点焊完毕，夹具的起升支柱下降，焊机通过。

8.6.2　铁路货运敞车的制造

目前，常用的铁路货运敞车基本是全焊接结构，它是由车体和底架构成。车体主要由侧墙、端墙组成，而底架上面铺 8mm 厚的钢板。

（1）车端墙和侧墙的装配焊接

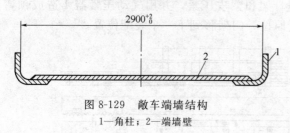

图 8-129　敞车端墙结构
1—角柱；2—端墙壁

该敞车有两个端墙和两个侧墙，侧墙焊缝总长约 241m；端墙焊缝总长约 78m。端墙侧墙全部是由冲压的非标准型钢和钢板拼焊而成的。端墙结构如图 8-129 所示。它主要由角柱、端墙壁（端板）组成，是一个平面结构。为增加其刚度，在端墙壁上焊有型钢横带，端墙上部还焊有槽钢篷布护铁。端墙尺寸和形状精度要求严格，且要求有较强的互换性。侧墙的构造比较复杂，是由侧柱、横柱（与底架横梁相对应）、枕柱（与底架的枕梁相对应）、门柱等冲压型钢，以及侧墙壁、加强板、斜撑角侧柱连铁（槽钢）、上侧梁（槽钢）等组成。

为了保证焊件的尺寸精度，提高装配焊接效率和焊接质量，批量生产的侧墙和端墙均在装配焊接翻转机上进行装配和焊接，定位及夹紧采用气动夹具，零件上料后，一次实现装配、夹紧及定位焊。然后启动翻转机使焊缝处于最佳施焊位置。目前，经常采用的焊接方法是焊条电弧焊和二氧化碳气体保护焊。

（2）敞车底架装配焊接

如图 8-130 所示，底架是由中梁 2、枕梁 3、端梁 1、横梁 4、侧梁 5、小横梁 6，以及前（后）从板座、上心盘、底架板等组成。它是一个框架结构，其上铺设有平板（图中未示出）。先装焊底架框架，然后再铺设底架平板。

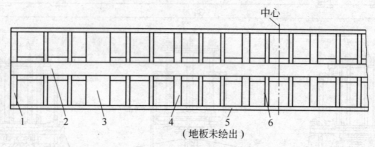

图 8-130　货运敞车底架结构
1—端梁；2—中梁；3—枕梁；4—横梁；5—侧梁；6—小横梁

因为底架的中梁、枕梁、横梁和侧梁均在各自的生产线中生产，工序大同小异，这里只介绍中梁的装配和焊接。

中梁是底架的脊柱，传递全部牵引力、冲击力和将底架所承受的全部垂直载荷通过上心盘传给转向架，其结构如图 8-131 所示。由图可知，中梁是由两根 Z 型钢、隔板、下盖板和中间型板等组成。中梁以中心线对称，全长为 12486mm，两心盘中心距为 8700mm±7mm，技术条件规定了前后从板座距离偏差、平行度（这是安装挂钩和缓冲装置所必需的）及其对下平面的垂直度（两者都不大于 1mm），特别要求中梁有 23～30mm 的上拱度，全长旁弯不大于 6mm，每米不大于 2mm。中梁的生产工艺流程如图 8-132 所示。

中梁的尺寸和形状必须严格控制，尤其中梁的上拱度必须保证。由于 Z 型钢对接纵焊缝处于中梁的中性轴上部，焊接将会引起中梁的下挠，因此需要借助装配夹具及机械装置的

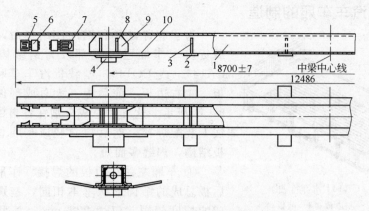

图 8-131　货运敞车底架中梁结构

1—中梁Z型钢；2—横梁下盖板（中）；3—隔板（横梁处）；4—上心盘；

5—前从板座；6—中间型板；7—后从板座；8—隔板（枕梁处）；

9—补强板；10—下盖板（枕梁处）

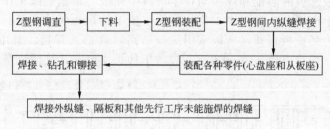

图 8-132　中梁生产工艺流程

反变形才能达到上拱要求。

中梁的装配在生产线的专用夹具中进行。夹具保证了两Z型钢的距离、对口处间隙、错边以及两Z型钢翼板的平行度；内纵缝的焊接在另一个焊接夹具中进行，其液压装置使中梁在进行埋弧焊前有60～70mm上拱反变形；枕梁下盖板、心盘座和隔板等零件的装配也是在专用夹具上进行的，以保证各种零件间的准确位置；两上心盘的位置公差（中心距为8700mm±7mm）及平行度要求是比较严格的，故可采用液压升降装置夹具来装配上心盘。为提高钻孔效率，采用多头钻加工其上的116个孔。心盘座和从板座采用液压铆接机进行铆接。隔板等零件的焊接是在双柱式焊接翻转机上进行的，将全部焊缝均转到方便施焊的位置，并由翻转机上的夹具保证中梁有20～25mm的反变形。中梁生产线共采用了Z型钢装配、内纵缝焊接、零件装配、心盘座焊接，上心盘装配、隔板焊接和外纵缝焊接等近10个装配焊接专用夹具和翻转机。

底架总装配焊接首先在底架专用装配夹具上装配并定位各梁部件，大型装配夹具多为气动夹具，可以保证没装地板的底架有30mm的上拱度、全长12500mm±5mm、全宽2900mm±2mm、对角线差小于8～12mm、侧梁旁弯小于6mm。并用二氧化碳气体保护焊焊接各梁及其附件相互连接的正面平焊缝和立焊缝。

然后在专门的夹具上采用液压夹紧和推撑装置装配地板，并保证装配好地板的底架有50～60mm的上拱度，地板要与各梁紧密贴合。采用二氧化碳气体保护焊焊接地板的正面焊缝。

最后在底架大型焊翻转机上，装配各零件并焊接底架反面所有焊缝，检查验收送交总装。

8.6.3 载货汽车车厢的制造

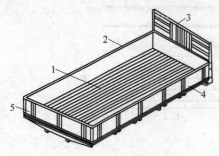

图 8-133 CA141 汽车车厢
1—底板；2—左边板；3—前板；
4—右边板；5—后板

为了节省材料和增加使用寿命，目前我国国产载货汽车车厢已经全部改为钢结构。典型车种如CA141（或 EQ140）型载货汽车车厢，均由车厢底板、左右边板、前后板五大总成部件所组成，如图8-133 所示。这五大总成分别在各自的装配焊接生产线上装配焊接，然后再总装成车厢总成。车厢为薄板结构，焊缝多而短。

① 车厢左、右边板的焊接　车厢左、右边板及后板总成的结构形状基本相同，差别仅在于后板总成的长度较短，仅为 2284mm。某型汽车边板结构形状尺寸如图 8-134 所示，它是由一块 1.2mm 厚的整体冷冲压成形的瓦棱板、六个 2.5mm 厚的冲制而成的栓钩所组成。焊接接头为搭接形式，焊缝总长约 3800mm。

车厢的边、后板总成的装配和焊接均在生产线中完成。根据装配工作量的大小和生产节拍的长短，将流水生产线分为若干个工位，每个工位工件均为气动夹紧并实施半自动二氧化碳气体保护焊。因为瓦棱板很薄，所以采用细丝短路过渡形式焊接。常用焊接工艺参数为：电弧电压 18～20V，焊接电流 110～130A，焊丝干伸长 10mm，气体流量 500L/h。

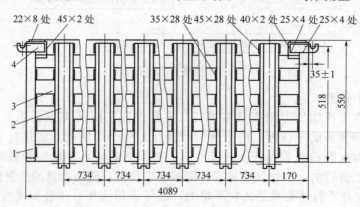

图 8-134 车边板
1—端包铁；2—上页板；3—瓦棱板；4—栓钩

② 车厢前板总成的焊接　车厢前板总成如图 8-135 所示，它是由两根槽钢前板边框、两根冲压槽钢中支柱、一根冲压槽钢前板上框、一根角钢前板下框、三根角钢前板中框、九根点焊压制支承杆和一块前盖板等成。

前板、骨架与前盖板的连接可以采用电阻点焊工艺，这样生产效率高，但设备投资大而且焊点质量不易保证。因此，在实际生产中是用粗丝二氧化碳气体保护半自动点焊，使用 NZV1-500 型半自动焊机，以 ϕ1.6mm 焊丝，电弧电压 26～30V、焊接电流 400～430A 的规范，可获每分钟 40 个焊点的高效率，而且焊点的质量好，结合强度高。采用二氧化碳气体保护电弧点焊工艺，可以大大简化对装配焊接夹具的设计要求，减少移位工作量和操作工人的数量，明显提高生产率和降低成本。

当大批量生产和生产技术基础较好时，前板与骨架的二氧化碳气体保护半自动点焊也可以采用熔焊机器人取代之。前板总成也是在流水生产线中的各种专用装配焊接夹具中完成装配焊接的，达到工件夹紧气动化，工件移位辊道化程度。骨架的短焊缝适宜采用 ϕ1.2mm

焊丝的二氧化碳气体保护半自动焊，焊接电源为 NBC-400 型，电弧电压为 22～25V、焊接电流为 180～200A。

③ 厢底板总成的焊接 车厢底板总成的结构如图 8-136 所示，它由两根纵梁、六根横梁、两根底板边框、底板后框、十块中底板等零部件组成。它是车厢的主要受力构件，是一个比较复杂的焊接组合件。底板的尺寸、形状及焊接质量的要求都比较高。此框架结构所用钢板较薄（$\delta \leqslant$ 4mm），焊缝短，适合选用二氧化碳气体保护半自动焊。

由于车厢底板总成是一个轮廓尺寸比较大的焊接结构件，焊接工作量很大，尽管都是焊缝，也很难在少量工位中全部完成。现在都是按生产纲领的要求，将焊接工作量按生产节拍的需要，分别安排在不同的工位来装配焊接，所以流水生产线的工位较多，生产线较长，占用车间面积较大。因为焊接工作量大，因此，生产环境不理想，工人劳动强度较大。

在批量生产的条件下，可以考虑采用弧焊机器人进行焊接，尤其是在中底板和横梁之间有大量规则焊缝，应首先使用弧焊机器人。

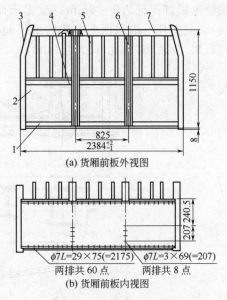

(a) 货厢前板外视图

(b) 货厢前板内视图

$\phi 7L = 29 \times 75 (=2175)$　$\phi 7L = 3 \times 69 (=207)$

两排共 60 点　　两排共 8 点

图 8-135　车厢前板总成

1—前板下框；2—前盖板；3—前板边框；
4—前板中框；5—支撑杆；6—骨架
（中支柱）；7—前板上框

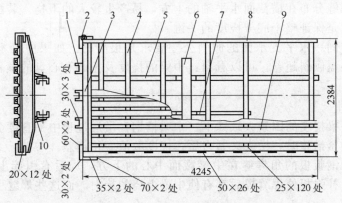

图 8-136　车厢底板总成

1—下页板；2—反光镜支架；3—后框；4—横梁；5—左纵梁；6—小横梁及
其支架；7—右纵梁；8—底板边框；9—中底板；10—连接板与铆钉

8.6.4　油罐车车架制造

随着石油工业的蓬勃兴起，石油运输除铺设管道直接输送外，利用油罐铁路运输仍是重要手段之一。罐车底架上部安放油罐，下部有车轮构成一节车体，可以随时挂车或组成专列。

罐车底架由中梁、侧梁、端梁和枕梁组成梁系框架，整体外形好似一只哑铃，如图 8-137所示。其主要技术条件如下：全长公差±10mm，宽度公差±5mm；全长对角线允差 <10mm；两枕梁间距允差±8mm；枕梁间两对角线允差为 8mm；整个底架挠度±5mm，

中梁挠度最好保证为 0～5mm；盘支承面对同一水平面的倾斜应不大于 0.5mm（这一要求较高）。底架任一横截面上各梁的水平允差在枕梁处 5mm，在端梁处 10mm。枕、侧、端各梁对底架中心线对称允许公差 2mm。

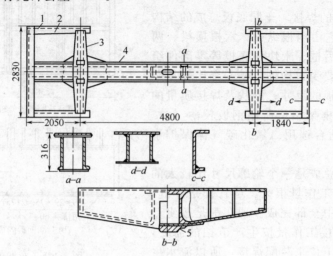

图 8-137　罐车底架
1—端梁（2 根）；2—侧梁（4 根）；3—枕梁（2 根）；
4—中梁（1 根）；5—心盘（铸件，2 个）

从技术条件分析可知底架长、宽及对角线公差的保证，关键在于各梁本身的制造质量及各组装底架时的装配；焊接质量的保证，要求各梁零件的备料尺寸要予以保证。

整个底架的焊缝分布在横截面水平轴的上方，易产生较大的下挠。装配时以中梁为装配基准，故中梁挠度是保证整个底架挠度的关键。

心盘支承面与同一水平支承面的倾斜公差要求是很高的。如果中梁本身扭曲（极易产生）就很容易使心盘倾斜超差。可以看出：中梁的挠度及扭曲和心盘的倾斜是底架制造的关键问题。

（1）挠度控制

影响底架和中梁挠度的因素大致如下：中梁槽钢在吊运过程中平直度受到破坏，如为了获得上挠而采用夹紧措施时，松去夹紧力后，挠度数值变化超差。

中梁隔板与槽钢腹板的角焊缝在中梁截面中心的下方，焊后有引起上挠的趋向；心盘座、中梁连接板、补强板处焊缝焊后都有使中梁上挠的趋向。而这些焊缝引起的上挠比上述角焊缝还大。

中梁盖板焊缝以及下鞍处的焊缝，焊后会造成较大的下挠，这些焊缝是影响中梁下挠的最主要焊缝。同时，这些焊缝由于焊接顺序不同，也会引起旁弯。

底架组装时，正面侧面及反面焊缝焊后同样会影响底架的变形。

为了获得中梁上挠，应采用合理的焊接次序以建立有利于中梁上挠的趋势，应先焊接心盘座焊缝、中梁连接板焊缝，由于此时盖板焊缝尚未焊上，中梁的刚度较弱，产生上挠变形容易。

上述焊缝焊完后，再焊盖板及下鞍处焊缝，此时中梁已上挠，上述焊缝的下挠变形有所减少。由于中梁盖板焊缝及下鞍处焊缝造成中梁下挠很大，其余焊缝引起的上挠不足以克服中梁的下挠，所以为获得上挠尚需采用反变形措施。

反变形可有两种方案。一种是中梁槽钢预制反变形。将中梁槽钢在顶床上顶出上挠度，然后进行组装。中梁在焊接过程中虽有下挠，但因预制上挠，最终仍能获得所需的上挠度。

关于预制反变形，过去中梁制造工艺曾有采用，但顶出的挠度，各个槽钢都不均匀，两根槽钢组对后反而影响铆装心盘面的倾斜。而且顶出后的挠度在吊运、孔加工、堆放时又会发生变化，使组对的两槽钢上挠度不等而影响心盘面的倾斜。因此采用中梁预制反变形并不理想。另一种是强制反变形。在中梁盖板焊缝以及下鞍处焊缝焊接时将中梁夹固在强制变形的胎具上，这样可以减少这些焊缝的下挠。同时为保证底架获得所需的上挠，在正面焊缝、侧面焊缝及反面焊缝焊接时，将底架夹固和强制变形。

焊接中梁盖板焊缝时，采用逐段退焊法以减少残余变形，这是相当有效的。

（2）心盘面倾斜控制

技术条件规定心盘对同一水平面的倾斜度不得超过 0.5mm。而心盘平面与水平胎之间的间隙总和不大于 1mm。这是因为考虑到罐车运行时的平稳和安全。而且，心盘面过大地倾斜也将造成心盘过早的损耗。

造成心盘倾斜的原因如下。

① 由于心盘作为中梁的一个部件在中梁组成底架前已经铆装在中梁上，因此造成中梁扭曲变形的因素均会引起心盘面的倾斜。

② 铆装心盘时的质量、枕梁下盖板（中）、心盘座和心盘铆装间隙及装配质量也很重要，这涉及到枕梁下盖板的压型精度、槽钢翼板平面的平行度、心盘机加工时的尺寸精度（"毛面"与"光面"的平行度）、孔加工的质量等等，它们的误差积累会使心盘超差。

③ 中梁与底架组装时的焊接变形以及枕梁下盖板（中）压型精度等引起的心盘歪斜。

④ 底架的扭曲变形而引起的心盘倾斜。

目前底架工艺采用正装法，即以心盘面作为基准面，心盘在底架总装前已铆装在中梁上。各梁以中梁为准组焊，由于焊缝偏于底架上部，装配焊接胎具对焊接变形的控制能力有限，因此，会引起底架的扭曲而影响心盘的倾斜。

解决心盘倾斜问题的工艺措施是应选择合理的装配与测量基准和心盘安装工序。严格保证中梁的制造质量（包括铆装心盘），从备料到焊接的所有各个工序要严加检查。保证心盘本身的尺寸精度。控制底架组装时的装配质量和各种焊接变形，底架焊接时尽量采用对称焊接。

（3）中梁扭曲控制

中梁由两槽钢组成，上下两面焊缝不对称，单肢槽钢备料时尺寸超差，肋板焊接有先后而产生变形等原因，会使中梁产生扭曲。底架组装时，中梁与枕梁连接处构造复杂，焊缝集中；中梁两侧变形不一致时，也会使中梁产生扭曲并进而影响到其他技术条件的保证，如两对角线长度超差等。

因此，防止中梁扭曲的措施首先注意中梁槽钢本身的形状及尺寸误差，尤其要严格控制两根槽钢的高度差，两根槽钢在预制上挠时要采用同一数值，否则将有扭曲或倾斜。其次，尽量对称施焊，控制焊接变形，利用胎具强制变形达到技术要求。然后合理选择装配基准、焊接支承基准及测量基准。目前底架生产采用正装法，即以心盘面作为基准，心盘在底架组装前就已铆装在中梁上，各梁再以中梁为基准装焊。底架焊接时在正面及反面焊接胎具上进行强力夹固以强制变形，结果使得扭曲变形大为减少，超差问题并不严重。

通过以上简单分析不难看出，整个底架的关键问题是中梁制造精度和心盘铆装精度的保证。

8.7 船舶焊接结构

船体结构是一个具有复杂外形和空间结构的焊接结构，船体结构如图 8-138 所示。按其结构特点，从下到上可以分为主船体和上层建筑两部分，两者以船体最上层贯通首尾的甲板即上甲板为界。上层建筑包括尾楼、桥楼、首楼，甲板室等。主船体由船底、舷侧、上甲板等形成水密的空心结构，用水平和垂直隔板分成许多舱室，可以充分合理地利用船体内部空间并保证船舶的安全。其中首尾贯通的水平隔板称为甲板，垂直隔板称隔舱壁，其中沿船长度方向的舱壁称纵舱壁，沿船宽方向的舱壁称为横舱壁。首尾端的横舱壁称为首尖舱壁（防撞舱壁）、尾尖舱壁。为加强首尾端的结构强度，设置了首柱、尾柱。

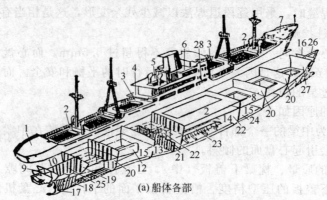

(a) 船体各部

1—尾楼甲板；2—上甲板；3—桥楼甲板；4—游步甲板；5—艇甲板；6—驾驶甲板；7—首楼甲板；8—下甲板；9—舵杆筒；10—船尾水舱；11—船侧水舱；12—轴隧；13—深舱；14—机舱；15—货舱；16—锚链舱；17—尾柱；18—升高肋板；19—尾尖舱舱壁；20—水密舱壁；21—槽形舱壁；22—舱壁凳；23—机座；24—双层底；25—纵中舱壁；26—甲板纵桁；27—首尖舱舱壁；28—上层建筑

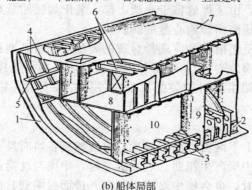

(b) 船体局部

1—外板；2—中内龙骨；3—肋板；4—肋骨和强肋骨；5—舷侧纵桁；6—横梁；7—上甲板；8—下甲板；9—横隔壁；10—纵隔壁

图 8-138 船体结构

船体外板及甲板形成主船体的水密外壳。外板包括平板龙骨、船底板、舭列板，舷侧板、舷顶列板等。船体板承受垂直于板平面的水压力，故必须给予加固。加固的骨架分为纵向（沿船长度方向）和横向（沿船宽度方向）骨架。同一条船，加固骨架总是一个方向密，另一个方向稀，同一方向上骨架间距相同。因而又分为纵骨架式（横向骨架较稀）和横骨架式。骨架多为 T 形截面梁。

船舶结构受力复杂，在建造、下水、运营坞修等状态下都承受不同的载荷，在意外状态下（如碰撞、搁浅、触礁等），载荷更有很大不同。但船舶结构主要是根据运营状态下受载条件进行强度设计的。在这种状态下，船体主要承受重力和水压力，重力指空船重量（船体结构、舾装设备、动力装置等）和装载重量（货物、旅客、燃油、水等），水压力由吃水深度决定，因水深相同处压力相同，故平底水压力呈矩形分布，舷侧呈三角形分布。垂直向上总压力和称之为浮力。

在静止的水中整个船体重力和浮力大小相等，方向相反，作用在一条垂直线上。但船体各区段的重力和浮力并不平衡，如在船体首尾区段内装载，虽然总浮力和总重力仍然平衡，但首尾区段重力大于浮力，而中部相反，这样就出现了重力与浮力沿船长分布不均匀，使船发生纵向弯曲，这种弯曲称为总纵弯曲。上述条件下，会出现中间上拱即中拱。反之，出现中垂弯曲。

除加载的不平衡外，在波浪中航行的船舶，当波峰在船中，或波谷在船中（波浪长度与船长大致相等时）浮力沿船长分布发生最严重的不均匀，船体弯曲得最厉害，分别产生严重的中拱和中垂。

把船体当作不等截面空心梁，总纵弯曲由船体的强力构件，如外板、甲板，纵舱壁及各纵向连续骨架（如龙骨、纵桁等）来承担，这就是船体设计建造中必须首先考虑的船体总纵强度，该强度不够，船体破损。

当首尾货舱中货物堆放在不同舷侧，或首尾波浪表面具有不同的倾斜方向时，重力和浮力的分布不均会引起整个船体扭转，当船体上甲板开有长大开口时，则需认真设计，保证其总扭转强度。

除以上总强度（总纵弯曲和总扭转强度）外，还有涉及局部结构的变形和破坏，如舱口应力集中、舷侧结构在横舱壁之间内凹、外板及甲板骨架变形、支柱压弯等等，可造成局部变形和破坏。局部破坏有时也会引起全船断裂事故。

船体在外力作用下（如水压及重力作用），还可能产生横向弯曲变形。船体中心集中装载引起的横向变形，受横向波浪作用可能引起肋骨框架横向歪斜。船体必须有抵抗这类变形的能力——横向强度。保证船体横向强度的构件有肋骨、横舱壁、横梁、肋板以及与之相连的外板、甲板等。

船体强度要靠合理设计，但正确选材和优良的建造质量无疑也是保证船体结构强度的重要条件。

8.7.1 船体生产常用焊接工艺方法

焊接技术是船体建造的主要工艺手段。目前世界各主要造船企业，大量采用全新的造船焊接工艺方法和高生产率、高质量的机械化、自动化焊接技术，以提高产量、效率和造船竞争力。

（1）埋弧焊方法

船舶自动化焊接方法中，埋弧焊占重要地位。凡是在船体零部件、船体分段组焊和船台船体总段合拢的长板对接缝、长角焊缝的水平拼接场合都有大量应用；船甲板的拼板埋弧焊以使用焊接小车最为方便。

对于工字梁船体结构零件来说，遇到长角焊缝时，将焊缝置于船型焊位置则容易保证焊接质量（见图 8-139）。对于具有对称分布的长角焊缝的船体零部件，为减小焊接变形，均采用对称布置双焊机，并同时施焊的工艺方案（见图 8-140）。

现代船舶埋弧焊工艺方法中，还推广了各种高效埋弧焊工艺方法，其中，有双丝埋弧焊、单丝窄间隙埋弧拼焊和双丝窄间隙埋弧焊（如图 8-141 所示）。

船体结构的特点是一旦吊装到船台（或船坞）上进组装焊接后，由于不可能对焊接结构再进行"翻身"等位置的改变，从而使结构的焊缝可能处于不利于焊接质量的焊位，典型的焊位为立焊位、横焊位和仰焊位；即便是平焊位，往往因焊缝背面的空间狭小，也不便进行焊接操作；针对船体结构的上述特点，于是单面焊双面成形工艺就成为船体焊接技术中的重点研究课题。

图 8-139　工字梁的角焊缝埋弧自动焊　　　　图 8-140　船零件长角缝采用双弧对称自动焊

(a) 船舶厚板的单丝窄间隙埋弧拼焊　　　　　　(b) 双丝窄间隙埋弧焊

图 8-141　窄间隙焊焊应用

　　埋弧自动焊的单面焊双面成形工艺，主要是使用焊缝背面的衬垫法。即焊剂铜垫（FCB）法、陶瓷衬垫法和焊剂衬垫法；焊剂铜垫法和焊剂衬垫都是衬垫可反复使用的方法，最适用 20mm 以下的厚板平板对接缝的拼焊，这时，可采用大焊接电流一次将钢板焊透，并有良好的背面焊缝成形。

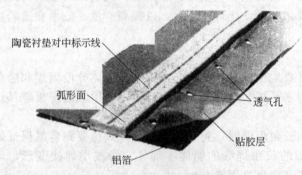

图 8-142　瓷衬垫装贴件的构成

　　陶瓷衬垫是一种用陶质烧结工艺成形的一次性使用垫，其特点是陶瓷衬垫本身很轻（如图 8-142 所示），容易安装，并且焊后也容易清除。使用陶瓷衬垫后，埋弧焊的焊接规范可调范围增大，一次焊透能力强；在厚板开坡口且钝边较小或薄板的对接焊中，采用大电流在不留间隙的情况下，也能焊透使焊缝背面成形。如陶瓷衬垫埋弧焊的电流过大，热输入增加，对接头性能有利，为满足接头性能要求，应用适宜的焊接电流，并配合一定的装配间隙。

　　对于陶瓷衬垫埋弧焊，除对陶瓷衬垫的成分、耐火度、烧结温度、成形槽尺寸及形状有特殊要求外，对不同的间隙及坡口条件还需要有一个合适的焊接规范配合。焊接速度的调整在间隙变化时将起关键作用，间隙增大时焊接速度应降低；间隙较小时，焊接速度要增加。

（2）CO₂气体保护焊方法

CO₂气体保护焊具有优质、价廉、高效的优点，焊接速度是焊条电弧焊的3～4倍，目前已被大量应用于船舶制造中。目前CO₂气体保护焊在造船中实现的技术工艺主要有：衬垫单面自动平对接焊、自动水平角焊、自动对接立焊、自动对接横焊、全位置自动角焊等等。其中实芯焊丝应用最早、最广。药芯焊丝CO₂气体保护焊由于具有焊缝质量好，焊接飞溅小，防风能力强，熔敷效率更高而得到了越来越多的应用。

CO₂气体保护焊焊接水平角焊是船体零部件焊接，船体分段、总段焊接中应用最多的焊接工艺方法。对于船体零部件说，凡是焊接具有对称结构特点的工件，出于减小构件变形的考虑，应尽量采用双焊头或双焊机的自动焊方案，如图8-143所示。

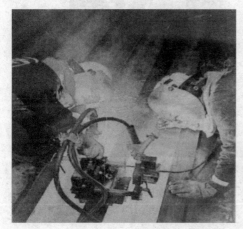

(a) 双丝CO₂自动平对接焊   (b) 船体零件的机器人CO₂自动焊

图 8-143　CO₂气体保护焊应用

对于肋板结构件，由于其在船体零部件中占有相当大的份额，为了焊接质量的一致性，根据肋板结构的特点，其平角CO₂自动焊以采用龙门式机架最适宜，而增加焊头数量可进一步提高生产效率。如图8-144所示。

CO₂立向上焊熔深大，操作比手工焊条焊容易，特别适合于船体厚度较大工件与分段合拢缝焊接，如图8-145所示。由于向上立焊时熔池铁液下淌，容易产生焊道凸起，成形不良和焊缝咬边缺陷。

CO₂立向上自动焊时，焊接机头的导向轨一般为直向，也可能遇到有一定斜度或有曲率的焊接状态，使用CO₂气体保护焊却都能得到满意的焊接质量，这也正是CO₂气体保护焊在船体焊接中的优势。

CO₂横向自动焊被大量应用在船舷外板、舱壁板的焊接，如图8-146所示，由于焊接质量不依赖焊工的操作经验和水平，其焊接质量稳定可靠。

船体结构焊接应尽量避免仰焊。但实际上，还会碰到必须进行仰焊的场合，这时，对自动CO₂仰焊一般应采用脉冲CO₂弧焊电源和选用药芯焊丝，以使焊缝背面成形良好。这是因为焊接过程中，药芯焊丝的液体焊剂可以浸润到焊缝背面去，从而通过焊剂与焊缝背面液体金属的相互物理和化学作用，达到焊缝背面的良好成形与焊缝合金成分的良好性能。图8-147为CO₂仰焊过程。

（3）船体的气电立焊

气电立焊（EGW）工艺方法，是近年来在船体长立向上焊缝焊接中广泛采用的自动化焊接方法。气电立焊（EGW）技术是一种配备专用的药芯焊丝，以CO₂气体保护进行立向

图 8-144　门式三头 CO_2 自动焊机

图 8-145　侧大分段合拢缝直导
向轨立向上自动焊

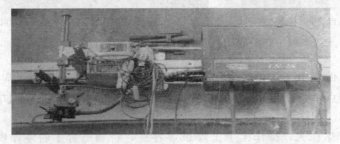

图 8-146　船体部件围板的 CO_2 横向自动焊

上对接焊的自动化焊接工艺，用于焊接垂直或接近垂直位置的焊接接头，如图 8-148 所示。

图 8-147　CO_2 仰焊过程

焊接时，电弧轴线方向与焊缝熔深方向垂直，在焊缝的正面采用水冷铜滑块、焊缝的背面采用水冷挡排（或衬垫）使用药芯焊丝送入焊件和挡块形成的凹槽中，熔池四面受到约束，实现单面焊双面一次成形的一种高效焊接技术。

这种方法在船体焊接应用中不断发展，现在已具备单丝、双丝两种送丝方式；双丝焊时，第一根焊丝需要沿焊缝的熔深方向进行摆动。如图 8-149 所示为双丝气电立焊原理图。

8.7.2　船体结构的焊接生产过程

为提高船体结构生产效率和质量（如保证船体复杂外壳的精确性，将许多空间位置的焊缝转成水平焊位置提高施焊质量和生产率等，现代船体结构的制造都采用

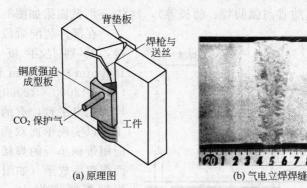

(a) 原理图 　　　　　(b) 气电立焊焊缝

图 8-148　气电立焊工艺原理与焊缝成形

分段建造法，即将船体结构划分为部件、分段和总段，它们是平面和立体的结构。这些部件、分段和总段都有足够的刚度，它们的装配焊接工作可在车间条件下，利用装配焊接夹具及机械化装置进行。生产易于实现专业化，且便于组织连续流水生产，提高船舶生产率和质量。由于船台上（或船坞里）只进行船体结构的总装配焊接，因而大大缩短了船台生产周期，提高了船台的生产率。采用上述建造方法后，工人在露天环境下焊接空间位置焊缝的时间和数量都大大少了，这不仅能提高工作质量，也大大改善了工人劳动生产条件。

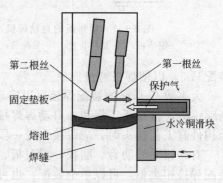

图 8-149　双丝气电立焊原理图

分部件、分段或总段时，即进行工艺分析和制订工艺方案时，应注意结构的合理性。应考虑船体的总强度，并保证部件和分段有足够的刚度。因此要避免在最大应力截面划分部件和分段，通常可按横舱壁、机舱壁等划分，而首尾部分常以整个立体分段形式划分。

应按船厂的设备和厂房条件如起重机和运输工具的能力，船台造船下水方式，装配焊接设备和施焊条件等，同时考虑制造的经济性如节省钢板、减少焊缝长度，尽可能减少装焊夹具及机械化装置，减轻劳动强度，节约动力的消耗等。

按照现代船舶的分段建造方法，船体结构装配和焊接分为下列几个阶段：部件（组件）的装配和焊接；分段和总段（平面和立体分段）的装配和焊接；船台的装配和焊接。

（1）部件（组件）的装配和焊接

多数部件由简单的板状零件、轧制材料、组合梁或桁架组成，其中大批是T形截面梁。T形截面梁中有的是直梁（如中内龙骨、旁内龙骨、各种纵桁、横纵舱壁的加强肋及部分肋骨等），还有一

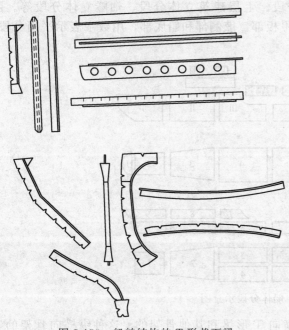

图 8-150　船舶结构的 T 形截面梁

些是曲梁（如甲板横梁、肋骨与强肋骨、肋板等），这些 T 形截面梁如图8-150所示。

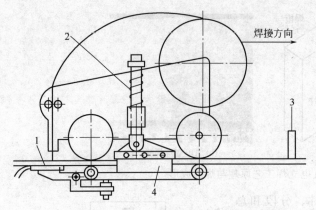

图 8-151　带垫板的自动焊机示意
1—铜垫板；2—悬挂装置；3—装配马；4—连接板

在部件装配阶段要进行钢板的拼接，特别是甲板与外板，要用 1800mm×6000mm 钢板拼接成分段（例如 12000×12000mm）。有的造船厂采用电平台，有的厂采用焊剂软垫工艺以实现单面双面成形，还有的厂应用带铜垫板的焊接小车实现拼板单面焊双面成形（如图 8-151 所示）。所焊钢板厚度为 10mm，装配时留有 2～3mm 间隙，用装配定位器（装配马）3 固定钢板边缘，由悬挂装置 2 通过连接板 4 将铜垫板 1 压紧在焊接坡口背面。在施焊过程中，随时敲掉装配马 3，以便焊机通过。

大多数 T 形梁的装配焊接可以实现机械化和自动化。有些 T 形构件的角焊缝采用交错断续焊缝，常用手工焊和半自动焊焊接，现已广泛推广 CO_2 气体保护半自动焊。当 T 形截面构件有工艺接头时，应留接头处一段焊缝暂时不焊，待最后焊完工艺接头后再施焊。

有些船舶将肋骨、肋板，梁肘板、横梁等组成肋骨框架，这类框架的装配焊接和桁架的装配焊接相类似，可以单个装配，也可用专用模架进行装配。

（2）分段和总段的装配和焊接

由装配焊接好的部件及未经装配焊接但经下料和成形（弯曲成船体外廓形状）的型材、钢板，经装配形成平面或立体分段，由这些分段和部件、构件组成很大的立体分段即称为总段。小型船舶通常采用立体分段即可组成船体。例如最少可分为首、尾、中段。大型船舶则可分为底板平面分段、双重底平面分段、隔壁平面分段、舷侧平面分段、甲板平面分段、主辅机座立体分段、首尖舱与尾尖舱立体分段、上层建筑立体分段、轴隧立体分段等。图 8-152示出了船体分段示意图，将船体分上甲板部、舷侧部和船底部，用数字表示平面分段，罗马数字表示立体分段。

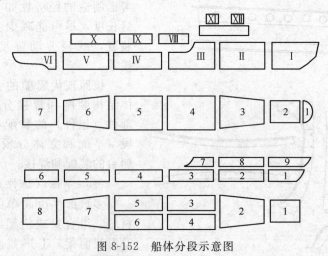

图 8-152　船体分段示意图

一些平面分段是在外板上装配焊接纵横向 T 形梁和其他骨架的。这种纵横向骨架的装配有两种方式，一种是同时装配并定位焊好全部骨架，然后用手工及半自动焊工艺完成 T 形截面梁和外板的焊接。另一种是先装配焊接纵向（或横向）骨架，这样可以扩大自动焊接的工作量，然后再装配焊接横向（或纵向）的骨架，如图 8-153 所示。但这种装配焊接方法可能使装配工作复杂化。

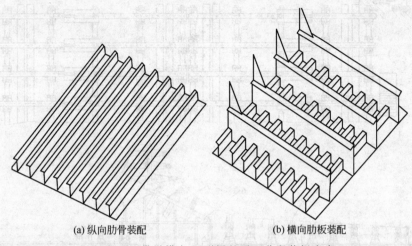

(a) 纵向肋骨装配　　　　　　　　　(b) 横向肋板装配

图 8-153　带纵横向 T 形梁的平面分段装焊次序

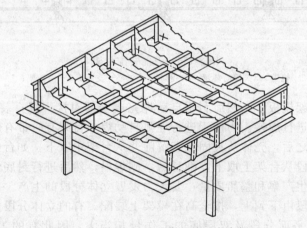

图 8-154　装配平面分段的固定台架

许多平面分段具有弯曲形状，如舷侧分段、双层底分段等。为了保证分段有准确的外形轮廓，常利用装配台架。图 8-154 示出固定装配台架，它在刚性基础上装配焊接了一系列形状与装配工件外廓形状相同的模板，在有焊缝的地方模板开出缺口。由图可见这类固定装配台架只适合一种曲率的分段的装配焊接，因而使整个生产成本提高。故在船体分段的建造中设计了多种万能（可调）的装配台架。一类可供装配船体中部船底、舷侧板、甲板分段的台架，这类分段弯曲不大，基本上是平的。一是船体首尾端的立体分段，有相当大的曲率。还有供装配小曲率的分段的台架，如全部甲板分段的加工都可在这个台架上进行而不必更换模板。在这种台架上利用套筒式调节支柱组成高度可调节的模板。图 8-155 所示即是这类万能的可装配焊接不同尺寸和不同曲率船体双层底分段的台架。万能台架由可动的模板 1、轨道 2 和使它们沿船体纵轴移动的移动系统 4（系统由传动装置 3 驱动）等所组成。按制造的船体双层底的曲率配置两侧模板架 6，并调节回转单元 7 至所需角度，最后调整支承 5。

在这类台架上装配焊接带曲率的分段，例如船底分段，首先将外板以最小间隙装配并定

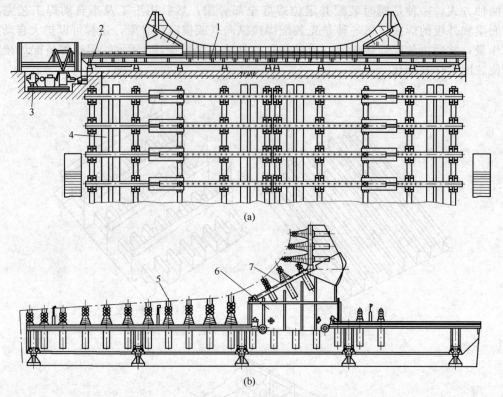

图 8-155　万能装配台架

1—模板；2—轨道；3—传动装置；4—移动系统；5—支承；6—模板架；7—回转单元

位焊，将其固定在台架模板上，然后利用自动焊完成全部对接焊缝；装配并焊接全部骨架，铺放内底板，再单独进行焊接。为便于进行埋弧自动焊，台架有时带有熔剂垫，且台架可倾斜或转动。焊接结束之后，壳体从夹固状态解除并从台架中取下。如台架不能转动，则进行一侧焊接，而后将分段从台架上取下，翻身后，刨焊根，然后进行封底焊。

为了提高船舶的生产率和整船质量，要大力发展立体分段的生产。对于首尾立体分段采用刚性固定模架，分段由下到上，按全高在模架上装配。有的立体分段由一个个平面分段所组成，所以制造这些平面分段及双层底的工作量相当大，因此有的工厂将其组成流水生产线。

（3）船台的装配和焊接

船体分段或总段在焊接车间装配焊接完成之后，即可运往船台进行船体的合拢，船体合拢的焊缝称为大接缝。根据船舶大小和工厂生产条件，在船台的合拢可以采用总段建造法，即将整船分成几个巨型的总段，在船台上进行装配焊接。图 8-156 分了四个总段。对于一些大型船舶或受工厂起重设备能力的限制，可将平面及立体分段运到船台上装配焊接成整船。此时又可以采用所谓塔式和岛式建造法。塔式装配法是将各船体分段从下到上由中间到首尾进行装配焊接，岛式装配方法是将船体沿船长选定几个基准段，然后分别由下到上由中到首尾装配焊接，形成几个总段再合拢。

采用总段建造法进行船体大接缝的装配时，需将总段放在起重运输小车上，切齐接口、开好坡口并留有恰当间隙后定位焊。提高装配质量是采用先进焊接工艺方法的前提，因此，接口最好采用全位置半自动切割，并且要仔细清理切口油锈等污物。

大接缝的焊接目前采用了全位置自动焊和垂直气电焊等先进的焊接方法。国外资料介

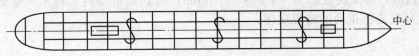

图 8-156 拼接总段法在船台上进行船体大合拢

绍，当板厚大于 14mm 时，可采用电渣焊方法进行立焊缝的焊接。当采用手工焊接大合拢焊缝时，采用如图 8-157 所示焊接次序。为使整个接缝收缩均匀，通常采用成对的焊工（如Ⅰ～Ⅴ对焊工），每对焊工先后焊接 1～3 条焊缝。施焊对称地按如下次序进行：①先同时焊接内部各对接安装接缝 1；②外面清理焊根之后，进行封底焊；③进行纵向及横向骨架（T形梁）和纵隔壁各对接焊缝 2 的焊接；④完成这些骨架和外板的接缝 3（分段焊接时预留的未焊段）的焊接。

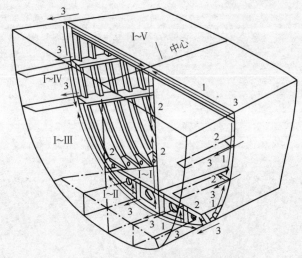

图 8-157 船体大合拢焊缝焊接的次序

船体焊接变形的控制是船体结构质量的重要保证。船体主尺寸在规定公差范围之内是船体完工精度的要求之一。船体主尺寸包括总长、水线长、型宽、型深等。船体结构变形主要有首尾端高、船体龙骨挠度、船体中心线的偏移等。船体主尺寸一般都有缩小趋势。如由于大接缝的横向收缩、众多内部纵向骨架和构件对接缝的收缩等，使总长缩短，宽度减小。由于焊缝相对于形心不对称，因而船体结构挠曲变形不可避免。常见的是龙骨基线下挠。如果船台墩木垫得不平，或发生不均匀的下沉，也会引起船体挠曲变形。

控制主尺寸和变形除在部件、分段和总段装配焊接中要严格控制尺寸精度外，在船台装配焊接阶段还需采取如下工艺措施。

① 尽量减少船台工作量。例如，扩大分段和总段的划分尺寸，加大中合拢阶段的装焊工作量，减少船台装焊工作量；保证每个总段精度都在规定范围之内，减少船台切割与修理工作量；上层建筑采用整体建造而后吊装的方法等。

② 提高分段精度。可采用前述装配焊接台架、加放反变形等措施，要使大接缝处线型

光顺、坡口磨光等。为补偿总长方向焊接收缩，制造分段时，每理论肋距加放 0.5～1mm 收缩余量；分段大接缝处加放 5～10mm 的收缩余量，在大合拢最后装配首尾段时，按实际船长加以调整，使总长符合要求。

③ 船宽方向加放收缩余量。对小型船舶加放 3～5mm，中大型船舶加 5～10mm 余量，首尾段余量略小。船台装配时，各总段装配定位要正确。为减少首尾上翘，需留反变形。如按总段法建造时，每米反变形为 -1.0～-0.8mm；塔式建造法时，每米反变形为 -0.9～-0.5mm。还要选择正确的施焊次序。

第9章 焊接工程生产组织与安全

9.1 焊接生产车间组成

9.1.1 焊接车间组成

焊接结构车间一般由生产部门、辅助部门和行政管理部门及生活车间组成。各部门的具体组成如下。

（1）生产部门

① 工段、小组成立原则　车间生产组织既要精兵简政，又要利于生产管理。一般车间年产量在 5000t 以上，工人 300 人以上，应成立工段一级。每一工段人数在 100～200 人左右，工段以下成立小组。少于以上年产量和人数的车间，一般只成立小组，每小组人数最好在 10～30 人左右。

② 工段和小组的划分

a. 按工艺性质划分　包括备料加工工段、装配工段、焊接工段、检验试验工段和涂装包装工段等。

b. 按产品结构对象划分　如碳钢容器、不锈钢容器、管子工段；工程机械的底架、伸缩臂工段等；起重运输设备的主梁、小车架、桥架工段等。

（2）辅助部门和仓库部分

主要依据车间规模大小、类型、工艺设备以及协作情况而定。一般包括计算机房（负责数控程序的编制）、样板间和样板库、水泵房或油泵库、油漆调配室、机电修理间、工具分发室、焊接试验室、焊接材料库、金属材料库、中间半成品库、胎夹具库、辅助材料库、模具库和成品库。

（3）行政管理部门及生活间

行政管理部门及生活间包括车间办公室、技术科（组、室）、会议室、资料室、更衣室、盥洗室、休息室（或餐室）等。

车间工艺平面布置，就是将上述车间各个生产工段、作业线、辅助生产用房、仓库及服务生活设施等按照它们的作用和相互关系既有利于生产，又便于管理来进行配置。这种配置包括产品从毛坯到成品所应经历的路线、各工段的作用和所处位置、各种设备和工艺装备的具体配置、起重运输线路及设备的排列安置等。这是焊接车间设计工作中重要的组成部分。

9.1.2 焊接车间设计的一般方法

（1）车间设计的原始资料

① 生产纲领，即将要生产的产品清单和年产量。

② 生产纲领中每种产品的总图和主要部件的简要说明和图样。

③ 每种产品的零件一览表，表中应有材料、质量及数量。

④ 制造、试验和验收的技术条件。

⑤ 所设计车间与其他车间的关系。

⑥ 改建车间设备详细清单、使用年限及现状平面布置图。

⑦ 工厂总平面草图。

（2）车间设计的内容

焊接结构生产的工艺文件中详细规定了生产工艺过程所包含的工艺方法、各工艺工序所用工艺参数、材料和动力消耗及设备的需要量、工人数量、工种及技术等级等。然而装配焊接车间的设计还包括以下内容。

a. 通过计算确定车间所需生产工人、辅助工人的工种、等级和数量，进而确定行政管理人员和工程技术人员的级别和数量。

b. 确定所需各种主要生产设备、辅助设备、装配焊接机械化装置和胎卡具的规格、型号及数量。

c. 计算制造产品所需基本材料、辅助材料、各种动力（即能源——电力、压缩空气、煤气、氧和乙炔气等）的消耗量。

d. 按照确定的生产组成部分、产品结构、生产纲领和生产工艺要求将其绘制在平面图上，以便调整设备和人员，组织生产及确定建筑物的基本尺寸。

e. 根据产品结构、生产工艺要求及车间平面布置图，选择确定车间内容、车间与车间之间的运输方式及所用起重设备的种类和数量等。

（3）车间设计的步骤

a. 根据产品的工艺规程、工艺卡片，每件产品每个工序所需的劳动量、原材料及能源消耗以及产品的年生产量，计算出一年所需的劳动量，并将相同设备、同工种、同级别工人所需年劳动量相合并。

b. 计算出各种设备、各种工人需要量。提出设备和原材料及能源需要清单。各种工人数量明细表，以便进行生产的准备工作。

c. 根据确定的生产组成部分，按车间、工段或生产组把它画到平面图上。

d. 根据平面布置结果，安装设备，组织生产。

e. 根据平面布置确定车间的基本尺寸。如有几个车间，车间需要多长、多宽、多高，为车间建设提供依据。

f. 根据生产工艺的要求选择最经济、最合理的总体车间生产布置方案。

g. 按先装配焊接部分，后材料加工及准备部分的顺序进行平面图的布置。

h. 进行车间辅助部分和非生产部分（如产品检查和试验工段、修整工段、涂装涂饰工段、仓库和生活间等）的计算和平面布置。

i. 计算经济效益，所设计车间投资额低并且能较快收回资金，工厂有盈余，经济效益高。对于经济效益和技术指标低的设计要进行修改或重新设计。

（4）对车间设计的总体要求

a. 所设计的焊接车间组织生产时，能满足生产工艺的要求且方便合理。

b. 所设计的车间中生产工人有较好的劳动条件，有足够的劳动防护，能够安全生产。

c. 尽量提高设备的负荷率，减少设备投资，缩小车间面积，节约投资。

9.1.3 焊接车间的平面布置

车间工艺平面布置就是将上述车间所有的生产部门、辅助部门、仓库和服务生活设施有机而合理的布置。车间工艺平面布置一般分为两大类，一类注重产品，另一类注重生产工艺。对大量、长期生产的标准化产品，一般注重产品布置方法；当加工非标准化产品或加工量不很大，即单件小批量生产性质，需要有一定的灵活性，一般将重点放在产品加工必需的各个工位上。理想的车间布置应该以最低的成本获取最快、更方便的物流，充分满足各部门的要求，既有利于生产，便于管理，又适应发展。

（1）车间平面布置的基本原则

车间平面布置与采用的工艺方法及批量大小有很密切的关系，在平面布置时应使工艺路线尽量成直线进行，避免零部件在车间内发生迂回现象。

① 车间工艺路线的选择原则

a. 合理布置封闭车间内（即产品基本上在本车间完成）各工段与设备的相互位置，应使运输路线最短，没有倒流现象。

b. 对散发有害物质、产生噪声的地方和有防火要求的工段、作业区，应布置在靠外墙的一边并尽可能隔离，以保证安全卫生、环境保护和文明生产。

c. 主要部件的装配-焊接生产线的布置，应使部件能经最短的路线运到装配地点，生产线的流向应与工厂总平面图基本流水方向相一致。

d. 应根据生产方式划分成专业化的部门和工段，经济合理地选用占地面积和建筑参数，并对长远的发展有一定的适应性。

e. 辅助部门（如工具室、试验室、修理室、办公室等）应布置在总生产流水线的一边，即在边跨内，充分考虑车间的采光、通风的因素。

② 车间布置方案的基本形式　目前金属结构车间布置方案的基本形式大致分为纵向布置、迂回布置、纵横向混合布置等方案。

③ 车间设置和通道布置原则

设备布置：

a. 设备布置必须满足车间生产流水线和工艺流向的要求。

b. 在布置大型设备时，其基础一般应该避开厂房基础。

c. 设备离开柱子和墙的距离，除满足工艺要求，操作方便、安全外，还要考虑设备安装和修理时吊车能够吊到。

d. 对有方向性的设备，必须严格满足进出料方向的要求。

e. 除保证设备操作互不干扰外，还必须满足两台经常需要吊车的设备同时使用吊车的可能性。

f. 大型稀有设备，如大型液压机、冲床、旋压机等，必须满足负荷考虑布置和面积，应充分发挥其生产能力，提高经济效益。

运输通道布置：

a. 为了减少铁路和弯道占用面积，金属材料库和成品库进出铁路线应尽可能合一条铁路线，规模较大的车间也可以分开设置。

b. 铁路进入车间和仓库的方向，应尽可能符合长材料和成品布转弯的原则。

c. 铁路及平车轨道的位置和长度，应保证可以使用两台吊车装卸的可能。

d. 无轨运输时，车间内的纵向、横向通道应尽可能保持直线形式。

e. 车间内的运输通道应在吊车吊钩可以达到的正常范围。

（2）车间的平面布置

① 平面布置　平面布置主要根据车间规模、产品对象、总图位置等情况加以确定。其基本形式可以为纵向布置、迂回布置、纵横向混合布置等方案。

a. 纵向生产线平面布置方案如图 9-1(a) 所示，车间工艺路线为纵向生产线方向。这种方式是通用的，即车间内生产线的方向与工厂总平面图上所规定的方向一致，或者是产品生

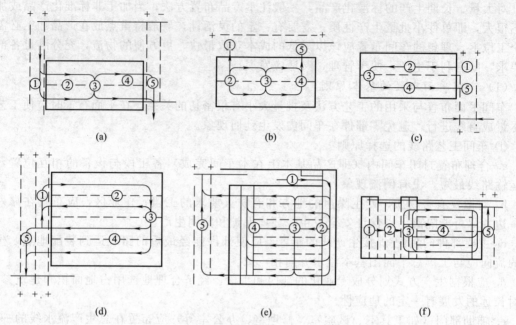

图 9-1　典型焊接车间平面布置方案
①—原材料库；②—备料工段；③—中间仓库；④—装焊工段；⑤—成品仓库

产流动方向与车间长度同向。其工艺路线紧凑，空运路程最少，备料和装焊同跨布置，但两端有仓库限制了车间在长度方向的发展。

图 9-1(b) 是纵向生产线平面布置的另一种方案，只是仓库布置在车间一侧。室外仓库与厂房柱子合用，可节省一些建筑投资，但零部件越跨较多，适用于产品加工线路短，外形尺寸不太长，备料与装焊单件小批生产的车间。

纵向生产线的车间适用于各种加工线路短、不太复杂的焊接产品的生产，包括质量不大的建筑金属结构的生产。

b. 迂回生产线平面布置方案如图 9-1(c) 所示，车间工艺路线为迂回生产线方向。这种方式每一工段有 1~2 个跨间，是备料和装焊分开跨间布置，厂房结构简单，经济实用。备料设备集中布置，调配方便，发展灵活，但是不管零件部件加工线路长短，都必须要走较长的空程，并且长件越跨不便。

此种布置方案的车间适用于产品零件加工路线较长的单件小批、成批生产性质。

图 9-1(d) 是迂回生产线平面布置的另一种方案。只是车间面积较大，按照不同的加工工艺在各个车间里进行专业化生产，包括备料（剪切、刨边、气割下料等），零部件的装焊，最后到总装配焊接的车间。此种方案适用于桥式起重机成批生产性质的车间。

c. 纵横向生产线混合布置方案如图 9-1(e) 所示，车间工艺路线为纵-横向混合生产方向布置方案，备料设备既集中又分散布置，调配灵活，各装焊跨间可根据多种产品的不同要求分别组织生产。路顺而短，又灵活、经济，但厂房结构较复杂，建筑费用较贵。此种方案适用于多种产品、单件小批、成批生产性质的炼油化工容器车间。

图 9-1(f) 是纵横向生产线平面布置的另一种方案，生产工艺路线短而紧凑，同类设备布置在同一跨内便于调配使用。工段划分灵活，中间半成品库调度方便，备料设备可利用柱间布置，面积可充分利用。共用的设备布置在两端，各跨可根据不同产品的装焊要求分别布置。适用于产品品种多而杂，并且量大的重型机器、矿山设备生产性质的车间。

车间标准平面布置的形式还有很多，仅从以上介绍中可以看得出，车间平面的布置是由焊接产品的特征及生产纲领决定的。

② 实例　列举锅炉车间平面布置和成批生产、机械化程度较高的船体配件车间平面布置的方案。

a. 锅炉车间的任务一般包括：放样、下料、加工成形、滚圆、冲压、切割、装配、焊接、安装等。锅炉车间的加工部分与装配焊接部分的厂房组成一般采用串联形式。

图 9-2 是锅炉厂锅筒生产车间的平面布置方案，其设计方案是根据锅炉产品的特点和工艺流程进行的，加工部分的设备布置应符合加工程序和加工线路。同时也要使车间所有跨度中的零件加工工艺流程通畅，避免往返运输，并使每个跨度中的横向运输减少到最低程度。

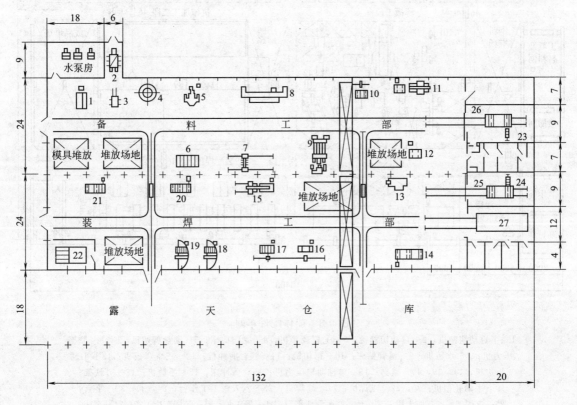

图 9-2　锅炉厂锅筒生产车间

1—七辊校平机；2—加热炉；3—压力剪床；4—联合冲剪机；5—三辊弯板机；
6—半自动切割机；7—数控切割机；8—刨边机；9—卷板机；10—纵缝坡口；
11，13，15—焊接操作机；12，14，20，21—焊接滚轮架；16—焊缝修磨机；
17—环缝坡口加工机；18，19—摇臂钻床；22—水压试验台；
23，24—X 射线探伤机；25，26—专用平板车；27—退火炉

由图 9-2 可知，钢板通过单轨专用平板车 26 进入车间，放入堆场处。需校平的送至七辊校平机 1；需要划线的进入划线区；需要加工成形的根据要求分别送至三辊弯板机 5 处或压力剪床 3、联合冲剪机 4、环缝坡口加工机 17。在这之前需要气割下料的，可送至半自动切割机 6、数控切割机 7。加工成形后的装配零部件送至焊接操作机 11、13、15 进行焊接。

当加工钢料年产量在 400t 以上时，车间内热加工（加热炉、热压等）部分可与锻工车间、管子车间等合并在一个车间内。

至于一些辅助性部分，如日用钢料仓库、工具间、材料间、焊条间等可以安排在车间附近，或者与主车间合建在一起。

b. 图 9-3 是成批生产、机械化程度较高的船体配件车间平面布置图。船体配件包括金属结构件及机械零件。以往金属结构件是由船体加工车间、管子车间承担，而机械零件的加工则由机械装配车间承担，协作关系复杂，不利于生产管理。

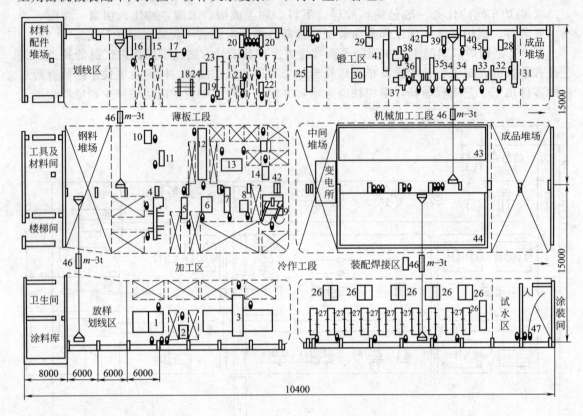

图 9-3　船体配件车间

1—半自动切割机；2—自动切割机；3—七辊校平机；4—龙门剪床；5—圆盘剪切机；6，8—摩擦压力机；7—水压机；9—摇臂钻床；10—锯切机；11—联合剪冲机；12—三辊弯板机；13—手动折边机，14，39，40—立钻；15—单柱曲臂压力机；16—剪冲机；17—手剪机；18—方铁架；19—手动轧型机；20，22—点焊机；21—缝焊机；23—六人钳工工作台；24，26，30—平台；25—气焊架；27—四人钳工工作台；28—划线平台；29—锻工炉；31—转塔车床；32～34—车床；35—卧式铣床；36—立式铣床；37—牛头锯床；38—插床；41—锻工工作台；42—砂轮机；43，44—焊接平台；45—铣床；46—电动梁式起重机；47—悬臂吊杆

在规模较大的船厂中大多单独设立船体配件车间，若船厂规模不大或只制造非机动船则金属结构件与机械零件制造以工段的形式附设在船体加工车间内。

船体配件车间的组成是根据车间任务及生产成批性而定，基本上分生产区部分和辅助区部分。生产区部分按工艺性质，一般划分成三个工段：

冷作工段，负责钢板的加工以及配件的装配焊接工作；

薄板工段，负责薄钢板配件的加工和焊接工作；

机械加工工段，负责机械加工和钳工零件加工，在成批生产的条件下，有时也按制作种类组成专业化的工段。

辅助区部分一般包括五个部门：消耗品仓库及工具间、夹具及模具间、钢料仓库、零件及半成品中间仓库、成品仓库。

船体配件车间通常与管子车间及电工车间一起组合成车间组，而且在总平面布置上应邻近船体装配焊接车间、船台及码头，方便工作联系。

车间作业线的布置是根据生产规模和产品性质而定。在成批生产的条件下，按零件种类的不同而分别组成完整独立的制造专业化作业线。在单件或小批生产条件下，则按工艺性质集中布置。

从代表产品的工艺过程来考虑，为减少工序间的往返，缩短运输路线，一般将冷作工段布置在工艺路线的前面一段，用遮光屏与四周隔开。为了考虑通风条件和安全，焊接和涂装的主要工作位置也应隔离布置。薄板工段可单独布置在一边。机械加工工段可布置在工厂备料车间区附近。为了便于向装配线上运送零件盒部件，所有通道应尽可能布置成直线。

9.2 焊接工程生产组织

焊接工程生产过程的组织包括生产的空间组织与时间组织。科学合理地组织焊接工程生产过程的空间组织和时间组织，可使焊接对象在生产过程中尽可能实现生产过程连续、提高劳动生产率、提高设备利用率和缩短生产周期的要求。

9.2.1 焊接生产的空间组织

生产过程的空间组织，包括焊接车间由哪些生产单位（工段）组成及如何布置生产单位组成所采取的专业化形式及平面布置等方面的内容。

车间生产单位组成的专业化形式，对车间内部各工段之间的分工与协作关系、组织方式与设备、工艺选择等方面的工作都有重要的影响。

专业化形式主要有工艺专业化和对象专业化两种形式。

（1）工艺专业化形式

工艺专业化形式就是按工艺工序或工艺设备相同性的原则来建立生产工段。按这种原则组成的生产工段称为工艺专业化生产工段，如材料准备工段、机械加工工段、装配焊接工段、热处理工段等，如图9-4所示。

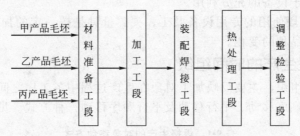

图9-4 工艺专业化工段示意

工艺专业化工段内集中了同类设备和同工种工人，加工方法基本相同，而加工对象则有多样化的特点。适用于小批量产品的生产。

① 工艺专业化的优点

a. 对产品变动有较强的应变能力。当产品发生变动时，生产单位的生产结构、设备布置、工艺流程不需要重新调整，就可适应新产品生产过程的加工要求。

b. 能够使设备得到充分利用。同类或同工种的设备集中在一个工段，便于相互调节使用，提高了设备的负荷率，保证了设备的有效使用。

c. 便于提高工人的技术水平。工段内工种具有工艺上的相同性，有利于工人之间交流操作经验和相互学习工艺技巧。

② 工艺专业化的缺点

a. 一批焊接产品要经过几个工段才能实现全部的生产过程，因此加工路线较长，必然造成运输量的增加。

b. 生产周期长，在制品增多，导致流动资金占有量的增加。

c. 工段之间相互联系比较复杂，增加了管理工作的协调内容。

工艺专业化形式适用于小单间、小批量产品的生产。

（2）对象专业化形式

对象专业化形式是以加工对象相同性，作为划分生产工段的原则。加工对象可以是整个产品的焊接，也可以是一个部件的焊接。按这

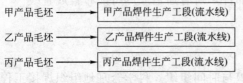

图 9-5　对象专业化工段示意

种原则建立起来的工段称为对象专业化工段，如梁柱焊接工段、管道焊接工段、储罐焊接工段等。

在对象专业化工段中要完成加工对象的全部或大部分工艺过程。这种工段又称封闭工段，在该工段内，集中了制造焊接产品整个工艺过程所需的各种设备，并集中了不同工种的工人，如图 9-5 所示。

① 对象专业化的优点

a. 由于加工对象固定，品种单一或只有尺寸规格的变化，生产量大，可采用专业的设备和工、夹、量具，故生产效率高。

b. 便于选用先进的生产方式，如流水线、自动线等。

c. 加工对象在同一工段内完成全部或大部分工艺过程，故加工路线较短，减少了运输的工作量。

d. 加工对象生产周期短，减少了在制品的占有量，加速了流动资金的周转。

② 对象专业化的缺点

a. 由于对象专业化工段的设备是封闭在本工段内，为专门的加工对象使用，不与其他工段调配使用，不利于设备的充分利用。

b. 对象专业化工段使用的专用设备及工、夹、量具是按一定的加工对象进行选择和布量的，因此很难适应品种的变化。

9.2.2　焊接工程生产的时间组织

生产过程的时间组织，主要反映加工对象在生产过程中各工序之间的移动方式。生产对象的移动方式可分为顺序移动、平行移动及平行顺序移动三种方式。见表 9-1。

表 9-1　焊接生产的对象移动方式

移动方式	图例	移动方式计算式	说明
顺序移动方式	工序1 工序2 工序3 工序4 $T_顺$ 0 10 20 30 40 50 60 70 80 90 100 110 120 130 140 150 160 时间/min	$$T_顺 = n \sum_{i=1}^{m} t_i$$	$T_顺$—生产周期 n—加工批量 m—工序数 t_i—第 i 工序单件工时

移动方式	图例	移动方式计算式	说明
平行移动方式	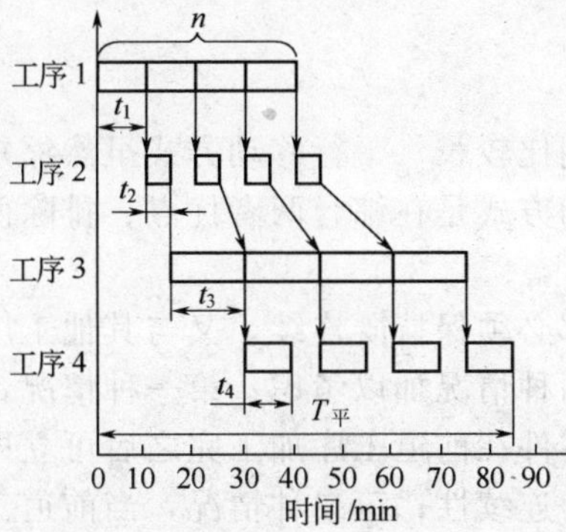	$$T_{平} = \sum_{i=1}^{m} t_i + (n-1)\,t_长$$	$T_平$—生产周期 $t_长$—各工序中最长的工序单件工时
平行顺序移动方式	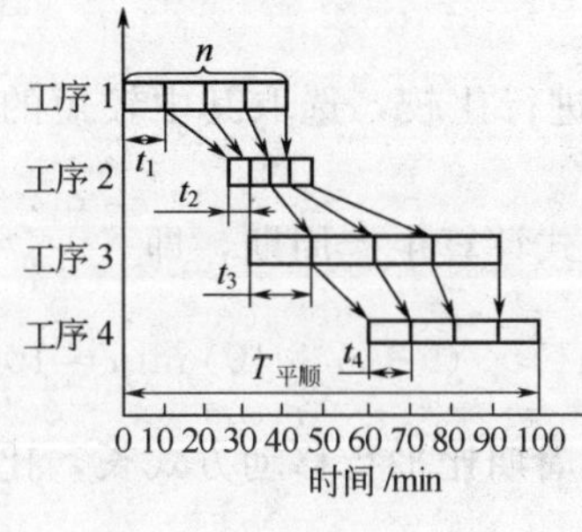	$$T_{平顺} = n\sum_{i=1}^{m} t_i - (n-1)\sum_{i=1}^{m-1} t_{i短}$$	$T_{平顺}$—生产周期 $t_{i短}$—每一相邻两工序中工序时间较短的单件工时

（1）顺序移动方式

顺序移动方式是一批制品只有在前道工序全部加工完成之后才能整批地转移到下道工序进行加工的生产方式。采用顺序移动方式时，一批制品经过各工序的加工时间称为生产周期。

实例一　设制品批量 $n=4$ 件，经过工序数 $m=4$。

各道工序单件的工时分别为 $t_1=10\text{min}$，$t_2=5\text{min}$，$t_3=15\text{min}$，$t_4=10\text{min}$，假设工序间其他时间如运输、检查、设备调整等时间忽略不计，则生产周期为

$$T_顺 = n\sum_{i=1}^{m} t_i = 4\times(10+5+15+10)\,\text{min} = 160\text{min}$$

从实例一可以看出，按顺序移动方式进行生产过程组织，就设备开动与工人操作而言是连贯的，并不存在间断的时间，同时各工序也是按此顺次进行的。但是就每一个制品而言，还没有做到本工序完成后立即向下一道工序转移连续加工，存在着工序等待，因此生产周期较长。

（2）平行移动方式

平行移动方式是当前道工序加工完成每一制品后立即转移到下一道工序进行加工，工序间制品的传递不是整批的，而是以单个制品为单位分别地进行，从而工序之间形成平行作业状态。

实例二　将实例一中数据代入平行移动方式计算式，得出生产周期为

$$T_平 = \sum_{i=1}^{m} t_i + (n-1)\,t_长 = (10+5+15+10)\,\text{min} + (4-1)\times15\text{min} = 85\text{min}$$

可以看出，平行移动方式较顺序移动方式生产一批制品周期大为缩短，后者为160min，而前者为85min，共缩短了75min。但由于前后相邻工序作业时间不等，当后道工序加工时间小于前道工序时，就会出现设备和工人在工作中产生停歇时间，不利于设备和工人的有效利用。

（3）平行顺序移动方式

顺序移动方式可保持工序连续性，但生产周期比较长；平行移动方式虽然缩短了生产周期，但某些工序不能保持连续进行。平行顺序移动方式是在综合两者优点、排除两者缺点的基础上产生的。

平行顺序移动方式，就是一批制品每道工序都必须保持既连续，又与其他工序平行地进行作业的一种方式。为了达到这一要求，可分为两种情况加以考虑：第一种情况，当前道工序的单件工时小于后道工序的单件工时时，每个零件在前道工序加工完之后可立即向下一道工序传递，后道工序开始加工后，便可保持加工的连续性；第二种情况，当前道工序的单件工时大于后道工序的单件工时时，则要等待前一工序完成的零件足以保证后道工序连续加工时，才传递至后道工序开始加工。

为了求得 $t_{i短}$，必须对所有相邻工序的单件工时进行比较，选取其中较短的一道工序的单件工时，比较的次数为$(m-1)$次。

实例三　现仍用实例一数据，按平行顺序移动方式计算生产周期，即

$$T_{平顺} = n\sum_{i=1}^{m} t_i - (n-1)\sum_{i=1}^{m-1} t_{i短} = 160 - (4-1)\times(5+5+10)\,\mathrm{min} = 100\mathrm{min}$$

从计算结果可以看出，平行顺序移动方式的生产周期比平行移动方式长，比顺序移动方式短，但它的综合性比较好。

采用哪种移动方式，可根据生产实际情况权衡优劣。一般考虑的因素有：加工批量多少、加工对象尺寸、工序时间长短及生产过程中空间组织的专业化形式等。凡批量不大、工序时间短、制品尺寸较小及生产单位按工艺专业化形式组织时，以采用顺序移动方式为宜；反之，那些批量大、工序时间长、加工对象尺寸较大以及生产单位是按对象专业化形式组织时，则宜采用平行移动或平行顺序移动方式较好。为了研究问题方便，计算三种移动方式的生产周期时忽略了某些影响生产周期的因素。生产实际中，制订生产周期标准时，要需全面考虑各种因素。

焊接结构件的制造生产周期 T，是指从原材料投入生产到结构成形出厂时间。周期的长度包括材料准备周期 $T_{准}$、加工周期 $T_{加}$、配装周期 $T_{装}$、焊接周期 $T_{焊}$、修理调整周期 $T_{调}$、自然时效周期 $T_{自}$、检查时间 $T_{检}$、工序运输时间 $T_{运}$ 和工序间在制品的存放时间 $T_{存}$、即：$T = T_{准} + T_{加} + T_{装} + T_{焊} + T_{调} + T_{自} + T_{检} + T_{运} + T_{存}$。

9.3　焊接工程质量管理

焊接工程质量管理的实施一方面有助于焊接结构产品的质量的提高，另一方面可以推动焊接技术进步，提高经济效益，增加焊接产品的市场竞争力。

（1）焊接质量管理的发展

焊接结构生产的质量管理，是指从事焊接生产或施工的企业通过建立质量保证体系来发挥质量管理的职能，进而有效地控制焊接产品质量的全过程。

质量管理的发展过程可分为三个阶段。

① 质量检查阶段　这一阶段的特点是：把检查作为质量管理的职能，对产品的质量检

查是一道专门的工序，检验人员对产品——进行检查。检查的目的仅仅是检查出不合格的产品，不能防止不合格产品的产生，缺乏预防和控制的职能，又称为事后检查阶段。

② 统计质量控制阶段　这个阶段把数理统计理论用于质量控制工作之中，提出了抽样验收原理。解决了质量检查阶段全数检查而造成经济上不合理和对破坏性试验检查无法实施等存在的严重问题，使质量管理具备预防职能，同时又加强了检查职能，使质量管理从单纯的检查发展到生产过程的控制。但是由于片面强调应用统计方法，忽视了组织管理工作。

③ 全面质量管理阶段　这个阶段除了利用统计方法控制生产过程外，还需要组织对生产全过程进行质量管理，而且明确指出执行质量管理职能是企业全体人员的责任。全面质量管理符合生产发展和质量稳定性客观要求，很快被人们所接受并逐渐普及和执行。目前全面质量管理理论已比较完善，在实践中也取得了较大的成功。

（2）焊接质量管理标准

为了适应国际贸易和国际间的技术经济合作与交流的需要，提高世界范围内质量管理水平，国际标准化组织（ISO——The International Organization for Standardization）发布了ISO 9000～ISO 9004 "质量管理和质量保证"系列标准。ISO 9000～ISO 9004 族标准数量较多，而且还在发展中。不仅使企业的质量管理不断加强，同时提高了企业的市场竞争力。我国于 1992 年等同采用了 ISO 9000 族标准，发布了 GB/T 9000 国家标准，并与 2008 年进行重新的编写和补充。即在国内 "ISO 9000～ISO 9004 族" 与 "GB/T 9000 族" 同义。对于焊接产品的质量，国家质检总局制定了 GB/T 12467—2009 与 GB/T 12469—1990 焊接质量保证国家标准，规定了钢制焊接产品质量保证的一般原则、对企业的要求、钢熔化焊接头的质量要求与缺陷分级。将其与 GB/T 9000—2008 标准系列和企业的实际结合起来，建立起比较完善的焊接质量管理体系。对于提高焊接质量管理水平和质量保证能力，确保焊接产品（工程）质量符合规定的要求具有重要的现实意义。

9.3.1　焊接工程质量管理体系

为了实现质量管理，企业制定质量方针和质量目标，分解产品（工程）质量行程过程，设置必要的组织结构，明确责任制度，配备必要的设备和人员，并采取适当的控制方法使影响产品（工程）质量的各种因素都得到控制，以减少或消除，特别是预防质量缺陷的产生，所有这些形成的有机整体就是质量管理体系。

（1）焊接产品质量管理体系的内容

把焊接产品的制造过程按照内在的联系，划分成若干既相对独立又有联系的控制系统、环节和控制点，并采取组织措施，遵循一定的制度，使这些系统、环节和控制点的工作质量得到有效控制，并按规定的程序运转。

① 质量控制点的设置　质量控制点也称为 "质量管理点"。在什么地方设置质量控制点，需要对产品（工程）的质量特性要求和生产施工过程中的各个工序进行全面分析后来确定。一般应考虑以下原则。

a. 对产品（工程）的适应性（性能、精度、寿命、可靠性、安全性等）有严重影响的关键质量特性、关键部位或重要影响因素，应设置质量控制点。

b. 对工艺上有严格要求，对下道工序的工作有严重影响的关键质量特性、部位，都应设置质量控制点。

c. 对质量不稳定、出现不合格产品多的工序或项目，应建立质量控制点。

d. 对用户反馈的重要不良项目应建立质量控制点。

e. 对紧缺物资或可能对生产安排有严重影响的关键项目应设置质量控制点。

国际焊接学会所制定的压力容器制作（包括现场组装）全过程的质量控制点共 164 个，

其中与焊接有关的质量控制点就有 144 个，见表 9-2。

表 9-2 国际焊接学会制定的压力容器制造质量控制点

控制项目	检查要点数
计划与计算书审核	6
母材验收与控制	20
焊接等消耗材料验收与控制	30
焊接工艺焊前准备工作控制	23
焊接过程控制	4
焊后控制	15
热处理控制	20
出厂前试验（水压试验等）	20
其他	6

② 焊接工程质量管理系统中的主要控制系统和控制环节 焊接工程质量管理体系中的控制系统主要包括：材料质量控制系统、工艺质量控制系统、焊接质量控制系统、无损检测质量控制系统和产品质量检验控制系统等。每个方面都有自己的控制环节和工作程序、检验点和责任人。图 9-6 所示为压力容器焊接质量控制系统中需要控制的主要环节及流程。

（2）全面质量管理

全面质量管理是指企业的所有部门和全体职工，以提高和确保质量为核心，把专业技术、管理技术同现代科学结合起来加以灵活运用，建立一套科学的、严密的、高效的质量保证体系，控制影响质量的全过程的各项因素，以优质的工作质量、经济的办法研制、生产和销售用户满意的产品而进行的系统管理活动。简单地讲，就是由企业全体人员参加的、用全面工作质量去保证生产全过程质量的管理活动。全面质量管理的特点就在"全面"上，所谓"全面"有以下四个方面的含义。

① 全面质量管理的内容是全面的，不仅要管好产品质量，还要管好产品质量赖以形成的工作质量。工作质量是指企业的生产工作、技术工作和组织工作对达到产品质量标准和提高产品质量的保证程度。企业各方面工作的质量最终都会影响产品的质量，特别是直接从事产品研制和制造的生产技术工作质量的影响更为直接。工作质量是产品质量的保证，全面质量管理要以改进工作质量为重要内容。通过提高工作质量，不仅可以保证提高产品质量，预防和减少不合格产品，而且还有利于降低成本、及时供货、服务周到并能更好地满足用户各方面的使用要求。

② 管理的范围是全面的，包括产品设计、制造、辅助生产、供应服务、销售直至使用的全过程质量管理。全面质量管理的工作重点从单纯的事后检验转到事先控制不合格产品的产生以及产品设计方面来。加强生产过程的质量管理，消除产生不合格产品的种种隐患，形成一个能够稳定生产合格品的生产系统。

③ 实行全过程的管理，要求企业所有各个工作环节都树立"下道工序就是用户…努力为下道工序服务"的思想。在质量上高标准、严要求才能确保产品达到质量标准，并不断提高产品质量。实行全过程的质量管理既要保证产品的出厂质量，又要保证产品的使用质量，把质量管理从原来的生产制造过程扩大到产品市场调查、研制、设计、试制、工艺、技术、工装、原材料供应、生产、计划、劳动、设备、销售直至用户服务等各个环节，形成一条龙的总体质量管理。

④ 质量管理的方法使全面的，根据不同情况和影响因素，采取多种多样的管理技术和

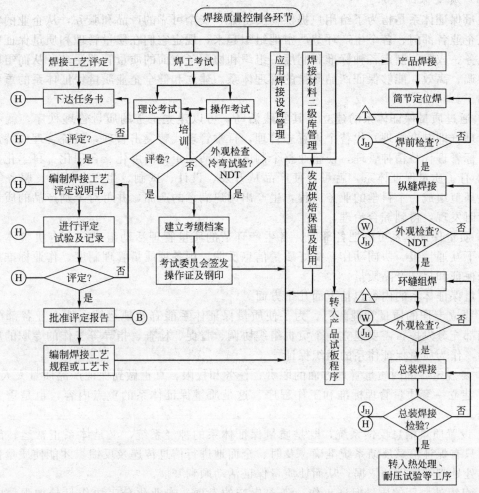

图 9-6　压力容器焊接生产质量管理系统控制流程

Ⓗ—焊接责任工程师；Ⓑ—质量保证工程师；△—标记及台账处理；

Ⓙ_H—焊接检验员；Ⓦ—无损检测责任工程师

方法，包括科学的组织工作、数理统计方法的应用、先进的科学技术手段和技术改造措施等。

全面质量管理的四个特点都是围绕着一个中心目的，就是以经济的办法研制和生产出用户满意的产品，这是全面质量管理的出发点和落脚点。

全面质量管理的工作内容包括以下三方面。

① 设计试制过程的质量管理。产品设计试制过程是产品质量形成过程的第一个关口，是全面质量的起点和关键。

② 制造过程的质量管理。制造过程是产品质量的直接形成过程。

③ 使用过程的质量管理。产品的使用过程是考验产品实际质量的过程，是企业质量管理的归宿点，也是企业质量管理的起点。使用过程的质量管理应抓以下三项工作：

a. 积极开展技术服务工作。

b. 进行使用效果和使用要求的调查。

c. 认真处理出厂产品的质量问题，实行三包（包修、包换、包退）。

（3）质量保证体系

质量保证体系是指为了给用户提供物美价廉、安全可靠的产品和服务，从企业的整体出发，把企业各部门、各个生产环节严密地组织起来，规定它们在质量管理和质量保证中的职责、任务、权限，制定各种标准和制度，组织和协调各方面的质量管理活动，从而组成一个严密协调、高效、能够保证产品质量的管理体系。建立和健全企业质量保证体系的重要作用表现如下。

① 通过质量保证体系的建立及其实践活动，可以建立正常的质量管理秩序，就可以以程序管理（即制度管理）代替个人意志管理，日常管理代替突击管理，系统管理代替局部管理，目标管理代替精神管理，使企业整个制度管理活动走向制度化、合理化、科学化。

② 有了质量保证体系，就可以使产品从开发、设计、试制、生产、销售、服务等生产经营各环节组成一个科学的业务流程，生产出用户满意的产品，并可对个别产品的质量问题做到及时发现，得到综合治理。

③ 质量保证体系可以把各部门、各生产环节的质量管理活动组成一个有机整体，在统一领导下互通情报、协同动作，搞好质量信息反馈，用各项质量管理制度、作业标准和工作实践来保证和提高产品质量。

质量保证体系的内容包括下面几个方面。

a. 设立专职的质量管理部门。为了使质量保证体系能有效地运转，使企业各部门的质量职能都充分发挥，需要建立一个负责组织协调、督促、检查、指导等工作的专职的质量管理部门，作为质量保证体系的组织保证。

b. 要规定各部门质量管理方面的职责、任务和权限，真正做到保证产品质量人人有责。

c. 建立一套质量管理标准和工作程序，这是质量保证体系的重点内容，也是重要的基础工作。

d. 设置质量信息反馈系统，既是质量保证体系的神经系统，又是体系正常运转的必要条件。只有保证信息反馈系统准确、及时、全面地进行信息传递及反馈，才能使质量保证活动时时处处都有可靠的依据，从而使质量保证活动顺利开展。

e. 组织外协厂的质量保证工作。随着生产的发展，专业化分工协作日趋加强，应把外协厂的质量保证活动纳入到中心厂的质量保证体系之中，建立一条龙协作网，才能全面保证产品质量。

f. 开展质量管理小组活动。质量管理小组是指企业各岗位上从事各项工作的职工，围绕企事业的方针目标，运用全面质量管理的理论和方法，以改进产品质量、工程质量、工作质量为目的，自愿或按行政指令组织起来的小组。

9.3.2　焊接工程质量检验

要保证和提高焊接产品的质量，必须使焊接检验工作贯穿于焊接生产的全过程，把焊接检验方法扩展到整个焊接生产和产品使用过程中去，充分、有效地返回各种检验方法的积极作用，达到预防和消除由缺陷所造成的废品和事故。为此，焊接结构制造企业的质量管理部门，应根据产品的技术条件、标准及产品合同的有关规定，结合企业的实际情况制定出科学、合理、完整的检验程序，选择检验内容和检验方法，从而保证产品质量，提高经济效益。

制定焊接质量检验程序需要遵循以下设计原则。

① 遵守焊接工艺流程　焊接产品的种类、用途和结构不同，制造工艺也就不同。检验程序必须根据不同产品的焊接工艺流程来设计。此外，按照产品特点和检验的不可重复性要求，有的检验项目必须纳入到工艺流程中去，作为单独的一道工序来设计。例如，在球形容

器焊接过程中焊道间的着色检验，双面焊时焊道清根面的无损检测。按照焊接工艺流程编排检验程序就是要根据焊接结构的生产特点，将检验内容（项目）作为一道单独工序纳入到焊接工艺流程中去，防止出现漏检。

② 符合质量标准　检验程序和检验内容的制定必须受有关国家、部颁标准及产品技术条件和产品制作合同的制约。严格遵守这些法规性文件，不能随意改动。

③ 具有先进性和可靠性　所谓先进性就是要执行最新的质量标准、使用最新的检验方法和检验设备。可靠性是指紧密结合产品的制造特点和企业实际（工程技术力量，工人的基本素质，设备的先进程度、加工能力和使用状态，厂房建筑和周围环境等），严格执行质量标准和检验程序，正确地使用检验设备和仪器，准确地判定产品质量等级。

④ 经济性原则　在保证产品达到质量要求的前提下，要尽可能地简化检验程序和检验项目，以降低生产成本，提高企业的经济效益。盲目地增加一些不必要的检验项目和内容，只顾质量而不惜工本的做法是不符合经济性原则的。

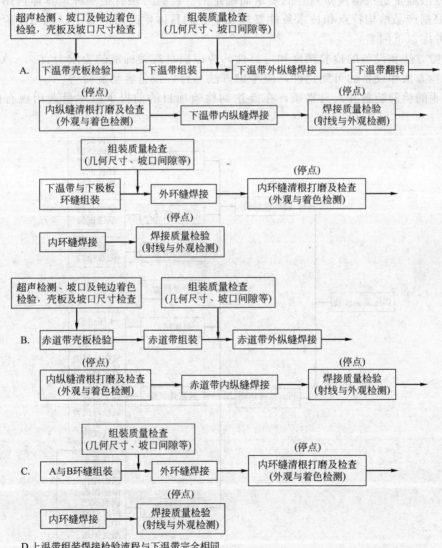

D. 上温带组装焊接检验流程与下温带完全相同

E. C和D环缝组装、焊接、检验流程与A和B环缝完全相同

图 9-7　400m³ 石油液化气球罐分带组装焊接工艺流程及主要质量检测点

为使检验程序科学合理，必须考虑产品的组装焊接工艺流程、检验内容、检验方法、企业生产条件等诸多因素。组装焊接工艺流程是根据产品技术特点、企业技术装备、技术人员素质、产品质量要求和验收标准等方面做综合分析后制定出来的。同一规格和型号的产品，在不同的企业可以有不同的组装焊接工艺流程。因此，必须对具体每一道工序进行质量方面影响因素的分析，以确定质量检验的重点和停点（停点是指在质量检验未合格之前不许流入下道工序的工序点）以及相应的检验项目的内容。

图 9-7 是 400m³ 石油液化气球罐的分带组装焊接工艺流程及主要质量检测点。由图 9-7 可知，质量检验程序和内容同焊接生产工艺流程是相伴的，要想设计出合理可行的检验程序、检验项目和检验内容必须熟悉组装焊接工艺流程。通常产品的组装焊接工艺流程制定完成后，检验程序也就确定下来了。图 9-7 中扼要设置了 400m³ 球罐制造、施工中的质量检验重点和停点。检验内容都是针对每一道工序提出来的，尤其是检验的重点和停点工序。检验内容必须要跟检验程序配套，要把每一项检验内容落实到相应的检验程序中去。

检验方法通常是根据检验内容的要求而确定的。检验方法有很多种，具体选用哪种检验方法，要根据产品结构特点和技术条件要求及企业的具体生产条件而定。选用检验方法和设备时，应考虑以下因素：

① 检验方法和设备的检验精度和可靠性，应以满足有关标准的要求为宜。
② 检验方法和设备的可到达性，应考虑方法易行、设备容易旋转等。
③ 企业的检验装备和人员素质，在能达到检验项目的前提下应尽量选用现有的检验装

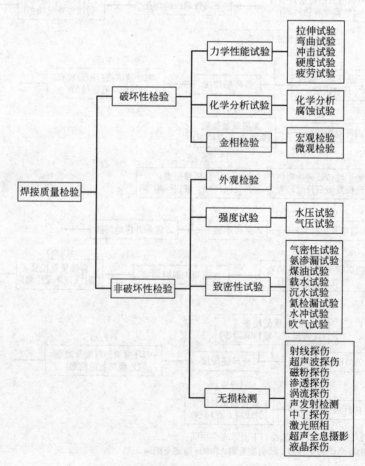

图 9-8　焊接质量检验方法分类

备，检验人员必须通过国家相关部门的考核。

④ 检验方法的经济性和合理性，为了降低产品成本，应选用既经济又可靠的检验方法。但有时为了对某一缺陷进行定性、定量、定位，必要时会采用两种或更多的检验方法。

根据焊接工艺流程和已经确定的检验内容、检验方法及设备，参照有关质量检验标准，确定出产品制造过程中的质量控制措施和路线。

焊接质量检验的目的，一方面是通过不同的方法检查出焊接接头中的缺陷，并且根据相应的标准或规定对焊接接头质量进行评定；另一方面是找出影响焊接接头质量的工艺条件，进行监督改正。焊接质量检验方法可分为破坏性检验和非破坏性检验两大类，如图 9-8 所示。

无损检测是指不使焊接结构受伤、分离或者破坏，而了解其内部结构的均匀性和完整性进行的各种检验，是保证焊接产品质量的有效方法。目前除了射线检测、超声波检测、磁粉检测、渗透检测、涡流检测等传统无损检测方法外，声发射、工业 CT、金属磁记忆、红外热成像等新方法和新技术也应用于焊接结构的无损检测，并且随着计算机技术的广泛应用，无损检测技术也正向数字化、程序化和规范化方向发展。

9.4 焊接生产安全

9.4.1 焊接结构焊接生产中的安全用电

（1）焊接生产用电隐患

焊条电弧焊引弧时需要供给较高的引弧电压，即空载电压。目前我国生产的电焊机中，一般直流焊机的空载电压为 $55\sim90\mathrm{V}$，交流焊机的空载电压为 $60\sim80\mathrm{V}$。为利于引弧需要较高的空载电压，但是过高的空载电压对焊接人员的操作安全不利，因此焊条电弧焊用的电焊机空载电压限制在 $90\mathrm{V}$ 以下。钨极氩弧焊、等离子弧焊焊接时由于保护气体对电弧的冷却作用，焊接时需要较高的空载电压。等离子弧焊需要的空载电压一般是 $150\sim400\mathrm{V}$，工作电压在 $80\mathrm{V}$ 以上；钨极氩弧焊采用高频振荡器引弧，空载电源在 $65\mathrm{V}$ 即可，CO_2 气体保护焊电源的空载电压为 $17\sim75\mathrm{V}$。

焊接时，当电流转移到人体时会造成电击、电伤和高频磁场伤害。绝大部分触电事故是电击造成的。电流通过人体造成的伤害程度跟下列因素有关。

① 电流 通过人体的电流越大，对人的生理反应（疼痛、麻木、痉挛、昏迷、窒息等）越明显。能使人感觉到的最小电流称为感知电流，工频交流电约为 $1\mathrm{mA}$，直流电约为 $5\mathrm{mA}$ 即能引起轻度痉挛。人触电后自己能摆脱电源的最大电流称为摆脱电流，交流电约为 $10\mathrm{mA}$，直流电约为 $50\mathrm{mA}$。

通过人体的电流决定于外加电压和人体电阻。在一般情况下，人体电阻可按 $1000\sim1500\Omega$ 计算。影响人体电阻的因素很多，除皮肤厚薄外，还有皮肤潮湿、多汗、有损伤、带有导电性风尘等都会使人体电阻降低。接触面积加大，接触压力增加也会降低人体电阻。

② 电流通过人体的时间 电流通过人体的时间越长，电击伤害越严重。随着通电时间延长，人体电阻因出汗或其他原因将降低，通过人体的电流增大。触电通电时间越长，发生心室颤动的可能越大；否则会越小。

③ 电流通过人体的途径 从手到脚的电流途径最危险，因为沿这条途径有较多电流通过心脏、肺部等重要器官。其次是从手到手，再次是电流从脚到脚的途径的危险性相对较小，但容易因剧烈痉挛而摔倒，导致电流通过全身或摔伤等严重的二次事故。

④ 通过人体电流的频率 对于人体来说，$25\sim200\mathrm{Hz}$ 的交流电对心肌影响最大，因此

最危险。200Hz 以上的交流电对心脏的影响较小。高频电电击的伤害程度比工频电轻得多，但高压高频电流也有电击致命的危险。

（2）焊接生产用电安全措施

为了防止焊接操作中人体触及带电体的触电事故，可采用绝缘、屏护、间隔自动断电和个人防护等安全措施。为防止电焊操作时发生触电事故，一般可以采用保护接地或保护接零等安全措施。

① 焊钳和电缆的安全要求

a. 焊钳应保证在任何斜度下都能夹紧焊条，而且更换焊条方便，能使铆工焊接时不必接触导电部分即可迅速更换焊条。

b. 有良好的绝缘和隔热能力。由于电阻发热，特别是在使用较大电流的焊条电弧焊时，焊把往往发热烫手，故手柄要有良好的绝热层。

c. 结构轻便、易于操作，焊钳的重量一般为 400~700kg。

d. 焊钳与导线的连接应简便可靠。焊钳上的弹簧失效时应立即更换，钳口应经常保持清洁。

e. 焊接电缆是连接电焊机和焊钳的绝缘导线，应具有优良的导电能力和良好的绝缘外皮。外皮胶皮绝缘套要轻便柔软。能任意弯曲和扭转，便于操作。焊接电缆的长度和截面积可根据表 9-3 进行选择。

表 9-3　焊接电流与导线截面积、长度的关系

导线截面积/mm²　　　　　电缆长度/m			
最大焊接电流/A	15	30	45
200	30	50	60
300	50	60	80
400	50	80	100
500	60	100	

焊机的导线最好采用整根，中间不要有接头。如需用短线接长时，则接头部分不应超过两个。各接头部分应用铜导线制成，要坚固可靠，如接触不良，则会产生高温。严格禁止利用厂房的金属结构、管道、轨道或其他金属物体搭接起来作为导线使用。不能将焊接电缆放在电弧附近或炽热的焊缝金属上，避免高温烧坏绝缘层，同时也要避免碾压磨损等。

② 安全操作　在焊接前，应先检查焊机设备和工具，如焊机机壳的接地、焊机各接线点接触是否良好、焊接电缆的绝缘有无损坏等。当改变焊机机头、更换焊件需要改接二次回线、转移工作地点、更换保险丝、焊机发生故障需检修时，应切断电源开关才能进行。推拉闸门开关时要戴皮手套。同时操作者的头部需偏斜些，以防电弧火花灼伤脸部。更换焊条时，操作者应戴上绝缘手套。对于空载电压和工作电压较高的焊接操作，如等离子弧焊以及在潮湿工作场地操作时，还应在工作台附近地面铺上橡胶垫子。夏天操作时由于身体出汗后身体潮湿，勿靠在焊件、工作台上，避免触电。在容积小的舱室、金属结构以及狭小工作场所焊接时，触电的危险性也就增加了，必须采取专门的防护措施。可采用橡胶垫或其他绝缘衬垫，并戴手套、穿胶底鞋等，以保障焊工身体与焊件间绝缘。加强焊工的个人防护。个人防护用具包括完好的工作服、绝缘手套、绝缘套鞋及绝缘垫板等。电焊设备的安装、修理和检查需由电工进行，不得自己拆修设备。

9.4.2　焊工劳动卫生与防护

（1）施焊环境对焊工的伤害

焊接过程中产生的有毒气体、有害粉尘、弧光辐射、高频电磁场、噪声及放射性物质等严重地危害着生产人员的安全和健康。

① 有毒气体　在焊接电弧的高温和强烈的紫外线作用下，在电弧周围形成多种有害气体，其中主要有臭氧、氮氧化物、一氧化碳和氟化氢。

a. 臭氧　臭氧（O_3）是一种淡蓝色的气体，具有刺激性气味。浓度较高时，一般呈腥臭味；高浓度时，呈腥臭味并略带酸味。臭氧是属于具有刺激性的有毒气体，对人体的危害主要是对呼吸道及肺有强烈刺激作用。臭氧浓度超过一定限度时，往往引起咳嗽、胸闷、缺乏食欲、疲劳无力、头晕、全身疼痛等。

b. 氮氧化物　氮氧化物是空气中的氮、氧分子在电弧高温作用下分解，然后重新结合形成的。氮氧化物的种类很多，主要是有 N_2O（氧化亚氮），NO（一氧化氮），NO_2（二氧化氮），N_2O_3（三氧化二氮）等。这些气体因其氧化程度不同，具有不同的颜色（由黄白色到深棕色），毒性差异也较大。氮氧化物也属于具有刺激性的有毒气体，其毒性比臭氧小。慢性中毒时的主要表现为神经衰弱症候群，如头痛、头晕、食欲不振、倦怠无力等。急性中毒时，由于氮氧化物主要作用于呼吸道深部，所以中毒初期仅有轻微的咽喉的刺激症状，往往不被注意，经过 $4\sim6h$ 的潜伏期或甚至 $12\sim24h$ 后症状逐渐出现，此时也可能突然发生。影响产生氮氧化物浓度的因素，类同臭氧。在焊机实际操作中，氮氧化物单一存在的可能性很小，一般都是臭氧和氮氧化物同时存在，因此它们的毒性增加。

c. 一氧化碳　一氧化碳（CO）是由于二氧化碳（CO_2）在高温作用下发生分解而形成的，随着电弧温度的增高分解速度也随之加大。CO 是一种窒息气体。它对人体的毒性作用是使氧在体内的运输或组织利用氧的功能发生障碍，造成组织缺氧，表现出缺氧的一系列症状和体征。CO 对人体的慢性影响是长期吸入低浓度 CO，可出现头疼、头晕、面色苍白、四肢无力、体重下降、全身不适等神经衰弱症候群。CO 急性中毒的表现为：轻度中毒时有头疼、眩晕、恶心、呕吐、全身无力、两腿发软，以致有昏厥感。此时，人应立即离开现场，吸入新鲜空气，症状即可迅速消失。

d. 氟化氢　主要发生在焊条电弧焊。在低氢型焊条焊接中，涂料中含有氟石（CaF_2）和石英（SiO_2），在电弧高温作用下形成氟化氢气体。氟化氢为无色气体，相对密度为 0.7，形成氢氟酸，二者的腐蚀性均强，毒性剧烈。氟化氢能迅速被呼吸道黏膜吸收，亦可经皮肤吸收而对全身产生毒性作用。吸入较高浓度的氟及氟化物气体或蒸气，可立即产生咽、鼻或呼吸道黏膜的刺激症状，引起鼻腔和黏膜充血、干燥、鼻腔溃疡等。严重时可发生支气管炎、肺炎。我国卫生标准规定氟化氢气体的最高允许浓度为 $1mg/m^3$

② 金属烟尘　金属烟尘包括烟和粉尘。焊接材料和母材金属熔化时所产生的蒸气在空中迅速冷凝及氧化形成的烟，其固体微粒直径往往小于 0.1mm，直径在 $0.1\sim10nm$ 的金属固体微粒称为金属粉尘。漂浮于空气中的粉尘和烟等微粒，统称为气溶胶。

a. 金属烟尘的来源　在电弧高温作用下分解的氧能对弧区内的液体金属和焊接材料熔化时蒸发的金属粉尘起氧化作用，生成氧化铁、氧化钙、二氧化硅等。液体金属的氧化物除了可能给焊缝造成夹渣等缺陷外，还会向操作现场蒸发和扩散。

焊条药皮是由一定数量及不同用途的矿石、铁合金、化工原料混合组成。不管是酸性焊条还是碱性焊条，不同型号焊条的药皮成分变化较大，综合起来构成药皮的矿产化工原料和金属元素有大理石（$CaCO_3$）、SiO_2、钛白粉（TiO_2）、锰铁、硅铁、纯碱（Na_2CO_3）、氟石（CaF_2）以及水玻璃等。焊接时金属元素蒸发氧化，变成有毒物质，形成气溶胶状态溢出，如三氧化二铁、氧化锰、二氧化硅、硅酸盐、氟化钠、氟化钙、氧化铬和氧化镍等。

金属烟尘的成分及浓度主要取决于焊接工艺、焊材以及焊接规范。如焊铝时可产生铝粉尘，焊铜时可产生铜和氧化锌粉尘。焊接电流强度越大，粉尘浓度越高。不同焊接方法的发尘量也不同。见表 9-4。

表 9-4 不同焊接方法的发尘量

焊接方法		每分钟发尘量/(mg/min)	每公斤焊接材料发尘量/(g/kg)
焊条电弧焊	低氢型焊条(E5015,φ4)	350～450	11～16
	钛钙型焊条(E4303,φ4)	200～280	6～8
自保护焊	药芯焊丝(φ1.6)	3000～3500	20～25
CO_2 焊	实芯焊丝(φ1.6)	450～650	5～8
	药芯焊丝	700～900	7～9
氩弧焊	实芯焊丝(φ1.6)	100～200	2～5
埋弧焊	实芯焊丝(φ1.6)	10～40	0.1～0.3

b. 金属烟尘的危害 金属烟尘中的氧化铁、氧化锰微粒和氟化物等物质均可引起焊工"金属热"反应。其典型症状为工作后寒战，继之发烧、倦怠、口内金属味、喉痒、呼吸困难、胸痛、缺乏食欲、恶心、翌晨发汗后症状减轻但仍觉疲乏无力等。

③ 弧光辐射 焊接弧光辐射主要包括红外线、可见光线和紫外线，是所有明弧焊共同具有的有害因素。弧光辐射是由物体加热而产生的，属于热线谱。波长小于 290nm 的紫外线是电弧温度在 3000℃时产生的；电弧温度在 3200℃时，紫外线波长可小于 230nm。氩弧焊、等离子弧焊的温度越高，产生的紫外线波长越短。光辐射作用到人体上，被体内组织吸收，引起组织的热作用、光化学作用或电离作用，致使人体组织发生急性或慢性的损伤。

a. 紫外线 适量的紫外线对人体健康是有意的，但是焊接时产生的强烈紫外线的过度辐射，对人体健康有一定的危害。紫外线可分为长波（400～320nm）、中波（320～275nm）和短波（275～180nm）。波长为 180～320nm 的紫外线是具有明显生物学作用的部分。尤其是 180～290nm 的紫外线，最有强烈的生物学作用。在波长 290nm 以下，等离子弧焊的紫外线强度最大，其次是氩弧焊，焊条电弧焊最小。CO_2 气体保护焊的弧光辐射强度是焊条电弧焊的 2～3 倍。紫外线对人体的伤害是由于化学作用，它主要造成皮肤和眼睛的损害。皮肤受强烈紫外线作用时，可引起皮炎、红斑等，并会形成不褪的色素沉积。紫外线过度照射引起眼睛的急性角膜炎称为电光性眼炎。波长较短的紫外线，尤其是 320nm 以下者，会损害结膜和角膜，有时甚至侵及虹膜和网膜。发生的原因主要有：工作距离间隔太小，在操作过程中容易受临近弧光的辐射；技术不熟练，引弧前没有戴好面罩，或熄弧前过早揭开面罩；辅助工在辅助焊接时配合不协调，在点燃电弧时尚未准备保护（如戴护镜、偏头、闭眼等）而受到弧光的照射；防护镜片破损漏光；工作地点照明不足，看不清焊缝，以致先点火后戴面罩以及其他路过人员受突然的强烈照射等。

b. 红外线 对人体的危害主要是引起组织的热作用。波长较长的红外线可被皮肤表面吸收，使人产生热的感觉；短波红外线可被人体组织吸收，使血液和深部组织加热，产生灼伤。在焊接过程中，眼部受到强烈的红外线辐射，立即感到强烈的灼伤和灼痛，发生闪光幻觉。长期接触可能造成红外线白内障，视力减退，严重时能导致失明，此外还会造成视网膜灼伤。

c. 可见光线 焊接电弧的可见光线的光强度，比肉眼正常承受的光强度大约大到一万倍。当受到照射时眼睛流泪、疼痛，看不清东西，通常叫电焊"晃眼"，在短时间内失去劳动能力。

④ 高频电磁场　在进行非熔化极氩弧焊和等离子弧焊时，为了迅速引燃电弧，广泛采用高频振荡器来激发电弧，因此在引弧瞬间（2～3s）有高频电磁振荡存在。人体在高频电磁场的作用下能吸收一定的辐射能量，产生生物学效应，主要是热作用。长期接触强度较大的高频电磁场，会引起头晕、头痛、疲劳乏力、心悸、胸闷、神经衰弱及植物神经功能紊乱。高频电磁强度受很多因素影响。辐射源的功率越大，场强越高；反之，则越低。辐射强度一般随着与辐射源距离的加大而迅速递减，因而对机体的影响也迅速减弱。

⑤ 噪声　噪声存在于一切焊接工艺中，其中以等离子弧焊接、切割及喷涂噪声强度最高。噪声对人体的影响是多方面，首先是听觉器官。人体经过强烈噪声和长时期暴露在一定强度噪声环境中，可以引起听觉障碍、噪声性外伤、噪声性耳聋等症状。此外，噪声对中枢神经系统和血管系统也有不良作用，引起血压升高、心跳过速等症状，还会使人感到厌倦、烦躁等。

⑥ 放射性物质　氩弧焊和等离子弧焊使用的钍钨极含有质量分数为1%～2.5%的钍。钍及其衰变物为天然发射性物质，其中α射线占90%，β射线占9%，γ射线占1%。当人体受到射线辐射剂量不超过允许值时，不会对人体产生危害，但是人体长期受到超过允许剂量的照射，则造成中枢神经系统、造血器官和消化系统的疾病。电子束焊时，产生的低能X射线，对人体只会造成外照射，危害程度较小，主要引起眼睛晶状体和皮肤损伤。如长期接受较高能量的X射线照射，则可出现神经衰弱和白细胞下降等症状。

（2）焊工作业防护措施

① 金属烟尘及有毒气体的防护　治理措施可以分为三个方面：

a. 工艺方面的改革

a）采用无烟尘或少烟尘的焊接工艺。如电阻焊、摩擦焊、埋弧焊及电渣焊，均是高效、少无烟尘的焊接工艺。在明弧焊中，脉冲MIG及TIG焊发尘量最少，实芯焊丝MAG焊亦是一种低尘的焊接方法。

b）开发利用低尘低毒焊接材料。目前，含锰量高的高锰焊条已日趋淘汰，低氢型碱性焊条的危害最大，如何能使之既保持原有焊接性能，又能使含氟量和发尘量等明显降低是今后的努力方向。

c）提高焊接过程机械化和自动化程度。使焊工远离污染源，也便于烟尘的排除和空气的净化。随着焊接过程自动化程度的提高，作业环境也日趋改善。

b. 采取有效的通风排烟措施　通风排烟是防止焊接烟尘和有毒气体对人体危害最重要的措施。按通风的动力源，通风技术分为自然通风与机械通风两大类。自然通风是利用风压和温差的作用，车间内由于生产设备或加工过程所产生热量，使室内空气或局部空气的温度高于室外或作业带外边空气的温度，空气受热后体积膨胀，密度变小，而在室内上升；室外空气密度大而从下部进入室内补充，如图9-9所示，而补充的空气又被加热，形成有规律的自然通风。机械通风是借助机械的动力迫使空气按要求方向运动，称为机械通风。这里重点介绍全面通风和局部通风。

全面通风可分为上抽排烟、下抽排烟和横向排烟三种，表9-5为三种方式的对比。

局部通风有局部送风和局部排风两种。局部送风是把新鲜空气或经过净化的空气送入焊接工作点。目前生产上采用电风扇直接吹散电焊烟尘和有毒气体的送风方法，只是起到一种稀释作用，而且还会造成整个车间的污染，达不到排气的目的。局部排风是效果最好的焊接通风措施。金属烟尘和有毒气体刚一发生，就被排风罩口有效地吸走，因此所需风量小，也

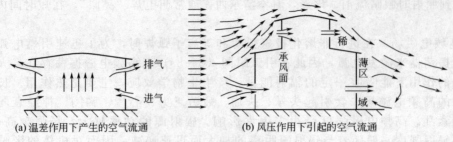

(a) 温差作用下产生的空气流通	(b) 风压作用下引起的空气流通

图 9-9 自然通风的基本原理

不污染周围环境。局部通风措施有排烟罩、排烟焊枪、轻便小型风机和压缩空气引射器等方法。排烟罩分为固定式和可移式两种。图 9-10 为固定式排烟罩。又可分为上抽、测抽和下抽三种，适于在焊接作业地点固定、焊件较小的情况下，其中下抽式焊接操作方便，排风效果较好。可移动式排烟罩排烟系统由小型离心风机、通风软管、过滤器等组成。图 9-11 为风机和过滤器固定，而吸风头通过软管可以在一定范围内随意移动。采用局部通风时，焊接工作地点附近的风速最好控制在 30m/min 左右，这样可以保证焊接气体的保护效果不受破坏。

表 9-5　三种全面通风方法的比较

方法	简图	说明	备注
上抽排烟		屋顶排烟量 Q_R，上升气流量 Q，$Q \leqslant Q_R$；$Q/Q_R = 1 \sim 0.3$，屋内自然风速 v_0，上升气流流速 $v \geqslant C v_0$，$C > 2$	对作业空间仍有污染，适用于新建车间
下抽排烟		风向与上升烟雾方向相反，需采用流量和风速较大的风机	对作业空间污染最小，但必须考虑采暖问题，适用新建车间
横向排烟			对作业空间仍有污染，适用于老厂房改造

c. 个人防护措施　个人防护措施包括眼、耳、鼻、口、身等各方面的防护用品，其中

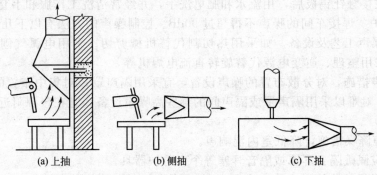

| (a) 上抽 | (b) 侧抽 | (c) 下抽 |

图 9-10 固定式排烟罩

工作服、手套、鞋、眼镜、口罩、头盔和护耳器等属于一般防护用品，比较常用；而通风焊帽属于特殊防护用品，用于通风不易解决的特殊作业场合，如封闭容器内的焊接作业。加强个人防护措施，对防止焊接时产生的有毒气体的粉尘的危害有重要意义。

② 弧光污染和放射性物质污染的防护 弧光辐射污染的防护可采用置弧光防护屏，即在焊接工位周围用薄钢板制成防护屏，防止弧光射出。也可以采用佩戴合适的焊接面罩，焊接面罩有手持型和头盔型，在固定工位上还可以在防护屏上开孔安装滤光片。焊接面罩和护目滤光片应符合国家标准 GB/T 3609—2008，滤光片的透过比要符合相关规定。表 9-6 为推荐使用的滤光号。

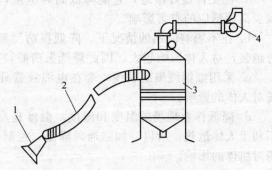

图 9-11 风机和吸头移动式排烟装置
1—吸风头；2—通风软管；3—过滤器；4—出气孔

表 9-6 焊接滤光片推荐使用滤光号

滤光号	电弧焊与切割	气焊与气割
1.4,1.7,2	防侧光及杂散光	—
2.5,3,4,	辅助工种	—
5,6	30A 以下电弧焊作业	—
7,8	30～75A 电弧焊	工件厚度 3.2～12.7mm
9,10	75～200A 电弧焊	工件厚度 12.7mm 以上
11,12,13	200～400A 电弧焊	等离子弧喷涂
14	500A 电弧焊	等离子弧喷涂
15,16	500A 电弧焊	—

放射性物质的防护主要采取以下措施。

a. 综合性防护。如用薄金属板制成密封罩，在其内部完成施焊，将有毒气体、烟尘及放射性气溶胶等最大限度地控制在一定空间，通过排气、净化装置排到室外。

b. 钍钨极储存点应固定在地下室封闭箱内，钍钨极修磨处应安装除尘设备。

c. 对真空电子束焊等放射性强的作业点，应采取屏蔽防护。

焊接时要穿戴防紫外线的器具，尤其在钨极氩弧焊时，钨极要选用非放射线的铈钨极；选用钍钨极时，必须遵守合理的操作规程，避免钨极过量烧损。在磨尖钍钨极时，应戴上防尘口罩，同时在接触钍钨极后，用流水和肥皂洗手，并经常清洗工作服和手套。

③ 噪声防护　焊接车间的噪声不得超过 90dB。控制噪声的方法有以下几种。

a. 采用低噪声工艺及设备。如采用热切割代替机械剪切；采用电弧气刨、热切割坡口代替铲坡口；采用整理、逆变电源代替旋转直流电焊机等。

b. 采用隔声措施，对分散布置的噪声设备，宜采用隔声罩；对集中布置的高噪声设备，宜采用隔声间；对难以采用隔声罩或隔声间的某些高噪声设备，宜在声源附近或受声处设置隔声屏障。

c. 采取吸声降噪措施，降低室内混响声。

d. 操作者应佩戴隔音耳罩或隔音耳塞等个人防护器具。

④ 高频电磁场的防护　为防止高频电磁辐射对人体的不良影响与危害，可以采取以下措施。

a. 使工件良好接地，它能降低高频电流，焊把对地的高频电位也可大幅度降低，从而减少高频感应的有害影响。

b. 在不影响使用的情况下，降低振荡器频率，脉冲频率越高，通过空间与绝缘体的能力越强，对人体影响越大，因此降低振荡器频率，能使情况有所改善。

c. 采用细铜线编制软线，套在电缆胶管外面的屏蔽把线及地线，可大大减少高频电磁场对人体的影响。

d. 降低作业现场的温度和湿度。温度越高，肌体所表现的症状越突出；湿度越大，越不利于人体散热，所以，加强通风降温，控制作业场所的温度和湿度，可以有效减少高频磁场对肌体的影响。

参 考 文 献

[1] 罗辉，霍玉双，张琦，张增乐，宋涛. T形结构焊接弯曲变形火焰矫正工艺分析. 焊接技术，2010，39（4）：22-24.

[2] 罗辉，张元彬，张琦，孙德军，宋涛. 焊接工艺对T形结构焊接变形的影响. 金属铸锻焊技术，2008，37（21）：110-113.

[3] 赵岩. 焊接结构生产与实例. 北京：化学工业出版社，2008.

[4] 陈丽丽，宋靖远，张代贺. 工字梁焊后变形的火焰矫正方法. 煤炭技术，2002，21（7）：1-2.

[5] 潘家生，潘庆元，潘家山. 钢结构箱形梁焊接变形的火焰矫正. 建筑技术开发，2012，12：21-25.

[6] 付荣柏. 焊接变形的控制与矫正. 北京：机械工业出版社，2006.

[7] 张彦华. 焊接力学与结构完整性原理. 北京：北京航空航天大学出版社，2007.

[8] 宋天民. 焊接残余应力的产生与消除. 北京：中国石化出版社，2010.

[9] 邱霞菲，蔡郴英. 实用焊接技术-焊接方法工艺、质量控制、技能技巧与考证竞赛. 长沙：湖南科学技术出版社，2010.

[10] 田锡唐. 焊接结构. 北京：机械工业出版社，1981.

[11] 张文钺. 焊接冶金学（基本原理）. 北京：机械工业出版社，1999.

[12] 方洪渊. 焊接结构学. 北京：机械工业出版社，2008.

[13] 史光远. 焊接结构设计与制造. 郑州：黄河水利出版社，2006.

[14] 陆亚珍，傅强，姚瑶. 焊接结构分析与制造. 北京：中国水利水电出版社，2010.

[15] 李占文，李树立. 焊接结构变形控制与矫正. 北京：化学工业出版社，2008.

[16] 中国机械工程学会焊接学会. 焊接手册-焊接结构. 北京：机械工业出版社，2001.

[17] 李亚江著. 焊接组织性能与质量控制. 北京：化学工业出版社，2005.

[18] 陈祝年编著. 焊接工程师手册. 第2版. 北京：机械工业出版社，2010.

[19] 中国机械工程学会焊接分会编. 焊接手册：材料的焊接　第3卷. 第3版. 北京：机械工业出版社，2008.

[20] 张彦华编. 焊接结构设计及应用. 北京：化学工业出版社，2009.

[21] 朱玉义主编. 焊工实用技术手册. 南京：江苏科学技术出版社，2004.

[22] 姚卫星著. 结构疲劳寿命分析. 北京：国防工业出版社，2003.

[23] 王国凡. 材料成形与失效. 北京：化学工业出版社，2002.

[24] 邹增大. 焊接材料、工艺及设备手册. 北京：化学工业出版社，2001.

[25] 中国机械工程学会材料学会. 焊接工艺与失效. 北京：机械工业出版社，1989.

[26] 田锡唐. 焊接工程结构. 北京：机械工业出版社，1982.

[27] 王云鹏. 焊接工程结构生产. 北京：机械工业出版社，2002.

[28] 熊腊森. 焊接工程基础. 北京：机械工业出版社，2002.

[29] 陈祝年. 焊接工程师手册. 北京：机械工业出版社，2002.

[30] 中国机械工程学会焊接学会. 焊接手册. 北京：机械工业出版社，2001.

[31] 张家旭. 钢结构的变形与矫正. 北京：中国铁道出版社，1990.

[32] 中华人民共和国职业技能鉴定辅导丛书编审委员会编. 电焊工职业技能鉴定指导. 北京：机械工业出版社，1998.

[33] 国家技术监督局. 压力容器安全技术监督规程［S］. 北京：国家技术监督局，2007.

[34] 宋天虎. 苏联与巴顿焊接研究所焊接技术的发展以及为促进我国焊接技术的进步的几点建议.

[35] 第四次全国焊接会议论文集，西安：1990.

[36] 格尔内. TR，焊接结构的疲劳. 周殿群译. 北京：机械工业出版社，1988.

[37] 田志凌，中国钢铁工业的现状及发展［J］. 焊接，2002.

[38] 贾安东，焊接结构与生产. 北京：机械工业出版社，2007.

[39] 宗培言. 焊接结构制造技术与装备. 北京：机械工业出版社，2007.

[40] 孙爱芳，吴金杰. 焊接结构制造. 北京：北京理工大学出版社，2007.

[41] 张建勋. 现代焊接生产与管理. 北京：机械工业出版社，2006.

[42] 王非，林英. 化工设备用钢. 北京：化学工业出版社，2004.

[43] 丁伯民，黄正林. 高压容器. 北京：化学工业出版社，2003.

[44] 许小平，周飞霓，卢本. 船舶钢结构焊接技术. 北京：机械工业出版社，2010.

[45] 付荣柏. 起重机钢结构焊接制造技术. 北京：机械工业出版社，2009.